中国国家标准汇编

2008年修订-71

中国标准出版社　编

中国标准出版社
北　京

图书在版编目（CIP）数据

中国国家标准汇编：2008年修订.71/中国标准出版社编.—北京：中国标准出版社，2009

ISBN 978-7-5066-5491-3

Ⅰ.中… Ⅱ.中… Ⅲ.国家标准-汇编-中国-2008
Ⅳ.T-652.1

中国版本图书馆CIP数据核字（2009）第183715号

中国标准出版社出版发行
北京复兴门外三里河北街16号
邮政编码：100045

网址 www.spc.net.cn
电话：68523946 68517548
中国标准出版社秦皇岛印刷厂印刷
各地新华书店经销

*

开本 880×1230 1/16 印张 38 字数 1134千字
2009年11月第一版 2009年11月第一次印刷

*

定价 200.00 元

ISBN 978-7-5066-5491-3

出 版 说 明

1.《中国国家标准汇编》是一部大型综合性国家标准全集。自1983年起,按国家标准顺序号以精装本、平装本两种装帧形式陆续分册汇编出版。它在一定程度上反映了我国建国以来标准化事业发展的基本情况和主要成就,是各级标准化管理机构,工矿企事业单位,农林牧副渔系统,科研、设计、教学等部门必不可少的工具书。

2.《中国国家标准汇编》收入我国每年正式发布的全部国家标准,分为"制定"卷和"修订"卷两种编辑版本。

"制定"卷收入上年度我国发布的、新制定的国家标准,顺延前年度标准编号分成若干分册,封面和书脊上注明"20××年制定"字样及分册号,分册号一直连续。各分册中的标准是按照标准编号顺序连续排列的,如有标准顺序号缺号的,除特殊情况注明外,暂为空号。

"修订"卷收入上年度我国发布的、被修订的国家标准,视篇幅分设若干分册,但与"制定"卷分册号无关联,仅在封面和书脊上注明"20××年修订-1,-2,-3,……"字样。"修订"卷各分册中的标准,仍按标准编号顺序排列(但不连续);如有遗漏的,均在当年最后一分册中补齐。需提请读者注意的是,个别非顺延前年度标准编号的新制定的国家标准没有收入在"制定"卷中,而是收入在"修订"卷中。

读者配套购买《中国国家标准汇编》"制定"卷和"修订"卷则可收齐上一年度我国制定和修订的全部国家标准。

3.由于读者需求的变化,自1996年起,《中国国家标准汇编》仅出版精装本。

4.2008年制修订国家标准共5946项。本分册为"2008年修订-71",收入新制修订的国家标准34项。

中国标准出版社

2009年10月

目　　录

ICS 67.080.20
X 77

中华人民共和国国家标准

GB/T 14215—2008
代替 GB/T 14215—1993

番茄酱罐头

Canned tomato paste

(CODEX STAN 57—1981, Codex standard for processed tomato concentrates, NEQ)

2008-09-10 发布　　2009-06-01 实施

中华人民共和国国家质量监督检验检疫总局
中国国家标准化管理委员会　发布

前　言

本标准对应于CAC CODEX STAN 57—1981《加工的浓缩番茄酱》，与CAC CODEX STAN 57—1981的一致性程度为非等效。

本标准代替GB/T 14215—1993《番茄酱罐头》。

本标准与GB/T 14215—1993相比主要变化如下：

——修改了标准的适用范围；

——产品分类增加了特高浓度番茄酱和中浓度番茄酱；

——产品质量分级由“优级品”、“一级品”和“合格品”修订为“优级品”和“一级品”；

——修订了霉菌计数要求；

——增加了粘稠度、色差值、pH指标。

本标准的附录A和附录B为规范性附录。

本标准由全国食品工业标准化技术委员会罐头分技术委员会提出并归口。

本标准起草单位：中国罐头工业协会、中国食品发酵工业研究院。

本标准主要起草人：于新华、梁仲康、仇凯。

本标准所代替标准的历次版本发布情况为：

——GB/T 14215—1993。

番 茄 酱 罐 头

1 范围

本标准规定了番茄酱罐头的产品分类及代号、技术要求、检验方法、检验规则、标签以及包装、运输和贮存要求。

本标准适用于番茄酱罐头的生产、销售和监督检查。

2 规范性引用文件

下列文件中的条款通过本标准的引用而成为本标准的条款。凡是注日期的引用文件，其随后所有的修改单(不包括勘误的内容)或修订版均不适用于本标准，然而，鼓励根据本标准达成协议的各方研究是否可使用这些文件的最新版本。凡是不注日期的引用文件，其最新版本适用于本标准。

GB/T 678 化学试剂 乙醇(无水乙醇)

GB/T 683 化学试剂 甲醇(GB/T 683—2006,ISO 6353-2:1983,NEQ)

GB/T 684 化学试剂 甲苯

GB/T 4789.15—2003 食品卫生微生物学检验 霉菌和酵母计数

GB/T 4789.26 食品卫生微生物学检验 罐头食品商业无菌的检验

GB 5749 生活饮用水卫生标准

GB 7718 预包装食品标签通则

GB/T 10786 罐头食品的检验方法

GB 11671 果、蔬罐头卫生标准

QB/T 1006 罐头食品检验规则

QB/T 3600 罐头食品包装、标志、运输和贮存

SN/T 1036 出口番茄酱检验规程

定量包装商品计量监督管理办法(中华人民共和国国家质量监督检验检疫总局[2005]第75号令)

3 术语和定义

下列术语和定义适用于本标准。

3.1

番茄酱罐头 canned tomato paste

以成熟的番茄(*Lycopersicon esculentum* P. mill)为原料，经清洗、打浆、去皮、去籽、浓缩后，灌装、密封、杀菌或无菌灌装而制成的罐头食品。

4 产品分类及代号

产品按可溶性固形物含量不同分为低浓度、中浓度、高浓度和特高浓度四类。

4.1 低浓度番茄酱罐头(canned low concentrate tomato paste)

可溶性固形物含量为12.5%～22%(不包含22%)的番茄酱。产品代号为847 1。

4.2 中浓度番茄酱罐头(canned middle concentrate tomato paste)

可溶性固形物含量为22%～28%(不包含28%)的番茄酱。产品代号为847 2。

4.3 高浓度番茄酱罐头(canned high concentrate tomato paste)

可溶性固形物含量为28%～36%(不包含36%)的番茄酱。产品代号为847。

4.4 特高浓度番茄酱罐头(canned extra high concentrate tomato paste)

可溶性固形物含量为不低于36%的番茄酱。产品代号为847 3。

5 技术要求

5.1 原辅材料

5.1.1 番茄

采用新鲜或贮存良好、未受病虫害侵蚀的番茄。

5.1.2 水

应符合GB 5749的要求。

5.2 感官要求

产品的感官要求应符合表1的要求。

表 1

项　目	优 级 品	一　级 品
色泽	同一包装中酱体呈一致的深红色或红色;允许酱体表面有轻微褐色	同一包装中酱体呈一致的红色或橙红色;允许酱体表面有轻微褐色
滋味、气味	具有番茄酱罐头应有的滋味及气味,无异味	
组织形态	酱体均匀一致,粘稠适度	酱体均匀一致,粘稠较适度;允许表面有少量析水

5.3 理化要求

产品的理化要求应符合表2的要求。

表 2

项　目		优 级 品	一　级 品
净含量		应符合中华人民共和国国家质量监督检验检疫总局[2005]第75号令的相关规定	
粘稠度/(cm/30 s)		≤15	
色差值		$L \geqslant 22.5$, $a/b \geqslant 2.0$	$L \geqslant 21.0$, $a/b \geqslant 1.8$
pH		≤4.6	
番茄红素含量(质量分数)/(mg/100 g)	低浓度	≥18	≥13
	中浓度	≥30	≥18
	高浓度	≥40	≥22
	特高浓度	≥55	≥30
注:L 为明度指数,a、b 为色品指数。			

5.4 锡、总砷、铅的限量

产品的锡、总砷、铅的限量应符合GB 11671的要求。

5.5 微生物指标

产品的微生物指标应符合表3的要求。

表 3

项　目	要　求
微生物	符合商业无菌要求
霉菌计数(视野)/%	≤50

5.6 缺陷

若产品的感官要求和理化要求不符合要求，应记作缺陷。缺陷按表4分类。

表 4

类　别	缺　陷
严重缺陷	有腐败味等明显异味； 硫化铁明显污染内容物； 有有害杂质，如碎玻璃、毛发、昆虫、金属屑等
一般缺陷	有一般极少杂质，如：棉线、合成纤维丝等； 有黑暗斑点或锅垢碎屑； 净含量超过允许负偏差； 感官要求明显不符合技术要求； 有明显的番茄皮或籽

6 检验方法

6.1 感官要求

按 GB/T 10786 规定的方法测定。

6.2 净含量

按 GB/T 10786 规定的方法测定。

6.3 可溶性固形物

按 GB/T 10786 规定的方法测定。

6.4 pH

按 GB/T 10786 规定的方法测定。

6.5 番茄红素含量

按附录 A 规定的方法测定。

6.6 色差值

按 SN/T 1036 规定的方法测定。

6.7 粘稠度

按附录 B 规定的方法测定。

6.8 锡、总砷、铅的限量

分别按 GB 11671 中规定的方法测定。

6.9 微生物指标

按 GB/T 4789.26 规定的方法检验。

6.10 霉菌计数

按 GB/T 4789.15—2003 中附录 A 规定的方法测定。

7 检验规则

按 QB/T 1006 的规定检验。其中，感官要求、净含量、粘稠度、pH、番茄红素含量、微生物指标为出厂检验必检项目。钢桶装番茄酱抽样规则符合以下要求：

a) 钢桶装番茄酱用无菌铝箔袋定时抽取生产线终端产品，每次抽取时间间隔不得大于 2 h。

b) 每个检验批次不少于 6 袋，每袋不少于 2 kg；其中作微生物检验的不少于 3 袋。

8 标签

8.1 应符合 GB 7718 的有关规定。

8.2 标签上还应标示可溶性固形物含量，低浓度番茄酱罐头的可溶性固形物单罐测定的负偏差为 2%，中浓度、高浓度和特高浓度番茄酱罐头的可溶性固形物单罐测定的负偏差为 3%。每批产品平均可溶性固形物含量不低于最低标示值。

9 包装、运输和贮存

应符合 QB/T 3600 的有关规定。

附 录 A
（规范性附录）
番茄酱中番茄红素含量的测定方法

A.1 原理

番茄酱经甲醇脱水并除去其中的黄色素，再用甲苯提取番茄红素，用分光光度法测定提取液的吸光度，根据标准曲线计算番茄红素的含量。

A.2 试剂

A.2.1 甲醇：GB/T 683，分析纯。

A.2.2 甲苯：GB/T 684，分析纯。

A.2.3 无水乙醇：GB/T 678，分析纯。

A.2.4 苏丹Ⅰ色素：精制品。

A.3 仪器

A.3.1 实验室常规仪器。

A.3.2 分光光度计：波长范围 360 nm～600 nm，精度±3 nm。

A.4 分析步骤

A.4.1 标准曲线的绘制

A.4.1.1 标准溶液的配制

称取 0.025 g 苏丹Ⅰ色素，精确到 0.1 mg，用少量无水乙醇溶解，定量移入 50 mL 容量瓶中，并用无水乙醇稀释至刻度，摇匀。

A.4.1.2 绘制标准曲线

准确吸取标准溶液 0.26、0.52、0.78、1.04、1.30 mL，分别注入一组 50 mL 容量瓶中，用无水乙醇稀释至刻度，摇匀，即相当于 0.5、1.0、1.5、2.0、2.5 μg/mL 番茄红素标准溶液浓度。

然后，依次注入 1 cm 比色皿中，在番茄红素抽提液的最大吸收波长下（约 485 nm），以无水乙醇为空白溶液，分别测定吸光度。以测得的吸光度为纵坐标，苏丹Ⅰ色素标准溶液所相当的番茄红素浓度为横坐标，绘制标准曲线。或者建立线性回归方程。

注：由于纯番茄红素标准品极不稳定，且制备方法十分繁琐；而苏丹Ⅰ色素稳定，易储存，其乙醇溶液与番茄红素抽提液的最大吸收波长相近似，故本标准采用苏丹Ⅰ色素代替纯番茄红素绘制标准曲线。

A.4.2 试样中番茄红素的提取

A.4.2.1 取样

称取试样 0.1 g～0.2 g，精确至 0.1 mg，置于 10 mL 小烧杯中。

A.4.2.2 清除黄色素

在盛有试样的小烧杯中加入少量甲醇，立即用玻璃棒充分搅拌，抽提番茄酱中的黄色素。将抽提液移入带滤纸的玻璃漏斗中过滤。烧杯里剩余的残渣再加入少量甲醇，重复上述操作，直至滤液无色，弃去滤液。保留残渣备用。

A.4.2.3 提取番茄红素

按以上步骤，分数次用少量甲苯提取残渣中的番茄红素，直至滤液无色为止。将滤液收集于 50 mL 棕色容量瓶中，并用甲苯定容，摇匀，即为番茄红素提取液。

A.4.3 测定

将上述提取液(A.4.2.3)注入1 cm比色皿中,在番茄红素提取液最大吸收波长下(约485 nm),以甲苯为空白溶液,用分光光度计测定其吸光度。从标准曲线中查得(或用线性回归方程计算)试样提取液中番茄红素的浓度。

A.5 结果计算

试样中番茄红素含量按式(A.1)计算。

$$X = \frac{5 \times c}{m} \qquad \text{(A.1)}$$

式中:

X——试样中番茄红素含量,单位为毫克每百克(mg/100 g);

c——试样色素提取液中番茄红素的浓度,单位为微克每毫升(μg/mL);

m——试样质量,单位为克(g)。

A.6 精密度

在重复性条件下,获得的两次独立测定结果的绝对差值不得超过2 mg/100 g。

附　录　B
（规范性附录）
番茄酱中粘稠度的测定方法

B.1　称取约 80 g 番茄酱于 500 mL 烧杯中，加水稀释，搅拌均匀，使酱体保持适当悬浮状态，不得有分离现象；将可溶性固形物含量调至 12.5%(20 ℃，按折光计)。

B.2　将番茄酱粘稠度测定仪调至水平状态，加入 B.1 制备的样品，样品量与装样槽高度齐平，打开闸门，同时用秒表计时。

B.3　读取 30 s 酱体流动的距离(以流体舌尖处为准)，即为番茄酱粘稠度(cm/30 s)。

ICS 83.080.01
G 31

中华人民共和国国家标准

GB/T 14216—2008/ISO 8296:2003
代替 GB/T 14216—1993

塑料　膜和片润湿张力的测定

Plastics—Film and sheeting—Determination of wetting tension

(ISO 8296:2003, IDT)

2008-08-19 发布　　　　2009-05-01 实施

中华人民共和国国家质量监督检验检疫总局
中国国家标准化管理委员会　发布

前言

本标准等同采用国际标准 ISO 8296:2003《塑料　膜和片润湿张力的测定方法》，在技术内容和标准结构上与之完全相同，仅作少量编辑性修改。

本标准代替 GB/T 14216—1993《塑料　膜和片润湿张力试验方法》。

本标准与 GB/T 14216—1993 相比主要变化如下：

——范围增加了影响因素的说明（见 1.3、1.5）；

——试验混合溶液中取消了维多利亚纯蓝（见第 5 章）；

——将表 1 中的润湿张力“66”改为“65”（见表 1）；

——删除试样尺寸要求（见第 6 章）。

本标准由中国轻工业联合会提出。

本标准由全国塑料制品标准化技术委员会（TC 48）归口。

本标准起草单位：轻工业塑料加工应用研究所、佛山塑料集团股份有限公司。

本标准主要起草人：李田华、陈倩、施亚琤、许丽丹、梁婉霞。

本标准所代替标准的历次版本发布情况为：

——GB/T 14216—1993。

塑料 膜和片润湿张力的测定

1 范围

1.1 本标准适用于用使用特定测试溶剂来测定塑料薄膜或片材润湿张力的方法。

1.2 塑料薄膜保留油墨、涂料、黏合剂等的能力，主要取决于表面特性，也可以通过一种或多种表面处理技术来提高这种能力。此类技术也可以提高塑料薄膜接触混合溶液时的润湿张力。所以，薄膜的润湿张力可能与其保留油墨、涂料、黏合剂等的能力有关。某种特定的薄膜表面的润湿张力可以通过与油墨、涂料、黏合剂等的保留能力来测定。润湿张力本身并不完全由油墨、涂料、黏合剂等来测定。

1.3 薄膜表面的任何污染物、痕迹和液体试剂中的杂质都可以影响润湿张力。因此，以下因素就很重要：被测的薄膜表面不能被接触与触摸，试验设备要十分清洁，试剂的纯度要有较好的控制。尤其是玻璃器皿，如有清洁剂残留，会大大地降低表面张力，除非采用一些特殊的措施来保证清洁剂残留的去除，比如说用氧化剂进行清洁，如硫酸铬的酸溶液、过硫酸铵的硫酸溶液，并用蒸馏水洗涤。

1.4 本标准不适用于其材料的表面可与测试溶剂发生化学反应的试样。

1.5 应该注明：因薄膜和片材的表面性能会随着时间改变，故测试时应注明下线时间。

2 规范性引用文件

下列文件中的条款通过本标准的引用而成为本标准的条款。凡是注日期的引用文件，其随后所有的修改单(不包括勘误的内容)或修订版均不适用于本标准，然而，鼓励根据本标准达成协议的各方研究是否可使用这些文件的最新版本。凡是不注日期的引用文件，其最新版本适用于本标准。

GB/T 2918—1998 塑料试样状态调节和试验的标准环境(idt ISO 291:1997)

3 原理

用一系列表面张力逐渐增加的混合溶液涂覆于薄膜表面，直至混合溶液恰好使薄膜表面润湿，此时该混合液的表面张力就近似地作为试样的表面润湿张力。

4 仪器

4.1 手动涂覆工具：一个可涂覆 12 μm 液膜的线锭，或者是可以提供相同测试结果的棉签。

4.2 棕色玻璃滴瓶。

5 试验混合溶液

测量润湿张力所用的试验混合溶液是由试剂级的乙二醇乙醚(溶纤剂)、甲酰胺、甲醇和水混合，见表1。试验混合溶液应贮存在棕色玻璃滴瓶中(见4.2)，如果保存得当，混合溶液随时间的变化很小。如果经常使用，混合溶液需要在3个月后重新配制。

注：安全预防措施——处理溶剂时，必须采取适合的实验室安全预防措施。

表1 用于测定膜或片材的润湿张力所用的混合溶液

润湿张力/(mN/m)	乙二醇乙醚/mL	甲酰胺/mL	甲醇/mL	水/mL
22.6	—	—	100.0	0
25.4	—	—	90.0	10.0

表 1（续）

润湿张力/(mN/m)	乙二醇乙醚/mL	甲酰胺/mL	甲醇/mL	水/mL
27.3	—	—	80.0	20.0
30.0	100.0	—	—	—
31.0	97.5	2.5	—	—
32.0	89.5	10.5	—	—
33.0	81.0	19.0	—	—
34.0	73.5	26.5	—	—
35.0	65.0	35.0	—	—
36.0	57.5	42.5	—	—
37.0	51.5	48.5	—	—
38.0	46.0	54.0	—	—
39.0	41.0	59.0	—	—
40.0	36.5	63.5	—	—
41.0	32.5	67.5	—	—
42.0	28.5	71.5	—	—
43.0	25.3	74.7	—	—
44.0	22.0	78.0	—	—
45.0	19.7	80.3	—	—
46.0	17.0	83.0	—	—
48.0	13.0	87.0	—	—
50.0	9.3	90.7	—	—
52.0	6.3	93.7	—	—
54.0	3.5	96.5	—	—
56.0	1.0	99.0	—	—
58.0	—	100.0	—	—
59.0	—	95.0	—	5.0
60.0	—	80.0	—	20.0
61.0	—	70.0	—	30.0
62.0	—	64.0	—	36.0
63.0	—	50.0	—	50.0
64.0	—	46.0	—	54.0
65.0	—	30.0	—	70.0
67.0	—	20.0	—	80.0
70.0	—	10.0	—	90.0
73.0	—	—	—	100.0

6 制样

无论薄膜是以成卷的形式或叠片的形式，试样的两个表面是互相接触的（通常正面接触反面）。当取样时，应小心地使被测表面不接触到其他物品。对于成卷的样品，取样时舍去外层并且在不接触被测区域的情况下展开样品。对于叠片的样品，取样时可多取几层样品，试验时舍去外层。

在实际试验中，将样品取下后应立即开始试验。通常，样品尺寸为 10 cm×10 cm。

7 试验步骤

7.1 试验在实验室标准环境温度 23 ℃±2 ℃、湿度 50%±5%中进行。

7.2 将被测样品置于手动涂覆工具的平板上(4.1)，在线锭前面将几滴测试混合溶液（见第 5 章）置于薄膜上，然后用锭使之迅速分散。

如果用棉签来分散混合溶液，液体应迅速涂膜/片至少 6 cm^2，混合溶液的用量应使之成为一液体薄膜而无积液存在。

在灯光下观察混合溶液所形成的液体薄膜，并记录下液体薄膜从连续状态分散至小液滴的时间。如果液体薄膜持续的时间超过 2 s，则用更大表面张力的混合溶液在一个新的样品上重复试验，直至液体薄膜持续的时间接近 2 s。如果液体薄膜持续少于 2 s，则用更低表面张力的溶液来试验使之可以接近 2 s。

7.3 每次试验应使用新的棉签，如使用线锭应在乙醇中浸泡后晾干，以免这些工具上的残液会通过蒸发而改变成分和表面张力。

7.4 用试样表面润湿最接近 2 s 的混合溶液至少测定 3 次，该混合溶液的表面张力即被作为试样的润湿张力。

8 试验报告

试验报告应包括下列内容：

a） 本国家标准编号；

b） 样品的状态说明，如果可能包括生产日期；

c） 试验所测的表面和位置；

d） 试样的润湿张力。

ICS 65.060.020
B 91

GB

中华人民共和国国家标准

GB/T 14225—2008
代替 GB/T 14225.1～14225.3—1993

铧式犁

Mouldboard plough

2008-06-03 发布　　　　2009-01-01 实施

中华人民共和国国家质量监督检验检疫总局
中国国家标准化管理委员会　发布

前　言

本标准是对 GB/T 14225.1—1993《铧式犁　型式与基本参数》、GB/T 14225.2—1993《铧式犁　技术条件》和 GB/T 14225.3—1993《铧式犁　试验方法》的合并修订。

本标准与 GB/T 14225.1—1993、GB/T 14225.2—1993、GB/T 14225.3—1993 相比，主要内容变化如下：

——将 GB/T 14225.1—1993、GB/T 14225.2—1993、GB/T 14225.3—1993 合并为一个标准；

——在表 4 中增加了牵引犁为双向犁时每米工作幅宽质量；

——增加了安全要求和有关安全警示标志；

——增加了产品使用说明书的要求；

——增加了剪切螺栓安全装置；

——增加了检验原则组批抽样和合格判定；

——将产品可靠性考核内容并入技术要求中；

——修正了原公式(4)；

——删除了有关技术经济指标的计算；

——删除了记录表格。

本标准自实施之日起代替 GB/T 14225.1—1993、GB/T 14225.2—1993、GB/T 14225.3—1993。

本标准由中国机械工业联合会提出。

本标准由全国农业机械标准化技术委员会归口。

本标准起草单位：中国农业机械化科学研究院、国家农机具质量监督检验中心、新疆农牧业机械试验鉴定站、山东天盛机械制造有限公司。

本标准主要起草人：高尔光、杨兆文、齐惠昌、马惠玲、芦清泉。

本标准代替标准的历次版本发布情况为：

——GB/T 14225.1—1993、GB/T 14225.2—1993、GB/T 14225.3—1993。

铧式犁

1 范围

本标准规定了铧式犁的型式与参数、技术要求，安全要求，试验方法，检验规则，交货、标志、包装、贮存和运输。

本标准适用于额定牵引力不小于5kN的拖拉机配套的普通用途的水、旱田铧式犁(以下简称铧式犁)。

特殊用途的铧式犁(如林业、沼泽地、草原、深耕、土壤改良及带复式作业部件的铧式犁)及额定牵引力小于5kN的拖拉机配套的普通用途的水、旱田铧式犁可参照执行。

2 规范性引用文件

下列文件中的条款通过本标准的引用而成为本标准的条款。凡是注日期的引用文件，其随后所有的修改单(不包括勘误的内容)或修订版均不适用于本标准，然而，鼓励根据本标准达成协议的各方研究是否可使用这些文件的最新版本。凡是不注日期的引用文件，其最新版本适用于本标准。

GB/T 699—1999 优质碳素结构钢

GB/T 1348—1988 球墨铸铁件

GB/T 1593.1—1996 农业轮式拖拉机后置式三点悬挂装置 第1部分：1、2、3和4类(eqv ISO 730-1:1994)

GB/T 1593.2—2003 农业轮式拖拉机后置式三点悬挂装置 第2部分：1N类(eqv ISO 730-1:1994)

GB/T 2828.1 计数抽样检验程序 第1部分：按接收质量限(AQL)检索的逐批检验抽样计划(GB/T 2828.1—2003,ISO 2859-1:1999,IDT)

GB/T 5667 农业机械 生产试验方法

GB/T 9440 可锻铸铁件(GB/T 9440—1988,neq ISO 5922:1981)

GB/T 9480 农林拖拉机和机械、草坪和园艺动力机械 使用说明书编写规则(GB/T 9480—2001,eqv ISO 3600:1996)

GB 10395.1 农林拖拉机和机械 安全技术要求 第1部分：总则(GB 10395.1—2001,eqv ISO 4254-1:1989)

GB 10396 农林拖拉机和机械、草坪和园艺动力机械 安全标志和危险图形 总则(GB 10396—2006,ISO 11684:1995,MOD)

GB/T 11352 一般工程用铸造碳钢件(GB/T 11352—1989,neq ISO 3755:1975)

GB/T 13306 标牌

JB/T 5673 农林拖拉机及机具涂漆 通用技术条件

3 型式与基本参数

3.1 型式

铧式犁型式按与拖拉机配套连接方式可分为悬挂式、半悬挂式和牵引式。

按结构和用途可分为单向犁、双向犁以及调幅犁。

按使用条件可分为水田犁和旱田犁。

3.2 基本参数

3.2.1 铧式犁犁体工作幅宽及相应最大耕深应符合表1的规定。

犁体工作幅宽 b:犁体所耕翻的土垡的实际宽度或多铧犁相邻两犁体垂直基面之间的距离。

犁体垂直基面:通过犁铧、犁壁接缝线与犁铧胫刃线的交点与前进方向平行的铅垂面见图 1。

表 1

单位为厘米

项　目	指　标						
犁体工作幅宽 b	20	25	30	35	40	45	50
最大耕深 a	18	22	25	28	30	32	35

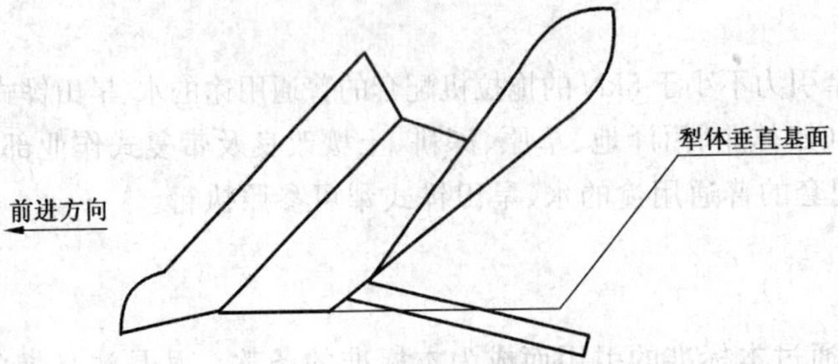

图 1　犁体垂直基面

3.2.2　犁体工作幅宽 b 与犁体纵向距离 L 之比参照表 2 的规定。多铧犁相邻犁体的配置见图 2。

表 2

项　目	工作幅宽 b 与犁体纵向距离 L 之比					
$b:L$	35 : 50 (1 : 1.429)	35 : 60 (1 : 1.714)	35 : 70 (1 : 2.000)	35 : 80 (1 : 2.285)	35 : 90 (1 : 2.571)	35 : 100 (1 : 2.857)
α	34°59′	30°15′	26°34′	23°38′	21°15′	19°17′

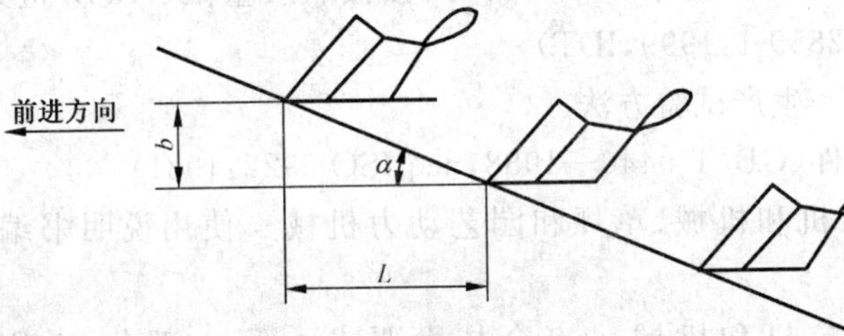

犁体纵向距离 L:相邻两犁体理论铧尖沿前进方向的距离。

图 2　犁体纵向距离

3.2.3　犁体水平基面到犁架主梁底面的高度 H(mm)(见图 3)为:450、500、550、600、650、700、750、800、850、900。

犁体水平基面(见图 3):通过铧刃直线部分前端点(梯形犁铧铧尖、凿形犁铧铧刃直线部分与曲线部分切点)所作之水平面。

3.2.4　旱田犁体长犁侧板在水平面与垂直面内的配置应符合表 3 与图 4 的规定。

表 3

犁体幅宽 b/cm	数　值/mm	
	e_1	e_2
20、25	≤5	10
30、35	≤10	15
≥40	≤15	15

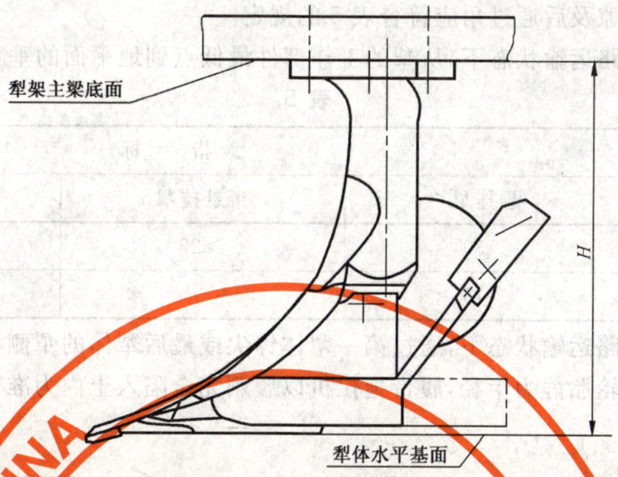

图 3　犁体水平基面

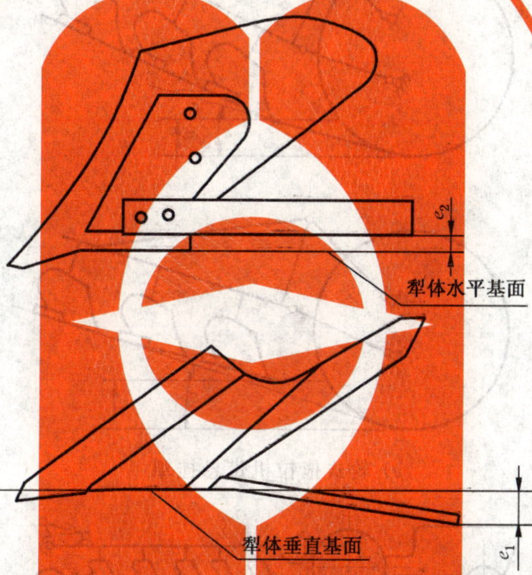

图 4　旱田犁体长犁侧板在水平面与垂直面内的配置

3.2.5　犁架采用空心管做犁主梁时底面宽度 B(mm)推荐为:40、50、60、80、100、120、150、180。

3.2.6　铧式犁的每米工作幅宽质量应符合表 4 的规定。

表 4

项　目			指　标					
			旱田犁			水田犁		
犁耕比阻/kPa			≤50	>50～80	>80～120	≤50	>50～80	>80～120
每米工作幅宽质量/kg	悬挂犁	单向	≤400	≤450	≤500	≤300	≤350	≤400
		双向	≤650	≤750	≤800	≤450	≤550	≤650
	半悬挂犁	单向	≤600	≤700	≤750	—	—	—
		双向	≤950	≤1 150	≤1 200	—	—	—
	牵引犁	单向	≤750	≤850	≤1 000	—	—	—
		双向	≤1 050	≤1 300	≤1 450	—	—	—
注：调幅犁重量允许增加 20%。								

3.2.7 铧式犁的运输间隙及后通过角应符合表5的规定。

运输间隙：机组在道路运输状态下，从犁的工作部件最低点到地平面的垂直距离 h 见图5。

表 5

项　目	指　标		
	悬挂犁	半悬挂犁	牵引犁
运输间隙 h/cm	>30	>25	>25
后通过角>ε/(°)	>18	—	—

后通过角：机组在道路运输状态下，通过第一犁体铧尖或最后犁体的犁侧板末端做拖拉机后驱动轮的下切线（轮式拖拉机为轮胎静力半径，履带拖拉机以履刺完全陷入土内为准），切线与地面的最小夹角ε，即为后通过角见图5。

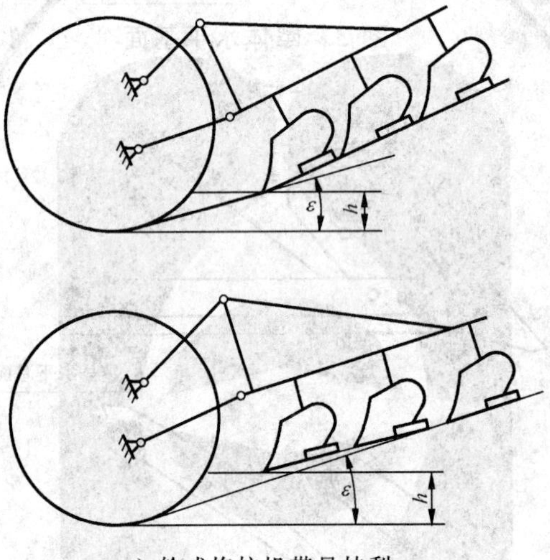

a）轮式拖拉机带悬挂犁

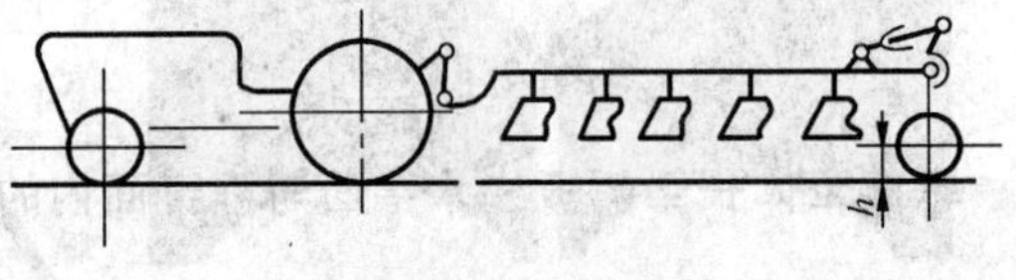

b）半悬挂犁和牵引犁

图5　运输间隙和后通过角

3.2.8 梯形犁铧的基本尺寸与连接孔尺寸

铧式犁梯形犁铧基本尺寸与连接孔尺寸应符合图6、图7与表6、表7的规定。

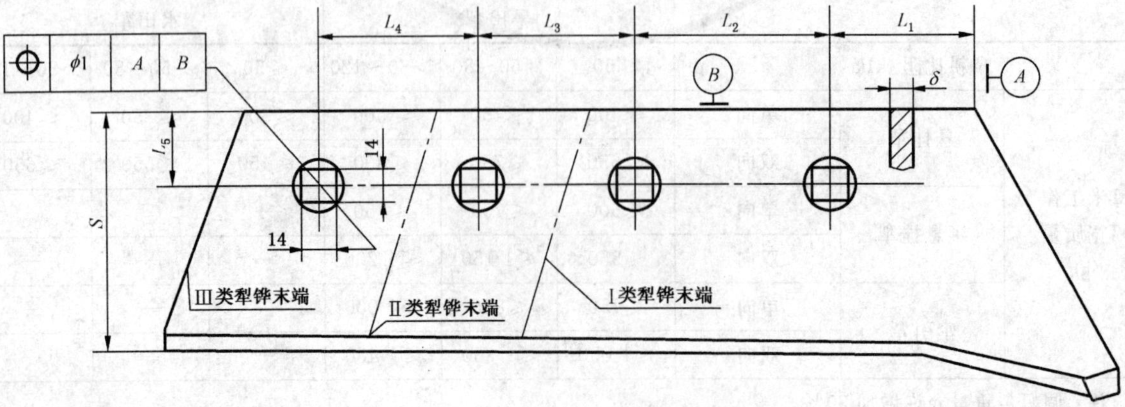

图6　梯形犁铧

表 6

类型及幅宽		基本尺寸/mm						
类型	犁体幅宽/cm	S	δ	L_1	L_2	L_3	L_4	L_5
Ⅰ	20	105	6,7	65	100	—	—	25
	25	115	8	80	115	—	—	25
Ⅱ	30、35 40、45	122	10	98	115	135	—	26
Ⅲ	50	135	10	98	115	135	185	26

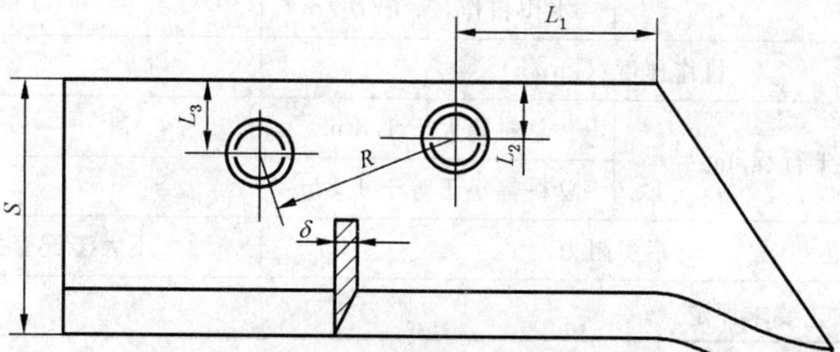

图 7　水田犁铧基本尺寸与连接孔尺寸

表 7

犁体幅宽/cm	基本尺寸/mm					
	S	δ	L_1	R	L_2	L_3
20、25	95	6	82	80	20	24

4　技术要求

4.1　安全要求

4.1.1　铧式犁的结构应合理，保证操作人员按使用说明书操作和保养时没有危险，其安全要求应符合 GB 10395.1 的有关规定，有危险的部位应固定安全标志，并符合 GB 10396 的规定。

4.1.2　用手操作的零、部件，其操作表面应圆滑、无毛刺和尖角锐棱。

4.1.3　若为悬挂、半悬挂犁，在悬挂件附近应粘贴有“小心！远离机器”的安全标志。

4.1.4　使用说明书中应有安全操作注意事项和维护保养方面的安全内容，并符合 GB/T 9480 的规定。

4.2　性能指标

在中等壤土、平作条件、土壤含水率 10%～25%、茬高小于 20 cm、拖拉机驱动轮(左、右)滑转率不大于 20%、在设计耕深、耕宽条件下，性能指标应符合表 8 规定。

4.3　可靠性指标

4.3.1　有效度应不小于 90%，按式(1)计算。

$$K = \frac{\sum T_Z}{\sum T_g + \sum T_z} \times 100 \qquad \cdots\cdots (1)$$

式中：

K——有效度，%；

T_Z——生产考核期间班次作业时间，单位为小时(h)；

T_g——生产考核期间班次排除故障时间，单位为小时(h)。

表 8

<table>
<tr><th rowspan="2">序号</th><th rowspan="2" colspan="2">项　目</th><th colspan="2">性 能 指 标</th></tr>
<tr><th>犁体幅宽>30 cm</th><th>犁体幅宽≤30 cm</th></tr>
<tr><td>1</td><td colspan="2">耕深及耕宽稳定性，变异系数/%</td><td colspan="2">≤10</td></tr>
<tr><td rowspan="2">2</td><td rowspan="2">植被覆盖(旱耕)率[a]/%</td><td>地表以下</td><td>≥85</td><td>≥80</td></tr>
<tr><td>8 cm 深度以下(旱田犁)</td><td>≥60</td><td>≥50</td></tr>
<tr><td rowspan="2">3</td><td rowspan="2">碎土率</td><td>旱田耕作，≤5 cm 土块/%</td><td>≥65</td><td>≥70</td></tr>
<tr><td>水田耕作，断条/次/m</td><td>—</td><td>≥3.0</td></tr>
<tr><td>4</td><td colspan="2">耕作速度/(km/h)</td><td colspan="2">>5</td></tr>
<tr><td rowspan="2">5</td><td rowspan="2">入土行程/m</td><td>总耕幅大于 1.8 m</td><td colspan="2">≤6</td></tr>
<tr><td>总耕幅小于等于 1.8 m</td><td colspan="2">≤4</td></tr>
<tr><td>6</td><td colspan="2">牵引阻力</td><td colspan="2">不大于配套拖拉机额定牵引力</td></tr>
<tr><td colspan="5">[a] 水田晒垡地区按农艺要求评定。</td></tr>
</table>

4.3.2　作业量考核：旱田犁每米工作幅宽不少于 100 hm^2；水田犁每米工作幅宽不少于 75 hm^2(其中水耕不少于 20%)。

4.3.3　产品可靠性考核全过程中犁梁、犁柱、犁托、双向犁换向机构及悬挂机构零部件在正常作业时不允许有损坏和永久变形。

4.4　一般技术要求

4.4.1　铧式犁应符合本标准的规定，并按经规定程序批准的图样和技术文件制造。

4.4.2　悬挂、半悬挂犁与拖拉机的联接尺寸应符合 GB/T 1593.1—1996 和 GB/T 1593.2—2003 的规定。

4.4.3　系列产品中通用零、部件和易损件应能互换。

4.4.4　制造铧式犁的原材料，应符合有关标准的规定。

4.4.5　铧式犁出厂时，应按制造厂的规定或按订货合同配备附件和备件。

4.5　主要零件技术要求

4.5.1　犁铧(包括小前犁犁铧)

4.5.1.1　犁铧应用机械性能不低于 GB/T 699—1999 规定的 65Mn 钢制造。也可采用堆焊或喷涂耐磨材料的方法提高其耐磨性和使用寿命。

4.5.1.2　犁铧应进行热处理，热处理后(热处理区)硬度为 48HRC～60HRC，金相组织为细针状及中针状马氏体，允许有少量屈氏体存在；非热处理区硬度不得大于 32HRC，硬度测点和热处理区如图 8 所示。

单位为毫米

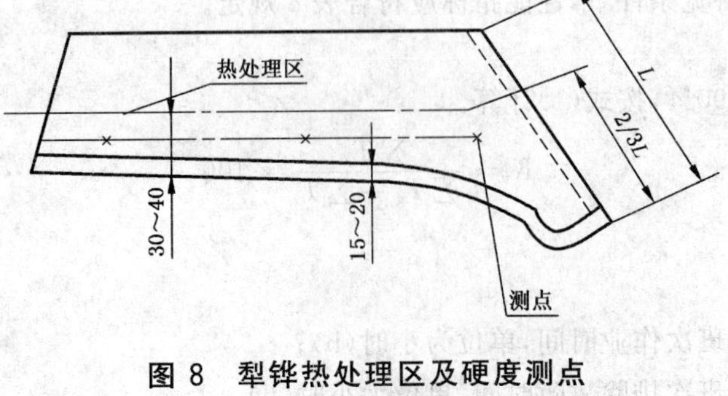

图 8　犁铧热处理区及硬度测点

4.5.1.3　犁铧刃直线部分刃厚为 1 mm±0.5 mm，铧刃向工作面凸起不得大于 3 mm，局部凹下不得大于 1.5 mm，刃口残缺不得大于 1.5mm。

4.5.1.4　犁铧表面应光洁，不得有裂纹、剥层、烧伤等缺陷。

4.5.1.5　等宽犁铧宽度只允许前端大于后端，后端不得大于前端。

4.5.2　**犁壁**

4.5.2.1　犁壁应用 GB/T 699—1999 规定的 65Mn 钢或 35 号钢及 Q275 钢制造。

4.5.2.2　犁壁须经热处理，热处理后的硬度及金相组织见表 9。

表 9

犁壁材质	热处理后硬度	金　相　组　织
65Mn 钢	48 HRC～60 HRC	回火屈氏体及少量回火马氏体
35 号钢	48 HRC～60 HRC	为板条状马氏体及针状马氏体，允许有少量屈氏体
Q275 钢	48 HRC～60 HRC	为板条状马氏体及针状马氏体，允许有少量屈氏体

4.5.2.3　犁壁经热处理后，应进行硬度检验，硬度测点应符合图 9 规定。三点中允许有一点软点，遇软点后再在周围（半径 20 mm 内）测两点，都合格该犁壁硬度合格，否则为不合格。经热处理后工作表面上部及翼边部 1/3 的硬度不得低于 38 HRC。

单位为毫米

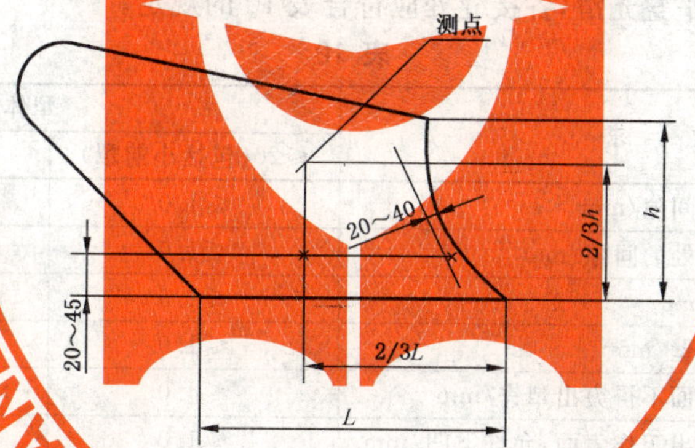

图 9　犁壁硬度测点

4.5.2.4　犁壁工作表面应光洁，不得有裂纹、剥层、烧伤等缺陷，允许有深度不大于 0.5 mm、面积不大于 12 mm^2 的凹陷，面积不得超过工作面积的 0.5%。

4.5.3　**犁柱**

4.5.3.1　铸造犁柱应用 GB/T 1348—1988 规定的 QT420-10 球墨铸铁、GB/T 11352—1989 规定的 ZG 230～ZG 450 铸造碳钢件或 GB/T 9440—1988 规定的 KTH350-10 可锻铸铁制造。允许用不低于上述材质的其他材料制造。

4.5.3.2　犁柱表面应清理干净，不得有粘砂、沙眼、毛刺和裂纹等缺陷，犁柱截面过渡部分和螺栓连接孔周围 15 mm 范围内不允许有孔穴。

4.5.3.3　犁柱在不小于配套拖拉机额定牵引力静载荷作用下，持续作用时间不少于 5 min，不应有塑性变形。带有单体安全装置的犁柱，在施加最大脱解力的作用下，不应有塑性变形。加载型式如图 10 所示，整体犁柱施力点在犁侧板连接孔处。

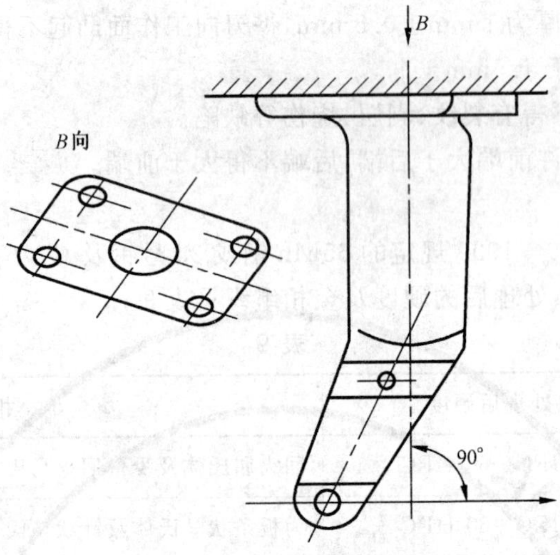

图 10 犁柱加载型式

4.5.4 圆犁刀盘

4.5.4.1 圆犁刀盘应用 GB/T 699—1999 规定的 65Mn 制造。

4.5.4.2 圆犁刀盘的刃厚不大于 0.8 mm。

4.5.4.3 圆犁刀盘热处理硬度为 35 HRC～48 HRC,平面度误差不大于 1.5 mm。

4.6 主要部件技术要求

4.6.1 犁体(包括小前犁)

4.6.1.1 犁体工作表面应平整光滑,各接缝处应符合表 10 的规定。

表 10

序号	要求	犁体幅宽/cm		
		≤20(包括小前犁)	25、30、35	40、45、50
1	犁铧与犁壁接缝处的间隙/mm	≤1.0	≤1.0	≤1.0
2	前犁壁与后犁壁接缝处的间隙/mm	≤1.0	≤1.5	≤2.0
3	犁壁不得高出犁铧/mm	≤1.5	≤1.8	≤2.0
4	后犁壁不得高出前犁壁/mm	≤1.0	≤2.0	≤2.5
5	在犁体胫刃边犁壁端面不得突出犁铧/mm	≤4.0	≤5.0	≤8.0
6	沉头螺栓头部不得突出工作表面,允许下凹/mm	≤1.0	≤1.0	≤1.0

4.6.1.2 犁铧、犁壁与犁托(犁柱)应贴合紧密,在螺栓连接处应消除间隙,其局部间隙应符合表 11 的规定。

表 11

项目	犁体幅宽/cm		
	≤20(包括小前犁)	25、30、35	40、45、50
犁铧与犁托局部间隙/mm	≤2.0	≤2.0	≤3.0
犁壁与犁托局部间隙/mm	≤2.5	≤4.0	≤6.0

4.6.1.3 犁体工作面以整体样板检查,组成整体样板组的板数每区域不得少于一块,样板应均匀分布在 A、B、C、D 区域内(见图 11、图 12)。检查时整体样板组允许沿着三个方向:在犁体水平基面内垂直于铧刃基线、平行于铧刃基线及垂直于犁体水平基面移动±5 mm,局部间隙应不大于表 12 的规定。

4.6.1.4 犁体幅宽的极限偏差为设计幅宽的±2.5%。

4.6.1.5 铧刃直线部分在犁体水平基面上的投影与垂直基面的夹角偏差不大于±1°。

4.6.1.6 凿型犁铧的凿形部分应低于犁体水平基面。

4.6.1.7 在犁体处于工作位置时,犁铧铧刃直线部分应位于犁体水平基面上,允许铧刃末端高于犁体

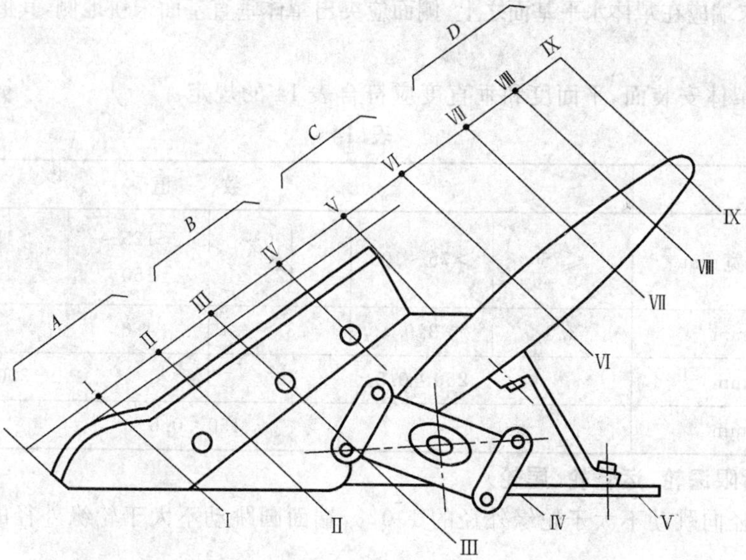

图 11　犁体样板位置

水平基面，其值按表 13 规定。

表 12

犁体幅宽/cm	间隙值/mm			
	A Ⅰ—Ⅰ，Ⅱ—Ⅱ	B Ⅲ—Ⅲ，Ⅳ—Ⅳ	C Ⅴ—Ⅴ，Ⅵ—Ⅵ	D Ⅶ—Ⅶ，Ⅷ—Ⅷ，Ⅸ—Ⅸ
≤20	4	5	7	—
25	5	6	8	10
30	6	8	10	12
35	8	10	12	14
40	10	12	14	16
45	12	14	16	18
50	14	16	18	20

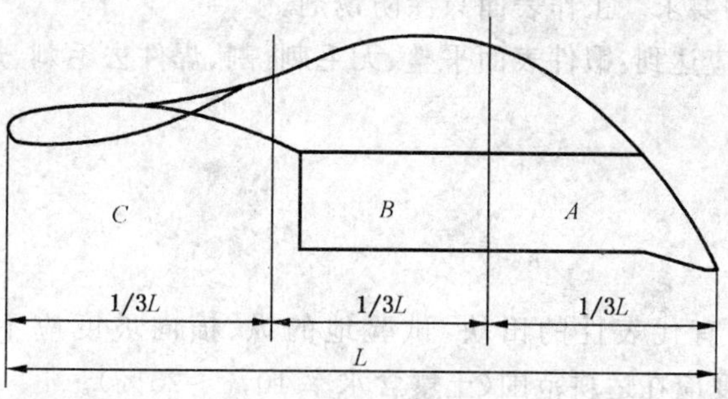

图 12　20 cm 幅宽水田犁体样板位置

表 13

项　　目	数　　值			
犁体幅宽/cm	≤20	25、30	35、40	45、50
犁刃末端高于犁体水平基面/mm	≤5	≤6	≤8	≤10

4.6.1.8 犁侧板末端应在犁体水平基面之上，侧面应突出犁体垂直基面未耕地侧，其值应符合表3的规定。

4.6.2 犁架

4.6.2.1 犁架的犁体安装面，平面度和垂直度应符合表14的规定。

表 14

项 目	数 值					
铧式犁总工作幅宽/cm	≤75	>75～100	>100～125	>125～150	>150～180	>180～240
全长平面度/mm	2.0	3.0	3.5	4.0	4.5	5.0
局部平面度/mm	250∶0.5			300∶0.5		
局部垂直度/mm	150∶0.5					

4.6.3 犁轮(包括限深轮、运输轮、尾轮)

4.6.3.1 犁轮的径向跳动不大于轮缘外径的1.0%，端面圆跳动不大于轮缘外径的1.2%，轴向游动量不大于2 mm。

4.7 总装技术要求

4.7.1 铧式犁处于工作状态时，犁的总工作幅宽偏差不大于设计幅宽的2.5%，调幅犁应达到最大、最小幅宽，其偏差不大于设计值的2.5%，各犁体水平基面到犁梁底面高度与设计值之差不大于1%，各相邻犁体铧尖沿前进方向的水平距离值与设计值之差不大于1%。

4.7.2 小前犁、圆犁刀、覆草板的安装位置应保证在最大和最小设计耕深时能正常工作。圆犁刀盘平面在犁体垂直基面未耕地侧的横向调节量不小于30 mm。

4.7.3 有限深轮的犁，限深轮的调节范围应能保证耕深调节范围。

4.7.4 铧式犁工作与运输位置的变换，应由拖拉机液压机构来实现。犁上自带的油路系统(油缸、阀、油管及接头等)应经过耐压试验，并应有单独的耐压试验合格证。

4.7.5 翻转犁的翻转机构及摆式犁的换向机构应工作可靠。机构到位率：空运转不低于98%，生产查定不低于96%(连续作业不少于50次)。

4.7.6 有单体安全装置的犁，每个犁体在脱解力作用下应能抬起到位，采用剪切螺栓安全装置的犁，在规定外载作用下，剪切螺栓应能剪断，起到安全作用。

4.7.7 铧式犁非工作表面应涂漆，旱田铧式犁涂层质量应符合JB/T 5673规定的普通耐候层，水田犁涂层质量应符合耐水涂层的要求。工作表面只涂防锈剂。

4.7.8 铧式犁的外观质量应达到：锻件表面平整、无毛刺，割、焊件去毛刺、焊渣，周边整齐。

5 试验方法

5.1 试验条件和准备

5.1.1 试验地选择

试验地应选择在平坦、有代表性的田块，试验地的纵、横向坡度应不大于3°，前茬高度应小于20 cm，土壤含水率和坚实度应在适耕范围(土壤含水率10%～25%)。

5.1.2 试验机组状态和试验用仪器

5.1.2.1 试验样机及其配套动力应有良好的技术状态。

5.1.2.2 试验所用的仪器、设备需校验合格并在有效期内。

5.1.2.3 对比试验应在同等试验条件下进行。

5.1.3 试验测区的划分

性能试验测区的长度，旱田应不小于50 m，水田及小型拖拉机(额定牵引力小于5 kN的四轮拖拉机及手扶拖拉机)配套犁试验测区的长度应不小于20 m。试验测区的宽度应能满足全部试验样机和对比样机试验需要,试验田块按图 13 区划,应有足够的稳定区长度。

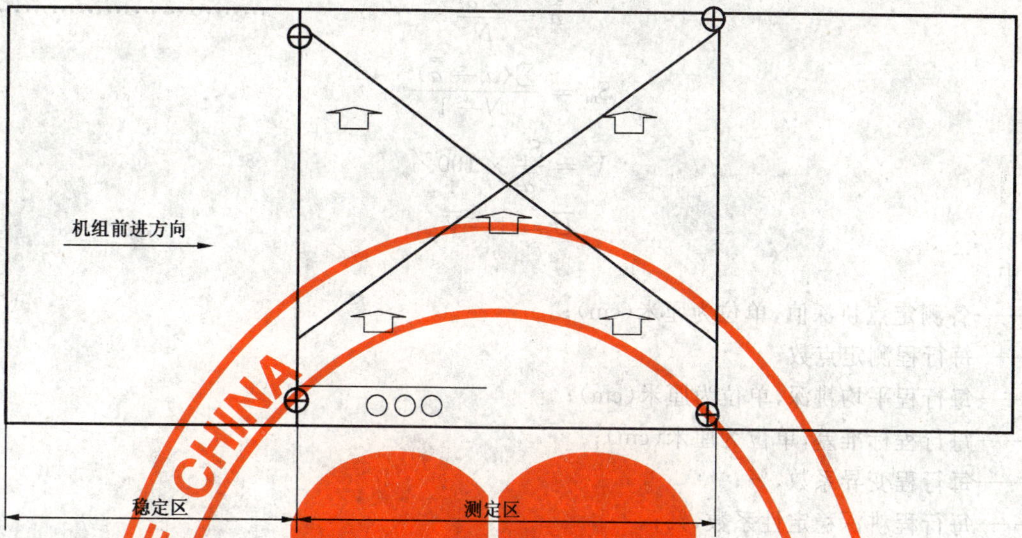

⊕——标杆位置;
⌂——土壤含水率、坚实度、植被或田面水深测定位置;
○——耕深、耕宽测点,每行程不少于 11 点,等距离插上标杆。

图 13　性能试验田块区划图

5.1.4　试验地状况的测定

5.1.4.1　土壤含水率、坚实度、植被及水田面水深和垄作地区垄距、垄高的测定按图 13 位置测定 5 点。

5.1.4.2　土壤含水率用取样法测定,也可用水份测定仪测定,每一测点按 10 cm 分层取样(最下层至地表的高度要大于测定的最大耕深),分别计算各分层的平均值和全耕层平均值,用绝对含水率表示。

5.1.4.3　土壤坚实度用土壤坚实度仪测定,每一测点按 10 cm 分层测定(最下层至地表的高度要大于测定的最大耕深),分别计算各分层的平均值和全耕层平均值。

5.1.4.4　根据需要可加测 0 cm~5 cm 土层的含水率和坚实度。

5.1.4.5　测定耕前的植被种类、植株高度并用 1 m×1 m 的框架,将框内植被齐地面剪下称重(稻茬地可用数丛法测定),计算 5 个测点的平均值。

5.2　性能试验

5.2.1　性能试验的目的是评定铧式犁作业质量能否达到规定的产品设计要求。

5.2.2　性能测定

每种工况沿前进和返回方向各不少于二个行程。

5.2.2.1　耕深和耕深稳定性

用耕深尺或其他测量仪器,测量最后犁体耕深。分别计算出每一工况的平均耕深、变异系数和耕深稳定性系数。

a)　每行程值按式(2)计算:

$$\bar{a} = \frac{\sum a_i}{n} \qquad \cdots\cdots(2)$$

$$S = \frac{\sum (a_i - \bar{a})^2}{n-1}$$

$$V = \frac{S}{\bar{a}} \times 100\%$$

$$U = 1 - V$$

b) 工况值按式(3)计算：

$$\overline{\overline{a}} = \frac{\sum a_i}{N} \qquad \cdots\cdots(3)$$

$$S_m = \frac{\sum (a_i - \overline{\overline{a}})^2}{N-1}$$

$$\overline{V} = \frac{S_m}{\overline{\overline{a}}} \times 100\%$$

$$\overline{U} = 1 - \overline{V}$$

式中：

a_i——各测定点耕深值，单位为厘米(cm)；

n——每行程测定点数；

$\overline{a}$——每行程平均耕深，单位为厘米(cm)；

S——每行程标准差，单位为厘米(cm)；

V——每行程变异系数，%；

U——每行程耕深稳定性系数，%；

$\overline{\overline{a}}$——工况平均耕深，单位为厘米(cm)；

N——工况测定点数；

S_m——工况耕深标准差，单位为厘米(cm)；

$\overline{V}$——工况变异系数，%；

$\overline{U}$——工况耕深稳定性系数，%。

5.2.2.2 耕宽和耕宽稳定性测定

沿垂直机组运动方向测定两个相邻行程犁沟沟墙之间的水平距离即为耕宽，在测定耕深的相应处进行测量耕宽，分别计算每行程和每种工况的平均耕宽变异系数和耕宽稳定性系数，计算方法同5.2.2.1。

5.2.2.3 作业速度测定

测定机组每一行程平均速度，并计算每种工况平均值。

5.2.2.4 植被和残茬覆盖率测定

每工况不少于3个测点，在已耕地上取宽度为2b(b——犁体工作幅宽)，长度为30 cm的面积，分别测定地表以上的植被和残茬质量，地表以下8 cm深度内的植被和残茬质量以及8 cm以下耕层内的植被和残茬质量(见图14)。按式(4)、式(5)计算植被和残茬覆盖率。

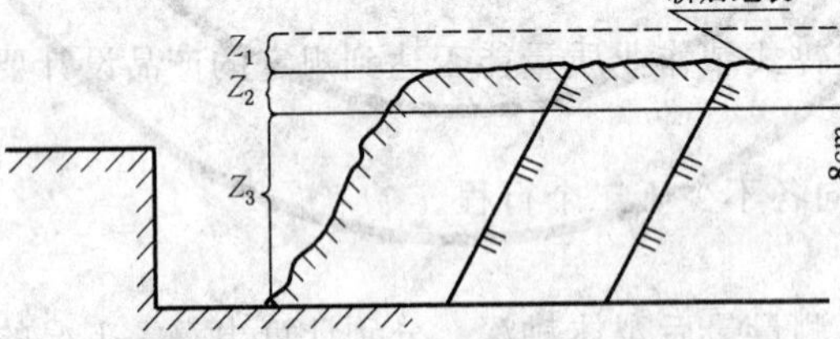

图14 耕层内的植被和残茬

$$F = \frac{z_2 + z_3}{z_1 + z_2 + z_3} \times 100 \qquad \cdots\cdots(4)$$

$$F_b = \frac{z_3}{z_1 + z_2 + z_3} \times 100 \qquad \cdots\cdots(5)$$

式中：

F——地表以下植被和残茬覆盖率，%；

F_b——8 cm 深度以下植被和残茬覆盖率，%；

Z_1——露在地表以上的植被和残茬质量，单位为克(g)；

Z_2——地表以下 8 cm 深度内的植被和残茬质量，单位为克(g)；

Z_3——8 cm 深度以下植被和残茬质量，单位为克(g)。

用数丛法测定覆盖率时，植被或残茬被覆盖的长度未达到其长度的 2/3 者按未被覆盖论，按式(6)计算。

$$f = \frac{Z_4 - Z_5}{Z_4} \times 100 \qquad \cdots\cdots(6)$$

式中：

f——覆盖率，%；

Z_4——耕前平均丛数，丛/m^2；

Z_5——耕后平均丛数，丛/m^2。

5.2.2.5 土垡翻转程度测定

土垡在翻转后其含植被或残茬表面与沟底夹角小于 90°者为翻垡，90°～100°者为立垡，大于 100°者为回垡，按式(7)计算。

$$r_f = \frac{L - (L_h + L_1)}{L} \times 100 \qquad \cdots\cdots(7)$$

$$r_1 = \frac{L_1}{L} \times 100$$

$$r_h = \frac{L_h}{L} \times 100$$

式中：

L——测区长度，单位为厘米(cm)；

L_h——回垡长度，单位为厘米(cm)；

L_1——立垡长度，单位为厘米(cm)；

r_f——翻垡率，%；

r_1——立垡率，%；

r_h——回垡率，%。

5.2.2.6 土垡破碎(断条)率测定

每工况不少于 3 个测定点，在不小于 b(犁体工作幅宽)×b(cm^2)面积耕层内，分别测定最大尺寸在大于、小于和等于 5 cm 的土块质量，按式(8)计算。

$$C = \frac{G_s}{G} \times 100 \qquad \cdots\cdots(8)$$

式中：

C——土垡破碎率，%；

G——全耕层土块总质量，单位为千克(kg)；

G_s——全耕层内最大尺寸小于、等于 5 cm 的土块质量，单位为千克(kg)。

铧式犁在水耕或旱耕其垡片成条时，测定断条率。测定最后犁体的垡片断条数(如该犁体处于拖拉机轮辙处，应拆掉该犁体)，最大垡片长、平均垡片长。垡片断裂的面积超过该断面积的 50% 时为一断条。断条率按式(9)计算。

$$P = \frac{f_T}{L} \qquad \cdots\cdots(9)$$

式中：

P——断条率，次/m；

f_T——断条数，次；

L——测定长度，单位为米(m)。

5.2.3 机组配套和动力测定

5.2.3.1 入土行程

测定最后犁体铧尖着地点至该犁体达到稳定耕深时犁的前进距离，稳定耕深按试验预测耕深的80%计。每行程测定一次，也可在专门地段上进行测定，必要时可测量入土地段的土壤坚实度，测定结果。

5.2.3.2 驱动轮滑转率

在测区内分别测定在相同转数下两驱动轮(或两履带)空行和作业行进的距离，滑转率按式(10)计算。此项也可用专门仪器测定。

$$\delta = \frac{L_K - L_Z}{L_K} \times 100 \quad \cdots\cdots(10)$$

式中：

δ——驱动轮滑转率，%；

L_K——机组空行程时驱动轮(或履带)n转前进的距离，单位为米(m)；

L_Z——机组作业时驱动轮(或履带)n转前进的距离，单位为米(m)。

5.2.4 牵引阻力、犁耕比阻和功率消耗，用测力仪器测出整机的牵引阻力(对难于测出整机牵引阻力的产品允许测出犁体牵引阻力换算出整机阻力)，犁体工作部件的阻力用专门的测力装置在田间或在土壤槽内进行。在测定阻力的同时测定耕深耕宽和速度，分别按式(11)、式(12)计算每行程犁耕(或犁体耕作)比阻和犁所消耗功率，并求其工况平均值。

$$K_1 = \frac{10P}{a \times b} \quad \cdots\cdots(11)$$

$$N_1 = P \times u \times 10^{-3} \quad \cdots\cdots(12)$$

式中：

K_1——犁耕(或犁体耕作)比阻，单位为千帕(kPa)；

P——犁牵引阻力，单位为牛顿(N)；

a——平均耕深，单位为厘米(cm)；

b——平均耕宽，单位为厘米(cm)；

N_1——犁功率消耗，单位为千瓦(kW)；

u——平均速度，单位为米每秒(m/s)。

5.3 生产试验

5.3.1 生产试验的目的

5.3.1.1 生产试验的目的是考核铧式犁在正常工作情况下作业质量稳定性、使用经济性、可靠性和易损件的耐磨性。

5.3.1.2 测定项目

测定项目有总作业面积、总作业机组耗油量、总作业时间、班次作业面积、班次作业机组耗油量、班次作业时间、班次纯工作时间、故障排除时间、易损件磨损量等。

5.3.2 生产试验考核面积

在设计耕深及所适应的土壤条件下作业，每台犁每米耕作幅宽(按设计值)作业面积不少于100 hm^2。水田犁及小型拖拉机配套犁每米耕作幅宽作业面积不少于75 hm^2，水田犁水耕作业面积不少于1/5。

在生产考核过程中，犁梁、犁柱、犁托、悬挂架零部件在正常作业条件下不允许发生损坏，上述零部件发生非正常损坏进行更换时，需重新计算生产考核作业面积。

也可采用专门疲劳试验设备进行快速试验，试验规范应达到与田间生产试验等效。

5.3.3 **生产试验项目的测定**

5.3.3.1 **作业质量稳定性**

生产试验过程中，观察铧式犁的耕作稳定性、植被和残茬的覆盖率、土垡翻转程度、土垡破碎(断条)率、拖堆和粘土情况、耕后地表平整度及入土性能等，需做记录，必要时摄影或拍照。

5.3.3.2 **使用经济性**

在生产试验中应详细记录作业面积、耗油量和作业时间，班次小时生产率、纯工作小时生产率、燃油消耗量、时间利用率和使用可靠性按 GB/T 5667 的规定进行计算，并将结果记入试验报告。

5.4 **编制试验报告**

5.4.1 试验结束后应将观察、测定和计算结果进行整理编制试验报告，并将全部原始记录汇总装订，以供核对。

5.4.2 试验报告应报告以下内容：

——试验报告概述；

——试验条件(包括试验地条件)和主要仪器、设备的编号、精度等；

——试验样机的技术特征(含样机照片)；

——试验结果和分析，根据试验结果，结合试验条件全面分析样机的作业质量、配套性能、使用适应性、经济性、可靠性以及样机技术指标的先进性；

——试验结论和建议；

——试验负责人和主要试验人员名单。

6 检验规则

铧式犁的检验分出厂检验和型式检验。

6.1 **出厂检验**

6.1.1 每台(或部件)总装完毕的铧式犁必须进行出厂检验，检验铧式犁的制造、装配质量是否符合产品技术条件的规定。出厂检验项目应按表 15 的规定执行。

6.1.2 出厂产品应经检验部门检验合格，并签发合格证后方可出厂。

6.2 **型式检验**

6.2.1 **型式检验的条件**

制造厂在下列情况之一时，应进行型式检验：

a) 新产品定型鉴定及老产品转厂生产时；

b) 结构、工艺、材料有较大的改变，可能影响产品性能时；

c) 工装、模具的磨损可能影响产品性能时；

d) 产品长期停产后，恢复生产时；

e) 出厂检验结果与上次型式试验有较大差异时；

f) 正常批量生产时，每三年应进行一次型式检验；

g) 质量监督机构提出进行型式试验要求时。

表 15

项目分类		项 目 名 称		所在条款	出厂检验	型式检验
A 类	1	安全要求		4.1	√[a]	√
	2	可靠性	有效度	4.3.1	—[b]	√
	3		主要件损坏	4.3.3	—	√
	4	耕深稳定性变异系数		表 8	—	√

表 15(续)

项目分类		项 目 名 称		所在条款	出厂检验	型式检验
B类	1	耕宽稳定性变异系数		表 8	—	√
	2	植被覆盖率	地表以下	表 8	—	√
	3		8 cm 以下		—	√
	4	碎土率(断条)		表 8	—	√
	5	犁铧质量		4.5.1	√	√
C类	1	耕作速度		表 8	—	√
	2	犁架平面度		表 14	√	√
	3	入土行程		表 8	—	√
	4	连接尺寸		4.4.2	√	√
	5	犁体质量		4.6.1	√	√
	6	犁壁质量		4.5.2	√	√
	7	犁柱质量		4.5.3	√	√
	8	装配质量		4.7.1～4.7.6	√	√
	9	运输间隙		表 5	—	√
	10	涂漆		4.7.7	√	√
	11	外观质量		4.7.8	√	√

a “√”为要求检验项目。

b “—”为不要求检验项目。

6.2.2 抽样方法

6.2.2.1 按 GB/T 2828.1 规定的正常连续批量生产的产品抽样方案,并规定使用特殊检查水平 S-1。

6.2.2.2 抽验产品时,检查批为 9 台～15 台,抽取样本为 2 台,在销售部门抽取不受此限,订货方对抽样和合格质量有特殊要求时,可与制造厂协商确定。

6.2.3 检验项目分类

被检项目凡不符合本标准第 4 章规定的即为不合格。按其对产品质量的影响程度,分为 A 类不合格、B 类不合格和 C 类不合格,不合格分类见表 15。

6.2.4 判定原则

6.2.4.1 抽样判定方案见表 16,AQL 为接收质量限,Ac 为接收数;Re 为拒收数。

6.2.4.2 各类项目不合格数不大于接收数 Ac 时判为合格,否则判为不合格。

表 16

不合格分类		A类		B类		C类	
项目数		4		5		11	
检查水平		S-1					
AQL		6.5		25		40	
Ac	Re	0	1	1	2	2	3

7 交货、标志、包装、运输和贮存

7.1 交货

7.1.1 每台铧式犁应经检验合格、并签发合格证后方可出厂。

7.1.2 如购货方对铧式犁交货状态有特殊要求,可与供方协商解决。

7.1.3 除了按特殊订货提供的附件外,出厂的每台铧式犁应按照产品技术文件的规定或按订货合同配全备件、附件和随机工具。

7.1.4 每台铧式犁的随机文件应用防水袋包装,文件包括:

a) 使用说明书;

b) 合格证;

c) 备件、附件和随机工具清单;

d) 装箱单。

7.2 标志

7.2.1 铧式犁应有标牌,标牌应字迹清晰、安装端正、牢固,符合 GB/T 13306 的规定,并包括如下内容:

a) 产品名称及型号;

b) 出厂编号及出厂年、月;

c) 作业幅宽,单位为米(m);

d) 制造商名称、地址;

e) 产品执行标准编号。

7.2.2 包装、运输和贮存

7.2.2.1 铧式犁的犁架和犁铧等零部件可分开包装,包装应牢固可靠,在包装箱内不得窜动,包装件外应有产品名称、型号、制造厂名称、联系电话、收货单位、地址等文字或标记。

7.2.2.2 铧式犁随机装箱的备件、技术文件和随机工具,在正常运输中不致发生丢失或损坏。

7.2.2.3 铧式犁室内存放时应存放在干燥、通风的场地,露天存放时应采取防雨、防锈措施。要定期进行保养、维修,清除附着废物。

ICS 11.040.20
C 31

中华人民共和国国家标准

GB/T 14233.1—2008
代替 GB/T 14233.1—1998

医用输液、输血、注射器具检验方法 第1部分：化学分析方法

Test methods for infusion, transfusion, injection equipments for medical use—Part 1: Chemical analysis methods

2008-11-03 发布　　2009-10-01 实施

中华人民共和国国家质量监督检验检疫总局
中国国家标准化管理委员会　发布

前　言

GB/T 14233《医用输液、输血、注射器具检验方法》分为两部分：

——第 1 部分：化学分析方法；

——第 2 部分：生物学试验方法。

本部分是 GB/T 14233 的第 1 部分。

本部分代替 GB/T 14233.1—1998《医用输液、输血、注射器具检验方法　第 1 部分：化学分析方法》。鉴于 GB/T 14233.1—1998 已被诸多产品标准广泛引用，为避免由于标准条款号的改动而引起混乱，在本次修订中尽量保持与原标准的条款号对应，对需要修改的内容在原条款处进行了修改，新增内容在原序号基础上增加新的序号和方法。

本部分与 GB/T 14233.1—1998 相比主要变化如下：

——修改了溶液配制及表述方法；

——增加了使用时间较短(不超过 24 h)体积较大的不规则产品、使用时间较长(超过 24 h)的不规则形状产品和吸水性材料的检验液制备方法；

——增加了浊度和色泽试验方法；

——修改了氯化物、酸碱度、重金属、铵、锌、灼烧残渣、环氧乙烷残留量试验方法；

——增加了原子荧光光谱试验方法；

——取消了硫酸盐试验方法。

本部分由国家食品药品监督管理局提出。

本部分由全国医用输液器具标准化技术委员会归口。

本部分起草单位：国家食品药品监督管理局济南医疗器械质量监督检验中心。

本部分主要起草人：骆红宇、潘华先、施燕平、孙光宇、李克芳、秦冬立、刘斌、刘莉莉、郭伦。

本部分所代替标准的历次版本发布情况为：

——GB/T 14233.1—1993；

——GB/T 14233.1—1998。

医用输液、输血、注射器具检验方法 第1部分:化学分析方法

1 范围

GB/T 14233的本部分规定了医用输液、输血、注射器具化学分析方法。

本部分适用于医用高分子材料制成的医用输液、输血、注射及配套器具的化学分析,其他医用高分子制品的化学分析亦可参照采用。

2 规范性引用文件

下列文件中的条款通过GB/T 14233的本部分的引用而成为本部分的条款。凡是注日期的引用文件,其随后所有的修改单(不包括勘误的内容)或修订版均不适用于本部分,然而,鼓励根据本部分达成协议的各方研究是否可使用这些文件的最新版本。凡是不注日期的引用文件,其最新版本适用于本部分。

GB/T 601 化学试剂 标准滴定溶液的制备

GB/T 6682 分析实验室用水规格和试验方法(GB/T 6682—2008,ISO 3696:1987,MOD)

中华人民共和国药典(2005年版)二部

3 通则

3.1 本部分的所有分析都以两个平行试验组进行,其结果应在允许相对偏差限度内,以算术平均值为测定结果,如一份合格,另一份不合格,不得平均计算,应重新测定。

3.2 若无特殊规定,本部分中所用试剂均为分析纯。

3.3 若无特殊规定,本部分中试验用水均应符合GB/T 6682中二级水的要求。

3.4 本部分中所用术语"室温"指10 ℃～30 ℃。

3.5 本部分中所用术语"精确称重"指称重精确到0.1 mg。

3.6 本部分中所用术语"精确量取"指用符合相应国家标准规定的准确度要求的移液管量取。

3.7 重量法恒重系指供试品连续两次炽灼或干燥后的重量之差不得超过0.3 mg。

3.8 若无特殊规定,本部分所用玻璃容器均为硅硼酸盐玻璃容器。

4 检验液制备

4.1 制备检验液应尽量模拟产品使用过程中所经受的条件(如产品的应用面积、时间、温度等)。模拟浸提时间应不少于产品正常使用时间。当产品的使用时间较长时(超过24 h),应考虑采用加速试验条件制备检验液,但需对其可行性和合理性进行验证。

4.2 制备检验液所用的方法应尽量使样品所有被测表面都被萃取到。

4.3 推荐在表1中选择检验液制备方法。

表 1　检验液制备方法

序号	检验液制备方法	适用产品说明
1	取 3 套样品和玻璃烧瓶连成一循环系统，加入 250 mL 水并保持在 37 ℃±1 ℃，通过一蠕动泵作用于一段尽可能短的医用硅橡胶管上，使水以 1 L/h 的流量循环 2 h，收集全部液体冷至室温作为检验液。 取同体积水置于玻璃烧瓶中，同法制备空白对照液。	使用时间较短（不超过 24 h）的体外输注管路产品。
2	取样品切成 1 cm 长的段，加入玻璃容器中，按样品内外总表面积（cm^2）与水（mL）的比为 2：1 的比例加水，加盖后，在 37 ℃±1 ℃下放置 24 h，将样品与液体分离，冷至室温，作为检验液。 取同体积水置于玻璃容器中，同法制备空白对照液。	使用时间较短（不超过 24 h）的体内导管。
3	取样品的厚度均匀部分，切成 1 cm^2 的碎片，用水洗净后晾干，然后加入玻璃容器中，按样品内外总表面积（cm^2）与水（mL）的比为 5：1（或 6：1）的比例加水，加盖后置于压力蒸汽灭菌器中，在 121 ℃±1 ℃加热 30 min，加热结束后将样品与液体分离，冷至室温作为检验液。 取同体积水置于玻璃容器中，同法制备空白对照液。	使用时间较长（超过 24 h）的产品。
4	样品中加水至公称容量，在 37 ℃±1 ℃下恒温 8 h（或 1 h）将样品与液体分离，冷至室温，作为检验液。 取同体积水置于玻璃容器中，同法制备空白对照液。	使用时间很短（不超过 1 h）的容器类产品。
5	样品中加水至公称容量，在 37 ℃±1 ℃下恒温 24 h，将样品与液体分离，冷至室温，作为检验液。 取同体积水置于玻璃容器中，同法制备空白对照液。	使用时间较短（不超过 24 h）的容器类产品。
6	取样品，按每个样品加 10 mL（或按样品适当重量如 0.1 g～0.2 g[a] 加 1 mL）的比例加水，在 37 ℃±1 ℃下恒温 24 h（或 8 h 或 1 h），将样品与液体分离，冷至室温，作为检验液。 取同体积水置于玻璃容器中，同法制备空白对照液。	使用时间较短（不超过 24 h）的小型不规则产品。
7	取样品，按样品适当重量如 0.1 g～0.2 g[a] 加 1 mL 的比例加水，在 37 ℃±1 ℃下恒温 24 h（或 8 h 或 1 h），将样品与液体分离，冷至室温，作为检验液。 取同体积水置于玻璃容器中，同法制备空白对照液。	使用时间较短（不超过 24 h）、体积较大的不规则产品。
8	取样品，按 0.1 g～0.2 g[a] 样品加 1 mL 的比例加水，37 ℃±1 ℃条件下，浸提 72 h（或 50 ℃±1 ℃条件下浸提 72 h，或 70 ℃±1 ℃条件下浸提 24 h），将样品与液体分离，冷至室温，作为检验液。 取同体积水置于玻璃容器中，同法制备空白对照液。	使用时间较长（超过 24 h）的不规则形状产品。
9	取样品，按样品重量（g）或表面积（cm^2）加除去吸水量以外适当比例的水，37 ℃±1 ℃条件下，浸提 24 h（或 72 h 或 8 h 或 1 h），将样品与液体分离，冷至室温，作为检验液。 取同体积水置于玻璃容器中，同法制备空白对照液。	吸水性材料的产品。

注 1：若使用括号中的样品制备条件，应在产品标准中注明。

注 2：温度的选择宜考虑临床使用可能经受的最高温度，若为聚合物，温度应选择在玻璃化温度以下。

[a] 0.1 g/mL 比例适用于不规则形状低密度孔状的固体产品；0.2 g/mL 比例适用于不规则形状的固体产品。

5 检验液溶出物分析方法

5.1 浊度和色泽

5.1.1 浊度

5.1.1.1 溶液配制

硫酸肼溶液：称取 105 ℃干燥至恒重的硫酸肼 1.00 g，置 100 mL 量瓶中，加水溶解并稀释至刻度，摇匀，放置 4 h 至 6 h。

六亚甲基四胺溶液：在 100 mL 具塞玻璃瓶中，用 25 mL 的水溶解 2.5 g 六亚甲基四胺。

初级乳色悬浮液：向六亚甲基四胺溶液中加入 25 mL 硫酸肼溶液，混合后放置 24 h。该悬浮液贮存在无表面缺陷的玻璃容器中可保持稳定两个月。悬浮液不应粘附到玻璃容器上，使用前应充分混合。

乳色标准液：加水稀释 15 mL 初级乳色悬浮液至 1 000 mL。该悬浮液应是新制备的，存放至多 24 h。

对照悬浮液：按表 2 制备对照悬浮液，使用前振荡混匀。

表 2 对照悬浮液 单位为毫升

对照悬浮液	0.5	1	2	3	4
乳色标准液	2.50	5.0	10.0	30.0	50.0
水	97.50	95.0	90.0	70.0	50.0

5.1.1.2 试验步骤

5.1.1.2.1 方法一

使用无色、透明、内径为 15 mm～25 mm 的中性玻璃平底试管，比较检验液和按上述新制备的对照悬浮液，试管内液体层深 40 mm。制备好对照悬浮液放置 5 min 后，在漫射日光下，垂直于黑色背景观察溶液。

5.1.1.2.2 方法二

在室温条件下，将检验液与等量的对照悬浮液分别置于无色、透明、内径为 15 mm～16 mm 的中性玻璃平底试管中，制备好对照悬浮液放置 5 min 后，在暗室内垂直同置于伞棚灯下，照度为 1 000 lx，从水平方向观察比较。

5.1.2 色泽

按《中华人民共和国药典(2005 年版)二部》中附录ⅨA 溶液颜色检查法进行。

5.2 还原物质(易氧化物)

5.2.1 方法一：直接滴定法

5.2.1.1 原理

高锰酸钾是强氧化剂，在酸性介质中，高锰酸钾与还原物质作用，MnO_4^- 被还原成 Mn^{2+}：

$$MnO_4^- + 8H^+ + 5e = Mn^{2+} + 4H_2O$$

5.2.1.2 溶液配制

硫酸溶液：量取 128 mL 硫酸，缓缓注入 500 mL 水中，冷却后稀释至 1 000 mL。

草酸钠溶液〔$c(1/2Na_2C_2O_4)=0.1$ mol/L〕：称取 105 ℃～110 ℃干燥恒重的草酸钠 6.700 g，加水溶解并稀释至 1 000 mL。

草酸钠溶液〔$c(1/2Na_2C_2O_4)=0.01$ mol/L〕：临用前取草酸钠溶液〔$c(1/2Na_2C_2O_4)=0.1$ mol/L〕加水稀释 10 倍。

高锰酸钾标准滴定溶液〔$c(1/5KMnO_4)=0.1$ mol/L〕：按 GB/T 601 中方法进行配制和标定。

高锰酸钾标准滴定溶液〔$c(1/5KMnO_4)=0.01$ mol/L〕：临用前，取高锰酸钾标准滴定溶液〔$c(1/5KMnO_4)=0.1$ mol/L〕加水稀释 10 倍。必要时煮沸，放冷，过滤，再标定其浓度。

5.2.1.3 试验步骤

精确量取检验液 20 mL，置于锥形瓶中，精确加入产品标准中规定浓度的高锰酸钾标准滴定溶液 3 mL，硫酸溶液5 mL，加热至沸并保持微沸 10 min，稍冷后精确加入对应浓度的草酸钠溶液 5 mL，置于水浴上加热至 75 ℃～80 ℃，用规定浓度的高锰酸钾标准滴定溶液滴定至显微红色，并保持 30 s 不褪色为终点，同时与同批空白对照液相比较。

注：$c(1/5KMnO_4)=0.1$ mol/L 高锰酸钾标准滴定溶液对应 $c(1/2Na_2C_2O_4)=0.1$ mol/L 草酸钠溶液；$c(1/5KMnO_4)=0.01$ mol/L高锰酸钾标准滴定溶液对应 $c(1/2Na_2C_2O_4)=0.01$ mol/L 草酸钠溶液。

5.2.1.4 结果计算

还原物质(易氧化物)含量以消耗高锰酸钾溶液的量表示，按式(1) 计算：

$$V=\frac{(V_s-V_0)c_s}{c_0} \quad \cdots\cdots(1)$$

式中：

V——消耗高锰酸钾标准滴定溶液的体积，单位为毫升(mL)；

V_s——检验液消耗高锰酸钾标准滴定溶液的体积，单位为毫升(mL)；

V_0——空白液消耗高锰酸钾标准滴定溶液的体积，单位为毫升(mL)；

c_s——高锰酸钾标准滴定溶液的实际浓度，单位为摩尔每升(mol/L)；

c_0——标准中规定的高锰酸钾标准滴定溶液的浓度，单位为摩尔每升(mol/L)。

5.2.2 方法二：间接滴定法

5.2.2.1 原理

水浸液中含有的还原物质在酸性条件下加热时，被高锰酸钾氧化，过量的高锰酸钾将碘化钾氧化成碘，而碘被硫代硫酸钠还原。

5.2.2.2 溶液配制

硫酸溶液：量取 128 mL 硫酸，缓缓注入 500 mL 水中，冷却后稀释至 1 000 mL。

高锰酸钾溶液〔$c(1/5KMnO_4)=0.1$ mol/L〕：同 5.2.1.2。

高锰酸钾溶液〔$c(1/5KMnO_4)=0.01$ mol/L〕：同 5.2.1.2。

淀粉指示液：称取 0.5 g 淀粉溶于 100 mL 水中，加热煮沸后冷却备用。

硫代硫酸钠标准滴定溶液〔$c(Na_2S_2O_3)=0.1$ mol/L〕：按 GB/T 601 中方法进行配制和标定。

硫代硫酸钠标准滴定溶液〔$c(Na_2S_2O_3)=0.01$ mol/L〕：临用前取硫代硫酸钠标准滴定溶液〔$c(Na_2S_2O_3)=0.1$ mol/L〕用新煮沸并冷却的水稀释 10 倍。

5.2.2.3 试验步骤

精确量取检验液 10 mL[1)]，加入 250 mL 碘量瓶中，精密加入硫酸溶液 1 mL[2)] 和产品标准中规定浓度的高锰酸钾溶液 10 mL[2)]，煮沸 3 min，迅速冷却，加碘化钾 0.1 g[2)]，密塞，摇匀。立即用相同浓度的硫代硫酸钠标准滴定溶液滴定至淡黄色，再加 5 滴淀粉指示液，继续用硫代硫酸钠标准滴定溶液滴定至无色。

用同样的方法滴定空白对照液。

5.2.2.4 结果计算

还原物质(易氧化物)的含量以消耗高锰酸钾溶液的量表示，按式(2)计算：

$$V = \frac{(V_0 - V_s)c_s}{c_0} \qquad \cdots\cdots\cdots\cdots(2)$$

式中：

V——消耗高锰酸钾溶液的体积，单位为毫升(mL)；

V_s——检验液消耗硫代硫酸钠标准滴定溶液的体积，单位为毫升(mL)；

V_0——空白液消耗硫代硫酸钠标准滴定溶液的体积，单位为毫升(mL)；

c_s——硫代硫酸钠标准滴定溶液的实际浓度，单位为摩尔每升(mol/L)；

c_0——标准中规定的高锰酸钾标准滴定溶液[$c(1/5KMnO_4)$]的浓度，单位为摩尔每升(mol/L)。

5.3 氯化物

5.3.1 原理

氯离子在酸性条件下与硝酸银反应生成氯化银沉淀。

5.3.2 溶液配制

氯标准贮备液(0.1 mg/mL)：称取 500 ℃～600 ℃灼烧至恒重的氯化钠 0.165 g，溶于水，移入 1 000 mL 容量瓶中，稀释至刻度。

氯标准溶液：临用前精确量取氯标准贮备液稀释至所需浓度。

硝酸银试液(17.5 g/L)：称取硝酸银 1.75 g，溶于水，稀释至 100 mL，贮存于棕色瓶中。

硝酸溶液：取 105 mL 硝酸，用水稀释至 1 000 mL。

5.3.3 试验步骤

精确量取检验液 10 mL，加入 50 mL 纳氏比色管中，加 10 mL 稀硝酸(溶液若不澄清，过滤，滤液置于 50 mL 纳氏比色管中)，加水使成约 40 mL，即得供试液。

精确量取 10 mL 氯标准溶液至另一支 50 mL 纳氏比色管中，加 10 mL 稀硝酸，加水使成约 40 mL，摇匀，即得标准对照液。

在以上两试管中分别加入硝酸银试液 1.0 mL，用水稀释至 50 mL，在暗处放置 5 min，置黑色背景上从比色管上方观察。供试液与标准对照液比浊。

供试溶液如带颜色，除另有规定外，可取供试溶液两份，分置 50 mL 纳氏比色管中，一份中加硝酸银试液 1.0 mL，摇匀，放置 10 min，如显浑浊，可反复过滤至滤液完全澄清，再加规定量的氯标准溶液与水适量使成 50 mL，摇匀，在暗处放置 5 min，作为对照液；另一份中加硝酸银试液 1.0 mL 与水适量使成 50 mL，摇匀在暗处放置 5 min，按上述方法与对照溶液比较，即得。

5.4 酸碱度

5.4.1 方法一

取检验液和空白对照液，用酸度计分别测定其 pH 值，以两者之差作为检验结果。

---

1) 也可取检验液 20 mL。

2) 检验液取 20 mL 时，高锰酸钾溶液也加 20 mL，硫酸溶液加 2 mL，碘化钾加 1.0 g。

5.4.2 方法二

5.4.2.1 溶液配制

氢氧化钠标准滴定溶液〔$c(NaOH)=0.1$ mol/L〕:按 GB/T 601 的规定配制及标定。

氢氧化钠标准滴定溶液〔$c(NaOH)=0.01$ mol/L〕:临用前取氢氧化钠标准滴定溶液〔$c(NaOH)=0.1$ mol/L〕加水稀释 10 倍。

盐酸标准滴定溶液〔$c(HCl)=0.1$ mol/L〕:按 GB/T 601 的规定配制及标定。

盐酸标准滴定溶液〔$c(HCl)=0.01$ mol/L〕:临用前取盐酸标准滴定溶液〔$c(HCl)=0.1$ mol/L〕加水稀释 10 倍。

Tashiro 指示剂:溶解 0.2 g 甲基红和 0.1 g 亚甲基蓝于 100 mL 乙醇(体积分数为 95%)中。

5.4.2.2 试验步骤

精确量取 20 mL 检验液置 100 mL 磨口瓶中,加入 0.1 mL Tashiro 指示剂,如果溶液颜色呈紫色,则用氢氧化钠标准滴定溶液〔$c(NaOH)=0.01$ mol/L〕滴定;如果呈绿色,则用盐酸标准滴定溶液〔$c(HCl)=0.01$ mol/L〕滴定,直至显灰色。以消耗氢氧化钠标准滴定溶液〔$c(NaOH)=0.01$ mol/L〕或盐酸标准滴定溶液〔$c(HCl)=0.01$ mol/L〕的体积(以毫升为单位)作为检验结果。

5.4.3 方法三

5.4.3.1 溶液配制

氢氧化钠标准滴定溶液〔$c(NaOH)=0.1$ mol/L〕:同 5.4.2.1。

氢氧化钠标准滴定溶液〔$c(NaOH)=0.01$ mol/L〕:同 5.4.2.1。

盐酸标准滴定溶液〔$c(HCl)=0.1$ mol/L〕:同 5.4.2.1。

盐酸标准滴定溶液〔$c(HCl)=0.01$ mol/L〕:同 5.4.2.1。

酚酞指示液(10 g/L):称取 1 g 酚酞,溶于乙醇(体积分数为 95%)并稀释至 100 mL。

甲基红指示液(1 g/L):称取 0.1 g 甲基红,溶于乙醇(体积分数为 95%)并稀释至 100 mL。

5.4.3.2 试验步骤

向 10 mL 检验液中加入 2 滴酚酞指示液,溶液不应呈红色。加入 0.4 mL 的氢氧化钠标准滴定溶液[$c(NaOH)=0.01$ mol/L],应呈红色。加入 0.8 mL 盐酸标准滴定溶液[$c(HCl)=0.01$ mol/L],红色应消失。加入 5 滴甲基红指示液,溶液应呈红色。

5.5 蒸发残渣

5.5.1 试验步骤

蒸发皿预先在 105 ℃干燥至恒重。量取检验液 50 mL 加入蒸发皿中,在水浴上蒸干并在 105 ℃恒温箱中干燥至恒重。同法测定空白对照液。

5.5.2 结果计算

按式(3)计算蒸发残渣:

$$m=[(m_{12}-m_{11})-(m_{02}-m_{01})]\times 1\,000 \quad\cdots\cdots(3)$$

式中:

m——蒸发残渣的质量,单位为毫克(mg);

m_{11}——未加入检验液的蒸发皿质量,单位为克(g);

m_{12}——加入检验液的蒸发皿质量,单位为克(g);

m_{01}——未加入空白液的蒸发皿质量,单位为克(g);

m_{02}——加入空白液的蒸发皿质量,单位为克(g)。

5.6 重金属总含量

5.6.1 方法一

5.6.1.1 原理

在弱酸性溶液中,铅、铬、铜、锌等重金属能与硫代乙酰胺作用生成不溶性有色硫化物。以铅为代表制备标准溶液进行比色,测定重金属的总含量。

5.6.1.2 试剂及溶液配制

乙酸盐缓冲液(pH3.5):取乙酸铵 25 g,加水 25 mL 溶解后,加盐酸液(7 mol/L)38 mL,用盐酸液

(2 mol/L)或氨溶液(5 mol/L)准确调节 pH 值至 3.5(电位法指示),用水稀释至 100 mL,即得。

硫代乙酰胺试液:取硫代乙酰胺 4 g,加水使溶解成 100 mL,置冰箱中保存。临用前取混合液[由氢氧化钠(1 mol/L)15 mL,水 5.0 mL 及甘油 20 mL 组成]5.0 mL,加上述硫代乙酰胺溶液 1.0 mL,置水浴上加热 20 s,冷却,立即使用。

铅标准贮备液(0.1 mg/mL):称取硝酸铅 0.160 g,用 10 mL 硝酸溶液(1+9)溶解,移入 1 000 mL 容量瓶中,用水稀释至刻度。

铅标准溶液:临用前,精确量取铅标准贮备液稀释至所需浓度。

5.6.1.3 试验步骤

精确量取检验液 25 mL[3] 于 25 mL 纳氏比色管中,另取一支 25 mL 纳氏比色管,加入铅标准液 25 mL,于上述两支比色管中分别加入乙酸盐缓冲液(pH3.5)2 mL,再分别加入硫代乙酰胺试液 2 mL,摇匀,放置 2 min,置白色背景下从上方观察,比较颜色深浅。

检验液如显色,可在标准对照液中加入少量稀焦糖溶液或者其他无干扰的有色溶液,使之与检验液颜色一致。再在检验液和标准对照液中各加入 2 mL 硫代乙酰胺试液,摇匀,放置 2 min。在白色背景下从上方观察,比较颜色深浅。

5.6.2 方法二

5.6.2.1 原理

在碱性溶液中,铅、铬、铜、锌等重金属能与硫化钠作用生成不溶性有色硫化物。以铅为代表制备标准溶液进行比色,测定重金属的总含量。

5.6.2.2 溶液配制

氢氧化钠试液(43 g/L):取氢氧化钠 4.3 g,加水使溶解成 100 mL,即得。

硫化钠试液(100 g/L):临用前,称取硫化钠 1 g,加水使溶解成 10 mL,即得。

铅标准贮备液(0.1 mg/mL):同 5.6.1.2。

铅标准溶液:同 5.6.1.2。

5.6.2.3 试验步骤

精确量取检验液 25 mL 于 25 mL 纳氏比色管中,另取一支 25 mL 纳氏比色管,加入铅标准液 25 mL,于上述两支比色管中分别加入氢氧化钠试液 5 mL,再分别加入硫化钠试液 5 滴,摇匀,置白色背景下从上方观察,比较颜色深浅。

5.7 紫外吸光度

取检验液,必要时用 0.45 μm 的微孔滤膜过滤,在 5 h 内用 1 cm 比色皿以空白对照液为参比,在规定的波长范围内测定吸光度。

5.8 铵

5.8.1 原理

铵离子在碱性溶液中能与纳氏试剂反应生成黄色物质,通过与标准对照液比色,测定其铵含量。

5.8.2 溶液配制

氢氧化钠溶液(40 g/L):称取 4.0 g 氢氧化钠,用水溶解并稀释至 100 mL。

纳氏试剂(碱性碘化汞钾试液):取碘化钾 10 g,加水 10 mL 溶解后,缓缓加入二氯化汞的饱和水溶液,随加随搅拌,至生成的红色沉淀不再溶解,加氢氧化钾 30 g 溶解后,再加二氯化汞的饱和水溶液 1 mL 或 1 mL 以上,并用适量的水稀释使成 200 mL,静置,使沉淀,即得,用时倾取上清液使用。检查:取本液 2 mL,加入含氨 0.05 mg 的水 50 mL 中,应即时显黄棕色。

铵标准贮备液(0.1 mg/mL):称取 0.297 g 于 105 ℃～110 ℃干燥至恒重的氯化铵,用水溶解并稀释至 1 000 mL。

---

3) 检验液也可取 10 mL,则铅标准液加入量为 10 mL。

铵标准溶液:临用前精确量取铵标准贮备液稀释至所需浓度。

5.8.3 试验步骤

精确量取10 mL检验液于25 mL纳氏比色管中,另取一支25 mL纳氏比色管,加入铵标准溶液10 mL,于上述两支比色管中分别加入2 mL氢氧化钠溶液(40 g/L),使溶液呈碱性。随后用蒸馏水稀释至15 mL,加入0.3 mL纳氏试剂。

30 s后进行检查,比较检验液与对照液颜色深浅。

5.9 部分重金属元素

5.9.1 原子吸收分光光度计法

5.9.1.1 仪器

原子吸收分光光度计,使用时应按仪器说明书操作。

5.9.1.2 分析方法(标准曲线法)

在仪器推荐的浓度范围内,制备至少5个含待测元素且浓度依次递增的标准溶液,以配制标准溶液用的溶剂将吸光度调零。然后依次测定各标准溶液的吸光度,相对于浓度作标准曲线。

测定检验液和空白对照液,根据吸光度在标准曲线上查出相应浓度,计算元素的含量。

注:用原子吸收光谱法测定重金属的含量时可通过蒸发试验液使其浓缩来提高检测范围。对每种金属的测定,都向250 mL的试验液中加入2.5 mL硝酸溶液(10 g/L)。

5.9.2 比色分析法

5.9.2.1 锌

5.9.2.1.1 原理

锌与锌试剂反应显色在620 nm处测定吸光度。

5.9.2.1.2 溶液配制

氯化钾溶液(7.455 g/L):称取7.455 g氯化钾,加水稀释至1 000 mL。

氢氧化钠溶液(4 g/L):称取4.000 g氢氧化钠,加水稀释至1 000 mL。

硼酸氯化钾缓冲液(pH=9.0):称取硼酸3.090 g加氯化钾溶液(7.455 g/L)500 mL使溶解,再加氢氧化钠溶液(4 g/L)210 mL,即得。

氢氧化钠试液(40 g/L):称取4.00 g氢氧化钠,用水溶解,稀释至100 mL。

锌试剂溶液:取0.130 g锌试剂,加2 mL氢氧化钠试液溶解,用水稀释至100 mL。

锌标准贮备液(0.1 mg/mL):称取0.440 g硫酸锌($ZnSO_4 \cdot 7H_2O$),溶于水,移入1 000 mL容量瓶中,稀释至刻度。

锌标准溶液:临用前精确量取锌标准贮备液稀释至所需浓度。

5.9.2.1.3 试验步骤

精确量取检验液5 mL置10 mL量瓶中,加2 mL硼酸氯化钾缓冲液与0.6 mL锌试剂溶液,用水稀释至刻度,放置1 h。

精确量取空白液5 mL置10 mL量瓶中,加2 mL硼酸氯化钾缓冲液与0.6 mL锌试剂溶液,用水稀释至刻度,放置1 h,即为测定吸光度用参比溶液。

精确量取5 mL锌标准溶液,同法制成标准对照液,摇匀,放置1 h,置1 cm比色皿中,在620 nm波长处测定吸光度。以参比液调零点。

5.9.2.1.4 结果计算

根据测得吸光度值,按式(4)计算检验液相应重金属含量:

$$c_s = \frac{A_s}{A_r} c_r \qquad \cdots\cdots(4)$$

式中：

c_s——检验液相应重金属的浓度，单位为微克每毫升(μg/mL)；

c_r——标准对照液相应重金属的浓度，单位为微克每毫升(μg/mL)；

A_s——检验液吸光度；

A_r——标准对照液吸光度。

5.9.2.2 **铅**

5.9.2.2.1 **原理**

铅离子在弱碱性(pH8.6～11)条件下与双硫腙三氯甲烷溶液生成红色络合物。

5.9.2.2.2 **试剂及溶液配制**

双硫腙三氯甲烷贮备液(1.0 g/L)：称取 0.10 g 双硫腙溶解于三氯甲烷中，稀释至 100 mL，贮存于棕色瓶中，置冰箱内保存。如双硫腙不纯，可用下述方法纯化：称取 0.20 g 双硫腙，溶于 100 mL 三氯甲烷，经脱脂棉过滤于 250 mL 漏斗中，每次用 20 mL 体积分数为 3%的氨水反复萃取数次，直至三氯甲烷相几乎无绿色为止。合并水相至另一分液漏斗中，每次用 10 mL 三氯甲烷洗涤水相两次。弃去三氯甲烷相，水相用体积分数为 10%的硫酸酸化至双硫腙析出，再每次用 100 mL 三氯甲烷萃取两次，合并三氯甲烷相，倒入棕色瓶中。

吸光度 0.15 的双硫腙三氯甲烷溶液：临用前取适量双硫腙三氯甲烷贮备液，用三氯甲烷稀释至吸光度为 0.15(波长 510 nm，1 cm 比色皿)。

酚红指示液(1 g/L)：称取 0.1 g 酚红，溶于 100 mL 乙醇中即得。

柠檬酸铵溶液(500 g/L)：取 50 g 柠檬酸铵溶于 100 mL 水中，以酚红为指示剂，用氨水碱化(pH 8.5～9)，用双硫腙三氯甲烷贮备液提取，每次 20 mL，至双硫腙绿色不变为止。弃去三氯甲烷层，水层再用三氯甲烷分次洗涤，每次 25 mL，至三氯甲烷层无色为止，弃去三氯甲烷层，取水层。

氰化钾溶液(100 g/L)：称取 10 g 氰化钾溶于水中，并稀释至 100 mL。如试剂不纯，应先将 10 g 氰化钾溶于 20 mL 水中，按柠檬酸铵溶液(500 g/L)纯化的方法进行纯化后稀释至 100 mL 。

盐酸羟胺溶液(100 g/L)：称取 10 g 盐酸羟胺，溶于水中，稀释至 100 mL，如试剂不纯，按柠檬酸铵溶液(500 g/L)纯化的方法进行纯化。

铅标准贮备液(0.1 mg/mL)：称取硝酸铅 0.160 g，用 10 mL 硝酸溶液(1+9)溶解，移入 1 000 mL 容量瓶中，用水稀释至刻度，作为标准贮备液。

铅标准溶液：临用前精确量取铅标准贮备液，稀释至所需浓度。

5.9.2.2.3 **试验步骤**

精确量取检验液 50 mL，加入 250 mL 分液漏斗中，另取 1 mL 铅标准溶液加入另一支 250 mL 分液漏斗中，加空白对照液稀释至 50 mL。向两支分液漏斗中各加 0.2 mL 盐酸、3 滴酚红指示液、2 滴盐酸羟胺溶液、2 mL 柠檬酸铵溶液，混匀。用氨水调节 pH 值至 8.5～9(溶液由黄色变成红色)，加入 1mL 氰化钾溶液、10 mL 双硫腙三氯甲烷溶液，振摇 2 min，静置分层。放出双硫腙三氯甲烷液于比色管中，在 20 min～60 min 内用分光光度计在 510 nm 处测定吸光度。以空白液调零点。

5.9.2.2.4 **结果计算**

根据测得吸光度值，按式(4)计算检验液相应重金属含量。

5.9.3 **原子荧光光谱法**

5.9.3.1 **仪器**

原子荧光光度计，使用时应按仪器说明书操作。

5.9.3.2 **分析方法(标准曲线法)**

在原子荧光光度计推荐的浓度范围内，制备至少 5 个含待测元素且浓度依次递增的标准溶液，然后以配制标准溶液用的溶剂为空白，依次测定各标准溶液的荧光强度，相对于浓度作标准曲线。

测定检验液和空白对照液，根据吸光度在标准曲线上查出相应浓度，计算元素的含量。

6 材料中重金属总含量分析方法

6.1 原理

在弱酸性溶液中，铅、镉、铜、锌等重金属能与硫代乙酰胺作用生成不溶性有色硫化物。用铅标准溶液作标准进行比色，可测定它们的总含量。

6.2 试剂及溶液配制

按5.6.1.2进行。

6.3 检验液制备

取样品1 g～2 g切成5 mm×5 mm碎片，放入瓷坩埚内，缓缓炽灼至完全炭化，放冷，加入0.5 mL～1 mL硫酸湿润，低温加热至硫酸蒸气消失后，加入硝酸0.5 mL，蒸干，至氧化氮蒸气除尽后放冷。再在500 ℃～600 ℃灼烧使之灰化，冷却后加入2 mL盐酸，置水浴上蒸干后加水15 mL。加酚酞试液一滴，再滴入氨试液至上述溶液变成微红色为止。加乙酸盐缓冲液(pH3.5)2 mL微热溶解后，将溶液转移至25 mL纳氏比色管中，加水使成25 mL检验液。

将加入0.5 mL～1 mL硫酸、0.5 mL硝酸和2 mL盐酸的另一瓷坩埚置于水浴上使之蒸干后，加乙酸盐缓冲液(pH3.5)2 mL与水15 mL，微热溶解后将溶液转移至25 mL纳氏比色管中，加一定量铅标准溶液，再用水稀释成25 mL作为标准对照液。

6.4 试验步骤

在检验液和标准对照液中各加入2 mL硫代乙酰胺试液，摇匀，放置2 min。在白色背景下从上方观察，比较颜色深浅。

注：检验液如显色，可在标准对照液中加入少量稀焦糖溶液或者其他无干扰的有色溶液，使之与样品液颜色一致。

7 材料中部分重金属元素含量分析方法

7.1 原子吸收分光光度计法

7.1.1 仪器

原子吸收分光光度计，使用时应按仪器说明书操作。

7.1.2 分析方法(标准曲线法)

在仪器推荐的浓度范围内，制备至少五个含待测元素且浓度依次递增的标准溶液，以配制标准溶液用的溶剂将吸光度调零。然后依次测定各标准溶液的吸光度，相对于浓度作标准曲线。

测定按6.3制备的检验液和空白对照液，根据吸光度在标准曲线上查出相应浓度，计算元素的含量。

7.2 比色分析方法

7.2.1 检验液制备

取样品1 g～2 g切成5 mm×5 mm碎片，放入瓷坩埚内，缓缓炽灼至完全炭化，放冷，加入0.5 mL～1 mL硫酸湿润，低温加热至硫酸蒸气消失后，加入硝酸0.5 mL，蒸干，至氧化氮蒸气除尽后放冷。再在500 ℃～600 ℃灼烧使之灰化，冷却后加入2 mL盐酸，置水浴上蒸干后加水15 mL。加酚酞试液一滴，再滴入氨试液至上述溶液变成微红色为止。加水使成25 mL检验液。

同法制备空白对照液。

7.2.2 锌

取检验液和空白对照液按5.9.2.1规定的方法进行。

7.2.3 铅

取检验液和空白对照液按5.9.2.2规定的方法进行。

7.3 原子荧光光谱法

7.3.1 试样消解

7.3.1.1 湿消解:取样品 2 g,精确称重,切成 5 mm×5 mm 碎片,置 100 mL 锥形瓶中加硝酸 30 mL,硫酸 1.25 mL,摇匀后放置过夜,置电热板上加热消解。若消解液处理至 10 mL 左右时仍有未分解物质或色泽变深,取下放冷,补加硝酸 5 mL~10 mL,再消解至 10mL 左右观察,如此反复两三次,注意避免炭化。冷却,加水 25 mL,再蒸发至冒硫酸白烟。冷却,用水将内容物转入 50 mL 容量瓶中,加水成 50 mL 检验液。同法制备空白对照液。

7.3.1.2 干灰化:取样品 1 g~2 g,精确称重,于坩埚中。加质量浓度为 150 g/L 硝酸镁溶液 10 mL 混匀,低热蒸干,将氧化镁 1 g 仔细覆盖在干渣上,炭化至无黑烟,再在 550 ℃灰化 4 h。取出放冷,小心加 10 mL 盐酸(1+1)以中和氧化镁并溶解灰分,转移至 50 mL 容量瓶中,加水成 50 mL 检验液。同法制备空白对照液。

7.3.1.3 其他方法:根据样品成分及工艺合理制定。

7.3.2 仪器

原子荧光光度计,使用时应按仪器说明书操作。

7.3.3 分析方法

在仪器推荐的浓度范围内,制备至少五个含待测元素且浓度依次递增的标准溶液,以配制标准溶液用的溶剂将吸光度调零。然后依次测定各标准溶液的吸光度,相对于浓度作标准曲线。

测定检验液和空白对照液,根据吸光度在标准曲线上查出相应浓度,计算元素的含量。

8 炽灼残渣

8.1 试验步骤

取样品 2 g~5 g 切成 5 mm×5 mm,置于已灼烧恒重的坩埚中,精确称重。在通风橱中缓缓灼烧至完全炭化,放冷。加 0.5 mL~1 mL 硫酸使其湿化,低温加热至硫酸蒸气除尽,在 700 ℃~800 ℃灼烧至完全灰化。置于干燥器内放至室温,称重。再在 700 ℃~800 ℃灼烧至恒重。

如需将残渣留作重金属检查,则灼烧温度应控制在 500 ℃~600 ℃。

8.2 结果计算

按式(5)计算炽灼残渣:

$$A = \frac{m_2 - m_0}{m_1 - m_0} \times 100\% \quad \cdots\cdots (5)$$

式中:

A——炽灼残渣,%;

m_0——样品加入前坩埚的质量,单位为克(g);

m_1——样品加入后坩埚的质量,单位为克(g);

m_2——样品灼烧后坩埚的质量,单位为克(g)。

9 环氧乙烷残留量测定——气相色谱法

9.1 仪器

气相色谱仪,使用时应按仪器说明书操作。

9.2 分析方法

任何气相色谱分析方法,只要证明分析可靠,都可以使用。“分析可靠”是指当对一规定环氧乙烷(EO)残留量的器械进行测定时,所选择的分析方法具有足够的准确度、精密度、选择性、线性和灵敏度,且适合于所要分析的器械。

对不同的产品,需进行必要的方法学评价以确定所选择方法的可靠性。

9.3 样品浸提方法

9.3.1 总则

有两种基本的样品浸提方法用于确定采用EO灭菌的医疗器械的EO残留量:模拟使用浸提法和极限浸提法。

模拟使用浸提法是指采用使浸提尽量模拟产品使用的方法。这一模拟过程使测量的EO残留量相当于患者使用该器械的实际EO摄入量。极限浸提法是指再次浸提测得的EO的量小于首次浸提测得值的10%,或浸提到测得的累积残留量无明显增加。

宜在取样后制备浸提液,否则应将供试样品封于由聚四氟乙烯密封的金属容器中保存。

引用本部分方法时,若未规定浸提方法,则均按极限浸提方法进行。

9.3.2 模拟使用浸提法

采用模拟使用浸提法时,应在产品标准中根据产品的具体使用情况,规定在最严格的预期使用条件下的浸提方法和采集方法。并尽量采用以下条件:

a) 浸提介质:用水作为浸提介质;

b) 浸提温度:整个或部分与人体接触的器械在37 ℃(人体温度)浸提,不直接与人体接触的器械在25 ℃(室温)浸提;

c) 浸提时间:当确定浸提时间时,应考虑在推荐或预期使用最为严格的时间条件下进行,但不短于1 h;

d) 浸提表面:器械与药液或血液接触的表面。

9.3.3 极限浸提法

极限浸提法包括热极限浸提法和溶剂极限浸提法。

本部分推荐以水为溶剂的极限浸提方法。

注:GB/T 16886.7给出了环氧乙烷残留量测定的相关信息。

9.4 极限浸提法试验步骤

9.4.1 供试液制备

取产品上与人体接触的EO相对残留含量最高的部件进行试验,截为5 mm长碎块(或10 mm^2 片状物),取1.0 g放入20 mL萃取容器中,精密加入5 mL水,密封,60 ℃±1 ℃温度下平衡40 min。

9.4.2 环氧乙烷标准贮备液配制

取外部干燥的50 mL容量瓶,加入约30 mL水,加瓶塞,精确称重。用注射器注入约0.6 mL环氧乙烷,不加瓶塞,轻轻摇匀,盖好瓶塞,称重,前后两次称重之差,即为溶液中所含环氧乙烷重量。加水至刻度制成约含环氧乙烷10 mg/mL的溶液,作为标准贮备液。

9.4.3 绘制标准曲线

用贮备液配制1 μg/mL～10 μg/mL六个系列浓度的标准溶液。精确量取5 mL,置20 mL萃取容器中,密封,恒温(60 ℃±1 ℃)中平衡40 min。

用进样器依次从平衡后的标准样迅速取上部气体,注入进样室,记录环氧乙烷的峰高(或面积)。绘出标准曲线(X: EO浓度,μg/mL; Y: 峰高或面积)。

9.4.4 试验样品的测量

用进样器从平衡后的试样萃取容器中迅速取上部气体,注入进样室,记录环氧乙烷的峰高(或面积)。

根据标准曲线计算出样品相应的浓度。

如果所测样品结果不在标准曲线范围内,应改变标准溶液的浓度重新作标准曲线。

9.5 结果计算

环氧乙烷残留量用绝对含量或相对含量表示。

9.5.1 按式(6)计算单位产品中环氧乙烷绝对含量:

$$W_{EO} = 5c\,m_1/m_2 \times 10^{-3} \quad \cdots\cdots(6)$$

式中：

W_{EO}——单位产品中环氧乙烷绝对含量，单位为毫克(mg)；

5——量取的浸提液体积，单位为毫升(mL)；

c——标准曲线上找出的供试液相应的浓度，单位为微克每毫升(μg/mL)；

m_1——单位产品的质量，单位为克(g)；

m_2——称样量，单位为克(g)。

9.5.2 按式(7)计算样品中环氧乙烷相对含量：

$$C_{EO} = 5c/m \quad \cdots\cdots(7)$$

式中：

C_{EO}——产品中环氧乙烷相对含量，单位为微克每克(μg/g)；

5——量取的浸提液体积，单位为毫升(mL)；

c——标准曲线上找出的供试液相应的浓度，单位为微克每毫升(μg/mL)；

m——称样量，单位为克(g)。

10 环氧乙烷残留量分析——比色分析法

10.1 原理

环氧乙烷在酸性条件下水解成乙二醇，乙二醇经高碘酸氧化生成甲醛，甲醛与品红-亚硫酸试液反应产生紫红色化合物，通过比色分析可求得环氧乙烷含量。

10.2 溶液配制

0.1 mol/L 盐酸：取 9 mL 盐酸稀释至 1 000 mL。

高碘酸溶液(5 g/L)：称取高碘酸 0.5 g，溶于水，稀释至 100 mL。

硫代硫酸钠溶液(10 g/L)：称取硫代硫酸钠 1.0 g，溶于水，稀释至 100 mL。

亚硫酸钠溶液(100 g/L)：称取 10.0 g 无水亚硫酸钠，溶于水，稀释至 100 mL。

品红-亚硫酸试液：称取 0.1 g 碱性品红，加入 120 mL 热水溶解，冷却后加入 10%亚硫酸钠溶液 20 mL、盐酸 2 mL 置于暗处。试液应无色，若发现有微红色，应重新配制。

乙二醇标准贮备液：取一个外部干燥、清洁的 50 mL 容量瓶，加水约 30 mL，精确称重。精确量取 0.5 mL 乙二醇，迅速加入瓶中，摇匀，精确称重。两次称重之差即为溶液中所含乙二醇的重量，加水至刻度，混匀，按式(8)计算其浓度：

$$c = \frac{m}{50} \times 1\,000 \quad \cdots\cdots(8)$$

式中：

c——乙二醇标准贮备液浓度，单位为克每升(g/L)；

m——溶液中乙二醇质量，单位为克(g)。

乙二醇标准溶液(浓度 $c_1 = c \times 10^{-3}$)：精确量取标准贮备液 1.0 mL，用水稀释至 1 000 mL。

10.3 样品浸提方法

10.3.1 总则

同 9.3.1。

10.3.2 模拟使用浸提法

同 9.3.2，但用 0.1 mol/L 盐酸作为浸提介质。

10.3.3 极限浸提法

10.3.3.1 取样品上有代表性的部位，截为 5 mm 长碎块，称取 2.0 g 置于容器中，加 0.1 mol/L 盐酸 10 mL，室温放置 1 h，作为供试液。

10.3.3.2 对于容器类样品，可加0.1 mol/L盐酸至公称容量，在37 ℃±1 ℃下恒温1 h，作为供试液。

10.4 试验步骤

10.4.1 取5支纳氏比色管，分别精确加入0.1 mol/L盐酸2 mL，再精确加入0.5 mL、1.0 mL、1.5 mL、2.0 mL、2.5 mL乙二醇标准溶液。另取一支纳氏比色管，精确加入0.1 mol/L盐酸2 mL作为空白对照。

10.4.2 于上述各管中分别加入高碘酸溶液(5 g/L)0.4 mL，摇匀，放置1 h。然后分别滴加硫代硫酸钠溶液(10 g/L)至出现的黄色恰好消失。再分别加入品红-亚硫酸试液0.2 mL，用蒸馏水稀释至10 mL，摇匀，35 ℃～37 ℃条件下放置1 h，于560 nm波长处以空白液作参比，测定吸光度。绘制吸光度-体积标准曲线。

10.4.3 精确量取供试液2.0 mL于纳氏比色管中，按10.4.2步骤操作，以测得的吸光度从标准曲线上查得试液相应的体积。

10.5 结果计算

环氧乙烷残留量用绝对含量或相对含量表示。

10.5.1 按式(9)计算样品中环氧乙烷绝对含量：

$$W_{\mathrm{EO}} = 1.775Vc_1m \qquad \cdots\cdots(9)$$

式中：

W_{EO}——单位产品中环氧乙烷绝对含量，单位为毫克(mg)；

V——标准曲线上找出的供试液相应的体积，单位为毫升(mL)；

c_1——乙二醇标准溶液浓度，单位为克每升(g/L)；

m——单位产品的质量，单位为克(g)。

10.5.2 按式(10)计算样品中环氧乙烷相对含量：

$$C_{\mathrm{EO}} = 1.775Vc_1 \times 10^3 \qquad \cdots\cdots(10)$$

式中：

C_{EO}——单位产品中环氧乙烷相对含量，单位为微克每克(μg/g)；

V——标准曲线上找出的供试液相应的体积，单位为毫升(mL)；

c_1——乙二醇标准溶液浓度，单位为克每升(g/L)。

10.5.3 对于容器类样品，按式(11)计算容器中环氧乙烷绝对含量：

$$W_{\mathrm{EO}} = 0.335Vc_1V_1 \qquad \cdots\cdots(11)$$

式中：

W_{EO}——单位产品中环氧乙烷绝对含量，单位为毫克(mg)；

V——标准曲线上找出的供试液相应的体积，单位为毫升(mL)；

c_1——乙二醇标准溶液浓度，单位为克每升(g/L)；

V_1——单位样品的公称容量，单位为毫升(mL)。

10.5.4 对于容器类样品，按式(12)计算单位体积中环氧乙烷含量：

$$C_{\mathrm{EO}} = 0.335Vc_1 \times 10^3 \qquad \cdots\cdots(12)$$

式中：

C_{EO}——样品中单位体积中环氧乙烷含量，单位为毫克每升(mg/L)；

V——标准曲线上找出的供试液相应的体积，单位为毫升(mL)；

c_1——乙二醇标准溶液浓度，单位为克每升(g/L)。

参 考 文 献

[1] GB/T 602—2002 化学试剂 杂质测定用标准溶液的制备

[2] GB/T 603—2002 化学试剂 试验方法中所用制剂及制品的制备

[3] GB/T 16886.7—2001 医疗器械生物学评价 第7部分:环氧乙烷灭菌残留量(idt ISO 10993-7:1995)

ICS 35.040
L 71

中华人民共和国国家标准

GB 14245.1—2008
代替 GB/T 14245—1993

信息技术 汉字编码字符集(基本集) 64点阵字型 第1部分:宋体

Information technology—Chinese ideogram coded character set (basic set)—64-dot matrix font—Part 1: Song Ti

2008-08-06 发布　　2009-07-01 实施

中华人民共和国国家质量监督检验检疫总局
中国国家标准化管理委员会　发布

前言

GB 14245 的本部分除字表中 1 区至 11 区外的全部技术内容为强制性。

GB 14245《信息技术 汉字编码字符集(基本集) 64 点阵字型》分为如下四个部分：

——第 1 部分:宋体；

——第 2 部分:黑体；

——第 3 部分:楷体；

——第 4 部分:仿宋体。

本部分为 GB 14245 的第 1 部分。

本部分规定的 64 点阵汉字字型是以《第一批异体字整理表》、《简化字总表》、《印刷通用汉字字形表》和《现代汉语通用字表》(见参考文献)为依据,按照现行汉字字形整理原则进行设计。

本部分代替 GB/T 14245—1993《信息交换用汉字 64×64 点阵宋体字模集及数据集》。

本部分与 GB/T 14245—1993 相比,主要变化如下：

a) 为了进一步提高字型质量和保证标准间的协调统一,对本部分的第一版中 1 区的数学符号错误进行了修正；

b) 对 3 区、10 区的字符错误、小写英文字母偏离基准线错误进行了修正；

c) 对 4 区、5 区日文假名/片假名部分字符进行了重新设计；

d) 对上一版本中不正确的汉字字型进行了修正。

本部分的附录 A 和附录 B 是规范性附录。

本部分由中华人民共和国信息产业部提出。

本部分由中国电子技术标准化研究所归口。

本部分起草单位:中国电子技术标准化研究所、北京仓颉博雅信息技术有限公司、第二炮兵装备研究院第四研究所。

本部分起草人:代红、熊涛、王颜尊、齐建华、周济萍、翟广臣、戴涌。

本部分所代替标准的历次版本发布情况为：

——GB/T 14245—1993。

引　言

有关字型数据的授权转让使用事宜，字型标准数据的维护、更新及修订工作，统一由归口单位负责。

地　　址：北京市东城区安定门东大街1号(北京市1101信箱)
邮　　编：100007
电　　话：64007689 84029173
传　　真：64007681
E-mail：daihong@cesi.ac.cn

信息技术 汉字编码字符集(基本集) 64点阵字型 第1部分:宋体

1 范围

GB 14245的本部分规定了GB 2312—1980《信息交换用汉字编码字符集 基本集》中图形字符的64点阵宋体字型。

本部分主要适用于各种电子信息产品、各种数字化产品,也可用于其他有关设备。

2 规范性引用文件

下列文件中的条款通过GB 14245的本部分的引用而成为本部分的条款。凡是注日期的引用文件,其随后所有的修改单(不包括勘误的内容)或修订版均不适用于本部分,然而,鼓励根据本部分达成协议的各方研究是否可使用这些文件的最新版本。凡是不注日期的引用文件,其最新版本适用于本部分。

GB 2312—1980 信息交换用汉字编码字符集 基本集

3 术语和定义

下列术语和定义适用于GB 14245的本部分。

3.1

字形 glyph

一种可辨认的抽象的图形符号,它不依赖于任何特定的设计。

3.2

字型 font

具有同一基本设计的字形图像的集合,如:宋体。

3.3

点阵字型 dot matrix font

以点的集合来表现图形字符的型(形)。

3.4

字序 character order

图形字符在集合中按一定规则排列的次序。

4 汉字图形字符

根据GB 2312—1980规定,相应提供了:

1区~9区　外文字母及其他图形字符682个;

16区~55区　第一级汉字3 755个;

56区~87区　第二级汉字3 008个。

另外在8区27位至32位补充了6个字符;10区01位至94位补充了94个半角图形字符;11区01位至32位补充了32个汉语拼音的半角字符,见附录A。

本部分共提供图形字符7 577个。

5 标准数据的管理

为加强对电子信息技术产品使用汉字字型标准数据的管理，保证本部分在实施中数据的正确性和一致性，有关字型数据的授权转让使用事宜，字型标准数据的维护、更新及修订工作，统一由归口单位负责。

6 点阵字型的表示方法

6.1 栅格

栅格由若干条等距离的垂直线与水平线相交叉而形成。

本部分规定的是64点阵字型，其栅格是横向64格，纵向64格。每个方格的中心定为点的中心位置。

栅格仅对构成点阵的各点进行定位，64点阵栅格图如图1所示。

图1 64点阵栅格图

6.2 点

点是构成点阵字型的最小单位，以圆形表示，它是位于各方格内的黑色区域。

6.3 点阵字样

汉字点阵字型的字样，由置于栅格内的若干个点的集合来表示。汉字“永”的64点阵字样如图2所示。

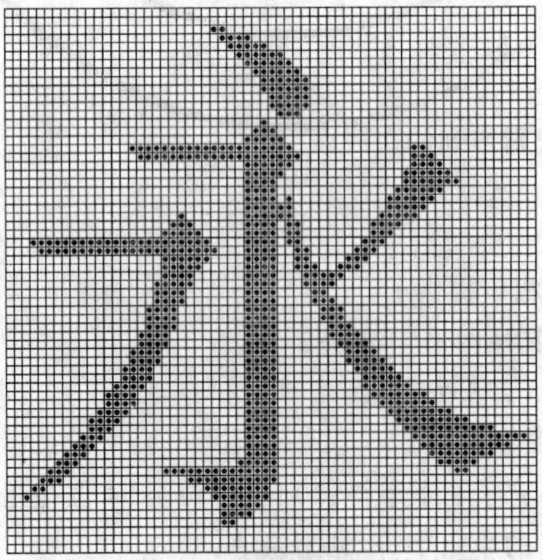

图2 64点阵汉字“永”的字样

6.4 字型数据

64 点阵字型数据的表示，见附录 B。

6.5 点阵字型表

本部分提供了 GB 2312—1980 规定的 7 445 个汉字/图形字符及补充的 132 个图形字符的 64 点阵宋体字型。

本部分的点阵字型列表如下：

1区	0	1	2	3	4	5	6	7	8	9	10	11	12	13	14	15	16	17	18	19
010			、	。	·	ˉ	ˇ	¨	〃	々	—	～	‖	…	‘	’	“	”	〔	〕
012	〈	〉	《	》	「	」	『	』	〖	〗	【	】	±	×	÷	∶	∧	∨	∑	∏
014	∪	∩	∈	∷	√	⊥	∥	∠	⌒	⊙	∫	∮	≡	≌	≈	∽	∝	≠	≮	≯
016	≤	≥	∞	∵	∴	♂	♀	°	′	″	℃	＄	¤	￠	￡	‰	§	№	☆	★
018	○	●	◎	◇	◆	□	■	△	▲	※	→	←	↑	↓	〓					

2区	0	1	2	3	4	5	6	7	8	9	10	11	12	13	14	15	16	17	18	19
020																		⒈	⒉	⒊
022	⒋	⒌	⒍	⒎	⒏	⒐	⒑	⒒	⒓	⒔	⒕	⒖	⒗	⒘	⒙	⒚	⒛	⑴	⑵	⑶
024	⑷	⑸	⑹	⑺	⑻	⑼	⑽	⑾	⑿	⒀	⒁	⒂	⒃	⒄	⒅	⒆	⒇	①	②	③
026	④	⑤	⑥	⑦	⑧	⑨	⑩			㈠	㈡	㈢	㈣	㈤	㈥	㈦	㈧	㈨	㈩	
028		Ⅰ	Ⅱ	Ⅲ	Ⅳ	Ⅴ	Ⅵ	Ⅶ	Ⅷ	Ⅸ	Ⅹ	Ⅺ	Ⅻ							

3区	0	1	2	3	4	5	6	7	8	9	10	11	12	13	14	15	16	17	18	19
030		！	＂	＃	￥	％	＆	＇	（	）	＊	＋	，	－	．	／	０	１	２	３
032	４	５	６	７	８	９	：	；	＜	＝	＞	？	＠	Ａ	Ｂ	Ｃ	Ｄ	Ｅ	Ｆ	Ｇ
034	Ｈ	Ｉ	Ｊ	Ｋ	Ｌ	Ｍ	Ｎ	Ｏ	Ｐ	Ｑ	Ｒ	Ｓ	Ｔ	Ｕ	Ｖ	Ｗ	Ｘ	Ｙ	Ｚ	［
036	＼	］	＾	＿	｀	ａ	ｂ	ｃ	ｄ	ｅ	ｆ	ｇ	ｈ	ｉ	ｊ	ｋ	ｌ	ｍ	ｎ	ｏ
038	ｐ	ｑ	ｒ	ｓ	ｔ	ｕ	ｖ	ｗ	ｘ	ｙ	ｚ	｛	｜	｝	￣					

4区	0	1	2	3	4	5	6	7	8	9	10	11	12	13	14	15	16	17	18	19
040		ぁ	あ	ぃ	い	ぅ	う	ぇ	え	ぉ	お	か	が	き	ぎ	く	ぐ	け	げ	こ
042	ご	さ	ざ	し	じ	す	ず	せ	ぜ	そ	ぞ	た	だ	ち	ぢ	っ	つ	づ	て	で
044	と	ど	な	に	ぬ	ね	の	は	ば	ぱ	ひ	び	ぴ	ふ	ぶ	ぷ	へ	べ	ぺ	ほ
046	ぼ	ぽ	ま	み	む	め	も	ゃ	や	ゅ	ゆ	ょ	よ	ら	り	る	れ	ろ	ゎ	わ
048	ゐ	ゑ	を	ん																

5区	0	1	2	3	4	5	6	7	8	9	10	11	12	13	14	15	16	17	18	19
050		ァ	ア	ィ	イ	ゥ	ウ	ェ	エ	ォ	オ	カ	ガ	キ	ギ	ク	グ	ケ	ゲ	コ
052	ゴ	サ	ザ	シ	ジ	ス	ズ	セ	ゼ	ソ	ゾ	タ	ダ	チ	ヂ	ッ	ツ	ヅ	テ	デ
054	ト	ド	ナ	ニ	ヌ	ネ	ノ	ハ	バ	パ	ヒ	ビ	ピ	フ	ブ	プ	ヘ	ベ	ペ	ホ
056	ボ	ポ	マ	ミ	ム	メ	モ	ャ	ヤ	ュ	ユ	ョ	ヨ	ラ	リ	ル	レ	ロ	ヮ	ワ
058	ヰ	ヱ	ヲ	ン	ヴ	ヵ	ヶ													

6区	0	1	2	3	4	5	6	7	8	9	10	11	12	13	14	15	16	17	18	19
060		Α	Β	Γ	Δ	Ε	Ζ	Η	Θ	Ι	Κ	Λ	Μ	Ν	Ξ	Ο	Π	Ρ	Σ	Τ
062	Υ	Φ	Χ	Ψ	Ω									α	β	γ	δ	ε	ζ	η
064	θ	ι	κ	λ	μ	ν	ξ	ο	π	ρ	σ	τ	υ	φ	χ	ψ	ω			
066																				
068																				

7区	0	1	2	3	4	5	6	7	8	9	10	11	12	13	14	15	16	17	18	19
070		А	Б	В	Г	Д	Е	Ё	Ж	З	И	Й	К	Л	М	Н	О	П	Р	С
072	Т	У	Ф	Х	Ц	Ч	Ш	Щ	Ъ	Ы	Ь	Э	Ю	Я						
074										а	б	в	г	д	е	ё	ж	з	и	й
076	к	л	м	н	о	п	р	с	т	у	ф	х	ц	ч	ш	щ	ъ	ы	ь	э
078	ю	я																		

8区	0	1	2	3	4	5	6	7	8	9	10	11	12	13	14	15	16	17	18	19
080		ā	á	ǎ	à	ē	é	ě	è	ī	í	ǐ	ì	ō	ó	ǒ	ò	ū	ú	ǔ
082	ù	ǖ	ǘ	ǚ	ǜ	ü	ê	ɑ	ḿ	ń	ň	ǹ	ɡ					ㄅ	ㄆ	ㄇ
084	ㄈ	ㄉ	ㄊ	ㄋ	ㄌ	ㄍ	ㄎ	ㄏ	ㄐ	ㄑ	ㄒ	ㄓ	ㄔ	ㄕ	ㄖ	ㄗ	ㄘ	ㄙ	ㄚ	ㄛ
086	ㄜ	ㄝ	ㄞ	ㄟ	ㄠ	ㄡ	ㄢ	ㄣ	ㄤ	ㄥ	ㄦ	ㄧ	ㄨ	ㄩ						
088																				

9区	0	1	2	3	4	5	6	7	8	9	10	11	12	13	14	15	16	17	18	19
090					─	━	│	┃	┄	┅	┆	┇	┈	┉	┊	┋	┌	┍	┎	┏
092	┐	┑	┒	┓	└	┕	┖	┗	┘	┙	┚	┛	├	┝	┞	┟	┠	┡	┢	┣
094	┤	┥	┦	┧	┨	┩	┪	┫	┬	┭	┮	┯	┰	┱	┲	┳	┴	┵	┶	┷
096	┸	┹	┺	┻	┼	┽	┾	┿	╀	╁	╂	╃	╄	╅	╆	╇	╈	╉	╊	╋
098																				

10区	0	1	2	3	4	5	6	7	8	9	10	11	12	13	14	15	16	17	18	19
100		!	"	#	¥	%	&	'	(	)	*	+	,	-	.	/	0	1	2	3
102	4	5	6	7	8	9	:	;	<	=	>	?	@	A	B	C	D	E	F	G
104	H	I	J	K	L	M	N	O	P	Q	R	S	T	U	V	W	X	Y	Z	[
106	\	]	^	_	`	a	b	c	d	e	f	g	h	i	j	k	l	m	n	o
108	p	q	r	s	t	u	v	w	x	y	z	{	|	}	‾					

11区	0	1	2	3	4	5	6	7	8	9	10	11	12	13	14	15	16	17	18	19
110		ā	á	ǎ	à	ē	é	ě	è	ī	í	ǐ	ì	ō	ó	ǒ	ò	ū	ú	ǔ
112	ù	ǖ	ǘ	ǚ	ǜ	ü	ê	ɑ	ḿ	ń	ň	ǹ	ɡ							
114																				
116																				
118																				

16区	0	1	2	3	4	5	6	7	8	9	10	11	12	13	14	15	16	17	18	19
160		啊	阿	埃	挨	哎	唉	哀	皑	癌	蔼	矮	艾	碍	爱	隘	鞍	氨	安	俺
162	按	暗	岸	胺	案	肮	昂	盎	凹	敖	熬	翱	袄	傲	奥	懊	澳	芭	捌	扒
164	叭	吧	笆	八	疤	巴	拔	跋	靶	把	耙	坝	霸	罢	爸	白	柏	百	摆	佰
166	败	拜	稗	斑	班	搬	扳	般	颁	板	版	扮	拌	伴	瓣	半	办	绊	邦	帮
168	梆	榜	膀	绑	棒	磅	蚌	镑	傍	谤	苞	胞	包	褒	剥					

17区	0	1	2	3	4	5	6	7	8	9	10	11	12	13	14	15	16	17	18	19
170		薄	雹	保	堡	饱	宝	抱	报	暴	豹	鲍	爆	杯	碑	悲	卑	北	辈	背
172	贝	钡	倍	狈	备	惫	焙	被	奔	苯	本	笨	崩	绷	甭	泵	蹦	迸	逼	鼻
174	比	鄙	笔	彼	碧	蓖	蔽	毕	毙	毖	币	庇	痹	闭	敝	弊	必	辟	壁	臂
176	避	陛	鞭	边	编	贬	扁	便	变	卞	辨	辩	辫	遍	标	彪	膘	表	鳖	憋
178	别	瘪	彬	斌	濒	滨	宾	摈	兵	冰	柄	丙	秉	饼	炳					

18区	0	1	2	3	4	5	6	7	8	9	10	11	12	13	14	15	16	17	18	19
180		病	并	玻	菠	播	拨	钵	波	博	勃	搏	铂	箔	伯	帛	舶	脖	膊	渤
182	泊	驳	捕	卜	哺	补	埠	不	布	步	簿	部	怖	擦	猜	裁	材	才	财	睬
184	踩	采	彩	菜	蔡	餐	参	蚕	残	惭	惨	灿	苍	舱	仓	沧	藏	操	糙	槽
186	曹	草	厕	策	侧	册	测	层	蹭	插	叉	茬	茶	查	碴	搽	察	岔	差	诧
188	拆	柴	豺	搀	掺	蝉	馋	谗	缠	铲	产	阐	颤	昌	猖					

19区	0	1	2	3	4	5	6	7	8	9	10	11	12	13	14	15	16	17	18	19
190		场	尝	常	长	偿	肠	厂	敞	畅	唱	倡	超	抄	钞	朝	嘲	潮	巢	吵
192	炒	车	扯	撤	掣	彻	澈	郴	臣	辰	尘	晨	忱	沉	陈	趁	衬	撑	称	城
194	橙	成	呈	乘	程	惩	澄	诚	承	逞	骋	秤	吃	痴	持	匙	池	迟	弛	驰
196	耻	齿	侈	尺	赤	翅	斥	炽	充	冲	虫	崇	宠	抽	酬	畴	踌	稠	愁	筹
198	仇	绸	瞅	丑	臭	初	出	橱	厨	躇	锄	雏	滁	除	楚					

20区	0	1	2	3	4	5	6	7	8	9	10	11	12	13	14	15	16	17	18	19
200		础	储	矗	搐	触	处	揣	川	穿	椽	传	船	喘	串	疮	窗	幢	床	闯
202	创	吹	炊	捶	锤	垂	春	椿	醇	唇	淳	纯	蠢	戳	绰	疵	茨	磁	雌	辞
204	慈	瓷	词	此	刺	赐	次	聪	葱	囱	匆	从	丛	凑	粗	醋	簇	促	蹿	篡
206	窜	摧	崔	催	脆	瘁	粹	淬	翠	村	存	寸	磋	撮	搓	措	挫	错	搭	达
208	答	瘩	打	大	呆	歹	傣	戴	带	殆	代	贷	袋	待	逮					

21区	0	1	2	3	4	5	6	7	8	9	10	11	12	13	14	15	16	17	18	19
210		怠	耽	担	丹	单	郸	掸	胆	旦	氮	但	惮	淡	诞	弹	蛋	当	挡	党
212	荡	档	刀	捣	蹈	倒	岛	祷	导	到	稻	悼	道	盗	德	得	的	蹬	灯	登
214	等	瞪	凳	邓	堤	低	滴	迪	敌	笛	狄	涤	翟	嫡	抵	底	地	蒂	第	帝
216	弟	递	缔	颠	掂	滇	碘	点	典	靛	垫	电	佃	甸	店	惦	奠	淀	殿	碉
218	叼	雕	凋	刁	掉	吊	钓	调	跌	爹	碟	蝶	迭	谍	叠					

22区	0	1	2	3	4	5	6	7	8	9	10	11	12	13	14	15	16	17	18	19
220		丁	盯	叮	钉	顶	鼎	锭	定	订	丢	东	冬	董	懂	动	栋	侗	恫	冻
222	洞	兜	抖	斗	陡	豆	逗	痘	都	督	毒	犊	独	读	堵	睹	赌	杜	镀	肚
224	度	渡	妒	端	短	锻	段	断	缎	堆	兑	队	对	墩	吨	蹲	敦	顿	囤	钝
226	盾	遁	掇	哆	多	夺	垛	躲	朵	跺	舵	剁	惰	堕	蛾	峨	鹅	俄	额	讹
228	娥	恶	厄	扼	遏	鄂	饿	恩	而	儿	耳	尔	饵	洱	二					

23区	0	1	2	3	4	5	6	7	8	9	10	11	12	13	14	15	16	17	18	19
230		贰	发	罚	筏	伐	乏	阀	法	珐	藩	帆	番	翻	樊	矾	钒	繁	凡	烦
232	反	返	范	贩	犯	饭	泛	坊	芳	方	肪	房	防	妨	仿	访	纺	放	菲	非
234	啡	飞	肥	匪	诽	吠	肺	废	沸	费	芬	酚	吩	氛	分	纷	坟	焚	汾	粉
236	奋	份	忿	愤	粪	丰	封	枫	蜂	峰	锋	风	疯	烽	逢	冯	缝	讽	奉	凤
238	佛	否	夫	敷	肤	孵	扶	拂	辐	幅	氟	符	伏	俘	服					

24区	0	1	2	3	4	5	6	7	8	9	10	11	12	13	14	15	16	17	18	19
240		浮	涪	福	袱	弗	甫	抚	辅	俯	釜	斧	脯	腑	府	腐	赴	副	覆	赋
242	复	傅	付	阜	父	腹	负	富	讣	附	妇	缚	咐	噶	嘎	该	改	概	钙	盖
244	溉	干	甘	杆	柑	竿	肝	赶	感	秆	敢	赣	冈	刚	钢	缸	肛	纲	岗	港
246	杠	篙	皋	高	膏	羔	糕	搞	镐	稿	告	哥	歌	搁	戈	鸽	胳	疙	割	革
248	葛	格	蛤	阁	隔	铬	个	各	给	根	跟	耕	更	庚	羹					

25区	0	1	2	3	4	5	6	7	8	9	10	11	12	13	14	15	16	17	18	19
250		埂	耿	梗	工	攻	功	恭	龚	供	躬	公	宫	弓	巩	汞	拱	贡	共	钩
252	勾	沟	苟	狗	垢	构	购	够	辜	菇	咕	箍	估	沽	孤	姑	鼓	古	蛊	骨
254	谷	股	故	顾	固	雇	刮	瓜	剐	寡	挂	褂	乖	拐	怪	棺	关	官	冠	观
256	管	馆	罐	惯	灌	贯	光	广	逛	瑰	规	圭	硅	归	龟	闺	轨	鬼	诡	癸
258	桂	柜	跪	贵	刽	辊	滚	棍	锅	郭	国	果	裹	过	哈					

26区	0	1	2	3	4	5	6	7	8	9	10	11	12	13	14	15	16	17	18	19
260		骸	孩	海	氦	亥	害	骇	酣	憨	邯	韩	含	涵	寒	函	喊	罕	翰	撼
262	捍	旱	憾	悍	焊	汗	汉	夯	杭	航	壕	嚎	豪	毫	郝	好	耗	号	浩	呵
264	喝	荷	菏	核	禾	和	何	合	盒	貉	阂	河	涸	赫	褐	鹤	贺	嘿	黑	痕
266	很	狠	恨	哼	亨	横	衡	恒	轰	哄	烘	虹	鸿	洪	宏	弘	红	喉	侯	猴
268	吼	厚	候	后	呼	乎	忽	瑚	壶	葫	胡	蝴	狐	糊	湖					

27区	0	1	2	3	4	5	6	7	8	9	10	11	12	13	14	15	16	17	18	19
270		弧	虎	唬	护	互	沪	户	花	哗	华	猾	滑	画	划	化	话	槐	徊	怀
272	淮	坏	欢	环	桓	还	缓	换	患	唤	痪	豢	焕	涣	宦	幻	荒	慌	黄	磺
274	蝗	簧	皇	凰	惶	煌	晃	幌	恍	谎	灰	挥	辉	徽	恢	蛔	回	毁	悔	慧
276	卉	惠	晦	贿	秽	会	烩	汇	讳	诲	绘	荤	昏	婚	魂	浑	混	豁	活	伙
278	火	获	或	惑	霍	货	祸	击	圾	基	机	畸	稽	积	箕					

28区	0	1	2	3	4	5	6	7	8	9	10	11	12	13	14	15	16	17	18	19
280		肌	饥	迹	激	讥	鸡	姬	绩	缉	吉	极	棘	辑	籍	集	及	急	疾	汲
282	即	嫉	级	挤	几	脊	己	蓟	技	冀	季	伎	祭	剂	悸	济	寄	寂	计	记
284	既	忌	际	妓	继	纪	嘉	枷	夹	佳	家	加	荚	颊	贾	甲	钾	假	稼	价
286	架	驾	嫁	歼	监	坚	尖	笺	间	煎	兼	肩	艰	奸	缄	茧	检	柬	碱	硷
288	拣	捡	简	俭	剪	减	荐	槛	鉴	践	贱	见	键	箭	件					

29区	0	1	2	3	4	5	6	7	8	9	10	11	12	13	14	15	16	17	18	19
290		健	舰	剑	饯	渐	溅	涧	建	僵	姜	将	浆	江	疆	蒋	桨	奖	讲	匠
292	酱	降	蕉	椒	礁	焦	胶	交	郊	浇	骄	娇	嚼	搅	铰	矫	侥	脚	狡	角
294	饺	缴	绞	剿	教	酵	轿	较	叫	窖	揭	接	皆	秸	街	阶	截	劫	节	桔
296	杰	捷	睫	竭	洁	结	解	姐	戒	藉	芥	界	借	介	疥	诫	届	巾	筋	斤
298	金	今	津	襟	紧	锦	仅	谨	进	靳	晋	禁	近	烬	浸					

30区	0	1	2	3	4	5	6	7	8	9	10	11	12	13	14	15	16	17	18	19
300		尽	劲	荆	兢	茎	睛	晶	鲸	京	惊	精	粳	经	井	警	景	颈	静	境
302	敬	镜	径	痉	靖	竟	竞	净	炯	窘	揪	究	纠	玖	韭	久	灸	九	酒	厩
304	救	旧	臼	舅	咎	就	疚	鞠	拘	狙	疽	居	驹	菊	局	咀	矩	举	沮	聚
306	拒	据	巨	具	距	踞	锯	俱	句	惧	炬	剧	捐	鹃	娟	倦	眷	卷	绢	撅
308	攫	抉	掘	倔	爵	觉	决	诀	绝	均	菌	钧	军	君	峻					

31区	0	1	2	3	4	5	6	7	8	9	10	11	12	13	14	15	16	17	18	19
310		俊	竣	浚	郡	骏	喀	咖	卡	咯	开	揩	楷	凯	慨	刊	堪	勘	坎	砍
312	看	康	慷	糠	扛	抗	亢	炕	考	拷	烤	靠	坷	苛	柯	棵	磕	颗	科	壳
314	咳	可	渴	克	刻	客	课	肯	啃	垦	恳	坑	吭	空	恐	孔	控	抠	口	扣
316	寇	枯	哭	窟	苦	酷	库	裤	夸	垮	挎	跨	胯	块	筷	侩	快	宽	款	匡
318	筐	狂	框	矿	眶	旷	况	亏	盔	岿	窥	葵	奎	魁	傀					

32区	0	1	2	3	4	5	6	7	8	9	10	11	12	13	14	15	16	17	18	19
320		馈	愧	溃	坤	昆	捆	困	括	扩	廓	阔	垃	拉	喇	蜡	腊	辣	啦	莱
322	来	赖	蓝	婪	栏	拦	篮	阑	兰	澜	谰	揽	览	懒	缆	烂	滥	琅	榔	狼
324	廊	郎	朗	浪	捞	劳	牢	老	佬	姥	酪	烙	涝	勒	乐	雷	镭	蕾	磊	累
326	儡	垒	擂	肋	类	泪	棱	楞	冷	厘	梨	犁	黎	篱	狸	离	漓	理	李	里
328	鲤	礼	莉	荔	吏	栗	丽	厉	励	砾	历	利	傈	例	俐					

33区	0	1	2	3	4	5	6	7	8	9	10	11	12	13	14	15	16	17	18	19
330		痢	立	粒	沥	隶	力	璃	哩	俩	联	莲	连	镰	廉	怜	涟	帘	敛	脸
332	链	恋	炼	练	粮	凉	梁	粱	良	两	辆	量	晾	亮	谅	撩	聊	僚	疗	燎
334	寥	辽	潦	了	撂	镣	廖	料	列	裂	烈	劣	猎	琳	林	磷	霖	临	邻	鳞
336	淋	凛	赁	吝	拎	玲	菱	零	龄	铃	伶	羚	凌	灵	陵	岭	领	另	令	溜
338	琉	榴	硫	馏	留	刘	瘤	流	柳	六	龙	聋	咙	笼	窿					

34区	0	1	2	3	4	5	6	7	8	9	10	11	12	13	14	15	16	17	18	19
340		隆	垄	拢	陇	楼	娄	搂	篓	漏	陋	芦	卢	颅	庐	炉	掳	卤	虏	鲁
342	麓	碌	露	路	赂	鹿	潞	禄	录	陆	戮	驴	吕	铝	侣	旅	履	屡	缕	虑
344	氯	律	率	滤	绿	峦	挛	孪	滦	卵	乱	掠	略	抡	轮	伦	仑	沦	纶	论
346	萝	螺	罗	逻	锣	箩	骡	裸	落	洛	骆	络	妈	麻	玛	码	蚂	马	骂	嘛
348	吗	埋	买	麦	卖	迈	脉	瞒	馒	蛮	满	蔓	曼	慢	漫					

35区	0	1	2	3	4	5	6	7	8	9	10	11	12	13	14	15	16	17	18	19
350		谩	芒	茫	盲	氓	忙	莽	猫	茅	锚	毛	矛	铆	卯	茂	冒	帽	貌	贸
352	么	玫	枚	梅	酶	霉	煤	没	眉	媒	镁	每	美	昧	寐	妹	媚	门	闷	们
354	萌	蒙	檬	盟	锰	猛	梦	孟	眯	醚	靡	糜	迷	谜	弥	米	秘	觅	泌	蜜
356	密	幂	棉	眠	绵	冕	免	勉	娩	缅	面	苗	描	瞄	藐	秒	渺	庙	妙	蔑
358	灭	民	抿	皿	敏	悯	闽	明	螟	鸣	铭	名	命	谬	摸					

36区	0	1	2	3	4	5	6	7	8	9	10	11	12	13	14	15	16	17	18	19
360		摹	蘑	模	膜	磨	摩	魔	抹	末	莫	墨	默	沫	漠	寞	陌	谋	牟	某
362	拇	牡	亩	姆	母	墓	暮	幕	募	慕	木	目	睦	牧	穆	拿	哪	呐	钠	那
364	娜	纳	氖	乃	奶	耐	奈	南	男	难	囊	挠	脑	恼	闹	淖	呢	馁	内	嫩
366	能	妮	霓	倪	泥	尼	拟	你	匿	腻	逆	溺	蔫	拈	年	碾	撵	捻	念	娘
368	酿	鸟	尿	捏	聂	孽	啮	镊	镍	涅	您	柠	狞	凝	宁					

37区	0	1	2	3	4	5	6	7	8	9	10	11	12	13	14	15	16	17	18	19
370		拧	泞	牛	扭	钮	纽	脓	浓	农	弄	奴	努	怒	女	暖	虐	疟	挪	懦
372	糯	诺	哦	欧	鸥	殴	藕	呕	偶	沤	啪	趴	爬	帕	怕	琶	拍	排	牌	徘
374	湃	派	攀	潘	盘	磐	盼	畔	判	叛	乓	庞	旁	耪	胖	抛	咆	刨	炮	袍
376	跑	泡	呸	胚	培	裴	赔	陪	配	佩	沛	喷	盆	砰	抨	烹	澎	彭	蓬	棚
378	硼	篷	膨	朋	鹏	捧	碰	坯	砒	霹	批	披	劈	琵	毗					

38区	0	1	2	3	4	5	6	7	8	9	10	11	12	13	14	15	16	17	18	19
380		啤	脾	疲	皮	匹	痞	僻	屁	譬	篇	偏	片	骗	飘	漂	瓢	票	撇	瞥
382	拼	频	贫	品	聘	乒	坪	苹	萍	平	凭	瓶	评	屏	坡	泼	颇	婆	破	魄
384	迫	粕	剖	扑	铺	仆	莆	葡	菩	蒲	埔	朴	圃	普	浦	谱	曝	瀑	期	欺
386	栖	戚	妻	七	凄	漆	柒	沏	其	棋	奇	歧	畦	崎	脐	齐	旗	祈	祁	骑
388	起	岂	乞	企	启	契	砌	器	气	迄	弃	汽	泣	讫	掐					

39区	0	1	2	3	4	5	6	7	8	9	10	11	12	13	14	15	16	17	18	19
390		恰	洽	牵	扦	钎	铅	千	迁	签	仟	谦	乾	黔	钱	钳	前	潜	遣	浅
392	谴	堑	嵌	欠	歉	枪	呛	腔	羌	墙	蔷	强	抢	橇	锹	敲	悄	桥	瞧	乔
394	侨	巧	鞘	撬	翘	峭	俏	窍	切	茄	且	怯	窃	钦	侵	亲	秦	琴	勤	芹
396	擒	禽	寝	沁	青	轻	氢	倾	卿	清	擎	晴	氰	情	顷	请	庆	琼	穷	秋
398	丘	邱	球	求	囚	酋	泅	趋	区	蛆	曲	躯	屈	驱	渠					

40区	0	1	2	3	4	5	6	7	8	9	10	11	12	13	14	15	16	17	18	19
400		取	娶	龋	趣	去	圈	颧	权	醛	泉	全	痊	拳	犬	券	劝	缺	炔	瘸
402	却	鹊	榷	确	雀	裙	群	然	燃	冉	染	瓤	壤	攘	嚷	让	饶	扰	绕	惹
404	热	壬	仁	人	忍	韧	任	认	刃	妊	纫	扔	仍	日	戎	茸	蓉	荣	融	熔
406	溶	容	绒	冗	揉	柔	肉	茹	蠕	儒	孺	如	辱	乳	汝	入	褥	软	阮	蕊
408	瑞	锐	闰	润	若	弱	撒	洒	萨	腮	鳃	塞	赛	三	叁					

41区	0	1	2	3	4	5	6	7	8	9	10	11	12	13	14	15	16	17	18	19
410		伞	散	桑	嗓	丧	搔	骚	扫	嫂	瑟	色	涩	森	僧	莎	砂	杀	刹	沙
412	纱	傻	啥	煞	筛	晒	珊	苫	杉	山	删	煽	衫	闪	陕	擅	赡	膳	善	汕
414	扇	缮	墒	伤	商	赏	晌	上	尚	裳	梢	捎	稍	烧	芍	勺	韶	少	哨	邵
416	绍	奢	赊	蛇	舌	舍	赦	摄	射	慑	涉	社	设	砷	申	呻	伸	身	深	娠
418	绅	神	沈	审	婶	甚	肾	慎	渗	声	生	甥	牲	升	绳					

42区	0	1	2	3	4	5	6	7	8	9	10	11	12	13	14	15	16	17	18	19
420		省	盛	剩	胜	圣	师	失	狮	施	湿	诗	尸	虱	十	石	拾	时	什	食
422	蚀	实	识	史	矢	使	屎	驶	始	式	示	士	世	柿	事	拭	誓	逝	势	是
424	嗜	噬	适	仕	侍	释	饰	氏	市	恃	室	视	试	收	手	首	守	寿	授	售
426	受	瘦	兽	蔬	枢	梳	殊	抒	输	叔	舒	淑	疏	书	赎	孰	熟	薯	暑	曙
428	署	蜀	黍	鼠	属	术	述	树	束	戍	竖	墅	庶	数	漱					

43区	0	1	2	3	4	5	6	7	8	9	10	11	12	13	14	15	16	17	18	19
430		恕	刷	耍	摔	衰	甩	帅	栓	拴	霜	双	爽	谁	水	睡	税	吮	瞬	顺
432	舜	说	硕	朔	烁	斯	撕	嘶	思	私	司	丝	死	肆	寺	嗣	四	伺	似	饲
434	巳	松	耸	怂	颂	送	宋	讼	诵	搜	艘	擞	嗽	苏	酥	俗	素	速	粟	僳
436	塑	溯	宿	诉	肃	酸	蒜	算	虽	隋	随	绥	髓	碎	岁	穗	遂	隧	祟	孙
438	损	笋	蓑	梭	唆	缩	琐	索	锁	所	塌	他	它	她	塔					

44区	0	1	2	3	4	5	6	7	8	9	10	11	12	13	14	15	16	17	18	19
440		獭	挞	蹋	踏	胎	苔	抬	台	泰	酞	太	态	汰	坍	摊	贪	瘫	滩	坛
442	檀	痰	潭	谭	谈	坦	毯	袒	碳	探	叹	炭	汤	塘	搪	堂	棠	膛	唐	糖
444	倘	躺	淌	趟	烫	掏	涛	滔	绦	萄	桃	逃	淘	陶	讨	套	特	藤	腾	疼
446	誊	梯	剔	踢	锑	提	题	蹄	啼	体	替	嚏	惕	涕	剃	屉	天	添	填	田
448	甜	恬	舔	腆	挑	条	迢	眺	跳	贴	铁	帖	厅	听	烃					

45区	0	1	2	3	4	5	6	7	8	9	10	11	12	13	14	15	16	17	18	19
450		汀	廷	停	亭	庭	挺	艇	通	桐	酮	瞳	同	铜	彤	童	桶	捅	筒	统
452	痛	偷	投	头	透	凸	秃	突	图	徒	途	涂	屠	土	吐	兔	湍	团	推	颓
454	腿	蜕	褪	退	吞	屯	臀	拖	托	脱	鸵	陀	驮	驼	椭	妥	拓	唾	挖	哇
456	蛙	洼	娃	瓦	袜	歪	外	豌	弯	湾	玩	顽	丸	烷	完	碗	挽	晚	皖	惋
458	宛	婉	万	腕	汪	王	亡	枉	网	往	旺	望	忘	妄	威					

46区	0	1	2	3	4	5	6	7	8	9	10	11	12	13	14	15	16	17	18	19
460		巍	微	危	韦	违	桅	围	唯	惟	为	潍	维	苇	萎	委	伟	伪	尾	纬
462	未	蔚	味	畏	胃	喂	魏	位	渭	谓	尉	慰	卫	瘟	温	蚊	文	闻	纹	吻
464	稳	紊	问	嗡	翁	瓮	挝	蜗	涡	窝	我	斡	卧	握	沃	巫	呜	钨	乌	污
466	诬	屋	无	芜	梧	吾	吴	毋	武	五	捂	午	舞	伍	侮	坞	戊	雾	晤	物
468	勿	务	悟	误	昔	熙	析	西	硒	矽	晰	嘻	吸	锡	牺					

47区	0	1	2	3	4	5	6	7	8	9	10	11	12	13	14	15	16	17	18	19
470		稀	息	希	悉	膝	夕	惜	熄	烯	溪	汐	犀	檄	袭	席	习	媳	喜	铣
472	洗	系	隙	戏	细	瞎	虾	匣	霞	辖	暇	峡	侠	狭	下	厦	夏	吓	掀	锨
474	先	仙	鲜	纤	咸	贤	衔	舷	闲	涎	弦	嫌	显	险	现	献	县	腺	馅	羡
476	宪	陷	限	线	相	厢	镶	香	箱	襄	湘	乡	翔	祥	详	想	响	享	项	巷
478	橡	像	向	象	萧	硝	霄	削	哮	嚣	销	消	宵	淆	晓					

48区	0	1	2	3	4	5	6	7	8	9	10	11	12	13	14	15	16	17	18	19
480		小	孝	校	肖	啸	笑	效	楔	些	歇	蝎	鞋	协	挟	携	邪	斜	胁	谐
482	写	械	卸	蟹	懈	泄	泻	谢	屑	薪	芯	锌	欣	辛	新	忻	心	信	衅	星
484	腥	猩	惺	兴	刑	型	形	邢	行	醒	幸	杏	性	姓	兄	凶	胸	匈	汹	雄
486	熊	休	修	羞	朽	嗅	锈	秀	袖	绣	墟	戌	需	虚	嘘	须	徐	许	蓄	酗
488	叙	旭	序	畜	恤	絮	婿	绪	续	轩	喧	宣	悬	旋	玄					

49区	0	1	2	3	4	5	6	7	8	9	10	11	12	13	14	15	16	17	18	19
490		选	癣	眩	绚	靴	薛	学	穴	雪	血	勋	熏	循	旬	询	寻	驯	巡	殉
492	汛	训	讯	逊	迅	压	押	鸦	鸭	呀	丫	芽	牙	蚜	崖	衙	涯	雅	哑	亚
494	讶	焉	咽	阉	烟	淹	盐	严	研	蜒	岩	延	言	颜	阎	炎	沿	奄	掩	眼
496	衍	演	艳	堰	燕	厌	砚	雁	唁	彦	焰	宴	谚	验	殃	央	鸯	秧	杨	扬
498	佯	疡	羊	洋	阳	氧	仰	痒	养	样	漾	邀	腰	妖	瑶					

50区	0	1	2	3	4	5	6	7	8	9	10	11	12	13	14	15	16	17	18	19
500		摇	尧	遥	窑	谣	姚	咬	舀	药	要	耀	椰	噎	耶	爷	野	冶	也	页
502	掖	业	叶	曳	腋	夜	液	一	壹	医	揖	铱	依	伊	衣	颐	夷	遗	移	仪
504	胰	疑	沂	宜	姨	彝	椅	蚁	倚	已	乙	矣	以	艺	抑	易	邑	屹	亿	役
506	臆	逸	肄	疫	亦	裔	意	毅	忆	义	益	溢	诣	议	谊	译	异	翼	翌	绎
508	茵	荫	因	殷	音	阴	姻	吟	银	淫	寅	饮	尹	引	隐					

51区	0	1	2	3	4	5	6	7	8	9	10	11	12	13	14	15	16	17	18	19
510		印	英	樱	婴	鹰	应	缨	莹	萤	营	荧	蝇	迎	赢	盈	影	颖	硬	映
512	哟	拥	佣	臃	痈	庸	雍	踊	蛹	咏	泳	涌	永	恿	勇	用	幽	优	悠	忧
514	尤	由	邮	铀	犹	油	游	酉	有	友	右	佑	釉	诱	又	幼	迂	淤	于	盂
516	榆	虞	愚	舆	余	俞	逾	鱼	愉	渝	渔	隅	予	娱	雨	与	屿	禹	宇	语
518	羽	玉	域	芋	郁	吁	遇	喻	峪	御	愈	欲	狱	育	誉					

52区	0	1	2	3	4	5	6	7	8	9	10	11	12	13	14	15	16	17	18	19
520		浴	寓	裕	预	豫	驭	鸳	渊	冤	元	垣	袁	原	援	辕	园	员	圆	猿
522	源	缘	远	苑	愿	怨	院	曰	约	越	跃	钥	岳	粤	月	悦	阅	耘	云	郧
524	匀	陨	允	运	蕴	酝	晕	韵	孕	匝	砸	杂	栽	哉	灾	宰	载	再	在	咱
526	攒	暂	赞	赃	脏	葬	遭	糟	凿	藻	枣	早	澡	蚤	躁	噪	造	皂	灶	燥
528	责	择	则	泽	贼	怎	增	憎	曾	赠	扎	喳	渣	札	轧					

53区	0	1	2	3	4	5	6	7	8	9	10	11	12	13	14	15	16	17	18	19
530		铡	闸	眨	栅	榨	咋	乍	炸	诈	摘	斋	宅	窄	债	寨	瞻	毡	詹	粘
532	沾	盏	斩	辗	崭	展	蘸	栈	占	战	站	湛	绽	樟	章	彰	漳	张	掌	涨
534	杖	丈	帐	账	仗	胀	瘴	障	招	昭	找	沼	赵	照	罩	兆	肇	召	遮	折
536	哲	蛰	辙	者	锗	蔗	这	浙	珍	斟	真	甄	砧	臻	贞	针	侦	枕	疹	诊
538	震	振	镇	阵	蒸	挣	睁	征	狰	争	怔	整	拯	正	政					

54区	0	1	2	3	4	5	6	7	8	9	10	11	12	13	14	15	16	17	18	19
540		帧	症	郑	证	芝	枝	支	吱	蜘	知	肢	脂	汁	之	织	职	直	植	殖
542	执	值	侄	址	指	止	趾	只	旨	纸	志	挚	掷	至	致	置	帜	峙	制	智
544	秩	稚	质	炙	痔	滞	治	窒	中	盅	忠	钟	衷	终	种	肿	重	仲	众	舟
546	周	州	洲	诌	粥	轴	肘	帚	咒	皱	宙	昼	骤	珠	株	蛛	朱	猪	诸	诛
548	逐	竹	烛	煮	拄	瞩	嘱	主	著	柱	助	蛀	贮	铸	筑					

55区	0	1	2	3	4	5	6	7	8	9	10	11	12	13	14	15	16	17	18	19
550		住	注	祝	驻	抓	爪	拽	专	砖	转	撰	赚	篆	桩	庄	装	妆	撞	壮
552	状	椎	锥	追	赘	坠	缀	谆	准	捉	拙	卓	桌	琢	茁	酌	啄	着	灼	浊
554	兹	咨	资	姿	滋	淄	孜	紫	仔	籽	滓	子	自	渍	字	鬃	棕	踪	宗	综
556	总	纵	邹	走	奏	揍	租	足	卒	族	祖	诅	阻	组	钻	纂	嘴	醉	最	罪
558	尊	遵	昨	左	佐	柞	做	作	坐	座										

56区	0	1	2	3	4	5	6	7	8	9	10	11	12	13	14	15	16	17	18	19
560		亍	丌	兀	丐	廿	卅	丕	亘	丞	鬲	孬	噩	丨	禺	丿	匕	乇	夭	爻
562	卮	氐	囟	胤	馗	毓	睾	鼗	丶	亟	鼐	乜	乩	亓	芈	孛	啬	嘏	仄	厍
564	厝	厣	厥	厮	靥	赝	匚	叵	匦	匮	匾	赜	卦	卣	刂	刈	刎	刭	刳	刿
566	剀	剌	剞	剡	剜	蒯	剽	劂	劁	劐	劓	冂	罔	亻	仃	仉	仂	仨	仡	仫
568	仞	伛	仳	伢	佤	仵	伥	伧	伉	伫	佞	佧	攸	佚	佝					

57区	0	1	2	3	4	5	6	7	8	9	10	11	12	13	14	15	16	17	18	19
570		佟	佗	伲	伽	佶	佴	侑	侉	侃	侏	佾	佻	侪	佼	侬	侔	俦	俨	俪
572	俅	俚	俣	俜	俑	俟	俸	倩	偌	俳	倬	倏	倮	倭	俾	倜	倌	倥	倨	偾
574	偃	偕	偈	偎	偬	偻	傥	傧	傩	傺	僖	儆	僭	僬	僦	僮	儇	儋	仝	氽
576	佘	佥	俎	龠	汆	籴	兮	巽	黉	馘	冁	夔	勹	匍	訇	匐	凫	夙	兕	亠
578	兖	亳	衮	袤	亵	脔	裒	禀	嬴	蠃	羸	冫	冱	冽	冼					

58区	0	1	2	3	4	5	6	7	8	9	10	11	12	13	14	15	16	17	18	19
580		凇	冖	冢	冥	讠	讦	讧	讪	讴	讵	讷	诂	诃	诋	诏	诎	诒	诓	诔
582	诖	诘	诙	诜	诟	诠	诤	诨	诩	诮	诰	诳	诶	诹	诼	诿	谀	谂	谄	谇
584	谌	谏	谑	谒	谔	谕	谖	谙	谛	谘	谝	谟	谠	谡	谥	谧	谪	谫	谮	谯
586	谲	谳	谵	谶	卩	卺	阝	阢	阡	阱	阪	阽	阼	陂	陉	陔	陟	陧	陬	陲
588	陴	隈	隍	隗	隰	邗	邛	邝	邙	邬	邡	邴	邳	邶	邺					

59区	0	1	2	3	4	5	6	7	8	9	10	11	12	13	14	15	16	17	18	19
590		邸	邰	郏	郅	邾	郐	郄	郇	郓	郦	郢	郜	郗	郛	郫	郯	郾	鄄	鄢
592	鄞	鄣	鄱	鄯	鄹	酃	酆	刍	奂	劢	劬	劭	劾	哿	勐	勖	勰	叟	燮	矍
594	廴	凵	凼	鬯	厶	弁	畚	巯	坌	垩	垡	塾	墼	壅	壑	圩	圬	圪	圳	圹
596	圮	圯	坜	圻	坂	坩	垅	坫	垆	坼	坻	坨	坭	坶	坳	垭	垤	垌	垲	埏
598	垧	垴	垓	垠	埕	埘	埚	埙	埒	垸	埴	埯	埸	埤	埝					

60区	0	1	2	3	4	5	6	7	8	9	10	11	12	13	14	15	16	17	18	19
600		堋	堍	埽	埭	堀	堞	堙	塄	堠	塥	塬	墁	墉	墚	墀	馨	鼙	懿	艹
602	艽	艿	芏	芊	芨	芄	芎	芑	芗	芙	芫	芸	芾	芰	苈	苊	苣	芘	芷	芮
604	苋	苌	苁	芩	芴	芡	芪	芟	苄	苎	芤	苡	茉	苷	苤	茏	茇	苜	苴	苒
606	苘	茌	苻	苓	茑	茚	茆	茔	茕	苠	苕	茜	荑	荛	荜	茈	莒	茼	茴	茱
608	莛	荞	茯	荏	荇	荃	荟	荀	茗	荠	茭	茺	茳	荦	荥					

61区	0	1	2	3	4	5	6	7	8	9	10	11	12	13	14	15	16	17	18	19
610		荨	茛	荩	荬	荪	荭	荮	莰	荸	莳	莴	莠	莪	莓	莜	莅	荼	莶	莩
612	荽	莸	荻	莘	莞	莨	莺	莼	菁	萁	菥	菘	堇	萘	萋	菝	菽	菖	萜	萸
614	萑	萆	菔	菟	萏	萃	菸	菹	菪	菅	菀	萦	菰	菡	葜	葑	葚	葙	葳	蒇
616	蒈	葺	蒉	葸	萼	葆	葩	葶	蒌	蒎	萱	葭	蓁	蓍	蓐	蓦	蒽	蓓	蓊	蒿
618	蒺	蓠	蒡	蒹	蒴	蒗	蓥	蓣	蔌	甍	蔸	蓰	蔹	蔟	蔺					

62区	0	1	2	3	4	5	6	7	8	9	10	11	12	13	14	15	16	17	18	19
620		蕖	蔻	蓿	蓼	蕙	蕈	蕨	蕤	蕞	蕺	瞢	蕃	蕲	蕻	薤	薨	薇	薏	蕹
622	薮	薜	薅	薹	薷	薰	藓	藁	藜	藿	蘧	蘅	蘩	蘖	蘼	廾	弈	夼	奁	耷
624	奕	奚	奘	匏	尢	尥	尬	尴	扌	扪	抟	抻	拊	拚	拗	拮	挢	拶	挹	捋
626	捃	掭	揶	捱	捺	掎	掴	捭	掬	掊	捩	掮	掼	揲	揸	揠	揿	揄	揞	揎
628	摒	揆	掾	摅	摁	搋	搛	搠	搌	搦	搡	摞	撄	摭	撖					

63区	0	1	2	3	4	5	6	7	8	9	10	11	12	13	14	15	16	17	18	19
630		摺	撷	撸	撙	撺	擀	擐	擗	擤	擢	攉	攥	攮	弋	忒	甙	弑	卟	叱
632	叽	叩	叨	叻	吒	吖	吆	呋	呒	呓	呔	呖	呃	吡	呗	呙	吣	吲	咂	咔
634	呷	呱	呤	咚	咛	咄	呶	呦	咝	哐	咭	哂	咴	哒	咧	咦	哓	哔	呲	咣
636	哕	咻	咿	哌	哙	哚	哜	咩	咪	咤	哝	哏	哞	唛	哧	唠	哽	唔	哳	唢
638	唣	唏	唑	唧	唪	啧	喏	喵	啉	啭	啁	啕	唿	啐	唼					

64区	0	1	2	3	4	5	6	7	8	9	10	11	12	13	14	15	16	17	18	19
640		唷	啖	啵	啶	啷	唳	唰	啜	喋	嗒	喃	喱	喹	喈	喁	喟	啾	嗖	喑
642	啻	嗟	喽	喾	喔	喙	嗪	嗷	嗉	嘟	嗑	嗫	嗬	嗔	嗦	嗝	嗄	嗯	嗥	嗲
644	嗳	嗌	嗍	嗨	嗵	嗤	辔	嘞	嘈	嘌	嘁	嘤	嘣	嗾	嘀	嘧	嘭	噘	嘹	噗
646	嘬	噍	噢	噙	噜	噌	噔	嚆	噤	噱	噫	噻	噼	嚅	嚓	嚯	囔	囗	囝	囡
648	囵	囫	囹	囿	圄	圊	圉	圜	帏	帙	帔	帑	帱	帻	帼					

65区	0	1	2	3	4	5	6	7	8	9	10	11	12	13	14	15	16	17	18	19
650		帷	幄	幔	幛	幞	幡	岌	屺	岍	岐	岖	岈	岘	岙	岑	岚	岜	岵	岢
652	岽	岬	岫	岱	岣	峁	岷	峄	峒	峤	峋	峥	崂	崃	崧	崦	崮	崤	崞	崆
654	崛	嵘	崾	崴	崽	嵬	嵛	嵯	嵝	嵫	嵋	嵊	嵩	嵴	嶂	嶙	嶝	豳	嶷	巅
656	彳	彷	徂	徇	徉	後	徕	徙	徜	徨	徭	徵	徼	衢	彡	犭	犰	犴	犷	犸
658	狃	狁	狎	狍	狒	狨	狯	狩	狲	狴	狷	猁	狳	猃	狺					

66区	0	1	2	3	4	5	6	7	8	9	10	11	12	13	14	15	16	17	18	19
660		狻	猗	猓	猡	猊	猞	猝	猕	猢	猹	猥	猬	猸	猱	獐	獍	獗	獠	獬
662	獯	獾	舛	夥	飧	夤	夂	饣	饧	饨	饩	饪	饫	饬	饴	饷	饽	馀	馄	馇
664	馊	馍	馐	馑	馓	馔	馕	庀	庑	庋	庖	庥	庠	庹	庵	庾	庳	赓	廒	廑
666	廛	廨	廪	膺	忄	忉	忖	忏	怃	忮	怄	忡	忤	忾	怅	怆	忪	忭	忸	怙
668	怵	怦	怛	怏	怍	怩	怫	怊	怿	怡	恸	恹	恻	恺	恂					

67区	0	1	2	3	4	5	6	7	8	9	10	11	12	13	14	15	16	17	18	19
670		恪	恽	悖	悚	悭	悝	悃	悒	悌	悛	惬	悻	悱	惝	惘	惆	惚	悴	愠
672	愦	愕	愣	惴	愀	愎	愫	慊	慵	憬	憔	憧	憷	懔	懵	忝	隳	闩	闫	闱
674	闳	闵	闶	闼	闾	阃	阄	阆	阈	阊	阋	阌	阍	阏	阒	阕	阖	阗	阙	阚
676	丬	爿	戕	氵	汔	汜	汊	沣	沅	沐	沔	沌	汨	汩	汴	汶	沆	沩	泐	泔
678	沭	泷	泸	泱	泗	沲	泠	泖	泺	泫	泮	沱	泓	泯	泾					

68区	0	1	2	3	4	5	6	7	8	9	10	11	12	13	14	15	16	17	18	19
680		洹	洧	洌	浃	浈	洇	洄	洙	洎	洫	浍	洮	洵	洚	浏	浒	浔	洳	涑
682	浯	涞	涠	浞	涓	涔	浜	浠	浼	浣	渚	淇	淅	淞	渎	涿	淠	渑	淦	淝
684	淙	渖	涫	渌	涮	渫	湮	湎	湫	溲	湟	溆	湓	湔	渲	渥	湄	滟	溱	溘
686	滠	漭	滢	溥	溧	溽	溻	溷	滗	溴	滏	溏	滂	溟	潢	潆	潇	漤	漕	滹
688	漯	漶	潋	潴	漪	漉	漩	澉	澍	澌	潸	潲	潼	潺	濑					

69区	0	1	2	3	4	5	6	7	8	9	10	11	12	13	14	15	16	17	18	19
690		濉	澧	澹	澶	濂	濡	濮	濞	濠	濯	瀚	瀣	瀛	瀹	瀵	灏	灞	宀	宄
692	宕	宓	宥	宸	甯	骞	搴	寤	寮	褰	寰	蹇	謇	辶	迓	迕	迥	迮	迤	迩
694	迦	迳	迨	逅	逄	逋	逦	逑	逍	逖	逡	逵	逶	逭	逯	遄	遑	遒	遐	遨
696	遘	遢	遛	暹	遴	遽	邂	邈	邃	邋	彐	彗	彖	彘	尻	咫	屐	屙	孱	屣
698	屦	羼	弪	弩	弭	艴	弼	鬻	屮	妁	妃	妍	妩	妪	妣					

70区	0	1	2	3	4	5	6	7	8	9	10	11	12	13	14	15	16	17	18	19
700		妗	姊	妫	妞	妤	姒	妲	妯	姗	妾	娅	娆	姝	娈	姣	姘	姹	娌	娉
702	娲	娴	娑	娣	娓	婀	婧	婊	婕	娼	婢	婵	胬	媪	媛	婷	婺	媾	嫫	媲
704	嫒	嫔	媸	嫠	嫣	嫱	嫖	嫦	嫘	嫜	嬉	嬗	嬖	嬲	嬷	孀	尕	尜	孚	孥
706	孳	孑	孓	孢	驵	驷	驸	驺	驿	驽	骀	骁	骅	骈	骊	骐	骒	骓	骖	骘
708	骛	骜	骝	骟	骠	骢	骣	骥	骧	纟	纡	纣	纥	纨	纩					

71区	0	1	2	3	4	5	6	7	8	9	10	11	12	13	14	15	16	17	18	19
710		纭	纰	纾	绀	绁	绂	绉	绋	绌	绐	绔	绗	绛	绠	绡	绨	绫	绮	绯
712	绱	绲	缍	绶	绺	绻	绾	缁	缂	缃	缇	缈	缋	缌	缏	缑	缒	缗	缙	缜
714	缛	缟	缡	缢	缣	缤	缥	缦	缧	缪	缫	缬	缭	缯	缰	缱	缲	缳	缵	幺
716	畿	巛	甾	邕	玎	玑	玮	玢	玟	珏	珂	珑	玷	玳	珀	珉	珈	珥	珙	顼
718	琊	珩	珧	珞	玺	珲	琏	琪	瑛	琦	琥	琨	琰	琮	琬					

72区	0	1	2	3	4	5	6	7	8	9	10	11	12	13	14	15	16	17	18	19
720		琛	琚	瑁	瑜	瑗	瑕	瑙	瑷	瑭	瑾	璜	璎	璀	璁	璇	璋	璞	璨	璩
722	璐	璧	瓒	璺	韪	韫	韬	杌	杓	杞	杈	杩	枥	枇	杪	杳	枘	枧	杵	枨
724	枞	枭	枋	杷	杼	柰	栉	柘	栊	柩	枰	栌	柙	枵	柚	枳	柝	栀	柃	枸
726	柢	栎	柁	柽	栲	栳	桠	桡	桎	桢	桄	桤	梃	栝	桕	桦	桁	桧	桀	栾
728	桊	桉	栩	梵	梏	桴	桷	梓	桫	棂	楮	棼	椟	椠	棹					

73区	0	1	2	3	4	5	6	7	8	9	10	11	12	13	14	15	16	17	18	19
730		椤	棰	椋	椁	楗	棣	椐	楱	椹	楠	楂	楝	榄	楫	榀	榘	楸	椴	槌
732	榇	榈	槎	榉	楦	楣	楹	榛	榧	榻	榫	榭	槔	榱	槁	槊	槟	榕	槠	榍
734	槿	樯	槭	樗	樘	橥	槲	橄	樾	檠	橐	橛	樵	檎	橹	樽	樨	橘	橼	檑
736	檐	檩	檗	檫	猷	獒	殁	殂	殇	殄	殒	殓	殍	殚	殛	殡	殪	轫	轭	轱
738	轲	轳	轵	轶	轸	轷	轹	轺	轼	轾	辁	辂	辄	辇	辋					

74区	0	1	2	3	4	5	6	7	8	9	10	11	12	13	14	15	16	17	18	19
740		辍	辎	辏	辘	辚	軎	戋	戗	戛	戟	戢	戡	戥	戤	戬	臧	瓯	瓴	瓿
742	甏	甑	甓	攴	旮	旯	旰	昊	昙	杲	昃	昕	昀	炅	曷	昝	昴	昱	昶	昵
744	耆	晟	晔	晁	晏	晖	晡	晗	晷	暄	暌	暧	暝	暾	曛	曜	曦	曩	贲	贳
746	贶	贻	贽	赀	赅	赆	赈	赉	赇	赍	赕	赙	觇	觊	觋	觌	觎	觏	觐	觑
748	牮	犟	牝	牦	牯	牾	牿	犄	犋	犍	犏	犒	挈	挲	掰					

75区	0	1	2	3	4	5	6	7	8	9	10	11	12	13	14	15	16	17	18	19
750		搿	擘	耄	毪	毳	毽	毵	毹	氅	氇	氆	氍	氕	氘	氙	氚	氡	氩	氤
752	氪	氲	攵	敕	敫	牍	牒	牖	爰	虢	刖	肟	肜	肓	肼	朊	肽	肱	肫	肭
754	肴	肷	胧	胨	胩	胪	胛	胂	胄	胙	胍	胗	朐	胝	胫	胱	胴	胭	脍	脎
756	胲	胼	朕	脒	豚	脶	脞	脬	脘	脲	腈	腌	腓	腴	腙	腚	腱	腠	腩	腼
758	腽	腭	腧	塍	媵	膈	膂	膑	滕	膣	膪	臌	朦	臊	膻					

76区	0	1	2	3	4	5	6	7	8	9	10	11	12	13	14	15	16	17	18	19
760		臁	膦	欤	欷	欹	歃	歆	歙	飑	飒	飓	飕	飙	飚	殳	彀	毂	觳	斐
762	齑	斓	於	旆	旄	旃	旌	旎	旒	旖	炀	炜	炖	炝	炻	烀	炷	炫	炱	烨
764	烊	焐	焓	焖	焯	焱	煳	煜	煨	煅	煲	煊	煸	煺	熘	熳	熵	熨	熠	燠
766	燔	燧	燹	爝	爨	灬	焘	煦	熹	戾	戽	扃	扈	扉	礻	祀	祆	祉	祛	祜
768	祓	祚	祢	祗	祠	祯	祧	祺	禅	禊	禚	禧	禳	忑	忐					

77区	0	1	2	3	4	5	6	7	8	9	10	11	12	13	14	15	16	17	18	19
770		怼	恝	恚	恧	恁	恙	恣	悫	愆	愍	慝	憩	憝	懋	懑	戆	肀	聿	沓
772	泶	淼	矶	矸	砀	砉	砗	砘	砑	斫	砭	砜	砝	砹	砺	砻	砟	砼	砥	砬
774	砣	砩	硎	硭	硖	硗	砦	硐	硇	硌	硪	碛	碓	碚	碇	碜	碡	碣	碲	碹
776	碥	磔	磙	磉	磬	磲	礅	磴	礓	礤	礞	礴	龛	黹	黻	黼	盱	眄	眍	盹
778	眇	眈	眚	眢	眙	眭	眦	眵	眸	睐	睑	睇	睃	睚	睨					

78区	0	1	2	3	4	5	6	7	8	9	10	11	12	13	14	15	16	17	18	19
780		睢	睥	睿	瞍	睽	瞀	瞌	瞑	瞟	瞠	瞰	瞵	瞽	町	畀	畎	畋	畈	畛
782	畲	畹	疃	罘	罡	罟	詈	罨	罴	罱	罹	羁	罾	盍	盥	蠲	钅	钆	钇	钋
784	钊	钌	钍	钏	钐	钔	钗	钕	钚	钛	钜	钣	钤	钫	钪	钭	钬	钯	钰	钲
786	钴	钶	钷	钸	钹	钺	钼	钽	钿	铄	铈	铉	铊	铋	铌	铍	铎	铐	铑	铒
788	铕	铖	铗	铙	铘	铛	铞	铟	铠	铢	铤	铥	铧	铨	铪					

79区	0	1	2	3	4	5	6	7	8	9	10	11	12	13	14	15	16	17	18	19
790		铩	铫	铮	铯	铳	铴	铵	铷	铹	铼	铽	铿	锃	锂	锆	锇	锉	锊	锍
792	锎	锏	锒	锓	锔	锕	锖	锘	锛	锝	锞	锟	锢	锪	锫	锩	锬	锱	锲	锴
794	锶	锷	锸	锼	锾	锿	镂	锵	镄	镅	镆	镉	镌	镎	镏	镒	镓	镔	镖	镗
796	镘	镙	镛	镞	镟	镝	镡	镢	镤	镥	镦	镧	镨	镩	镪	镫	镬	镯	镱	镲
798	镳	锺	矧	矬	雉	秕	秭	秣	秫	稆	嵇	稃	稂	稞	稔					

80区	0	1	2	3	4	5	6	7	8	9	10	11	12	13	14	15	16	17	18	19
800		稹	稷	穑	黏	馥	穰	皈	皎	皓	皙	皤	瓞	瓠	甬	鸠	鸢	鸨	鸩	鸪
802	鸫	鸬	鸲	鸱	鸶	鸸	鸷	鸹	鸺	鸾	鹁	鹂	鹄	鹆	鹇	鹈	鹉	鹋	鹌	鹎
804	鹑	鹕	鹗	鹚	鹛	鹜	鹞	鹣	鹦	鹧	鹨	鹩	鹪	鹫	鹬	鹱	鹭	鹳	疒	疔
806	疖	疠	疝	疬	疣	疳	疴	疸	痄	疱	疰	痃	痂	痖	痍	痣	痨	痦	痤	痫
808	痧	瘃	痱	痼	痿	瘐	瘀	瘅	瘌	瘗	瘊	瘥	瘘	瘕	瘙					

81区	0	1	2	3	4	5	6	7	8	9	10	11	12	13	14	15	16	17	18	19
810		瘛	瘼	瘢	瘠	癀	瘭	瘰	瘿	瘵	癃	瘾	瘳	癍	癞	癔	癜	癖	癫	癯
812	翊	竦	穸	穹	窀	窆	窈	窕	窦	窠	窬	窨	窭	窳	衤	衩	衲	衽	衿	袂
814	袢	裆	袷	袼	裉	裢	裎	裣	裥	裱	褚	裼	裨	裾	裰	褡	褙	褓	褛	褊
816	褴	褫	褶	襁	襦	襻	疋	胥	皲	皴	矜	耒	耔	耖	耜	耠	耢	耥	耦	耧
818	耩	耨	耱	耋	耵	聃	聆	聍	聒	聩	聱	覃	顸	颀	颃					

82区	0	1	2	3	4	5	6	7	8	9	10	11	12	13	14	15	16	17	18	19
820		颉	颌	颍	颏	颔	颚	颛	颞	颟	颡	颢	颥	颦	虍	虔	虬	虮	虿	虺
822	虼	虻	蚨	蚍	蚋	蚬	蚝	蚧	蚣	蚪	蚓	蚩	蚶	蛄	蚵	蛎	蚰	蚺	蚱	蚯
824	蛉	蛏	蚴	蛩	蛱	蛲	蛭	蛳	蛐	蜓	蛞	蛴	蛟	蛘	蛑	蜃	蜇	蛸	蜈	蜊
826	蜍	蜉	蜣	蜻	蜞	蜥	蜮	蜚	蜾	蝈	蜴	蜱	蜩	蜷	蜿	螂	蜢	蝽	蝾	蝻
828	蝠	蝰	蝌	蝮	螋	蝓	蝣	蝼	蝤	蝙	蝥	螓	螯	螨	蟒					

83区	0	1	2	3	4	5	6	7	8	9	10	11	12	13	14	15	16	17	18	19
830		蟆	螈	螅	螭	螗	螃	螫	蟥	螬	螵	螳	蟋	蟓	螽	蟑	蟀	蟊	蟛	蟪
832	蟠	蟮	蠖	蠓	蟾	蠊	蠛	蠡	蠹	蠼	缶	罂	罄	罅	舐	竺	竽	笈	笃	笄
834	笕	笊	笫	笏	筇	笸	笪	笙	笮	笱	笠	笥	笤	笳	笾	笞	筘	筚	筅	筵
836	筌	筝	筠	筮	筻	筢	筲	筱	箐	箦	箧	箸	箬	箝	箨	箅	箪	箜	箢	箫
838	箴	篑	篁	篌	篝	篚	篥	篦	篪	簌	篾	篼	簏	簖	簋					

84区	0	1	2	3	4	5	6	7	8	9	10	11	12	13	14	15	16	17	18	19
840		簟	簪	簦	簸	籁	籀	臾	舁	舂	舄	臬	衄	舡	舢	舣	舭	舯	舨	舫
842	舸	舻	舳	舴	舾	艄	艉	艋	艏	艚	艟	艨	衾	袅	袈	裘	裟	襞	羝	羟
844	羧	羯	羰	羲	籼	敉	粑	粝	粜	粞	粢	粲	粼	粽	糁	糇	糌	糍	糈	糅
846	糗	糨	艮	暨	羿	翎	翕	翥	翡	翦	翩	翮	翳	糸	絷	綦	綮	繇	纛	麸
848	麴	赳	趄	趔	趑	趱	赧	赭	豇	豉	酊	酐	酎	酏	酤					

85区	0	1	2	3	4	5	6	7	8	9	10	11	12	13	14	15	16	17	18	19
850		酢	酡	酰	酩	酯	酽	酾	酲	酴	酹	醌	醅	醐	醍	醑	醢	醣	醪	醭
852	醮	醯	醵	醴	醺	豕	鹾	趸	跫	踅	蹙	蹩	趵	趿	趼	趺	跄	跖	跗	跚
854	跞	跎	跏	跛	跆	跬	跷	跸	跣	跹	跻	跤	踉	跽	踔	踝	踟	踬	踮	踣
856	踯	踺	蹀	踹	踵	踽	踱	蹉	蹁	蹂	蹑	蹒	蹊	蹰	蹶	蹼	蹯	蹴	躅	躏
858	躔	躐	躜	躞	豸	貂	貊	貅	貘	貔	斛	觖	觞	觚	觜					

86区	0	1	2	3	4	5	6	7	8	9	10	11	12	13	14	15	16	17	18	19
860		觥	觫	觯	訾	謦	靓	雩	雳	雯	霆	霁	霈	霏	霎	霪	霭	霰	霾	龀
862	龃	龅	龆	龇	龈	龉	龊	龌	黾	鼋	鼍	隹	隼	隽	雎	雒	瞿	雠	銎	銮
864	鋈	錾	鍪	鏊	鎏	鐾	鑫	鱿	鲂	鲅	鲆	鲇	鲈	稣	鲋	鲎	鲐	鲑	鲒	鲔
866	鲕	鲚	鲛	鲞	鲟	鲠	鲡	鲢	鲣	鲥	鲦	鲧	鲨	鲩	鲫	鲭	鲮	鲰	鲱	鲲
868	鲳	鲴	鲵	鲶	鲷	鲺	鲻	鲼	鲽	鳄	鳅	鳆	鳇	鳊	鳋					

87区	0	1	2	3	4	5	6	7	8	9	10	11	12	13	14	15	16	17	18	19
870		鳌	鳍	鳎	鳏	鳐	鳓	鳔	鳕	鳗	鳘	鳙	鳜	鳝	鳟	鳢	靼	鞅	鞑	鞒
872	鞔	鞯	鞫	鞣	鞲	鞴	骱	骰	骷	鹘	骶	骺	骼	髁	髀	髅	髂	髋	髌	髑
874	魅	魃	魇	魉	魈	魍	魑	飨	餍	餮	饕	饔	髟	髡	髦	髯	髫	髻	髭	髹
876	鬈	鬏	鬓	鬟	鬣	麽	麾	縻	麂	麇	麈	麋	麒	鏖	麝	麟	黛	黜	黝	黠
878	黟	黢	黩	黧	黥	黪	黯	鼢	鼬	鼯	鼹	鼷	鼽	鼾	齄					

附 录 A
（规范性附录）
补充的字符

本部分是以 GB 2312—1980《信息交换用汉字编码字符集　基本集》为依据制定的。根据使用需要，在 GB 2312—1980 修订之前，在本部分中对字符作如下补充。

补充的 132 个字符如下所示：

8-27 至 8-32	补充 ɑ ḿ ń ň ǹ ɡ。
10-01 至 10-94	补充 94 个半角图形的字符，其排列顺序与 GB 2312—1980 的表 1“图形字符代码表”中第 3 区一一对应，字形宽度为对应第 3 区字形宽度的 1/2。
11-01 至 11-32	补充汉语拼音 ɑ、e、i、o、u、ü 的四声半角字符和 ê、ɑ、ḿ、ń、ň、ǹ、ɡ 的半角字符，排列顺序与本部分第 8 区 01 位至 32 位的 32 个字符一一对应，字形宽度为相应第 8 区字形宽度的 1/2。

附 录 B
（规范性附录）
64点阵字型数据

B.1 64点阵字型数据的表示

本部分中，图形字符的字型可由点阵数据来表示。每个字型的点阵数据为64×64（横行点数×纵列点数），共4 096个二进制位，512个字节。

B.2 64点阵字型数据的记录格式

64点阵字型数据的512个字节排列次序是以0字节开始至511字节结束，均用十六进制表示，每行八个字节，记录格式如下：

行数	列数															
	0	1	2	3	4	5	6	7	……	56	57	58	59	60	61	62	63
0	0字节								……	7字节							
1 2 3 4 ⋮ 62																	
63	504字节								……	511字节							

B.3 汉字64点阵字型数据举例

长 19-04

00 00 00 00 00 00 00 00
00 00 00 00 00 00 00 00
00 00 C0 00 00 00 00 00
00 00 F0 00 00 00 00 00
00 00 FC 00 00 04 00 00
00 00 F8 00 00 0E 00 00
00 00 F0 00 00 1F 00 00
00 00 F0 00 00 3F 80 00
00 00 F0 00 00 7F C0 00
00 00 F0 00 00 FF 00 00
00 00 F0 00 01 FC 00 00
00 00 F0 00 03 F8 00 00
00 00 F0 00 07 E0 00 00

安 16-18

00 00 00 00 00 00 00 00
00 00 00 00 00 00 00 00
00 00 00 30 00 00 00 00
00 00 00 1E 00 00 00 00
00 00 00 0F 80 00 00 00
00 00 00 07 C0 00 00 00
00 00 00 03 E0 00 00 00
00 00 00 03 F0 00 00 00
00 20 00 01 F0 00 00 00
00 20 00 01 F0 00 01 00
00 20 00 00 F0 00 03 80
00 60 00 00 E0 00 07 C0
00 7F FF FF FF FF FF E0

00 00 F0 00 0F C0 00 00
00 00 F0 00 1F 00 00 00
00 00 F0 00 3E 00 00 00
00 00 F0 00 7C 00 00 00
00 00 F0 00 F0 00 00 00
00 00 F0 01 E0 00 00 00
00 00 F0 03 C0 00 00 00
00 00 F0 0F 00 00 00 00
00 00 F0 1E 00 00 00 00
00 00 F0 38 00 00 00 00
00 00 F0 F0 00 00 00 00
00 00 F1 C0 00 00 00 00
00 00 F7 00 00 00 08 00
00 00 FC 00 00 00 1C 00
00 00 F0 00 00 00 3E 00
00 00 F0 00 00 00 7F 00
1F FF FF FF FF FF FF 80
0F FF FF FF FF FF FF C0
00 00 F0 03 00 00 00 00
00 00 F0 03 00 00 00 00
00 00 F0 03 00 00 00 00
00 00 F0 01 80 00 00 00
00 00 F0 01 80 00 00 00
00 00 F0 01 C0 00 00 00
00 00 F0 00 C0 00 00 00
00 00 F0 00 E0 00 00 00
00 00 F0 00 70 00 00 00
00 00 F0 00 78 00 00 00
00 00 F0 00 3C 00 00 00
00 00 F0 00 1E 00 00 00
00 00 F0 00 1F 00 00 00
00 00 F0 00 0F 80 00 00
00 00 F0 00 07 C0 00 00
00 00 F0 00 03 F0 00 00
00 00 F0 00 01 F8 00 00
00 00 F0 00 00 FE 00 00
00 00 F0 01 C0 7F 80 00
00 00 F0 07 00 3F E0 00
00 00 F0 3E 00 1F F8 00
00 00 F0 F8 00 0F FF 00
00 FF FF FF FF FF FF F0
00 E0 00 00 00 00 0F C0
01 E0 00 00 00 00 0F 00
03 E0 00 30 00 00 1E 00
07 C0 00 38 00 00 18 00
0F C0 00 3E 00 00 30 00
0F 80 00 3F 00 00 20 00
07 00 00 7E 00 00 40 00
00 00 00 7C 00 00 00 00
00 00 00 7C 00 00 00 00
00 00 00 F8 00 00 00 00
00 00 00 F8 00 00 00 00
00 00 00 F0 00 00 00 00
00 00 01 F0 00 00 01 00
00 00 01 E0 00 00 03 80
00 00 03 E0 00 00 07 C0
00 00 03 C0 00 00 0F E0
1F FF FF FF FF FF FF F0
0F FF FF FF FF FF FF F8
00 00 07 80 01 F0 00 00
00 00 0F 00 01 E0 00 00
00 00 0E 00 03 E0 00 00
00 00 0E 00 03 C0 00 00
00 00 1C 00 03 C0 00 00
00 00 1C 00 07 C0 00 00
00 00 38 00 07 80 00 00
00 00 38 00 0F 80 00 00
00 00 70 00 0F 00 00 00
00 00 60 00 1F 00 00 00
00 00 E0 00 1E 00 00 00
00 00 FE 00 3E 00 00 00
00 00 1F F0 7C 00 00 00
00 00 01 FF FC 00 00 00
00 00 00 3F F8 00 00 00
00 00 00 07 FE 00 00 00
00 00 00 07 FF C0 00 00
00 00 00 0F DF F8 00 00
00 00 00 1F 87 FE 00 00
00 00 00 3E 01 FF 80 00
00 00 00 FC 00 7F E0 00

00 00 F7 F0 00 07 FF F8
00 00 FF C0 00 03 FF C0
00 01 FF 80 00 00 FF 00
00 03 FE 00 00 00 7C 00
00 03 FC 00 00 00 18 00
00 01 F8 00 00 00 00 00
00 00 E0 00 00 00 00 00
00 00 40 00 00 00 00 00
00 00 00 00 00 00 00 00
00 00 00 00 00 00 00 00
00 00 00 00 00 00 00 00
00 00 01 F0 00 1F F8 00
00 00 07 C0 00 07 FC 00
00 00 1F 80 00 03 FE 00
00 00 7E 00 00 00 FF 00
00 01 F8 00 00 00 7F 00
00 0F C0 00 00 00 3F 00
00 FE 00 00 00 00 1F 00
0F E0 00 00 00 00 0E 00
00 00 00 00 00 00 00 00
00 00 00 00 00 00 00 00
00 00 00 00 00 00 00 00

参 考 文 献

《第一批异体字整理表》	中华人民共和国文化部、中国文字改革委员会	1955年12月22日
《简化字总表》	中国文字改革委员会、中华人民共和国文化部、中华人民共和国教育部(1986年10月10日国家语言文字工作委员会重新发表)	1964年3月7日
《印刷通用汉字字形表》	中华人民共和国文化部、中国文字改革委员会	1965年1月30日
《现代汉语通用字表》	国家语言文字工作委员会、中华人民共和国新闻出版署	1988年3月25日

ICS 35.040
L 71

中华人民共和国国家标准

GB 14245.2—2008
代替 GB/T 14242—1993

信息技术　汉字编码字符集(基本集) 64点阵字型　第2部分:黑体

Information technology—Chinese ideogram coded character set (basic set)—64-dot matrix font—Part 2: Hei Ti

2008-08-06 发布　　2009-07-01 实施

中华人民共和国国家质量监督检验检疫总局
中国国家标准化管理委员会　发布

前　言

GB 14245 的本部分除字表中 1 区至 11 区外的全部技术内容为强制性。

GB 14245《信息技术　汉字编码字符集(基本集)　64 点阵字型》分为如下四个部分：

——第 1 部分：宋体；

——第 2 部分：黑体；

——第 3 部分：楷体；

——第 4 部分：仿宋体。

本部分为 GB 14245 的第 2 部分。

本部分规定的 64 点阵汉字字型是以《第一批异体字整理表》、《简化字总表》、《印刷通用汉字字形表》和《现代汉语通用字表》(见参考文献)为依据，按照现行汉字字形整理原则进行设计。

本部分代替 GB/T 14242—1993《信息交换用汉字 64×64 点阵黑体字模集及数据集》。

本部分与 GB/T 14242—1993 相比，主要变化如下：

a) 为了进一步提高字型质量和保证标准间的协调统一，对本部分的第一版中 1 区的数学符号错误进行了修正；

b) 对 3 区、10 区的字符错误、小写英文字母偏离基准线错误进行了修正；

c) 对 4 区、5 区日文假名/片假名部分字符进行了重新设计；

d) 对上一版本中不正确的汉字字型进行了修正。

本部分的附录 A、附录 B 是规范性附录。

本部分由中华人民共和国信息产业部提出。

本部分由中国电子技术标准化研究所归口。

本部分起草单位：中国电子技术标准化研究所、北京仓颉博雅信息技术有限公司、第二炮兵装备研究院第四研究所。

本部分起草人：代红、熊涛、王啸、周济萍、翟广臣、戴涌、王利。

本部分所代替标准的历次版本发布情况为：

——GB/T 14242—1993。

引　言

有关字型数据的授权转让使用事宜，字型标准数据的维护、更新及修订工作，统一由归口单位负责。

地址：北京市东城区安定门东大街1号(北京市1101信箱)
邮　编：100007
电　话：64007689　84029173
传　真：64007681
E-mail：daihong@cesi.ac.cn

信息技术　汉字编码字符集(基本集)
64点阵字型　第2部分:黑体

1　范围

GB 14245的本部分规定了GB 2312—1980《信息交换用汉字编码字符集　基本集》中图形字符的64点阵黑体字型。

本部分主要适用于各种电子信息产品、各种数字化产品,也可用于其他有关设备。

2　规范性引用文件

下列文件中的条款通过GB 14245的本部分的引用而成为本部分的条款。凡是注日期的引用文件,其随后所有的修改单(不包括勘误的内容)或修订版均不适用于本部分,然而,鼓励根据本部分达成协议的各方研究是否可使用这些文件的最新版本。凡是不注日期的引用文件,其最新版本适用于本部分。

GB 2312—1980　信息交换用汉字编码字符集　基本集

3　术语和定义

下列术语和定义适用于GB 14245的本部分。

3.1

字形　glyph

一种可辨认的抽象的图形符号,它不依赖于任何特定的设计。

3.2

字型　font

具有同一基本设计的字形图像的集合,如:黑体。

3.3

点阵字型　dot matrix font

以点的集合来表现图形字符的型(形)。

3.4

字序　character order

图形字符在集合中按一定规则排列的次序。

4　汉字图形字符

根据GB 2312—1980规定,相应提供了:

1区～09区　外文字母及其他图形字符682个;

16区～55区　第一级汉字3 755个;

56区～87区　第二级汉字3 008个。

另外在8区27位至32位补充了6个字符;10区01位至94位补充了94个半角图形字符;11区01位至32位补充了32个汉语拼音的半角字符,见附录A。

本部分共提供图形字符7 577个。

5　标准数据的管理

为加强对电子信息技术产品使用汉字字型标准数据的管理，保证本部分在实施中数据的正确性和一致性，有关字型数据的授权转让使用事宜，字型标准数据的维护、更新及修订工作，统一由归口单位负责。

6　点阵字型的表示方法

6.1　栅格

栅格由若干条等距离的垂直线与水平线相交叉而形成。

本部分规定的是64点阵字型，其栅格是横向64格，纵向64格。每个方格的中心定为点的中心位置。

栅格仅对构成点阵的各点进行定位，64点阵栅格图如图1所示。

图1　64点阵栅格图

6.2　点

点是构成点阵字型的最小单位，以圆形表示，它是位于各方格内的黑色区域。

6.3　点阵字样

汉字点阵字型的字样，由置于栅格内的若干个点的集合来表示。汉字"永"的64点阵字样如图2所示。

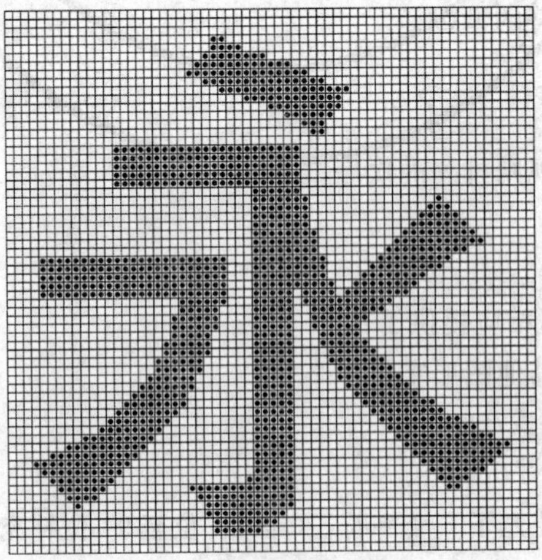

图2　64点阵汉字"永"的字样

6.4 字型数据

64 点阵字型数据的表示，见附录 B。

6.5 点阵字型表

本部分提供了 GB 2312—1980 规定的 7 445 个汉字/图形字符及补充的 132 个图形字符的 64 点阵黑体字型。

本部分的点阵字型列表如下：

1区	0	1	2	3	4	5	6	7	8	9	10	11	12	13	14	15	16	17	18	19
010			、	。	·	ˉ	ˇ	¨	〃	々	—	～	‖	…	‘	’	“	”	〔	〕
012	〈	〉	《	》	「	」	『	』	〖	〗	【	】	±	×	÷	∶	∧	∨	∑	∏
014	∪	∩	∈	∷	√	⊥	∥	∠	⌒	⊙	∫	∮	≡	≌	≈	∽	∝	≠	≮	≯
016	≤	≥	∞	∵	∴	♂	♀	°	′	″	℃	＄	¤	￠	￡	‰	§	№	☆	★
018	○	●	◎	◇	◆	□	■	△	▲	※	→	←	↑	↓	〓					

2区	0	1	2	3	4	5	6	7	8	9	10	11	12	13	14	15	16	17	18	19
020																		⒈	⒉	⒊
022	⒋	⒌	⒍	7	⒏	⒐	⒑	⒒	⒓	⒔	⒕	⒖	⒗	⒘	⒙	⒚	⒛	⑴	⑵	⑶
024	⑷	⑸	⑹	⑺	⑻	⑼	⑽	⑾	⑿	⒀	⒁	⒂	⒃	⒄	⒅	⒆	⒇	①	②	③
026	④	⑤	⑥	⑦	⑧	⑨	⑩			㈠	㈡	㈢	㈣	㈤	㈥	㈦	㈧	㈨	㈩	
028		Ⅰ	Ⅱ	Ⅲ	Ⅳ	Ⅴ	Ⅵ	Ⅶ	Ⅷ	Ⅸ	Ⅹ	Ⅺ	Ⅻ							

3区	0	1	2	3	4	5	6	7	8	9	10	11	12	13	14	15	16	17	18	19
030		！	＂	＃	￥	％	＆	＇	（	）	＊	＋	，	－	．	／	０	１	２	３
032	４	５	６	７	８	９	：	；	＜	＝	＞	？	＠	Ａ	Ｂ	Ｃ	Ｄ	Ｅ	Ｆ	Ｇ
034	Ｈ	Ｉ	Ｊ	Ｋ	Ｌ	Ｍ	Ｎ	Ｏ	Ｐ	Ｑ	Ｒ	Ｓ	Ｔ	Ｕ	Ｖ	Ｗ	Ｘ	Ｙ	Ｚ	［
036	＼	］	＾	＿	｀	ａ	ｂ	ｃ	ｄ	ｅ	ｆ	ｇ	ｈ	ｉ	ｊ	ｋ	ｌ	ｍ	ｎ	ｏ
038	ｐ	ｑ	ｒ	ｓ	ｔ	ｕ	ｖ	ｗ	ｘ	ｙ	ｚ	｛	｜	｝	￣					

4区	0	1	2	3	4	5	6	7	8	9	10	11	12	13	14	15	16	17	18	19
040		ぁ	あ	ぃ	い	ぅ	う	ぇ	え	ぉ	お	か	が	き	ぎ	く	ぐ	け	げ	こ
042	ご	さ	ざ	し	じ	す	ず	せ	ぜ	そ	ぞ	た	だ	ち	ぢ	っ	つ	づ	て	で
044	と	ど	な	に	ぬ	ね	の	は	ば	ぱ	ひ	び	ぴ	ふ	ぶ	ぷ	へ	べ	ぺ	ほ
046	ぼ	ぽ	ま	み	む	め	も	ゃ	や	ゅ	ゆ	ょ	よ	ら	り	る	れ	ろ	ゎ	わ
048	ゐ	ゑ	を	ん																

5区	0	1	2	3	4	5	6	7	8	9	10	11	12	13	14	15	16	17	18	19
050		ァ	ア	ィ	イ	ゥ	ウ	ェ	エ	ォ	オ	カ	ガ	キ	ギ	ク	グ	ケ	ゲ	コ
052	ゴ	サ	ザ	シ	ジ	ス	ズ	セ	ゼ	ソ	ゾ	タ	ダ	チ	ヂ	ッ	ツ	ヅ	テ	デ
054	ト	ド	ナ	ニ	ヌ	ネ	ノ	ハ	バ	パ	ヒ	ビ	ピ	フ	ブ	プ	ヘ	ベ	ペ	ホ
056	ボ	ポ	マ	ミ	ム	メ	モ	ャ	ヤ	ュ	ユ	ョ	ヨ	ラ	リ	ル	レ	ロ	ヮ	ワ
058	ヰ	ヱ	ヲ	ン	ヴ	ヵ	ヶ													

6区	0	1	2	3	4	5	6	7	8	9	10	11	12	13	14	15	16	17	18	19
060		Α	Β	Γ	Δ	Ε	Ζ	Η	Θ	Ι	Κ	Λ	Μ	Ν	Ξ	Ο	Π	Ρ	Σ	Τ
062	Υ	Φ	Χ	Ψ	Ω									α	β	γ	δ	ε	ζ	η
064	θ	ι	κ	λ	μ	ν	ξ	ο	π	ρ	σ	τ	υ	φ	χ	ψ	ω			
066																				
068																				

7区	0	1	2	3	4	5	6	7	8	9	10	11	12	13	14	15	16	17	18	19
070		А	Б	В	Г	Д	Е	Ё	Ж	З	И	Й	К	Л	М	Н	О	П	Р	С
072	Т	У	Ф	Х	Ц	Ч	Ш	Щ	Ъ	Ы	Ь	Э	Ю	Я						
074										а	б	в	г	д	е	ё	ж	з	и	й
076	к	л	м	н	о	п	р	с	т	у	ф	х	ц	ч	ш	щ	ъ	ы	ь	э
078	ю	я																		

8区	0	1	2	3	4	5	6	7	8	9	10	11	12	13	14	15	16	17	18	19
080		ā	á	ǎ	à	ē	é	ě	è	ī	í	ǐ	ì	ō	ó	ǒ	ò	ū	ú	ǔ
082	ù	ǖ	ǘ	ǚ	ǜ	ü	ê	ɑ	ḿ	ń	ň	ǹ	ɡ					ㄅ	ㄆ	ㄇ
084	ㄈ	ㄉ	ㄊ	ㄋ	ㄌ	ㄍ	ㄎ	ㄏ	ㄐ	ㄑ	ㄒ	ㄓ	ㄔ	ㄕ	ㄖ	ㄗ	ㄘ	ㄙ	ㄚ	ㄛ
086	ㄜ	ㄝ	ㄞ	ㄟ	ㄠ	ㄡ	ㄢ	ㄣ	ㄤ	ㄥ	ㄦ	ㄧ	ㄨ	ㄩ						
088																				

9区	0	1	2	3	4	5	6	7	8	9	10	11	12	13	14	15	16	17	18	19
090					─	━	│	┃	┄	┅	┆	┇	┈	┉	┊	┋	┌	┍	┎	┏
092	┐	┑	┒	┓	└	┕	┖	┗	┘	┙	┚	┛	├	┝	┞	┟	┠	┡	┢	┣
094	┤	┥	┦	┧	┨	┩	┪	┫	┬	┭	┮	┯	┰	┱	┲	┳	┴	┵	┶	┷
096	┸	┹	┺	┻	┼	┽	┾	┿	╀	╁	╂	╃	╄	╅	╆	╇	╈	╉	╊	╋
098																				

10区	0	1	2	3	4	5	6	7	8	9	10	11	12	13	14	15	16	17	18	19
100		!	"	#	¥	%	&	'	(	)	*	+	,	-	.	/	0	1	2	3
102	4	5	6	7	8	9	:	;	<	=	>	?	@	A	B	C	D	E	F	G
104	H	I	J	K	L	M	N	O	P	Q	R	S	T	U	V	W	X	Y	Z	[
106	\	]	^	_	`	a	b	c	d	e	f	g	h	i	j	k	l	m	n	o
108	p	q	r	s	t	u	v	w	x	y	z	{	|	}	‾					

11区	0	1	2	3	4	5	6	7	8	9	10	11	12	13	14	15	16	17	18	19
110		ā	á	ǎ	à	ē	é	ě	è	ī	í	ǐ	ì	ō	ó	ǒ	ò	ū	ú	ǔ
112	ù	ǖ	ǘ	ǚ	ǜ	ü	ê	ɑ	ḿ	ń	ň	ǹ	ɡ							
114																				
116																				
118																				

16区	0	1	2	3	4	5	6	7	8	9	10	11	12	13	14	15	16	17	18	19
160		啊	阿	埃	挨	哎	唉	哀	皑	癌	蔼	矮	艾	碍	爱	隘	鞍	氨	安	俺
162	按	暗	岸	胺	案	肮	昂	盎	凹	敖	熬	翱	袄	傲	奥	懊	澳	芭	捌	扒
164	叭	吧	笆	八	疤	巴	拔	跋	靶	把	耙	坝	霸	罢	爸	白	柏	百	摆	佰
166	败	拜	稗	斑	班	搬	扳	般	颁	板	版	扮	拌	伴	瓣	半	办	绊	邦	帮
168	梆	榜	膀	绑	棒	磅	蚌	镑	傍	谤	苞	胞	包	褒	剥					

17区	0	1	2	3	4	5	6	7	8	9	10	11	12	13	14	15	16	17	18	19
170		薄	雹	保	堡	饱	宝	抱	报	暴	豹	鲍	爆	杯	碑	悲	卑	北	辈	背
172	贝	钡	倍	狈	备	惫	焙	被	奔	苯	本	笨	崩	绷	甭	泵	蹦	迸	逼	鼻
174	比	鄙	笔	彼	碧	蓖	蔽	毕	毙	毖	币	庇	痹	闭	敝	弊	必	辟	壁	臂
176	避	陛	鞭	边	编	贬	扁	便	变	卞	辨	辩	辫	遍	标	彪	膘	表	鳖	憋
178	别	瘪	彬	斌	濒	滨	宾	摈	兵	冰	柄	丙	秉	饼	炳					

18区	0	1	2	3	4	5	6	7	8	9	10	11	12	13	14	15	16	17	18	19
180		病	并	玻	菠	播	拨	钵	波	博	勃	搏	铂	箔	伯	帛	舶	脖	膊	渤
182	泊	驳	捕	卜	哺	补	埠	不	布	步	簿	部	怖	擦	猜	裁	材	才	财	睬
184	踩	采	彩	菜	蔡	餐	参	蚕	残	惭	惨	灿	苍	舱	仓	沧	藏	操	糙	槽
186	曹	草	厕	策	侧	册	测	层	蹭	插	叉	茬	茶	查	碴	搽	察	岔	差	诧
188	拆	柴	豺	搀	掺	蝉	馋	谗	缠	铲	产	阐	颤	昌	猖					

19区	0	1	2	3	4	5	6	7	8	9	10	11	12	13	14	15	16	17	18	19
190		场	尝	常	长	偿	肠	厂	敞	畅	唱	倡	超	抄	钞	朝	嘲	潮	巢	吵
192	炒	车	扯	撤	掣	彻	澈	郴	臣	辰	尘	晨	忱	沉	陈	趁	衬	撑	称	城
194	橙	成	呈	乘	程	惩	澄	诚	承	逞	骋	秤	吃	痴	持	匙	池	迟	弛	驰
196	耻	齿	侈	尺	赤	翅	斥	炽	充	冲	虫	崇	宠	抽	酬	畴	踌	稠	愁	筹
198	仇	绸	瞅	丑	臭	初	出	橱	厨	躇	锄	雏	滁	除	楚					

20区	0	1	2	3	4	5	6	7	8	9	10	11	12	13	14	15	16	17	18	19
200		础	储	矗	搐	触	处	揣	川	穿	椽	传	船	喘	串	疮	窗	幢	床	闯
202	创	吹	炊	捶	锤	垂	春	椿	醇	唇	淳	纯	蠢	戳	绰	疵	茨	磁	雌	辞
204	慈	瓷	词	此	刺	赐	次	聪	葱	囱	匆	从	丛	凑	粗	醋	簇	促	蹿	篡
206	窜	摧	崔	催	脆	瘁	粹	淬	翠	村	存	寸	磋	撮	搓	措	挫	错	搭	达
208	答	瘩	打	大	呆	歹	傣	戴	带	殆	代	贷	袋	待	逮					

21区	0	1	2	3	4	5	6	7	8	9	10	11	12	13	14	15	16	17	18	19
210		怠	耽	担	丹	单	郸	掸	胆	旦	氮	但	惮	淡	诞	弹	蛋	当	挡	党
212	荡	档	刀	捣	蹈	倒	岛	祷	导	到	稻	悼	道	盗	德	得	的	蹬	灯	登
214	等	瞪	凳	邓	堤	低	滴	迪	敌	笛	狄	涤	翟	嫡	抵	底	地	蒂	第	帝
216	弟	递	缔	颠	掂	滇	碘	点	典	靛	垫	电	佃	甸	店	惦	奠	淀	殿	碉
218	叼	雕	凋	刁	掉	吊	钓	调	跌	爹	碟	蝶	迭	谍	叠					

22区	0	1	2	3	4	5	6	7	8	9	10	11	12	13	14	15	16	17	18	19
220		丁	盯	叮	钉	顶	鼎	锭	定	订	丢	东	冬	董	懂	动	栋	侗	恫	冻
222	洞	兜	抖	斗	陡	豆	逗	痘	都	督	毒	犊	独	读	堵	睹	赌	杜	镀	肚
224	度	渡	妒	端	短	锻	段	断	缎	堆	兑	队	对	墩	吨	蹲	敦	顿	囤	钝
226	盾	遁	掇	哆	多	夺	垛	躲	朵	跺	舵	剁	惰	堕	蛾	峨	鹅	俄	额	讹
228	娥	恶	厄	扼	遏	鄂	饿	恩	而	儿	耳	尔	饵	洱	二					

23区	0	1	2	3	4	5	6	7	8	9	10	11	12	13	14	15	16	17	18	19
230		贰	发	罚	筏	伐	乏	阀	法	珐	藩	帆	番	翻	樊	矾	钒	繁	凡	烦
232	反	返	范	贩	犯	饭	泛	坊	芳	方	肪	房	防	妨	仿	访	纺	放	菲	非
234	啡	飞	肥	匪	诽	吠	肺	废	沸	费	芬	酚	吩	氛	分	纷	坟	焚	汾	粉
236	奋	份	忿	愤	粪	丰	封	枫	蜂	峰	锋	风	疯	烽	逢	冯	缝	讽	奉	凤
238	佛	否	夫	敷	肤	孵	扶	拂	辐	幅	氟	符	伏	俘	服					

24区	0	1	2	3	4	5	6	7	8	9	10	11	12	13	14	15	16	17	18	19
240		浮	涪	福	袱	弗	甫	抚	辅	俯	釜	斧	脯	腑	府	腐	赴	副	覆	赋
242	复	傅	付	阜	父	腹	负	富	讣	附	妇	缚	咐	噶	嘎	该	改	概	钙	盖
244	溉	干	甘	杆	柑	竿	肝	赶	感	秆	敢	赣	冈	刚	钢	缸	肛	纲	岗	港
246	杠	篙	皋	高	膏	羔	糕	搞	镐	稿	告	哥	歌	搁	戈	鸽	胳	疙	割	革
248	葛	格	蛤	阁	隔	铬	个	各	给	根	跟	耕	更	庚	羹					

25区	0	1	2	3	4	5	6	7	8	9	10	11	12	13	14	15	16	17	18	19
250		埂	耿	梗	工	攻	功	恭	龚	供	躬	公	宫	弓	巩	汞	拱	贡	共	钩
252	勾	沟	苟	狗	垢	构	购	够	辜	菇	咕	箍	估	沽	孤	姑	鼓	古	蛊	骨
254	谷	股	故	顾	固	雇	刮	瓜	剐	寡	挂	褂	乖	拐	怪	棺	关	官	冠	观
256	管	馆	罐	惯	灌	贯	光	广	逛	瑰	规	圭	硅	归	龟	闺	轨	鬼	诡	癸
258	桂	柜	跪	贵	刽	辊	滚	棍	锅	郭	国	果	裹	过	哈					

26区	0	1	2	3	4	5	6	7	8	9	10	11	12	13	14	15	16	17	18	19
260		骸	孩	海	氦	亥	害	骇	酣	憨	邯	韩	含	涵	寒	函	喊	罕	翰	撼
262	捍	旱	憾	悍	焊	汗	汉	夯	杭	航	壕	嚎	豪	毫	郝	好	耗	号	浩	呵
264	喝	荷	菏	核	禾	和	何	合	盒	貉	阂	河	涸	赫	褐	鹤	贺	嘿	黑	痕
266	很	狠	恨	哼	亨	横	衡	恒	轰	哄	烘	虹	鸿	洪	宏	弘	红	喉	侯	猴
268	吼	厚	候	后	呼	乎	忽	瑚	壶	葫	胡	蝴	狐	糊	湖					

27区	0	1	2	3	4	5	6	7	8	9	10	11	12	13	14	15	16	17	18	19
270		弧	虎	唬	护	互	沪	户	花	哗	华	猾	滑	画	划	化	话	槐	徊	怀
272	淮	坏	欢	环	桓	还	缓	换	患	唤	痪	豢	焕	涣	宦	幻	荒	慌	黄	磺
274	蝗	簧	皇	凰	惶	煌	晃	幌	恍	谎	灰	挥	辉	徽	恢	蛔	回	毁	悔	慧
276	卉	惠	晦	贿	秽	会	烩	汇	讳	诲	绘	荤	昏	婚	魂	浑	混	豁	活	伙
278	火	获	或	惑	霍	货	祸	击	圾	基	机	畸	稽	积	箕					

28区	0	1	2	3	4	5	6	7	8	9	10	11	12	13	14	15	16	17	18	19
280		肌	饥	迹	激	讥	鸡	姬	绩	缉	吉	极	棘	辑	籍	集	及	急	疾	汲
282	即	嫉	级	挤	几	脊	己	蓟	技	冀	季	伎	祭	剂	悸	济	寄	寂	计	记
284	既	忌	际	妓	继	纪	嘉	枷	夹	佳	家	加	荚	颊	贾	甲	钾	假	稼	价
286	架	驾	嫁	歼	监	坚	尖	笺	间	煎	兼	肩	艰	奸	缄	茧	检	柬	碱	硷
288	拣	捡	简	俭	剪	减	荐	槛	鉴	践	贱	见	键	箭	件					

29区	0	1	2	3	4	5	6	7	8	9	10	11	12	13	14	15	16	17	18	19
290		健	舰	剑	饯	渐	溅	涧	建	僵	姜	将	浆	江	疆	蒋	桨	奖	讲	匠
292	酱	降	蕉	椒	礁	焦	胶	交	郊	浇	骄	娇	嚼	搅	铰	矫	侥	脚	狡	角
294	饺	缴	绞	剿	教	酵	轿	较	叫	窖	揭	接	皆	秸	街	阶	截	劫	节	桔
296	杰	捷	睫	竭	洁	结	解	姐	戒	藉	芥	界	借	介	疥	诫	届	巾	筋	斤
298	金	今	津	襟	紧	锦	仅	谨	进	靳	晋	禁	近	烬	浸					

30区	0	1	2	3	4	5	6	7	8	9	10	11	12	13	14	15	16	17	18	19
300		尽	劲	荆	兢	茎	睛	晶	鲸	京	惊	精	粳	经	井	警	景	颈	静	境
302	敬	镜	径	痉	靖	竟	竞	净	炯	窘	揪	究	纠	玖	韭	久	灸	九	酒	厩
304	救	旧	臼	舅	咎	就	疚	鞠	拘	狙	疽	居	驹	菊	局	咀	矩	举	沮	聚
306	拒	据	巨	具	距	踞	锯	俱	句	惧	炬	剧	捐	鹃	娟	倦	眷	卷	绢	撅
308	攫	抉	掘	倔	爵	觉	决	诀	绝	均	菌	钧	军	君	峻					

31区	0	1	2	3	4	5	6	7	8	9	10	11	12	13	14	15	16	17	18	19
310		俊	竣	浚	郡	骏	喀	咖	卡	咯	开	揩	楷	凯	慨	刊	堪	勘	坎	砍
312	看	康	慷	糠	扛	抗	亢	炕	考	拷	烤	靠	坷	苛	柯	棵	磕	颗	科	壳
314	咳	可	渴	克	刻	客	课	肯	啃	垦	恳	坑	吭	空	恐	孔	控	抠	口	扣
316	寇	枯	哭	窟	苦	酷	库	裤	夸	垮	挎	跨	胯	块	筷	侩	快	宽	款	匡
318	筐	狂	框	矿	眶	旷	况	亏	盔	岿	窥	葵	奎	魁	傀					

32区	0	1	2	3	4	5	6	7	8	9	10	11	12	13	14	15	16	17	18	19
320		馈	愧	溃	坤	昆	捆	困	括	扩	廓	阔	垃	拉	喇	蜡	腊	辣	啦	莱
322	来	赖	蓝	婪	栏	拦	篮	阑	兰	澜	谰	揽	览	懒	缆	烂	滥	琅	榔	狼
324	廊	郎	朗	浪	捞	劳	牢	老	佬	姥	酪	烙	涝	勒	乐	雷	镭	蕾	磊	累
326	儡	垒	擂	肋	类	泪	棱	楞	冷	厘	梨	犁	黎	篱	狸	离	漓	理	李	里
328	鲤	礼	莉	荔	吏	栗	丽	厉	励	砾	历	利	傈	例	俐					

33区	0	1	2	3	4	5	6	7	8	9	10	11	12	13	14	15	16	17	18	19
330		痢	立	粒	沥	隶	力	璃	哩	俩	联	莲	连	镰	廉	怜	涟	帘	敛	脸
332	链	恋	炼	练	粮	凉	梁	粱	良	两	辆	量	晾	亮	谅	撩	聊	僚	疗	燎
334	寥	辽	潦	了	撂	镣	廖	料	列	裂	烈	劣	猎	琳	林	磷	霖	临	邻	鳞
336	淋	凛	赁	吝	拎	玲	菱	零	龄	铃	伶	羚	凌	灵	陵	岭	领	另	令	溜
338	琉	榴	硫	馏	留	刘	瘤	流	柳	六	龙	聋	咙	笼	窿					

34区	0	1	2	3	4	5	6	7	8	9	10	11	12	13	14	15	16	17	18	19
340		隆	垄	拢	陇	楼	娄	搂	篓	漏	陋	芦	卢	颅	庐	炉	掳	卤	虏	鲁
342	麓	碌	露	路	赂	鹿	潞	禄	录	陆	戮	驴	吕	铝	侣	旅	履	屡	缕	虑
344	氯	律	率	滤	绿	峦	挛	孪	滦	卵	乱	掠	略	抡	轮	伦	仑	沦	纶	论
346	萝	螺	罗	逻	锣	箩	骡	裸	落	洛	骆	络	妈	麻	玛	码	蚂	马	骂	嘛
348	吗	埋	买	麦	卖	迈	脉	瞒	馒	蛮	满	蔓	曼	慢	漫					

35区	0	1	2	3	4	5	6	7	8	9	10	11	12	13	14	15	16	17	18	19
350		谩	芒	茫	盲	氓	忙	莽	猫	茅	锚	毛	矛	铆	卯	茂	冒	帽	貌	贸
352	么	玫	枚	梅	酶	霉	煤	没	眉	媒	镁	每	美	昧	寐	妹	媚	门	闷	们
354	萌	蒙	檬	盟	锰	猛	梦	孟	眯	醚	靡	糜	迷	谜	弥	米	秘	觅	泌	蜜
356	密	幂	棉	眠	绵	冕	免	勉	娩	缅	面	苗	描	瞄	藐	秒	渺	庙	妙	蔑
358	灭	民	抿	皿	敏	悯	闽	明	螟	鸣	铭	名	命	谬	摸					

36区	0	1	2	3	4	5	6	7	8	9	10	11	12	13	14	15	16	17	18	19
360		摹	蘑	模	膜	磨	摩	魔	抹	末	莫	墨	默	沫	漠	寞	陌	谋	牟	某
362	拇	牡	亩	姆	母	墓	暮	幕	募	慕	木	目	睦	牧	穆	拿	哪	呐	钠	那
364	娜	纳	氖	乃	奶	耐	奈	南	男	难	囊	挠	脑	恼	闹	淖	呢	馁	内	嫩
366	能	妮	霓	倪	泥	尼	拟	你	匿	腻	逆	溺	蔫	拈	年	碾	撵	捻	念	娘
368	酿	鸟	尿	捏	聂	孽	啮	镊	镍	涅	您	柠	狞	凝	宁					

37区	0	1	2	3	4	5	6	7	8	9	10	11	12	13	14	15	16	17	18	19
370		拧	泞	牛	扭	钮	纽	脓	浓	农	弄	奴	努	怒	女	暖	虐	疟	挪	懦
372	糯	诺	哦	欧	鸥	殴	藕	呕	偶	沤	啪	趴	爬	帕	怕	琶	拍	排	牌	徘
374	湃	派	攀	潘	盘	磐	盼	畔	判	叛	乓	庞	旁	耪	胖	抛	咆	刨	炮	袍
376	跑	泡	呸	胚	培	裴	赔	陪	配	佩	沛	喷	盆	砰	抨	烹	澎	彭	蓬	棚
378	硼	篷	膨	朋	鹏	捧	碰	坯	砒	霹	批	披	劈	琵	毗					

38区	0	1	2	3	4	5	6	7	8	9	10	11	12	13	14	15	16	17	18	19
380		啤	脾	疲	皮	匹	痞	僻	屁	譬	篇	偏	片	骗	飘	漂	瓢	票	撇	瞥
382	拼	频	贫	品	聘	乒	坪	苹	萍	平	凭	瓶	评	屏	坡	泼	颇	婆	破	魄
384	迫	粕	剖	扑	铺	仆	莆	葡	菩	蒲	埔	朴	圃	普	浦	谱	曝	瀑	期	欺
386	栖	戚	妻	七	凄	漆	柒	沏	其	棋	奇	歧	畦	崎	脐	齐	旗	祈	祁	骑
388	起	岂	乞	企	启	契	砌	器	气	迄	弃	汽	泣	讫	掐					

39区	0	1	2	3	4	5	6	7	8	9	10	11	12	13	14	15	16	17	18	19
390		恰	洽	牵	扦	钎	铅	千	迁	签	仟	谦	乾	黔	钱	钳	前	潜	遣	浅
392	谴	堑	嵌	欠	歉	枪	呛	腔	羌	墙	蔷	强	抢	橇	锹	敲	悄	桥	瞧	乔
394	侨	巧	鞘	撬	翘	峭	俏	窍	切	茄	且	怯	窃	钦	侵	亲	秦	琴	勤	芹
396	擒	禽	寝	沁	青	轻	氢	倾	卿	清	擎	晴	氰	情	顷	请	庆	琼	穷	秋
398	丘	邱	球	求	囚	酋	泅	趋	区	蛆	曲	躯	屈	驱	渠					

40区	0	1	2	3	4	5	6	7	8	9	10	11	12	13	14	15	16	17	18	19
400		取	娶	龋	趣	去	圈	颧	权	醛	泉	全	痊	拳	犬	券	劝	缺	炔	瘸
402	却	鹊	榷	确	雀	裙	群	然	燃	冉	染	瓤	壤	攘	嚷	让	饶	扰	绕	惹
404	热	壬	仁	人	忍	韧	任	认	刃	妊	纫	扔	仍	日	戎	茸	蓉	荣	融	熔
406	溶	容	绒	冗	揉	柔	肉	茹	蠕	儒	孺	如	辱	乳	汝	入	褥	软	阮	蕊
408	瑞	锐	闰	润	若	弱	撒	洒	萨	腮	鳃	塞	赛	三	叁					

41区	0	1	2	3	4	5	6	7	8	9	10	11	12	13	14	15	16	17	18	19
410		伞	散	桑	嗓	丧	搔	骚	扫	嫂	瑟	色	涩	森	僧	莎	砂	杀	刹	沙
412	纱	傻	啥	煞	筛	晒	珊	苫	杉	山	删	煽	衫	闪	陕	擅	赡	膳	善	汕
414	扇	缮	墒	伤	商	赏	晌	上	尚	裳	梢	捎	稍	烧	芍	勺	韶	少	哨	邵
416	绍	奢	赊	蛇	舌	舍	赦	摄	射	慑	涉	社	设	砷	申	呻	伸	身	深	娠
418	绅	神	沈	审	婶	甚	肾	慎	渗	声	生	甥	牲	升	绳					

42区	0	1	2	3	4	5	6	7	8	9	10	11	12	13	14	15	16	17	18	19
420		省	盛	剩	胜	圣	师	失	狮	施	湿	诗	尸	虱	十	石	拾	时	什	食
422	蚀	实	识	史	矢	使	屎	驶	始	式	示	士	世	柿	事	拭	誓	逝	势	是
424	嗜	噬	适	仕	侍	释	饰	氏	市	恃	室	视	试	收	手	首	守	寿	授	售
426	受	瘦	兽	蔬	枢	梳	殊	抒	输	叔	舒	淑	疏	书	赎	孰	熟	薯	暑	曙
428	署	蜀	黍	鼠	属	术	述	树	束	戍	竖	墅	庶	数	漱					

43区	0	1	2	3	4	5	6	7	8	9	10	11	12	13	14	15	16	17	18	19
430		恕	刷	耍	摔	衰	甩	帅	栓	拴	霜	双	爽	谁	水	睡	税	吮	瞬	顺
432	舜	说	硕	朔	烁	斯	撕	嘶	思	私	司	丝	死	肆	寺	嗣	四	伺	似	饲
434	巳	松	耸	怂	颂	送	宋	讼	诵	搜	艘	擞	嗽	苏	酥	俗	素	速	粟	僳
436	塑	溯	宿	诉	肃	酸	蒜	算	虽	隋	随	绥	髓	碎	岁	穗	遂	隧	祟	孙
438	损	笋	蓑	梭	唆	缩	琐	索	锁	所	塌	他	它	她	塔					

44区	0	1	2	3	4	5	6	7	8	9	10	11	12	13	14	15	16	17	18	19
440		獭	挞	蹋	踏	胎	苔	抬	台	泰	酞	太	态	汰	坍	摊	贪	瘫	滩	坛
442	檀	痰	潭	谭	谈	坦	毯	袒	碳	探	叹	炭	汤	塘	搪	堂	棠	膛	唐	糖
444	倘	躺	淌	趟	烫	掏	涛	滔	绦	萄	桃	逃	淘	陶	讨	套	特	藤	腾	疼
446	誊	梯	剔	踢	锑	提	题	蹄	啼	体	替	嚏	惕	涕	剃	屉	天	添	填	田
448	甜	恬	舔	腆	挑	条	迢	眺	跳	贴	铁	帖	厅	听	烃					

45区	0	1	2	3	4	5	6	7	8	9	10	11	12	13	14	15	16	17	18	19
450		汀	廷	停	亭	庭	挺	艇	通	桐	酮	瞳	同	铜	彤	童	桶	捅	筒	统
452	痛	偷	投	头	透	凸	秃	突	图	徒	途	涂	屠	土	吐	兔	湍	团	推	颓
454	腿	蜕	褪	退	吞	屯	臀	拖	托	脱	鸵	陀	驮	驼	椭	妥	拓	唾	挖	哇
456	蛙	洼	娃	瓦	袜	歪	外	豌	弯	湾	玩	顽	丸	烷	完	碗	挽	晚	皖	惋
458	宛	婉	万	腕	汪	王	亡	枉	网	往	旺	望	忘	妄	威					

46区	0	1	2	3	4	5	6	7	8	9	10	11	12	13	14	15	16	17	18	19
460		巍	微	危	韦	违	桅	围	唯	惟	为	潍	维	苇	萎	委	伟	伪	尾	纬
462	未	蔚	味	畏	胃	喂	魏	位	渭	谓	尉	慰	卫	瘟	温	蚊	文	闻	纹	吻
464	稳	紊	问	嗡	翁	瓮	挝	蜗	涡	窝	我	斡	卧	握	沃	巫	呜	钨	乌	污
466	诬	屋	无	芜	梧	吾	吴	毋	武	五	捂	午	舞	伍	侮	坞	戊	雾	晤	物
468	勿	务	悟	误	昔	熙	析	西	硒	矽	晰	嘻	吸	锡	牺					

47区	0	1	2	3	4	5	6	7	8	9	10	11	12	13	14	15	16	17	18	19
470		稀	息	希	悉	膝	夕	惜	熄	烯	溪	汐	犀	檄	袭	席	习	媳	喜	铣
472	洗	系	隙	戏	细	瞎	虾	匣	霞	辖	暇	峡	侠	狭	下	厦	夏	吓	掀	锨
474	先	仙	鲜	纤	咸	贤	衔	舷	闲	涎	弦	嫌	显	险	现	献	县	腺	馅	羡
476	宪	陷	限	线	相	厢	镶	香	箱	襄	湘	乡	翔	祥	详	想	响	享	项	巷
478	橡	像	向	象	萧	硝	霄	削	哮	嚣	销	消	宵	淆	晓					

48区	0	1	2	3	4	5	6	7	8	9	10	11	12	13	14	15	16	17	18	19
480		小	孝	校	肖	啸	笑	效	楔	些	歇	蝎	鞋	协	挟	携	邪	斜	胁	谐
482	写	械	卸	蟹	懈	泄	泻	谢	屑	薪	芯	锌	欣	辛	新	忻	心	信	衅	星
484	腥	猩	惺	兴	刑	型	形	邢	行	醒	幸	杏	性	姓	兄	凶	胸	匈	汹	雄
486	熊	休	修	羞	朽	嗅	锈	秀	袖	绣	墟	戌	需	虚	嘘	须	徐	许	蓄	酗
488	叙	旭	序	畜	恤	絮	婿	绪	续	轩	喧	宣	悬	旋	玄					

49区	0	1	2	3	4	5	6	7	8	9	10	11	12	13	14	15	16	17	18	19
490		选	癣	眩	绚	靴	薛	学	穴	雪	血	勋	熏	循	旬	询	寻	驯	巡	殉
492	汛	训	讯	逊	迅	压	押	鸦	鸭	呀	丫	芽	牙	蚜	崖	衙	涯	雅	哑	亚
494	讶	焉	咽	阉	烟	淹	盐	严	研	蜒	岩	延	言	颜	阎	炎	沿	奄	掩	眼
496	衍	演	艳	堰	燕	厌	砚	雁	唁	彦	焰	宴	谚	验	殃	央	鸯	秧	杨	扬
498	佯	疡	羊	洋	阳	氧	仰	痒	养	样	漾	邀	腰	妖	瑶					

50区	0	1	2	3	4	5	6	7	8	9	10	11	12	13	14	15	16	17	18	19
500		摇	尧	遥	窑	谣	姚	咬	舀	药	要	耀	椰	噎	耶	爷	野	冶	也	页
502	掖	业	叶	曳	腋	夜	液	一	壹	医	揖	铱	依	伊	衣	颐	夷	遗	移	仪
504	胰	疑	沂	宜	姨	彝	椅	蚁	倚	已	乙	矣	以	艺	抑	易	邑	屹	亿	役
506	臆	逸	肄	疫	亦	裔	意	毅	忆	义	益	溢	诣	议	谊	译	异	翼	翌	绎
508	茵	荫	因	殷	音	阴	姻	吟	银	淫	寅	饮	尹	引	隐					

51区	0	1	2	3	4	5	6	7	8	9	10	11	12	13	14	15	16	17	18	19
510		印	英	樱	婴	鹰	应	缨	莹	萤	营	荧	蝇	迎	赢	盈	影	颖	硬	映
512	哟	拥	佣	臃	痈	庸	雍	踊	蛹	咏	泳	涌	永	恿	勇	用	幽	优	悠	忧
514	尤	由	邮	铀	犹	油	游	酉	有	友	右	佑	釉	诱	又	幼	迂	淤	于	盂
516	榆	虞	愚	舆	余	俞	逾	鱼	愉	渝	渔	隅	予	娱	雨	与	屿	禹	宇	语
518	羽	玉	域	芋	郁	吁	遇	喻	峪	御	愈	欲	狱	育	誉					

52区	0	1	2	3	4	5	6	7	8	9	10	11	12	13	14	15	16	17	18	19
520		浴	寓	裕	预	豫	驭	鸳	渊	冤	元	垣	袁	原	援	辕	园	员	圆	猿
522	源	缘	远	苑	愿	怨	院	曰	约	越	跃	钥	岳	粤	月	悦	阅	耘	云	郧
524	匀	陨	允	运	蕴	酝	晕	韵	孕	匝	砸	杂	栽	哉	灾	宰	载	再	在	咱
526	攒	暂	赞	赃	脏	葬	遭	糟	凿	藻	枣	早	澡	蚤	躁	噪	造	皂	灶	燥
528	责	择	则	泽	贼	怎	增	憎	曾	赠	扎	喳	渣	札	轧					

53区	0	1	2	3	4	5	6	7	8	9	10	11	12	13	14	15	16	17	18	19
530		铡	闸	眨	栅	榨	咋	乍	炸	诈	摘	斋	宅	窄	债	寨	瞻	毡	詹	粘
532	沾	盏	斩	辗	崭	展	蘸	栈	占	战	站	湛	绽	樟	章	彰	漳	张	掌	涨
534	杖	丈	帐	账	仗	胀	瘴	障	招	昭	找	沼	赵	照	罩	兆	肇	召	遮	折
536	哲	蛰	辙	者	锗	蔗	这	浙	珍	斟	真	甄	砧	臻	贞	针	侦	枕	疹	诊
538	震	振	镇	阵	蒸	挣	睁	征	狰	争	怔	整	拯	正	政					

54区	0	1	2	3	4	5	6	7	8	9	10	11	12	13	14	15	16	17	18	19
540		帧	症	郑	证	芝	枝	支	吱	蜘	知	肢	脂	汁	之	织	职	直	植	殖
542	执	值	侄	址	指	止	趾	只	旨	纸	志	挚	掷	至	致	置	帜	峙	制	智
544	秩	稚	质	炙	痔	滞	治	窒	中	盅	忠	钟	衷	终	种	肿	重	仲	众	舟
546	周	州	洲	诌	粥	轴	肘	帚	咒	皱	宙	昼	骤	珠	株	蛛	朱	猪	诸	诛
548	逐	竹	烛	煮	拄	瞩	嘱	主	著	柱	助	蛀	贮	铸	筑					

55区	0	1	2	3	4	5	6	7	8	9	10	11	12	13	14	15	16	17	18	19
550		住	注	祝	驻	抓	爪	拽	专	砖	转	撰	赚	篆	桩	庄	装	妆	撞	壮
552	状	椎	锥	追	赘	坠	缀	谆	准	捉	拙	卓	桌	琢	茁	酌	啄	着	灼	浊
554	兹	咨	资	姿	滋	淄	孜	紫	仔	籽	滓	子	自	渍	字	鬃	棕	踪	宗	综
556	总	纵	邹	走	奏	揍	租	足	卒	族	祖	诅	阻	组	钻	纂	嘴	醉	最	罪
558	尊	遵	昨	左	佐	柞	做	作	坐	座										

56区	0	1	2	3	4	5	6	7	8	9	10	11	12	13	14	15	16	17	18	19
560		亍	丌	兀	丐	廿	卅	丕	亘	丞	鬲	孬	噩	丨	禺	丿	匕	乇	夭	爻
562	卮	氐	囟	胤	馗	毓	睾	鼗	丶	亟	鼐	乜	乩	亓	芈	孛	啬	嘏	仄	厍
564	厝	厣	厥	厮	靥	赝	匚	叵	匦	匮	匾	赜	卦	卣	刂	刈	刎	刭	刳	刿
566	剀	剌	剞	剡	剜	蒯	剽	劂	劁	劐	劓	冂	罔	亻	仃	仉	仂	仨	仡	仫
568	仞	伛	仳	伢	佤	仵	伥	伧	伉	伫	佞	佧	攸	佚	佝					

57区	0	1	2	3	4	5	6	7	8	9	10	11	12	13	14	15	16	17	18	19
570		佟	佗	伲	伽	佶	佴	侑	侉	侃	侏	佾	佻	侪	佼	侬	侔	俦	俨	俪
572	俅	俚	俣	俜	俑	俟	俸	倩	偌	俳	倬	倏	倮	倭	俾	倜	倌	倥	倨	偾
574	偃	偕	偈	偎	偬	偻	傥	傧	傩	傺	僖	儆	僭	僬	僦	僮	儇	儋	仝	氽
576	佘	佥	俎	龠	汆	籴	兮	巽	黉	馘	冁	夔	勹	匍	訇	匐	凫	夙	兕	亠
578	兖	亳	衮	袤	亵	脔	裒	禀	嬴	蠃	羸	冫	冱	冽	冼					

58区	0	1	2	3	4	5	6	7	8	9	10	11	12	13	14	15	16	17	18	19
580		凇	冖	冢	冥	讠	讦	讧	讪	讴	讵	讷	诂	诃	诋	诏	诎	诒	诓	诔
582	诖	诘	诙	诜	诟	诠	诤	诨	诩	诮	诰	诳	诶	诹	诼	诿	谀	谂	谄	谇
584	谌	谏	谑	谒	谔	谕	谖	谙	谛	谘	谝	谟	谠	谡	谥	谧	谪	谫	谮	谯
586	谲	谳	谵	谶	卩	卺	阝	阢	阡	阱	阪	阽	阼	陂	陉	陔	陟	陧	陬	陲
588	陴	隈	隍	隗	隰	邗	邛	邝	邙	邬	邡	邴	邳	邶	邺					

59区	0	1	2	3	4	5	6	7	8	9	10	11	12	13	14	15	16	17	18	19
590		邸	邰	郏	郅	邾	郐	郄	郇	郓	郦	郢	郜	郗	郛	郫	郯	郾	鄄	鄢
592	鄞	鄣	鄱	鄯	鄹	酃	酆	刍	奂	劢	劬	劭	劾	哿	勐	勖	勰	叟	燮	矍
594	廴	凵	凼	鬯	厶	弁	畚	巯	坌	垩	垡	塾	墼	壅	壑	圩	圬	圪	圳	圹
596	圮	圯	坜	圻	坂	坩	垅	坫	垆	坼	坻	坨	坭	坶	坳	垭	垤	垌	垲	埏
598	垧	垴	垓	垠	埕	埘	埚	埙	埒	垸	埴	埯	埸	埤	埝					

60区	0	1	2	3	4	5	6	7	8	9	10	11	12	13	14	15	16	17	18	19
600		堋	堍	埽	埭	堀	堞	堙	塄	堠	塥	塬	墁	墉	墚	墀	馨	鼙	懿	艹
602	艽	艿	芏	芊	芨	芄	芎	芑	芗	芙	芫	芸	芾	芰	苈	苊	苣	芘	芷	芮
604	苋	苌	苁	芩	芴	芡	芪	芟	苄	苎	芤	苡	茉	苷	苤	茏	茇	苜	苴	苒
606	苘	茌	苻	苓	茑	茚	茆	茔	茕	苠	苕	茜	荑	荛	荜	茈	莒	茼	茴	茱
608	莛	荞	茯	荏	荇	荃	荟	荀	茗	荠	茭	茺	茳	荦	荥					

61区	0	1	2	3	4	5	6	7	8	9	10	11	12	13	14	15	16	17	18	19
610		荨	茛	荩	荬	荪	荭	荮	莰	荸	莳	莴	莠	莪	莓	莜	莅	荼	莶	莩
612	荽	莸	荻	莘	莞	莨	莺	莼	菁	萁	菥	菘	堇	萘	萋	菝	菽	菖	萜	萸
614	萑	萆	菔	菟	萏	萃	菸	菹	菪	菅	菀	萦	菰	菡	葜	葑	葚	葙	葳	蒇
616	蒈	葺	蒉	葸	萼	葆	葩	葶	蒌	蒎	萱	葭	蓁	蓍	蓐	蓦	蒽	蓓	蓊	蒿
618	蒺	蓠	蒡	蒹	蒴	蒗	蓥	蓣	蔌	甍	蔸	蓰	蔹	蔟	蔺					

62区	0	1	2	3	4	5	6	7	8	9	10	11	12	13	14	15	16	17	18	19
620		蕖	蔻	蓿	蓼	蕙	蕈	蕨	蕤	蕞	蕺	瞢	蕃	蕲	蕻	薤	薨	薇	薏	蕹
622	薮	薜	薅	薹	薷	薰	藓	藁	藜	藿	蘧	蘅	蘩	蘖	蘼	廾	弈	夼	奁	耷
624	奕	奚	奘	匏	尢	尥	尬	尴	扌	扪	抟	抻	拊	拚	拗	拮	挢	拶	挹	捋
626	捃	掭	揶	捱	捺	掎	掴	捭	掬	掊	捩	掮	掼	揲	揸	揠	揿	揄	揞	揎
628	摒	揆	掾	摅	摁	搋	搛	搠	搌	搦	搡	摞	撄	摭	撖					

63区	0	1	2	3	4	5	6	7	8	9	10	11	12	13	14	15	16	17	18	19
630		摺	擷	擼	撙	攛	擀	擐	擗	擤	擢	攉	攥	攮	弋	忒	甙	弑	卟	叱
632	叽	叩	叨	叻	吒	吖	吆	呋	呒	呓	呔	呖	呃	吡	呗	呙	吣	吲	咂	咔
634	呷	呱	呤	咚	咛	咄	呶	呦	咝	哐	咭	哂	咴	哒	咧	咦	哓	哔	呲	咣
636	哕	咻	咿	哌	哙	哚	哜	咩	咪	咤	哝	哏	哞	唛	哧	唠	哽	唔	哳	唢
638	唣	唏	唑	唧	唪	啧	喏	喵	啉	啭	啁	啕	唿	啐	唼					

64区	0	1	2	3	4	5	6	7	8	9	10	11	12	13	14	15	16	17	18	19
640		唷	啖	啵	啶	啷	唳	唰	啜	喋	嗒	喃	喱	喹	喈	喁	喟	啾	嗖	喑
642	啻	嗟	喽	訾	喔	喙	嗪	嗷	嗉	嘟	嗑	嗫	嗬	嗔	嗦	嗝	嗄	嗯	嗥	嗲
644	嗳	嗌	嗍	嗨	嗵	嗤	辔	嘞	嘈	嘌	嘁	嘤	嘣	嗾	嘀	嘧	嘭	噘	嘹	噗
646	嘬	噍	噢	噙	噜	噌	噔	嚆	噤	噱	噫	噻	噼	嚅	嚓	嚯	囔	囗	囝	囡
648	囵	囫	囹	囿	圄	圊	圉	圜	帏	帙	帔	帑	帱	帻	帼					

65区	0	1	2	3	4	5	6	7	8	9	10	11	12	13	14	15	16	17	18	19
650		帷	幄	幔	幛	幞	幡	岌	屺	岍	岐	岖	岈	岘	岙	岑	岚	岜	岵	岢
652	岽	岬	岫	岱	岣	峁	岷	峄	峒	峤	峋	峥	崂	崃	崧	崦	崮	崤	崞	崆
654	崛	嵘	崾	崴	崽	嵬	嵛	嵯	嵝	嵫	嵋	嵊	嵩	嵴	嶂	嶙	嶝	豳	嶷	巅
656	彳	彷	徂	徇	徉	後	徕	徙	徜	徨	徭	徵	徼	衢	彡	犭	犰	犴	犷	犸
658	狃	狁	狎	狍	狒	狨	狯	狩	狲	狴	狷	猁	狳	猃	狺					

66区	0	1	2	3	4	5	6	7	8	9	10	11	12	13	14	15	16	17	18	19
660		狻	猗	猓	猡	猊	猞	猝	猕	猢	猹	猥	猬	猸	猱	獐	獍	獗	獠	獬
662	獯	獾	舛	夥	飧	夤	夂	饣	饧	饨	饩	饪	饫	饬	饴	饷	饽	馀	馄	馇
664	馊	馍	馐	馑	馓	馔	馕	庀	庑	庋	庖	庥	庠	庹	庵	庾	庳	赓	廒	廑
666	廛	廨	廪	膺	忄	忉	忖	忏	怃	忮	怄	忡	忤	忾	怅	怆	忪	忭	忸	怙
668	怵	怦	怛	怏	怍	怩	怫	怊	怿	怡	恸	恹	恻	恺	恂					

67区	0	1	2	3	4	5	6	7	8	9	10	11	12	13	14	15	16	17	18	19
670		恪	恽	悖	悚	悭	悝	悃	悒	悌	悛	惬	悻	悱	惝	惘	惆	惚	悴	愠
672	愦	愕	愣	惴	愀	愎	愫	慊	慵	憬	憔	憧	憷	懔	懵	忝	隳	闩	闫	闱
674	闳	闵	闶	闼	闾	阃	阄	阆	阈	阊	阋	阌	阍	阏	阒	阕	阖	阗	阙	阚
676	丬	爿	戕	氵	汔	汜	汊	沣	沅	沐	沔	沌	汨	汩	汴	汶	沆	沩	泐	泔
678	沭	泷	泸	泱	泗	沲	泠	泖	泺	泫	泮	沱	泓	泯	泾					

68区	0	1	2	3	4	5	6	7	8	9	10	11	12	13	14	15	16	17	18	19
680		洹	洧	洌	浃	浈	洇	洄	洙	洎	洫	浍	洮	洵	洚	浏	浒	浔	洳	涑
682	浯	涞	涠	浞	涓	涔	浜	浠	浼	浣	渚	淇	淅	淞	渎	涿	淠	渑	淦	淝
684	淙	渖	涫	渌	涮	渫	湮	湎	湫	溲	湟	溆	湓	湔	渲	渥	湄	滟	溱	溘
686	滠	漭	滢	溥	溧	溽	溻	溷	滗	溴	滏	溏	滂	溟	潢	潆	潇	漤	漕	滹
688	漯	漶	潋	潴	漪	漉	漩	澉	澍	澌	潸	潲	潼	潺	濑					

69区	0	1	2	3	4	5	6	7	8	9	10	11	12	13	14	15	16	17	18	19
690		濉	澧	澹	澶	濂	濡	濮	濞	濠	濯	瀚	瀣	瀛	瀹	瀵	灏	灞	宀	宄
692	宕	宓	宥	宸	甯	骞	搴	寤	寮	褰	寰	蹇	謇	辶	迓	迕	迥	迮	迤	迩
694	迦	迳	迨	逅	逄	逋	逦	逑	逍	逖	逡	逵	逶	逭	逯	遄	遑	遒	遐	遨
696	遘	遢	遛	暹	遴	遽	邂	邈	邃	邋	彐	彗	彖	彘	尻	咫	屐	屙	孱	屣
698	屦	羼	弪	弩	弭	艴	弼	鬻	屮	妁	妃	妍	妩	妪	妣					

70区	0	1	2	3	4	5	6	7	8	9	10	11	12	13	14	15	16	17	18	19
700		妗	姊	妫	妞	妤	姒	妲	妯	姗	妾	娅	娆	姝	娈	姣	姘	姹	娌	娉
702	娲	娴	娑	娣	娓	婀	婧	婊	婕	娼	婢	婵	胬	媪	媛	婷	婺	媾	嫫	媲
704	嫒	嫔	媸	嫠	嫣	嫱	嫖	嫦	嫘	嫜	嬉	嬗	嬖	嬲	嬷	孀	尕	尜	孚	孥
706	孳	孑	孓	孢	驵	驷	驸	驺	驿	驽	骀	骁	骅	骈	骊	骐	骒	骓	骖	骘
708	骛	骜	骝	骟	骠	骢	骣	骥	骧	纟	纡	纣	纥	纨	纩					

71区	0	1	2	3	4	5	6	7	8	9	10	11	12	13	14	15	16	17	18	19
710		纭	纰	纾	绀	绁	绂	绉	绋	绌	绐	绔	绗	绛	绠	绡	绨	绫	绮	绯
712	绱	绲	缍	绶	绺	绻	绾	缁	缂	缃	缇	缈	缋	缌	缏	缑	缒	缗	缙	缜
714	缛	缟	缡	缢	缣	缤	缥	缦	缧	缪	缫	缬	缭	缯	缰	缱	缲	缳	缵	幺
716	畿	巛	甾	邕	玎	玑	玮	玢	玟	珏	珂	珑	玷	玳	珀	珉	珈	珥	珙	顼
718	琊	珩	珧	珞	玺	珲	琏	琪	瑛	琦	琥	琨	琰	琮	琬					

72区	0	1	2	3	4	5	6	7	8	9	10	11	12	13	14	15	16	17	18	19
720		琛	琚	瑁	瑜	瑗	瑕	瑙	瑷	瑭	瑾	璜	璎	璀	璁	璇	璋	璞	璨	璩
722	璐	璧	瓒	璺	韪	韫	韬	杌	杓	杞	杈	杩	枥	枇	杪	杳	枘	枧	杵	枨
724	枞	枭	枋	杷	杼	柰	栉	柘	栊	柩	枰	栌	柙	枵	柚	枳	柝	栀	柃	枸
726	柢	栎	柁	柽	栲	栳	桠	桡	桎	桢	桄	桤	梃	栝	桕	桦	桁	桧	桀	栾
728	桊	桉	栩	梵	梏	桴	桷	梓	桫	棂	楮	棼	椟	椠	棹					

73区	0	1	2	3	4	5	6	7	8	9	10	11	12	13	14	15	16	17	18	19
730		椤	棰	椋	椁	楗	棣	椐	楱	椹	楠	楂	楝	榄	楫	榀	榘	楸	椴	槌
732	榇	榈	槎	榉	楦	楣	楹	榛	榧	榻	榫	榭	槔	榱	槁	槊	槟	榕	槠	榍
734	槿	樯	槭	樗	樘	橥	槲	橄	樾	檠	橐	橛	樵	檎	橹	樽	樨	橘	橼	檑
736	檐	檩	檗	檫	猷	獒	殁	殂	殇	殄	殒	殓	殍	殚	殛	殡	殪	轫	轭	轱
738	轲	轳	轵	轶	轸	轷	轹	轺	轼	轾	辁	辂	辄	辇	辋					

74区	0	1	2	3	4	5	6	7	8	9	10	11	12	13	14	15	16	17	18	19
740		辍	辎	辏	辘	辚	軎	戋	戗	戛	戟	戢	戡	戥	戤	戬	臧	瓯	瓴	瓿
742	甏	甑	甓	攴	旮	旯	旰	昊	昙	杲	昃	昕	昀	炅	曷	昝	昴	昱	昶	昵
744	耆	晟	晔	晁	晏	晖	晡	晗	晷	暄	暌	暧	暝	暾	曛	曜	曦	曩	贲	贳
746	贶	贻	贽	赀	赅	赆	赈	赉	赇	赍	赕	赙	觇	觊	觋	觌	觎	觏	觐	觑
748	牮	犟	牝	牦	牯	牾	牿	犄	犋	犍	犏	犒	挈	挲	掰					

75区	0	1	2	3	4	5	6	7	8	9	10	11	12	13	14	15	16	17	18	19
750		搿	擘	耄	毪	毳	毽	毵	毹	氅	氇	氆	氍	氕	氘	氙	氚	氡	氩	氤
752	氪	氲	攵	敕	敫	牍	牒	牖	爰	虢	刖	肟	肜	肓	肼	朊	肽	肱	肫	肭
754	肴	肷	胧	胨	胩	胪	胛	胂	胄	胙	胍	胗	朐	胝	胫	胱	胴	胭	脍	脎
756	胲	胼	朕	脒	豚	脶	脞	脬	脘	脲	腈	腌	腓	腴	腙	腚	腱	腠	腩	腼
758	腽	腭	腧	塍	媵	膈	膂	膑	滕	膣	膪	臌	朦	臊	膻					

76区	0	1	2	3	4	5	6	7	8	9	10	11	12	13	14	15	16	17	18	19
760		膁	膦	欤	欷	欹	歃	歆	歙	飑	飒	飓	飕	飙	飚	殳	彀	毂	觳	斐
762	齑	斓	於	旆	旄	旃	旌	旎	旒	旖	炀	炜	炖	炝	炻	烀	炷	炫	炱	烨
764	烊	焐	焓	焖	焯	焱	煳	煜	煨	煅	煲	煊	煸	煺	熘	熳	熵	熨	熠	燠
766	燔	燧	燹	爝	爨	灬	焘	煦	熹	戾	戽	扃	扈	扉	礻	祀	祆	祉	祛	祜
768	祓	祚	祢	祗	祠	祯	祧	祺	禅	禊	禚	禧	禳	忑	忐					

77区	0	1	2	3	4	5	6	7	8	9	10	11	12	13	14	15	16	17	18	19
770		怼	恝	恚	恧	恁	恙	恣	悫	愆	愍	慝	憩	憝	懋	懑	戆	肀	聿	沓
772	泶	淼	矶	矸	砀	砉	砗	砘	砑	斫	砭	砜	砝	砹	砺	砻	砟	砼	砥	砬
774	砣	砩	硎	硭	硖	硗	砦	硐	硇	硌	硪	碛	碓	碚	碇	碜	碡	碣	碲	碹
776	碥	磔	磙	磉	磬	磲	礅	磴	礓	礤	礞	礴	龛	黹	黻	黼	盱	眄	眍	盹
778	眇	眈	眚	眢	眙	眭	眦	眵	眸	睐	睑	睇	睃	睚	睨					

78区	0	1	2	3	4	5	6	7	8	9	10	11	12	13	14	15	16	17	18	19
780		睢	睥	睿	瞍	睽	瞀	瞌	瞑	瞟	瞠	瞰	瞵	瞽	町	畀	畎	畋	畈	畛
782	畲	畹	疃	罘	罡	罟	詈	罨	罴	罱	罹	羁	罾	盍	盥	蠲	钅	钆	钇	钋
784	钊	钌	钍	钏	钐	钔	钗	钕	钚	钛	钜	钣	钤	钫	钪	钭	钬	钯	钰	钲
786	钴	钶	钷	钸	钹	钺	钼	钽	钿	铄	铈	铉	铊	铋	铌	铍	铎	铐	铑	铒
788	铕	铖	铗	铙	铘	铛	铞	铟	铠	铢	铤	铥	铧	铨	铪					

79区	0	1	2	3	4	5	6	7	8	9	10	11	12	13	14	15	16	17	18	19
790		铩	铫	铮	铯	铳	铴	铵	铷	铹	铼	铽	铿	锃	锂	锆	锇	锉	锊	锍
792	锎	锏	锒	锓	锔	锕	锖	锘	锛	锝	锞	锟	锢	锪	锫	锩	锬	锱	锲	锴
794	锶	锷	锸	锼	锾	锿	镂	锵	镄	镅	镆	镉	镌	镎	镏	镒	镓	镔	镖	镗
796	镘	镙	镛	镞	镟	镝	镡	镢	镤	镥	镦	镧	镨	镩	镪	镫	镬	镯	镱	镲
798	镳	锺	矧	矬	雉	秕	秭	秣	秫	稆	嵇	稃	稂	稞	稔					

80区	0	1	2	3	4	5	6	7	8	9	10	11	12	13	14	15	16	17	18	19
800		稹	稷	穑	黏	馥	穰	皈	皎	皓	皙	皤	瓞	瓠	甬	鸠	鸢	鸨	鸩	鸪
802	鸫	鸬	鸲	鸱	鸶	鸸	鸷	鸹	鸺	鸾	鹁	鹂	鹄	鹆	鹇	鹈	鹉	鹋	鹌	鹎
804	鹑	鹕	鹗	鹚	鹛	鹜	鹞	鹣	鹦	鹧	鹨	鹩	鹪	鹫	鹬	鹱	鹭	鹳	疒	疔
806	疖	疠	疝	疬	疣	疳	疴	疸	痄	疱	疰	痃	痂	痖	痍	痣	痨	痦	痤	痫
808	痧	瘃	痱	痼	痿	瘐	瘀	瘅	瘌	瘗	瘊	瘥	瘘	瘕	瘙					

81区	0	1	2	3	4	5	6	7	8	9	10	11	12	13	14	15	16	17	18	19
810		瘛	瘼	瘢	瘠	癀	瘭	瘰	瘿	瘵	癃	瘾	瘳	癍	癞	癔	癜	癖	癫	癯
812	翊	竦	穸	穹	窀	窆	窈	窕	窦	窠	窬	窨	窭	窳	衤	衩	衲	衽	衿	袂
814	袢	裆	袷	袼	裉	裢	裎	裣	裥	裱	褚	裼	裨	裾	裰	褡	褙	褓	褛	褊
816	褴	褫	褶	襁	襦	襻	疋	胥	皲	皴	矜	耒	耔	耖	耜	耠	耢	耥	耦	耧
818	耩	耨	耱	耋	耵	聃	聆	聍	聒	聩	聱	覃	顸	颀	颃					

82区	0	1	2	3	4	5	6	7	8	9	10	11	12	13	14	15	16	17	18	19
820		颉	颌	颍	颏	颔	颚	颛	颞	颟	颡	颢	颥	颦	虍	虔	虬	虮	虿	虺
822	虼	虻	蚨	蚍	蚋	蚬	蚝	蚧	蚣	蚪	蚓	蚩	蚶	蛄	蚵	蛎	蚰	蚺	蚱	蚯
824	蛉	蛏	蚴	蛩	蛱	蛲	蛭	蛳	蛐	蜓	蛞	蛴	蛟	蛘	蛑	蜃	蜇	蛸	蜈	蜊
826	蜍	蜉	蜣	蜻	蜞	蜥	蜮	蜚	蜾	蝈	蜴	蜱	蜩	蜷	蜿	螂	蜢	蝽	蝾	蝻
828	蝠	蝰	蝌	蝮	螋	蝓	蝣	蝼	蝤	蝙	蝥	螓	螯	螨	蟒					

83区	0	1	2	3	4	5	6	7	8	9	10	11	12	13	14	15	16	17	18	19
830		蟆	螈	螅	螭	螗	螃	螫	蟥	螬	螵	螳	蟋	蟓	螽	蟑	蟀	蟊	蟛	蟪
832	蟠	蟮	蠖	蠓	蟾	蠊	蠛	蠡	蠹	蠼	缶	罂	罄	罅	舐	竺	竽	笈	笃	笄
834	笕	笊	笫	笏	筇	笸	笪	笙	笮	笱	笠	笥	笤	笳	笾	笞	筘	筚	筅	筵
836	筌	筝	筠	筮	筻	筢	筲	筱	箐	箦	箧	箸	箬	箝	箨	箅	箪	箜	箢	箫
838	箴	篑	篁	篌	篝	篚	篥	篦	篪	簌	篾	篼	簏	簖	簋					

84区	0	1	2	3	4	5	6	7	8	9	10	11	12	13	14	15	16	17	18	19
840		簟	簪	簦	簸	籁	籀	臾	舁	舂	舄	臬	衄	舡	舢	舣	舭	舯	舨	舫
842	舸	舻	舳	舴	舾	艄	艉	艋	艏	艚	艟	艨	衾	袅	袈	裘	裟	襞	羝	羟
844	羧	羯	羰	羲	籼	敉	粑	粝	粜	粞	粢	粲	粼	粽	糁	糇	糌	糍	糈	糅
846	糗	糨	艮	暨	羿	翎	翕	翥	翡	翦	翩	翮	翳	糸	絷	綦	綮	繇	纛	麸
848	麴	赳	趄	趔	趑	趱	赧	赭	豇	豉	酊	酐	酎	酏	酤					

85区	0	1	2	3	4	5	6	7	8	9	10	11	12	13	14	15	16	17	18	19
850		酢	酡	酰	酩	酯	酽	酾	酲	酴	酹	醌	醅	醐	醍	醑	醢	醣	醪	醭
852	醮	醯	醵	醴	醺	豕	鹾	趸	跫	踅	蹙	蹩	趵	趿	趼	趺	跄	跖	跗	跚
854	跞	跎	跏	跛	跆	跬	跷	跸	跣	跹	跻	跤	踉	跽	踔	踝	踟	踬	踮	踣
856	踯	踺	蹀	踹	踵	踽	踱	蹉	蹁	蹂	蹑	蹒	蹊	蹰	蹶	蹼	蹯	蹴	躅	躏
858	躔	躐	躜	躞	豸	貂	貊	貅	貘	貔	斛	觖	觞	觚	觜					

86区	0	1	2	3	4	5	6	7	8	9	10	11	12	13	14	15	16	17	18	19
860		觥	觫	觯	訾	謦	靓	雩	雳	雯	霆	霁	霈	霏	霎	霪	霭	霰	霾	龀
862	龃	龅	龆	龇	龈	龉	龊	龌	黾	鼋	鼍	隹	隼	隽	雎	雒	瞿	雠	銎	銮
864	鋈	錾	鍪	鏊	鎏	鐾	鑫	鱿	鲂	鲅	鲆	鲇	鲈	稣	鲋	鲎	鲐	鲑	鲒	鲔
866	鲕	鲚	鲛	鲞	鲟	鲠	鲡	鲢	鲣	鲥	鲦	鲧	鲨	鲩	鲫	鲭	鲮	鲰	鲱	鲲
868	鲳	鲴	鲵	鲶	鲷	鲺	鲻	鲼	鲽	鳄	鳅	鳆	鳇	鳊	鳋					

87区	0	1	2	3	4	5	6	7	8	9	10	11	12	13	14	15	16	17	18	19
870		鳌	鳍	鳎	鳏	鳐	鳓	鳔	鳕	鳗	鳘	鳙	鳜	鳝	鳟	鳢	靼	鞅	鞑	鞒
872	鞔	鞯	鞫	鞣	鞲	鞴	骱	骰	骷	鹘	骶	骺	骼	髁	髀	髅	髂	髋	髌	髑
874	魅	魃	魇	魉	魈	魍	魑	飨	餍	餮	饕	饔	髟	髡	髦	髯	髫	髻	髭	髹
876	鬈	鬏	鬓	鬟	鬣	麽	麾	縻	麂	麇	麈	麋	麒	鏖	麝	麟	黛	黜	黝	黠
878	黟	黢	黩	黧	黥	黪	黯	鼢	鼬	鼯	鼹	鼷	鼽	鼾	齄					

附　录　A
（规范性附录）
补充的字符

本部分是以 GB 2312—1980《信息交换用汉字编码字符集　基本集》为依据制定的。根据使用需要，在 GB 2312—1980 修订之前，在本部分中对字符作如下补充。

补充的 132 个字符如下所示：

8-27 至 8-32	补充 ɑ ḿ ń ň ǹ ɡ。
10-01 至 10-94	补充 94 个半角图形的字符，其排列顺序与 GB 2312—1980 的表 1“图形字符代码表”中第 3 区一一对应，字形宽度为对应第 3 区字形宽度的 1/2。
11-01 至 11-32	补充汉语拼音 ɑ、e、i、o、u、ü 的四声半角字符和 ê、ɑ、ḿ、ń、ň、ǹ、ɡ 的半角字符，排列顺序与本部分第 8 区 01 位至 32 位的 32 个字符一一对应，字形宽度为相应第 8 区字形宽度的 1/2。

附 录 B
（规范性附录）
64点阵字型数据

B.1 64点阵字型数据的表示

本部分中，图形字符的字型可由点阵数据来表示。每个字型的点阵数据为64×64（横行点数×纵列点数），共4 096个二进制位，512个字节。

B.2 64点阵字型数据的记录格式

64点阵字型数据的512个字节排列次序是以0字节开始至511字节结束，均用十六进制表示，每行八个字节，记录格式如下：

行数	列数																
	0	1	2	3	4	5	6	7	……	56	57	58	59	60	61	62	63
0	0字节								……	7字节							
1 2 3 4 ⋮ 62																	
63	504字节								……	511字节							

B.3 汉字64点阵字型数据举例

长 19-04

00 00 00 00 00 00 00 00
00 00 00 00 00 00 00 00
00 00 FF 00 00 00 00 00
00 00 FE 00 00 00 00 00
00 00 FC 00 00 02 00 00
00 00 FC 00 00 07 80 00
00 00 FC 00 00 0F E0 00
00 00 FC 00 00 1F F8 00
00 00 FC 00 00 3F E0 00
00 00 FC 00 00 7F C0 00
00 00 FC 00 00 FF 00 00
00 00 FC 00 01 FE 00 00
00 00 FC 00 07 FC 00 00
00 00 FC 00 0F F0 00 00
00 00 FC 00 1F E0 00 00

安 16-18

00 00 00 00 00 00 00 00
00 00 00 00 00 00 00 00
00 00 00 03 00 00 00 00
00 00 00 0F 00 00 00 00
00 00 00 3F 80 00 00 00
00 00 00 1F 80 00 00 00
00 00 00 1F C0 00 00 00
00 00 00 0F C0 00 00 00
00 00 00 0F E0 00 00 00
00 00 00 07 80 00 00 00
00 00 00 06 00 00 00 00
01 FF FF FF FF FF FF 80
01 FF FF FF FF FF FF 80
01 FF FF FF FF FF FF 80
01 FF FF FF FF FF FF 80

```
00 00 FC 00 3F C0 00 00
00 00 FC 00 FF 80 00 00
00 00 FC 01 FE 00 00 00
00 00 FC 07 FC 00 00 00
00 00 FC 0F F8 00 00 00
00 00 FC 7F F0 00 00 00
00 00 FC 1F C0 00 00 00
00 00 FC 07 80 00 00 00
00 00 FC 03 00 00 00 00
00 00 FC 00 00 00 00 00
00 00 FC 00 00 00 00 00
00 00 FC 00 00 00 00 00
1F FF FF FF FF FF FF E0
1F FF FF FF FF FF FF E0
1F FF FF FF FF FF FF E0
1F FF FF FF FF FF FF E0
1F FF FF FF FF FF FF E0
00 00 FC 03 F0 00 00 00
00 00 FC 01 F0 00 00 00
00 00 FC 01 F8 00 00 00
00 00 FC 00 F8 00 00 00
00 00 FC 00 FC 00 00 00
00 00 FC 00 7C 00 00 00
00 00 FC 00 7E 00 00 00
00 00 FC 00 3F 00 00 00
00 00 FC 00 3F 00 00 00
00 00 FC 00 1F 80 00 00
00 00 FC 00 0F C0 00 00
00 00 FC 00 0F E0 00 00
00 00 FC 00 07 F0 00 00
00 00 FC 08 03 FC 00 00
00 00 FC 1C 01 FE 00 00
00 00 FC 3C 00 FF 80 00
00 00 FC FE 00 7F E0 00
00 00 FD FE 00 3F FC 00
00 00 FF FC 00 1F FF F0
00 00 FF F8 00 07 FF E0
00 00 FF F0 00 03 FF C0
00 00 FF E0 00 00 FF 80
00 01 FF 80 00 00 7F 00
00 01 FF 00 00 00 1E 00
00 00 FE 00 00 00 04 00
00 00 F8 00 00 00 00 00
```

```
01 FF FF FF FF FF FF 80
01 F0 00 00 00 00 0F 80
01 F0 00 00 00 00 0F 80
01 F0 00 30 00 00 0F 80
01 F0 00 3C 00 00 0F 80
01 F0 00 3F 00 00 0F 80
01 F0 00 7F 00 00 0F 80
01 F0 00 7E 00 00 0F 80
00 00 00 7E 00 00 00 00
00 00 00 FC 00 00 00 00
00 00 00 FC 00 00 00 00
00 00 00 FC 00 00 00 00
00 00 01 F8 00 00 00 00
00 00 01 F8 00 00 00 00
0F FF FF FF FF FF FF E0
0F FF FF FF FF FF FF E0
0F FF FF FF FF FF FF E0
0F FF FF FF FF FF FF E0
0F FF FF FF FF FF FF E0
00 00 0F C0 00 FC 00 00
00 00 0F C0 00 FC 00 00
00 00 1F 80 00 F8 00 00
00 00 1F 80 01 F8 00 00
00 00 3F 00 01 F0 00 00
00 00 7E 00 03 F0 00 00
00 00 7E 00 03 E0 00 00
00 00 FC 00 07 E0 00 00
00 01 FE 00 07 C0 00 00
00 03 FF 80 0F C0 00 00
00 03 FF F0 1F 80 00 00
00 00 FF FE 3F 80 00 00
00 00 1F FF FF 00 00 00
00 00 03 FF FF 00 00 00
00 00 00 FF FE 00 00 00
00 00 00 3F FF 80 00 00
00 00 00 3F FF E0 00 00
00 00 00 FF FF F8 00 00
00 00 03 FF FF FE 00 00
00 00 1F FF 0F FF 80 00
00 01 FF FC 03 FF E0 00
00 3F FF F0 00 FF F8 00
1F FF FF C0 00 3F FE 00
0F FF FE 00 00 0F FF 80
```

00 00 70 00 00 00 00 00
00 00 60 00 00 00 00 00
00 00 00 00 00 00 00 00
00 00 00 00 00 00 00 00
00 00 00 00 00 00 00 00
00 00 00 00 00 00 00 00

07 FF F0 00 00 03 FF 00
03 FF 80 00 00 00 FE 00
01 F8 00 00 00 00 7C 00
00 80 00 00 00 00 18 00
00 00 00 00 00 00 00 00
00 00 00 00 00 00 00 00

参 考 文 献

《第一批异体字整理表》 中华人民共和国文化部、中国文字改革委员会 1955年12月22日

《简化字总表》 中国文字改革委员会、中华人民共和国文化部、中华人民共和国教育部（1986年10月10日国家语言文字工作委员会重新发表） 1964年3月7日

《印刷通用汉字字形表》 中华人民共和国文化部、中国文字改革委员会 1965年1月30日

《现代汉语通用字表》 国家语言文字工作委员会、中华人民共和国新闻出版署 1988年3月25日

ICS 35.040
L 71

中华人民共和国国家标准

GB 14245.3—2008
代替 GB/T 14243—1993

信息技术　汉字编码字符集(基本集) 64点阵字型　第3部分:楷体

Information technology—Chinese ideogram coded character set (basic set)—64-dot matrix font—Part 3: Kai Ti

2008-08-06 发布　　2009-07-01 实施

中华人民共和国国家质量监督检验检疫总局
中国国家标准化管理委员会　发布

前　言

GB 14245 的本部分除字表中 1 区至 11 区外的全部技术内容为强制性。

GB 14245《信息技术　汉字编码字符集(基本集)　64 点阵字型》分为如下四个部分：

——第 1 部分：宋体；

——第 2 部分：黑体；

——第 3 部分：楷体；

——第 4 部分：仿宋体。

本部分为 GB 14245 的第 3 部分。

本部分规定的 64 点阵汉字字型是以《第一批异体字整理表》、《简化字总表》、《印刷通用汉字字形表》和《现代汉语通用字表》(见参考文献)为依据，按照现行汉字字形整理原则进行设计。

本部分代替 GB/T 14243—1993《信息交换用汉字 64×64 点阵楷体字模集及数据集》。

本部分与 GB/T 14243—1993 相比，主要变化如下：

a）为了进一步提高字型质量和保证标准间的协调统一，本部分增加了 GB 2312—1980 中规定的字符部分内容；

b）对上一版本中不正确的汉字字型进行了修正。

本部分的附录 A、附录 B 是规范性附录。

本部分由中华人民共和国信息产业部提出。

本部分由中国电子技术标准化研究所归口。

本部分起草单位：中国电子技术标准化研究所、北京仓颉博雅信息技术有限公司、第二炮兵装备研究院第四研究所。

本部分起草人：代红、熊涛、王利、王啸、周济萍、翟广臣、戴涌。

本部分所代替标准的历次版本发布情况为：

——GB/T 14243—1993。

引　言

有关字型数据的授权转让使用事宜,字型标准数据的维护、更新及修订工作,统一由归口单位负责。

地　　址:北京市东城区安定门东大街1号(北京市1101信箱)
邮　　编:100007
电　　话:64007689　84029173
传　　真:64007681
E-mail:daihong@cesi.ac.cn

信息技术　汉字编码字符集(基本集)
64点阵字型　第3部分:楷体

1　范围

GB 14245的本部分规定了GB 2312—1980《信息交换用汉字编码字符集　基本集》中图形字符的64点阵楷体字型。

本部分主要适用于各种电子信息产品、各种数字化产品,也可用于其他有关设备。

2　规范性引用文件

下列文件中的条款通过GB 14245的本部分的引用而成为本部分的条款。凡是注日期的引用文件,其随后所有的修改单(不包括勘误的内容)或修订版均不适用于本部分,然而,鼓励根据本部分达成协议的各方研究是否可使用这些文件的最新版本。凡是不注日期的引用文件,其最新版本适用于本部分。

GB 2312—1980　信息交换用汉字编码字符集　基本集

3　术语和定义

下列术语和定义适用于GB 14245的本部分。

3.1

字形　glyph

一种可辨认的抽象的图形符号,它不依赖于任何特定的设计。

3.2

字型　font

具有同一基本设计的字形图像的集合,如:楷体。

3.3

点阵字型　dot matrix font

以点的集合来表现图形字符的型(形)。

3.4

字序　character order

图形字符在集合中按一定规则排列的次序。

4　汉字图形字符

根据GB 2312—1980规定,相应提供了:

1区~9区　　外文字母及其他图形字符682个;

16区~55区　第一级汉字3 755个;

56区~87区　第二级汉字3 008个。

另外在8区27位至32位补充了6个字符;10区01位至94位补充了94个半角图形字符;11区01位至32位补充了32个汉语拼音的半角字符,见附录A。

本部分共提供图形字符7 577个。

5 标准数据的管理

为加强对电子信息技术产品使用汉字字型标准数据的管理,保证本部分在实施中数据的正确性和一致性,有关字型数据的授权转让使用事宜,字型标准数据的维护、更新及修订工作,统一由归口单位负责。

6 点阵字型的表示方法

6.1 栅格

栅格由若干条等距离的垂直线与水平线相交叉而形成。

本部分规定的是64点阵字型,其栅格是横向64格,纵向64格。每个方格的中心定为点的中心位置。

栅格仅对构成点阵的各点进行定位,64点阵栅格图如图1所示。

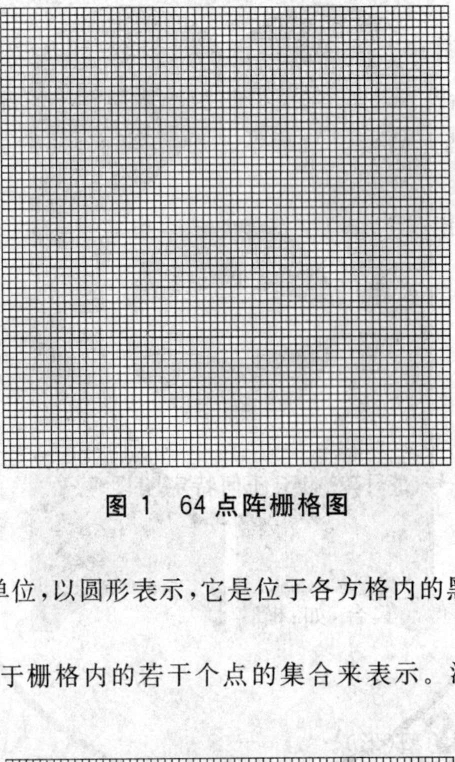

图1 64点阵栅格图

6.2 点

点是构成点阵字型的最小单位,以圆形表示,它是位于各方格内的黑色区域。

6.3 点阵字样

汉字点阵字型的字样,由置于栅格内的若干个点的集合来表示。汉字"永"的64点阵字样如图2所示。

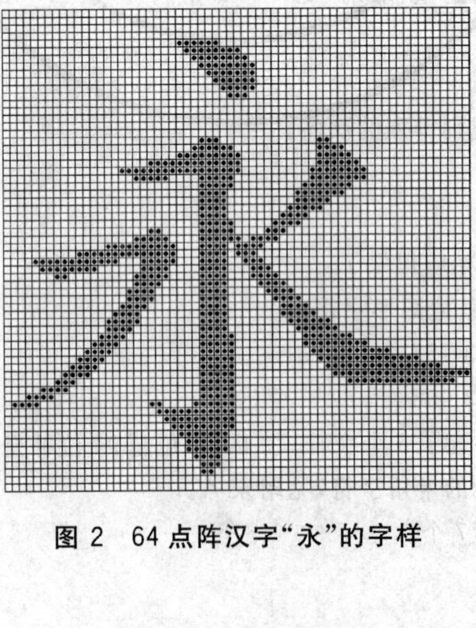

图2 64点阵汉字"永"的字样

6.4 字型数据

64 点阵字型数据的表示，见附录 B。

6.5 点阵字型表

本部分提供了 GB 2312—1980 规定的 7 445 个汉字/图形字符及补充的 132 个图形字符的 64 点阵楷体字型。

本部分的点阵字型列表如下：

1区	0	1	2	3	4	5	6	7	8	9	10	11	12	13	14	15	16	17	18	19
010			、	。	·	ˉ	ˇ	¨	〃	々	—	～	‖	…	‘	’	“	”	〔	〕
012	〈	〉	《	》	「	」	『	』	〖	〗	【	】	±	×	÷	∶	∧	∨	∑	∏
014	∪	∩	∈	∷	√	⊥	∥	∠	⌒	⊙	∫	∮	≡	≌	≈	∽	∝	≠	≮	≯
016	≤	≥	∞	∵	∴	♂	♀	°	′	″	℃	$	¤	¢	£	‰	§	№	☆	★
018	○	●	◎	◇	◆	□	■	△	▲	※	→	←	↑	↓	〓					

2区	0	1	2	3	4	5	6	7	8	9	10	11	12	13	14	15	16	17	18	19
020																		1.	2.	3.
022	4.	5.	6.	7.	8.	9.	10.	11.	12.	13.	14.	15.	16.	17.	18.	19.	20.	(1)	(2)	(3)
024	(4)	(5)	(6)	(7)	(8)	(9)	(10)	(11)	(12)	(13)	(14)	(15)	(16)	(17)	(18)	(19)	(20)	①	②	③
026	④	⑤	⑥	⑦	⑧	⑨	⑩			㈠	㈡	㈢	㈣	㈤	㈥	㈦	㈧	㈨	㈩	
028		Ⅰ	Ⅱ	Ⅲ	Ⅳ	Ⅴ	Ⅵ	Ⅶ	Ⅷ	Ⅸ	Ⅹ	Ⅺ	Ⅻ							

3区	0	1	2	3	4	5	6	7	8	9	10	11	12	13	14	15	16	17	18	19
030		!	"	#	¥	%	&	'	(	)	*	+	,	-	.	/	0	1	2	3
032	4	5	6	7	8	9	:	;	<	=	>	?	@	A	B	C	D	E	F	G
034	H	I	J	K	L	M	N	O	P	Q	R	S	T	U	V	W	X	Y	Z	[
036	＼	]	^	_	`	a	b	c	d	e	f	g	h	i	j	k	l	m	n	o
038	p	q	r	s	t	u	v	w	x	y	z	{	｜	}	￣					

4区	0	1	2	3	4	5	6	7	8	9	10	11	12	13	14	15	16	17	18	19
040		ぁ	あ	ぃ	い	ぅ	う	ぇ	え	ぉ	お	か	が	き	ぎ	く	ぐ	け	げ	こ
042	ご	さ	ざ	し	じ	す	ず	せ	ぜ	そ	ぞ	た	だ	ち	ぢ	っ	つ	づ	て	で
044	と	ど	な	に	ぬ	ね	の	は	ば	ぱ	ひ	び	ぴ	ふ	ぶ	ぷ	へ	べ	ぺ	ほ
046	ぼ	ぽ	ま	み	む	め	も	ゃ	や	ゅ	ゆ	ょ	よ	ら	り	る	れ	ろ	ゎ	わ
048	ゐ	ゑ	を	ん																

5区	0	1	2	3	4	5	6	7	8	9	10	11	12	13	14	15	16	17	18	19
050		ァ	ア	ィ	イ	ゥ	ウ	ェ	エ	ォ	オ	カ	ガ	キ	ギ	ク	グ	ケ	ゲ	コ
052	ゴ	サ	ザ	シ	ジ	ス	ズ	セ	ゼ	ソ	ゾ	タ	ダ	チ	ヂ	ッ	ツ	ヅ	テ	デ
054	ト	ド	ナ	ニ	ヌ	ネ	ノ	ハ	バ	パ	ヒ	ビ	ピ	フ	ブ	プ	ヘ	ベ	ペ	ホ
056	ボ	ポ	マ	ミ	ム	メ	モ	ャ	ヤ	ュ	ユ	ョ	ヨ	ラ	リ	ル	レ	ロ	ヮ	ワ
058	ヰ	ヱ	ヲ	ン	ヴ	ヵ	ヶ													

6区	0	1	2	3	4	5	6	7	8	9	10	11	12	13	14	15	16	17	18	19
060		Α	Β	Γ	Δ	Ε	Ζ	Η	Θ	Ι	Κ	Λ	Μ	Ν	Ξ	Ο	Π	Ρ	Σ	Τ
062	Υ	Φ	Χ	Ψ	Ω									α	β	γ	δ	ε	ζ	η
064	θ	ι	κ	λ	μ	ν	ξ	ο	π	ρ	σ	τ	υ	φ	χ	ψ	ω			
066																				
068																				

7区	0	1	2	3	4	5	6	7	8	9	10	11	12	13	14	15	16	17	18	19
070		А	Б	В	Г	Д	Е	Ё	Ж	З	И	Й	К	Л	М	Н	О	П	Р	С
072	Т	У	Ф	Х	Ц	Ч	Ш	Щ	Ъ	Ы	Ь	Э	Ю	Я						
074										а	б	в	г	д	е	ё	ж	з	и	й
076	к	л	м	н	о	п	р	с	т	у	ф	х	ц	ч	ш	щ	ъ	ы	ь	э
078	ю	я																		

8区	0	1	2	3	4	5	6	7	8	9	10	11	12	13	14	15	16	17	18	19
080		ā	á	ǎ	à	ē	é	ě	è	ī	í	ǐ	ì	ō	ó	ǒ	ò	ū	ú	ǔ
082	ù	ǖ	ǘ	ǚ	ǜ	ü	ê	ɑ	ḿ	ń	ň	ǹ	ɡ					ㄅ	ㄆ	ㄇ
084	ㄈ	ㄉ	ㄊ	ㄋ	ㄌ	ㄍ	ㄎ	ㄏ	ㄐ	ㄑ	ㄒ	ㄓ	ㄔ	ㄕ	ㄖ	ㄗ	ㄘ	ㄙ	ㄚ	ㄛ
086	ㄜ	ㄝ	ㄞ	ㄟ	ㄠ	ㄡ	ㄢ	ㄣ	ㄤ	ㄥ	ㄦ	ㄧ	ㄨ	ㄩ						
088																				

9区	0	1	2	3	4	5	6	7	8	9	10	11	12	13	14	15	16	17	18	19
090					─	━	│	┃	┄	┅	┆	┇	┈	┉	┊	┋	┌	┍	┎	┏
092	┐	┑	┒	┓	└	┕	┖	┗	┘	┙	┚	┛	├	┝	┞	┟	┠	┡	┢	┣
094	┤	┥	┦	┧	┨	┩	┪	┫	┬	┭	┮	┯	┰	┱	┲	┳	┴	┵	┶	┷
096	┸	┹	┺	┻	┼	┽	┾	┿	╀	╁	╂	╃	╄	╅	╆	╇	╈	╉	╊	╋
098																				

10区	0	1	2	3	4	5	6	7	8	9	10	11	12	13	14	15	16	17	18	19
100		!	"	#	¥	%	&	'	(	)	*	+	,	-	.	/	0	1	2	3
102	4	5	6	7	8	9	:	;	<	=	>	?	@	A	B	C	D	E	F	G
104	H	I	J	K	L	M	N	O	P	Q	R	S	T	U	V	W	X	Y	Z	[
106	\	]	^	_	`	a	b	c	d	e	f	g	h	i	j	k	l	m	n	o
108	p	q	r	s	t	u	v	w	x	y	z	{	|	}	‾					

11区	0	1	2	3	4	5	6	7	8	9	10	11	12	13	14	15	16	17	18	19
110		ā	á	ǎ	à	ē	é	ě	è	ī	í	ǐ	ì	ō	ó	ǒ	ò	ū	ú	ǔ
112	ù	ǖ	ǘ	ǚ	ǜ	ü	ê	ɑ	ḿ	ń	ň	ǹ	ɡ							
114																				
116																				
118																				

16区	0	1	2	3	4	5	6	7	8	9	10	11	12	13	14	15	16	17	18	19
160		啊	阿	埃	挨	哎	唉	哀	皑	癌	蔼	矮	艾	碍	爱	隘	鞍	氨	安	俺
162	按	暗	岸	胺	案	肮	昂	盎	凹	敖	熬	翱	袄	傲	奥	懊	澳	芭	捌	扒
164	叭	吧	笆	八	疤	巴	拔	跋	靶	把	耙	坝	霸	罢	爸	白	柏	百	摆	佰
166	败	拜	稗	斑	班	搬	扳	般	颁	板	版	扮	拌	伴	瓣	半	办	绊	邦	帮
168	梆	榜	膀	绑	棒	磅	蚌	镑	傍	谤	苞	胞	包	褒	剥					

17区	0	1	2	3	4	5	6	7	8	9	10	11	12	13	14	15	16	17	18	19
170		薄	雹	保	堡	饱	宝	抱	报	暴	豹	鲍	爆	杯	碑	悲	卑	北	辈	背
172	贝	钡	倍	狈	备	惫	焙	被	奔	苯	本	笨	崩	绷	甭	泵	蹦	迸	逼	鼻
174	比	鄙	笔	彼	碧	蓖	蔽	毕	毙	毖	币	庇	痹	闭	敝	弊	必	辟	壁	臂
176	避	陛	鞭	边	编	贬	扁	便	变	卞	辨	辩	辫	遍	标	彪	膘	表	鳖	憋
178	别	瘪	彬	斌	濒	滨	宾	摈	兵	冰	柄	丙	秉	饼	炳					

18区	0	1	2	3	4	5	6	7	8	9	10	11	12	13	14	15	16	17	18	19
180		病	并	玻	菠	播	拨	钵	波	博	勃	搏	铂	箔	伯	帛	舶	脖	膊	渤
182	泊	驳	捕	卜	哺	补	埠	不	布	步	簿	部	怖	擦	猜	裁	材	才	财	睬
184	踩	采	彩	菜	蔡	餐	参	蚕	残	惭	惨	灿	苍	舱	仓	沧	藏	操	糙	槽
186	曹	草	厕	策	侧	册	测	层	蹭	插	叉	茬	茶	查	碴	搽	察	岔	差	诧
188	拆	柴	豺	搀	掺	蝉	馋	谗	缠	铲	产	阐	颤	昌	猖					

19区	0	1	2	3	4	5	6	7	8	9	10	11	12	13	14	15	16	17	18	19
190		场	尝	常	长	偿	肠	厂	敞	畅	唱	倡	超	抄	钞	朝	嘲	潮	巢	吵
192	炒	车	扯	撤	掣	彻	澈	郴	臣	辰	尘	晨	忱	沉	陈	趁	衬	撑	称	城
194	橙	成	呈	乘	程	惩	澄	诚	承	逞	骋	秤	吃	痴	持	匙	池	迟	弛	驰
196	耻	齿	侈	尺	赤	翅	斥	炽	充	冲	虫	崇	宠	抽	酬	畴	踌	稠	愁	筹
198	仇	绸	瞅	丑	臭	初	出	橱	厨	躇	锄	雏	滁	除	楚					

20区	0	1	2	3	4	5	6	7	8	9	10	11	12	13	14	15	16	17	18	19
200		础	储	矗	搐	触	处	揣	川	穿	椽	传	船	喘	串	疮	窗	幢	床	闯
202	创	吹	炊	捶	锤	垂	春	椿	醇	唇	淳	纯	蠢	戳	绰	疵	茨	磁	雌	辞
204	慈	瓷	词	此	刺	赐	次	聪	葱	囱	匆	从	丛	凑	粗	醋	簇	促	蹿	篡
206	窜	摧	崔	催	脆	瘁	粹	淬	翠	村	存	寸	磋	撮	搓	措	挫	错	搭	达
208	答	瘩	打	大	呆	歹	傣	戴	带	殆	代	贷	袋	待	逮					

21区	0	1	2	3	4	5	6	7	8	9	10	11	12	13	14	15	16	17	18	19
210		怠	耽	担	丹	单	郸	掸	胆	旦	氮	但	惮	淡	诞	弹	蛋	当	挡	党
212	荡	档	刀	捣	蹈	倒	岛	祷	导	到	稻	悼	道	盗	德	得	的	蹬	灯	登
214	等	瞪	凳	邓	堤	低	滴	迪	敌	笛	狄	涤	翟	嫡	抵	底	地	蒂	第	帝
216	弟	递	缔	颠	掂	滇	碘	点	典	靛	垫	电	佃	甸	店	惦	奠	淀	殿	碉
218	叼	雕	凋	刁	掉	吊	钓	调	跌	爹	碟	蝶	迭	谍	叠					

22区	0	1	2	3	4	5	6	7	8	9	10	11	12	13	14	15	16	17	18	19
220		丁	盯	叮	钉	顶	鼎	锭	定	订	丢	东	冬	董	懂	动	栋	侗	恫	冻
222	洞	兜	抖	斗	陡	豆	逗	痘	都	督	毒	犊	独	读	堵	睹	赌	杜	镀	肚
224	度	渡	妒	端	短	锻	段	断	缎	堆	兑	队	对	墩	吨	蹲	敦	顿	囤	钝
226	盾	遁	掇	哆	多	夺	垛	躲	朵	跺	舵	剁	惰	堕	蛾	峨	鹅	俄	额	讹
228	娥	恶	厄	扼	遏	鄂	饿	恩	而	儿	耳	尔	饵	洱	二					

23区	0	1	2	3	4	5	6	7	8	9	10	11	12	13	14	15	16	17	18	19
230		贰	发	罚	筏	伐	乏	阀	法	珐	藩	帆	番	翻	樊	矾	钒	繁	凡	烦
232	反	返	范	贩	犯	饭	泛	坊	芳	方	肪	房	防	妨	仿	访	纺	放	菲	非
234	啡	飞	肥	匪	诽	吠	肺	废	沸	费	芬	酚	吩	氛	分	纷	坟	焚	汾	粉
236	奋	份	忿	愤	粪	丰	封	枫	蜂	峰	锋	风	疯	烽	逢	冯	缝	讽	奉	凤
238	佛	否	夫	敷	肤	孵	扶	拂	辐	幅	氟	符	伏	俘	服					

24区	0	1	2	3	4	5	6	7	8	9	10	11	12	13	14	15	16	17	18	19
240		浮	涪	福	袱	弗	甫	抚	辅	俯	釜	斧	脯	腑	府	腐	赴	副	覆	赋
242	复	傅	付	阜	父	腹	负	富	讣	附	妇	缚	咐	噶	嘎	该	改	概	钙	盖
244	溉	干	甘	杆	柑	竿	肝	赶	感	秆	敢	赣	冈	刚	钢	缸	肛	纲	岗	港
246	杠	篙	皋	高	膏	羔	糕	搞	镐	稿	告	哥	歌	搁	戈	鸽	胳	疙	割	革
248	葛	格	蛤	阁	隔	铬	个	各	给	根	跟	耕	更	庚	羹					

25区	0	1	2	3	4	5	6	7	8	9	10	11	12	13	14	15	16	17	18	19
250		埂	耿	梗	工	攻	功	恭	龚	供	躬	公	宫	弓	巩	汞	拱	贡	共	钩
252	勾	沟	苟	狗	垢	构	购	够	辜	菇	咕	箍	估	沽	孤	姑	鼓	古	蛊	骨
254	谷	股	故	顾	固	雇	刮	瓜	剐	寡	挂	褂	乖	拐	怪	棺	关	官	冠	观
256	管	馆	罐	惯	灌	贯	光	广	逛	瑰	规	圭	硅	归	龟	闺	轨	鬼	诡	癸
258	桂	柜	跪	贵	刽	辊	滚	棍	锅	郭	国	果	裹	过	哈					

26区	0	1	2	3	4	5	6	7	8	9	10	11	12	13	14	15	16	17	18	19
260		骸	孩	海	氦	亥	害	骇	酣	憨	邯	韩	含	涵	寒	函	喊	罕	翰	撼
262	捍	旱	憾	悍	焊	汗	汉	夯	杭	航	壕	嚎	豪	毫	郝	好	耗	号	浩	呵
264	喝	荷	菏	核	禾	和	何	合	盒	貉	阂	河	涸	赫	褐	鹤	贺	嘿	黑	痕
266	很	狠	恨	哼	亨	横	衡	恒	轰	哄	烘	虹	鸿	洪	宏	弘	红	喉	侯	猴
268	吼	厚	候	后	呼	乎	忽	瑚	壶	葫	胡	蝴	狐	糊	湖					

27区	0	1	2	3	4	5	6	7	8	9	10	11	12	13	14	15	16	17	18	19
270		弧	虎	唬	护	互	沪	户	花	哗	华	猾	滑	画	划	化	话	槐	徊	怀
272	淮	坏	欢	环	桓	还	缓	换	患	唤	痪	豢	焕	涣	宦	幻	荒	慌	黄	磺
274	蝗	簧	皇	凰	惶	煌	晃	幌	恍	谎	灰	挥	辉	徽	恢	蛔	回	毁	悔	慧
276	卉	惠	晦	贿	秽	会	烩	汇	讳	诲	绘	荤	昏	婚	魂	浑	混	豁	活	伙
278	火	获	或	惑	霍	货	祸	击	圾	基	机	畸	稽	积	箕					

28区	0	1	2	3	4	5	6	7	8	9	10	11	12	13	14	15	16	17	18	19
280		肌	饥	迹	激	讥	鸡	姬	绩	缉	吉	极	棘	辑	籍	集	及	急	疾	汲
282	即	嫉	级	挤	几	脊	己	蓟	技	冀	季	伎	祭	剂	悸	济	寄	寂	计	记
284	既	忌	际	妓	继	纪	嘉	枷	夹	佳	家	加	荚	颊	贾	甲	钾	假	稼	价
286	架	驾	嫁	歼	监	坚	尖	笺	间	煎	兼	肩	艰	奸	缄	茧	检	柬	碱	硷
288	拣	捡	简	俭	剪	减	荐	槛	鉴	践	贱	见	键	箭	件					

29区	0	1	2	3	4	5	6	7	8	9	10	11	12	13	14	15	16	17	18	19
290		健	舰	剑	饯	渐	溅	涧	建	僵	姜	将	浆	江	疆	蒋	桨	奖	讲	匠
292	酱	降	蕉	椒	礁	焦	胶	交	郊	浇	骄	娇	嚼	搅	铰	矫	侥	脚	狡	角
294	饺	缴	绞	剿	教	酵	轿	较	叫	窖	揭	接	皆	秸	街	阶	截	劫	节	桔
296	杰	捷	睫	竭	洁	结	解	姐	戒	藉	芥	界	借	介	疥	诫	届	巾	筋	斤
298	金	今	津	襟	紧	锦	仅	谨	进	靳	晋	禁	近	烬	浸					

30区	0	1	2	3	4	5	6	7	8	9	10	11	12	13	14	15	16	17	18	19
300		尽	劲	荆	兢	茎	睛	晶	鲸	京	惊	精	粳	经	井	警	景	颈	静	境
302	敬	镜	径	痉	靖	竟	竞	净	炯	窘	揪	究	纠	玖	韭	久	灸	九	酒	厩
304	救	旧	臼	舅	咎	就	疚	鞠	拘	狙	疽	居	驹	菊	局	咀	矩	举	沮	聚
306	拒	据	巨	具	距	踞	锯	俱	句	惧	炬	剧	捐	鹃	娟	倦	眷	卷	绢	撅
308	攫	抉	掘	倔	爵	觉	决	诀	绝	均	菌	钧	军	君	峻					

31区	0	1	2	3	4	5	6	7	8	9	10	11	12	13	14	15	16	17	18	19
310		俊	竣	浚	郡	骏	喀	咖	卡	咯	开	揩	楷	凯	慨	刊	堪	勘	坎	砍
312	看	康	慷	糠	扛	抗	亢	炕	考	拷	烤	靠	坷	苛	柯	棵	磕	颗	科	壳
314	咳	可	渴	克	刻	客	课	肯	啃	垦	恳	坑	吭	空	恐	孔	控	抠	口	扣
316	寇	枯	哭	窟	苦	酷	库	裤	夸	垮	挎	跨	胯	块	筷	侩	快	宽	款	匡
318	筐	狂	框	矿	眶	旷	况	亏	盔	岿	窥	葵	奎	魁	傀					

32区	0	1	2	3	4	5	6	7	8	9	10	11	12	13	14	15	16	17	18	19
320		馈	愧	溃	坤	昆	捆	困	括	扩	廓	阔	垃	拉	喇	蜡	腊	辣	啦	莱
322	来	赖	蓝	婪	栏	拦	篮	阑	兰	澜	谰	揽	览	懒	缆	烂	滥	琅	榔	狼
324	廊	郎	朗	浪	捞	劳	牢	老	佬	姥	酪	烙	涝	勒	乐	雷	镭	蕾	磊	累
326	儡	垒	擂	肋	类	泪	棱	楞	冷	厘	梨	犁	黎	篱	狸	离	漓	理	李	里
328	鲤	礼	莉	荔	吏	栗	丽	厉	励	砾	历	利	傈	例	俐					

33区	0	1	2	3	4	5	6	7	8	9	10	11	12	13	14	15	16	17	18	19
330		痢	立	粒	沥	隶	力	璃	哩	俩	联	莲	连	镰	廉	怜	涟	帘	敛	脸
332	链	恋	炼	练	粮	凉	梁	粱	良	两	辆	量	晾	亮	谅	撩	聊	僚	疗	燎
334	寥	辽	潦	了	撂	镣	廖	料	列	裂	烈	劣	猎	琳	林	磷	霖	临	邻	鳞
336	淋	凛	赁	吝	拎	玲	菱	零	龄	铃	伶	羚	凌	灵	陵	岭	领	另	令	溜
338	琉	榴	硫	馏	留	刘	瘤	流	柳	六	龙	聋	咙	笼	窿					

34区	0	1	2	3	4	5	6	7	8	9	10	11	12	13	14	15	16	17	18	19
340		隆	垄	拢	陇	楼	娄	搂	篓	漏	陋	芦	卢	颅	庐	炉	掳	卤	虏	鲁
342	麓	碌	露	路	赂	鹿	潞	禄	录	陆	戮	驴	吕	铝	侣	旅	履	屡	缕	虑
344	氯	律	率	滤	绿	峦	挛	孪	滦	卵	乱	掠	略	抡	轮	伦	仑	沦	纶	论
346	萝	螺	罗	逻	锣	箩	骡	裸	落	洛	骆	络	妈	麻	玛	码	蚂	马	骂	嘛
348	吗	埋	买	麦	卖	迈	脉	瞒	馒	蛮	满	蔓	曼	慢	漫					

35区	0	1	2	3	4	5	6	7	8	9	10	11	12	13	14	15	16	17	18	19
350		谩	芒	茫	盲	氓	忙	莽	猫	茅	锚	毛	矛	铆	卯	茂	冒	帽	貌	贸
352	么	玫	枚	梅	酶	霉	煤	没	眉	媒	镁	每	美	昧	寐	妹	媚	门	闷	们
354	萌	蒙	檬	盟	锰	猛	梦	孟	眯	醚	靡	糜	迷	谜	弥	米	秘	觅	泌	蜜
356	密	幂	棉	眠	绵	冕	免	勉	娩	缅	面	苗	描	瞄	藐	秒	渺	庙	妙	蔑
358	灭	民	抿	皿	敏	悯	闽	明	螟	鸣	铭	名	命	谬	摸					

36区	0	1	2	3	4	5	6	7	8	9	10	11	12	13	14	15	16	17	18	19
360		摹	蘑	模	膜	磨	摩	魔	抹	末	莫	墨	默	沫	漠	寞	陌	谋	牟	某
362	拇	牡	亩	姆	母	墓	暮	幕	募	慕	木	目	睦	牧	穆	拿	哪	呐	钠	那
364	娜	纳	氖	乃	奶	耐	奈	南	男	难	囊	挠	脑	恼	闹	淖	呢	馁	内	嫩
366	能	妮	霓	倪	泥	尼	拟	你	匿	腻	逆	溺	蔫	拈	年	碾	撵	捻	念	娘
368	酿	鸟	尿	捏	聂	孽	啮	镊	镍	涅	您	柠	狞	凝	宁					

37区	0	1	2	3	4	5	6	7	8	9	10	11	12	13	14	15	16	17	18	19
370		拧	泞	牛	扭	钮	纽	脓	浓	农	弄	奴	努	怒	女	暖	虐	疟	挪	懦
372	糯	诺	哦	欧	鸥	殴	藕	呕	偶	沤	啪	趴	爬	帕	怕	琶	拍	排	牌	徘
374	湃	派	攀	潘	盘	磐	盼	畔	判	叛	乓	庞	旁	耪	胖	抛	咆	刨	炮	袍
376	跑	泡	呸	胚	培	裴	赔	陪	配	佩	沛	喷	盆	砰	抨	烹	澎	彭	蓬	棚
378	硼	篷	膨	朋	鹏	捧	碰	坯	砒	霹	批	披	劈	琵	毗					

38区	0	1	2	3	4	5	6	7	8	9	10	11	12	13	14	15	16	17	18	19
380		啤	脾	疲	皮	匹	痞	僻	屁	譬	篇	偏	片	骗	飘	漂	瓢	票	撇	瞥
382	拼	频	贫	品	聘	乒	坪	苹	萍	平	凭	瓶	评	屏	坡	泼	颇	婆	破	魄
384	迫	粕	剖	扑	铺	仆	莆	葡	菩	蒲	埔	朴	圃	普	浦	谱	曝	瀑	期	欺
386	栖	戚	妻	七	凄	漆	柒	沏	其	棋	奇	歧	畦	崎	脐	齐	旗	祈	祁	骑
388	起	岂	乞	企	启	契	砌	器	气	迄	弃	汽	泣	讫	掐					

39区	0	1	2	3	4	5	6	7	8	9	10	11	12	13	14	15	16	17	18	19
390		恰	洽	牵	扦	钎	铅	千	迁	签	仟	谦	乾	黔	钱	钳	前	潜	遣	浅
392	谴	堑	嵌	欠	歉	枪	呛	腔	羌	墙	蔷	强	抢	橇	锹	敲	悄	桥	瞧	乔
394	侨	巧	鞘	撬	翘	峭	俏	窍	切	茄	且	怯	窃	钦	侵	亲	秦	琴	勤	芹
396	擒	禽	寝	沁	青	轻	氢	倾	卿	清	擎	晴	氰	情	顷	请	庆	琼	穷	秋
398	丘	邱	球	求	囚	酋	泅	趋	区	蛆	曲	躯	屈	驱	渠					

40区	0	1	2	3	4	5	6	7	8	9	10	11	12	13	14	15	16	17	18	19
400		取	娶	龋	趣	去	圈	颧	权	醛	泉	全	痊	拳	犬	券	劝	缺	炔	瘸
402	却	鹊	榷	确	雀	裙	群	然	燃	冉	染	瓤	壤	攘	嚷	让	饶	扰	绕	惹
404	热	壬	仁	人	忍	韧	任	认	刃	妊	纫	扔	仍	日	戎	茸	蓉	荣	融	熔
406	溶	容	绒	冗	揉	柔	肉	茹	蠕	儒	孺	如	辱	乳	汝	入	褥	软	阮	蕊
408	瑞	锐	闰	润	若	弱	撒	洒	萨	腮	鳃	塞	赛	三	叁					

41区	0	1	2	3	4	5	6	7	8	9	10	11	12	13	14	15	16	17	18	19
410		伞	散	桑	嗓	丧	搔	骚	扫	嫂	瑟	色	涩	森	僧	莎	砂	杀	刹	沙
412	纱	傻	啥	煞	筛	晒	珊	苫	杉	山	删	煽	衫	闪	陕	擅	赡	膳	善	汕
414	扇	缮	墒	伤	商	赏	晌	上	尚	裳	梢	捎	稍	烧	芍	勺	韶	少	哨	邵
416	绍	奢	赊	蛇	舌	舍	赦	摄	射	慑	涉	社	设	砷	申	呻	伸	身	深	娠
418	绅	神	沈	审	婶	甚	肾	慎	渗	声	生	甥	牲	升	绳					

42区	0	1	2	3	4	5	6	7	8	9	10	11	12	13	14	15	16	17	18	19
420		省	盛	剩	胜	圣	师	失	狮	施	湿	诗	尸	虱	十	石	拾	时	什	食
422	蚀	实	识	史	矢	使	屎	驶	始	式	示	士	世	柿	事	拭	誓	逝	势	是
424	嗜	噬	适	仕	侍	释	饰	氏	市	恃	室	视	试	收	手	首	守	寿	授	售
426	受	瘦	兽	蔬	枢	梳	殊	抒	输	叔	舒	淑	疏	书	赎	孰	熟	薯	暑	曙
428	署	蜀	黍	鼠	属	术	述	树	束	戍	竖	墅	庶	数	漱					

43区	0	1	2	3	4	5	6	7	8	9	10	11	12	13	14	15	16	17	18	19
430		恕	刷	耍	摔	衰	甩	帅	栓	拴	霜	双	爽	谁	水	睡	税	吮	瞬	顺
432	舜	说	硕	朔	烁	斯	撕	嘶	思	私	司	丝	死	肆	寺	嗣	四	伺	似	饲
434	巳	松	耸	怂	颂	送	宋	讼	诵	搜	艘	擞	嗽	苏	酥	俗	素	速	粟	僳
436	塑	溯	宿	诉	肃	酸	蒜	算	虽	隋	随	绥	髓	碎	岁	穗	遂	隧	祟	孙
438	损	笋	蓑	梭	唆	缩	琐	索	锁	所	塌	他	它	她	塔					

44区	0	1	2	3	4	5	6	7	8	9	10	11	12	13	14	15	16	17	18	19
440		獭	挞	蹋	踏	胎	苔	抬	台	泰	酞	太	态	汰	坍	摊	贪	瘫	滩	坛
442	檀	痰	潭	谭	谈	坦	毯	袒	碳	探	叹	炭	汤	塘	搪	堂	棠	膛	唐	糖
444	倘	躺	淌	趟	烫	掏	涛	滔	绦	萄	桃	逃	淘	陶	讨	套	特	藤	腾	疼
446	誊	梯	剔	踢	锑	提	题	蹄	啼	体	替	嚏	惕	涕	剃	屉	天	添	填	田
448	甜	恬	舔	腆	挑	条	迢	眺	跳	贴	铁	帖	厅	听	烃					

45区	0	1	2	3	4	5	6	7	8	9	10	11	12	13	14	15	16	17	18	19
450		汀	廷	停	亭	庭	挺	艇	通	桐	酮	瞳	同	铜	彤	童	桶	捅	筒	统
452	痛	偷	投	头	透	凸	秃	突	图	徒	途	涂	屠	土	吐	兔	湍	团	推	颓
454	腿	蜕	褪	退	吞	屯	臀	拖	托	脱	鸵	陀	驮	驼	椭	妥	拓	唾	挖	哇
456	蛙	洼	娃	瓦	袜	歪	外	豌	弯	湾	玩	顽	丸	烷	完	碗	挽	晚	皖	惋
458	宛	婉	万	腕	汪	王	亡	枉	网	往	旺	望	忘	妄	威					

46区	0	1	2	3	4	5	6	7	8	9	10	11	12	13	14	15	16	17	18	19
460		巍	微	危	韦	违	桅	围	唯	惟	为	潍	维	苇	萎	委	伟	伪	尾	纬
462	未	蔚	味	畏	胃	喂	魏	位	渭	谓	尉	慰	卫	瘟	温	蚊	文	闻	纹	吻
464	稳	紊	问	嗡	翁	瓮	挝	蜗	涡	窝	我	斡	卧	握	沃	巫	呜	钨	乌	污
466	诬	屋	无	芜	梧	吾	吴	毋	武	五	捂	午	舞	伍	侮	坞	戊	雾	晤	物
468	勿	务	悟	误	昔	熙	析	西	硒	矽	晰	嘻	吸	锡	牺					

47区	0	1	2	3	4	5	6	7	8	9	10	11	12	13	14	15	16	17	18	19
470		稀	息	希	悉	膝	夕	惜	熄	烯	溪	汐	犀	檄	袭	席	习	媳	喜	铣
472	洗	系	隙	戏	细	瞎	虾	匣	霞	辖	暇	峡	侠	狭	下	厦	夏	吓	掀	锨
474	先	仙	鲜	纤	咸	贤	衔	舷	闲	涎	弦	嫌	显	险	现	献	县	腺	馅	羡
476	宪	陷	限	线	相	厢	镶	香	箱	襄	湘	乡	翔	祥	详	想	响	享	项	巷
478	橡	像	向	象	萧	硝	霄	削	哮	嚣	销	消	宵	淆	晓					

48区	0	1	2	3	4	5	6	7	8	9	10	11	12	13	14	15	16	17	18	19
480		小	孝	校	肖	啸	笑	效	楔	些	歇	蝎	鞋	协	挟	携	邪	斜	胁	谐
482	写	械	卸	蟹	懈	泄	泻	谢	屑	薪	芯	锌	欣	辛	新	忻	心	信	衅	星
484	腥	猩	惺	兴	刑	型	形	邢	行	醒	幸	杏	性	姓	兄	凶	胸	匈	汹	雄
486	熊	休	修	羞	朽	嗅	锈	秀	袖	绣	墟	戌	需	虚	嘘	须	徐	许	蓄	酗
488	叙	旭	序	畜	恤	絮	婿	绪	续	轩	喧	宣	悬	旋	玄					

49区	0	1	2	3	4	5	6	7	8	9	10	11	12	13	14	15	16	17	18	19
490		选	癣	眩	绚	靴	薛	学	穴	雪	血	勋	熏	循	旬	询	寻	驯	巡	殉
492	汛	训	讯	逊	迅	压	押	鸦	鸭	呀	丫	芽	牙	蚜	崖	衙	涯	雅	哑	亚
494	讶	焉	咽	阉	烟	淹	盐	严	研	蜒	岩	延	言	颜	阎	炎	沿	奄	掩	眼
496	衍	演	艳	堰	燕	厌	砚	雁	唁	彦	焰	宴	谚	验	殃	央	鸯	秧	杨	扬
498	佯	疡	羊	洋	阳	氧	仰	痒	养	样	漾	邀	腰	妖	瑶					

50区	0	1	2	3	4	5	6	7	8	9	10	11	12	13	14	15	16	17	18	19
500		摇	尧	遥	窑	谣	姚	咬	舀	药	要	耀	椰	噎	耶	爷	野	冶	也	页
502	掖	业	叶	曳	腋	夜	液	一	壹	医	揖	铱	依	伊	衣	颐	夷	遗	移	仪
504	胰	疑	沂	宜	姨	彝	椅	蚁	倚	已	乙	矣	以	艺	抑	易	邑	屹	亿	役
506	臆	逸	肄	疫	亦	裔	意	毅	忆	义	益	溢	诣	议	谊	译	异	翼	翌	绎
508	茵	荫	因	殷	音	阴	姻	吟	银	淫	寅	饮	尹	引	隐					

51区	0	1	2	3	4	5	6	7	8	9	10	11	12	13	14	15	16	17	18	19
510		印	英	樱	婴	鹰	应	缨	莹	萤	营	荧	蝇	迎	赢	盈	影	颖	硬	映
512	哟	拥	佣	臃	痈	庸	雍	踊	蛹	咏	泳	涌	永	恿	勇	用	幽	优	悠	忧
514	尤	由	邮	铀	犹	油	游	酉	有	友	右	佑	釉	诱	又	幼	迂	淤	于	盂
516	榆	虞	愚	舆	余	俞	逾	鱼	愉	渝	渔	隅	予	娱	雨	与	屿	禹	宇	语
518	羽	玉	域	芋	郁	吁	遇	喻	峪	御	愈	欲	狱	育	誉					

52区	0	1	2	3	4	5	6	7	8	9	10	11	12	13	14	15	16	17	18	19
520		浴	寓	裕	预	豫	驭	鸳	渊	冤	元	垣	袁	原	援	辕	园	员	圆	猿
522	源	缘	远	苑	愿	怨	院	曰	约	越	跃	钥	岳	粤	月	悦	阅	耘	云	郧
524	匀	陨	允	运	蕴	酝	晕	韵	孕	匝	砸	杂	栽	哉	灾	宰	载	再	在	咱
526	攒	暂	赞	赃	脏	葬	遭	糟	凿	藻	枣	早	澡	蚤	躁	噪	造	皂	灶	燥
528	责	择	则	泽	贼	怎	增	憎	曾	赠	扎	喳	渣	札	轧					

53区	0	1	2	3	4	5	6	7	8	9	10	11	12	13	14	15	16	17	18	19
530		铡	闸	眨	栅	榨	咋	乍	炸	诈	摘	斋	宅	窄	债	寨	瞻	毡	詹	粘
532	沾	盏	斩	辗	崭	展	蘸	栈	占	战	站	湛	绽	樟	章	彰	漳	张	掌	涨
534	杖	丈	帐	账	仗	胀	瘴	障	招	昭	找	沼	赵	照	罩	兆	肇	召	遮	折
536	哲	蛰	辙	者	锗	蔗	这	浙	珍	斟	真	甄	砧	臻	贞	针	侦	枕	疹	诊
538	震	振	镇	阵	蒸	挣	睁	征	狰	争	怔	整	拯	正	政					

54区	0	1	2	3	4	5	6	7	8	9	10	11	12	13	14	15	16	17	18	19
540		帧	症	郑	证	芝	枝	支	吱	蜘	知	肢	脂	汁	之	织	职	直	植	殖
542	执	值	侄	址	指	止	趾	只	旨	纸	志	挚	掷	至	致	置	帜	峙	制	智
544	秩	稚	质	炙	痔	滞	治	窒	中	盅	忠	钟	衷	终	种	肿	重	仲	众	舟
546	周	州	洲	诌	粥	轴	肘	帚	咒	皱	宙	昼	骤	珠	株	蛛	朱	猪	诸	诛
548	逐	竹	烛	煮	拄	瞩	嘱	主	著	柱	助	蛀	贮	铸	筑					

55区	0	1	2	3	4	5	6	7	8	9	10	11	12	13	14	15	16	17	18	19
550		住	注	祝	驻	抓	爪	拽	专	砖	转	撰	赚	篆	桩	庄	装	妆	撞	壮
552	状	椎	锥	追	赘	坠	缀	谆	准	捉	拙	卓	桌	琢	茁	酌	啄	着	灼	浊
554	兹	咨	资	姿	滋	淄	孜	紫	仔	籽	滓	子	自	渍	字	鬃	棕	踪	宗	综
556	总	纵	邹	走	奏	揍	租	足	卒	族	祖	诅	阻	组	钻	纂	嘴	醉	最	罪
558	尊	遵	昨	左	佐	柞	做	作	坐	座										

56区	0	1	2	3	4	5	6	7	8	9	10	11	12	13	14	15	16	17	18	19
560		亍	丌	兀	丐	廿	卅	丕	亘	丞	鬲	孬	噩	丨	禺	丿	匕	乇	夭	爻
562	卮	氐	囟	胤	馗	毓	睾	鼗	丶	亟	鼐	乜	乩	亓	芈	孛	啬	嘏	仄	厍
564	厝	厣	厥	厮	靥	赝	匚	叵	匦	匮	匾	赜	卦	卣	刂	刈	刎	刭	刳	刿
566	剀	剌	剞	剡	剜	蒯	剽	劂	劁	劐	劓	冂	罔	亻	仃	仉	仂	仨	仡	仫
568	仞	伛	仳	伢	佤	仵	伥	伧	伉	伫	佞	佧	攸	佚	佝					

57区	0	1	2	3	4	5	6	7	8	9	10	11	12	13	14	15	16	17	18	19
570		佟	佗	伲	伽	佶	佴	侑	侉	侃	侏	佾	佻	侪	佼	侬	侔	俦	俨	俪
572	俅	俚	俣	俜	俑	俟	俸	倩	偌	俳	倬	倏	倮	倭	俾	倜	倌	倥	倨	偾
574	偃	偕	偈	偎	偬	偻	傥	傧	傩	傺	僖	儆	僭	僬	僦	僮	儇	儋	仝	汆
576	佘	佥	俎	龠	氽	籴	兮	巽	黉	馘	冁	夔	勹	匍	訇	匐	凫	夙	兕	亠
578	兖	亳	衮	袤	亵	脔	裒	禀	嬴	蠃	羸	冫	冱	冽	冼					

58区	0	1	2	3	4	5	6	7	8	9	10	11	12	13	14	15	16	17	18	19
580		凇	冖	冢	冥	讠	讦	讧	讪	讴	讵	讷	诂	诃	诋	诏	诎	诒	诓	诔
582	诖	诘	诙	诜	诟	诠	诤	诨	诩	诮	诰	诳	诶	诹	诼	诿	谀	谂	谄	谇
584	谌	谏	谑	谒	谔	谕	谖	谙	谛	谘	谝	谟	谠	谡	谥	谧	谪	谫	谮	谯
586	谲	谳	谵	谶	卩	卺	阝	阢	阡	阱	阪	阽	阼	陂	陉	陔	陟	陧	陬	陲
588	陴	隈	隍	隗	隰	邗	邛	邝	邙	邬	邡	邴	邳	邶	邺					

59区	0	1	2	3	4	5	6	7	8	9	10	11	12	13	14	15	16	17	18	19
590		邸	邰	郏	郅	邾	郐	郄	郇	郓	郦	郢	郜	郗	郛	郫	郯	郾	鄄	鄢
592	鄞	鄣	鄱	鄯	鄹	酃	酆	刍	奂	劢	劬	劭	劾	哿	勐	勖	勰	叟	燮	矍
594	廴	凵	凼	鬯	厶	弁	畚	巯	坌	垩	垡	塾	墼	壅	壑	圩	圬	圪	圳	圹
596	圮	圯	坜	圻	坂	坩	垅	坫	垆	坼	坻	坨	坭	坶	坳	垭	垤	垌	垲	埏
598	垧	垴	垓	垠	埕	埘	埚	埙	埒	垸	埴	埯	埸	埤	埝					

60区	0	1	2	3	4	5	6	7	8	9	10	11	12	13	14	15	16	17	18	19
600		堋	堍	埽	埭	堀	堞	堙	塄	堠	塥	塬	墁	墉	墚	墀	馨	鼙	懿	艹
602	艽	艿	芏	芊	芨	芄	芎	芑	芗	芙	芫	芸	芾	芰	苈	苊	苣	芘	芷	芮
604	苋	苌	苁	芩	芴	芡	芪	芟	苄	苎	芤	苡	茉	苷	苤	茏	茇	苜	苴	苒
606	苘	茌	苻	苓	茑	茚	茆	茔	茕	苠	苕	茜	荑	荛	荜	茈	莒	茼	茴	茱
608	莛	荞	茯	荏	荇	荃	荟	荀	茗	荠	茭	茺	茳	荦	荥					

61区	0	1	2	3	4	5	6	7	8	9	10	11	12	13	14	15	16	17	18	19
610		荨	茛	荩	荬	荪	荭	荮	莰	荸	莳	莴	莠	莪	莓	莜	莅	荼	莶	莩
612	荽	莸	荻	莘	莞	莨	莺	莼	菁	萁	菥	菘	堇	萘	萋	菝	菽	菖	萜	萸
614	萑	萆	菔	菟	萏	萃	菸	菹	菪	菅	菀	萦	菰	菡	葜	葑	葚	葙	葳	蒇
616	蒈	葺	蒉	葸	萼	葆	葩	葶	蒌	蒎	萱	葭	蓁	蓍	蓐	蓦	蒽	蓓	蓊	蒿
618	蒺	蓠	蒡	蒹	蒴	蒗	蓥	蓣	蔌	甍	蔸	蓰	蔹	蔟	蔺					

62区	0	1	2	3	4	5	6	7	8	9	10	11	12	13	14	15	16	17	18	19
620		蕖	蔻	蓿	蓼	蕙	蕈	蕨	蕤	蕞	蕺	瞢	蕃	蕲	蕻	薤	薨	薇	薏	蕹
622	薮	薜	薅	薹	薷	薰	藓	藁	藜	藿	蘧	蘅	蘩	蘖	蘼	廾	弈	夼	奁	耷
624	奕	奚	奘	匏	尢	尥	尬	尴	扌	扪	抟	抻	拊	拚	拗	拮	挢	拶	挹	捋
626	捃	掭	揶	捱	捺	掎	掴	捭	掬	掊	捩	掮	掼	揲	揸	揠	揿	揄	揞	揎
628	摒	揆	掾	摅	摁	搋	搛	搠	搌	搦	搡	摞	撄	摭	撖					

63区	0	1	2	3	4	5	6	7	8	9	10	11	12	13	14	15	16	17	18	19
630		摺	撷	撸	撙	撺	擀	擐	擗	擤	擢	攉	攥	攮	弋	忒	甙	弑	卟	叱
632	叽	叩	叨	叻	吒	吖	吆	呋	呒	呓	呔	呖	呃	吡	呗	呙	吣	吲	咂	咔
634	呷	呱	呤	咚	咛	咄	呶	呦	咝	哐	咭	哂	咴	哒	咧	咦	哓	哔	呲	咣
636	哕	咻	咿	哌	哙	哚	哜	咩	咪	咤	哝	哏	哞	唛	哧	唠	哽	唔	哳	唢
638	唣	唏	唑	唧	唪	啧	喏	喵	啉	啭	啁	啕	唿	啐	唼					

64区	0	1	2	3	4	5	6	7	8	9	10	11	12	13	14	15	16	17	18	19
640		唷	啖	啵	啶	啷	唳	唰	啜	喋	嗒	喃	喱	喹	喈	喁	喟	啾	嗖	喑
642	啻	嗟	喽	喾	喔	喙	嗪	嗷	嗉	嘟	嗑	嗫	嗬	嗔	嗦	嗝	嗄	嗯	嗥	嗲
644	嗳	嗌	嗍	嗨	嗵	嗤	辔	嘞	嘈	嘌	嘁	嘤	嘣	嗾	嘀	嘧	嘭	噘	嘹	噗
646	嘬	噍	噢	噙	噜	噌	噔	嚆	噤	噱	噫	噻	噼	嚅	嚓	嚯	囔	囗	囝	囡
648	囵	囫	囹	囿	圄	圊	圉	圜	帏	帙	帔	帑	帱	帻	帼					

65区	0	1	2	3	4	5	6	7	8	9	10	11	12	13	14	15	16	17	18	19
650		帷	幄	幔	幛	幞	幡	岌	屺	岍	岐	岖	岈	岘	岙	岑	岚	岜	岵	岢
652	岽	岬	岫	岱	岣	峁	岷	峄	峒	峤	峋	峥	崂	崃	崧	崦	崮	崤	崞	崆
654	崛	嵘	崾	崴	崽	嵬	嵛	嵯	嵝	嵫	嵋	嵊	嵩	嵴	嶂	嶙	嶝	豳	嶷	巅
656	彳	彷	徂	徇	徉	後	徕	徙	徜	徨	徭	徵	徼	衢	彡	犭	犰	犴	犷	犸
658	狃	狁	狎	狍	狒	狨	狯	狩	狲	狴	狷	猁	狳	猃	狺					

66区	0	1	2	3	4	5	6	7	8	9	10	11	12	13	14	15	16	17	18	19
660		狻	猗	猓	猡	猊	猞	猝	猕	猢	猹	猥	猬	猸	猱	獐	獍	獗	獠	獬
662	獯	獾	舛	夥	飧	夤	夂	饣	饧	饨	饩	饪	饫	饬	饴	饷	饽	馀	馄	馇
664	馊	馍	馐	馑	馓	馔	馕	庀	庑	庋	庖	庥	庠	庹	庵	庾	庳	赓	廒	廑
666	廛	廨	廪	膺	忄	忉	忖	忏	怃	忮	怄	忡	忤	忾	怅	怆	忪	忭	忸	怙
668	怵	怦	怛	怏	怍	怩	怫	怊	怿	怡	恸	恹	恻	恺	恂					

67区	0	1	2	3	4	5	6	7	8	9	10	11	12	13	14	15	16	17	18	19
670		恪	恽	悖	悚	悭	悝	悃	悒	悌	悛	惬	悻	悱	惝	惘	惆	惚	悴	愠
672	愦	愕	愣	惴	愀	愎	愫	慊	慵	憬	憔	憧	憷	懔	懵	忝	隳	闩	闫	闱
674	闳	闵	闶	闼	闾	阃	阄	阆	阈	阊	阋	阌	阍	阏	阒	阕	阖	阗	阙	阚
676	丬	爿	戕	氵	汔	汜	汊	沣	沅	沐	沔	沌	汨	汩	汴	汶	沆	沩	泐	泔
678	沭	泷	泸	泱	泗	沲	泠	泖	泺	泫	泮	沱	泓	泯	泾					

68区	0	1	2	3	4	5	6	7	8	9	10	11	12	13	14	15	16	17	18	19
680		洹	洧	洌	浃	浈	洇	洄	洙	洎	洫	浍	洮	洵	洚	浏	浒	浔	洳	涑
682	浯	涞	涠	浞	涓	涔	浜	浠	浼	浣	渚	淇	淅	淞	渎	涿	淠	渑	淦	淝
684	淙	渖	涫	渌	涮	渫	湮	湎	湫	溲	湟	溆	湓	湔	渲	渥	湄	滟	溱	溘
686	滠	漭	滢	溥	溧	溽	溻	溷	滗	溴	滏	溏	滂	溟	潢	潆	潇	漤	漕	滹
688	漯	漶	潋	潴	漪	漉	漩	澉	澍	澌	潸	潲	潼	潺	濑					

69区	0	1	2	3	4	5	6	7	8	9	10	11	12	13	14	15	16	17	18	19
690		濉	澧	澹	澶	濂	濡	濮	濞	濠	濯	瀚	瀣	瀛	瀹	瀵	灏	灞	宀	宄
692	宕	宓	宥	宸	甯	骞	搴	寤	寮	褰	寰	蹇	謇	辶	迓	迕	迥	迮	迤	迩
694	迦	迳	迨	逅	逄	逋	逦	逑	逍	逖	逡	逵	逶	逭	逯	遄	遑	遒	遐	遨
696	遘	遢	遛	暹	遴	遽	邂	邈	邃	邋	彐	彗	彖	彘	尻	咫	屐	屙	孱	屣
698	屦	羼	弪	弩	弭	艴	弼	鬻	屮	妁	妃	妍	妩	妪	妣					

70区	0	1	2	3	4	5	6	7	8	9	10	11	12	13	14	15	16	17	18	19
700		妗	姊	妫	妞	妤	姒	妲	妯	姗	妾	娅	娆	姝	娈	姣	姘	姹	娌	娉
702	娲	娴	娑	娣	娓	婀	婧	婊	婕	娼	婢	婵	胬	媪	媛	婷	婺	媾	嫫	媲
704	嫒	嫔	媸	嫠	嫣	嫱	嫖	嫦	嫘	嫜	嬉	嬗	嬖	嬲	嬷	孀	尕	尜	孚	孥
706	孳	孑	孓	孢	驵	驷	驸	驺	驿	驽	骀	骁	骅	骈	骊	骐	骒	骓	骖	骘
708	骛	骜	骝	骟	骠	骢	骣	骥	骧	纟	纡	纣	纥	纨	纩					

71区	0	1	2	3	4	5	6	7	8	9	10	11	12	13	14	15	16	17	18	19
710		纭	纰	纾	绀	绁	绂	绉	绋	绌	绐	绔	绗	绛	绠	绡	绨	绫	绮	绯
712	绱	绲	缍	绶	绺	绻	绾	缁	缂	缃	缇	缈	缋	缌	缏	缑	缒	缗	缙	缜
714	缛	缟	缡	缢	缣	缤	缥	缦	缧	缪	缫	缬	缭	缯	缰	缱	缲	缳	缵	幺
716	畿	巛	甾	邕	玎	玑	玮	玢	玟	珏	珂	珑	玷	玳	珀	珉	珈	珥	珙	顼
718	琊	珩	珧	珞	玺	珲	琏	琪	瑛	琦	琥	琨	琰	琮	琬					

72区	0	1	2	3	4	5	6	7	8	9	10	11	12	13	14	15	16	17	18	19
720		琛	琚	瑁	瑜	瑗	瑕	瑙	瑷	瑭	瑾	璜	璎	璀	璁	璇	璋	璞	璨	璩
722	璐	璧	瓒	璺	韪	韫	韬	杌	杓	杞	杈	杩	枥	枇	杪	杳	枘	枧	杵	枨
724	枞	枭	枋	杷	杼	柰	栉	柘	栊	柩	枰	栌	柙	枵	柚	枳	柝	栀	柃	枸
726	柢	栎	柁	柽	栲	栳	桠	桡	桎	桢	桄	桤	梃	栝	桕	桦	桁	桧	桀	栾
728	桊	桉	栩	梵	梏	桴	桷	梓	桫	棂	楮	棼	椟	椠	棹					

73区	0	1	2	3	4	5	6	7	8	9	10	11	12	13	14	15	16	17	18	19
730		椤	棰	椋	椁	楗	棣	椐	楱	椹	楠	楂	楝	榄	楫	榀	榘	楸	椴	槌
732	榇	榈	槎	榉	楦	楣	楹	榛	榧	榻	榫	榭	槔	榱	槁	槊	槟	榕	槠	榍
734	槿	樯	槭	樗	樘	橥	槲	橄	樾	檠	橐	橛	樵	檎	橹	樽	樨	橘	橼	檑
736	檐	檩	檗	檫	猷	獒	殁	殂	殇	殄	殒	殓	殍	殚	殛	殡	殪	轫	轭	轱
738	轲	轳	轵	轶	轸	轷	轹	轺	轼	轾	辁	辂	辄	辇	辋					

74区	0	1	2	3	4	5	6	7	8	9	10	11	12	13	14	15	16	17	18	19
740		辍	辎	辏	辘	辚	軎	戋	戗	戛	戟	戢	戡	戥	戤	戬	臧	瓯	瓴	瓿
742	甏	甑	甓	攴	旮	旯	旰	昊	昙	杲	昃	昕	昀	炅	曷	昝	昴	昱	昶	昵
744	耆	晟	晔	晁	晏	晖	晡	晗	晷	暄	暌	暧	暝	暾	曛	曜	曦	曩	贲	贳
746	贶	贻	贽	赀	赅	赆	赈	赉	赇	赍	赕	赙	觇	觊	觋	觌	觎	觏	觐	觑
748	牮	犟	牝	牦	牯	牾	牿	犄	犋	犍	犏	犒	挈	挲	掰					

75区	0	1	2	3	4	5	6	7	8	9	10	11	12	13	14	15	16	17	18	19
750		搿	擘	耄	毪	毳	毽	毵	毹	氅	氇	氆	氍	氕	氘	氙	氚	氡	氩	氤
752	氪	氲	攵	敕	敫	牍	牒	牖	爰	虢	刖	肟	肜	肓	肼	朊	肽	肱	肫	肭
754	肴	肷	胧	胨	胩	胪	胛	胂	胄	胙	胍	胗	朐	胝	胫	胱	胴	胭	脍	脎
756	胲	胼	朕	脒	豚	脶	脞	脬	脘	脲	腈	腌	腓	腴	腙	腚	腱	腠	腩	腼
758	腽	腭	腧	塍	媵	膈	膂	膑	滕	膣	膪	臌	朦	臊	膻					

76区	0	1	2	3	4	5	6	7	8	9	10	11	12	13	14	15	16	17	18	19
760		臁	膦	欤	欷	欹	歃	歆	歙	飑	飒	飓	飕	飙	飚	殳	彀	毂	觳	斐
762	齑	斓	於	旆	旄	旃	旌	旎	旒	旖	炀	炜	炖	炝	炻	烀	炷	炫	炱	烨
764	烊	焐	焓	焖	焯	焱	煳	煜	煨	煅	煲	煊	煸	煺	熘	熳	熵	熨	熠	燠
766	燔	燧	燹	爝	爨	灬	焘	煦	熹	戾	戽	扃	扈	扉	礻	祀	祆	祉	祛	祜
768	祓	祚	祢	祗	祠	祯	祧	祺	禅	禊	禚	禧	禳	忑	忐					

77区	0	1	2	3	4	5	6	7	8	9	10	11	12	13	14	15	16	17	18	19
770		怼	恝	恚	恧	恁	恙	恣	悫	愆	愍	慝	憩	憝	懋	懑	戆	肀	聿	沓
772	泶	淼	矶	矸	砀	砉	砗	砘	砑	斫	砭	砜	砝	砹	砺	砻	砟	砼	砥	砬
774	砣	砩	硎	硭	硖	硗	砦	硐	硇	硌	硪	碛	碓	碚	碇	碜	碡	碣	碲	碹
776	碥	磔	磙	磉	磬	磲	礅	磴	礓	礤	礞	礴	龛	黹	黻	黼	盱	眄	眍	盹
778	眇	眈	眚	眢	眙	眭	眦	眵	眸	睐	睑	睇	睃	睚	睨					

78区	0	1	2	3	4	5	6	7	8	9	10	11	12	13	14	15	16	17	18	19
780		睢	睥	睿	瞍	睽	瞀	瞌	瞑	瞟	瞠	瞰	瞵	瞽	町	畀	畎	畋	畈	畛
782	畲	畹	疃	罘	罡	罟	詈	罨	罴	罱	罹	羁	罾	盍	盥	蠲	钅	钆	钇	钋
784	钊	钌	钍	钏	钐	钔	钗	钕	钚	钛	钜	钣	钤	钫	钪	钭	钬	钯	钰	钲
786	钴	钶	钷	钸	钹	钺	钼	钽	钿	铄	铈	铉	铊	铋	铌	铍	铎	铐	铑	铒
788	铕	铖	铗	铙	铘	铛	铞	铟	铠	铢	铤	铥	铧	铨	铪					

79区	0	1	2	3	4	5	6	7	8	9	10	11	12	13	14	15	16	17	18	19
790		铩	铫	铮	铯	铳	铴	铵	铷	铹	铼	铽	铿	锃	锂	锆	锇	锉	锊	锍
792	锎	锏	锒	锓	锔	锕	锖	锘	锛	锝	锞	锟	锢	锪	锫	锩	锬	锱	锲	锴
794	锶	锷	锸	锼	锾	锿	镂	锵	镄	镅	镆	镉	镌	镎	镏	镒	镓	镔	镖	镗
796	镘	镙	镛	镞	镟	镝	镡	镢	镤	镥	镦	镧	镨	镩	镪	镫	镬	镯	镱	镲
798	镳	锺	矧	矬	雉	秕	秭	秣	秫	稆	嵇	稃	稂	稞	稔					

80区	0	1	2	3	4	5	6	7	8	9	10	11	12	13	14	15	16	17	18	19
800		稹	稷	穑	黏	馥	穰	皈	皎	皓	皙	皤	瓞	瓠	甬	鸠	鸢	鸨	鸩	鸪
802	鸫	鸬	鸲	鸱	鸶	鸸	鸷	鸹	鸺	鸾	鹁	鹂	鹄	鹆	鹇	鹈	鹉	鹋	鹌	鹎
804	鹑	鹕	鹗	鹚	鹛	鹜	鹞	鹣	鹦	鹧	鹨	鹩	鹪	鹫	鹬	鹱	鹭	鹳	疒	疔
806	疖	疠	疝	疬	疣	疳	疴	疸	痄	疱	疰	痃	痂	痖	痍	痣	痨	痦	痤	痫
808	痧	瘃	痱	痼	痿	瘐	瘀	瘅	瘌	瘗	瘊	瘥	瘘	瘕	瘙					

81区	0	1	2	3	4	5	6	7	8	9	10	11	12	13	14	15	16	17	18	19
810		瘛	瘼	瘢	瘠	癀	瘭	瘰	瘿	瘵	癃	瘾	瘳	癍	癞	癔	癜	癖	癫	癯
812	翊	竦	穸	穹	窀	窆	窈	窕	窦	窠	窬	窨	窭	窳	衤	衩	衲	衽	衿	袂
814	袢	裆	袷	袼	裉	裢	裎	裣	裥	裱	褚	裼	裨	裾	裰	褡	褙	褓	褛	褊
816	褴	褫	褶	襁	襦	襻	疋	胥	皲	皴	矜	耒	耔	耖	耜	耠	耢	耥	耦	耧
818	耩	耨	耱	耋	耵	聃	聆	聍	聒	聩	聱	覃	顸	颀	颃					

82区	0	1	2	3	4	5	6	7	8	9	10	11	12	13	14	15	16	17	18	19
820		颉	颌	颍	颏	颔	颚	颛	颞	颟	颡	颢	颥	颦	虍	虔	虬	虮	虿	虺
822	虼	虻	蚨	蚍	蚋	蚬	蚝	蚧	蚣	蚪	蚓	蚩	蚶	蛄	蚵	蛎	蚰	蚺	蚱	蚯
824	蛉	蛏	蚴	蛩	蛱	蛲	蛭	蛳	蛐	蜓	蛞	蛴	蛟	蛘	蛑	蜃	蜇	蛸	蜈	蜊
826	蜍	蜉	蜣	蜻	蜞	蜥	蜮	蜚	蜾	蝈	蜴	蜱	蜩	蜷	蜿	螂	蜢	蝽	蝾	蝻
828	蝠	蝰	蝌	蝮	螋	蝓	蝣	蝼	蝤	蝙	蝥	螓	螯	螨	蟒					

83区	0	1	2	3	4	5	6	7	8	9	10	11	12	13	14	15	16	17	18	19
830		蟆	螈	螅	螭	螗	螃	螫	蟥	螬	螵	螳	蟋	蟓	螽	蟑	蟀	蟊	蟛	蟪
832	蟠	蟮	蠖	蠓	蟾	蠊	蠛	蠡	蠹	蠼	缶	罂	罄	罅	舐	竺	竽	笈	笃	笄
834	笕	笊	笫	笏	筇	笸	笪	笙	笮	笱	笠	笥	笤	笳	笾	笞	筘	筚	筅	筵
836	筌	筝	筠	筮	筻	筢	筲	筱	箐	箦	箧	箸	箬	箝	箨	箅	箪	箜	箢	箫
838	箴	篑	篁	篌	篝	篚	篥	篦	篪	簌	篾	篼	簏	簖	簋					

84区	0	1	2	3	4	5	6	7	8	9	10	11	12	13	14	15	16	17	18	19
840		簞	箸	簦	簸	籟	籀	臾	舁	舂	舄	臬	衄	舡	舢	舣	舭	舯	舨	舫
842	舸	舻	舳	舴	舾	艄	艉	艋	艏	艚	艟	艨	衾	袅	袈	裘	裟	襞	羝	羟
844	羧	羯	羰	羲	籼	敉	粑	粝	粜	粞	粢	粲	粼	粽	糁	糇	糌	糍	糈	糅
846	糗	糨	艮	暨	羿	翎	翕	翥	翡	翦	翩	翮	翳	糸	絷	綦	綮	繇	纛	麸
848	麴	赳	趄	趔	趑	趱	赧	赭	豇	豉	酊	酐	酎	酏	酤					

85区	0	1	2	3	4	5	6	7	8	9	10	11	12	13	14	15	16	17	18	19
850		酢	酡	酰	酩	酯	酽	酾	酲	酴	酹	醌	醅	醐	醍	醑	醢	醣	醪	醭
852	醮	醯	醵	醴	醺	豕	鹺	趸	跫	踅	蹙	蹩	趵	趿	趼	趺	跄	跖	跗	跚
854	跞	跎	跏	跛	跆	跬	跷	跸	跣	跹	跻	跤	踉	跽	踔	踝	踟	踬	踮	踣
856	踯	踺	蹀	踹	踵	踽	踱	蹉	蹁	蹂	蹑	蹒	蹊	蹰	蹶	蹼	蹯	蹴	躅	躏
858	躔	躐	躜	躞	豸	貂	貊	貅	貘	貔	斛	觖	觞	觚	觜					

86区	0	1	2	3	4	5	6	7	8	9	10	11	12	13	14	15	16	17	18	19
860		觥	觫	觯	訾	謦	靓	雩	雳	雯	霆	霁	霈	霏	霎	霪	霭	霰	霾	龀
862	龃	龅	龆	龇	龈	龉	龊	龌	黾	鼋	鼍	隹	隼	隽	雎	雒	瞿	雠	銎	銮
864	鋈	錾	鍪	鏊	鎏	鐾	鑫	鱿	鲂	鲅	鲆	鲇	鲈	稣	鲋	鲎	鲐	鲑	鲒	鲔
866	鲕	鲚	鲛	鲞	鲟	鲠	鲡	鲢	鲣	鲥	鲦	鲧	鲨	鲩	鲫	鲭	鲮	鲰	鲱	鲲
868	鲳	鲴	鲵	鲶	鲷	鲺	鲻	鲼	鲽	鳄	鳅	鳆	鳇	鳊	鳋					

87区	0	1	2	3	4	5	6	7	8	9	10	11	12	13	14	15	16	17	18	19
870		鳌	鳍	鳎	鳏	鳐	鳓	鳔	鳕	鳗	鳘	鳙	鳜	鳝	鳟	鳢	靼	鞅	鞑	鞒
872	鞔	鞯	鞫	鞣	鞲	鞴	骱	骰	骷	鹘	骶	骺	骼	髁	髀	髅	髂	髋	髌	髑
874	魅	魃	魇	魉	魈	魍	魑	飨	餍	餮	饕	饔	髟	髡	髦	髯	髫	髻	髭	髹
876	鬈	鬏	鬓	鬟	鬣	麽	麾	縻	麂	麇	麈	麋	麒	鏖	麝	麟	黛	黜	黝	黠
878	黟	黢	黩	黧	黥	黪	黯	鼢	鼬	鼯	鼹	鼷	鼽	鼾	齄					

附 录 A
（规范性附录）
补充的字符

本部分是以 GB 2312—1980《信息交换用汉字编码字符集　基本集》为依据制定的。根据使用需要，在 GB 2312—1980 修订之前，在本部分中对字符作如下补充。

补充的 132 个字符如下所示：

8-27 至 8-32	补充 ɑ ḿ ń ň ǹ g。
10-01 至 10-94	补充 94 个半角图形的字符，其排列顺序与 GB 2312—1980 的表 1“图形字符代码表”中第 3 区一一对应，字形宽度为对应第 3 区字形宽度的 1/2。
11-01 至 11-32	补充汉语拼音 ɑ、e、i、o、u、ü 的四声半角字符和 ê、ɑ、ḿ、ń、ň、ǹ、g 的半角字符，排列顺序与本部分第 8 区 01 位至 32 位的 32 个字符一一对应，字形宽度为相应第 8 区字形宽度的 1/2。

附 录 B
（规范性附录）
64点阵字型数据

B.1 64点阵字型数据的表示

本部分中，图形字符的字型可由点阵数据来表示。每个字型的点阵数据为64×64（横行点数×纵列点数），共4 096个二进制位，512个字节。

B.2 64点阵字型数据的记录格式

64点阵字型数据的512个字节排列次序是以0字节开始至511字节结束，均用十六进制表示，每行八个字节，记录格式如下：

行数	列数																
	0	1	2	3	4	5	6	7	……	56	57	58	59	60	61	62	63
0	0字节								……	7字节							
1 2 3 4 ⋮ 62																	
63	504字节								……	511字节							

B.3 汉字64点阵字型数据举例

长 19-04

00 00 00 00 00 00 00 00
00 00 00 00 00 00 00 00
00 00 00 00 00 00 00 00
00 00 00 00 00 00 00 00
00 00 38 00 00 00 00 00
00 00 3E 00 07 00 00 00
00 00 1F 00 07 C0 00 00
00 00 1F 80 07 E0 00 00
00 00 1F 80 0F F0 00 00
00 00 0F 00 0F F0 00 00
00 00 0F 00 1F C0 00 00
00 00 0F 00 3F 80 00 00
00 00 0F 00 3E 00 00 00
00 00 0F 00 7C 00 00 00
00 00 0F 00 F8 00 00 00

安 16-18

00 00 00 00 00 00 00 00
00 00 00 00 00 00 00 00
00 00 00 00 00 00 00 00
00 00 00 00 00 00 00 00
00 00 00 7E 00 00 00 00
00 00 00 3F 80 00 00 00
00 00 00 1F E0 00 00 00
00 00 00 0F F0 00 00 00
00 00 00 07 F8 00 00 00
00 00 00 03 F8 00 00 00
00 00 00 01 F8 00 00 00
00 00 00 00 F0 00 00 00
00 00 00 00 00 0C 00 00
00 00 00 00 00 7F 00 00
00 00 40 00 0F FF 80 00

00	00	0F	01	F0	00	00	00
00	00	0F	03	E0	00	00	00
00	00	0F	07	C0	00	00	00
00	00	0F	0F	00	00	00	00
00	00	0F	1E	00	00	00	00
00	00	0F	3C	00	00	00	00
00	00	0F	70	00	00	00	00
00	00	0F	E0	00	00	00	00
00	00	0F	80	00	00	00	00
00	00	0F	00	00	00	FC	00
00	00	0F	00	00	1F	FF	00
00	00	0F	00	0F	FF	FF	80
00	00	0F	07	FF	FF	FF	80
00	00	0F	FF	FF	E0	00	00
00	01	FF	FF	C0	00	00	00
3F	FF	FF	F0	00	00	00	00
1F	FF	EF	38	00	00	00	00
0F	FC	0F	1C	00	00	00	00
03	80	0F	0E	00	00	00	00
00	00	0F	07	80	00	00	00
00	00	0F	03	C0	00	00	00
00	00	0F	01	E0	00	00	00
00	00	0F	00	F0	00	00	00
00	00	0F	00	7C	00	00	00
00	00	0F	00	3E	00	00	00
00	00	0F	00	1F	00	00	00
00	00	0F	00	0F	C0	00	00
00	00	0F	00	07	E0	00	00
00	00	0F	00	03	F8	00	00
00	00	0F	00	01	FE	00	00
00	00	0F	00	00	FF	80	00
00	00	0F	00	00	7F	E0	00
00	00	0F	00	30	3F	FC	00
00	00	0F	00	E0	1F	FF	80
00	00	0F	01	C0	0F	FF	F8
00	00	0F	07	80	07	FF	E0
00	00	1F	0F	00	01	FF	00
00	00	1F	3E	00	00	00	00
00	00	1F	FC	00	00	00	00
00	00	1F	F8	00	00	00	00
00	00	3F	F0	00	00	00	00
00	00	3F	E0	00	00	00	00
00	00	3F	C0	00	00	00	00

00	00	60	01	FF	FF	C0	00
00	00	70	7F	FC	0F	E0	00
00	00	7F	FF	00	1F	F0	00
00	00	FF	C0	00	1F	F0	00
00	00	F0	00	00	3F	00	00
00	01	F0	00	00	38	00	00
00	01	F0	00	00	60	00	00
00	03	E0	30	00	80	00	00
00	07	E0	3E	00	00	00	00
00	07	E0	1F	00	00	00	00
00	07	C0	1F	00	00	00	00
00	03	C0	1E	00	00	00	00
00	03	80	3E	00	00	00	00
00	00	00	3C	00	00	00	00
00	00	00	3C	00	00	FF	C0
00	00	00	78	00	3F	FF	F0
00	00	00	78	0F	FF	FF	F8
00	00	00	71	FF	FF	FF	FC
00	00	00	FF	FF	E0	00	FC
00	00	0F	FF	EF	00	00	00
00	01	FF	F8	0F	00	00	00
00	7F	FF	E0	0F	00	00	00
1F	FF	E0	C0	0F	00	00	00
0F	FC	01	C0	0F	00	00	00
03	C0	01	C0	1E	00	00	00
00	00	01	80	1E	00	00	00
00	00	03	80	1E	00	00	00
00	00	03	80	1E	00	00	00
00	00	07	00	3C	00	00	00
00	00	07	C0	3C	00	00	00
00	00	03	FC	78	00	00	00
00	00	00	7F	F8	00	00	00
00	00	00	1F	F0	00	00	00
00	00	00	03	FC	00	00	00
00	00	00	07	FF	00	00	00
00	00	00	0F	FF	C0	00	00
00	00	00	1F	9F	F0	00	00
00	00	00	3E	07	F8	00	00
00	00	00	FC	03	FE	00	00
00	00	03	F0	00	FF	00	00
00	00	0F	C0	00	7F	80	00
00	00	3F	00	00	3F	C0	00
00	01	F8	00	00	1F	E0	00

00 00 1F 80 00 00 00 00
00 00 1F 00 00 00 00 00
00 00 0E 00 00 00 00 00
00 00 00 00 00 00 00 00
00 00 00 00 00 00 00 00
00 00 00 00 00 00 00 00

00 0F C0 00 00 0F E0 00
00 00 00 00 00 07 E0 00
00 00 00 00 00 03 E0 00
00 00 00 00 00 01 C0 00
00 00 00 00 00 00 00 00
00 00 00 00 00 00 00 00

参 考 文 献

《第一批异体字整理表》 中华人民共和国文化部、中国文字改革委员会 1955年12月22日

《简化字总表》 中国文字改革委员会、中华人民共和国文化部、中华人民共和国教育部（1986年10月10日国家语言文字工作委员会重新发表） 1964年3月7日

《印刷通用汉字字形表》 中华人民共和国文化部、中国文字改革委员会 1965年1月30日

《现代汉语通用字表》 国家语言文字工作委员会、中华人民共和国新闻出版署 1988年3月25日

ICS 35.040
L 71

中华人民共和国国家标准

GB 14245.4—2008
代替 GB/T 14244—1993

信息技术　汉字编码字符集(基本集) 64点阵字型　第4部分:仿宋体

Information technology—Chinese ideogram coded character set (basic set)—64-dot matrix font—Part 4: Fangsong Ti

2008-08-06 发布　　2009-07-01 实施

中华人民共和国国家质量监督检验检疫总局
中国国家标准化管理委员会　发布

前 言

GB 14245 的本部分除字表中 1 区至 11 区外的全部技术内容为强制性。

GB 14245《信息技术 汉字编码字符集(基本集) 64 点阵字型》分为如下四个部分：

——第 1 部分：宋体；

——第 2 部分：黑体；

——第 3 部分：楷体；

——第 4 部分：仿宋体。

本部分为 GB 14245 的第 4 部分。

本部分规定的 64 点阵汉字字型是以《第一批异体字整理表》、《简化字总表》、《印刷通用汉字字形表》和《现代汉语通用字表》(见参考文献)为依据，按照现行汉字字形整理原则进行设计。

本部分代替 GB/T 14244—1993《信息交换用汉字 64×64 点阵仿宋体字模集及数据集》。

本部分与 GB/T 14244—1993 相比，主要变化如下：

a) 为了进一步提高字型质量和保证标准间的协调统一，本部分增加了 GB 2312—1980 中规定的字符部分内容；

b) 对上一版本中不正确的汉字字型进行了修正。

本部分的附录 A、附录 B 是规范性附录。

本部分由中华人民共和国信息产业部提出。

本部分由中国电子技术标准化研究所归口。

本部分起草单位：中国电子技术标准化研究所、北京仓颉博雅信息技术有限公司、第二炮兵装备研究院第四研究所。

本部分起草人：代红、熊涛、齐建华、周济萍、翟广臣、王利、戴涌。

本部分所代替标准的历次版本发布情况为：

——GB/T 14244—1993。

引　　言

有关字型数据的授权转让使用事宜，字型标准数据的维护、更新及修订工作，统一由归口单位负责。

地　　址：北京市东城区安定门东大街1号（北京市1101信箱）
邮　　编：100007
电　　话：64007689　84029173
传　　真：64007681
E-mail：daihong@cesi.ac.cn

信息技术　汉字编码字符集(基本集) 64点阵字型　第4部分:仿宋体

1　范围

GB 14245的本部分规定了GB 2312—1980《信息交换用汉字编码字符集　基本集》中图形字符的64点阵仿宋体字型。

本部分主要适用于各种电子信息产品、各种数字化产品,也可用于其他有关设备。

2　规范性引用文件

下列文件中的条款通过GB 14245的本部分的引用而成为本部分的条款。凡是注日期的引用文件,其随后所有的修改单(不包括勘误的内容)或修订版均不适用于本部分,然而,鼓励根据本部分达成协议的各方研究是否可使用这些文件的最新版本。凡是不注日期的引用文件,其最新版本适用于本部分。

GB 2312—1980　信息交换用汉字编码字符集　基本集

3　术语和定义

下列术语和定义适用于GB 14245的本部分。

3.1

字形　glyph

一种可辨认的抽象的图形符号,它不依赖于任何特定的设计。

3.2

字型　font

具有同一基本设计的字形图像的集合,如:仿宋体。

3.3

点阵字型　dot matrix font

以点的集合来表现图形字符的型(形)。

3.4

字序　character order

图形字符在集合中按一定规则排列的次序。

4　汉字图形字符

根据GB 2312—1980规定,相应提供了:

1区～9区　　外文字母及其他图形字符682个;

16区～55区　　第一级汉字3755个;

56区～87区　　第二级汉字3008个。

另外在8区27位至32位补充了6个字符;10区01位至94位补充了94个半角图形字符;11区01位至32位补充了32个汉语拼音的半角字符,见附录A。

本部分共提供图形字符7577个。

5 标准数据的管理

为加强对电子信息技术产品使用汉字字型标准数据的管理，保证本部分在实施中数据的正确性和一致性，有关字型数据的授权转让使用事宜，字型标准数据的维护、更新及修订工作，统一由归口单位负责。

6 点阵字型的表示方法

6.1 栅格

栅格由若干条等距离的垂直线与水平线相交叉而形成。

本部分规定的是64点阵字型，其栅格是横向64格，纵向64格。每个方格的中心定为点的中心位置。

栅格仅对构成点阵的各点进行定位，64点阵栅格图如图1所示。

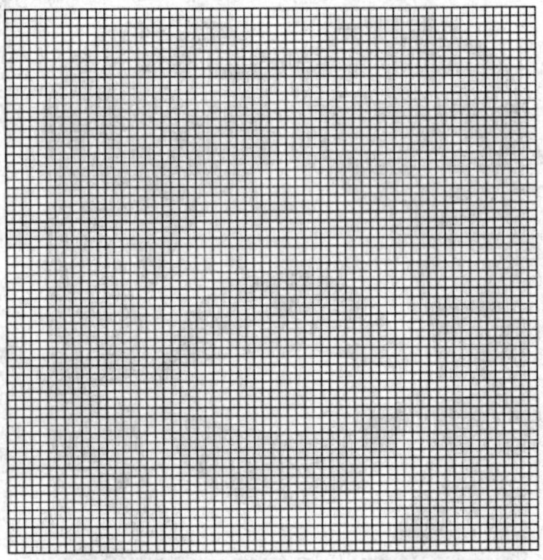

图1 64点阵栅格图

6.2 点

点是构成点阵字型的最小单位，以圆形表示，它是位于各方格内的黑色区域。

6.3 点阵字样

汉字点阵字型的字样，由置于栅格内的若干个点的集合来表示。汉字“永”的64点阵字样如图2所示。

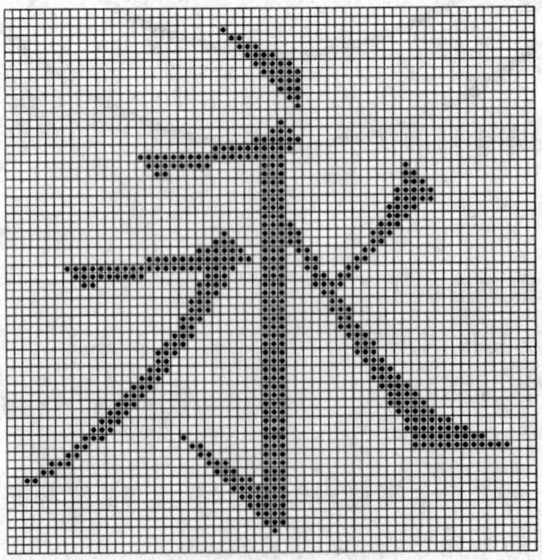

图2 64点阵汉字“永”的字样

6.4 字型数据

64点阵字型数据的表示，见附录B。

6.5 点阵字型表

本部分提供了GB 2312—1980规定的7445个汉字/图形字符及补充的132个图形字符的64点阵仿宋体字型。

本部分的点阵字型列表如下：

1区	0	1	2	3	4	5	6	7	8	9	10	11	12	13	14	15	16	17	18	19
010			、	。	·	ˉ	ˇ	¨	〃	々	—	～	‖	…	'	'	"	"	〔	〕
012	〈	〉	《	》	「	」	『	』	〖	〗	【	】	±	×	÷	∶	∧	∨	∑	∏
014	∪	∩	∈	∷	√	⊥	∥	∠	⌒	⊙	∫	∮	≡	≌	≈	∽	∝	≠	≮	≯
016	≤	≥	∞	∵	∴	♂	♀	°	′	″	℃	＄	¤	￠	￡	‰	§	№	☆	★
018	○	●	◎	◇	◆	□	■	△	▲	※	→	←	↑	↓	〓					

2区	0	1	2	3	4	5	6	7	8	9	10	11	12	13	14	15	16	17	18	19
020																		⒈	⒉	⒊
022	⒋	⒌	⒍	⒎	⒏	⒐	⒑	⒒	⒓	⒔	⒕	⒖	⒗	⒘	⒙	⒚	⒛	⑴	⑵	⑶
024	⑷	⑸	⑹	⑺	⑻	⑼	⑽	⑾	⑿	⒀	⒁	⒂	⒃	⒄	⒅	⒆	⒇	①	②	③
026	④	⑤	⑥	⑦	⑧	⑨	⑩			㈠	㈡	㈢	㈣	㈤	㈥	㈦	㈧	㈨	㈩	
028		Ⅰ	Ⅱ	Ⅲ	Ⅳ	Ⅴ	Ⅵ	Ⅶ	Ⅷ	Ⅸ	Ⅹ	Ⅺ	Ⅻ							

3区	0	1	2	3	4	5	6	7	8	9	10	11	12	13	14	15	16	17	18	19
030		！	＂	＃	￥	％	＆	＇	（	）	＊	＋	，	－	．	／	０	１	２	３
032	４	５	６	７	８	９	：	；	＜	＝	＞	？	＠	Ａ	Ｂ	Ｃ	Ｄ	Ｅ	Ｆ	Ｇ
034	Ｈ	Ｉ	Ｊ	Ｋ	Ｌ	Ｍ	Ｎ	Ｏ	Ｐ	Ｑ	Ｒ	Ｓ	Ｔ	Ｕ	Ｖ	Ｗ	Ｘ	Ｙ	Ｚ	［
036	＼	］	＾	＿	｀	ａ	ｂ	ｃ	ｄ	ｅ	ｆ	ｇ	ｈ	ｉ	ｊ	ｋ	ｌ	ｍ	ｎ	ｏ
038	ｐ	ｑ	ｒ	ｓ	ｔ	ｕ	ｖ	ｗ	ｘ	ｙ	ｚ	｛	｜	｝	￣					

4区	0	1	2	3	4	5	6	7	8	9	10	11	12	13	14	15	16	17	18	19
040		ぁ	あ	ぃ	い	ぅ	う	ぇ	え	ぉ	お	か	が	き	ぎ	く	ぐ	け	げ	こ
042	ご	さ	ざ	し	じ	す	ず	せ	ぜ	そ	ぞ	た	だ	ち	ぢ	っ	つ	づ	て	で
044	と	ど	な	に	ぬ	ね	の	は	ば	ぱ	ひ	び	ぴ	ふ	ぶ	ぷ	へ	べ	ぺ	ほ
046	ぼ	ぽ	ま	み	む	め	も	ゃ	や	ゅ	ゆ	ょ	よ	ら	り	る	れ	ろ	ゎ	わ
048	ゐ	ゑ	を	ん																

5区	0	1	2	3	4	5	6	7	8	9	10	11	12	13	14	15	16	17	18	19
050		ァ	ア	ィ	イ	ゥ	ウ	ェ	エ	ォ	オ	カ	ガ	キ	ギ	ク	グ	ケ	ゲ	コ
052	ゴ	サ	ザ	シ	ジ	ス	ズ	セ	ゼ	ソ	ゾ	タ	ダ	チ	ヂ	ッ	ツ	ヅ	テ	デ
054	ト	ド	ナ	ニ	ヌ	ネ	ノ	ハ	バ	パ	ヒ	ビ	ピ	フ	ブ	プ	ヘ	ベ	ペ	ホ
056	ボ	ポ	マ	ミ	ム	メ	モ	ャ	ヤ	ュ	ユ	ョ	ヨ	ラ	リ	ル	レ	ロ	ヮ	ワ
058	ヰ	ヱ	ヲ	ン	ヴ	ヵ	ヶ													

6区	0	1	2	3	4	5	6	7	8	9	10	11	12	13	14	15	16	17	18	19
060		Α	Β	Γ	Δ	Ε	Ζ	Η	Θ	Ι	Κ	Λ	Μ	Ν	Ξ	Ο	Π	Ρ	Σ	Τ
062	Υ	Φ	Χ	Ψ	Ω									α	β	γ	δ	ε	ζ	η
064	θ	ι	κ	λ	μ	ν	ξ	ο	π	ρ	σ	τ	υ	φ	χ	ψ	ω			
066																				
068																				

7区	0	1	2	3	4	5	6	7	8	9	10	11	12	13	14	15	16	17	18	19
070		А	Б	В	Г	Д	Е	Ё	Ж	З	И	Й	К	Л	М	Н	О	П	Р	С
072	Т	У	Ф	Х	Ц	Ч	Ш	Щ	Ъ	Ы	Ь	Э	Ю	Я						
074										а	б	в	г	д	е	ё	ж	з	и	й
076	к	л	м	н	о	п	р	с	т	у	ф	х	ц	ч	ш	щ	ъ	ы	ь	э
078	ю	я																		

8区	0	1	2	3	4	5	6	7	8	9	10	11	12	13	14	15	16	17	18	19
080		ā	á	ǎ	à	ē	é	ě	è	ī	í	ǐ	ì	ō	ó	ǒ	ò	ū	ú	ǔ
082	ù	ǖ	ǘ	ǚ	ǜ	ü	ê	ɑ	ḿ	ń	ň	ǹ	ɡ					ㄅ	ㄆ	ㄇ
084	ㄈ	ㄉ	ㄊ	ㄋ	ㄌ	ㄍ	ㄎ	ㄏ	ㄐ	ㄑ	ㄒ	ㄓ	ㄔ	ㄕ	ㄖ	ㄗ	ㄘ	ㄙ	ㄚ	ㄛ
086	ㄜ	ㄝ	ㄞ	ㄟ	ㄠ	ㄡ	ㄢ	ㄣ	ㄤ	ㄥ	ㄦ	ㄧ	ㄨ	ㄩ						
088																				

9区	0	1	2	3	4	5	6	7	8	9	10	11	12	13	14	15	16	17	18	19
090					─	━	│	┃	┄	┅	┆	┇	┈	┉	┊	┋	┌	┍	┎	┏
092	┐	┑	┒	┓	└	┕	┖	┗	┘	┙	┚	┛	├	┝	┞	┟	┠	┡	┢	┣
094	┤	┥	┦	┧	┨	┩	┪	┫	┬	┭	┮	┯	┰	┱	┲	┳	┴	┵	┶	┷
096	┸	┹	┺	┻	┼	┽	┾	┿	╀	╁	╂	╃	╄	╅	╆	╇	╈	╉	╊	╋
098																				

10区	0	1	2	3	4	5	6	7	8	9	10	11	12	13	14	15	16	17	18	19
100		!	"	#	¥	%	&	'	(	)	*	+	,	-	.	/	0	1	2	3
102	4	5	6	7	8	9	:	;	<	=	>	?	@	A	B	C	D	E	F	G
104	H	I	J	K	L	M	N	O	P	Q	R	S	T	U	V	W	X	Y	Z	[
106	\	]	^	_	`	a	b	c	d	e	f	g	h	i	j	k	l	m	n	o
108	p	q	r	s	t	u	v	w	x	y	z	{	|	}	‾					

11区	0	1	2	3	4	5	6	7	8	9	10	11	12	13	14	15	16	17	18	19
110		ā	á	ǎ	à	ē	é	ě	è	ī	í	ǐ	ì	ō	ó	ǒ	ò	ū	ú	ǔ
112	ù	ǖ	ǘ	ǚ	ǜ	ü	ê	ɑ	ḿ	ń	ň	ǹ	ɡ							
114																				
116																				
118																				

16区	0	1	2	3	4	5	6	7	8	9	10	11	12	13	14	15	16	17	18	19
160		啊	阿	埃	挨	哎	唉	哀	皑	癌	蔼	矮	艾	碍	爱	隘	鞍	氨	安	俺
162	按	暗	岸	胺	案	肮	昂	盎	凹	敖	熬	翱	袄	傲	奥	懊	澳	芭	捌	扒
164	叭	吧	笆	八	疤	巴	拔	跋	靶	把	耙	坝	霸	罢	爸	白	柏	百	摆	佰
166	败	拜	稗	斑	班	搬	扳	般	颁	板	版	扮	拌	伴	瓣	半	办	绊	邦	帮
168	梆	榜	膀	绑	棒	磅	蚌	镑	傍	谤	苞	胞	包	褒	剥					

17区	0	1	2	3	4	5	6	7	8	9	10	11	12	13	14	15	16	17	18	19
170		薄	雹	保	堡	饱	宝	抱	报	暴	豹	鲍	爆	杯	碑	悲	卑	北	辈	背
172	贝	钡	倍	狈	备	惫	焙	被	奔	苯	本	笨	崩	绷	甭	泵	蹦	迸	逼	鼻
174	比	鄙	笔	彼	碧	蓖	蔽	毕	毙	毖	币	庇	痹	闭	敝	弊	必	辟	壁	臂
176	避	陛	鞭	边	编	贬	扁	便	变	卞	辨	辩	辫	遍	标	彪	膘	表	鳖	憋
178	别	瘪	彬	斌	濒	滨	宾	摈	兵	冰	柄	丙	秉	饼	炳					

18区	0	1	2	3	4	5	6	7	8	9	10	11	12	13	14	15	16	17	18	19
180		病	并	玻	菠	播	拨	钵	波	博	勃	搏	铂	箔	伯	帛	舶	脖	膊	渤
182	泊	驳	捕	卜	哺	补	埠	不	布	步	簿	部	怖	擦	猜	裁	材	才	财	睬
184	踩	采	彩	菜	蔡	餐	参	蚕	残	惭	惨	灿	苍	舱	仓	沧	藏	操	糙	槽
186	曹	草	厕	策	侧	册	测	层	蹭	插	叉	茬	茶	查	碴	搽	察	岔	差	诧
188	拆	柴	豺	搀	掺	蝉	馋	谗	缠	铲	产	阐	颤	昌	猖					

19区	0	1	2	3	4	5	6	7	8	9	10	11	12	13	14	15	16	17	18	19
190		场	尝	常	长	偿	肠	厂	敞	畅	唱	倡	超	抄	钞	朝	嘲	潮	巢	吵
192	炒	车	扯	撤	掣	彻	澈	郴	臣	辰	尘	晨	忱	沉	陈	趁	衬	撑	称	城
194	橙	成	呈	乘	程	惩	澄	诚	承	逞	骋	秤	吃	痴	持	匙	池	迟	弛	驰
196	耻	齿	侈	尺	赤	翅	斥	炽	充	冲	虫	崇	宠	抽	酬	畴	踌	稠	愁	筹
198	仇	绸	瞅	丑	臭	初	出	橱	厨	躇	锄	雏	滁	除	楚					

20区	0	1	2	3	4	5	6	7	8	9	10	11	12	13	14	15	16	17	18	19
200		础	储	矗	搐	触	处	揣	川	穿	椽	传	船	喘	串	疮	窗	幢	床	闯
202	创	吹	炊	捶	锤	垂	春	椿	醇	唇	淳	纯	蠢	戳	绰	疵	茨	磁	雌	辞
204	慈	瓷	词	此	刺	赐	次	聪	葱	囱	匆	从	丛	凑	粗	醋	簇	促	蹿	篡
206	窜	摧	崔	催	脆	瘁	粹	淬	翠	村	存	寸	磋	撮	搓	措	挫	错	搭	达
208	答	瘩	打	大	呆	歹	傣	戴	带	殆	代	贷	袋	待	逮					

21区	0	1	2	3	4	5	6	7	8	9	10	11	12	13	14	15	16	17	18	19
210		怠	耽	担	丹	单	郸	掸	胆	旦	氮	但	惮	淡	诞	弹	蛋	当	挡	党
212	荡	档	刀	捣	蹈	倒	岛	祷	导	到	稻	悼	道	盗	德	得	的	蹬	灯	登
214	等	瞪	凳	邓	堤	低	滴	迪	敌	笛	狄	涤	翟	嫡	抵	底	地	蒂	第	帝
216	弟	递	缔	颠	掂	滇	碘	点	典	靛	垫	电	佃	甸	店	惦	奠	淀	殿	碉
218	叼	雕	凋	刁	掉	吊	钓	调	跌	爹	碟	蝶	迭	谍	叠					

22区	0	1	2	3	4	5	6	7	8	9	10	11	12	13	14	15	16	17	18	19
220		丁	盯	叮	钉	顶	鼎	锭	定	订	丢	东	冬	董	懂	动	栋	侗	恫	冻
222	洞	兜	抖	斗	陡	豆	逗	痘	都	督	毒	犊	独	读	堵	睹	赌	杜	镀	肚
224	度	渡	妒	端	短	锻	段	断	缎	堆	兑	队	对	墩	吨	蹲	敦	顿	囤	钝
226	盾	遁	掇	哆	多	夺	垛	躲	朵	跺	舵	剁	惰	堕	蛾	峨	鹅	俄	额	讹
228	娥	恶	厄	扼	遏	鄂	饿	恩	而	儿	耳	尔	饵	洱	二					

23区	0	1	2	3	4	5	6	7	8	9	10	11	12	13	14	15	16	17	18	19
230		贰	发	罚	筏	伐	乏	阀	法	珐	藩	帆	番	翻	樊	矾	钒	繁	凡	烦
232	反	返	范	贩	犯	饭	泛	坊	芳	方	肪	房	防	妨	仿	访	纺	放	菲	非
234	啡	飞	肥	匪	诽	吠	肺	废	沸	费	芬	酚	吩	氛	分	纷	坟	焚	汾	粉
236	奋	份	忿	愤	粪	丰	封	枫	蜂	峰	锋	风	疯	烽	逢	冯	缝	讽	奉	凤
238	佛	否	夫	敷	肤	孵	扶	拂	辐	幅	氟	符	伏	俘	服					

24区	0	1	2	3	4	5	6	7	8	9	10	11	12	13	14	15	16	17	18	19
240		浮	涪	福	袱	弗	甫	抚	辅	俯	釜	斧	脯	腑	府	腐	赴	副	覆	赋
242	复	傅	付	阜	父	腹	负	富	讣	附	妇	缚	咐	噶	嘎	该	改	概	钙	盖
244	溉	干	甘	杆	柑	竿	肝	赶	感	秆	敢	赣	冈	刚	钢	缸	肛	纲	岗	港
246	杠	篙	皋	高	膏	羔	糕	搞	镐	稿	告	哥	歌	搁	戈	鸽	胳	疙	割	革
248	葛	格	蛤	阁	隔	铬	个	各	给	根	跟	耕	更	庚	羹					

25区	0	1	2	3	4	5	6	7	8	9	10	11	12	13	14	15	16	17	18	19
250		埂	耿	梗	工	攻	功	恭	龚	供	躬	公	宫	弓	巩	汞	拱	贡	共	钩
252	勾	沟	苟	狗	垢	构	购	够	辜	菇	咕	箍	估	沽	孤	姑	鼓	古	蛊	骨
254	谷	股	故	顾	固	雇	刮	瓜	剐	寡	挂	褂	乖	拐	怪	棺	关	官	冠	观
256	管	馆	罐	惯	灌	贯	光	广	逛	瑰	规	圭	硅	归	龟	闺	轨	鬼	诡	癸
258	桂	柜	跪	贵	刽	辊	滚	棍	锅	郭	国	果	裹	过	哈					

26区	0	1	2	3	4	5	6	7	8	9	10	11	12	13	14	15	16	17	18	19
260		骸	孩	海	氦	亥	害	骇	酣	憨	邯	韩	含	涵	寒	函	喊	罕	翰	撼
262	捍	旱	憾	悍	焊	汗	汉	夯	杭	航	壕	嚎	豪	毫	郝	好	耗	号	浩	呵
264	喝	荷	菏	核	禾	和	何	合	盒	貉	阂	河	涸	赫	褐	鹤	贺	嘿	黑	痕
266	很	狠	恨	哼	亨	横	衡	恒	轰	哄	烘	虹	鸿	洪	宏	弘	红	喉	侯	猴
268	吼	厚	候	后	呼	乎	忽	瑚	壶	葫	胡	蝴	狐	糊	湖					

27区	0	1	2	3	4	5	6	7	8	9	10	11	12	13	14	15	16	17	18	19
270		弧	虎	唬	护	互	沪	户	花	哗	华	猾	滑	画	划	化	话	槐	徊	怀
272	淮	坏	欢	环	桓	还	缓	换	患	唤	痪	豢	焕	涣	宦	幻	荒	慌	黄	磺
274	蝗	簧	皇	凰	惶	煌	晃	幌	恍	谎	灰	挥	辉	徽	恢	蛔	回	毁	悔	慧
276	卉	惠	晦	贿	秽	会	烩	汇	讳	诲	绘	荤	昏	婚	魂	浑	混	豁	活	伙
278	火	获	或	惑	霍	货	祸	击	圾	基	机	畸	稽	积	箕					

28区	0	1	2	3	4	5	6	7	8	9	10	11	12	13	14	15	16	17	18	19
280		肌	饥	迹	激	讥	鸡	姬	绩	缉	吉	极	棘	辑	籍	集	及	急	疾	汲
282	即	嫉	级	挤	几	脊	己	蓟	技	冀	季	伎	祭	剂	悸	济	寄	寂	计	记
284	既	忌	际	妓	继	纪	嘉	枷	夹	佳	家	加	荚	颊	贾	甲	钾	假	稼	价
286	架	驾	嫁	歼	监	坚	尖	笺	间	煎	兼	肩	艰	奸	缄	茧	检	柬	碱	硷
288	拣	捡	简	俭	剪	减	荐	槛	鉴	践	贱	见	键	箭	件					

29区	0	1	2	3	4	5	6	7	8	9	10	11	12	13	14	15	16	17	18	19
290		健	舰	剑	饯	渐	溅	涧	建	僵	姜	将	浆	江	疆	蒋	桨	奖	讲	匠
292	酱	降	蕉	椒	礁	焦	胶	交	郊	浇	骄	娇	嚼	搅	铰	矫	侥	脚	狡	角
294	饺	缴	绞	剿	教	酵	轿	较	叫	窖	揭	接	皆	秸	街	阶	截	劫	节	桔
296	杰	捷	睫	竭	洁	结	解	姐	戒	藉	芥	界	借	介	疥	诫	届	巾	筋	斤
298	金	今	津	襟	紧	锦	仅	谨	进	靳	晋	禁	近	烬	浸					

30区	0	1	2	3	4	5	6	7	8	9	10	11	12	13	14	15	16	17	18	19
300		尽	劲	荆	兢	茎	睛	晶	鲸	京	惊	精	粳	经	井	警	景	颈	静	境
302	敬	镜	径	痉	靖	竟	竞	净	炯	窘	揪	究	纠	玖	韭	久	灸	九	酒	厩
304	救	旧	臼	舅	咎	就	疚	鞠	拘	狙	疽	居	驹	菊	局	咀	矩	举	沮	聚
306	拒	据	巨	具	距	踞	锯	俱	句	惧	炬	剧	捐	鹃	娟	倦	眷	卷	绢	撅
308	攫	抉	掘	倔	爵	觉	决	诀	绝	均	菌	钧	军	君	峻					

31区	0	1	2	3	4	5	6	7	8	9	10	11	12	13	14	15	16	17	18	19
310		俊	竣	浚	郡	骏	喀	咖	卡	咯	开	揩	楷	凯	慨	刊	堪	勘	坎	砍
312	看	康	慷	糠	扛	抗	亢	炕	考	拷	烤	靠	坷	苛	柯	棵	磕	颗	科	壳
314	咳	可	渴	克	刻	客	课	肯	啃	垦	恳	坑	吭	空	恐	孔	控	抠	口	扣
316	寇	枯	哭	窟	苦	酷	库	裤	夸	垮	挎	跨	胯	块	筷	侩	快	宽	款	匡
318	筐	狂	框	矿	眶	旷	况	亏	盔	岿	窥	葵	奎	魁	傀					

32区	0	1	2	3	4	5	6	7	8	9	10	11	12	13	14	15	16	17	18	19
320		馈	愧	溃	坤	昆	捆	困	括	扩	廓	阔	垃	拉	喇	蜡	腊	辣	啦	莱
322	来	赖	蓝	婪	栏	拦	篮	阑	兰	澜	谰	揽	览	懒	缆	烂	滥	琅	榔	狼
324	廊	郎	朗	浪	捞	劳	牢	老	佬	姥	酪	烙	涝	勒	乐	雷	镭	蕾	磊	累
326	儡	垒	擂	肋	类	泪	棱	楞	冷	厘	梨	犁	黎	篱	狸	离	漓	理	李	里
328	鲤	礼	莉	荔	吏	栗	丽	厉	励	砾	历	利	傈	例	俐					

33区	0	1	2	3	4	5	6	7	8	9	10	11	12	13	14	15	16	17	18	19
330		痢	立	粒	沥	隶	力	璃	哩	俩	联	莲	连	镰	廉	怜	涟	帘	敛	脸
332	链	恋	炼	练	粮	凉	梁	粱	良	两	辆	量	晾	亮	谅	撩	聊	僚	疗	燎
334	寥	辽	潦	了	撂	镣	廖	料	列	裂	烈	劣	猎	琳	林	磷	霖	临	邻	鳞
336	淋	凛	赁	吝	拎	玲	菱	零	龄	铃	伶	羚	凌	灵	陵	岭	领	另	令	溜
338	琉	榴	硫	馏	留	刘	瘤	流	柳	六	龙	聋	咙	笼	窿					

34区	0	1	2	3	4	5	6	7	8	9	10	11	12	13	14	15	16	17	18	19
340		隆	垄	拢	陇	楼	娄	搂	篓	漏	陋	芦	卢	颅	庐	炉	掳	卤	虏	鲁
342	麓	碌	露	路	赂	鹿	潞	禄	录	陆	戮	驴	吕	铝	侣	旅	履	屡	缕	虑
344	氯	律	率	滤	绿	峦	挛	孪	滦	卵	乱	掠	略	抡	轮	伦	仑	沦	纶	论
346	萝	螺	罗	逻	锣	箩	骡	裸	落	洛	骆	络	妈	麻	玛	码	蚂	马	骂	嘛
348	吗	埋	买	麦	卖	迈	脉	瞒	馒	蛮	满	蔓	曼	慢	漫					

35区	0	1	2	3	4	5	6	7	8	9	10	11	12	13	14	15	16	17	18	19
350		谩	芒	茫	盲	氓	忙	莽	猫	茅	锚	毛	矛	铆	卯	茂	冒	帽	貌	贸
352	么	玫	枚	梅	酶	霉	煤	没	眉	媒	镁	每	美	昧	寐	妹	媚	门	闷	们
354	萌	蒙	檬	盟	锰	猛	梦	孟	眯	醚	靡	糜	迷	谜	弥	米	秘	觅	泌	蜜
356	密	幂	棉	眠	绵	冕	免	勉	娩	缅	面	苗	描	瞄	藐	秒	渺	庙	妙	蔑
358	灭	民	抿	皿	敏	悯	闽	明	螟	鸣	铭	名	命	谬	摸					

36区	0	1	2	3	4	5	6	7	8	9	10	11	12	13	14	15	16	17	18	19
360		摹	蘑	模	膜	磨	摩	魔	抹	末	莫	墨	默	沫	漠	寞	陌	谋	牟	某
362	拇	牡	亩	姆	母	墓	暮	幕	募	慕	木	目	睦	牧	穆	拿	哪	呐	钠	那
364	娜	纳	氖	乃	奶	耐	奈	南	男	难	囊	挠	脑	恼	闹	淖	呢	馁	内	嫩
366	能	妮	霓	倪	泥	尼	拟	你	匿	腻	逆	溺	蔫	拈	年	碾	撵	捻	念	娘
368	酿	鸟	尿	捏	聂	孽	啮	镊	镍	涅	您	柠	狞	凝	宁					

37区	0	1	2	3	4	5	6	7	8	9	10	11	12	13	14	15	16	17	18	19
370		拧	泞	牛	扭	钮	纽	脓	浓	农	弄	奴	努	怒	女	暖	虐	疟	挪	懦
372	糯	诺	哦	欧	鸥	殴	藕	呕	偶	沤	啪	趴	爬	帕	怕	琶	拍	排	牌	徘
374	湃	派	攀	潘	盘	磐	盼	畔	判	叛	乓	庞	旁	耪	胖	抛	咆	刨	炮	袍
376	跑	泡	呸	胚	培	裴	赔	陪	配	佩	沛	喷	盆	砰	抨	烹	澎	彭	蓬	棚
378	硼	篷	膨	朋	鹏	捧	碰	坯	砒	霹	批	披	劈	琵	毗					

38区	0	1	2	3	4	5	6	7	8	9	10	11	12	13	14	15	16	17	18	19
380		啤	脾	疲	皮	匹	痞	僻	屁	譬	篇	偏	片	骗	飘	漂	瓢	票	撇	瞥
382	拼	频	贫	品	聘	乒	坪	苹	萍	平	凭	瓶	评	屏	坡	泼	颇	婆	破	魄
384	迫	粕	剖	扑	铺	仆	莆	葡	菩	蒲	埔	朴	圃	普	浦	谱	曝	瀑	期	欺
386	栖	戚	妻	七	凄	漆	柒	沏	其	棋	奇	歧	畦	崎	脐	齐	旗	祈	祁	骑
388	起	岂	乞	企	启	契	砌	器	气	迄	弃	汽	泣	讫	掐					

39区	0	1	2	3	4	5	6	7	8	9	10	11	12	13	14	15	16	17	18	19
390		恰	洽	牵	扦	钎	铅	千	迁	签	仟	谦	乾	黔	钱	钳	前	潜	遣	浅
392	谴	堑	嵌	欠	歉	枪	呛	腔	羌	墙	蔷	强	抢	橇	锹	敲	悄	桥	瞧	乔
394	侨	巧	鞘	撬	翘	峭	俏	窍	切	茄	且	怯	窃	钦	侵	亲	秦	琴	勤	芹
396	擒	禽	寝	沁	青	轻	氢	倾	卿	清	擎	晴	氰	情	顷	请	庆	琼	穷	秋
398	丘	邱	球	求	囚	酋	泅	趋	区	蛆	曲	躯	屈	驱	渠					

40区	0	1	2	3	4	5	6	7	8	9	10	11	12	13	14	15	16	17	18	19
400		取	娶	龋	趣	去	圈	颧	权	醛	泉	全	痊	拳	犬	券	劝	缺	炔	瘸
402	却	鹊	榷	确	雀	裙	群	然	燃	冉	染	瓤	壤	攘	嚷	让	饶	扰	绕	惹
404	热	壬	仁	人	忍	韧	任	认	刃	妊	纫	扔	仍	日	戎	茸	蓉	荣	融	熔
406	溶	容	绒	冗	揉	柔	肉	茹	蠕	儒	孺	如	辱	乳	汝	入	褥	软	阮	蕊
408	瑞	锐	闰	润	若	弱	撒	洒	萨	腮	鳃	塞	赛	三	叁					

41区	0	1	2	3	4	5	6	7	8	9	10	11	12	13	14	15	16	17	18	19
410		伞	散	桑	嗓	丧	搔	骚	扫	嫂	瑟	色	涩	森	僧	莎	砂	杀	刹	沙
412	纱	傻	啥	煞	筛	晒	珊	苫	杉	山	删	煽	衫	闪	陕	擅	赡	膳	善	汕
414	扇	缮	墒	伤	商	赏	晌	上	尚	裳	梢	捎	稍	烧	芍	勺	韶	少	哨	邵
416	绍	奢	赊	蛇	舌	舍	赦	摄	射	慑	涉	社	设	砷	申	呻	伸	身	深	娠
418	绅	神	沈	审	婶	甚	肾	慎	渗	声	生	甥	牲	升	绳					

42区	0	1	2	3	4	5	6	7	8	9	10	11	12	13	14	15	16	17	18	19
420		省	盛	剩	胜	圣	师	失	狮	施	湿	诗	尸	虱	十	石	拾	时	什	食
422	蚀	实	识	史	矢	使	屎	驶	始	式	示	士	世	柿	事	拭	誓	逝	势	是
424	嗜	噬	适	仕	侍	释	饰	氏	市	恃	室	视	试	收	手	首	守	寿	授	售
426	受	瘦	兽	蔬	枢	梳	殊	抒	输	叔	舒	淑	疏	书	赎	孰	熟	薯	暑	曙
428	署	蜀	黍	鼠	属	术	述	树	束	戍	竖	墅	庶	数	漱					

43区	0	1	2	3	4	5	6	7	8	9	10	11	12	13	14	15	16	17	18	19
430		恕	刷	耍	摔	衰	甩	帅	栓	拴	霜	双	爽	谁	水	睡	税	吮	瞬	顺
432	舜	说	硕	朔	烁	斯	撕	嘶	思	私	司	丝	死	肆	寺	嗣	四	伺	似	饲
434	巳	松	耸	怂	颂	送	宋	讼	诵	搜	艘	擞	嗽	苏	酥	俗	素	速	粟	僳
436	塑	溯	宿	诉	肃	酸	蒜	算	虽	隋	随	绥	髓	碎	岁	穗	遂	隧	祟	孙
438	损	笋	蓑	梭	唆	缩	琐	索	锁	所	塌	他	它	她	塔					

44区	0	1	2	3	4	5	6	7	8	9	10	11	12	13	14	15	16	17	18	19
440		獭	挞	蹋	踏	胎	苔	抬	台	泰	酞	太	态	汰	坍	摊	贪	瘫	滩	坛
442	檀	痰	潭	谭	谈	坦	毯	袒	碳	探	叹	炭	汤	塘	搪	堂	棠	膛	唐	糖
444	倘	躺	淌	趟	烫	掏	涛	滔	绦	萄	桃	逃	淘	陶	讨	套	特	藤	腾	疼
446	誊	梯	剔	踢	锑	提	题	蹄	啼	体	替	嚏	惕	涕	剃	屉	天	添	填	田
448	甜	恬	舔	腆	挑	条	迢	眺	跳	贴	铁	帖	厅	听	烃					

45区	0	1	2	3	4	5	6	7	8	9	10	11	12	13	14	15	16	17	18	19
450		汀	廷	停	亭	庭	挺	艇	通	桐	酮	瞳	同	铜	彤	童	桶	捅	筒	统
452	痛	偷	投	头	透	凸	秃	突	图	徒	途	涂	屠	土	吐	兔	湍	团	推	颓
454	腿	蜕	褪	退	吞	屯	臀	拖	托	脱	鸵	陀	驮	驼	椭	妥	拓	唾	挖	哇
456	蛙	洼	娃	瓦	袜	歪	外	豌	弯	湾	玩	顽	丸	烷	完	碗	挽	晚	皖	惋
458	宛	婉	万	腕	汪	王	亡	枉	网	往	旺	望	忘	妄	威					

46区	0	1	2	3	4	5	6	7	8	9	10	11	12	13	14	15	16	17	18	19
460		巍	微	危	韦	违	桅	围	唯	惟	为	潍	维	苇	萎	委	伟	伪	尾	纬
462	未	蔚	味	畏	胃	喂	魏	位	渭	谓	尉	慰	卫	瘟	温	蚊	文	闻	纹	吻
464	稳	紊	问	嗡	翁	瓮	挝	蜗	涡	窝	我	斡	卧	握	沃	巫	呜	钨	乌	污
466	诬	屋	无	芜	梧	吾	吴	毋	武	五	捂	午	舞	伍	侮	坞	戊	雾	晤	物
468	勿	务	悟	误	昔	熙	析	西	硒	矽	晰	嘻	吸	锡	牺					

47区	0	1	2	3	4	5	6	7	8	9	10	11	12	13	14	15	16	17	18	19
470		稀	息	希	悉	膝	夕	惜	熄	烯	溪	汐	犀	檄	袭	席	习	媳	喜	铣
472	洗	系	隙	戏	细	瞎	虾	匣	霞	辖	暇	峡	侠	狭	下	厦	夏	吓	掀	锨
474	先	仙	鲜	纤	咸	贤	衔	舷	闲	涎	弦	嫌	显	险	现	献	县	腺	馅	羡
476	宪	陷	限	线	相	厢	镶	香	箱	襄	湘	乡	翔	祥	详	想	响	享	项	巷
478	橡	像	向	象	萧	硝	霄	削	哮	嚣	销	消	宵	淆	晓					

48区	0	1	2	3	4	5	6	7	8	9	10	11	12	13	14	15	16	17	18	19
480		小	孝	校	肖	啸	笑	效	楔	些	歇	蝎	鞋	协	挟	携	邪	斜	胁	谐
482	写	械	卸	蟹	懈	泄	泻	谢	屑	薪	芯	锌	欣	辛	新	忻	心	信	衅	星
484	腥	猩	惺	兴	刑	型	形	邢	行	醒	幸	杏	性	姓	兄	凶	胸	匈	汹	雄
486	熊	休	修	羞	朽	嗅	锈	秀	袖	绣	墟	戌	需	虚	嘘	须	徐	许	蓄	酗
488	叙	旭	序	畜	恤	絮	婿	绪	续	轩	喧	宣	悬	旋	玄					

49区	0	1	2	3	4	5	6	7	8	9	10	11	12	13	14	15	16	17	18	19
490		选	癣	眩	绚	靴	薛	学	穴	雪	血	勋	熏	循	旬	询	寻	驯	巡	殉
492	汛	训	讯	逊	迅	压	押	鸦	鸭	呀	丫	芽	牙	蚜	崖	衙	涯	雅	哑	亚
494	讶	焉	咽	阉	烟	淹	盐	严	研	蜒	岩	延	言	颜	阎	炎	沿	奄	掩	眼
496	衍	演	艳	堰	燕	厌	砚	雁	唁	彦	焰	宴	谚	验	殃	央	鸯	秧	杨	扬
498	佯	疡	羊	洋	阳	氧	仰	痒	养	样	漾	邀	腰	妖	瑶					

50区	0	1	2	3	4	5	6	7	8	9	10	11	12	13	14	15	16	17	18	19
500		摇	尧	遥	窑	谣	姚	咬	舀	药	要	耀	椰	噎	耶	爷	野	冶	也	页
502	掖	业	叶	曳	腋	夜	液	一	壹	医	揖	铱	依	伊	衣	颐	夷	遗	移	仪
504	胰	疑	沂	宜	姨	彝	椅	蚁	倚	已	乙	矣	以	艺	抑	易	邑	屹	亿	役
506	臆	逸	肄	疫	亦	裔	意	毅	忆	义	益	溢	诣	议	谊	译	异	翼	翌	绎
508	茵	荫	因	殷	音	阴	姻	吟	银	淫	寅	饮	尹	引	隐					

51区	0	1	2	3	4	5	6	7	8	9	10	11	12	13	14	15	16	17	18	19
510		印	英	樱	婴	鹰	应	缨	莹	萤	营	荧	蝇	迎	赢	盈	影	颖	硬	映
512	哟	拥	佣	臃	痈	庸	雍	踊	蛹	咏	泳	涌	永	恿	勇	用	幽	优	悠	忧
514	尤	由	邮	铀	犹	油	游	酉	有	友	右	佑	釉	诱	又	幼	迂	淤	于	盂
516	榆	虞	愚	舆	余	俞	逾	鱼	愉	渝	渔	隅	予	娱	雨	与	屿	禹	宇	语
518	羽	玉	域	芋	郁	吁	遇	喻	峪	御	愈	欲	狱	育	誉					

52区	0	1	2	3	4	5	6	7	8	9	10	11	12	13	14	15	16	17	18	19
520		浴	寓	裕	预	豫	驭	鸳	渊	冤	元	垣	袁	原	援	辕	园	员	圆	猿
522	源	缘	远	苑	愿	怨	院	曰	约	越	跃	钥	岳	粤	月	悦	阅	耘	云	郧
524	匀	陨	允	运	蕴	酝	晕	韵	孕	匝	砸	杂	栽	哉	灾	宰	载	再	在	咱
526	攒	暂	赞	赃	脏	葬	遭	糟	凿	藻	枣	早	澡	蚤	躁	噪	造	皂	灶	燥
528	责	择	则	泽	贼	怎	增	憎	曾	赠	扎	喳	渣	札	轧					

53区	0	1	2	3	4	5	6	7	8	9	10	11	12	13	14	15	16	17	18	19
530		铡	闸	眨	栅	榨	咋	乍	炸	诈	摘	斋	宅	窄	债	寨	瞻	毡	詹	粘
532	沾	盏	斩	辗	崭	展	蘸	栈	占	战	站	湛	绽	樟	章	彰	漳	张	掌	涨
534	杖	丈	帐	账	仗	胀	瘴	障	招	昭	找	沼	赵	照	罩	兆	肇	召	遮	折
536	哲	蛰	辙	者	锗	蔗	这	浙	珍	斟	真	甄	砧	臻	贞	针	侦	枕	疹	诊
538	震	振	镇	阵	蒸	挣	睁	征	狰	争	怔	整	拯	正	政					

54区	0	1	2	3	4	5	6	7	8	9	10	11	12	13	14	15	16	17	18	19
540		帧	症	郑	证	芝	枝	支	吱	蜘	知	肢	脂	汁	之	织	职	直	植	殖
542	执	值	侄	址	指	止	趾	只	旨	纸	志	挚	掷	至	致	置	帜	峙	制	智
544	秩	稚	质	炙	痔	滞	治	窒	中	盅	忠	钟	衷	终	种	肿	重	仲	众	舟
546	周	州	洲	诌	粥	轴	肘	帚	咒	皱	宙	昼	骤	珠	株	蛛	朱	猪	诸	诛
548	逐	竹	烛	煮	拄	瞩	嘱	主	著	柱	助	蛀	贮	铸	筑					

55区	0	1	2	3	4	5	6	7	8	9	10	11	12	13	14	15	16	17	18	19
550		住	注	祝	驻	抓	爪	拽	专	砖	转	撰	赚	篆	桩	庄	装	妆	撞	壮
552	状	椎	锥	追	赘	坠	缀	谆	准	捉	拙	卓	桌	琢	茁	酌	啄	着	灼	浊
554	兹	咨	资	姿	滋	淄	孜	紫	仔	籽	滓	子	自	渍	字	鬃	棕	踪	宗	综
556	总	纵	邹	走	奏	揍	租	足	卒	族	祖	诅	阻	组	钻	纂	嘴	醉	最	罪
558	尊	遵	昨	左	佐	柞	做	作	坐	座										

56区	0	1	2	3	4	5	6	7	8	9	10	11	12	13	14	15	16	17	18	19
560		亍	丌	兀	丐	廿	卅	丕	亘	丞	鬲	孬	噩	丨	禺	丿	匕	乇	夭	爻
562	卮	氐	囟	胤	馗	毓	睾	鼗	丶	亟	鼐	乜	乩	亓	芈	孛	啬	嘏	仄	厍
564	厝	厣	厥	厮	靥	赝	匚	叵	匦	匮	匾	赜	卦	卣	刂	刈	刎	刭	刳	刿
566	剀	剌	剞	剡	剜	蒯	剽	劂	劁	劐	劓	冂	罔	亻	仃	仉	仂	仨	仡	仫
568	仞	伛	仳	伢	佤	仵	伥	伧	伉	伫	佞	佧	攸	佚	佝					

57区	0	1	2	3	4	5	6	7	8	9	10	11	12	13	14	15	16	17	18	19
570		佟	佗	伲	伽	佶	佴	侑	侉	侃	侏	佾	佻	侪	佼	侬	侔	俦	俨	俪
572	俅	俚	俣	俜	俑	俟	俸	倩	偌	俳	倬	倏	倮	倭	俾	倜	倌	倥	倨	偾
574	偃	偕	偈	偎	偬	偻	傥	傧	傩	傺	僖	儆	僭	僬	僦	僮	儇	儋	仝	氽
576	佘	佥	俎	龠	汆	籴	兮	巽	黉	馘	冁	夔	勹	匍	訇	匐	凫	夙	兕	亠
578	兖	亳	衮	袤	亵	脔	裒	禀	嬴	蠃	羸	冫	冱	冽	冼					

58区	0	1	2	3	4	5	6	7	8	9	10	11	12	13	14	15	16	17	18	19
580		凇	冖	冢	冥	讠	讦	讧	讪	讴	讵	讷	诂	诃	诋	诏	诎	诒	诓	诔
582	诖	诘	诙	诜	诟	诠	诤	诨	诩	诮	诰	诳	诶	诹	诼	诿	谀	谂	谄	谇
584	谌	谏	谑	谒	谔	谕	谖	谙	谛	谘	谝	谟	谠	谡	谥	谧	谪	谫	谮	谯
586	谲	谳	谵	谶	卩	卺	阝	阢	阡	阱	阪	阽	阼	陂	陉	陔	陟	陧	陬	陲
588	陴	隈	隍	隗	隰	邗	邛	邝	邙	邬	邡	邴	邳	邶	邺					

59区	0	1	2	3	4	5	6	7	8	9	10	11	12	13	14	15	16	17	18	19
590		邸	邰	郏	郅	邾	郐	郄	郇	郓	郦	郢	郜	郗	郛	郫	郯	郾	鄄	鄢
592	鄞	鄣	鄱	鄯	鄹	酃	酆	刍	奂	劢	劬	劭	劾	哿	勐	勖	勰	叟	燮	矍
594	廴	凵	凼	鬯	厶	弁	畚	巯	坌	垩	垡	塾	墼	壅	壑	圩	圬	圪	圳	圹
596	圮	圯	坜	圻	坂	坩	垅	坫	垆	坼	坻	坨	坭	坶	坳	垭	垤	垌	垲	埏
598	垧	垴	垓	垠	埕	埘	埚	埙	埒	垸	埴	埯	埸	埤	埝					

60区	0	1	2	3	4	5	6	7	8	9	10	11	12	13	14	15	16	17	18	19
600		堋	堍	埽	埭	堀	堞	堙	塄	堠	塥	塬	墁	墉	墚	墀	馨	鼙	懿	艹
602	艽	艿	芏	芊	芨	芄	芎	芑	芗	芙	芫	芸	芾	芰	苈	苊	苣	芘	芷	芮
604	苋	苌	苁	芩	芴	芡	芪	芟	苄	苎	芤	苡	茉	苷	苤	茏	茇	苜	苴	苒
606	苘	茌	苻	苓	茑	茚	茆	茔	茕	苠	苕	茜	荑	荛	荜	茈	莒	茼	茴	茱
608	莛	荞	茯	荏	荇	荃	荟	荀	茗	荠	茭	茺	茳	荦	荥					

61区	0	1	2	3	4	5	6	7	8	9	10	11	12	13	14	15	16	17	18	19
610		荨	茛	荩	荬	荪	荭	荮	莰	荸	莳	莴	莠	莪	莓	莜	莅	荼	莶	莩
612	荽	莸	荻	莘	莞	莨	莺	莼	菁	萁	菥	菘	堇	萘	萋	菝	菽	菖	萜	萸
614	萑	萆	菔	菟	萏	萃	菸	菹	菪	菅	菀	萦	菰	菡	葜	葑	葚	葙	葳	蒇
616	蒈	葺	蒉	葸	萼	葆	葩	葶	蒌	蒎	萱	葭	蓁	蓍	蓐	蓦	蒽	蓓	蓊	蒿
618	蒺	蓠	蒡	蒹	蒴	蒗	蓥	蓣	蔌	甍	蔸	蓰	蔹	蔟	蔺					

62区	0	1	2	3	4	5	6	7	8	9	10	11	12	13	14	15	16	17	18	19
620		蕖	蔻	蓿	蓼	蕙	蕈	蕨	蕤	蕞	蕺	瞢	蕃	蕲	蕻	薤	薨	薇	薏	蕹
622	薮	薜	薅	薹	薷	薰	藓	藁	藜	藿	蘧	蘅	蘩	蘖	蘼	廾	弈	夼	奁	耷
624	奕	奚	奘	匏	尢	尥	尬	尴	扌	扪	抟	抻	拊	拚	拗	拮	挢	拶	挹	捋
626	捃	掭	揶	捱	捺	掎	掴	捭	掬	掊	捩	掮	掼	揲	揸	揠	揿	揄	揞	揎
628	摒	揆	掾	摅	摁	搋	搛	搠	搌	搦	搡	摞	撄	摭	撖					

63区	0	1	2	3	4	5	6	7	8	9	10	11	12	13	14	15	16	17	18	19
630		摺	撷	撸	撙	撺	擀	擐	擗	擤	擢	攉	攥	攮	弋	忒	甙	弑	卟	叱
632	叽	叩	叨	叻	吒	吖	吆	呋	呒	呓	呔	呖	呃	吡	呗	呙	吣	吲	咂	咔
634	呷	呱	呤	咚	咛	咄	呶	呦	咝	哐	咭	哂	咴	哒	咧	咦	哓	哔	呲	咣
636	哕	咻	咿	哌	哙	哚	哜	咩	咪	咤	哝	哏	哞	唛	哧	唠	哽	唔	哳	唢
638	唣	唏	唑	唧	唪	啧	喏	喵	啉	啭	啁	啕	唿	啐	唼					

64区	0	1	2	3	4	5	6	7	8	9	10	11	12	13	14	15	16	17	18	19
640		唷	啖	啵	啶	啷	唳	唰	啜	喋	嗒	喃	喱	喹	喈	喁	喟	啾	嗖	喑
642	啻	嗟	喽	喾	喔	喙	嗪	嗷	嗉	嘟	嗑	嗫	嗬	嗔	嗦	嗝	嗄	嗯	嗥	嗲
644	嗳	嗌	嗍	嗨	嗵	嗤	辔	嘞	嘈	嘌	嘁	嘤	嘣	嗾	嘀	嘧	嘭	噘	嘹	噗
646	嘬	噍	噢	噙	噜	噌	噔	嚆	噤	噱	噫	噻	噼	嚅	嚓	嚯	囔	囗	囝	囡
648	囵	囫	囹	囿	圄	圊	圉	圜	帏	帙	帔	帑	帱	帻	帼					

65区	0	1	2	3	4	5	6	7	8	9	10	11	12	13	14	15	16	17	18	19
650		帷	幄	幔	幛	幞	幡	岌	屺	岍	岐	岖	岈	岘	岙	岑	岚	岜	岵	岢
652	岽	岬	岫	岱	岣	峁	岷	峄	峒	峤	峋	峥	崂	崃	崧	崦	崮	崤	崞	崆
654	崛	嵘	崾	崴	崽	嵬	嵛	嵯	嵝	嵫	嵋	嵊	嵩	嵴	嶂	嶙	嶝	豳	嶷	巅
656	彳	彷	徂	徇	徉	後	徕	徙	徜	徨	徭	徵	徼	衢	彡	犭	犰	犴	犷	犸
658	狃	狁	狎	狍	狒	狨	狯	狩	狲	狴	狷	猁	狳	猃	狺					

66区	0	1	2	3	4	5	6	7	8	9	10	11	12	13	14	15	16	17	18	19
660		狻	猗	猓	猡	猊	猞	猝	猕	猢	猹	猥	猬	猸	猱	獐	獍	獗	獠	獬
662	獯	獾	舛	夥	飧	夤	夂	饣	饧	饨	饩	饪	饫	饬	饴	饷	饽	馀	馄	馇
664	馊	馍	馐	馑	馓	馔	馕	庀	庑	庋	庖	庥	庠	庹	庵	庾	庳	赓	廒	廑
666	廛	廨	廪	膺	忄	忉	忖	忏	怃	忮	怄	忡	忤	忾	怅	怆	忪	忭	忸	怙
668	怵	怦	怛	怏	怍	怩	怫	怊	怿	怡	恸	恹	恻	恺	恂					

67区	0	1	2	3	4	5	6	7	8	9	10	11	12	13	14	15	16	17	18	19
670		恪	恽	悖	悚	悭	悝	悃	悒	悌	悛	惬	悻	悱	惝	惘	惆	惚	悴	愠
672	愦	愕	愣	惴	愀	愎	愫	慊	慵	憬	憔	憧	憷	懔	懵	忝	隳	闩	闫	闱
674	闳	闵	闶	闼	闾	阃	阄	阆	阈	阊	阋	阌	阍	阏	阒	阕	阖	阗	阙	阚
676	丬	爿	戕	氵	汔	汜	汊	沣	沅	沐	沔	沌	汨	汩	汴	汶	沆	沩	泐	泔
678	沭	泷	泸	泱	泗	沲	泠	泖	泺	泫	泮	沱	泓	泯	泾					

68区	0	1	2	3	4	5	6	7	8	9	10	11	12	13	14	15	16	17	18	19
680		洹	洧	洌	浃	浈	洇	洄	洙	洎	洫	浍	洮	洵	洚	浏	浒	浔	洳	涑
682	浯	涞	涠	浞	涓	涔	浜	浠	浼	浣	渚	淇	淅	淞	渎	涿	淠	渑	淦	淝
684	淙	渖	涫	渌	涮	渫	湮	湎	湫	溲	湟	溆	湓	湔	渲	渥	湄	滟	溱	溘
686	滠	漭	滢	溥	溧	溽	溻	溷	滗	溴	滏	溏	滂	溟	潢	潆	潇	漤	漕	滹
688	漯	漶	潋	潴	漪	漉	漩	澉	澍	澌	潸	潲	潼	潺	濑					

69区	0	1	2	3	4	5	6	7	8	9	10	11	12	13	14	15	16	17	18	19
690		濉	澧	澹	澶	濂	濡	濮	濞	濠	濯	瀚	瀣	瀛	瀹	瀵	灏	灞	宀	宄
692	宕	宓	宥	宸	甯	骞	搴	寤	寮	褰	寰	蹇	謇	辶	迓	迕	迥	迮	迤	迩
694	迦	迳	迨	逅	逄	逋	逦	逑	逍	逖	逡	逵	逶	逭	逯	遄	遑	遒	遐	遨
696	遘	遢	遛	暹	遴	遽	邂	邈	邃	邋	彐	彗	彖	彘	尻	咫	屐	屙	孱	屣
698	屦	羼	弪	弩	弭	艴	弼	鬻	屮	妁	妃	妍	妩	妪	妣					

70区	0	1	2	3	4	5	6	7	8	9	10	11	12	13	14	15	16	17	18	19
700		妗	姊	妫	妞	妤	姒	妲	妯	姗	妾	娅	娆	姝	娈	姣	姘	姹	娌	娉
702	娲	娴	娑	娣	娓	婀	婧	婊	婕	娼	婢	婵	胬	媪	媛	婷	婺	媾	嫫	媲
704	嫒	嫔	媸	嫠	嫣	嫱	嫖	嫦	嫘	嫜	嬉	嬗	嬖	嬲	嬷	孀	尕	尜	孚	孥
706	孳	孑	孓	孢	驵	驷	驸	驺	驿	驽	骀	骁	骅	骈	骊	骐	骒	骓	骖	骘
708	骛	骜	骝	骟	骠	骢	骣	骥	骧	纟	纡	纣	纥	纨	纩					

71区	0	1	2	3	4	5	6	7	8	9	10	11	12	13	14	15	16	17	18	19
710		纭	纰	纾	绀	绁	绂	绉	绋	绌	绐	绔	绗	绛	绠	绡	绨	绫	绮	绯
712	绱	绲	缍	绶	绺	绻	绾	缁	缂	缃	缇	缈	缋	缌	缏	缑	缒	缗	缙	缜
714	缛	缟	缡	缢	缣	缤	缥	缦	缧	缪	缫	缬	缭	缯	缰	缱	缲	缳	缵	幺
716	畿	巛	甾	邕	玎	玑	玮	玢	玟	珏	珂	珑	玷	玳	珀	珉	珈	珥	珙	顼
718	琊	珩	珧	珞	玺	珲	琏	琪	瑛	琦	琥	琨	琰	琮	琬					

72区	0	1	2	3	4	5	6	7	8	9	10	11	12	13	14	15	16	17	18	19
720		琛	琚	瑁	瑜	瑗	瑕	瑙	瑷	瑭	瑾	璜	璎	璀	璁	璇	璋	璞	璨	璩
722	璐	璧	瓒	璺	韪	韫	韬	杌	杓	杞	杈	杩	枥	枇	杪	杳	枘	枧	杵	枨
724	枞	枭	枋	杷	杼	柰	栉	柘	栊	柩	枰	栌	柙	枵	柚	枳	柝	栀	柃	枸
726	柢	栎	柁	柽	栲	栳	桠	桡	桎	桢	桄	桤	梃	栝	桕	桦	桁	桧	桀	栾
728	桊	桉	栩	梵	梏	桴	桷	梓	桫	棂	楮	棼	椟	椠	棹					

73区	0	1	2	3	4	5	6	7	8	9	10	11	12	13	14	15	16	17	18	19
730		椤	棰	椋	椁	楗	棣	椐	楱	椹	楠	楂	楝	榄	楫	榀	榘	楸	椴	槌
732	榇	榈	槎	榉	楦	楣	楹	榛	榧	榻	榫	榭	槔	榱	槁	槊	槟	榕	槠	榍
734	槿	樯	槭	樗	樘	橥	槲	橄	樾	檠	橐	橛	樵	檎	橹	樽	樨	橘	橼	檑
736	檐	檩	檗	檫	猷	獒	殁	殂	殇	殄	殒	殓	殍	殚	殛	殡	殪	轫	轭	轱
738	轲	轳	轵	轶	轸	轷	轹	轺	轼	轾	辁	辂	辄	辇	辋					

74区	0	1	2	3	4	5	6	7	8	9	10	11	12	13	14	15	16	17	18	19
740		辍	辎	辏	辘	辚	軎	戋	戗	戛	戟	戢	戡	戥	戤	戬	臧	瓯	瓴	瓿
742	甏	甑	甓	攴	旮	旯	旰	昊	昙	杲	昃	昕	昀	炅	曷	昝	昴	昱	昶	昵
744	耆	晟	晔	晁	晏	晖	晡	晗	晷	暄	暌	暧	暝	暾	曛	曜	曦	曩	贲	贳
746	贶	贻	贽	赀	赅	赆	赈	赉	赇	赍	赕	赙	觇	觊	觋	觌	觎	觏	觐	觑
748	牮	犟	牝	牦	牯	牾	牿	犄	犋	犍	犏	犒	挈	挲	掰					

75区	0	1	2	3	4	5	6	7	8	9	10	11	12	13	14	15	16	17	18	19
750		搿	擘	耄	毪	毳	毽	毵	毹	氅	氇	氆	氍	氕	氘	氙	氚	氡	氩	氤
752	氪	氲	攵	敕	敫	牍	牒	牖	爰	虢	刖	肟	肜	肓	肼	朊	肽	肱	肫	肭
754	肴	肷	胧	胨	胩	胪	胛	胂	胄	胙	胍	胗	朐	胝	胫	胱	胴	胭	脍	脎
756	胲	胼	朕	脒	豚	脶	脞	脬	脘	脲	腈	腌	腓	腴	腙	腚	腱	腠	腩	腼
758	腽	腭	腧	塍	媵	膈	膂	膑	滕	膣	膪	臌	朦	臊	膻					

76区	0	1	2	3	4	5	6	7	8	9	10	11	12	13	14	15	16	17	18	19
760		膪	膦	欤	欷	欹	歃	歆	歙	飑	飒	飓	飕	飙	飚	殳	彀	毂	觳	斐
762	齑	斓	於	旆	旄	旃	旌	旎	旒	旖	炀	炜	炖	炝	炻	烀	炷	炫	炱	烨
764	烊	焐	焓	焖	焯	焱	煳	煜	煨	煅	煲	煊	煸	煺	熘	熳	熵	熨	熠	燠
766	燔	燧	燹	爝	爨	灬	焘	煦	熹	戾	戽	扃	扈	扉	礻	祀	祆	祉	祛	祜
768	祓	祚	祢	祗	祠	祯	祧	祺	禅	禊	禚	禧	禳	忑	忐					

77区	0	1	2	3	4	5	6	7	8	9	10	11	12	13	14	15	16	17	18	19
770		怼	恝	恚	恧	恁	恙	恣	悫	愆	愍	慝	憩	憝	懋	懑	戆	肀	聿	沓
772	泶	淼	矶	矸	砀	砉	砗	砘	砑	斫	砭	砜	砝	砹	砺	砻	砟	砼	砥	砬
774	砣	砩	硎	硭	硖	硗	砦	硐	硇	硌	硪	碛	碓	碚	碇	碜	碡	碣	碲	碹
776	碥	磔	磙	磉	磬	磲	礅	磴	礓	礤	礞	礴	龛	黹	黻	黼	盱	眄	眍	盹
778	眇	眈	眚	眢	眙	眭	眦	眵	眸	睐	睑	睇	睃	睚	睨					

78区	0	1	2	3	4	5	6	7	8	9	10	11	12	13	14	15	16	17	18	19
780		睢	睥	睿	瞍	睽	瞀	瞌	瞑	瞟	瞠	瞰	瞵	瞽	町	畀	畎	畋	畈	畛
782	畲	畹	疃	罘	罡	罟	詈	罨	罴	罱	罹	羁	罾	盍	盥	蠲	钅	钆	钇	钋
784	钊	钌	钍	钏	钐	钔	钗	钕	钚	钛	钜	钣	钤	钫	钪	钭	钬	钯	钰	钲
786	钴	钶	钷	钸	钹	钺	钼	钽	钿	铄	铈	铉	铊	铋	铌	铍	铎	铐	铑	铒
788	铕	铖	铗	铙	铘	铛	铞	铟	铠	铢	铤	铥	铧	铨	铪					

79区	0	1	2	3	4	5	6	7	8	9	10	11	12	13	14	15	16	17	18	19
790		铩	铫	铮	铯	铳	铴	铵	铷	铹	铼	铽	铿	锃	锂	锆	锇	锉	锊	锍
792	锎	锏	锒	锓	锔	锕	锖	锘	锛	锝	锞	锟	锢	锪	锫	锩	锬	锱	锲	锴
794	锶	锷	锸	锼	锾	锿	镂	锵	镄	镅	镆	镉	镌	镎	镏	镒	镓	镔	镖	镗
796	镘	镙	镛	镞	镟	镝	镡	镢	镤	镥	镦	镧	镨	镩	镪	镫	镬	镯	镱	镲
798	镳	锺	矧	矬	雉	秕	秭	秣	秫	稆	嵇	稃	稂	稞	稔					

80区	0	1	2	3	4	5	6	7	8	9	10	11	12	13	14	15	16	17	18	19
800		稹	稷	穑	黏	馥	穰	皈	皎	皓	皙	皤	瓞	瓠	甬	鸠	鸢	鸨	鸩	鸪
802	鸫	鸬	鸲	鸱	鸶	鸸	鸷	鸹	鸺	鸾	鹁	鹂	鹄	鹆	鹇	鹈	鹉	鹋	鹌	鹎
804	鹑	鹕	鹗	鹚	鹛	鹜	鹞	鹣	鹦	鹧	鹨	鹩	鹪	鹫	鹬	鹱	鹭	鹳	疒	疔
806	疖	疠	疝	疬	疣	疳	疴	疸	痄	疱	疰	痃	痂	痖	痍	痣	痨	痦	痤	痫
808	痧	瘃	痱	痼	痿	瘐	瘀	瘅	瘌	瘗	瘊	瘥	瘘	瘕	瘙					

81区	0	1	2	3	4	5	6	7	8	9	10	11	12	13	14	15	16	17	18	19
810		瘛	瘼	瘢	瘠	癀	瘭	瘰	瘿	瘵	癃	瘾	瘳	癍	癞	癔	癜	癖	癫	癯
812	翊	竦	穸	穹	窀	窆	窈	窕	窦	窠	窬	窨	窭	窳	衤	衩	衲	衽	衿	袂
814	袢	裆	袷	袼	裉	裢	裎	裣	裥	裱	褚	裼	裨	裾	裰	褡	褙	褓	褛	褊
816	褴	褫	褶	襁	襦	襻	疋	胥	皲	皴	矜	耒	耔	耖	耜	耠	耢	耥	耦	耧
818	耩	耨	耱	耋	耵	聃	聆	聍	聒	聩	聱	覃	顸	颀	颃					

82区	0	1	2	3	4	5	6	7	8	9	10	11	12	13	14	15	16	17	18	19
820		颉	颌	颍	颏	颔	颚	颛	颞	颟	颡	颢	颥	颦	虍	虔	虬	虮	虿	虺
822	虼	虻	蚨	蚍	蚋	蚬	蚝	蚧	蚣	蚪	蚓	蚩	蚶	蛄	蚵	蛎	蚰	蚺	蚱	蚯
824	蛉	蛏	蚴	蛩	蛱	蛲	蛭	蛳	蛐	蜓	蛞	蛴	蛟	蛘	蛑	蜃	蜇	蛸	蜈	蜊
826	蜍	蜉	蜣	蜻	蜞	蜥	蜮	蜚	蜾	蝈	蜴	蜱	蜩	蜷	蜿	螂	蜢	蝽	蝾	蝻
828	蝠	蝰	蝌	蝮	螋	蝓	蝣	蝼	蝤	蝙	蝥	螓	螯	螨	蟒					

83区	0	1	2	3	4	5	6	7	8	9	10	11	12	13	14	15	16	17	18	19
830		蟆	螈	螅	螭	螗	螃	螫	蟥	螬	螵	螳	蟋	蟓	螽	蟑	蟀	蟊	蟛	蟪
832	蟠	蟮	蠖	蠓	蟾	蠊	蠛	蠡	蠹	蠼	缶	罂	罄	罅	舐	竺	竽	笈	笃	笄
834	笕	笊	笫	笏	筇	笸	笪	笙	笮	笱	笠	笥	笤	笳	笾	笞	筘	筚	筅	筵
836	筌	筝	筠	筮	筻	筢	筲	筱	箐	箦	箧	箸	箬	箝	箨	箅	箪	箜	箢	箫
838	箴	篑	篁	篌	篝	篚	篥	篦	篪	簌	篾	篼	簏	簖	簋					

84区	0	1	2	3	4	5	6	7	8	9	10	11	12	13	14	15	16	17	18	19
840		簟	簪	簦	簸	籁	籀	臾	舁	舂	舄	臬	衄	舡	舢	舣	舭	舯	舨	舫
842	舸	舻	舳	舴	舾	艄	艉	艋	艏	艚	艟	艨	衾	袅	袈	裘	裟	襞	羝	羟
844	羧	羯	羰	羲	籼	敉	粑	粝	粜	粞	粢	粲	粼	粽	糁	糇	糌	糍	糈	糅
846	糗	糨	艮	暨	羿	翎	翕	翥	翡	翦	翩	翮	翳	糸	絷	綦	綮	繇	纛	麸
848	麴	赳	趄	趔	趑	趱	赧	赭	豇	豉	酊	酐	酎	酏	酤					

85区	0	1	2	3	4	5	6	7	8	9	10	11	12	13	14	15	16	17	18	19
850		酢	酡	酰	酩	酯	酽	酾	酲	酴	酹	醌	醅	醐	醍	醑	醢	醣	醪	醭
852	醮	醯	醵	醴	醺	豕	鹾	趸	跫	踅	蹙	蹩	趵	趿	趼	趺	跄	跖	跗	跚
854	跞	跎	跏	跛	跆	跬	跷	跸	跣	跹	跻	跤	踉	跽	踔	踝	踟	踬	踮	踣
856	踯	踺	蹀	踹	踵	踽	踱	蹉	蹁	蹂	蹑	蹒	蹊	蹰	蹶	蹼	蹯	蹴	躅	躏
858	躔	躐	躜	躞	豸	貂	貊	貅	貘	貔	斛	觖	觞	觚	觜					

86区	0	1	2	3	4	5	6	7	8	9	10	11	12	13	14	15	16	17	18	19
860		觥	觫	觯	訾	謦	靓	雩	雳	雯	霆	霁	霈	霏	霎	霪	霭	霰	霾	龀
862	龃	龅	龆	龇	龈	龉	龊	龌	黾	鼋	鼍	隹	隼	隽	雎	雒	瞿	雠	銎	銮
864	鋈	錾	鍪	鏊	鎏	鐾	鑫	鱿	鲂	鲅	鲆	鲇	鲈	稣	鲋	鲎	鲐	鲑	鲒	鲔
866	鲕	鲚	鲛	鲞	鲟	鲠	鲡	鲢	鲣	鲥	鲦	鲧	鲨	鲩	鲫	鲭	鲮	鲰	鲱	鲲
868	鲳	鲴	鲵	鲶	鲷	鲺	鲻	鲼	鲽	鳄	鳅	鳆	鳇	鳊	鳋					

87区	0	1	2	3	4	5	6	7	8	9	10	11	12	13	14	15	16	17	18	19
870		鳌	鳍	鳎	鳏	鳐	鳓	鳔	鳕	鳗	鳘	鳙	鳜	鳝	鳟	鳢	靼	鞅	鞑	鞒
872	鞔	鞯	鞫	鞣	鞲	鞴	骱	骰	骷	鹘	骶	骺	骼	髁	髀	髅	髂	髋	髌	髑
874	魅	魃	魇	魉	魈	魍	魑	飨	餍	餮	饕	饔	髟	髡	髦	髯	髫	髻	髭	髹
876	鬈	鬏	鬓	鬟	鬣	麽	麾	縻	麂	麇	麈	麋	麒	鏖	麝	麟	黛	黜	黝	黠
878	黟	黢	黩	黧	黥	黪	黯	鼢	鼬	鼯	鼹	鼷	鼽	鼾	齄					

附　录　A
（规范性附录）
补充的字符

本部分是以 GB 2312—1980《信息交换用汉字编码字符集　基本集》为依据制定的。根据使用需要，在 GB 2312—1980 修订之前，在本部分中对字符作如下补充。

补充的 132 个字符如下所示：

8-27 至 8-32　　补充 ɑ ḿ ń ň ǹ ɡ。

10-01 至 10-94　　补充 94 个半角图形的字符，其排列顺序与 GB 2312—1980 的表 1 “图形字符代码表”中第 3 区一一对应，字形宽度为对应第 3 区字形宽度的 1/2。

11-01 至 11-32　　补充汉语拼音 ɑ、e、i、o、u、ü 的四声半角字符和 ê、ɑ、ḿ、ń、ň、ǹ、ɡ 的半角字符，排列顺序与本部分第 8 区 01 位至 32 位的 32 个字符一一对应，字形宽度为相应第 8 区字形宽度的 1/2。

附　录　B
（规范性附录）
64 点阵字型数据

B.1　64 点阵字型数据的表示

本部分中，图形字符的字型可由点阵数据来表示。每个字型的点阵数据为 64×64（横行点数×纵列点数），共 4 096 个二进制位，512 个字节。

B.2　64 点阵字型数据的记录格式

64 点阵字型数据的 512 个字节排列次序是以 0 字节开始至 511 字节结束，均用十六进制表示，每行八个字节，记录格式如下：

行数	列　数																
	0	1	2	3	4	5	6	7	……	56	57	58	59	60	61	62	63
0	0 字节								……	7 字节							
1 2 3 4 ⋮ 62																	
63	504 字节								……	511 字节							

B.3　汉字 64 点阵字型数据举例

长 19-04

00 00 00 00 00 00 00 00
00 00 00 00 00 00 00 00
00 00 20 00 00 00 00 00
00 00 30 00 00 00 00 00
00 00 18 00 00 00 00 00
00 00 1C 00 00 00 00 00
00 00 1E 00 00 80 00 00
00 00 1E 00 00 C0 00 00
00 00 1C 00 01 E0 00 00
00 00 1C 00 03 E0 00 00
00 00 1C 00 03 C0 00 00
00 00 1C 00 07 80 00 00
00 00 1C 00 0F 00 00 00
00 00 1C 00 0E 00 00 00
00 00 1C 00 1C 00 00 00

安 16-18

00 00 00 00 00 00 00 00
00 00 00 10 00 00 00 00
00 00 00 08 00 00 00 00
00 00 00 0C 00 00 00 00
00 00 00 06 00 00 00 00
00 00 00 07 00 00 00 00
00 00 00 03 80 00 00 00
00 00 00 03 C0 00 00 00
00 00 00 03 C0 00 00 00
00 00 00 01 C0 00 00 00
00 04 00 01 80 00 00 00
00 04 00 01 80 00 C0 00
00 04 00 01 00 01 E0 00
00 0C 00 00 0F FF F0 00
00 0C 00 FF FF FF E0 00

00 00 1C 00 38 00 00 00
00 00 1C 00 70 00 00 00
00 00 1C 00 E0 00 00 00
00 00 1C 01 C0 00 00 00
00 00 1C 03 80 00 00 00
00 00 1C 07 00 00 00 00
00 00 1C 0E 00 00 00 00
00 00 1C 1C 00 00 00 00
00 00 1C 30 00 00 00 00
00 00 1C 60 00 00 00 00
00 00 1C C0 00 00 00 00
00 00 1D 80 00 00 00 00
00 00 1F 00 00 00 18 00
00 00 1E 00 00 1F FC 00
00 00 1C 00 3F FF FE 00
00 00 1C 7F FF E0 00 00
00 03 FF FF C0 00 00 00
1F FF FF E0 00 00 00 00
0F FC 1C 70 00 00 00 00
04 00 1C 38 00 00 00 00
00 00 1C 1C 00 00 00 00
00 00 1C 0E 00 00 00 00
00 00 1C 07 00 00 00 00
00 00 1C 03 80 00 00 00
00 00 1C 01 C0 00 00 00
00 00 1C 00 E0 00 00 00
00 00 1C 00 70 00 00 00
00 00 1C 00 38 00 00 00
00 00 1C 00 1C 00 00 00
00 00 1C 00 0E 00 00 00
00 00 1C 00 07 00 00 00
00 00 1C 00 03 80 00 00
00 00 1C 00 41 E0 00 00
00 00 1C 01 80 F0 00 00
00 00 1C 03 00 78 00 00
00 00 1C 0E 00 3E 00 00
00 00 1C 1C 00 1F 80 00
00 00 1C 38 00 0F E0 00
00 00 1C 70 00 07 FC 00
00 00 1D E0 00 03 FF 80
00 00 1F C0 00 01 FF F8
00 00 1F 80 00 00 00 00
00 00 3F 00 00 00 00 00

00 0F FF FF FC 03 C0 00
00 1F FF 00 00 03 80 00
00 1C 00 00 00 07 00 00
00 3C 00 10 00 06 00 00
00 38 00 18 00 0C 00 00
00 78 00 1C 00 08 00 00
00 F8 00 1E 00 10 00 00
00 70 00 3E 00 00 00 00
00 30 00 3C 00 00 00 00
00 20 00 38 00 00 00 00
00 00 00 38 00 00 00 00
00 00 00 70 00 00 00 00
00 00 00 70 00 00 00 00
00 00 00 E0 00 00 00 00
00 00 00 E0 00 00 00 00
00 00 01 C0 00 00 06 00
00 00 01 C0 00 3F FF 00
00 00 03 8F FF FF FF 80
00 01 FF FF FF C0 00 00
0F FF FF F0 07 00 00 00
07 FE 07 00 07 00 00 00
03 00 0E 00 07 00 00 00
00 00 0E 00 0E 00 00 00
00 00 1C 00 0E 00 00 00
00 00 1C 00 1C 00 00 00
00 00 38 00 1C 00 00 00
00 00 30 00 38 00 00 00
00 00 78 00 70 00 00 00
00 00 1F 00 70 00 00 00
00 00 03 C0 E0 00 00 00
00 00 00 F1 C0 00 00 00
00 00 00 3F C0 00 00 00
00 00 00 0F 80 00 00 00
00 00 00 07 E0 00 00 00
00 00 00 0F F0 00 00 00
00 00 00 1E 7C 00 00 00
00 00 00 38 1F 00 00 00
00 00 00 70 0F C0 00 00
00 00 01 E0 03 F0 00 00
00 00 03 C0 01 FC 00 00
00 00 0F 00 00 7E 00 00
00 00 3C 00 00 3E 00 00
00 00 F0 00 00 1E 00 00

00	00	3E	00	00	00	00	00
00	00	3C	00	00	00	00	00
00	00	18	00	00	00	00	00
00	00	00	00	00	00	00	00
00	00	00	00	00	00	00	00
00	00	00	00	00	00	00	00

00	03	C0	00	00	0E	00	00
00	0F	00	00	00	06	00	00
00	3C	00	00	00	02	00	00
01	E0	00	00	00	00	00	00
00	00	00	00	00	00	00	00
00	00	00	00	00	00	00	00

参 考 文 献

《第一批异体字整理表》 中华人民共和国文化部、中国文字改革委员会 1955年12月22日

《简化字总表》 中国文字改革委员会、中华人民共和国文化部、中华人民共和国教育部（1986年10月10日国家语言文字工作委员会重新发表） 1964年3月7日

《印刷通用汉字字形表》 中华人民共和国文化部、中国文字改革委员会 1965年1月30日

《现代汉语通用字表》 国家语言文字工作委员会、中华人民共和国新闻出版署 1988年3月25日

ICS 65.060.50
B 91

中华人民共和国国家标准

GB/T 14248—2008
代替 GB/T 14248—1993

收获机械　制动性能测定方法

Determination of braking performance for harvesting machinery

2008-06-10 发布　　2009-01-01 实施

中华人民共和国国家质量监督检验检疫总局
中国国家标准化管理委员会　发布

前言

本标准是对GB/T 14248—1993《收获机械　制动性能测定方法》的修订。本标准与GB/T 14248—1993相比，主要技术内容改变如下：

——增加了术语和定义；

——对行车制动试验的程序进行了调整；

——将停车制动改为驻车制动，明确了试验时间；

——删除了热态制动试验。

本标准自实施之日起代替GB/T 14248—1993。

本标准由中国机械工业联合会提出。

本标准由全国农业机械标准化技术委员会(SAC/TC 201)归口。

本标准起草单位：中国农业机械化科学研究院、福田雷沃国际重工股份有限公司。

本标准主要起草人：陈戈、陈俊宝、朱金光、岳芹。

本标准所代替标准的历次版本发布情况为：

——GB/T 14248—1993。

收获机械　制动性能测定方法

1　范围

本标准规定了自走式收获机械制动试验仪器设备及参数测量准确度、试验条件、行车制动试验、驻车制动试验。

本标准适用于轮式、履带式收获机械。

2　术语和定义

下列术语和定义适用于本标准。

2.1

行车制动器　service braking device

使运动收获机械减速或使其停止运动的装置。

2.2

驻车制动器　parking braking device

即使在斜坡上无人操纵的情况下，使收获机械保持其停止不动状态的装置。

2.3

制动距离　braking distance

制动操纵装置开始动作起到收获机械完全停住时机器行驶距离。

2.4

平均减速度　mean deceleration

由制动距离和制动初始速度计算出来的减速度。

$$a = \frac{v^2}{2S} \quad \cdots\cdots(1)$$

式中：

a——平均减速度，单位为米每二次方秒（m/s^2）；

v——制动初始速度，单位为米每秒（m/s）；

S——制动距离，单位为米(m)。

2.5

实测减速度　measured deceleration

指采用制动减速度仪或非接触式车速仪检测时，记录在仪器上持续减速度的平均值。

2.6

制动操纵输入力　brake control input force

驾驶员制动操纵装置施加的力的总和。对于脚踏板，操纵力的测量沿加载点和驾驶员髋关节的连线；对手操纵件，操纵力的测量沿加载点和驾驶员肩关节的连线。

3　试验仪器设备及参数测量准确度

3.1　试验仪器设备

主要有：操纵力测量装置、拉力计、制动减速度仪或非接触式车速仪、计时器、钢卷尺、温度计、压力表、风速表和试验坡道等。

3.2 参数测量准确度

应符合以下要求：

a) 行驶速度：±3%；

b) 机器质量：±3%；

c) 减速度：±3%；

d) 制动距离：±1%；

e) 制动操纵力：±5%；

f) 轮胎气压：±5%；

g) 制动系统液(气)压：±5%。

4 试验条件

4.1 试验路面应为干燥、平坦，轮胎与路面间的附着系数不小于0.7的混凝土、沥青或具有相同附着系数的其他路面，地面纵向坡度不大于1%，横向坡度不大于3%。驻车试验坡度按有关规定。

4.2 轮胎充气压力应符合使用说明书的规定，如果规定值是一个范围，则用中间值。

4.3 试验时的风速在离地面1.5m高处不大于5m/s，气温为20℃±15℃。

4.4 试验开始前，收获机械除按使用说明书规定进行试运转外，不允许做其他调整和换修。试验期间不允许进行调整。

4.5 测试时，收获机械呈运输状态，燃油箱加满，粮箱空仓。

5 行车制动试验(适用于轮式收获机械)

5.1 试验开始前，制动器必须处于冷态。满足下列条件之一，即认为制动器处于冷态。

a) 在制动盘或制动鼓外部所测的温度低于100℃；

b) 全封闭式制动器，在壳体外面所测的温度低于50℃；

c) 在1 h内没有使用过制动器。

5.2 允许进行5次预备试验，在制动操纵装置上施加不同的作用力，以熟悉车轮不抱死，使收获机械达到最佳制动性能。

试验开始时，收获机械沿着试验车道中线行驶到高于规定的初速度后，将变速器置于空档，当滑行到规定的初速度时，立即在制动操纵装置上施加一定作用力(脚制动操纵装置上的操纵力应不大于600 N，手制动操纵装置上的操纵力应不大于400 N)，直至收获机械完全停止，记录制动距离和制动减速度。试验往返三次，取平均值。

6 驻车制动试验

6.1 坡道驻车法

将收获机械驶上规定的坡道上，用行车制动器将收获机械停住，将变速器置于空档、发动机熄火后，测量施加在制动操纵装置上的作用力，以不超过最大许用控制力进行驻车制动，然后解除行车制动，保持5 min。

试验应在收获机械沿上、下坡两个方向上进行。

6.2 牵引法

如果没有满足规定的坡度，试验应在4.1规定的水平平面上挂空档进行，将驻车制动装置的操纵杆置于最大制动位置，用一牵引测力装置拉动收获机械，先模拟上坡情况倒拉，后模拟下坡情况正拉。分别记录两种情况下收获机械被拖动时的牵引力。收获机械最大停车坡度角按公式(2)和公式(3)计算：

上坡时

$$\alpha_1 = \arctan\frac{P_{Q1}}{9.8G} \qquad (2)$$

下坡时

$$\alpha_2 = \arctan\frac{P_{Q2}}{9.8G} \qquad (3)$$

式中：

α_1——上坡时停放最大坡度角；

α_2——下坡时停放最大坡度角；

P_{Q1}——模拟上坡倒拉收获机械刚移动时的牵引力，单位为牛顿(N)；

P_{Q2}——模拟下坡正拉收获机械刚移动时的牵引力，单位为牛顿(N)；

G——收获机械质量，单位为千克(kg)。

7 试验记录和报告

试验条件和测定数据记入收获机械制动试验结果汇总表。

收获机械制动试验结果汇总表

机器型号与名称：	制造商：
机器出厂编号：	试验编号：
试验地点：	试验日期：
环境温度/℃：	风速/(m/s)：
最大设计速度/(km/h)：	制动初始速度/(m/s)：
制动前的初速度/(km/h)：	机器总质量/kg：

<table>
<tr><th colspan="4">项　目</th><th colspan="2">制动操纵力/N</th><th colspan="2">减速度/(m/s^2)</th><th colspan="2">制动距离/m</th></tr>
<tr><td rowspan="4" colspan="2">行车制动试验</td><td colspan="2">1</td><td></td><td></td><td></td><td></td><td></td><td></td></tr>
<tr><td colspan="2">2</td><td></td><td></td><td></td><td></td><td></td><td></td></tr>
<tr><td colspan="2">3</td><td></td><td></td><td></td><td></td><td></td><td></td></tr>
<tr><td colspan="2">平均</td><td colspan="2"></td><td colspan="2"></td><td colspan="2"></td></tr>
<tr><td rowspan="6">驻车制动试验</td><td colspan="3">试验方法</td><td colspan="6"></td></tr>
<tr><td colspan="3">驻车制动时间/min</td><td colspan="6"></td></tr>
<tr><td rowspan="2" colspan="2">最大制动操纵力/N</td><td>上坡</td><td colspan="6"></td></tr>
<tr><td>下坡</td><td colspan="6"></td></tr>
<tr><td rowspan="2" colspan="2">最大停车坡度角/(°)</td><td>上坡</td><td colspan="6"></td></tr>
<tr><td>下坡</td><td colspan="6"></td></tr>
</table>

ICS 17.100
N 13

中华人民共和国国家标准

GB/T 14250—2008
代替 GB/T 14250—1993

衡器术语

Terminology of weighing instruments

2008-12-30 发布　　2009-09-01 实施

中华人民共和国国家质量监督检验检疫总局
中国国家标准化管理委员会　发布

前　言

本标准代替 GB/T 14250—1993《衡器术语》。

本标准与 GB/T 14250—1993 相比，主要变化内容如下：

——本标准以国际法制计量组织 OIML R76《非自动衡器》(2006 年版)中的术语为主线，吸收了 OIML R50《连续累计自动衡器》(1997 年版)、OIML R51《自动分检衡器》(2006 年版)、OIML R61《重力式自动装料衡器》(2004 年版)、OIML R106《自动轨道衡》(2005 年版)、OIML R107《非连续累计自动衡器》(2006 年第二草案)、OIML R134《动态公路车辆自动衡器》(2006 年版)六个自动衡器的国际建议和 OIML R60《称重传感器》(2000 年版)国际建议中的名词术语。

本标准由中国轻工业联合会提出。

本标准由全国衡器标准化技术委员会归口。

本标准起草单位：《衡器术语》编委会(中国计量科学研究院、中国测试技术研究院、蓝星沈阳轻工机械设计研究所、青岛衡器测试中心、梅特勒-托利多(常州)称重设备系统有限公司、山西新元自动化仪表有限公司、济南金钟电子衡器股份有限公司、上海大和衡器有限公司)。

本标准主要起草人：沈立人。

本标准参加起草人：陈日兴、邢超春、王均国、赵凤清、梁跃武、杨杰斌、王翔。

本标准所代替标准的历次版本发布情况为：

——GB/T 14250—1993。

衡 器 术 语

1 范围

本标准规定了衡器专业的术语及其定义。

本标准适用于衡器的标准编写、书籍出版、文件编制、技术交流等方面。

2 一般定义

2.1

质量 mass

一种物理量，以千克作为基本单位。

质量是度量物体惯性大小的物理量。从严格意义上讲，质量的值是用物体所受的外力和由此得到的加速度之比来表示。其关系式为：

$$m = m_0/(1-v^2/c^2)^{1/2}$$

其中：

m_0——物体在静止($v=0$)时的质量，一般称静止质量；

v——物体的速度；

c——真空中的光速。

2.2

重量 weight

物体的重量是由于地心引力作用于物体的结果，因而重量是一种与力具有相同性质的量。也可以称之为重力，其大小为该物体的质量与物体所在地重力加速度的乘积。

即：$W=mg$

式中：

W——重量(或重力)；

m——质量；

g——重力加速度。

同一物体在地球上不同地点，所受的重力不同，离地面越远重力越小。物体受重力作用而获得加速度 g，因此同一物体在地球上不同地点，为测得其重量，必须进行重力加速度的修正。

2.2.1

毛重 gross weight

皮重装置或预置皮重装置不运行时，衡器承载器上的载荷重量示值。国际法制计量组织(OIML)规定以符号 G 或 B 表示，又称毛重值。

2.2.2

皮重 tare weight

由皮重称量装置确定的载荷的重量值。国际法制计量组织(OIML)规定以符号 T 表示，又称皮重值。

2.2.3

净重 net weight

皮重装置运行后，衡器承载器上的载荷重量示值。国际法制计量组织(OIML)规定以符号 N 表示，又称净重值。

2.3

平衡 equilibrium

在衡器中，是指当指示器件或指示值稳定时所达到的标准状态。平衡可由一对大小相等、方向相反、作用在载荷传递装置或载荷测量装置上的力或力矩来实现。

2.3.1

平衡位置 equilibrium position

衡器指示器件在平衡状态时所处的位置。

2.3.2

稳定平衡 stable equilibrium

当将衡器指示器件偏离平衡位置，并自由而无扰动地释放时，它将返回原来的平衡位置或在其附近摆动的一种平衡。或者当衡器指示值充分接近其最终称量值时，达到的稳定平衡。

2.3.3

不稳定平衡 unstable equilibrium

当将衡器指示器件偏离平衡位置，并自由而无扰动地释放时，它将沿移动的方向运动得更远而不能自行返回原来的平衡位置的一种平衡。

2.3.4

随遇平衡 neutral equilibrium

衡器指示器件能够在任意的、自由的或在原来位置上保持的一种平衡。该平衡的平衡位置是不确定的。

2.4

(量的)真值 true value (of a quantity)

与给定的特定量的定义一致的值。

注1：量的真值只有通过完善的测量才有可能获得。

注2：真值按其本性是不确定的。

注3：与给定的特定量定义一致的值不一定只有一个。

2.4.1

(量的)约定真值 conventional true value (of a quantity)

对于给定目的具有适当不确定度、所赋予特定量、可接受的约定值。

例：1）在给定地点，取由参考标准复现而赋予该量的值作为约定真值。

2）常数委员会(CODATA)1986年推荐的阿伏加德罗常数值 $6.022\,136\,7\times10^{23}\ mol^{-1}$。

注1：约定真值有时称为指定值、最佳估计值、约定值或参考值。

注2：常用某量的多次测量结果来确定约定真值。

2.5

载荷 load

因受重力作用，对衡器的承载器或称重传感器等施加力的被称物品、车辆、散状物料等实物，有时也直接指它们的作用力。

2.5.1

物品 commodity

放置在承载器上被称量的分离载荷。

2.5.2

包装物 package

为方便运输或销售，将散状物料用专用容器包装成相互分离的物品(载荷)。

2.5.3

散状物料 bulk

由相互不粘结的松散颗粒状或粉状组成的固体物料。

2.5.4

分离载荷 discrete loads

单独的或预包装的物品。

2.5.5

液体 liquid

具有较小黏度和良好流动性的均质流体物料或载荷。

2.5.6

飞料(空中料柱) material in suspension

正在空中下落但还未到达承载器的那部分物料。

2.5.7

载荷长度 load length

被称量的载荷在其运动方向上的长度。

2.5.8

车辆 vehicle

装载称重物品的运输装置。

2.5.8.1

货车 wagon

承载货物的车辆。

注：在本名词术语中特指符合铁路运行要求的、装载有货物或空载的单节车辆。

2.5.8.2

整列车 total train

由若干个符合铁路运行要求的货车按先后顺序连挂在一起的货车组合。

2.5.8.3

刚性车辆 rigid vehicle

在公路上行驶的具有两个或两个以上轴的非铰接结构车辆。这些轴是沿着车辆长度分布且固定安装,并垂直于车辆行驶方向。

2.5.8.4

参考车辆 reference vehicle

已知约定真值的车辆。

——由控制衡器可确定总重和单轴(或轴组)载荷的刚性车辆;

——由控制衡器可确定总重并用于动态测试的其他车辆。

2.5.9

动态车轮力 dynamic vehicle tyre force

行驶中的车辆通过车辆的轮胎施加到公路表面,并随时间不断变化的垂直方向的力。该力除了重力作用外,还包含其他动态因素对行驶中车辆的影响。

2.5.10

轮胎载荷 tyre load

通过静态车辆的轮胎施加在承载器上的垂直向下的力。

2.5.11

轴 axle

由两个或两个以上的车轮与一个沿中心旋转的横向共同轴构成的组合。轴的两端至整个车辆宽度，并与车辆行驶方向垂直。

2.5.12

轴组　axle group

由数个轴构成的组合，组合中的轴数和轴与轴之间相互的间距(轴距)应有明确定义。

2.5.13

轮载荷　wheel load

由位于车辆的一个轮子或一组轮子传递到承载器(如称重轨或秤台面)上的动态载荷。

2.5.14

轴载荷　axle load

由车辆的一根轴上的所有轮子传递到承载器上的全部轮载荷。

2.5.14.1

单轴载荷　single-axle load

单轴载荷不是轴组载荷中的部分轴载荷，记录的非轴组载荷均应归到单轴载荷。

2.5.14.2

静态参考单轴载荷　static reference single-axle load

在静态条件下确定的双轴刚性车辆的单轴载荷的约定真值。

2.5.14.3

轴组载荷　axle-group load

轴的组合中所有相关轴载荷的总和，称量时由重力作用到车辆总质量而产生的施加到静态轴组上的分量。

2.5.15

车辆总质量　total mass of the vehicle

车辆总的质量，或包括所有联接部件的车辆组合的总质量。

2.6

载荷形式　mode of loading

2.6.1

静载荷　dead load

施加于称重传感器的，包括承载器及其附加物品的载荷。

2.6.2

动载荷　live load

不具备静载荷条件的载荷称为动载荷。动载荷作用下，构件产生不可忽略的加速度。动载荷可分为惯性力和冲击载荷。

2.6.3

总载荷　total load

静载荷和动载荷的总和。

2.6.4

空载　no load

指在承载器或称重传感器上没有加放载荷的状态。

2.6.5

轴向载荷　axial load

作用方向平行于主轴且共心的载荷。

2.6.6

偏载　eccentric load

对称重传感器来讲，是指作用方向与主轴平行但不共心的载荷。对衡器来讲，是指同一载荷在承载器不同位置上偏离中心轴线的情况。

2.6.7

额定载荷　rated load

使称重传感器的计量特性处于规定的最大允许误差内的最大轴向载荷。

2.6.8

压向载荷　compression loading

施加在载荷测量装置(如称重传感器)上的压缩力。

2.6.9

拉向载荷　tension loading

施加在载荷测量装置(如称重传感器)上的拉伸力。

2.7

称量　weighing

对被称物体(载荷)的质量(重量)所进行的测量过程,也叫称重。

按照称量时被称物的力学状态可分为:静态称量、动态称量;

按照对被称物的称量方式可分为:整体称量、部分称量。

注:在我国,经常称“物体的质量”为“物体的重量”。

2.7.1

称量原理　weighing principle

称量所利用的物理原理,通常是指一台衡器的工作特征和实际操作原理。例如:由杠杆和度盘指示器等机械装置组成的机械称量原理;由杠杆或弹簧和数字指示器等装置组成的机电称量原理;由称重传感器和数字指示器等装置组成的全电子称量原理。

2.7.2

称量方法　weighing method

根据给定的原理,在实施称量时所涉及的一般的理论运用和实际操作。

2.7.2.1

直接称量法　direct weighing method

仅利用平衡原理从而获得被称载荷的重量的方法。

2.7.2.2

间接称量法　indirect weighing method

通过对与被称载荷的重量有函数关系的其他量进行测量或称量,以得到被称量值的一种称量方法。

2.7.2.3

替代称量法　substitution weighing method

将选定的且已知其值的样品或砝码替代被称载荷的重量,并使指示装置具有相同效应的一种称量方法,也叫波尔达(Borda)称量法。

2.7.2.4

连续替代称量法　continuous substitution weighing method

不论被称物品重量大小如何,天平能始终处于某固定载荷下工作的一种替代称量法,也叫门捷列夫(Mendeleev)称量法。

2.7.2.5

砝码替代法　weights substitution method

在大型衡器的检定中,采用质量稳定的载荷替代砝码进行检定的一种方法。

2.7.2.6

交替称量法　interchange weighing method

被称物品与已知其值的样品或砝码,在等臂天平上的秤盘上至少交换一次位置的一种称量方法,也叫高斯(Gaussian)称量法。

2.7.2.7

零位称量法 null weighing method

调整一个或几个与被称载荷的重量有已知平衡关系的量，通过观测平衡是否成立来确定被称载荷的重量值的一种称量方法。

2.7.3

称量类型 weighing type

2.7.3.1

静态称量 static weighing

称量时，被称载荷与衡器承载器没有相对运动。静态称量总是非连续的。

2.7.3.2

动态称量 weighing-in-motion (WIM)

称量时，被称载荷与衡器承载器存在着相对运动。

2.7.3.3

整车称量 full vehicle weighing

在承载器上同时支撑着一整辆车或一整节货车的状况下，对其所进行的称量。

2.7.3.4

部分称量 partial weighing

在同一承载器上对一整辆车或一节货车进行两次或两次以上的称量，但每次仅对车辆的部分支撑点进行称量。称量后又可将每部分称量结果相加，得到一整辆车或一节货车的重量。

2.7.3.5

转向架(或轴组)称量 bogie (axle group) weighing

分别对同一车辆或同一节货车的各个转向架(或轴组)进行的称量，其称量结果自动相加并指示或打印整车的重量。

2.7.3.6

轴(或轮)称量 axle (wheel) weighing

分别对同一车辆或同一节货车的各个轴上(或各轴端)所有轮子所进行的称量。

2.7.3.7

非联挂称量 uncoupled wagon weighing

对通过承载器的非联挂状态单节货车进行的称量，旨在得到该节货车的称量值。

2.7.3.8

联挂称量 coupled wagon weighing

对一列联挂货车进行的称量，旨在得到各节货车的重量值。

2.7.3.9

整列称量 train weighing

对一列联挂货车进行的称量，旨在得到货车的总重量。

2.7.4

称量程序 weighing procedure

按照策划的要求，事先根据称量方法和要求而制定的包含实际操作步骤的过程描述。

2.7.5

称量过程 weighing process

根据称量程序而进行的与给定的称量有关的全部信息、设备和操作。

2.7.6

称量结果　weighing result

由称量所得的被称量的量值，又叫称重结果。

2.7.7

控制方法　control method

物料试验中用来确定试验物料质量的方法。此种方法通常要涉及使用某些衡器来确定试验物料的质量，控制方法及使用的这些衡器称之为控制衡器。

2.7.8

称量时间　weighing time

从将载荷放置于承载器上称量，到读取准确结果所需的时间。

稳定称量时间：从将载荷放置于承载器上称量，到衡器指示值充分接近其最终称量值时，达到稳定平衡时所需的时间。

2.8

调整　adjustment

为使衡器性能正常、消除偏差，更适合于使用或试验而进行的操作。

2.9

恢复　recovery

为进行下一项试验，在试验之前充分消除前一项试验对衡器的影响。

2.10

空气浮力修正　air buoyancy correction

在空气中进行精密称量时，为消除空气浮力对称量值的影响，以得到样品的真实质量所进行的修正。

2.11

安全接地　safe grounding

安全接地包括保护接地、防雷接地、防静电接地等。

2.11.1

保护接地　protection grounding

为了防止因设备漏电导致发生触电事故，从而将设备的金属外壳同大地紧密地连接在一起的接地措施。

2.11.2

防雷接地　lightning proof grounding

为了防止直击雷电、感应雷电和侵入波雷电而进行的接地。

2.11.3

防静电接地　electrostatic proof grounding

使物体与大地之间构成电气上的泄漏电路，将物体上产生的静电泄漏至大地，防止物体积蓄静电荷。

2.11.4

接地电阻　grounding resistance

是指接地极与大地之间的接触电阻。接地电阻取决于接地桩与大地的接触面积、土壤性质和接触状态。

3 衡器及其分类

3.1

衡器　weighing instrument

通过作用在物体上的重力来确定该物体质量的一种计量仪器。

注：按照 OIML R111(编者按：OIML R111 为《E_1，E_2，F_1，F_2，M_1，$M_{1\text{-}2}$，M_2，$M_{2\text{-}3}$ 和 M_3 级砝码》国际建议)和 OIML D28(编者按：OIML D28 为《在空气中称量结果的约定值》国际文件)的规定，在 OIML R76《非自动衡器》国际建议中"质量"(或"重量值")更适宜用于表述"约定质量"或"在空气中称量结果的约定值"的意思，而"砝码"是更适宜用作对其物理和计量特性作出了规定的一种质量的具体体现形式(等于实物量具)。

衡器也可以用于确定与被测定的质量相关的其他数量、大小、参数或特性。

按照其操作方式，可将衡器分为自动衡器或非自动衡器。

3.2

称量系统　weighing system

衡器同其他设备组合起来的，配以不同的控制或管理软件，以执行特定称量过程的一种系统。

3.3

衡器分类　weighing instrument classification

3.3.1

控制衡器　control instrument

用于确定被测衡器的动态试验(或物料试验)中，被测载荷(物料)的约定真值(参考值)的非自动衡器。控制衡器可以是：

——与被测衡器分开的另外的一台独立衡器，称作分离式控制衡器；

——若被测衡器具有静态称量模式，被测衡器本身也可作为控制衡器，称作集成式控制衡器。

3.3.2

机械衡器　mechanical weighing instrument

由机械构件组成、其载荷的平衡和补偿、称量结果的指示均依靠机械方法实现的一种衡器。

3.3.2.1

杠杆秤　beam scale

所有利用杠杆原理进行称量的秤的总称。

3.3.2.2

杆秤　steelyard scale

具有一个秤砣和单一杠杆标尺，秤量通常不大于 150 kg 的一种秤。它可细分为钩秤、盘秤、戥秤三种。

3.3.2.3

弹簧秤　spring scale

利用弹簧受外力作用时产生变形，即在弹簧的极限弹性限度内其形变与外力成正比的虎克定律而工作的一类秤的总称。外力通常是由被称物品重力引起的拉力或压力，也可以是力矩或力偶。

3.3.2.4

度盘秤　dial scale

指示装置为度盘的一种半自行指示或自行指示式机械秤。度盘有直线、扇形、圆形三种。圆形度盘中又分指针单圈回转式和多圈回转式两种。

3.3.2.5

罗伯威尔衡器　roberval scale

采用罗伯威尔机构原理的衡器。如：架盘天平、杠杆式案秤等。

3.3.3

电子衡器　electronic instrument

装有电子装置的衡器。

3.3.3.1

全电子衡器　entire electronic weighing instrument

载荷传递装置中没有杠杆,载荷测量装置中只有称重传感器进行称量的一种电子衡器。

3.3.3.2

机电衡器　electronic-mechanic weighing instrument

由机械杠杆系统和称重传感器混合而成的,由手动或电子方式驱动指示和打印装置的一种电子衡器。

3.3.4

非自动衡器　non-automatic weighing instrument

在称量过程中需要操作者干预,以决定称量结果是否可接受的衡器。

注1:决定称量结果是否被接受包括操作者对影响称量结果所采取的任何人为活动,诸如,当示值稳定时所采取的活动或调整被称载荷的质量,同时还包括对观察到的每一个称量结果的示值或给出打印输出做出取舍的决定。一个非自动称量过程允许操作者在称量结果不能被接受的情况下,采取行动(即调整载荷、调整单价、确定载荷是否可接受等)影响称量结果。

注2:如果不能确定一个衡器是非自动衡器还是自动衡器,采用 OIML R50、R51、R61、R106、R107 和 R134 中给出的定义判定,优先于采用注1的标准定义判定。

非自动衡器可以是:

——有分度或无分度;

——自行指示、半自行指示或非自行指示。

3.3.4.1

固定式衡器　fixed location instrument

按照设计要求必须在使用位置固定安装,并不准备或不能够从安装位置上移动的衡器。例如:静态汽车衡、标准轨道衡、数字指示轨道衡、非自行指示轨道衡、地上衡、地中衡及其他工业用特殊非自动衡器。

3.3.4.2

汽车衡　truck scale

承载器与道路相连接,适用于称量汽车、马车、人力车及各种公路车辆(铁路运输车除外)的衡器。

3.3.4.3

轨道衡　rail-weighbridge

具有轨道和承载器,用于称量铁路车辆的衡器。

3.3.4.4

标准轨道衡　standard rail-weighbridge

在铁路线上装备的、用于检定称量检衡车质量值的一种大型标准衡器。

3.3.4.5

数字指示轨道衡　digital indication rail-weighbridge

一种在铁路线上使用的装有电子装置具有数字指示功能的,用于称量铁路货车的大型车辆衡器。

3.3.4.6

非自行指示轨道衡　non-self-indicating rail-weighbridges

一种靠操作者来获得平衡位置和称量结果的,用于称量铁路货车的大型车辆衡器。主要指静态称量机械杠杆轨道衡。

3.3.4.7

轻轨衡　light rail-weighbridge

在轻型轨道线路上安装的一种轨道衡，用于称量小型的轨道车辆。

3.3.4.8

吊秤　crane scale

对处于自由悬吊状态下的被称物品进行称量的衡器。它包括：钩头秤、吊钩秤、天车秤、单轨秤等。

3.3.4.9

钩头秤　crane scale

称重传感器安装在吊车动滑轮处的一种吊秤。它可以保持吊车原有的起升高度。

3.3.4.10

吊钩秤　crane scale

悬挂在吊钩上、通常是称较重物品的一种吊秤。

3.3.4.11

天车秤　hanging scale

在天车上安装的一种衡器。有的称重传感器安装在定滑轮处；有的称重传感器安装在钩头处；有的称重传感器安装在移动小车上。

3.3.4.12

单轨秤　monorail scale

承载器是单轨输送系统一个组成部分的秤。

3.3.4.13

叉车秤　lift truck scale

与起重叉车装配成一体的，对叉车所搬运物品进行称量的一种专用秤。

3.3.4.14

平台秤(台秤)　platform scale

承载器的上平面形似一个平台的各种秤的总称。当这种秤的秤量不大于1 t时，习惯上叫做台秤。

3.3.4.15

牲畜秤　livestock scale

承载器上装有围栏与门，适用于称量站立在秤台上牲畜重量的、秤量通常小于或等于5 t的专用秤。

3.3.4.16

移动式衡器　mobile instrument

固定安装在车辆上或嵌入车辆内的非自动衡器。

注：车载固定式衡器是牢固安装在车辆上的一台完整的衡器，并且是按特定用途设计的。车载嵌入式衡器是利用车辆的局部作为衡器使用。

车载固定式衡器举例：安装在车辆上的邮政秤(移动邮局)。

车载嵌入式衡器举例：垃圾秤、病床秤、托盘提升秤、叉车秤、轮椅秤。

3.3.4.17

计价秤　price computing scale

在整个称量范围或部分称量范围内，根据称得的重量和一系列单价能计算出被称货物总价的一种商业秤。

3.3.4.18

邮政秤　postal scale

邮政部门用于称量信函、邮件、印刷品等邮件重量的专用秤或天平。这种秤通常具有邮区标价、计价等专用功能。

3.3.4.19

信函秤　letter scale

专用于称量信函的,通常是小秤量的邮政秤。

3.3.4.20

邮包秤　parcel post scale

专用于称量邮政包裹,并能指示不同邮区所需邮资的邮政秤。

3.3.4.21

案秤　bench scale

一种在桌子、柜台或工作台上使用的秤,该秤的最大秤量通常不大于 30 kg。

3.3.4.22

人体秤　body scale

用于称量人体重量的一种专用秤。

3.3.4.23

浴室秤　bathroom scale

一般放在浴室内用于称量人体重量的一种人体秤。这种秤通常具有防潮、防水功能。

3.3.4.24

婴儿秤　baby scale

承载器设计成凹曲状,适用于称量婴儿体重的一种专用人体秤。

3.3.4.25

病床秤　bed scale

承载器设计成病床状,适用于监视躺在病床上病人体重及病情变化的一种专用秤,也叫透析秤。

3.3.4.26

计数秤　counting scale

用称量的方法来计算或指示大量相同小物品的数量的一种专用秤。

3.3.4.27

口袋秤　pocket scale

可以装在衣服口袋中的一种小型秤。

3.3.4.28

厨房秤　kitchen scale

在厨房中使用的,用于称量蔬菜或食品重量的一种小型秤。

3.3.4.29

宝石秤　jewel scale

称量宝石与贵重金属重量的一种专用秤。

3.3.4.30

便携式公路车辆衡器　portable instrument for weighing road vehicles

一种设计成移动式的或便携式的,用来确定公路车辆总重的非自动衡器。这种衡器具有一个承载器——这个承载器可以是一个整体或多个部分组成。

例如:便携式整秤台,组合式非自动轴载荷(或轮载荷)秤组。

注:对于非自动衡器,便携式公路车辆衡器仅指车辆的所有轴(或轮)都同时地由承载器合适的部分所支撑,并同时确定公路车辆总重的整秤台形式和组合式非自动轴重(或轮重)秤组形式。

3.3.4.31

轮重仪　wheel load scales

通过对车辆车轮的称量,分别确定车辆每个轮载荷和轮载荷累加后的轴载荷的衡器。

3.3.4.32

分等衡器　grading instrument

一种根据称量结果将被称物品分配到预先设定的质量范围，从而确定物品的等级或计价费率的非自动衡器。

例：邮政秤、垃圾秤。

3.3.4.33

地上衡　pitless scale

承载器和载荷传递装置安装在地平面以上，两端设置一定长度的坡型通道的一种衡器。

3.3.4.34

地中衡　pit scale

承载器和载荷传递装置安装在地平面以下，且承载器上平面与地面平齐的一种衡器。

3.3.4.35

钢材秤　steel product scale

一种通常在钢铁厂内称量钢材的专用衡器。

3.3.5

自动衡器　automatic weighing instrument

在称量过程中不需要操作者干预，并能按照预定的处理程序自动工作的衡器。

3.3.5.1

连续累计自动衡器(皮带秤)　continuous totalising automatic weighing instrument (belt weigher)

无需对被称物料进行细分或者中断输送带的运动，而对输送带上的散状物料进行连续称量的自动衡器。

例如：按承载器分类的称量台式与输送机式皮带秤；按皮带速度分类的单速皮带秤与变速皮带秤(或定量给料机)。

3.3.5.2

单速皮带秤　single speed belt weigher

输送机皮带按单一标称速度运行的一种皮带秤。

3.3.5.3

变速皮带秤　variable speed belt weigher

输送机皮带按多种速度运转的一种皮带秤。

3.3.5.4

核子皮带秤　nuclear conveyer belt scale

由核辐射源与探测器等组成，利用被称物料吸收辐射原理来测定流经辐射源与探测器之间物料质量的一种皮带秤。

3.3.5.5

悬臂式皮带秤　cantilevered belt-conveyer scale

由形似悬臂的称量架支撑着输料皮带的一种皮带秤。

3.3.5.6

悬浮式皮带秤　floating lever belt-conveyer scale

称量架作用点为反向支撑的一种皮带秤。

3.3.5.7

冲量式流量计(冲板流量计)　impulse type flow meter (impulse plate flow meter)

利用力学中的冲量原理，来实现物料连续累计称量的一种自动衡器。

3.3.5.8

螺旋给料秤 spiral feeding scale

通过对旋转的螺旋叶片在管体内推进的物料,进行连续称量的一种自动衡器。

3.3.5.9

电子转子秤 electronic rotor scale

通过对旋转转子中不断加入与排出的物料,进行连续称量和累计的一种自动衡器。

3.3.5.10

连续式失重秤 continuous gross-loss scale

能够对物料的输送速率进行连续检测,并通过调节和输送系统的其他参数(如阀门开度及排料速度等)以维持排料流量恒定的一种自动衡器。

3.3.5.11

激光皮带秤 laser belt scale

一种利用激光原理计算出在线输送皮带上的被称散状物料容积,折算成瞬间重量,并结合测量输送皮带运行速度的测速装置,通过积分运算即可测出被称散状物料输送流量的非接触测量方法。安装在输送带上方的激光传感器与安装在输送皮带运行方向上的测速装置,即可完成对输送带上的物料进行连续称量的目的。当被称散状物料堆积密度变化较大时,还可配置在线测量密度装置。

3.3.5.12

超声皮带秤 ultrasonic belt scale

一种利用超声测距原理计算出在线输送皮带上的被称散状物料厚度,折算成瞬间重量,并结合测量输送皮带运行速度的测速装置,通过积分运算即可测出被称散状物料输送流量的非接触测量方法。安装在输送带上的一组超声换能器向输送皮带发射超声波信号,通过被称物料反射,从而得到被称散状物料厚度,结合输送带测速装置即可计算给出被称物料瞬时和累计输送量。当被称散状物料堆积密度与含水量变化较大时,还可配置在线测量密度装置。

3.3.5.13

定量皮带秤 bagging belt scale

一种按照预设定的流量或给料量,利用称量的重量来控制给料流量或累计量的皮带秤。

3.3.5.14

非连续累计自动衡器(累计料斗秤) discontinuous totalising automatic weighing instrument (totalizing hopper weigher)

把一批散料分成不连续的载荷,依次称量每份不连续载荷的质量,累计称量结果,并将不连续载荷卸出的一种自动衡器。

3.3.5.15

自动分检衡器 automatic catchweighing instrument

对预包装分离载荷或散状物品的单一载荷进行称量的自动衡器。

3.3.5.16

重量检验秤 checkweight

将不同重量的分离载荷按其重量与标称设定点的差值细分成两种或更多组的一种自动分检衡器。

3.3.5.17

价格标签秤 weigh-price labeller

对单个预装分离载荷能按称量的重量和单价计算付款额并贴上标签的自动分检衡器。(例如:带有重量值、单价和付款额的预包装品。)

3.3.5.18

标签秤 weigh labeller

对单个预装分离载荷(如预包装物品)按重量值贴标签的自动分检衡器。

3.3.5.19

车载式自动检重秤 vehicle mounted instrument

安装在车辆上的一台完整的自动检重秤。

例如：一种垃圾秤(废品收集车),当把散料从一个容器(由承载器支撑的)倒入车箱内时,可用它来确定散料的重量。

3.3.5.20

车辆组合自动检重秤 vehicle incorporated instrument

这种秤既有车的组成部分,又有秤的组成部分(如杠杆、连接件、力转换器等)。

例如：一种前置装载机(前置装载车辆)在装散料时能确定铲斗(承载器)内散料的装入量。

3.3.5.21

重力式自动装料衡器 automatic gravimetric filling instrument

把散装物料分成预定的且实际上恒定质量的装料,并将此装料装入容器的自动衡器。它基本上由与称量单元相关联的自动给料装置以及相应的控制和卸料装置组成。

3.3.5.22

定量包装秤 bagging packing scale

带有包装结构的重力式自动装料衡器。例如:净重式定量包装秤、毛重式定量包装秤等。

3.3.5.23

组合(选择组合)秤 associative (selective combination) weigher

包括一个或多个称量单元,对相应的载荷进行组合计算,并将载荷的组合作为一次装料输出的重力式自动装料衡器。例如:多头电脑组合秤、配料秤等。

3.3.5.24

累加秤 cumulative weigher

只有一个称量单元,通过一个以上称量周期,控制每次装料质量的重力式自动装料衡器。例如:累加式定量装料秤等。

3.3.5.25

减量秤 subtractive weigher

通过控制称量容器的物料输出,来确定装料质量的重力式自动装料衡器。例如:失重秤等。

3.3.5.26

定量灌装秤 automatic drum-filler weigher

专门用于对液体物料进行称量的重力式自动装料衡器。

3.3.5.27

配料衡器 batching weigher

具有一个或多个称重单元,按不同重量配方,将多种物料进行组合计算,并将组合作为一次装料输出的自动衡器的总称。一般分为集中式配料衡器和分布式配料衡器。

3.3.5.28

配料料斗秤 batching hopper scale

一种使用料斗作为承载器的配料衡器。

3.3.5.29

配料皮带秤 batching belt scale

以一台或多台皮带秤组成的配料衡器。

3.3.5.30

自动轨道衡 automatic rail-weighbridge

按预定程序对行进中的铁路货车进行称量,具有对称量数据进行处理、判断、指示和打印等功能的一种自动衡器。例如:动态轨道衡、非机车牵引轨道衡等。

3.3.5.31

动态公路车辆自动衡器　automatic instrument for weighing road vehicles in motion

带有承载器并包括两端引道在内的,通过对行驶车辆的称量确定车辆的总质量和(或)车辆轴载荷的一种自动衡器。动态公路车辆自动衡器简称动态汽车衡。动态汽车衡包括整车称量的动态汽车衡和轴称量的动态轴重衡等。

3.3.5.32

整车称量的动态汽车衡　automatic instrument for weighing the vehicle mass in motion

以整车称量方式确定行驶车辆总重量的动态汽车衡。

3.3.5.33

动态轴重秤　automatic instrument for weighing the single-axle loads or the axlegroup loads of a road vehicle in motion

对行驶车辆的每一个轴(或轴组)分别称量,且能自动累加轴(或轴组)的称量结果,获得车辆总重量和轴(或轴组)载荷的动态汽车衡。

3.3.5.34

整车称量衡器　full-draught weighing instrument

使整车处于衡器承载器上能够确定车辆总质量的衡器。

3.3.5.35

部分称量衡器　partial weighing instrument

在同一承载器上对车辆的局部分两次或多次顺序地进行称量的衡器。

3.3.6

有分度衡器　graduated instrument

能够直接读取全部称量结果或部分称量结果的衡器。

3.3.7

无分度衡器　non-graduated instrument

不配备以质量为单位的数字标尺的衡器。

3.3.8

自行指示衡器　self-indicating instrument

无需操作者干预即可获得平衡位置的衡器。

3.3.9

半自行指示衡器　semi-self-indicating instrument

具有一个自行指示的称量范围,而该范围的界限需由操作者干预方能改变的衡器。

3.3.10

非自行指示衡器　non-self-indicating instrument

完全靠操作者来获得平衡位置的衡器。

3.3.11

带价格标尺的衡器　instrument with price scales

利用价格图表与单价范围有关的价格标尺,来表示付款价的衡器。

3.3.12

计价衡器　price-computing instrument

根据指示的质量与单价,计算出付款价的衡器。

3.3.13

标价衡器　price-labelling instrument

为预包装品打印出重量值、单价和付款价的一种计价衡器。

3.3.14

自助衡器 self-service instrument

由顾客自行操作的衡器。

3.3.15

多分度衡器 multi-interval instrument

只具有一个测量范围，而此测量范围又被分成不同分度值的几个局部称量范围的一种衡器。这里的几个局部称量范围，均是根据所加载荷的递增或递减而自动确认的。最小一段称量范围从零载荷到其相应的最大载荷；第二段称量范围的最小秤量为第一段称量范围的最大秤量；依此类推。

3.3.16

多范围衡器 multiple range instrument

对于同一载荷承载器，衡器有两个或多个称量范围，它们具有不同的最大秤量和不同分度值，每个称量范围从零扩展到其对应的最大秤量。又称为“多量程衡器”。

3.3.17

变量程衡器 delta range instrument

在最大称量范围内，有一个小量程范围，其分度值要比最大称量范围的分度值精细，在称量过程中，当超出小称量范围时，分度值自动转换到最大秤量的分度值，但是一旦去皮，分度值恢复到小称量的精细分度值，小量程范围和精细分度值，在整个最大量程范围内，在去皮后小量程是移动的。

3.3.18

陀螺秤 gyro scale

根据旋转陀螺进动特性和力矩效应原理工作的一种直接数字式电子秤。

3.3.19

分子秤 molecule scale

利用单根碳纳米管制成的可以称量分子(团)质量的纳米分子秤。

3.3.20

天平 balance

高准确度等级或特种准确度等级的衡器。

3.3.20.1

机械天平 echanical balance

由机械构件组成，其载荷的平衡和补偿均依靠机械原理完成的天平。

3.3.20.2

电子天平 electronic balance

利用称重传感器，把被称物品的质量按一定比例关系转换成电信号的(或者利用电磁力平衡或其他原理实现被测物体在重力场中的平衡，来获得物体质量并采用数字指示装置输出结果的)一类高准确度级或特种准确度级的电子衡器。

3.3.20.3

杠杆天平 beam balance

被称物品盘和砝码盘通过刀子、刀承自由悬挂，利用杠杆平衡原理进行称量的一种机械天平。

3.3.20.4

架盘天平 top-pan balance

承载器在传力结构上方，秤量不大于 20 kg 的一种等臂天平。习惯上也叫上皿式双盘天平。

3.3.20.5

扭力天平 torsion balance

利用弹性线材的扭曲或弹性卷丝变形的扭力而达到载荷平衡的一种天平。

3.3.20.6

振弦天平　string balance

用振荡的弦线作为称重传感器,使被称物品的重量转换成振荡频率变化的一种电子天平。

3.3.21

质量比较仪　large mass comparator

用于确定 50 kg 以上的使用砝码与已知参照砝码(标准质量)之间的差值的一种比较仪器。

3.3.22

多位体积测量仪　multi-pasition volume measuring instrument

通过对物体体积和重量进行复合测量,以确定物体是否满足规定尺寸的一种仪器。

4　衡器的结构

4.1

承载器　load receptor

衡器中用于接受载荷的部件。

4.1.1

单承载器　single load receptor

一种承载器,可以按以下方式承载:

——对于整个载荷称量,同时支撑一个载荷的全部重量;

——对于载荷的部分称量,同时支撑载荷各部分的重量。

4.1.2

多承载器　multiple load receptor

按特定间距串联安装两个或多个承载器,以便对整个载荷进行一次称量,或者对部分载荷进行连续重复称量。

4.1.3

称量台式承载器　weighing table load receptors

承载器只包括部分输送机。此类皮带秤作为皮带输送机的一部分,与皮带输送机一起输送物料。

4.1.4

输送机式承载器　inclusive of conveyer load receptors

承载器是一完整的输送机。此类皮带秤自身具有动力,能独立输送物料。

4.1.5

秤台　platform

承载器的一种,处于水平位置、表面平整。秤台通常是矩形的,有时也有正方形等其他形状。

4.1.6

秤盘　pan

承载器的一种,在小秤量衡器中,可分离的一种盘状的,作为承受载荷(载荷盘)或砝码(砝码盘)的部件。

4.1.7

秤斗　hopper

承载器的一种,用于存放被称散料,且带有放料控制阀门的斗状容器。

4.1.8

秤罐　tank

承载器的一种,用于存放被称液体,并带有放料阀门的容器。

4.1.9

与承载器相配的装置　other devices with load receptor

4.1.9.1

称量控制区　controlled weighing area

衡器进行称量操作的特定地点。该地点符合衡器的要求。

4.1.9.2

称量区　weigh zone

对于自动轨道衡和动态公路车辆自动衡器，由承载器和两端的引道组成的区域。

4.1.9.3

引道　apron

对于自动轨道衡和动态公路车辆自动衡器，引道属于称量控制区的一部分，但不是承载器，而是位于承载器的两端。

4.1.9.4

引轨　approach rail

置于称重轨两端引导被称货车通过轨道衡的轨道。

4.1.9.5

基坑　pit

通常由钢筋混凝土制成的，低于地平面的、安装承载器和载荷传力装置的坑形建筑构件。当衡器设置在野外时，对基坑应考虑相应的排水设施。

4.1.9.6

护边　coping

在基坑内壁四周设置的保护框架组件。

4.1.9.7

输送托辊　carrying rollers

皮带秤系统中，固定框架上的支承输送带的托辊。

4.1.9.8

称重托辊　weighing rollers

皮带秤的承载器上支承输送带的托辊。

4.2

载荷传递装置　Load-transmitting device

衡器中将作用于承载器上的载荷所产生的力传递到载荷测量装置的部件。

4.2.1

杠杆　lever

衡器中能够传递力或力矩，并带有支点或柔性板的刚体部件。

4.2.1.1

等臂杠杆　equal-arm lever

一种臂长相等、其杠杆比为“1∶1”的杠杆。

4.2.1.2

单体杠杆　solid lever

以整体结构为特征的杠杆。

4.2.1.3

合体杠杆　aggregation lever

由两个或两个以上的单体杠杆，按特定要求组合成一个部件的杠杆。

4.2.1.4

承重杠杆　loading lever

衡器中用于直接承受来自承载器上载荷重力的杠杆。

4.2.1.5

传力杠杆　actuating lever

连接承重杠杆和计量杠杆的各组中间杠杆的总称。

4.2.2

杠杆系统　lever system

在组合杠杆秤中，承载器与计量杠杆之间的活动部件的总称，有时也指从承载器到包括计量杠杆在内的所有活动部件。

4.2.3

刀子　knife edge

通常指机械衡器中的支点，一种经过精制的刃口器件，用它与相应的刀承支承面形成线性接触。

4.2.3.1

锥形刀　cone knife edge

外形呈圆锥形的，带有刀刃的刀子。

4.2.3.2

挡刀板　fending plate of knife edge

用于防止刀承脱落，并限制刀刃在刀承上只能沿刀刃线方向移动的挡片。挡刀板通常安装在刀承座上，或者安装在固定刀承的杠杆上或固定刀刃的杠杆上。

4.2.4

刀承　bearing

衡器中用于将外力从刀刃传递或过渡到与其相连的其他部件上，与刀刃对应的接触器件。

4.2.4.1

平面刀承　flat bearing

与刀刃的接触处呈平面的一种刀承。

4.2.4.2

V 形刀承　V-bearing

与其长度方向成直角的横截面是 V 形的一种刀承。

4.2.5

力点　force pivot

杠杆上与被称载荷重量相平衡的力的作用点。

4.2.6

重点　load pivot

杠杆上承受被称载荷的力的作用点。即在衡器的杠杆或杠杆系统上，最靠近承载器的支承点。

4.2.7

支点　fulcrum

在杠杆上能够转动或能够作假设转动的一种支承点。

4.2.8

吊耳　hanger

具有方框形、马蹄形或椭圆形，其上装有刀承或兼作刀承，用来悬挂杠杆的零件。通常是杠杆与承载器或杠杆与带平面支承的框架间的中间部件，如载荷吊耳或摆动吊耳。

4.2.9

环 loop

与刀承组件或与各顶端的眼形成连接的一种U形器件。

4.2.9.1

力点环 force pivot loop

吊挂在力点刀刃上，用于悬吊平衡力值的环。

4.2.9.2

支点环 fulcrum loop

将杠杆支点与固定点连接的环。

4.2.10

减摩钉 antifriction nail

减小力点环与计量杠杆间摩擦的零件。

4.2.11

减摩板 antifriction slice

限制刀刃与刀承之间相对纵向位移，通常为可拆下的部件。

4.3

载荷测量装置 Load-measuring device

衡器中借助平衡装置(用于平衡载荷传递装置传递过来的力)以及指示装置或打印装置等，用来测量载荷质量的部件。

4.3.1

称量单元 weighing unit

在衡器系统中，提供被称载荷的称量信息的装置。

4.3.2

计量杠杆 weighing lever

配备有游砣和(或)平衡砝码，由一根或多根杠杆组成的载荷指示部件。

4.3.2.1

主计量杠杆 main weighing lever

可以指示该衡器主要称量量值的计量杠杆。

4.3.2.2

副计量杠杆 subsidiary weighing lever

可以指示主计量杠杆称量量值之外的，细分载荷的计量杠杆。

4.3.2.3

齿条 rack

安装在主计量杠杆上的，用于确定游砣准确位置的，带有槽口的一种部件。

4.3.3

平衡机构 equilibrium mechanism

载荷测量装置中，用以平衡由载荷所产生的增大或减小的力的部件。

4.3.3.1

平衡砣 balancing weight

用以平衡承载器产生的使杠杆偏离平衡位置的部件。

4.3.4

砝码 weight

一种规定了有关的物理和计量特性：形状、尺寸、材料、表面状况、密度、磁性、质量标称值和最大允许误差的(测量)质量(的物体)实物量具。

4.3.4.1

调整腔 correction chamber

砝码中用来装填材料,调整砝码符合标称值的可封闭空腔。

4.3.5

增砣 slotted weight

带有半圆形槽口的,以使其能放在增砣盘上的圆柱状砝码。

4.3.6

游砣 poise

安装或悬挂在计量杠杆上,可与刻线组合使用的活动砝码。它往往和计量杠杆上的标尺标记一起来指示称量值。悬挂着的游砣一般叫挂砣。

4.3.6.1

主游砣 main poise

配置在主计量杠杆上的游砣。

4.3.6.2

副游砣 fractional poise

配置在副计量杠杆上的游砣。

4.3.7

零(点) zero

衡器在无被称载荷而处于平衡时,指示无载荷的刻度标尺或示值。

4.3.7.1

零(点)调整 zero adjustment

使衡器处于准确的零载平衡的过程或方法。

4.3.8

度盘指示器 dial indicator

将重量信息沿一圆面图表排列的、并带有指针的一种重量指示器。

4.3.8.1

指针 circular

安装在轴上的、随重量变化指示称量值的一种针状器具。

4.3.8.2

度盘 dial

具有一个或多个固定或可动标尺的指示装置部件。

4.4

模块 module

用来完成一种或多种特定功能的可识别部件。该部件可以根据相关国际建议中的计量和技术要求来单独评价。衡器的模块服从规定的衡器局部误差限的要求。

注:典型的衡器模块为:称重传感器、称重指示器、模拟或数字数据处理装置、称重模块、终端、主要显示器等。

4.4.1

称重传感器 load cell

考虑了使用地重力加速度与空气浮力影响后,通过把被测量(质量)转换成另一个被测量(输出信号),来测量质量的力传感器。

注:配备了包括放大器、模数转换器(ADC)和数据处理装置(可选)等电子器件的称重传感器称为数字式称重传感器。

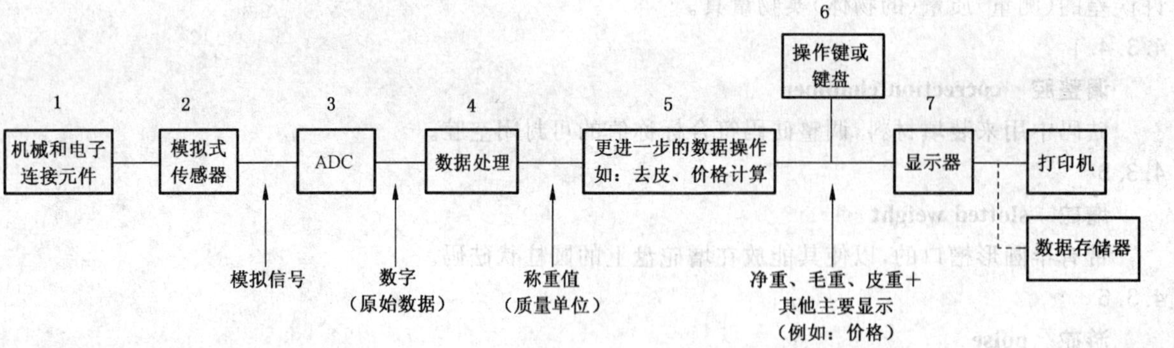

模拟式称重传感器			2										
数字式称重传感器			2	+	3	+	(4)[a]						
称重指示器					(3)	+	4	+	(5)	+	(6)	+	7
模拟式数据处理装置					3	+	4	+	(5)	+	(6)		
数字式数据处理装置							(4)	+	5	+	(6)		
终端									(5)	+	6	+	7
数字显示器													7
称重模块	1	+	2	+	3	+	4	+	(5)	+	(6)		

a 括号内的数字表示可选

图 1　模块的定义

4.4.1.1

称重传感器族　load cell family

对于型式评价(或样机试验)，称重传感器家族应由具有下列条件的称重传感器组成：

- 相同材料或相同材料组合(例如:低碳钢、不锈钢或铝)；
- 相同测量技术(例如:粘贴在金属上的应变计)；
- 相同的结构(例如:形状、应变计密封、安装方式、制造方法)；
- 相同的电特性(例如:额定输出、输入阻抗、激励电压、电缆)；
- 一个或多个称重传感器组。

4.4.1.2

称重传感器组　load cell group

在一个家族中具有相同的计量特性的所有的称重传感器(例如:级别、称重传感器最大检定分度数、额定温度等)。

4.4.1.3

电阻应变式称重传感器　resistance strain gauge type load cell

是把电阻应变计粘贴在弹性敏感元件上，然后以适当方式组成电桥的一种将重量(或力)转换成电信号的转换元件。被称作电阻应变式称重传感器。

4.4.1.4

电容式称重传感器　capacitor type load cell

是将被测重量转换为电容量的变化的一种转换装置。被称作电容式称重传感器。

4.4.1.5

振弦式称重传感器　vibrating wire type load cell

是以被拉紧的振弦作为敏感元件放在磁场内，将外加的重量变化转换成为与之相应的频率输出的一种数字称重传感器。

4.4.1.6

压电薄膜轴传感器　piezoelectricity film shaft transducer

是以在强电场中极化了的共聚物压电薄膜为敏感元件，制作的一种电容式传感器。

4.4.1.7

压电石英传感器　piezoelectricity quartz transducer

是以具有压电效应的石英晶体作为转换元件的一种有源传感器。

4.4.1.8

压磁式传感器　piezomagnetic transducer

是利用压磁效应，将被称重量的变化转换成导磁体的导磁率变化并输出电信号的一种称重传感器。

4.4.2

电子称重仪表　electronic weighing indicator

可作为衡器的模块的以下电子装置的统称：

——称重指示器；

——模拟数据处理装置；

——数字数据处理装置；

——终端；

——数字显示器等。

4.4.2.1

称重指示器　weighing indicator

对称重传感器的输出信号，可能进行模拟量到数字量的转换，并进一步处理此数据，同时以质量为单位显示称量结果的衡器电子装置。

4.4.2.2

模拟式数据处理装置　simulative data processing device

对称重传感器的输出信号进行模拟量到数字量的转换，并进一步处理此数据。并且无需显示这些数据，而是通过一个数字接口来提供数字格式的称重结果的衡器电子装置。它可以带有一个或多个的键（或鼠标、触摸屏等）来操作衡器。

4.4.2.3

数字式数据处理装置　digital data processing device

进一步处理数据，并且无需显示这些数据，而是通过一个数字接口来提供数字格式的称重结果的衡器电子装置。它可带有一个或多个键来操作衡器。

4.4.2.4

终端　terminal

具有一个或多个的键来操作衡器，并通过一个显示器来提供由称重模块或模拟数据处理装置的数字接口所传送的称重结果的数字装置。

4.4.2.5

数字显示器　digital display

一种具有数字显示的可以作为主要显示或作为次要显示使用的显示器：

a)　主要显示器：或者是嵌入称重指示器装置内，或者是嵌入终端装置内，或者是作为一种单独装置内的一个显示（即：无键终端），例如，与称重模块一起联合使用。

b)　次要显示器：是一种附加的外围设备（可选），能复显称重结果和任何其他的主要指示，或能进一步提供非计量特征的信息。

注：主要显示器和辅助次要显示器不得与主要指示和辅助次要指示(7.2.1 和 7.2.2)相混淆。

4.4.3

称重模块　weighing module

包含所有机械和电子装置(即:承载器、载荷传递装置、称重传感器、模拟数据处理装置或数字数据处理装置),但不需显示称重结果的衡器的部分。它可以有多个装置来进一步处理(数字的)数据并操作衡器。

4.4.4

数字接线盒　Digital junction Box

一种模拟数据处理装置,连接于一个或多个的称重传感器,将各称重传感器的模拟信号分别或合并处理后,转换为的数字信号输出,可做数据处理或进一步的数据处理。

4.4.5

AD 模块　AD Module

一种模/数信号转换装置,将称重传感器的模拟信号转换为数字输出信号,可做数据处理或进一步的数据处理。

4.4.6

数字式重量变送器　Digital weight convert device

一种模拟数据处理装置,将称重传感器的模拟信号转换为标准化的数字输出信号,做数据处理或进一步的数据处理。

4.4.7

数据存储装置　Data storage device

一种数字数据处理装置,用于存储称重结果,用于事后数据复现或与有法制定相关联目的的数据处理。

4.4.8

上位机　Master computer

一种数字终端,将数字称重结果做进一步的数据处理。一般采用个人计算机(PC)或计算机网络。

4.4.9

销售终端　point of sale device (POS)

一种数字终端,用于商业销售中的数据处理。

4.4.10

大屏幕显示器　scoreboard

向消费者或其他关心称重结果的人员显示衡器的主要示值和/或次要示值的主要或辅助显示器,一般采用较大的字符尺寸显示。

4.4.11

远程显示器　remote display

一种远程显示衡器的主要示值和/或次要示值的辅助显示器。

4.5

电子部件　electronic parts

由电子元件组成,且自身具有明确功能特性的电子装置的一部分。如 A/D 转换器、矩阵显示屏等。

4.5.1

电子装置　electronic device

由电子组件构成,并能完成特定功能的装置。电子装置通常被制成一个独立的单元,并可以独立地进行测试。

注:上述定义的电子装置,可以是一台完整的衡器(例如:用于直接向公众售货用的衡器),可以是模块(如:称重指示器、模拟数据处理装置、称重模块)或外围设备(如:打印机、次要显示器)。

4.5.2

电子组件　electronic subassembly

电子装置的一个部分，它是用电子元件构成并且本身具有可以确认的功能。

例如：A/D 转换器，显示器。

4.5.3

电子元件　electronic component

在半导体、气体或真空中，采用电子传导或空穴传导的最小物理实体。

4.5.4

数字装置　digital device

只执行数字功能并提供数字输出或显示的电子装置。

例如：打印机、主要或次要显示器、键盘、终端、数据存储装置、个人计算机。

4.5.5

外围设备　peripheral device

外围设备是一种附加装置，它能复显或进一步处理称量结果和其他主要指示，或完成称量功能所必备的其他设备。

例如：打印机、次要显示器、键盘、终端、数据存储装置、个人计算机、输送机、空压机。

4.5.6

保护接口　protective interface

一种接口（硬件和/或软件），只允许数据传入衡器、模块或电子元件的数据处理装置中，而不能：

- 显示那些未经明确定义而可能被当作称量结果的数据；
- 伪造已显示过的、已处理过的或已存储过的称量结果或主要指示；
- 调整衡器或改变任何调整因子，除了给出具有组合装置的调整程序或如果对于Ⓘ级衡器另外配有外置调整砝码。

4.5.7

位移传感器　displacement transducer

输送机上向连续累计自动衡器的称重指示器提供对应给定皮带长度位移信息的装置或提供带速比信息的装置。

4.5.8

位移检测装置　displacement sensing device

连续累计自动衡器中位移传感器的一部分，其始终保持与皮带接触或与一个非驱动皮带轮联成一体。

4.5.9

累计器　totalise device

在连续累计自动衡器中，该装置通过称重单元和位移传感器提供的信息完成部分载荷的累计或实现单位长度载荷（载荷/单位长度）与带速乘积的积分。

4.5.10

运行检验装置　operation checking device

能检验皮带秤某些功能的装置。运行检验装置可以是：

- 用模拟载荷装置（循环链码、链码、小车码、模拟负荷片）模拟物料通过皮带秤的效果；
- 用砝码、挂码、标准电信号模拟单位长度恒定载荷的效果；
- 对相等时间间隔内单位长度载荷的两次积分进行比较；
- 显示称重单元上的载荷已超过最大秤量；
- 显示流量高于最大流量或低于最小流量；

· 让用户注意皮带秤运行中的增差。

4.5.11

流量调节装置　flowrate regulating device

在连续累计自动衡器中,能够保证设定流量的装置。

4.5.12

位移模拟装置　displacement simulating device

用于在皮带秤不具备输送机进行模拟试验的装置,其目的在于转动位移传感器时模拟皮带的位移。

4.6

(衡器的)显示装置　displaying device (of a weighing instrument)

以可见的形式提供称量结果的装置。

4.6.1

显示器件　displaying component

显示平衡和(或)称量结果的器件。

在具有一个平衡位置的衡器上,它仅显示平衡。

在具有多个平衡位置的衡器上,它既显示平衡又显示称量结果。

4.6.2

累计显示器　totalization indicating device

在连续/非连续累计自动衡器中,接受累计器的信息,并显示输送载荷质量的装置。

4.6.2.1

总累计显示器　general totalization indicating device

在连续/非连续累计自动衡器中,显示所有输送载荷质量的装置。

4.6.2.2

部分累计显示器　partial totalization indicating device

在连续/非连续累计自动衡器中,显示一定时间内输送载荷质量的装置。

4.6.2.3

附加累计显示器　supplementary totalization indicating device

在连续/非连续累计自动衡器中,显示相当长的运行时间内输送载荷质量的显示装置。其分度值大于总累计显示器的分度值。

4.6.2.4

流量显示器　flowrate indicating device

在连续累计自动衡器中,显示瞬时流量的装置。其显示的瞬时流量可以是单位时间内输送的物料质量,也可以是最大流量的百分数。

4.6.2.5

瞬时载荷显示器　instantaneous load indicating device

在连续累计自动衡器中,在给定时间内显示最大秤量的百分数或作用于称重单元的载荷质量的装置。

4.6.3

标尺标记　scale mark

指示器件上与确定的质量值相对应的线段或其他标记。

4.6.4

标尺基线　scale base

通过所有最短标尺标记中点的一条假想的线条。

4.7

辅助指示装置 auxiliary indicating devices

可对衡器指示细分和/或微小读数的装置。

4.7.1

游码 rider

能放置和移动于组成计量杠杆的分度尺上,或计量杠杆本身上的一种可取下来的小砝码。

4.7.2

内插读数装置(游标或副尺) device for interpolation of reading (vernier or nonius)

与指示器件相连接,无需特别调整即可对衡器标尺进行细分的装置。

4.7.3

补充显示装置 complementary displaying device

能够把标尺标记与指示器件间的距离所对应的、以质量单位表示的值,估计出来的一种调节装置。

4.7.4

带微分标尺分度的指示装置 indicating device with a differentiated scale division

小数点后末位数字,明显地区别于其他位数字的一种数字式指示装置。

4.8

扩展显示装置 extended displaying device

根据手动指令,能把衡器的实际分度值(d)暂时转变为小于检定分度值(e)的装置。

4.9

附属装置 supplementary devices

4.9.1

水平调整装置 levelling device

将衡器调整到其标准位置的装置。

4.9.2

置零装置 zero-setting device

当承载器上无载荷时,将示值调整至零点的装置。

4.9.2.1

非自动置零装置 non-automatic zero-setting device

靠操作人员将示值调至零点的装置。

4.9.2.2

半自动置零装置 semi-automatic zero-setting device

给一个手动指令后,即能将示值自动调至零点的装置。

4.9.2.3

自动置零装置 automatic zero-setting device

无需操作人员干预,即能将示值自动调至零点的装置。

4.9.2.4

初始置零装置 initial zero-setting device

在衡器接通和使用之前,即能将示值自动调至零点的装置。初始置零装置的范围应不大于最大秤量的20%。

4.9.3

零点跟踪装置 zero-tracking device

自动地将零点示值保持在一定界限之内的装置。置零装置和零点跟踪装置的范围应不大于最大秤量的4%。

4.9.4

皮重装置 tare device

当衡器的承载器上有载荷时，将示值调至零点的装置。

——不改变净重的称量范围(添加皮重装置)，或

——减小净重的称量范围(扣除皮重装置)。

皮重装置按其功能可以分为：

——非自动皮重装置(靠操作人员把皮重平衡掉)；

——半自动皮重装置(给一个手动指令即能自动平衡皮重)；

——自动皮重装置(无需操作人员干预即能自动平衡皮重)。

4.9.4.1

皮重平衡装置 tare-balancing device

当对衡器加载时不指示皮重值的一种皮重装置。

4.9.4.2

皮重称量装置 tare-weighing device

无论衡器上有无载荷，均能存储皮重值并能予以显示或打印的一种皮重装置。

4.9.5

预置皮重装置 preset tare device

能从毛重或净重值中，减去预置皮重值并显示出计算结果的一种装置。于是会相应地减少净重的称量范围。

4.9.6

锁定装置 locking device

使衡器的全部机构或部分机械机构，固定不变的装置。

4.9.7

辅助检定装置 auxiliary verification device

是衡器的一个或多个能够单独检定的装置。

4.9.8

承载器和载荷测量装置的选择装置 selection device for load receptors and load-measuring devices

是一个或多个承载器，连接到一个或多个载荷测量装置上的一种装置，而不管它是否使用了中间载荷传递装置。

4.9.9

示值稳定装置 indication stabilizing device

在给定条件下，保持示值稳定的装置。

4.9.9.1

阻尼装置 damping device

是利用材料吸收振动的能力，使衡器迅速稳定的装置。

4.9.9.2

缓冲器 dashpot

缓冲和吸收重物加载时冲击力的一种装置。通常采用螺旋压缩弹簧、液压油缸、橡胶(聚氨酯橡胶)等结构。

4.9.10

控制装置 control device

4.9.10.1

给料控制装置 feed control device

在重力式自动装料衡器中，调节给料装置中给料速率的装置。

4.9.10.2

装料设定装置　fill setting device

在重力式自动装料衡器中,允许设定预设值的装置。

4.9.10.3

最后断料装置　final feed cut-off device

在重力式自动装料衡器中,控制最终给料的截止,使装料平均值与预设值一致的装置。该装置可以包含对空中落料的调节修正功能。

4.9.10.4

修正装置　correcition device

在重力式自动装料衡器中,自动修正装料衡器设定值的装置。

4.9.11

传感器模拟器　load cell simulator

模拟称重传感器在各种不同加载状态下的输出,用于衡器或其指示器示值的检测或校准的装置。

4.9.12

模拟器(模拟装置)　simulator

用来进行影响因子和干扰试验的一种试验装置,模拟衡器应包括称重系统的全部电子部件,还应包括称重传感器和施加标准砝码(试验载荷)的设施,也可以通过缩小比给出一个较小的试验载荷输出。

4.9.13

校验设施　checking facility

与衡器成为一体,能够发现和处理显著增差的设施。

4.9.14

限位器　stay

置于衡器结构的某一部位,防止与其接触的部件发生水平(或垂直)偏移的装置。

4.9.15

过渡器　interim

轨道衡为减少被称车辆震动,在称重轨与引轨的两根钢轨之间起过渡作用的器件。

4.9.16

车辆识别装置　vehicle recognition device

在自动轨道衡和动态公路车辆自动衡器中,配备的能判断车辆是否已进入称重区,以及整车是否已称量完毕的装置。

4.9.17

车辆导向装置　vehicle guide device

在自动轨道衡和动态公路车辆自动衡器中,为了保证车辆正确、方便行驶通过承载器,在承载器旁设置的,引导车辆行驶方向,以避免车辆走偏或确认车辆的所有车轮完全通过承载器的导向装置。

4.10

软件　software

4.10.1

法定相关软件　legally relevant software

属于衡器或模块的程序、数据和型式及装置特定参数,并能定义或执行受法定管理的功能。法定相关数据的例子有:最终测量结果,如毛重、净重和皮重/预置皮重(包括小数点符号和单位),称重范围与承载器(即使多个承载器同时在使用)的识别和软件识别。

4.10.2

法定相关参数 legally relevant parameter

受法制管理的衡器或模块的参数。型式特定参数和装置特定参数这两类法定相关参数的类型是有区别的。

4.10.3

型式特定参数 type-specific parameter

带有一个仅取决于衡器的型式的法定相关参数。型式特定参数是法定相关软件的一部分。它是在衡器的型式批准时确定。

型式特定参数的例子有:用于质量计算、稳定性分析、价格计算和化整,软件标识的参数。

4.10.4

装置特定参数 device-specific parameter

带有数值的法定相关参数,这个数值是由与之相关的衡器而定的。装置特定参数包含了校准参数(如:量程调整或其他调整或修正)和配置参数(如:最大秤量、最小秤量、测量单位等)。这些参数仅在衡器的特定操作模式下是可调整或可选择的。装置特定参数可以被分为两类,一类是应受到保护的(不可变更);另一类是可以允许被授权人员访问进入的(可设定参数)。

4.10.5

计量相关 metrologically relevant

影响称量结果或任何其他主要指示的衡器的任何装置,模块、部件、元件、功能或软件均可被认为是计量相关。

4.10.6

测量数据的长期存储 long-term storage of measurement data

储存测量数据,准备为以后完成法定计量目的(如:后期的贸易事务处理结论,当用户不在现场时用于量化的确认,或由国家立法和鉴定的特殊用途)。

4.10.7

软件标识 software identification

一个可读的软件序列号且与该软件有密不可分的对应关系(如:版本号、校验码)。

4.10.8

软件分割 software separation

软件明确分割成法定相关软件与非法定相关软件。如不设置软件分割,则认为整个软件是法定相关的。

4.11

称重传感器的组合方式 combination way of load cell

当电子衡器中采用多个称重传感器时,称重传感器之间以及它们和称重指示器的连接方式,即为称重传感器的组合使用方式。

4.11.1

串联工作方式 connection operating way

即各个电阻应变式称重传感器使用独立激励电源,输出端串联连接的一种工作方式。

4.11.2

全并联工作方式 whole parallel connection operating way

即各个电阻应变式称重传感器的输入端并联,使用一个公共激励电源,输出端也以并联的方式工作。

4.11.3

串并联混合工作方式 series and parellel mixing connection operating way

这是前两种工作方式的综合。即既有串联,又有并联。通常各个电阻应变式称重传感器使用独立的激励电源,但输出端采用并联工作方式连接。

5 衡器的计量特征

5.1

秤量 weighing capacity

5.1.1

最大秤量(*Max*) maximum capacity (*Max*)

不计添加皮重时的最大称量能力。国际法制计量组织(OIML)规定以符号 *Max* 表示。

5.1.2

最小秤量(*Min*) minimum capacity (*Min*)

小于该载荷值时,会使称量结果产生过大相对误差。该载荷值称为最小秤量。国际法制计量组织(OIML)规定以符号 *Min* 表示。

5.1.3

装料 fill

在重力式自动装料衡器中指一个载荷或多个载荷的组合,构成预定的质量。

5.1.4

自行指示秤量 self-indication capacity

无需操作者干预,衡器自身即可取得平衡的称量能力。

5.1.5

最小静载荷(E_{min}) minimum dead load (E_{min})

可以加到称重传感器上的,不超过最大允许误差的最小质量值。

5.1.6

最小静载荷输出恢复(*DR*) minimum dead load output return (*DR*)

施加载荷前、后测得的称重传感器最小静载荷输出之差。

5.1.7

称量范围 weighing range

衡器最小秤量与最大秤量之间的范围。又称称重范围。

5.1.8

量程 span

衡器称量范围上下限的差值。对于称重传感器是指最小静载荷与额定载荷输出之间的差值。

5.1.9

自行指示的扩展区间 extension interval of self-indication

在衡器的称量范围内,对自行指示的范围能予以扩展的值。

5.1.10

最大除皮效果 maximum tare effect (T=+…,T=-…)

添加皮重装置或扣除皮重装置所称量的最大能力。

5.1.11

最大安全载荷(*Lim*) maximum safe load (*Lim*)

衡器所能承受的,不致使其计量性能发生永久改变的最大静载荷。

5.2

标尺分度 scale divisions

衡器标尺任何两个相邻标记之间的间隔。

5.2.1

标尺间距(模拟指示衡器)　scale spacing (instrument with analogue indication)

沿标尺基线测得的,任意两个相邻标尺标记之间的距离。

5.2.2

分度值(d)　scale interval (d)

以质量单位表示的下述值:

——对于模拟指示,系指相邻两个标尺标记所对应的值之差;

——对于数字指示,系指相邻两个示值之差。

注:在非自动衡器中叫"实际分度值";

在自动衡器中叫"分度值"。

5.2.3

检定分度值(e)　verification scale interval (e)

用于衡器分级和检定的,以质量单位表示的值。

5.2.4

数码分度值　scale interval of numbering

两个相邻编有数码的标尺标记之间的差值。

5.2.5

检定分度数(n)　number of verification scale intervals (n)

最大秤量与检定分度值之比。

$$n=Max/e$$

5.2.6

静态称量分度值　scale interval for static weighing

自动衡器中,相邻两个静态称量或载荷测试的示值(或打印值)之间的差,以质量单位表示。

5.2.7

累计分度值　totalization scale interval

连续累计或非连续累计自动衡器在正常的称量方式下,总累计装置或部分累计装置以质量单位表示的两个相邻示值的差值。

5.2.8

测试分度值　scale interval for testing

连续累计自动衡器在准备试验的特殊方式下,总累计装置或部分累计装置以质量单位表示的两个相邻示值的差值。当这种特殊方式不易实现时,测试分度值应等于累计分度值。

5.2.9

刻度　scale

规定的线或规定的细分组的线,包括凸出、凹入或刻划上的参考线或特殊标记。

5.2.9.1

主刻度　main scale

能够在其上便于确实读取示值的基本刻度。

5.2.9.2

副刻度　subordinate scale

主刻度以外的任何其他刻度。

5.3

称量速度　operating speed

动态称量中,指在称量时载荷通过衡器的速度。对于自动分检衡器,是指单位时间内自动称量的载荷数。

5.3.1

最高称量速度(V_{max})　maximum operating speed (V_{max})

动态称量中按设计规定载荷通过衡器的最高速度,超过此速度时称量结果可能会出现过大的相对误差。

5.3.2

最低称量速度(V_{min})　minimum operating speed (V_{min})

动态称量中按设计规定载荷通过衡器的最低速度,低于此速度时称量结果可能会出现过大的相对误差。

5.3.3

称量速度范围　range of operating speeds

在动态称量载荷时,由最低和最高称量速度所限定的范围。

5.3.4

最高通过速度　maximum transit speed

在不引起衡器性能变坏的条件下,非称量的载荷通过承载区的最高速度。

5.4

衡器常数　weighing instrument constant

为求得被称载荷的实际重量值,与直接示值相乘所必须的系数。

5.4.1

臂比、杠杆比　arm ratio, lever ratio

杠杆臂的长度比。一般是指支点到力点的距离除以支点到重点的距离得出的商。

5.4.2

总臂比　aggregate arm ratio

杠杆系统中每个杠杆臂比数值的乘积。

5.4.3

固定臂比　fixed arm ratio

杠杆的支点、重点、力点都固定时的臂比。

5.4.4

可变臂比　variable arm ratio

杠杆的支点、重点、力点可变时的臂比。

5.4.5

缩比(R)　reduction ratio (R)

载荷传递装置的缩比是:$R = F_M / F_L$

注:F_M——作用在载荷测量装置上的力;

F_L——作用在承载器上的力。

5.5

族　family

属于相同制造型式(相同的材料、相同的测量技术、相同的电特性、相同的元器件)的衡器或模块的可以识别的组类,该组类中的衡器或模块在测量方面有相同的设计特征和计量原理(例如,相同的指示器型号,相同的称重传感器设计类型和载荷传递装置),但可以在某些计量和技术性能特征上不同(如:Max、Min、e、d、准确度等级…)。

族的概念的主要目的是为了在型式评价时减少试验量。不排除在一份证书中列出一个以上族的可能性。

5.6

型式　type

指衡器或模块(包括衡器或模块的族)的最终类型,并且影响其计量性能的所有部件均已被明确地定义。

5.7

参考颗粒质量　reference particle mass of a product

在重力式自动装料衡器中,参考颗粒的质量等于从一个或多个载荷中选取10个最大基本颗粒或片粒的平均值。

5.8

预设值　preset value

在非自动衡器或自动衡器中,为规定预先设定的质量范围、装料的标称值、累计载荷质量值、额定输送量或固定分组质量限,由操作人员借助设定装置预设的、以质量单位或单位时间通过的质量(或容积)表示的值。

5.8.1

静态设定点　static set point

在静态试验中,为平衡装料设定装置指示选定值而采用的试验砝码或质量块的值。

5.8.2

提前量　preact

在重力式装料自动装料衡器中,考虑到物料在切断时允许存在的延迟,在未达到目的载荷时提前切断的预置量值。

5.9

称量周期　weighing cycle

对重力式自动装料衡器来讲,其操作包括:

- 给承载器送料;
- 称量操作;
- 单个分离载荷的卸料。

5.10

最后给料时间　final feed time

在重力式自动装料衡器中,用来完成最后将物料送到承载器所需的时间。

5.11

每次装料的平均载荷数　average number of load per fill

在重力式自动装料衡器中,可由操作人员设定的每次装料的最多载荷数与最少载荷数之和的一半;或在每次装料的载荷数不是由操作人员直接确定的情况下、正常运行期间每次装料的实际载荷数(若已知)的平均数;或由制造厂对要称量的某种物料所规定的每次装料的最佳载荷数。

5.12

额定最小装料　rated minimum fill

在重力式自动装料衡器中,装料的最小额定值。低于这个结果可能会产生超出规定的允许误差。

5.13

最小出料　minimum discharge

在重力式自动装料衡器中,指允许从减量秤中卸掉的最小载荷。

5.14

称量长度　weighing length

连续累计自动衡器承载器的两端称量托辊轴线,与其外侧最近的传动托辊轴线距离的一半处的两条假想线之间的距离。当只有一个称量托辊时，称量长度等于在称量托辊轴线与其两侧最近的传动托辊轴线之间的距离。

5.15

流量　flowrate

自动衡器中，在单位时间内称量载荷的能力。

5.15.1

最大流量(Q_{max})　maximum flowrate (Q_{max})

由连续累计自动衡器称量单元的最大称量与物料输送设备的最高速度得出的流量。

5.15.2

最小流量(Q_{min})　minimum flowrate (Q_{min})

通过连续累计自动衡器的物料流量。高于此流量，称量结果就能符合要求的流量。

5.15.3

给料流量　feeding flowrate

在一个称量系统中，从前一个装置流到输送机上的物料流量。

5.15.4

最小累计载荷(Σ_{min})　minimum totalized load (Σ_{min})

以质量单位表示的量，连续累计自动衡器(或非连续累计自动衡器)的累计值低于该值时就有可能超出规定的相对误差。

5.15.5

最小试验载荷(Σ_t)　minimum test load (Σ_t)

连续累计自动衡器中以质量单位表示的量，低于该累计值的试验，秤就有可能出现较大的相对误差。

5.16

皮带的单位长度最大载荷　maximum load per unit length of the belt

连续累计自动衡器中，称量单元的最大秤量与称量长度的商。

5.17

控制值　control value

在连续累计自动衡器的承载器上模拟或加放一个已知附加砝码皮带空转预定圈数后，由累计显示器显示并以质量单位表示的值。

6　衡器的计量性能

6.1

性能要求　performance requirement

包括对所有衡器允许误差的要求，对非自行指示衡器还包括灵敏度要求。

6.2

技术条件　technique qualification

对衡器制造者起直接指导作用的，称量装置在设计、结构和标志上的通用要求。

6.3

称量准确度　weighing accuracy

表示称量结果与被称量的(约定)真值之间的一致程度。它反映了称量结果中系统误差与随机误差的综合。

6.3.1

非自动衡器的准确度等级　accuracy class of non-automatic weighing instrument

按照非自动衡器的性能要求,给出了检定分度值(e)、检定分度数(n)、最小秤量(Min)与非自动衡器所划分的准确度等级的关系。非自动衡器的准确度等级分为:特种准确度级、高准确度级、中准确度级和普通准确度级四种。它们的符号分别为:

Ⓘ　Ⓘⓘ　Ⓘⓘⓘ　Ⓘⓘⓘⓘ

6.3.2

自动衡器的准确度等级　accuracy class of automatic weighing instrument

自动衡器的准确度等级是根据不同类别的衡器给出有不同的规定,目前六种自动衡器都有各自的表示方法。

6.3.2.1

连续累计自动衡器准确度等级　accuracy class of continuous totalizing automatic weighing instrument

连续累计自动衡器的准确度分为3个级别,用符号表示为:

0.5　1　2

6.3.2.2

自动分检衡器准确度等级　accuracy class of automatic catchweighing instrument

自动分检衡器准确度等级分为两大类。

对预包装商品进行检验自动分检衡器,其准确度分为4个等级,用符号表示为:

XI　XII　XIII　XIIII

其他自动分检衡器的准确度等级,分为4个等级,用符号表示为:

Y(I)　Y(II)　Y(a)　Y(b)

6.3.2.3

重力式自动装料衡器准确度等级　accuracy class of automatic gravimetric filling instrument

重力式自动装料衡器的准确度等级有两类:静态试验的参考准确度等级和物料试验的准确度等级。没有明确其可以分为几个准确度等级,准确度等级是开放性的。

静态试验的参考准确度等级,用符号表示为:

Ref(x)其中(x)应为1×10^k、2×10^k或5×10^k,k为正整数、负整数或零;

物料试验的准确度等级,用符号表示为:

X(x)其中(x)应为1×10^k、2×10^k或5×10^k,k为正整数、负整数或零。

6.3.2.4

自动轨道衡准确度等级　accuracy class of automatic rail-weighbridges

自动轨道衡准确度等级分为两大类。

单节车辆质量的准确度等级,划分为4个等级,用符号表示为:

0.2　0.5　1　2

整列车辆质量的准确度等级,划分为4个等级,用符号表示为:

A　B　C　D

6.3.2.5

非连续累计自动衡器准确度等级　accuracy class of discontinuous totalizing automatic weighing instrument

非连续累计自动衡器的准确度分为4个等级,用符号表示为:

0.2　0.5　1　2

6.3.2.6

动态公路车辆自动衡器准确度等级　accuracy class of automatic instrument for weighing road vehicles in motion

动态车辆的整车总重量的准确度等级划分为 6 个等级，用符号表示为：

2　0.5　1　2　5　10

动态车辆的单轴载荷和轴组载荷的准确度等级划分为 6 个等级，用符号表示为：

A　B　C　D　E　F

6.3.2.7

称重传感器准确度等级　accuracy class of metrological regulation

根据称重传感器综合性能，可分为四个准确度级别：

A　B　C　D

6.4

衡器灵敏度　sensitivity of an instrument

对于被称给定质量值的灵敏度 k，可表示为被观察衡器变量 l 的相对变化 Δl 与被称质量 m 相应变化 Δm 之商：

$$k=\Delta l/\Delta m$$

6.4.1

称重传感器额定输出　load cell rated output

称重传感器在额定载荷下，响应（输出）的变化对相应的激励变化的比。

6.4.2

称重指示器每个检定分度值的最小输入电压　minimun input voltage per verification scale interval for the indicator of weighing indicator

每个检定分度值的信号 Δu 按如下方法计算：

$$\Delta u=\frac{C}{E_{\max}}\cdot U_{\mathrm{exc}}\cdot\frac{R}{N}\cdot e$$

其中：

C 为称重传感器额定输出

$E_{\max}$ 为称重传感器最大秤量

U_{exc} 为称重传感器激励电压

R 为载荷传递装置缩比

N 为称重传感器数量

e 为衡器检定分度值

6.5

灵敏度温度影响　temperature effect on sensitivity

由环境温度的变化引起的输出称重传感器灵敏度的变化。

6.6

最小静载荷输出温度影响　temperature effect on minimum dead load output

由环境温度的变化引起称重传感器的最小静载荷输出的变化。

6.7

输入信号　input signal

衡器中从称重传感器传输到称重仪表的载有重量（质量）信息的电信号。

6.8

模拟输入称重信号和数字输入称重信号　simulative input signal and digital input signal

由模拟称重传感器输出到称重仪表的信号称为模拟输入称重信号，由数字称重传感器输出到称重仪表的信号称为数字输入称重信号。

6.9

静载荷信号电压　signal voltage for dead load

主要反映衡器承载器、机械连接件等结构自重信息的输入信号，该信号还可能包含某些误差信息，如称重传感器的空载不平衡输出。

6.10

测量范围信号电压　measuring range signal voltage

反映施加于衡器的被称物重量(质量)信息的输入信号。

6.11

输入电压信号范围　input voltage signal range

测量范围信号电压与静载荷信号电压之和(图 2)。

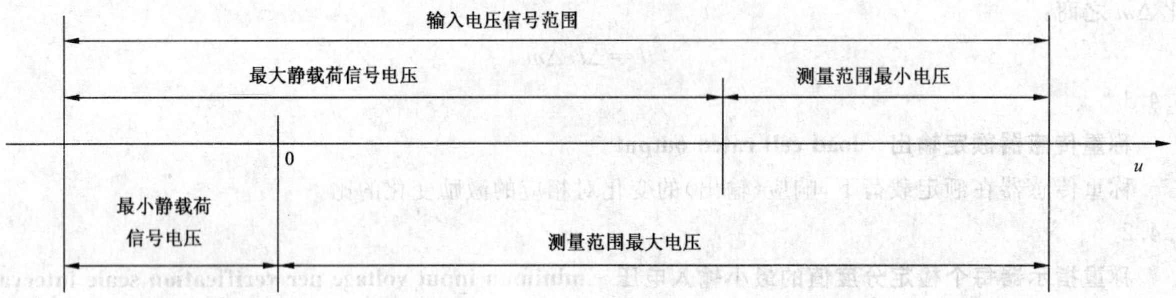

图 2　输入电压信号范围

6.12

激励(供桥)电压　electric bridge voltage

由称重指示器提供的，使称重传感器能正常工作的电源的电压。对于应变式称重传感器或类似特性的称重传感器，称重传感器的输出信号变化量与称重传感器激励电压和重量载荷变化量的乘积成正比。

6.13

噪声　noise

称重指示器内部测量数据中非实际信号产生的短时间内的变化。它将影响称重指示器的重复性、置零和/或除皮准确度及平衡稳定的判别。

6.14

鉴别力　discrimination

衡器对载荷微小变化的反应能力。对给定载荷的鉴别力阈，就是下述附加载荷的最小值：当将此附加载荷轻缓地放到承载器上或取走时，能够使示值发生一个可觉察的变化。例如：对于非自行指示式衡器，附加载荷值相当于所加载荷最大允许误差绝对值的 0.4 倍；对于数字显示的自行指示或半自行指示式衡器，附加载荷等于实际分度值的 1.4 倍。对于连续累计自动衡器，不同等级产品附加载荷的量值也不同。

6.15

鉴别力阈　discrimination threshold

使衡器示值产生一个可觉察变化的激励最小变化量。

6.16

分辨率　resolution

指示装置可以有效辨别紧密相邻称量值的能力。

6.17

非线性　non-linearity

加载试验时，衡器示值与零载到最大秤量的直线值之间的最大偏差值，通常以最大秤量的百分比形式表示。

6.18

滞后　hysteresis

由于施加载荷的方向(加载或卸载)不同，衡器或称重传感器对同一载荷给出不同响应值的特性。

6.19

蠕变　creep

对于一定类型的衡器(电子秤和弹簧秤)或称重传感器，因长时间加载后引起的、在没有增加载荷时存在的一个额外的形变或输出变化的过程。或者是放置一个载荷到承载器上之后马上读取的称量值，与该载荷持续保持在承载器上一段时间之后读取的称量值之差值。

6.20

蠕变恢复　creep recovery

在载荷已作用了一段相当长的时间后，将载荷卸去时，衡器(电子秤和弹簧秤)或称重传感器输出在一定的时间内恢复到原来空载时的输出的过程。

6.21

漂移　drift

在恒定的载荷和稳定的环境条件下，衡器或称重传感器的计量特性随时间而产生的缓慢变化。

6.21.1

灵敏度漂移　sensitivity drift

灵敏度随时间的慢变化。

6.21.2

零(点)漂移　zero drift

零(点)平衡随时间的慢变化。

6.22

响应特性　response characteristic

在规定条件下，激励与对应响应的关系。

6.23

重复性　repeatability

在相对恒定的测试条件下，采用同样的操作方法将同一载荷多次地加载到承载器上，衡器能够提供相互一致的结果的能力。

注：相对恒定的测试条件包括：

- 相同的称量程序；
- 相同的观测者；
- 在相同的条件下使用相同的衡器；
- 相同的地点；
- 在短时间内重复称量。

6.24

耐久性　durability

衡器在规定的整个使用周期内保持其性能特征不变的能力。

6.25

预热时间　warm-up time

衡器从接通电源到它达到能符合性能要求之间所经历的时间。

6.26

温度系数　temperature coefficient

温度对测量结果的影响的相关系数。

常用于评价温度对衡器影响的几种相关系数有:零点温度系数、灵敏度温度系数。

6.26.1

零点温度系数　temperature coefficient of zero

在零(点)平衡条件下装置或电路输出对环境温度变化而产生的敏感程度。通常表示为满量程的百分数每变化单位温度。

6.26.2

灵敏度(或量程)温度系数　temperature coefficient of sensitivity (or span)

在灵敏度或量程上,装置或电路输出对环境温度变化而产生敏感程度。通常表示为满量程的百分数每变化单位温度。

6.27

补偿温度范围　compensated temperature range

称重传感器经补偿后,保持其额定输出和零(点)平衡处于符合规定的准确度要求的整个温度范围。

6.28

最终称量值　final weighing value

当衡器完全处于静止和平衡时得到的称量值。此时没有干扰作用于衡器。

6.29

稳定度　stability

在规定条件下,衡器保持其计量特性恒定不变的能力。

6.29.1

零(点)稳定度　zero stability

在环境条件和其他变量保持恒定的情况下,称重传感器维持其零(点)平衡不变的程度。

6.29.2

稳定期　stabilization period

保证被称量在允许的范围内无更大变化所需的时间。

6.30

适用性　suitability

衡器的设计和制造中应考虑的、必须适合其预期应用目的和有关检定工作的能力。

6.31

绝缘电阻　insulation resistance

在规定的直流电压和标准试验条件下,在称重传感器电路与其外壳之间或者电子衡器电路与其外壳之间测得的直流电阻。

6.32

输入电阻　input resistance

电阻应变式称重传感器输入端测得的电阻值。

6.33

输出电阻　output resistance

电阻应变式称重传感器输出端测得的电阻值。

6.34

零点输出 zero balance

电阻应变式称重传感器在空载时的输出。

7 示值和误差

7.1

指示方式 methods of indication

7.1.1

用砝码平衡 balancing by weights

用以平衡载荷(考虑了载荷缩减比后)的、受计量管理的砝码值。

7.1.2

模拟示值 analogue indication

可以用分度值的分数,来评定平衡位置的指示。

7.1.3

数字示值 digital indication

由一串排列数字组成标尺标记,不允许用分度值的分数来内插值的指示。

7.2

衡器提供的指示 indications of an instrument

衡器所提供的一个量值。

注:“指示器”、“指示”或“指示部件”既包括显示也包括打印。

7.2.1

主要指示 primary indications

符合产品标准和相关规程要求的示值、信号和符号。

7.2.2

次要指示 secondary indications

主要指示之外的示值、信号和符号。

7.3

其他重量值 other weight values

7.3.1

预置皮重值 preset tare value (PT)

为计算净重的目的,预先输入到衡器中代表重量的数值。这种“输入”包括用按钮输入,从存储的数据中调入,或是通过接口输入。

7.3.2

计算净重值 calculated net value

毛重值与预置皮重之间的差值,或净重与预置皮重之间的差值。

7.3.3

计算总重值 calculated total weight value

多于一个的重量值和(或)计算净重值的计算总和。

7.4

读数 reading

7.4.1

简单并列读数 reading by simple juxtaposition

无需经过计算,只需把给出称量结果的相邻数字进行简单的并列,即可获得称量结果的一种读数。

7.4.2

读数总不确定度　overall inaccuracy of reading

模拟式指示衡器的读数总不准确度，等于在正常使用条件下由几个观测者读取同一示值的标准偏差。

7.4.3

最小读数距离　minimum reading distance

在正常使用条件下，观察者能够自由接近指示装置进行读数的最短距离。若在指示装置前方留有0.8 m以上无障碍空间，即可认为观测者是可以自由接近的。最小读数距离为 S；但若 $S<0.8$ m，则最小读数距离为 L。

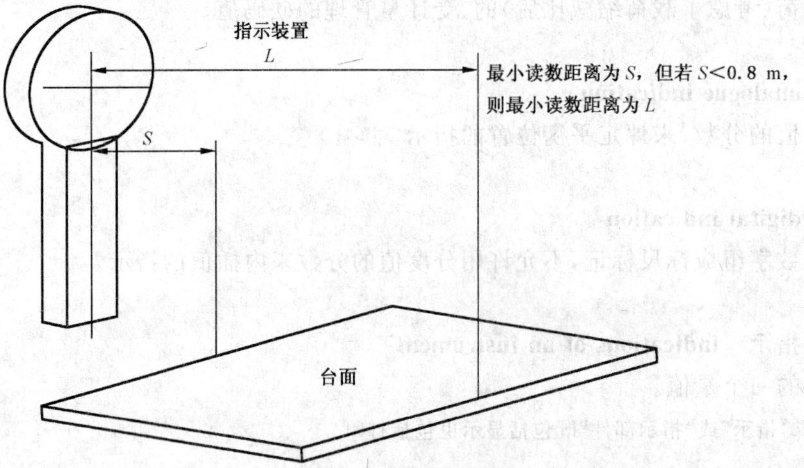

图3　最小读数距离

7.4.4

可读性　readability

在衡器上可以读到的最小的重量差。对于模拟式衡器，在正常的读数距离内，其可读性等于0.2个分度值。对于数字式衡器，其可读性等于一个分度值。

7.5

误差　error

7.5.1

(示值)误差　error (of indication)

衡器称量的示值与约定真值之差。

7.5.2

数字示值的化整误差　rounding error of digital indication

数字示值与衡器以模拟示值给出的结果间的差值。

7.5.3

系统误差　systematic error

在相同条件下，对同一被称量进行无限多次称量所得结果的平均值与被称量的真值之差。

注：如真值一样，系统误差及其原因不能完全消除。

7.5.4

随机误差　random error

在相同条件下，对同一被称量进行无限多次称量，所得结果与多次称量结果的平均值之差。

注：1. 随机误差等于误差减去系统误差；

2. 因为称量只能进行有限次数，故可能确定的只是随机误差的估计值。

7.5.5

粗大误差　crassitude error

明显超出规定条件下预期的误差。

7.5.6

固有误差　intrinsic error

在标准条件下确定的衡器的误差。

7.5.7

初始固有误差　initial intrinsic error

衡器在性能测试与量程稳定性测试之前确定的固有误差。

7.5.8

绝对误差　absolute error

称量结果与被称量的真值之差。通常简称为误差。

7.5.9

相对误差　relative error

绝对误差与被称量的(约定)真值之商。

7.5.10

算术平均值　arithmetic mean

一个被称量的 n 个称得值的代数和除以 n 而得的商。

$$\bar{x}=\frac{\sum_{i=1}^{n}x_i}{n}$$

式中：

x ——表示载荷示值误差；

$\bar{x}$——表示平均误差；

n ——表示称量次数。

7.5.11

残余误差　residual error

称量列中的一个称得值 x_i 和该称量列的算术平均值 $\bar{x}$ 之差 u_i。

$$u_i=x_i-\bar{x}$$

7.5.12

误差的绝对值　absolute value of an error

不考虑正负号的误差值。

7.5.13

称量不确定度　uncertainty of measurement

表征被称量的真值所处量值范围的评定。

7.5.14

置信因数　confidence factor

对应于所给置信概率的误差限与标准偏差之比。用下式表示：

$$K=\frac{e}{s}$$

式中：

K ——置信因数；

e ——误差限；

s——标准偏差。

7.5.15

偏差 deviation

一个值减去其参考值。

7.5.15.1

(实验)标准偏差 (experimental) standard deviation

用于评价衡器或称重传感器的稳定性、再现性和重复性的偏差。对于同一被称载荷作 n 次称量,表征称量结果分散性的参数 s 可按下式计算:

$$s=\sqrt{\frac{\sum_{i=1}^{n}(x_i-\overline{x})^2}{n-1}}$$

式中:

s——表示标准偏差;

x_i——表示第 i 次称量结果;

$\overline{x}$——表示 n 次称量结果的算术平均值;

n——表示称量次数。

7.5.16

最大允许偏差(*MPD*) maximum permissible deviation (*MPD*)

测量值与参考值间允许的最大偏差极限。

7.5.17

最大允许误差(*MPE*) maximum permissible error (*MPE*)

对处于标准位置且空载置零的衡器,其示值与参考标准质量或标准砝码所确定的相应真值之间由规程(或标准)所允许的最大差值(正负均可)。

7.5.18

增差 fault

衡器的示值误差与固有误差之差。

7.5.19

显著增差 significant fault

对于非自动衡器,是指大于 e 的增差。

注:对于多分度衡器,e 值应与其局部称量范围相对应。

对于非连续累计自动衡器,是指大于 d_t(非连续累计自动衡器的累计分度值)的增差。

对于连续累计自动衡器(皮带秤),是指载荷等于皮带秤相应准确度等级的最小累计载荷(Σ_{min})的情况下,大于影响因子相应最大允许误差绝对值的增差。

对于重力式自动装料衡器,是指大于装料为最小秤量或额定最小装料的使用中检验的每次装料最大允许偏差 0.25 倍的增差。

对于自动分检衡器,是指大于 e 的增差。

对于自动轨道衡和动态公路车辆自动衡器,是指大于 d(自动轨道衡和动态公路车辆自动衡器的分度值)的增差。

下列情形不认为是显著增差,即使它们超过了显著增差值(例如非自动衡器的 e):

——衡器内由于同时发生的、且相互独立的诸原因而引起的增差;

——意味着不可能进行任何测量的增差;

——严重程度势必被所有关注测量结果的人员所察觉的增差;

——由于示值瞬间变动而引起的暂时性增差,作为测量结果这种变动系无法解释、存储或传输。

7.5.20

耐久性误差　durability error

衡器在整个使用周期内的固有误差，与其初始固有误差之间的差值。

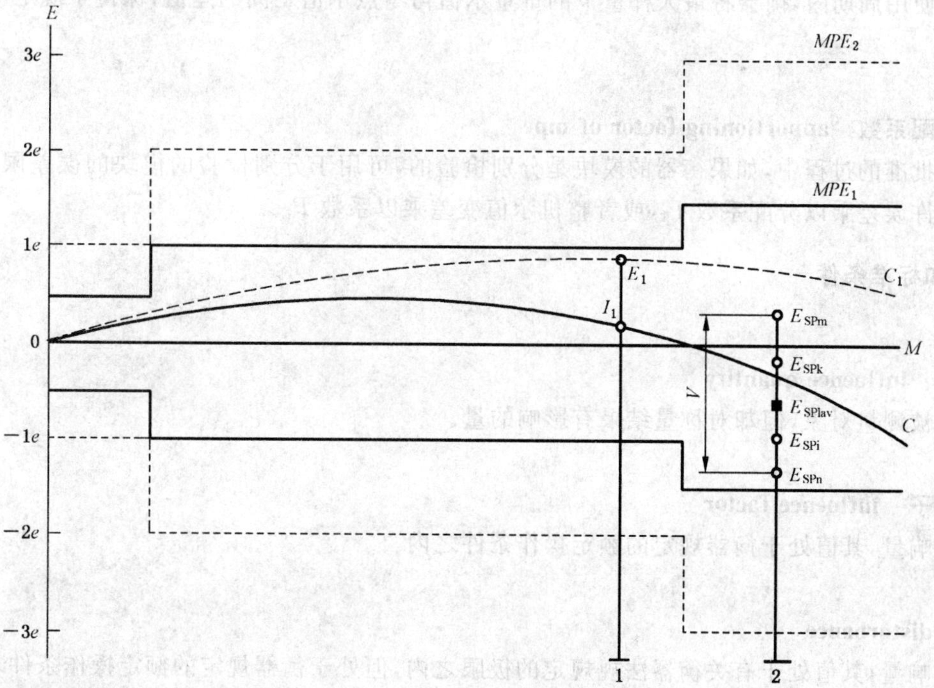

m——被测质量；

E——示值误差；

MPE_1——首次检定的最大允许误差；

MPE_2——使用中检验的最大允许误差；

C——标准条件下的特性曲线；

C_1——在影响因子或干扰作用下的特性曲线；

E_{SP}——量程稳定性测试期间评定的示值误差；

V——量程稳定性测试期间示值误差的变化量；

位置 1——表示衡器由于影响因子或干扰而产生的误差 E_1。I_1 是固有误差。由于影响因子或干扰的作用而产生的增差等于 E_1-I_1；

位置 2——表示在量程稳定性测试的首次测量中所得误差的平均值 E_{SP1av}，以及量程稳定性测试期间不同时刻评定的其他一些误差，如 E_{SPi} 与 E_{SPk}，及其误差极值 E_{SPm} and E_{SPn}。量程稳定性测试期间示值误差的变化量 V，等于 $E_{SPm}-E_{SPn}$。

图 4　某些所用术语的图示

7.5.21

显著耐久性误差　significant durability error

大于检定分度值 e 的耐久性误差。

注 1：耐久性误差可以是由于机械磨损或电子器件老化引起的。显著耐久性误差的概念只适用于电子部件。

注 2：对于多分度衡器，检定分度值 e 与局部称量范围对应。

下述情况不认为是显著耐久性误差，即使它们超过了检定分度值 e；

衡器使用一个周期以后所产生的误差，明显地是由于器件和(或)元件失效或由于干扰所致，因而其示值：

——作为测量结果系无法予以解释、存贮或转换，或

——意味着不可能进行任何测量，或

——非常明显的错误,以至于称量结果的跃变足以被引起关注。

7.5.22

量程稳定性　span stability

在整个使用周期内,衡器将最大秤量下的重量示值与零点示值之间的差值,保持于规定极限之内的能力。

7.5.23

误差分配系数　apportioning factor of mpe

在型式批准的过程中,如果衡器的模块是分别检验的,可用于分别检验的模块的误差限,等于衡器整机最大允许误差乘以分配系数 P_i,或者整机示值变差乘以系数 P_i。

8　影响量和标准条件

8.1

影响量　influence quantity

不属于被测量对象,但却对称量结果有影响的量。

8.1.1

影响因子　influence factor

一种影响量,其值处于衡器规定的额定操作条件之内。

8.1.2

干扰　disturbance

一种影响量,其值处于有关衡器法规规定的极限之内,但处于衡器规定的额定操作条件之外。

8.2

额定操作条件　rated operating conditions

设定了诸影响量数值范围的使用条件,在这个范围内使用时,衡器的计量特性将处于规定的最大允许误差之内。

8.3

标准条件　reference conditions

为保证称量结果能有效地相互比较而设立的一组影响因子的特定值。

注:标准条件一般包括作用于衡器的影响量的参考值或参考范围。

8.4

标准位置　reference position

衡器处于最佳的测试或称量状态的位置。

8.5

倾斜　tilting

在称量或测试时衡器偏离了其水平(标准)位置。

8.6

电源电压变化　power voltage variations

指电子衡器的供电电源在允许范围内的电压变化。在这个范围内电子衡器的计量性能应不会受到影响。

8.7

电磁兼容性　electromagnetic compatibility(EMC)

设备或系统在其电磁环境中能正常工作且不对该环境中任何事物构成不能承受的电磁骚扰能力。电磁兼容试验可分为:空间辐射试验与线路传导试验。从干扰对象分类,可分为:检测设备骚扰源特性的干扰试验(EMI)与检测设备抗干扰能力的抗扰度试验(EMS)。

8.8

安全环境要求 requirements of safe environment

衡器产品设计和应用中必须注意的环境安全因素。如:易燃、易爆、雷电、静电等。衡器的安全环境要求也要根据衡器的结构类型、使用条件、准确度等的不同,加以区别。

8.9

机械环境要求 requirements of mechanic environment

衡器产品设计和应用中必须注意的机械损坏因素。如:机械冲击、振动、碰撞、跌落等受到的机械环境现象对衡器计量性能的影响。

8.10

气象环境要求 requirements of weather environment

衡器在不同气象环境条件下的适应性。气象环境条件包括:温度、湿度、气压、盐雾、霉菌、空气腐蚀、生物损害、沙尘、淋雨、太阳辐射等。

9 试验

9.1

试验载荷 test load

为试验目的作用于衡器上的、已知其重量值的载荷或砝码。

9.2

试验砝码车 test weight car

由安装在轮上的车体和必要的运输附属设备组成,其总重量已知、并保持在一定准确度的范围内用于检定衡器的专用车。

9.2.1

检衡车 reference wagon

具有已知标准质量,可用于轨道衡、汽车衡检定和/或动态试验的车辆。

9.3

模拟试验装置 simulation test device

9.3.1

链码 rolling chain

由一系列互相连接成链状的、可以绕其自身轴线旋转的滚子及链板组成的,用于对皮带秤进行动态模拟试验的一种专用砝码装置。

9.3.2

循环链码 cycling chain weights

由若干个标准质量块,首尾相接组成的闭合链,被动的随输送机皮带移动,将重力连续、循环地作用于皮带秤上。可以模拟物料通过皮带秤的过程。

9.3.3

挂码 weight-hoist

悬挂或放置于皮带秤称量架适当部位的,用于对皮带秤进行静态模拟试验的一种专用砝码。

9.3.4

模拟(负荷)片 simulation absorbed plate

模拟物料通过核子秤效果的样片,通常由金属制成。

9.4

被测试衡器(EUT) equipment under test(EUT)

通常是指被用于试验的设备。这种设备可以是整台衡器,也可以是衡器的某个部件(如称重传感器、称重显示器等)。

9.5

性能试验　performance test

为证实被试衡器(EUT)能否执行其预定功能所作的测试。

9.5.1

加载试验　increasing load test

在承载器上逐渐增加试验载荷或砝码的一种试验。

9.5.2

卸载试验　decreasing load test

在承载器上逐渐减少试验载荷或砝码的一种试验。

9.5.3

偏载试验　corner eccentricity load tests

在承载器上有规律地改变载荷位置,以确定示值是否不受载荷分布方式影响的一种试验。

9.5.4

静态试验　static test

用标准砝码或固定载荷置于衡器的承载器上,以确定其误差的一种试验。

9.5.5

动态试验　in-motion dynamic test

在自动衡器中,用已知其重量载荷通过衡器的承载器,以确定其误差或偏差的一种试验。

9.5.6

物料试验　material test

在完整的被测衡器上,使用衡器预期称量的物料对其整机所进行的一种试验。

9.5.7

模拟试验　simulation test

在衡器整机或局部上所进行的模拟其在称量操作中所执行的某一功能的一种试验。

9.5.8

倾斜试验　inclination test

衡器在与水平(标准)位置成一定角度的状态下所进行的试验。

9.5.9

量程稳定性试验　span stability test

检验被试衡器(EUT)在经过一个使用周期后能否维持其性能特征的一种试验。

10 计量管理

10.1

(质量的)计量标准　metrology standard(of a mass)

按国家质量计量检定系统表规定的准确度等级,用于检定较低等级质量计量标准或工作质量计量器具的质量计量器具。

10.1.1

(质量)国家基准　national primary standard (of a mass)

在质量计量领域内复现和保存质量计量单位,并具有最高计量学特性,经国家鉴定批准作为统一全国质量量值的质量计量器具。

10.1.2

(质量)副基准　secondary standard(of a mass)

通过与国家质量基准比对或校准来确定其量值,并经国家鉴定批准的质量计量器具。

10.1.3

(质量)工作基准　working standard(of a mass)

通过与国家质量基准或副基准比对或校准来确定其量值,用以检定质量计量标准的计量器具。

10.1.4

国际千克原器　international kilogram prototype

经国际协议承认,保存在国际计量局(BIPM)用来作为复现国际上所有质量计量标准量值依据的质量计量标准。

10.1.5

国家千克原器　national kilogram prototype

经国家法定计量部门承认,在国内作为对质量计量的其他计量标准定值的依据的计量标准。

10.1.6

标准砝码组　standard weight set

经合理组合能在给定范围内复现一系列质量值的、量值经特别选定的一组质量计量标准砝码。

10.2

(衡器的)检定　verification(of weighing instrument)

由授权的计量部门进行的,为评价衡器的计量性能,确定其是否符合计量检定规程规定的要求所作的全部工作。

10.2.1

检定规程　regulation of verification

由计量部门制定的,规定了衡器或其他计量器具的计量要求、检定项目和程序,以及合格判定原则的法定技术文件。

10.2.1.1

国家检定规程　national regulation of verification

为评定衡器的计量特性,由国家行政主管部门组织制定并批准颁布,在全国范围内实行作为检定依据的法定技术文件。

10.2.1.2

部门或地方检定规程　department or local regulation of verification

在无国家检定规程时,为评定衡器的计量特性,由部门或地方组织制定并批准颁布,在本部门或本地区实行作为检定依据的法定技术文件。

10.2.2

(国家)质量(计量)检定系统表　(national metrology) verification scheme of mass

国家对质量计量器具到各等级的质量计量标准,直到工作计量器具的检定主从关系所作的技术规定。

10.2.3

(质量的)量值传递　dissemination of value(of a mass)

通过对质量计量器具的检定或校准,将质量国家基准所复现的质量计量单位量值,通过各等级质量计量标准传递到质量工作计量器具,以保证对被称对象质量值的准确和一致。

10.2.4

首次检定　initial verification

对从未检定过的衡器所进行的检定。

注:首次检定包括:

1) 新制造、新安装的检定;

2) 进口衡器的检定。

10.2.5

后续检定　subsequent verification

衡器首次检定后的任何一种检定。

注：后续检定包括：

1）强制性周期检定；

2）修理后检定；

3）周期检定有效期内的检定，不论它是由用户提出请求，或由于某种原因使有效期内的封印失效而进行的检定。

10.2.5.1

周期检定　periodic verification

根据衡器按规程规定的周期，对衡器所进行的后续检定。

10.2.5.2

修理后检定　after repair verification

衡器在修理过程中可能改变了初始安装条件或更换了部分器件，使其计量性能可能产生了变化。所以，修理后的衡器必须进行检定。

10.2.6

使用中检验　in-service inspection

检验使用中的衡器是否符合计量检定规程的要求；是否处于良好的工作条件；使用是否正确、可靠。

10.2.7

强制检定　compulsory verification

根据计量法的规定，必须由法定计量部门按有关检定规程所作的检定。

10.2.8

仲裁检定　arbitral verification

用质量计量基准或社会公用质量计量标准，所进行的以仲裁为目的的检定。

10.2.9

检定条件　conditions of verification

衡器检定规程中对所用的质量计量标准、检定设备和环境条件所作的规定。

10.2.10

检定方法　method of verification

衡器检定规程中规定的操作方法和步骤。

10.2.11

检定周期　period of verification

衡器相邻两次周期检定期间的时间间隔。

10.2.12

检定证书　verification certificate

证明衡器经过检定合格的文件。

10.2.13

检定印记　verification seal

证明衡器已经过检定合格而在衡器上加盖的印记或标记。

10.2.14

不合格通知书　rejection notice

证明衡器已被认为不符合或不再符合有关规定要求的文件。

10.2.15

封印标记　sealing mark

用于防止衡器的某些零件移动、置换变更所作的一种标记。

10.3

计量监督　metrology supervision

按计量法律、法规要求对衡器所进行的计量管理。

10.3.1

比对　comparison

在规定的条件下，对相同准确度等级的同种计量基准、标准或工作计量器具之间的量值进行的比较。比对主要用于现场没有更高准确度计量器具的情况下确定参与比对的各计量器具的准确度。

10.3.2

计量法　metrology law

为了加强计量监督管理，保障国家计量单位制的统一和量值的准确可靠，有利于生产、贸易和科学技术的发展，适应社会主义现代化建设的需要，维护国家、人民的利益，而制定的法律文件。

10.3.3

计量管理　metrology management

国家或地方计量行政部门依据计量法，对制造、修理、销售、使用计量器具的单位或人员，所进行的管理工作。

10.3.4

法定(计量)单位　legal (metrology) unit

国家用法令的形式规定的允许使用的计量单位。

10.3.5

计量授权　metrology authority

计量行政管理部门可以根据需要，授权其他单位的计量检定机构，在规定的范围内执行强制检定和其他检定、测试任务。

10.3.6

计量认证　metrology authentication

是国家政府计量行政部门对产品质量检验机构的能力(包括工作性能、工作环境、人员的操作技能和管理制度)的考核。

10.3.7

(衡器的)型式批准　pattern approval (of weighing instruments)

是指政府计量行政部门对全国范围内首次生产的计量器具(衡器)新产品和进口计量器具所作出的符合计量法制和计量技术要求的决定，其决定是根据有关计量法规和定型鉴定结果而作出的。

注：衡器的型式是指某一衡器、它的样机以及(或)它的技术文件(例如：图纸、设计资料等)。

10.3.8

临时型式批准　temporary pattern approval

在特殊情况下，产品不能按正常程序先作型式评价而先行投产或销售的，待条件成熟具备后，再作型式评价，这种先履行批准手续的特殊情况称之为临时型式批准。

10.3.9

(衡器的)型式评价　pattern evaluation (of weighing instruments)

为确定衡器的型式是否予以批准，或者是否应当签发拒绝批准文件，而对该衡器型式进行的一种检查和试验。

参 考 文 献

[1] Continuous totalising automatic weighing instruments,1997,OIML R50.

[2] Automatic catchweighing instruments,2006,OIML R51.

[3] Metrological regulation for load cell,2000,OIML R60.

[4] Automatic gravimetric filling instruments,2004,OIML R61.

[5] Non-automatic weighing instruments,2006,OIML R76.

[6] Automatic rail-weighbridges,2005,OIML R106.

[7] Discontinuous totalising automatic weighing instruments (totalizing hopper weathers),2006 (2CD),OIML R107.

[8] Automatic instruments for weighing road vehicles in motion,2006,OIML R134.

中 文 索 引
（按汉语拼音排序）

英 文 索 引

A

B

C

F

G

H

N

O

P

R

S

Z

ICS 59.080.60
W 56

中华人民共和国国家标准

GB/T 14252—2008
代替 GB/T 14252—1993

机织地毯

Woven carpets

2008-06-16 发布

2009-03-01 实施

中华人民共和国国家质量监督检验检疫总局
中国国家标准化管理委员会 发布

前 言

本标准代替 GB/T 14252—1993《机织地毯》,与 GB/T 14252—1993 相比主要变化如下:

a) 产品分类:

——对前版的"地毯分类命名"进行了修改并与国际接轨;

——产品分类补充按绒头质量(g/m^2)分为若干型号,例如:800 型机织地毯,它能直观地向消费者提供地毯厚重类型信息。

b) 内在质量"要求"项:

——增加国际通行的"外观保持性"项目(六足:12 000 次),以评价地毯适用的耐用程度,并直接采用国际标准试验方法和评价方法;

——删除原"动态厚度减少"项目,由于产品品种不断创新,上述方法已不适用于含有一种以上的绒头厚度或结构的地毯;

——为了标志、标签标注需要,本标准对待多样化地毯产品的结构、规格特性,如毯面纤维的类型及含量等采用数据待定方式,由生产企业确定,提供待定数据。

c) 增加"室内空气质量"等安全性要求;

d) 为适应国内外贸易和使用场所不同需要,增加了"附加任选特性技术要求",如阻燃性、抗静电性、抗微生物活性等七项要求。

本标准自实施之日起代替 GB/T 14252—1993。

本标准的附录 A 和附录 B 为规范性附录,附录 C 为资料性附录。

本标准由中国轻工业联合会提出。

本标准由全国地毯标准化技术委员会归口。

本标准负责起草单位:中国工艺美术协会地毯专业委员会。

本标准参加起草单位:威海海马地毯有限公司、威海市山花地毯集团有限公司、日照东昇地毯有限公司、浙江美术地毯制造有限公司、溧阳开利地毯材料有限公司、北京双泉燕山地毯有限公司、常州环球地毯制造有限公司、滨州东方地毯有限公司、河北弘业地毯集团有限公司。

本标准主要起草人:李孝文、王兆歧、马志军、王廷龙、孙祖法、蒋夕生、迟小光、王本贤、韩洪亮、郜长庚。

本标准所代替标准的历次版本发布情况为:

——GB/T 14252—1993。

机 织 地 毯

1 范围

本标准规定了机织地毯产品分类、要求、试验方法、检验规则、标志和标签、包装、运输和贮存。

本标准适用于羊毛、合成纤维、羊毛及羊毛混纺纤维为绒头原料，通过地毯织机使绒头纱线与毯基经纬线交织而成的有绒头的威尔顿、阿克明斯特机织地毯。以其他纤维材料为绒簇的机织地毯也可参照使用。

2 规范性引用文件

下列文件中的条款通过本标准的引用而成为本标准的条款。凡是注日期的引用文件，其随后所有的修改单(不包括勘误的内容)或修订版均不适用于本标准，然而，鼓励根据本标准达成协议的各方研究是否可使用这些文件的最新版本。凡是不注日期的引用文件，其最新版本适用于本标准。

GB/T 2910 纺织品 二组分纤维混纺产品定量化学分析方法(GB/T 2910—1997,eqv ISO 1833:1977)

GB/T 2911 纺织品 三组分纤维混纺产品定量化学分析方法(GB/T 2911—1997,eqv ISO 5088:1976)

GB/T 3920 纺织品 色牢度试验 耐摩擦色牢度试验方法(GB/T 3920—1997,eqv ISO 105-X12:1993)

GB/T 6529 纺织品 调湿和试验用标准大气(GB/T 6529—2008,ISO 139:2005,MOD)

GB/T 8427 纺织品 色牢度试验 耐人造光色牢度 氙弧(GB/T 8427—1998,eqv ISO 105-B02:1994)

GB 8624 建筑材料及制品燃烧性能分级

GB/T 11049 地毯燃烧性能 室温片剂试验方法(GB/T 11049—2008,ISO 6925:1982,IDT)

GB/T 11785 铺地材料燃烧性能测定 辐射热源法(GB/T 11785—2005,ISO 9239-1:2002,IDT)

GB 18587 室内装饰装修材料 地毯、地毯衬垫及地毯胶粘剂有害物质释放限量

GB/T 20285 材料产烟毒性危险分级(GB/T 20285—2006)

GB 20286 公共场所阻燃制品及组件燃烧性能要求和标识(GB 20286—2006)

QB/T 1087 机制地毯 物理试验的取样和试样的截取法(QB/T 1087—2001,eqv ISO 1957:1986)

QB/T 1088 机制地毯在浸水和热干燥作用下尺寸变化的试验方法(QB/T 1088—1991,eqv ISO 2551:1981)

QB/T 1090 地毯绒簇拔出力的试验方法(QB/T 1090—2001,eqv ISO 4919:1978)

QB/T 1188 地毯质量的试验方法(QB/T 1188—2001,eqv ISO 8543:1998)

QB/T 1555 地毯毯基上绒头厚度的试验方法(QB/T 1555—2001,eqv ISO 1766:1986)

QB/T 2214 地毯尺寸及毯形测定(QB/T 2214—1996,neq ISO 3018:1974)

FZ/T 01053 纺织品 纤维含量的标识

ISO 6356 纺织铺地物 静电习性评价法 行走试验

ISO 9405 纺织铺地物 外观变化的评定

ISO 10361:2000 纺织铺地物 利用威特曼鼓轮或六足滚筒试验产生外观变化

ISO 10965 纺织铺地物 电阻的测定

ISO 11378-2:2001 地毯耐脏污性能 滚筒试验方法及评定

ISO 12951:1999 地毯质量损失 利森四脚踏轮测试方法

ASTM D 6859:2005 成品平齐绒头纱线铺地物 绒头厚度的标准检测方法

AATCC 174:2007 地毯抗微生物活性的测评

3 术语和定义

下列术语和定义适用于本标准。

3.1

外观保持性 appearance retention

地毯防止外观变化的能力。

3.2

外观变化(毯面外观总体变化) change in appearance

由于外力作用,使毯面的结构(质地)、厚度、颜色和/或花纹发生变化。

注1:结构和质地变化是指毯面绒头(割绒或圈绒)和/或纤维结构发生可见变化,如:绒头清晰度降低,绒头倒伏(厚度减损)、纤维化、毡化、起毛、起球、绒头倒向变化(出现色差)条痕等变化。

注2:颜色变化是指毯面发白、褪色、起光和脱色等变化。

注3:花纹的变化是指毯面花纹轮廓清晰度改变或降低。

4 产品分类

4.1 机织地毯按织造方法不同分为三个品种。

a) 单面威尔顿地毯(穿条威尔顿地毯),Wire Wilton carpet;

b) 双面威尔顿地毯(双层威尔顿地毯),Face-to-face woven pile carpet;

c) 阿克明斯特地毯,Axminster carpet。

4.2 机织地毯按毯基上单位面积绒头质量分为若干型号(见表1)。

表1 地毯型号 单位为克每平方米

型号	700型	750型	800型	850型	900型
毯基上单位面积绒头质量(标称值)	700~749	750~799	800~849	850~899	900~949
型号	950型	1000型	1050型	1100型	1150型
毯基上单位面积绒头质量(标称值)	950~999	1 000~1 049	1 050~1 099	1 100~1 149	1 150~1 199
注:列举10个型号,其他型号以此类推,每个型号间距为50 g/m²。					

5 要求

5.1 内在质量

5.1.1 内在质量技术要求应符合表2规定。

表 2 内在质量技术要求

特性	序号	项目				单位	技术要求
基本性能	1	外观保持性[a]:六足 12 000 次				级	≥2.0
	2	绒簇拔出力				N	≥5.0
	3	耐光色牢度[b]:氙弧				级	≥5、≥4(浅)[c]
	4	耐摩擦色牢度			干	级	≥3—4
					湿		≥3
	5	耐燃性:水平法(片剂)				mm	最大损毁长度≤75 至少七块合格
结构规格	6	毯面纤维类型及含量			标称值	%	—
		羊毛或尼龙含量			下限允差	%	−5
	7	毯基上单位面积绒头质量、单位面积总质量			标称值	g/m²	—
					允差	%	±10
	8	毯基上绒头厚度、绒头高度、总厚度			标称值	mm	—
					允差	%	±10
	9	尺寸	块毯:宽×长		标称值	m	—
					允差	%	+2～−1
			满铺地毯	幅宽	标称值	m	—
					允差	%	±1
				卷长	标称值	m	—
					实际长度		大于标称值

注 1：凡是特性值未做规定的项目，由生产企业提供待定数据。

注 2：2 500 绒簇结/dm² 及以上的高密度机织地毯，绒簇拔出力指标可以由供需双方协商制定。

[a] 绒头纤维为丙纶或≥50%涤纶混纺机织地毯允许低半级。

[b] 羊毛或≥50%羊毛混纺机织地毯允许低半级。

[c] "浅"标定界限为≤1/12 标准深度。

5.1.2 室内有害物质释放量应符合 GB 18587 的规定。

5.2 外观质量

外观质量分等规定应符合表 3 规定。

表 3 外观质量分等规定

序号	外 观 疵 点	优等品	一等品	合格品
1	破损(破洞、破边、撕裂等)	无	无	无
2	污渍(油污、色渍、胶渍等)	无	不明显	不明显
3	错色、错花	不明显	不明显	不明显
4	色条	不明显	不明显	稍明显
5	修补痕迹	不明显	不明显	稍明显
6	毯面不平、毯边不平直	不明显	不明显	稍明显
7	缺经、纬、缺绒簇	不明显	不明显	不明显

表 3（续）

序号	外观疵点	优等品	一等品	合格品
8	锁边、加穗缺陷	无	不明显	不明显
9	渗胶过量	无	不明显	不明显
10	块毯：毯形不正	不明显	不明显	稍明显
11	脱毛、浮毛	不明显	不明显	稍明显

5.3 附加任选特性技术要求

对地毯产品标识附加特性时，应符合附录 A 的规定。

6 试验方法

6.1 外观质量检验

检验人员按表 3 要求对毯面、毯边、毯背进行目测和手感检验。

6.2 内在质量检验

6.2.1 试验条件（另有规定的除外）

调湿和试验用标准大气采用 GB/T 6529 规定的二级试验用标准大气，温度（20±2）℃，相对湿度（65±3）%。

6.2.2 调湿处理（另有规定的除外）

试验前在 6.2.1 规定的试验用标准大气条件下将试样的毯面朝上，平整单块地放置，至少保持调湿 24 h。

6.2.3 试样

按 QB/T 1087 规定的方法截取试样。

6.2.4 外观保持性

按 ISO 10361:2000 规定的方法 B（六足滚筒试验仪）进行试验。

按 ISO 9405 规定的方法进行评定。

6.2.5 绒簇拔出力

按 QB/T 1090 进行试验。

6.2.6 耐光色牢度：氙弧

按 GB/T 8427 进行试验。

6.2.7 耐摩擦色牢度

按 GB/T 3920 进行试验。

6.2.8 耐燃性：水平法（片剂）

按 GB/T 11049 进行试验。

6.2.9 毯面纤维类型及含量、羊毛或尼龙含量

需要进行纤维含量分析时应按组分不同按 GB/T 2910 或 GB/T 2911 进行试验。

6.2.10 毯基上单位面积绒头质量、单位面积总质量

按 QB/T 1188 进行试验。

偏差率按式(1)计算：

$$D = \frac{\overline{m}_t - m_s}{m_s} \times 100 \qquad \cdots\cdots(1)$$

式中：

D——毯基上单位面积绒头质量偏差率，以%表示，精确到小数点后一位；

$\overline{m}_t$——实测毯基上单位面积绒头质量的算术平均值，单位为克每平方米（g/m^2），精确到小数点后一位；

m_s——标称毯基上单位面积绒头质量，单位为克每平方米（g/m^2）。

6.2.11 毯基上绒头厚度、绒头高度、总厚度

绒头厚度、总厚度按 QB/T 1555 进行试验。

绒头高度按 ASTM D 6859:2005 中 A1.2.2 进行测定。

测量绒头高度的方法是将带刻度的小直尺插入绒头中至毯基，读取绒头高度（mm），精确至 0.5 mm。

6.2.12 地毯尺寸

按 QB/T 2214 和本标准附录 B 规定的方法进行测定。

6.3 附加任选特性检验

附加任选特性技术要求见附录 A。

7 检验规则

7.1 检验分类

产品检验分出厂检验和型式检验。

7.1.1 出厂检验（交收检验）

产品出厂前，需经检验合格后方可出厂。

a） 对外观质量和地毯尺寸进行全数检验；

b） 内在质量每批（产品的原材料、品种或工艺有重大改变）按表 4 规定抽检。

表 4 出厂检验项目

<table>
<tr><th>序号</th><th colspan="3">检验项目</th><th>要求</th><th>检验方法</th></tr>
<tr><td>1</td><td colspan="3">外观质量</td><td>应符合表 3 规定</td><td>按 6.1 方法</td></tr>
<tr><td rowspan="3">2</td><td rowspan="3">尺寸</td><td colspan="2">块毯：宽×长</td><td rowspan="6">应符合表 2 规定</td><td rowspan="3">按 6.2.12 方法</td></tr>
<tr><td rowspan="2">满铺地毯</td><td>幅宽</td></tr>
<tr><td>卷长</td></tr>
<tr><td>3</td><td colspan="3">毯面纤维类型及含量
羊毛或尼龙含量</td><td>按 6.2.9 方法</td></tr>
<tr><td>4</td><td colspan="3">毯基上单位面积绒头质量</td><td>按 6.2.10 方法</td></tr>
<tr><td>5</td><td colspan="3">毯基上绒头厚度、绒头高度</td><td>按 6.2.11 方法</td></tr>
</table>

7.1.2 型式检验（例行检验）

有下列情况之一时，对产品进行型式检验：

a） 停产后复产；

b） 产品的原材料、品种或工艺有重大改变；

c） 国家质量监督机构提出型式检验的要求时。

7.2 检验项目

7.2.1 出厂检验项目应按表 4 执行。

7.2.2 型式检验时，外观质量和内在质量应按表 3 和 5.1 规定进行检验。

7.3 抽样规定

抽样按批以块或卷为单位随机抽取其批量数和样本数量，见表 5 和表 6。

表 5 批量和样本数量(以块为单位) 单位为块

批量数	1 000 以下	1 000～2 000	2 001～4 000	4 000 以上
样本数量	1	2	3	4

表 6 批量和样本数量(以卷为单位) 单位为卷

批量数	100 以下	100～200	201～400	400 以上
样本数量	1	2	3	4

7.4 判定规则

7.4.1 品等规定

产品品等按 7.4.2 进行判定。

7.4.2 分等规定

7.4.2.1 机织地毯的品等由内在质量和外观质量结合评定，分为优等品、一等品、合格品和不合格品。

7.4.2.2 内在质量评定以批为单位(原材料、品种、工艺参数、色号相同为一批)，全部达到 5.1 要求为内在质量合格，其中有一项达不到要求为内在质量不合格。

7.4.2.3 外观质量评等以卷或块为单位，分为优等品、一等品、合格品和不合格品，按表 3 要求以 11 项疵点中最低的一项品等定为外观质量等级。

7.4.2.4 内在质量和外观质量都合格时，以外观质量的品等定该产品的等级；内在质量和/或外观质量不合格时，则判该产品为不合格品。

7.5 复验规则

外观质量检验项目中，只有一项不合格时允许从该批产品中加倍抽样，全部指标复验合格或优于合格时，则判定该批产品外观质量合格；如仍有一个样品不合格则判定该批产品外观质量不合格。

内在质量检验项目中，只有一项不合格时，允许对该批产品的不合格项加倍抽样复验，如复验合格则可以判定该批产品内在质量合格；如仍有一个样品不合格则判定该批产品内在质量不合格。

8 标志和标签

8.1 产品标签需要标明的内容

a) 生产企业名称和详细地址、商标；

b) 地毯型号和产品名称、品种；

c) 毯面纤维类型及含量(含量标识应符合 FZ/T 01053)；

d) 地毯尺寸；

e) 产品主要规格(毯基上绒头质量、单位面积总质量和毯基上绒头厚度、绒头高度等)；

f) 产品执行的标准编号；

g) 产品质量等级、检验合格证明；

h) 使用建议：生产企业应指明该产品按其性能水平适用于使用的场所。

注：关于机制羊毛地毯名称的界定：

纯羊毛地毯(羊毛含量≥95%)；

羊毛地毯(80%≤羊毛含量＜95%)；

羊毛混纺地毯(20%≤羊毛含量＜80%)；

混纺地毯(羊毛含量＜20%)。

8.2 附加任选信息

除应标明的内容外，还包括需向消费者提供说明的其他信息。

8.3 包装标志需要标明的内容

a) 生产企业名称；

b) 地毯型号和产品名称、品种；

c) 地毯尺寸规格、色别；

d) 产品质量等级；

e) 成包日期；

f) 提示语："不准用钩"、"防潮"、"勿重压"等。

8.4 地毯标签标识及提供

地毯标签应缝合、粘贴或附在地毯产品上。在销售地毯时，至少随每块地毯或每卷地毯向消费者提供地毯标签。

9 包装、运输和贮存

9.1 包装

机织地毯包装应保证产品不受损伤，能防污、防潮，便于贮存和运输。

9.2 运输和贮存

机织地毯在运输和贮存时不得重压，应避免雨淋、长期曝晒，注意防潮、防火等。

附 录 A
(规范性附录)
附加任选特性技术要求

对地毯产品标识附加特性时，应符合表 A.1 有关规定，其所示项目是按合同或使用场所的需要选择。

表 A.1 技术要求

<table>
<tr><th>序号</th><th colspan="2">项 目</th><th colspan="3">技 术 要 求</th><th>试验方法</th></tr>
<tr><td>1</td><td colspan="2">阻燃性</td><td colspan="3">国家规定的公共场所(参见附录 C)用地毯
燃烧性能不低于(D_{fl}－s2，t1)标识等级
D_{fl}：CHF≥3.0 kW/m^2
s2：无性能要求
t1：产烟毒性应达到 ZA3 级</td><td>GB 8624
GB 20286
GB/T 11785
GB/T 20285</td></tr>
<tr><td>2</td><td colspan="2">抗静电性
(行走试验)</td><td colspan="3">≤2.0 kV～≤3.5 kV</td><td>ISO 6356</td></tr>
<tr><td rowspan="2">3</td><td rowspan="2">电习性</td><td>水平电阻</td><td colspan="3">≤10^6 Ω</td><td rowspan="2">ISO 10965</td></tr>
<tr><td>垂直电阻</td><td colspan="3">≤10^9 Ω</td></tr>
<tr><td rowspan="3">4</td><td rowspan="3" colspan="2">抗微生物活性</td><td colspan="2">抗菌率</td><td>抗霉性</td><td rowspan="3">抗菌率：
AATCC 174:2007
中第 2 部分
抗霉性：
AATCC 174:2007
中第 3 部分</td></tr>
<tr><td>金黄色葡萄球菌
菌号：ATCC 6538</td><td>大肠杆菌
菌号：ATCC 25922</td><td>黑曲霉
菌号：ATCC 6275</td></tr>
<tr><td>≥95.0%</td><td>≥95.0%</td><td>无霉菌生长</td></tr>
<tr><td>5</td><td colspan="2">耐磨损性(脱毛)</td><td colspan="3">≤80%羊毛混纺，质量损失＜25%</td><td>ISO 12951:1999</td></tr>
<tr><td>6</td><td colspan="2">耐脏污性</td><td colspan="3">≥3 级</td><td>ISO 11378-2:2001</td></tr>
<tr><td rowspan="2">7</td><td rowspan="2" colspan="2">尺寸稳定性
(浸水、热干燥)</td><td colspan="3">满铺地毯尺寸变化率</td><td rowspan="2">QB/T 1088</td></tr>
<tr><td colspan="3">＋0.4%～－0.8%</td></tr>
<tr><td colspan="7">注 1：抗静电性最低水平≤3.5 kV，为一般商务区域使用的地毯。特定场所则需要更低的静电压。
注 2：菌种由国家级菌种保藏管理中心提供。</td></tr>
</table>

附 录 B
（规范性附录）
地毯尺寸的测定

B.1 量具

钢尺：钢直尺、钢卷尺，其分度值单位为毫米。

B.2 试样

卷装地毯。

B.3 尺寸测量方法

B.3.1 将地毯放在平面上，展开铺平，呈松弛状后，进行测量。

B.3.2 对整卷地毯，用大于幅宽尺寸的钢尺，至少测量五处不同部位幅宽尺寸，单位为厘米，精确到0.5 cm，即小于0.5 cm应舍去不计。

B.3.3 对整卷地毯用钢卷尺测量长度尺寸（不包括卷装地毯两端不完整部分），单位为米，精确到厘米。

B.4 结果计算

B.4.1 实测幅宽的算术平均值表示幅宽尺寸，单位为厘米，精确到小数点后一位。

B.4.2 地毯幅宽尺寸偏差率按式(B.1)计算：

$$D=\frac{\overline{L}_t-L_s}{L_s}\times 100 \qquad \cdots\cdots(B.1)$$

式中：

D——幅宽尺寸偏差率，以%表示，精确到小数点后一位；

$\overline{L}_t$——实测幅宽尺寸算术平均值，单位为厘米(cm)，精确到小数点后一位；

L_s——幅宽尺寸标称值，单位为厘米(cm)。

附 录 C
（资料性附录）
公安部令第 39 号和第 61 号所规定的公共场所

C.1 公安部令第 39 号《公共娱乐场所消防安全管理规定》中规定的娱乐性公共场所包括：

a） 影剧院、录像厅、礼堂等演出、放映场所；

b） 舞厅、卡拉 OK 厅等歌舞娱乐场所；

c） 具有娱乐场所功能的夜总会、音乐茶座和餐饮场所；

d） 游艺、游乐场所；

e） 保龄球馆、旱冰场、桑拿浴室等营业性健身、休闲场所。

C.2 公安部令第 61 号《机关、团体、企业、事业单位消防安全管理规定》对公共场所的界定是：

a） 商场（市场）、宾馆（饭店）、体育场（馆）、会堂、公共场所等公众聚集场所（统称公众聚集场所）；

b） 医院、养老院和寄宿制学校、托儿所、幼儿园；

c） 客运车站、码头、民用机场；

d） 公共图书馆、展览馆、博物馆、档案馆以及具有火灾危险性的文物保护单位。

参 考 文 献

[1] ISO 6347:2004 纺织铺地物 向消费者提供信息
Textile floor coverings—Consumer information
[2] ISO/CD 12950.2:1996 纺织铺地物 绒头地毯分级
Textile floor coverings—Classification of pile carpets
[3] EN 1307:2005 纺织铺地物 绒头地毯分级
Textile floor coverings—Classification of pile carpets
[4] EN 14041:2004 弹性,纺织及浸渍纸层压木地板铺地物 必备特性
Resilent, textile and laminate floor coverings—Essential characteristics
[5] 美国地毯协会(CRI)商用地毯检测及要求
CRI—Commercial carpet—Testing requirements
[6] ISO 2424 纺织铺地物 词汇
Textile floor coverings—Vocabulary
[7] QB/T 2213—1996 地毯分类命名

ICS 25.010
Y 90

中华人民共和国国家标准

GB/T 14253—2008
代替 GB/T 14253—1993

轻工机械通用技术条件

General specification for light industry machinery

2008-07-31 发布　　2009-05-01 实施

中华人民共和国国家质量监督检验检疫总局
中国国家标准化管理委员会　发布

前言

本标准代替 GB/T 14253—1993《轻工机械通用技术条件》。

本标准与 GB/T 14253—1993 相比，主要变化如下：

——修改了术语和定义；

——增加了动平衡试验。

本标准由中国轻工业联合会提出。

本标准由全国轻工业机械标准化技术委员会归口。

本标准起草单位：轻工业杭州机电设计研究院、泰安普瑞特机械制造有限公司、南京乐惠轻工装备制造有限公司、安阳机械厂、重庆轻工业机械厂、天津轻工业机械厂、南京轻业工机械厂、辽阳造纸机械股份有限公司。

本标准主要起草人：杨旭、范延明、谌飞、刘清波、李峰、黄应标。

本标准所代替标准的历次版本发布情况为：

——GB/T 14253—1993。

轻工机械通用技术条件

1 范围

本标准规定了轻工机械(压力容器除外)的术语和定义、基本要求、材料、加工和装配质量要求、外观质量要求、试验方法、检验规则及标志、包装、运输 、贮存。

本标准适用于轻工机械产品(以下简称产品)。

2 规范性引用文件

下列文件中的条款通过本标准的引用而成为本标准的条款。凡是注日期的引用文件,其随后所有的修改单(不包括勘误的内容)或修订版均不适用于本标准,然而,鼓励根据本标准达成协议的各方研究是否可使用这些文件的最新版本。凡是不注日期的引用文件,其最新版本适用于本标准。

GB/T 191 包装储运图示标志(GB/T 191—2008,ISO 780:1997,MOD)

GB/T 1348 球墨铸铁件

GB/T 2828.1 计数抽样检验程序 第1部分:按接收质量限(AQL)检索的逐批检验抽样计划(GB/T 2828.1—2003,ISO 2859-1:1999,IDT)

GB 2893 安全色(GB 2893—2001,neq ISO 3864:1984)

GB 2894 安全标志(GB 2894—1996,neq ISO 3864:1984)

GB/T 3766 液压系统通用技术条件(GB/T 3766—2001,eqv ISO 4413:1998)

GB/T 3767 声学 声压法测定噪声源声功率级 反射面上方近似自由场的工程法(GB/T 3767—1996,eqv ISO 3744:1994)

GB/T 3768 声学 声压法测定噪声源声功率级 反射面上方采用包络测量表面的简易法(GB/T 3768—1996,eqv ISO 3746:1995)

GB 5226.1—2002 机械安全 机械电气设备 第1部分:通用技术条件(IEC 60204-1:2000,IDT)

GB/T 5748 作业场所空气中粉尘测定方法

GB/T 6414 铸件 尺寸公差与机械加工余量(GB/T 6414—1999,eqv ISO 8062:1994)

GB/T 6576 机床润滑系统(GB/T 6576—2002,eqv ISO 5170:1977)

GB/T 7932 气动系统通用技术条件(GB/T 7932—2003,ISO 4414:1998,IDT)

GB/T 8263 抗磨白口铸铁件(GB/T 8263—1999,eqv ASTM A532/A532M:1993)

GB/T 9439 灰铸铁件

GB/T 9440 可锻铸铁件(GB/T 9440—1988,neq ISO 5922:1981)

GB 9969.1 工业产品使用说明书 总则

GB/T 11351 铸件重量公差

GB/T 12361 钢质模锻件 通用技术条件

GB/T 13306 标牌

GB/T 13384 机电产品包装通用技术条件

GB/T 21469 锤上钢质自由锻件机械加工余量与公差 一般要求

GB/T 16769 金属切削机床 噪声声压级测量方法(GB/T 16769—1997,neq ISO/DIS 230-5-2)

GB 16798 食品机械安全卫生

GB/T 17421.1 机床检验通则 第1部分:在无负荷或精加工条件下机床的几何精度(GB/T 17421.1—1998,eqv ISO 230-1:1996)

JB/T 4127 机械密封 技术条件
JB/T 4378.2 金属冷冲压件 通用技术条件
JB/T 4385.1 锤上自由锻件 通用技术条件
JB/T 7277 操作件技术条件
QB/T 1588.1 轻工机械 焊接件通用技术条件
QB/T 1588.2 轻工机械 切削加工件通用技术条件
QB/T 1588.3 轻工机械 装配通用技术条件

3 术语和定义

下列术语和定义适用于本标准。

3.1

验收检验 accept inspection

为判断受检批能否接收而进行的检验。

3.2

试验 test

对产品、过程或服务的特性进行的试验或测定。

3.3

可靠性 reliability

产品在规定的时间和条件下完成规定功能的能力。

3.4

使用寿命 use life

产品在规定的使用条件下完成规定功能的工作总时间(或产品性能和精度的保持时间),指发生失效前的工作时间或工作次数。

3.5

标志 marking

与产品、包装等物品上或其某些部位所用图形、文字、颜色等表示其特性或某些要求的代号。

3.6

使用性能 use performance

与产品使用直接有关,并由产品设计决定的功能指标和特性。

3.7

运行性能 run performance

产品在使用过程中的运行特性和产品的运行适应能力,如产品的工作效率(或生产效率)、能量消耗、产品对环境条件的适应能力等各项技术指标。

3.8

贴合缝隙值 joint gap value

门、盖等与产品本体贴合时的最大缝隙值。

3.9

缝隙不均匀值 gap asymmetry value

电气、仪表等的柜、箱的门、盖之间的对开缝或它们与产品本体间的最大缝隙与最小缝隙之差值。

3.10

自然调平 nature adjust

除产品自重影响外,不应用螺栓夹压方法使产品强制变形的调平。某些产品,需要在验收检验过程中紧固地脚螺栓时,应在达到自然调平要求后,再紧固地脚螺栓。

3.11

多指标加权综合评价法　multiple attribute comprehensive evaluating method

把评价质量的各项指标变成一个无量纲的分值，分值大小代表了该指标的优劣程度，然后再按各指标的重要程度用加权值将它们组合起来，并以此来判定产品质量的优劣。

4　基本要求

4.1　型号、参数

产品应有型号，型号和主要参数应符合有关规定。

4.2　造型和布局

4.2.1　产品造型应美观、均匀，整机（含成套设备）应协调。

4.2.2　产品布局应便于调整和维修，操作应有利于观察工作区域。

4.3　结构与性能

4.3.1　产品应具备有关技术文件所规定的使用性能和结构，经济性好，性能可靠，耗能低。

4.3.2　精度指标应先进合理，具有保证功能要求的动、静刚度（性）。运转性能应良好，工作可靠。

4.3.3　当温升对工作性能和使用寿命有影响时，应有控制温升的定量指标。对主要轴承部位的温度和温升不应超过表1规定，如有特殊情况可参照相关标准执行。

表1

单位为摄氏度

轴承型式	温　度	温　升
滑动轴承	70	35
滚动轴承	80	40

4.4　成（配）套性

应配齐保证产品基本性能的附件和专用工具。外购件应附有合格证书。对扩大使用性能的特殊附件应根据供需双方协议供应，一般应附有随机供应的附件和专用工具的目录表及相应的标记和规格。

4.5　电气、液压、气动和润滑系统

4.5.1　电气系统应符合GB 5226.1的有关规定。

4.5.2　液压系统应符合GB/T 3766的有关规定，所选用的液压元件应符合GB/T 7935的规定。

4.5.3　气动系统应符合GB/T 7932的有关规定。

4.5.4　运动件润滑部位应润滑良好，油箱应设有油标。润滑系统应参照GB/T 6576的有关规定。

4.5.5　液压、气动、润滑系统或有关部位应无漏油、漏水（或渗透）和漏气等现象。旋转式的机械密封应符合JB/T 4127的规定。

4.6　安全、卫生

4.6.1　产品空载正常运行时，噪声（声压级）不大于85 dB(A)。

4.6.2　凡有可能对人身或设备本身造成损伤的部位应采取相应的安全措施。对运动时有可能松脱的零部件应设有防松装置。

4.6.3　对工作时会产生有害物质或大量油雾的产品，应采取相应的有效的排除措施，并应符合国家环境和安全保护的有关规定。

4.6.4　对主要部件的主要部位的清洁度应有限量值，并应确切、合理。对工作时经常产生粉尘的产品，其工作场所粉尘浓度应符合有关标准的规定。

4.6.5　压力系统应有显示压力、真空度、温度的各种仪表及防止超压、超温等的安全防护装置，并应符合有关标准和文件的规定。

4.6.6　直接与食品接触的有关零部件或部位应符合GB 16798的有关规定。

4.6.7 大型成套产品的通道、扶梯应设置安全扶手、护栏及防滑跳板或其他安全设施。护栏的高度不得低于1 050 mm。

4.6.8 操作件技术要求应符合JB/T 7277规定。经常使用的手轮、手柄的操纵力应均匀，其操纵力可参照表2的推荐值。

表2

单位为牛

操纵方式	操纵器形式			
	按钮	操纵杆	手轮、驾驶盘	踏板
用手指	5	10	10	—
用手掌	10	—	—	—
用手臂	—	60(150)	40(150)	—
用双手	—	90(200)	60(250)	—
用　脚	—	—	—	120(200)
注：括号内的数值适用于不常用的操纵器。				

4.6.9 应具有标明转向、操纵、润滑、油位、安全等标志。安全色及安全标志应符合GB 2893和GB 2894的规定。

4.6.10 电气、液压、气动系统的安全应符合GB/T 3766、GB 5226.1和GB/T 7932的规定。

4.7 使用寿命及可靠性

4.7.1 产品使用寿命或可靠性定量指标应根据使用条件和频次来确定，整机寿命应符合国家对机械产品和设备的有关规定。

4.7.2 对影响产品精度和性能的主要零件的可靠性指标应确切、合理。对影响整机寿命的主轴、蜗轮副和高速、重载齿轮等主要零件应采取有效措施。对易磨损的重要件应采取耐磨措施。

4.7.3 产品正常工作时运转应平稳，启动应灵活，动作应可靠。

5 材料、加工和装配质量要求

5.1 各种零件的材料应符合有关标准的规定。

5.2 铸件质量应根据材质的不同，分别应符合GB/T 1348、GB/T 6414、GB/T 8263、GB/T 9439、GB/T 9440、GB/T 11351的规定。

5.3 锻件、金属冷冲压件应符合JB/T 4378.2、JB/T 4385.1、GB/T 12361、GB/T 21469的规定。

5.4 焊接件应符合QB/T 1588.1的规定。

5.5 切削加工件应符合QB/T 1588.2的规定。

5.6 热处理件应符合有关标准和技术文件的规定。

5.7 装配应符合QB/T 1588.3的规定。

6 外观质量要求

6.1 产品外观不应有图样规定外的凸起、凹陷、粗糙不平和其他损伤等缺陷。

6.2 外露件及外露结合面的边缘应整齐，不应有明显的错位，其错位量应不超过表3的规定。

产品的门、盖与产品应贴合良好，其贴合缝隙值应不大于表3的规定。

电气、仪表等的柜、箱的组件和附件的门、盖周边与相关件的缝隙应均匀，其缝隙不均匀值应不大于表3的规定。

表 3

单位为毫米

结合面边缘及门盖边长尺寸	≤500	>500～1 250	>1 250～3 150	>3 150
错位量	1.5	2	3	4
贴合缝隙值或缝隙不均匀值	1.5	2	2.5	—
注：当配合面边长尺寸不一致时，应按长边尺寸确定允许值。				

6.3 装配后的沉孔螺钉应不突出于零件表面，也不应有明显的偏心。紧固螺栓尾端应略突出于螺母端面。外露轴端应突出于包容件的端面，突出值一般为倒角值。

6.4 金属材料制成的手轮轮缘和操作手柄应有防锈措施。

6.5 电气、液压、润滑和冷却等管道的外露部分应布置紧凑，排列整齐，必要时应用管夹固定。管子不应出现扭曲、折叠等现象。

6.6 镀件、发蓝件和发黑件等的色调应一致，保护层不应有脱落现象。

6.7 涂漆表面质量应符合有关涂漆标准的规定。

7 试验方法

7.1 试验前要求

7.1.1 试验前应根据不同产品的特点，将产品安装和调整好，一般应自然调平，使其处于水平位置，或能保证正常工作的正确位置。

7.1.2 试验时应按整机进行，一般应不拆卸产品，但对运转性能、精度无影响的零件、部件和附件可除外。

7.2 一般技术要求的试验

用定值或变值量具和仪器检验产品的外观质量和参数。产品型号、布局与造型、产品结构性能与主要参数等应符合第 6 章和 4.1～4.4 的有关规定。

7.3 空载运转试验

7.3.1 试验时一般使产品主运动机构从最低速度起，由低速到高速依次运转，在每级速度的运转时间应不少于 2 min。达到额定转速时，其最高速度运转时间一般应不少于 1 h。

7.3.2 主轴承达到稳定温度后，用表面温度测量仪测轴承位置的温升和温度，应符合 4.3.3 的规定。检验各机构的运转状态、功率消耗和温度变化、平稳性、可靠性、仪表的灵敏性、准确度及安全等性能应符合 4.3.1，4.3.2，4.5，4.6，4.7.3 的有关规定。

7.3.3 动作试验

a) 在规定速度下检验主运动的启动、停止(包括制动、反转和点动等)动作的灵活性、可靠性；

b) 检验自动化机构(包括自动循环机构)的调整和动作的灵活可靠程度，指示或显示装置的准确性等；

c) 检验有转位、定位机构的动作的灵活、可靠程度；

d) 检验调整机构、指示和显示装置或其他附属装置的可靠性、灵活性；

e) 检验操纵机构可靠性；

f) 检验有刻度装置的手轮的反向空程量，应符合有关技术文件的规定。用测力计检验手柄等操纵件的操纵力，应符合 4.6.8 的规定。

7.3.4 当功率稳定后，所测量主传动系统的空运转功率，应符合有关技术文件的规定。

7.3.5 噪声声压级的测量可参照 GB/T 16769 规定的方法和仪器进行。在测量产品空载的噪声应符合 4.6.1 的规定。噪声声功率级的测量，应根据噪声类别不同选用其测量方法。对于测量辐射稳态的、非稳态的宽带噪声或窄带噪声的声源可按 GB/T 3767 的规定。对测量辐射宽带、窄带、离散频率等的稳态噪声的声源可按 GB/T 3768 的有关规定。

7.3.6 液压、气动、冷却、润滑等系统的试验应根据产品的特点，可按 GB/T 3766、JB/T 4127、GB/T 6576、GB/T 7932 的规定进行检验。

7.3.7 电气系统安全性的检验应按照 GB 5226.1—2002 的有关要求进行，并应符合 4.5.1 及 4.6.10 的规定。

7.4 负荷试验

检验产品在最大负荷条件下运转是否正常，有关功能是否可靠，并应符合 4.3.2，4.7.3 的有关规定。

试验时应根据产品的特点考核产品在最大负荷下运转是否平稳，性能是否可靠，刚性是否良好；高速时是否产生冲击、振动，低速时是否异常；各运动件是否产生不均匀现象等。

7.5 精度检验

按照产品标准要求检验其精度或参照 GB/T 17421.1 有关规定进行。

凡受温度变化影响的精度项目，在负荷试验前后均应检验其精度，对不要求做负荷试验的产品，应在空运转试验后进行检验。记入检测报告或合格证书中的数据应是最后一次精度检验的结果。

7.6 振动试验

对某些转动部位和整机振动试验应根据有关产品标准规定进行。

7.7 动平衡试验

对某些转动零件的静、动平衡试验及应根据有关产品标准规定进行。

7.8 刚度试验

对需要进行静、动刚度试验的产品应按有关标准进行检验。

7.9 工作性能试验

7.9.1 检验在不同生产能力下，生产(或加工)不同规格产品的工作质量。

7.9.2 在规定的生产能力和工作条件下，检验所有联动机构和有关电气(包括液压、气动等)系统及安全卫生防护装置的可靠性。

7.9.3 对工作时经常产生粉尘的产品，应按 GB/T 5748 的规定测量并符合 4.6.4 的要求。

7.9.4 产品在各种可能条件下的工作情况试验，当不可能在制造厂进行本项试验时，应在用户厂进行抽检。

7.10 压力试验

产品进行压力试验时应根据有关规定，并应符合 4.5.5 的要求。

7.11 寿命和可靠性试验

可靠性、寿命试验应按产品标准规定条件进行，并应符合 4.7 的要求。

8 检验规则

8.1 出厂检验

8.1.1 每台产品应经制造厂检验合格，并附有合格证书或合格证后方能出厂。

8.1.2 出厂检验一般包括 4.3.2，4.3.3，4.4，4.5，4.6，4.7.3 及第 6 章中的有关规定。

8.2 型式试验

8.2.1 当有下列情况之一时，应进行型式试验：

a) 新产品或老产品转厂生产的试制、定型鉴定时；

b) 正式生产后，若结构、材料、工艺有较大改变，可能影响产品性能时；

c) 在正常生产的条件下，产品积累到一定产量(数量)时，应周期性进行检验一次；

d) 产品连续停产一年后，恢复生产时；

e) 出厂检验结果与上次型式检验有较大差异时；

f) 国家及省市质量监督机构提出型式检验要求时。

8.2.2 型式检验应按标准规定进行，应包括第4章、第5章、第6章有关规定，一般包括下列内容：

a) 外观质量；
b) 配套性(附件和工具)；
c) 参数和主要连接尺寸检验；
d) 空运转试验；
e) 精度检验；
f) 负荷试验；
g) 工作性能试验；
h) 寿命及可靠性试验；
i) 安全卫生检验；
j) 其他。

8.3 抽样与判定方法

8.3.1 抽样

8.3.1.1 应根据产品的生产批量大小及复杂程度来确定样本的数量。抽样的产品应能真实地反映出企业在一段时期内产品质量的实际水平，一般成品检验的样本，可在生产厂检验合格入库(或用户)的产品批中随机抽取一台，特殊情况下也可抽取两台。抽两台时，一台作为检验的主要考核样本，另一台可作为某一项检验有争议时的待检样本。对大批量的小型产品也可参照采用GB/T 2828.1规定的抽样方法。

8.3.1.2 生产过程质量检验的样本应由检验合格入库的零部件中随机抽取。

8.3.2 判定方法

判定时一般采用全指标达到法。有的也可采用关键指标应达到并用多指标加权综合评价法。多指标加权综合评价法一般可以按检验项目的重要程度、缺陷的严重程度进行分类判定产品质量。分类应按照有关规定执行。

9 标志、包装、运输、贮存

9.1 标志

产品在明显部位应有铭牌，铭牌应符合GB/T 13306的规定，其内容应包括：

a) 制造厂名；
b) 产品名称、型号及商标；
c) 主要技术参数；
d) 制造日期或出厂日期；
e) 执行标准。

9.2 包装

9.2.1 包装应符合GB/T 13384的规定。

9.2.2 产品的包装储运图示标志应符合GB/T 191的规定。

9.2.3 随机文件应齐全，文件内容应确切，随机文件应包括产品合格证明书或合格证、产品使用说明书及装箱单。产品使用说明书应符合GB 9969.1的规定。

9.3 运输、贮存

包装后的产品在运输过程中应符合铁路、陆路、水路等交通部门的有关文件规定。对特殊要求的产品，应规定其运输要求。

产品应贮存在干燥、通风、防雨的场所，并应平稳放置。在规定的贮存期内，产品不应发生锈蚀现象。在规定的贮存期外，产品除应防锈外还应进行必要的检查。

ICS 07.040
A 75

中华人民共和国国家标准

GB/T 14268—2008
代替 GB/T 14268—1993

国家基本比例尺地形图更新规范

Revision specifications for the national fundamental scale topographic maps

2008-06-20 发布　　2008-12-01 实施

中华人民共和国国家质量监督检验检疫总局
中国国家标准化管理委员会　发布

前　言

本标准代替 GB/T 14268—1993《国家基本比例尺地形图修测规范》。

本标准与 GB/T 14268—1993 相比主要变化如下：

——按照 GB/T 1.1—2000《标准化工作导则　第 1 部分：标准的结构和编写规则》对标准进行修订；

——标准适用范围增加了 1∶500、1∶1 000、1∶2 000 和 1∶250 000、1∶500 000、1∶1 000 000 六种比例尺；

——删除原标准第 3 章中“地形图修测”、“全面修测”、“局部修测”、“快速修测”等术语，增加“地形图更新”、“动态更新”、“定期更新”等术语；

——缩短地形图更新周期，并作为资料性附录；

——原第 4 章与第 5 章合并，删除全面修测、局部修测、快速修测方案，增加动态更新、定期更新、重测更新、修测更新、修编更新的规定；

——删除了原第 6 章修测作业方法中有关传统的作业规定；

——在原第 7 章地形图修测时图面矛盾处理原则中删除了对修测底图的要求、采用不同技术标准出现矛盾的处理、像片控制点、内业加密点的处理原则等；

——简化原第 8 章准备工作的有关资料收集、分析和处理，原图检查等内容；

——增加更新技术流程图，并增加了地图转绘法、更新资料的使用等内容。

本标准的附录 A、附录 B 为资料性附录。

本标准由国家测绘局提出。

本标准由全国地理信息标准化技术委员会归口。

本标准由国家测绘局测绘标准化研究所负责起草。

本标准主要起草人：马晓萍、兀伟。

本标准所代替标准的历次版本发布情况为：

——GB/T 14268—1993。

国家基本比例尺地形图更新规范

1 范围

本标准规定了1:500、1:1 000、1:2 000、1:5 000、1:10 000、1:25 000、1:50 000、1:100 000、1:250 000、1:500 000、1:1 000 000国家基本比例尺地形图更新的原则、方法以及精度要求。

本标准适用于国家基本比例尺地形图的更新。

2 规范性引用文件

下列文件中的条款通过本标准的引用而成为本标准的条款。凡是注日期的引用文件，其随后所有的修改单(不包括勘误的内容)或修订版均不适用于本标准，然而，鼓励根据本标准达成协议的各方研究是否可使用这些文件的最新版本。凡是不注日期的引用文件，其最新版本适用于本标准。

GB/T 7930 1:500、1:1 000、1:2 000地形图 航空摄影测量内业规范

GB/T 7931 1:500、1:1 000、1:2 000地形图 航空摄影测量外业规范

GB/T 12340 1:25 000、1:50 000、1:100 000 地形图 航空摄影测量内业规范

GB/T 12341 1:25 000、1:50 000、1:100 000 地形图 航空摄影测量外业规范

GB/T 13977 1:5 000、1:10 000 地形图 航空摄影测量外业规范

GB/T 13990 1:5 000、1:10 000 地形图 航空摄影测量内业规范

GB/T 14912 大比例尺地形图机助制图规范

GB/T 18316 数字测绘产品检查验收规定和质量评定

GB/T 20257(所有部分) 国家基本比例尺地图图式

GB/T 12343(所有部分) 国家基本比例尺地图编绘规范

CH/T 1004 测绘技术设计规定

CH/T 1015.1 基础地理信息数字产品 1:10 000、1:50 000生产技术规程 第1部分:数字线划图(DLG)

3 术语和定义

下列术语和定义适用于本标准。

3.1

地形图更新 topographic maps revision

根据固定年限和调查得到某地区地形要素的变更情况，来决定对该地区进行重测、修测或修编。

3.2

动态更新 dynamic revision

又称及时更新。根据需要对地形图上某种重要地物或某区域进行更新。

3.3

定期更新 periodic revision

又称周期更新，按一定年限对地形图上应表示的地形要素进行更新。

4 总则

4.1 基本要求

更新后的地形图精度应满足GB/T 7930、GB/T 7931、GB/T 12340、GB/T 12341、GB/T 13977、

GB/T 13990 的要求，符号、注记、色彩和图幅整饰应符合 GB/T 20257 的要求。

注：待更新的地形图简称为原图，更新后的地形图简称更新图。

4.2 更新方案

4.2.1 地形图更新分为下列二种方案：

a) 动态更新：主要针对绝大多数用户来说重要的要素变化后能得到及时更新；

b) 定期更新：主要针对变化慢且不明显的自然要素变化后能在一定周期内得到更新。

4.2.2 地形图定期更新的周期应根据比例尺、地物变化情况或经济发展情况以及地形要素的重要性等因素确定。附录 A 给出了不同比例尺地形图的更新周期参照表。

4.3 更新方法

地形图更新方法依据地形要素变化情况、比例尺大小、资料情况等因素可分为下列几种：

a) 重测：对全部的地形要素进行测绘。重测更新适宜于 1∶500～1∶100 000 比例尺地形图的更新；

b) 修测：对部分地物要素和相应变化了的地貌要素进行实测修正。修测更新适宜于 1∶500～1∶100 000比例尺地形图的更新；

c) 修编：依据最新的地形图和现势资料编绘地形图或补充修正原图的部分地物要素。修编更新适宜于 1∶25 000～1∶1 000 000 比例尺地形图的更新。

4.4 地形要素变化率的计算

对国民经济和人民生活有较大影响，或具有明显定位意义的地物，视为重要地物要素。重要地物的确定参见附录 B，也可由技术主管部门或用图部门根据用图需要进行确定。

地形要素变化率的计算方法可参照附录 B。同一测区的图幅应采用相同的计算方法。

4.5 更新根据

4.5.1 更新方案的确定

4.5.1.1 出现下列情况之一时，宜实施动态更新：

a) 原图内某种重要地物发生变化；

b) 用图部门的需要。

4.5.1.2 原图已超过地形图更新周期时，宜实施定期更新。

4.5.2 更新方法的确定

4.5.2.1 出现下列情况之一时，宜进行重测更新：

a) 原图内的地物要素变化率超过 40%；

b) 原图采用修测或修编更新方法更新 3 次；

c) 原图精度达不到现行标准规定的精度要求。

4.5.2.2 出现下列情况之一时，宜进行修测更新：

a) 地物要素变化率超过 10%，但小于 40%；

b) 原图内某种重要地物位置发生变化。

4.5.2.3 出现下列情况之一时，宜进行修编更新：

a) 原图所依据的技术标准如分类代码或地形图图式发生变化；

b) 原图内地物要素属性发生变化；

c) 已有现势性强的较大比例尺地形图。

5 更新技术方法及要求

5.1 更新技术流程

地形图重测更新按相应比例尺的地形图测图规范实施，地形图修测、修编更新技术流程见图 1。

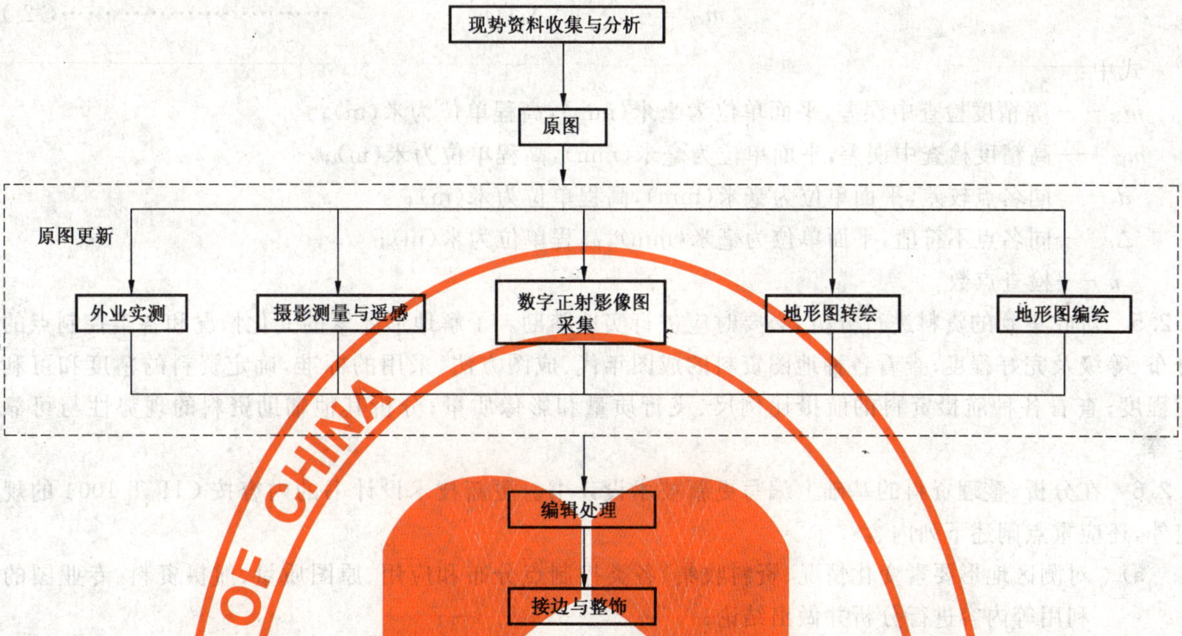

图 1　地图更新流程图

5.2　现势资料收集与分析

5.2.1　应收集地形图出版原图的数据资料或符号化后的地形图数据作为基本资料，还应收集以下各种补充资料。

a)　地形图资料：可供数据更新使用的与成图比例尺相同或较大比例尺的最新制作的地形图、数字线划图、数字栅格地图、数字正射影像图等；

b)　影像资料：验收合格的航摄像片、卫星影像资料等；

c)　成果资料：原图测绘时的外业控制成果及航摄内业成图时的加密成果以及相关的元数据、各种记录资料、原图成图时的检查验收及质量评定报告等；

d)　其他辅助资料：有关的文字资料(如地名志)和各种专业图(如交通图、水利图、行政图)等。

5.2.2　对资料的现势性要求一般为：

a)　经济发达区不超过 2 年；

b)　经济中等发达区不超过 3 年；

c)　经济欠发达区不超过 6 年。

5.2.3　可利用以下相关资料获取行政境界、交通、地名等数据：

a)　县级以上行政境界宜采用国家、省级民政部门的勘界数据，县级以下行政境界宜按国土部门土地调查的权属数据进行提取；

b)　交通数据可采用符合平面精度要求的，同时可以正射影像图为背景进行局部修正；

c)　地名数据可利用地名数据库成果。

5.2.4　地形图资料、航摄资料精度应满足相应比例尺地形图规范和航空摄影规范的要求。凡原图有检查验收及质量评定报告，并符合相应比例尺规范要求的，则视原图质量合格，可直接用于更新作业。凡原图未收集到质量验收报告且质量不明确的，需进行精度检查。在图幅内均匀选取不少于 30 个明显地形点进行量测检查，其精度估算公式见式 1 和式 2。

$$m_{等} = \pm \sum_{i=1}^{n} (d_i d_i)/2n \quad \cdots\cdots\cdots\cdots (1)$$

$$m_{高} = \pm \sum_{i=1}^{n}(\Delta_i\Delta_i)/n \quad \cdots\cdots(2)$$

式中：

$m_{等}$——等精度检查中误差，平面单位为毫米(mm)，高程单位为米(m)；

$m_{高}$——高精度检查中误差，平面单位为毫米(mm)，高程单位为米(m)；

d_i——同名点较差，平面单位为毫米(mm)，高程单位为米(m)；

Δ_i——同名点不符值，平面单位为毫米(mm)，高程单位为米(m)；

n——检查点数。

5.2.5　对收集到的资料进行分析，必要时应进行实地踏勘。了解地形要素的变化情况和各类控制点的分布、等级及完好程度；查看各种地图资料的成图年代、成图方法、采用的标准，确定资料的精度和可利用程度；查看各种航摄资料的航摄比例尺、飞行质量和影像质量；分析其他辅助资料的现势性与可靠性等。

5.2.6　在分析、整理资料的基础上编写更新技术设计书。更新技术设计书的内容按 CH/T 1004 的规定外，还应重点阐述下列内容：

a)　对测区地形要素变化情况、资料收集、各类控制点分布和应用、原图质量、航摄资料、专业图的利用等内容进行分析并做出结论；

b)　采用的更新程度及更新技术方法；

c)　根据测区情况提出的有关技术要求或补充规定。

5.3　更新技术方法

根据地形变化情况、资料情况、仪器设备、人员技术水平等情况，选择修测或修编更新技术方法。可采用的技术方法有以下几种，在实际更新工作中，可一种或几种方法结合使用。无论采用何种作业方法，应符合相应比例尺地形图的精度要求。

a)　外业实测法

通过野外测量数据采集系统，获取地形点的坐标和高程。

1∶500、1∶1 000、1∶2 000、1∶10 000 地形图更新宜采用此技术方法。一般用于补测新建的住宅楼群或独立的高大建筑物。更新的方法及要求见 GB/T 14912。

b)　摄影测量法

1)　航空摄影像片：采用航空摄影测量方法与外业调绘的作业方法，获取地形点的坐标和高程。精度要求为：地形点对于最近野外控制点平面位置中误差不大于图上 0.5 mm，高程中误差不大于 1/2 等高距。

1∶5 000、1∶10 000、1∶25 000、1∶50 000 地形图更新或地物变化范围较大或较复杂的地貌，宜采用此技术方法。更新的方法及要求见 CH/T 1015.1。

2)　航天遥感更新法：可选择现势性强、影像地面分辨率不低于图上 0.1 mm 的卫星像片，用于地形变化范围不大的局部更新。1∶100 000 地形图更新宜采用此技术方法。更新的方法及要求见CH/T 1015.1。

c)　数字正射影像图采集法

1)　将 DLG 与 DOM 叠合，未变化的矢量要素与其同名影像套合的偏差应在平面位置中误差允许的范围内。对变化了的要素进行图形采集。从 DOM 上能准确判绘的水系、交通、居民地、植被等要素，几何位置依据 DOM 影像采集。当发现矢量数据(包括 DLG 数据、GPS 道路采集数据等)与其 DOM 同名影像位置的套合误差在某些部位超限时，应以 DOM 为准，对矢量数据进行修正。

2)　根据内业预采的成果，到野外进行核查、纠错，并补调不能准确判绘的地名、管线、境界等要素以及有关要素的属性。

地物变化范围较大或已变化的较复杂的地貌，宜采用此技术方法。更新的方法及要求见CH/T 1015.1。

d) 地形图转绘法

收集与成图比例尺相同的最新的数字栅格地图(DRG)或较大比例尺的最新地形图制作为数字栅格地图，将DRG与DLG叠合，未变化的矢量要素与其同名栅格数据套合的偏差应在平面位置中误差允许的范围内。对变化了的要素进行图形采集，或利用补充参考的地图资料目视进行转绘、修改或增加地物要素。

各种比例尺地形图更新均适合采用此技术方法。更新的方法及要求见CH/T 1015.1。

e) 地形图编绘法

利用不小于成图比例尺的最新地形图和现势资料，通过内容取舍与更新、制图综合与编辑等编绘技术方法编制地形图。

1∶25 000及小于1∶25 000比例尺的地形图更新宜采用此技术方法。更新的方法及要求见GB/T 12343。

5.4 更新技术要求

更新图应满足下列技术要求：

a) 消失的地形要素应予以删除。图内更新的要素与未更新的要素应合理衔接，保持关系协调；
b) 更新时如发现原数据中已有的地形要素代码、属性、注记、分层等有明显错误，亦应进行更新；
c) 采用修测更新方法制作的地形图，应在东图廓外将"(单位)于××××年制作"改注为"(单位)于××××年进行更新"或"(单位)于××××年进行第×次更新"。

5.5 图面矛盾处理原则

5.5.1 要素关系处理

5.5.1.1 更新地物与原图地物

更新地物与原图地物衔接时，若衔接差在现行标准规定限差之内，在精度允许的范围内一般应移动原图地物，并应保持要素相互间位置关系的正确性；若超过规定限差，应查明原因，做出处理。新增或变化地物与原有地物拼接应保持合理状态，如断在地物变换处等。

5.5.1.2 更新地物与原图地貌

更新地物与原图地貌衔接时，应协调好地物与地貌的关系，保持地物、地貌相关位置的正确性。

5.5.2 变形地处理

变形地指风蚀、水蚀而形成的微地貌形态，如冲沟、雨裂、滑坡、露天开采等。

新资料表示的变形地与原图表示的变形地矛盾时，原则上以新资料成果为准。原图上用等高线表示的变形地，仍能够正确的显示出地貌特征的，新资料虽然以地貌符号表示，仍以原图为准。

原图与新资料成果因综合取舍等原因产生的矛盾，原图尚能显示其特征时，可不作修改。

5.6 要素符号化编辑

5.6.1 按GB/T 20257规定的符号、线型、色彩等要求对地形图要素进行符号化，并按照相应比例尺测图规范和编绘规范的有关各要素关系处理和图形概括的规定进行图形编辑。

5.6.2 对于地物符号化后出现的压盖、符号间应保留的空隙或小面积重要地物夸大表示等情况引起的地物要素的位移时，位移值不应超过相应比例尺测图规范和编绘规范规定的限差。

5.7 接边处理

更新图与未更新的相邻原图接边时，更新图上无变化的地形要素接边差在现行标准规定限差之内时，一般图幅两边要素平均移位进行接边；若超过规定限差时，应检查和分析原因，由技术负责人根据实际情况决定是否进行接边，并需记录在元数据及图历簿中。更新图上新增或变化的地形要素不进行接边。

6 检查验收及资料上交

6.1 成果形式

地形图更新生产完成后应形成如下成果：

a) 地形图成果数据集(数字地形图、元数据等)；

b) 输出的纸质地形图等。

6.2 检查验收工作的实施

检查验收工作的实施按 GB/T 18316 有关规定执行。

6.3 资料上交

根据设计书的要求上交资料。上交的各项数据成果、成图资料、技术设计书、检查验收报告等文档资料应正确、完整，装订整齐、准确、字迹端正清楚。

附 录 A
（资料性附录）
地形图更新周期

地形图更新周期应根据地形要素的变化率确定，而地形要素的变化率与经济发展紧密相关。可根据经济区的划分确定地形图的更新周期。表 A.1 规定了不同比例尺地形图的各经济区的更新周期。

表 A.1 地形图更新周期

比例尺	更新周期		
	经济发达区	经济中等发达区	经济欠发达区
1∶500～1∶2 000	2 年～3 年，不宜超过 3 年		
1∶5 000～1∶10 000	4 年～5 年	5 年～8 年	8 年～10 年
1∶25 000～1∶100 000	5 年～10 年	8 年～12 年	10 年～15 年
1∶250 000～1∶1 000 000	不宜超过 15 年		

附 录 B
（资料性附录）
地物要素变化率计算方法

B.1 地物要素变化量的统计单位

以图上 1 cm^2 格网为 1 个变化量统计单位(G)。

B.2 地形要素变化率的计算

B.2.1 重要地物要素确定法

B.2.1.1 重要地物要素发生变化，面积较小者则视为地物要素变化率超过 10％。如采用 B.2.2 方法计算变化率，变化率超过 30％，则视为地物要素变化率超过 40％。

B.2.1.2 重要要素应根据地形图用途、用户需求等因素确定，一般以下要素应视为重要要素：

a) 县及县级以上居民地行政等级或名称；

b) 新增或改道的铁路、公路；

c) 县及县级以上境界；

d) 干渠、大中型水库；

e) 其他因用户需要视为重要的要素（如主要建筑物、水利设施等）。

B.2.2 地图格网统计法

以格网统计时按 1 cm^2 目测，累加后以整 G 计算：

$$a_{格} = (m/M) \times 100\% \qquad (B.1)$$

式中：

$a_{格}$——地物变化率；

m——图幅内地物要素变化的总 G 数；

M——图幅的理论总 1cm^2 格网数($M>m$)。

式(B.1)中的“G”可用相应图幅的航空像片格网数代替，即按 2 mm×2 mm（小比例尺航片）或 5 mm×5 mm（大比例尺航片）的格网模片蒙在像片上，按地图公里格网统计法公式(B.1)计算图幅的地物要素变化率。

ICS 59.060.10
W 21

中华人民共和国国家标准

GB/T 14269—2008
代替 GB/T 14269—1993

羊毛试验取样方法

Sampling methods for wool testing

2008-08-20 发布　　2008-12-01 实施

中华人民共和国国家质量监督检验检疫总局
中国国家标准化管理委员会　发布

前言

本标准与 IWTO-19-03《原毛钻芯样的毛基及植物性杂质基的测定》的一致性程度为非等效。

本标准代替 GB/T 14269—1993《羊毛试验取样方法》。

本标准与 GB/T 14269—1993 相比主要变化如下：

——增加了含脂毛和洗净毛的术语和定义(本版的 2.1 和 2.2)；

——修改了批样、实验室样品的术语和定义(1993 版的 3.1 和 3.2；本版的 2.3 和 2.4)；

——删除了试验样品、试验试样、多点法和对分减半法的术语和定义(1993 版的 3.3～3.6)；

——修改了使用仪器和工具的分度值(1993 版的 5.2 和 5.3)；

——修改了第 6 章的全部内容(1993 版的第 6 章；本版的第 5 章)；

——修改了第 7 章的部分内容(1993 版的第 7 章；本版的第 6 章)；

——删除了原标准中的附录 A，将其内容编入第 6 章和第 7 章(1993 版的附录 A)。

本标准由中国纤维检验局提出并归口。

本标准起草单位：内蒙古纤维检验局。

本标准主要起草人：王纪军、李福贵、马践原、周巧民。

本标准所代替标准的历次版本发布情况为：

——GB/T 14269—1993。

羊毛试验取样方法

1 范围

本标准规定了从含脂毛和洗净毛中抽取批样、实验室样品的方法。

本标准适用于绵羊毛。

2 术语和定义

下列术语和定义适用于本标准。

2.1

含脂毛 greasy wool

未经过洗涤、溶剂脱脂、碳化或其他方法处理的羊毛。

2.2

洗净毛 scoured wool

经过洗涤、溶剂脱脂、碳化或其他方法处理的羊毛。

2.3

批样 lot sample

从一个销售批中所抽取的一个相对大的样品。

2.4

实验室样品 laboratory sample

从批样中或洗净毛批样中分别制备的有代表性的混合后的样品，供抽取试验样品用。

3 方法概要

使用适当的工具从毛包中抽取批样，从批样中抽取实验室样品。在这些步骤中，每一步毛样数量都在减少，但尽可能保持样品的代表性。

4 仪器和工具

4.1 适用于开包的工具，如钳子、斧子等。

4.2 天平：量程 500 g，分度值 0.1 g；量程 5 000 g，分度值 1 g。

4.3 钻芯取样器：刀头内径 25 mm，管长为 500 mm。

4.4 抽样方框（见图 1）。

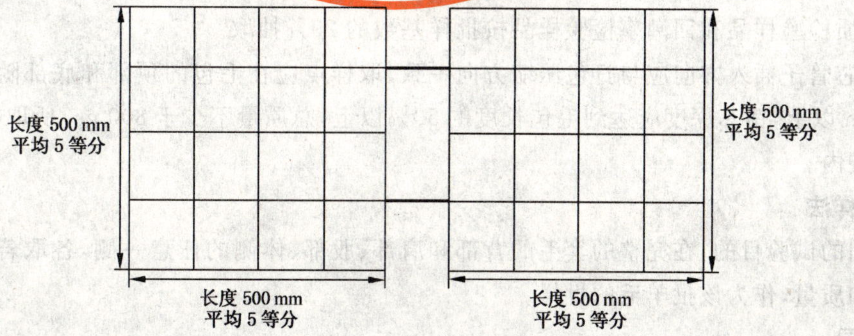

图 1 抽样方框

5 批样的抽取

5.1 开包取样法

5.1.1 含脂毛

5.1.1.1 每20包抽1包,不足20包按20包计算。100包以上每增加50包增抽1包,未成包的毛以80 kg为1包计。

5.1.1.2 在毛包的两个不同部位抽取,其中一个部位从毛包中心抽取,另一部位应在距中心500 mm以上的位置抽取。含脂毛批样的质量应不少于5 kg。毛丛自然长度样品的抽取点应涉及羊体的各个部位。

5.1.1.3 抽取批样后,应立即放入密封的塑料袋内,不得丢失羊毛碎屑和土杂,并称量。若一批羊毛分上、下午或隔天抽取,则应累计称量。

5.1.2 洗净毛

5.1.2.1 每10包抽3包,不足3包逐包抽,10包以上每增加10包增抽1包,不足10包以10包计。50包以上每增加20包增抽1包,不足20包以20包计。

5.1.2.2 在毛包的两个不同部位抽取,其中一个部位必须从毛包的中心抽取,另一部位应在距中心500 mm以上的位置抽取。洗净毛批样质量应不少于3 kg。

5.2 钻芯取样法

5.2.1 含脂毛

5.2.1.1 钻芯抽样与羊毛过秤同时进行,以保证测定结果的准确。

5.2.1.2 将毛包包皮割开,以防止包皮材料混入批样。

5.2.1.3 取样器插入毛包的部位应是毛包顶面或底面上,距边缘距离不少于100 mm的随机位置。并两面交替地垂直插入毛包进行抽样。

5.2.1.4 钻芯深度达到取样管长的80%以上。

5.2.1.5 钻芯抽取批样时所抽取的包数如表1规定。

表1 钻芯抽取批样的包数　　单位为包

批样基数	1	2	3	……	25	50	75	100	150	200	300	400	500
抽样数量	1	2	3	……	25	33	37	39	42	43	46	48	50

注1:批样基数在25包以下,逐包抽取,每包可增加钻芯数,直至抽取批样的质量达到要求为止,但两孔间应保持500 mm以上距离。

注2:批样基数在500包以上,每增加50包,增抽1包。

5.2.2 洗净毛

5.2.2.1 品质检验样品和回潮率检验样品按批样基数的20%抽取。

5.2.2.2 钻芯管子插入方向应与打包压缩方向一致,取样点应在毛包的顶部和底部随机位置上,并离开边缘75 mm以上,钻芯深度应达到毛包长度的50%以上,总质量不少于800 g。所取样品立即装入密封好的塑料袋内。

5.3 套毛取样法

根据不同的试验目的,在完整的套毛的背部和肩部、股部、体侧的任意一侧,各取若干个毛丛,确定毛丛的个数和质量,作为该批羊毛的批样。

5.4 取样记录

记录批量、编号、等级、来源、抽样方法、质量、羊毛名称、抽样日期、地点、抽样人员等信息。

6 从开包抽取的批样中抽取实验室样品

6.1 含脂毛

6.1.1 毛丛自然长度实验室样品的抽取

采用多点法从批样中抽取不少于2 000 g的样品作为测定毛丛自然长度的实验室样品。

6.1.2 含脂毛实验室样品的抽取

采用对分减半法从含脂毛批样中抽取含脂毛实验室样品约1 500 g。供净毛率测定和制取洗净毛实验室样品用。分样时遗落的碎屑和土杂等的质量，要分摊到各样品中去。

6.2 洗净毛

6.2.1 洗净毛实验室样品的抽取

6.2.1.1 含脂毛实验室样品经洗净后，作为洗净毛实验室样品，供抽取试验样品用。

6.2.1.2 采用对分减半法从洗净毛的批样中，抽取约750 g的洗净毛作为实验室样品。

6.2.2 其他需用洗净毛样品的测试项目，均可从洗净毛实验室样品中直接抽取。

6.3 对分减半法操作步骤

对分减半法操作步骤如图2所示。

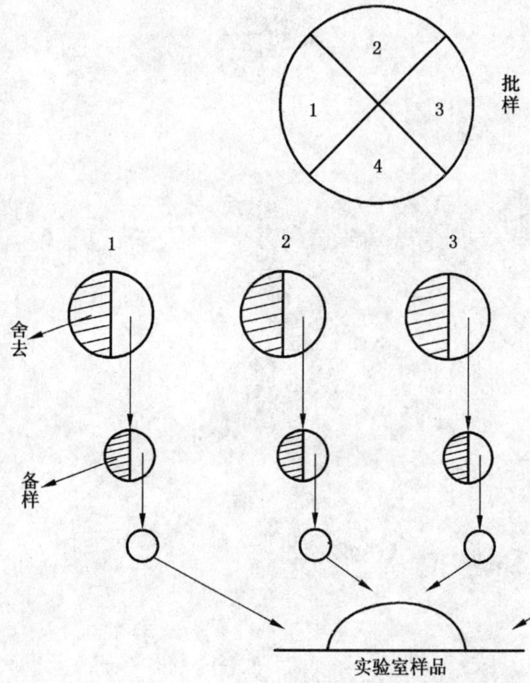

图2 对分减半法操作步骤

7 从钻芯抽取的批样中抽取实验室样品

7.1 含脂毛

钻芯取得的含脂毛批样，采用多点法从中抽取供净毛率测定用的实验室样品。分样时遗落的碎屑和土杂等的质量，要分摊到各样品中去。

7.2 洗净毛

钻芯取得的洗净毛批样，采用多点法从中抽取洗净毛实验室样品。分样时遗落的碎屑和土杂等的质量，要分摊到各样品中去。

ICS 59.060.10
W 21

GB

中华人民共和国国家标准

GB/T 14270—2008
代替 GB/T 14270—1993

毛绒纤维类型含量试验方法

Test method for fiber type content of hair fibers

2008-08-20 发布 2008-12-01 实施

中华人民共和国国家质量监督检验检疫总局
中国国家标准化管理委员会 发布

前　言

本标准与IWTO-8-97《显微投影仪测定羊毛纤维直径分布及羊毛和其他动物纤维髓化百分比的方法》、IWTO-57-98《OFDA 测定羊毛和马海毛中髓质毛的含量》和ASTM 2968 IWTO-8-97《用显微投影仪测定羊毛和其他动物纤维有髓毛和死毛的方法》的一致性程度为非等效。

本标准代替GB/T 14270—1993《羊毛纤维类型含量试验方法》。

本标准与GB/T 14270—1993相比主要差异如下：

——扩大了适用范围(1993版的第1章；本版的第1章)。

——制片时纤维片段长度从0.2 mm～0.6 mm增加到0.4 mm～0.8 mm(1993版的9.1.1；本版的8.2.1)。

——增加了封固剂、载玻片和盖玻片的要求(本版的5.2、5.3)。

本标准由中国纤维检验局提出并归口。

本标准起草单位：内蒙古自治区纤维检验局。

本标准主要起草人：田文亮、周巧民、王海波。

本标准所代替标准的历次版本发布情况为：

——GB/T 14270—1993。

毛绒纤维类型含量试验方法

1 范围

本标准规定了毛绒纤维类型含量试验的方法。

本标准适用于毛绒纤维。

2 规范性引用文件

下列文件中的条款通过本标准的引用而成为本标准的条款。凡是注日期的引用文件，其随后所有的修改单(不包括勘误的内容)或修订版均不适用于本标准，然而，鼓励根据本标准达成协议的各方研究是否可使用这些文件的最新版本。凡是不注日期的引用文件，其最新版本适用于本标准。

GB/T 6978 含脂毛洗净率试验方法 烘箱法

GB/T 8170 数值修约规则

GB/T 14269 羊毛试验取样方法

3 术语和定义

下列术语和定义适用于本标准。

3.1

无髓毛 non-medullated wool

由鳞片层和皮质层组成，无髓质层的毛纤维。

3.2

有髓毛 medullated wool

由鳞片层、皮质层和髓质层组成，且髓质具有一定的连续长度和一定宽度的毛纤维。

3.3

两型毛 heterotypical hair

同时具有无髓毛和有髓毛两种组织结构的毛纤维。

3.4

死毛 kemp

一般纤维呈扁带状、色骨白、无光泽、僵直，少数也有呈铅丝状弯曲；此类纤维放入苯液中清晰可见；在投影屏幕内纤维出现髓腔，且髓腔连续长度在 25 mm 及以上，髓腔宽度占纤维总宽度的 60%及以上者。

4 原理

根据羊毛及毛绒纤维的组织结构及在外观形态上的差异，借助纤维在苯液中的折光程度，观察形态；或放大 500 倍观察纤维片段侧面投影髓化程度。通过重量法或根数法得到各类毛绒纤维的含量。

5 仪器、工具和试剂

5.1 仪器

分析天平(分度值 0.1 mg)、恒温烘箱、显微投影仪。

5.2 工具

镊子、绒板、培养皿、干燥器、载玻片(规格 76 mm×35 mm)、盖玻片(规格 24 mm×24 mm，厚度

0.13 mm～0.17 mm)、计数器、纤维切取器、楔尺、洗毛装置等。

5.3 试剂

5.3.1 具有如下性能的封固剂：

a) 折射系数位于1.43～1.53之间；

b) 适中的粘度；

c) 不吸水。

液体石蜡就是适合的例子。

5.3.2 苯液。

6 试样制备

6.1 毛丛

从羊只或其他动物活体取样或在完整的套毛的背部和肩部、股部、体侧的任意一侧，各取一个毛丛，质量约为4 g，作为重量法试样；或各取三个毛丛，质量约为10 g，作为根数法试验样品，经洗净后作为试样。

6.2 含脂毛

原毛批样经充分混匀，采用多点取样法，抽取约100 g的试验样品，按GB/T 6978的方法洗涤后，抽取约2 g作为重量法试样；抽取约10 g作为根数法试样。

6.3 洗净毛及其他毛绒纤维

洗净毛试验室样品的制备按GB/T 14269进行，经充分混匀，采用多点取样法，抽取约2 g作为重量法试样；抽取约10 g作为根数法试样。

7 各类纤维特征

7.1 无髓毛

一般纤维较细，细度均匀，呈现银丝光；此类纤维放入苯液中不显现；其他有色毛绒纤维在投影屏幕内未现髓腔。

7.2 有髓毛

一般纤维粗长、无卷曲、无光泽、不透明，有髓部连续长度占纤维总长的二分之一及以上；此类纤维放入苯液中清晰可见；在投影屏幕内纤维出现髓腔，且髓腔连续长度在25 mm及以上，宽度占纤维总宽度的60%以下。

7.3 两型毛

纤维一端表现似无髓毛形态，而另一端又表现有髓毛形态，或交替出现，纤维呈现全光、半光或无光，有髓部分连续长度占纤维总长度的二分之一以下；此类纤维放入苯液中有髓部分可显现；在投影屏幕内，纤维出现髓腔，但髓腔连续长度不足25 mm。

7.4 死毛

一般纤维呈扁带状、色骨白、无光泽、僵直，少数也有呈铅丝状弯曲；此类纤维放入苯液中清晰可见；在投影屏幕内纤维出现髓腔，且髓腔连续长度在25 mm及以上，髓腔宽度占纤维总宽度的60%及以上。

8 试验方法

8.1 重量法

8.1.1 将试样放在绒板上，根据无髓毛、有髓毛、两型毛、死毛四种类型纤维特征，用镊子逐根抽取鉴别，不易鉴别的纤维可浸入苯液中进行辅助鉴别。

8.1.2 将鉴别好的纤维分别放入培养皿内，置于(40±2)℃的烘箱内，烘30 min，移入干燥器内，用分析天平称量，精确到 0.1 mg。

8.1.3 结果计算

某一类纤维的含量按式(1)进行计算：

$$C=\frac{m_1}{m_0}\times 100\% \qquad \cdots\cdots(1)$$

式中：

C——某一类纤维的含量，%；

m_1——某一类纤维的质量，单位为克(g)；

m_0——各类纤维质量总和，单位为克(g)。

计算至小数三位，按 GB/T 8170 修约至两位小数。

8.2 **根数法**

8.2.1 **制片**

将试验试样充分混匀后，用纤维切片器，或双刀片切取长度为 0.4 mm～0.8 mm 的纤维，放入玻璃器皿内。滴入适量液体石蜡，用镊子搅拌均匀后，挟适量试样置于载玻片上，轻盖盖玻片。每个试样制两个片子。

8.2.2 **检量**

将载有试样的载玻片，放到显微投影仪的载物台上，放大 500 倍，逐根检量记录，每个片子检量总根数约 1 000 根。分别记录无髓毛、有髓毛、两型毛、死毛的根数，投影屏幕内纤维长度不足 25 mm 者不计数。

8.2.3 **检量顺序**

载玻片在载物台上移动的顺序如图 1 所示，纵向移动距离应大于 0.5 mm。

图 1

8.2.4 **结果计算**

某一类纤维根数百分数按式(2)进行计算：

$$N=\frac{N_i}{N_0}\times 100\% \qquad \cdots\cdots(2)$$

式中：

N——某类纤维根数百分数，%；

N_i——某类纤维根数，单位为根；

N_0——各类纤维根数总和，单位为根。

以两次结果的平均值作为该批样品结果，计算至三位小数，按 GB/T 8170 修约至两位小数。

ICS 59.060.10
W 21

中华人民共和国国家标准

GB/T 14271—2008
代替 GB/T 14271—1993

毛绒净毛率试验方法 油压法

Test method for the determination of scoured yield raw wool—Oil pressure method

2008-08-20 发布

2008-12-01 实施

中华人民共和国国家质量监督检验检疫总局
中国国家标准化管理委员会 发布

前　言

本标准与IWTO-19-03《原毛钻芯样的毛基及植物性杂质基的测定》一致性程度为非等效。

本标准代替GB/T 14271—1993《原毛净毛率试验方法　油压法》。

本标准与GB/T 14271—1993相比主要变化如下：

——由原标准适用范围绵羊毛扩大到毛绒(1993版的第1章;本版的第1章)。

——术语增加了英文(1993版的第3章;本版的第3章)。

——增加了山羊原绒的含水指数和公定回潮率的规定(1993版的10.1;本版的第10章)。

——增加了极差检验内容(本版的附录D)。

本标准的附录A和附录D为规范性附录,附录B和附录C为资料性附录。

本标准由中国纤维检验局提出并归口。

本标准起草单位:内蒙古自治区纤维检验局。

本标准主要起草人:田文亮、刘迪。

本标准所代替标准的历次版本发布情况为:

——GB/T 14271—1993。

毛绒净毛率试验方法　油压法

1　范围

本标准规定了采用油压法测定毛绒净毛率的试验方法。

本标准适用于含脂毛、山羊原绒。

2　规范性引用文件

下列文件中的条款通过本标准的引用而成为本标准的条款。凡是注日期的引用文件,其随后所有的修改单(不包括勘误的内容)或修订版均不适用于本标准,然而,鼓励根据本标准达成协议的各方研究是否可使用这些文件的最新版本。凡是不注日期的引用文件,其最新版本适用于本标准。

GB/T 8170　数值修约规则

GB/T 14269　羊毛试验取样方法

3　术语和定义

下列术语和定义适用于本标准。

3.1

湿态羊毛　hygrometric state wool

原毛经洗毛工艺洗涤至最后一槽后,从清水中取出,未加任何外力前的羊毛。

3.2

含水指数　moisture content

湿压重减去绝干重与湿压重之比值。

3.3

湿压重　wet press weight

湿态羊毛在一定容积中承受规定的压强和时间后的质量。

4　原理

取一定质量的原毛(绒)试样,洗涤后成湿态洗净毛(绒)试样,放在一定容积中,在规定的压强下,由于毛(绒)含水指数一致,因此,试样湿压重与净毛率成正比,利用湿压重计算出净毛率。

5　仪器和装置

a)　扦样工具　适用于开包或钻孔方法;

b)　开松去杂机;

c)　油压式净毛率测定仪;

d)　洗毛盆具,如压力洗毛器或其他洗毛设备;

e)　筛网;

f)　天平:量程 200 g,分度值 0.01 g;量程 2 000 g,分度值 1 g。

6　扦样

6.1　钻孔取样时,按附录 A 扦取批样。

6.2　开包扦样时,按 GB/T 14269 扦取批样不少于 2 000 g。

7 试样制备

7.1 开松、去杂、混合

7.1.1 将全部试验样品用开毛设备(参见附录B)开松1次～2次(次数视羊毛含杂程度而定)或手工方法撕松,除去土杂,捡出粪污及杂质,使样品充分混匀。

7.1.2 试验样品经开松后,将抖落的杂质收集过筛。仔细拣出遗留在杂质中的毛纤维,放在开松后的样品内,并称量,精确至1 g。

7.2 试样称量

7.2.1 在开松、去杂、混匀的试验样品中,分别扦取试样5份,其中3份作净毛率测定,另2份作为备样。

7.2.2 按下列方法称取试样:

同质细羊毛试样规定质量为200 g(视仪器规格而定),山羊原绒、同质半细羊毛及异质毛试样规定质量为150 g。按式(1)计算出应称取开松、去杂、混匀的羊毛质量为每份试样的实际质量,精确至0.01 g,结果按GB/T 8170修约至两位小数。

$$m_1 = m_2 \times \frac{m_3}{m_4} \qquad \cdots\cdots (1)$$

式中:

m_1——用于洗涤试样的实际质量,单位为克(g);

m_2——原毛试样规定质量,单位为克(g);

m_3——开松、去杂、混匀前的实验室样品质量,单位为克(g);

m_4——开松、去杂、混匀后的实验室样品质量,单位为克(g)。

8 洗毛

8.1 采用盆具作为洗毛槽,用手工方法洗毛。也可采用附有60目铜丝筛网过滤和适宜排水的压力洗毛器洗毛。

8.2 洗毛工艺条件参见附录C。

8.3 洗毛器洗毛时,顺、倒摇动各1 min,污块毛或特殊难洗的毛样可延长1 min。

8.4 洗毛应尽量去除羊毛中的脂汗和所附有的泥沙及草杂等非毛杂质,避免羊毛毡并、丢失。

8.5 洗净后的毛的质量应达到:洁净、结构松散、残余油脂含量不超过1.0%、杂质不超过2.0%。

9 操作步骤

9.1 将洗净的湿态毛样全部放入油压仪压筒内,随即关紧档盖。

9.2 拧紧阀门螺钉,紧握手柄做上下运动,使油泵进行工作,油压管内的油推动压杆及压块前进。观察压力表指针从0到17.65 MPa为止,并在17.65 MPa处稳定1 min,倒出压筒内已压出的残留水分,并擦干筒壁,以免去压时水珠内吸,影响含水指数的稳定,松开阀门螺钉,卸下压毛筒。

9.3 卸下档盖,取出压后的全部羊毛,迅速称取湿压重,精确至0.01 g。

10 结果计算

分别按式(2)和式(3)计算绝干重及净毛率。

$$m_0 = m(1-b) \qquad \cdots\cdots (2)$$

式中:

m_0——绝干重,单位为克(g);

m——湿压重,单位为克(g);

b——含水指数(同质细羊毛、山羊原绒为 0.29,同质半细羊毛及异质毛为 0.30)。

$$Y = \frac{m_0(1+R)}{m'} \times 100\% \qquad \cdots\cdots(3)$$

式中:

Y——净毛率,%;

R——公定回潮率(同质细羊毛为 16%,异质细羊毛 15%;山羊原绒为 15%,分梳山羊绒 17%,兔毛、驼毛、牦牛毛 15%),%;

m'——原毛试样规定质量,单位为克(g)。

结果按 GB/T 8170 修约至两位小数。

试样结果允许极差见附录 D,若极差在允许范围内,以三份试验试样净毛率的平均值为该批净毛率结果;若超出极差允许范围,需增测备样,以 5 份试样净毛率的平均值为该批净毛率结果。结果按 GB/T 8170 修约至两位小数。

附 录 A
（规范性附录）
原毛钻孔扦样工作方法

A.1 钻孔扦样器直径为 25 mm，管长 500 mm～550 mm。以手工压入式扦取。

A.2 钻孔扦样应与羊毛过秤同时进行，以保证测定结果的准确。

A.3 钻孔扦样毛包数量按表 A.1。

表 A.1 钻孔扦样数量表

单位为包

毛包数量	25	50	75	100	150	200	300	400	500
扦样包数	25	33	37	39	42	43	46	48	50

A.4 钻孔时请将毛包包皮割开，以防包皮材料混入。

A.5 扦样器插入毛包的部位应是打包压紧方向，距边缘不少于 100 mm 的随机位置，并垂直插入毛包进行扦样。

A.6 钻孔深度应达到扦样管长度 80%以上。

A.7 钻孔扦取批样质量不得少于 1 000 g。

A.8 包数在 25 包以下，应逐包钻孔扦样（一包一孔）。若包数过少，每包可增加钻孔数，以达到批样要求质量为止，但二孔间应保持 500 mm 以上距离。

A.9 扦取的样品，应立刻放入密封的塑料袋内，不得丢失羊毛和土杂。

A.10 扦取批样之后，立即称重，并记录质量、羊毛名称、扦取日期、地点、扦样人员等。若一个批样分上、下午或隔天扦取，则应分别称重累计。

附 录 B
（资料性附录）
开松去杂机的技术参数

B.1 机器应适用于原毛散毛、钻孔取样毛等的开松、去土杂、混合。

B.2 毛纤维经开松、去杂、混合，应达到蓬松、均匀，以提高净毛率测试精度。

B.3 机器噪音应符合 GB 12348《工业企业厂界噪声》的要求。

B.4 角钉辊转速(2 000±100)r/min。

B.5 风机出风口风速(12±1)m/s。

附　录　C
（资料性附录）
洗　毛　工　艺

C.1　开包扦样毛样洗毛工艺条件见表 C.1。

表 C.1　开包扦样洗涤工艺表

<table>
<tr><td rowspan="3">项　　目</td><td colspan="7">槽　　别</td></tr>
<tr><td rowspan="2">一</td><td colspan="2">二</td><td colspan="2">三</td><td rowspan="2">四</td><td rowspan="2">五</td></tr>
<tr><td>中性洗剂</td><td>元明粉</td><td>中性洗剂</td><td>元明粉</td></tr>
<tr><td>浓度，洗剂或水</td><td>清水</td><td colspan="4">根据条件以最佳洗效自选</td><td>清水</td><td>清水</td></tr>
<tr><td>温度/℃</td><td>45～50</td><td colspan="2">55～60</td><td colspan="2">55～60</td><td>45～50</td><td>45～50</td></tr>
<tr><td>时间/min</td><td>3</td><td colspan="2">3</td><td colspan="2">3</td><td>2</td><td>2</td></tr>
</table>

C.2　洗毛工艺：洗槽浴比 1∶50。

C.3　在连续洗样过程中应保持规定的洗液温度、浓度。

C.4　钻孔扦样毛样洗毛工艺见表 C.2。

表 C.2　钻孔扦样洗涤工艺表

<table>
<tr><td colspan="2" rowspan="2">项　　目</td><td colspan="3">槽　　别</td></tr>
<tr><td>一</td><td>二</td><td>三</td></tr>
<tr><td colspan="2">中性洗涤剂或水</td><td>0.01%</td><td>清水</td><td>清水</td></tr>
<tr><td colspan="2">元明粉</td><td>0.05%</td><td>清水</td><td>清水</td></tr>
<tr><td colspan="2">温度/℃</td><td>55～60</td><td>40～45</td><td>25～30</td></tr>
<tr><td rowspan="2">时间/min</td><td>浸渍</td><td>2</td><td></td><td></td></tr>
<tr><td>摇动</td><td>2</td><td>2</td><td>2</td></tr>
</table>

C.5　每槽溶液（10 L 水）洗毛样一份。

附 录 D
（规范性附录）
允 许 极 差

表 D.1 允许极差 %

平均净毛率/%	所测试样数						
	初始测试		初始加上附加测试				
	2	3	3	4	5	6	7
<40.1	3.2	3.6	4.7	5.0	5.2	5.4	5.6
40.1～45.0	2.7	3.1	4.0	4.2	4.4	4.6	4.7
45.1～50.0	2.3	2.6	3.3	3.6	3.7	3.9	4.0
50.1～55.0	1.9	2.1	2.8	2.9	3.1	3.2	3.3
55.1～60.0	1.5	1.7	2.2	2.4	2.5	2.6	2.7
60.1～65.0	1.2	1.3	1.8	1.9	2.0	2.0	2.1
>65.1	1.0	1.2	1.5	1.6	1.7	1.8	1.8

ICS 25.040.30
J 28

中华人民共和国国家标准

GB/T 14283—2008
代替 GB/T 14283—1993

点焊机器人　通用技术条件

General specifications of spot—Welding robots

2008-07-28 发布　　2009-03-01 实施

中华人民共和国国家质量监督检验检疫总局
中国国家标准化管理委员会　发布

前　言

本标准是对 GB/T 14283—1993《点焊机器人　通用技术条件》的修订。

本标准代替 GB/T 14283—1993《点焊机器人　通用技术条件》。

本标准与 GB/T 14283—1993 相比主要变化如下：

a)　GB/T 14283—1993 所引用的许多标准已作废，本次修订均采用最新标准。引用文件主要内容改变如下：

在"规范性引用文件"中以：

——以 JB/T 8896—1999 代替 ZB J28 001 工业机器人　验收规则；

——GB/T 5226.1—2002 代替 ZB J50 002、GB 4943、GB 6833.2、GB 6833.5；

——以 GB/Z 19397—2003/ISO/TR 11062:1994 代替 GB 6833；

——以 GB/T 12642—2001 代替 GB/T 12642、GB/T 12645 和 JB/Z 285—1987；

——试验方法中条款标题按 GB/Z 19397—2003/ISO/TR 11062:1994、GB/T 5226.1—2002、GB/T 12642—2001 作相应修改。并采用相应的新章节。

增加了下列规范性引用文件：

——JB/T 8896—1999《工业机器人　验收规则》。

b)　"5.3　功能""5.5　噪声""5.10　电磁兼容性""5.13　可靠性"章节的内容都进行了提升。

本标准由中国机械工业联合会提出。

本标准由全国工业自动化系统与集成标准化技术委员会(SAC/TC 159)归口。

本标准起草单位：北京机械工业自动化研究所。

本标准主要起草人：杨书评、高雪芹。

本标准所代替标准的历次版本发布情况为：

——GB/T 14283—1993。

点焊机器人　通用技术条件

1 范围

本标准规定了点焊机器人的技术要求、试验方法和检验规则等。

本标准适用于各种规格的点焊机器人。

2 规范性引用文件

下列文件中的条款通过本标准的引用而成为本标准的条款。凡是注日期的引用文件，其随后所有的修改单(不包括勘误的内容)或修订版均不适用于本标准，然而，鼓励根据本标准达成协议的各方研究是否可使用这些文件的最新版本。凡是不注日期的引用文件，其最新版本适用于本标准。

GB/T 191—2008　包装储运图示标志(ISO 780:1997,MOD)

GB/T 3766—2001　液压系统通用技术条件(eqv ISO 4413:1998)

GB/T 4768—1995　防霉包装技术要求(neq IEC 68:1988)

GB/T 4879—1999　防锈包装

GB/T 5048—1999　防潮包装

GB 11291—1997　工业机器人　安全规范(eqv ISO 10218:1992)

GB/T 5226.1—2002　机械安全　工业机械电气设备　第1部分，通用技术条件(idt IEC 60204-1:2000)

GB/Z 19397—2003　工业机器人　电磁兼容性试验方法和性能评估准则指南(ISO/TR 11062:1994,IDT)

GB/T 12642—2001　工业机器人　性能规范及其测试方法(eqv ISO 9283:1998)

GB/T 20867—2007　工业机器人　安全实施规范

JB/T 8896—1999　工业机器人　验收规则

3 产品分类

3.1　按坐标型式分为：

a)　直角坐标型点焊机器人；

b)　圆柱坐标型点焊机器人；

c)　球坐标型点焊机器人；

d)　关节型点焊机器人。

3.2　按驱动方式分为：

a)　液压式点焊机器人；

b)　气动式点焊机器人；

c)　电动式点焊机器人。

3.3　按现场安装的方式分为：

a)　垂直落地式点焊机器人；

b)　倾斜安装式点焊机器人；

c)　悬挂式点焊机器人。

4 性能

4.1　点焊机器人(以下简称机器人)的性能指标应在产品标准中规定，应包括下列各项：

a) 坐标型式；

b) 轴数；

c) 额定负载；

d) 各轴运动范围；

e) 工作空间；

f) 最大单轴速度；

g) 每分钟焊点数；

h) 位姿重复性；

i) 基本动作控制方式；

j) 存储容量；

k) 输入输出接口；

l) 编程方式；

m) 外形尺寸和重量；

n) 耗电功率。

4.2 焊接设备的主要参数及其功能在产品标准中规定。

5 技术要求

5.1 一般要求

5.1.1 机器人应按经规定程序批准的设计图样和工艺文件进行制造。

5.1.2 制造机器人所用材料及外购元器件、部件，入厂时需经检验部门复检，并应符合有关标准规定。

5.2 外观和结构

5.2.1 机器人结构应布局合理，操作方便，造型美观，便于维修。

5.2.2 在机器人成套设备中，所有紧固部分应无松动；活动部分的润滑和冷却状况良好。

5.2.3 说明功能的文字、符号、标志应清晰、端正。各轴关节处应标明其运动方向。

5.2.4 机器人表面不能有明显的凹痕、裂缝和变形；漆膜及镀层应均匀，无气泡、划伤、脱落和磨损等缺陷；金属零件不能有锈蚀及其他机械损伤。

5.3 功能

5.3.1 机器人的开关、按钮、显示、报警及联锁装置功能应正常。

5.3.2 操作机各轴运动应平稳、正常。

5.3.3 在各种操作方式中，指令与动作应协调一致。

5.3.4 电力线与信号线尽可能远离，并对信号线采用屏蔽、双绞等抗干扰措施。

5.3.5 电气设备如遇突然停电情况，在恢复供电时，不得自行接通。

5.4 液压系统

用液压驱动的机器人，其液压系统应符合 GB 3766—2001 的规定。液压源的压力波动值按产品标准规定。

5.5 安全

5.5.1 基本要求

机器人应符合 GB 11291—1997 和 GB/T 20867—2007 的安全规定。

5.5.2 接地电阻

机器人操作机、控制装置、动力源都必须有接地点。不能明显表明的接地点，应在其附近标注明显的接地符号“⏚”。

机器人中因绝缘损坏可能带电的金属部件与接地点之间的电阻不得超过 0.1 Ω。

5.5.3 绝缘电阻

机器人交流动力电源电路与壳体之间的绝缘电阻应不小于 10 MΩ。

5.5.4 耐电强度

机器人动力交流电源电路与邻近的非带电导体间，应能承受交流 50 Hz、电压有效值 1 500 V、持续 1 min 的耐电强度试验，无击穿、闪络及飞弧现象。

5.6 持续运行

机器人在额定负载和工作速度下连续运行 120 h，工作应正常。

5.7 工艺操作

按点焊工艺要求，对机器人进行示教编程和工艺操作。在正常工艺条件下，其焊接质量应符合要求。

5.8 噪声

机器人在空载运行时所产生的噪声应不大于 70 dB(A)。

5.9 电源适应能力

当供电电网电压波动，在额定电压的－15%～＋10%、频率为 50 Hz 时，机器人工作应正常。

5.10 电磁兼容性

机器人的电磁兼容性应符合 GB/Z 19397—2003 中 6.5 的规定。

5.11 环境条件

5.11.1 环境气候适应性

机器人在表 1 环境条件下使用、运输和贮存时，应能保持正常。其他项目由产品标准规定。

表 1

环境条件	工作条件	贮存、运输条件
环境温度	0 ℃～40 ℃	－40 ℃～＋55 ℃
相对湿度	40%～90%	≤93%(40 ℃)
大气压力	86 kPa～106 kPa	

5.11.2 耐振性

机器人的操作机、控制装置在频率为 5 Hz～55 Hz、振幅为 0.15 mm 的振动条件(或环境)下，工作应正常。

5.12 耐运输性

机器人按要求包装和运输后，应保持正常状态。

5.13 可靠性

机器人的可靠性用平均无故障工作时间(MTBF)和平均修复时间(MTTR)来衡量，具体数值应在产品标准中规定。一般 MTBF 不小于 5 000 h，MTTR 不大于 30 min。

5.14 成套性

5.14.1 机器人应包括操作机、控制装置、动力源装置、连接电缆等成套设备。

5.14.2 机器人出厂时，应备有供正常生产使用的附件、维修用的备件及专用工具。

5.14.3 机器人出厂时，应提供工业机器人特性数据表、技术说明书或操作、安装、维修说明书等技术文件以及合格证。

6 试验方法

6.1 试验条件

见 JB/T 8896—1999 的 5.1。

6.2 外观和结构检查

见 JB/T 8896—1999 的 5.2。

6.3 功能检查

见 JB/T 8896—1999 的 5.3。

6.4 液压系统检查

机器人运行 8 h 后，检查各密封及接头处，不得有漏油现象。

6.5 性能测试

6.5.1 各轴运动范围测量

见 JB/T 8896—1999 的 5.4.1。

6.5.2 工作空间测量

见 JB/T 8896—1999 的 5.4.2。

6.5.3 最大单轴速度

在额定负载条件下，使被测关节进入稳定工作状态，其他关节固定。令被测关节以最大速度做最大范围的运动，测出速度的最大值。重复测量 10 次，以 10 次所测结果的平均值作为测量结果。

6.5.4 每分钟点焊数测试

取工作空间中位姿测试点 P1、P2、P4(见 GB/T 12642—2001 第 7 章位姿特性)作为焊接路径的端点，按焊接工艺要求以 P1→P2→P4→P1 的顺序以每隔最小 50 mm 的直线段对机器人进行示教编程，连续运行 1 min，重复测量 10 次，以 10 次所测结果的平均值作为测量结果。

6.5.5 位姿重复性测量

见 GB/T 12642—2001 的 7.2。

6.6 电气安全检验

6.6.1 接地电阻检测

见 GB 5226.1—2002 的 19.2。

6.6.2 绝缘电阻测量

见 GB 5226.1—2002 的 19.3。

6.6.3 耐电强度试验

见 GB 5226.1—2002 的 19.4。

6.7 连续运行试验

见 JB/T 8896—1999 的 5.6。

6.8 工艺操作试验

在正常工艺条件下，按点焊要求对机器人进行示教编程，然后启动机器人进行自动运行，作业完成后，检查其焊接质量应符合要求。

6.9 噪声

见 JB/T 8896—1999 的 5.7。

6.10 电源适应能力试验

见 JB/T 8896—1999 的 5.8。

6.11 电磁兼容性试验

6.11.1 辐射敏感度试验

按 GB/Z 19397—2003 第 6 章进行。

6.11.2 磁场敏感度试验

按 GB/Z 19397—2003 第 6 章进行。

6.12 环境气候适应性试验

见 JB/T 8896—1999 的 5.10。

6.13 振动试验

见 JB/T 8896—1999 的 5.11。

6.14 运输试验

见 JB/T 8896—1999 的 5.12。

6.15 可靠性试验

由产品标准规定。

7 检验规则

见 JB/T 8899—1999 第 3 章。

8 检验项目

见表 2。

表 2

序号	检验项目		技术要求	检验方法	出厂检验	型式检验
1	外观和结构		5.2	6.2	○	○
2	功能		5.3	6.3	○	○
3	液压系统		5.4	6.4	○	○
4	性能	各轴运动范围	4.1d)	6.5.1	○	○
5		工作空间	4.1e)	6.5.2	○	○
6		最大单轴速度	4.1f)	6.5.3	○	○
7		每分钟焊点数	4.1g)	6.5.4	○	○
8		位姿重复性	4.1h)	6.5.5	○	○
9	安全性	接地电阻	5.5.2	6.6.1	○	○
10		绝缘电阻	5.5.3	6.6.2	○	○
11		耐电强度	5.5.4	6.6.3	○	○
12	连续运行		5.6	6.7	○	○
13	工艺操作		5.7	6.8	○	○
14	噪声		5.8	6.9	○	○
15	电源适应能力		5.9	6.10	—	○
16	电磁兼容性		5.10	6.11	—	○
17	环境气候适应性		5.11.1	6.12	—	○
18	耐振性		5.11.2	6.13	—	○
19	耐运输性		5.12	6.14	—	○
20	可靠性		5.13	6.15	—	○
21	耗电功率		4.1n)	—	—	○
注："○"为检查项目。						

9 标志、包装、运输和贮存

9.1 标志

9.1.1 机器人产品上应装有标牌，标牌上应包括下述内容：

a) 产品名称；

b) 产品型号；

c) 动力源参数及耗电功率；

d） 外形尺寸和重量；

e） 生产编号；

f） 制造单位名称；

g） 出厂年、月。

9.1.2 包装标志

在包装箱外表面上，应按 GB/T 191—2008 规定做图示标志。

9.2 包装

9.2.1 机器人在包装前，必须将操作机活动臂部分固定牢靠。

9.2.2 操作机底座及其他装置与包装箱底板应固定牢靠。

9.2.3 控制装置应单独包装。

9.2.4 包装材料符合 GB/T 4768—1995、GB/T 4879—1999、GB/T 5048—1999 的要求。若有其他特殊包装要求，应在产品标准中规定。

9.2.5 包装箱内应有下列文件：

a） 特性数据表和产品合格证明书；

b） 使用说明书及安装图；

c） 随机备件、附件及其清单；

d） 装箱清单及其他有关技术资料。

9.3 运输

运输、装卸时，应按 9.1.2"包装标志"的规定标识方向放置，保持包装箱的竖立位置，并不得堆放。

9.4 贮存

长期存放机器人产品的仓库，其环境温度为 0～40 ℃，相对湿度不大于 80%。其周围环境应无腐蚀、易燃气体，无强烈机械振动、冲击及强磁场作用。贮存期限及其维护要求由产品标准规定。

ICS 01.040.29
K 09

GB

中华人民共和国国家标准

GB/T 14286—2008
代替 GB/T 14286—2002

带电作业工具设备术语

Live working—Terminology for tools, equipment and devices

(IEC 60743:2001, MOD)

2008-09-24 发布　　2009-08-01 实施

中华人民共和国国家质量监督检验检疫总局
中国国家标准化管理委员会　发布

前言

本标准修改采用国际标准 IEC 60743:2001《带电作业工具设备术语》。

本标准中有些术语与 IEC 的术语有一定差别，为此，尽可能采用 IEC 的定义，并在不致引起误解的前提下，保留我国惯用术语。

本标准代替 GB/T 14286—2002《带电作业工具设备术语》。

本标准与 GB/T 14286—2002 相比，调整的内容如下：

——去掉 IEC 前言；

——对部分术语的名称进行了调整，如：连接线板-放线联板、转线滑轮组-牵引机、卷线器-牵引机卷筒等；

——对于“电位转移”、“人体体表电场”、“人体电流”、“组合间隙”等我国常用术语而 IEC 60743 中又没有的内容仍予以保留。

本标准由中国电力企业联合会提出。

本标准由全国带电作业标准化技术委员会归口并负责解释。

本标准由国网武汉高压研究院负责起草，华北电力科学研究院有限责任公司、华北电网有限公司参加起草。

本标准主要起草人：巩学海、易辉、刘亚新、何慧雯、郝旭东、胡毅、张丽华。

本标准所代替标准的历次版本发布情况为：

——GB 14286—1993、GB/T 14286—2002。

带电作业工具设备术语

1 范围

本标准规定了带电作业的一些重要术语，它涉及带电作业技术的主要范畴。

本标准适用于制定、修订带电作业标准、规程，编写和翻译专业文献、教材及书刊。与带电作业技术有关的其他领域亦可参照使用。

2 术语

2.1 一般术语

2.1.1 带电作业和方法

2.1.1.1

带电作业 live working

指在带电的电力装置上进行作业或接近带电部分所进行的各种作业，特别是工作人员身体的任何部分或采用工具、装置或仪器进入限定的带电作业区域的所有作业。

2.1.1.2

带电作业区域 live working zone

安全区域 safety zone

保护区域 guard zone

限制无带电作业或维护资格的工作人员进入带电部分周围的空间，有利于注意采取特殊预防措施以确保电气安全。

注：预防措施包括高压端到接地部分的适当的空气距离和带电作业中使用的特殊绝缘方法。安全区域和特殊的防范措施，一般通过行业或企业的规程来确定。

2.1.1.3

带电部分 live part

在正常使用中，可能被加上电压的导线或导电部分，包括中性导线。但按惯例不包括 PEN 导线。

注：PEN 导线是联接保护接地极和中性导线的接地导体。

2.1.1.4

绝缘杆作业 hot stick working

间接作业 at a distance working

这种作业方法是指作业人员与带电部分保持一定的距离，用绝缘工具进行作业。

2.1.1.5

绝缘手套作业 insulating glove working

橡胶手套作业 rubber working

直接作业 contact working

这种作业方法是指作业人员通过绝缘手套并与周围不同电位适当隔离保护的直接对带电体进行的作业。

注：直接作业不等同于无保护的作业。

2.1.1.6

等电位作业 potential working；bare hand working

这种作业方法是指作业人员通过电气连接，使自己身体之电位上升至带电体的电位，且与周围不同电位适当隔离而直接对带电体进行作业。

2.1.1.7

强场区 high electric area

在带电部分周围具有较高电场强度的区域。

2.1.1.8

地电位 earth potential

电位与大地相等的电位。

2.1.1.9

高电位 high potential

对两个及以上的电位而言，处于相对高的电位称为高电位。

2.1.1.10

电位转移 shift of potential

带电作业时，作业人员由某一电位转移到另一电位。

2.1.1.11

带电综合检修 synthetic live-line overhaul

利用带电作业方法对带电设备同时进行多种项目的检修。

2.1.1.12

静电感应 electrostatic induction

在电场作用下，导体上电荷分离的现象。

2.1.1.13

安全电压 safety voltage

人体能承受而不造成伤害的最高电压。

2.1.1.14

带电测试 live testing

在不停电的条件下，作业人员对电力设备进行的测试。

2.1.1.15

等电位电工 equal potential operator

带电作业时，与带电体处于同一电位的作业人员。

2.1.1.16

人体体表电场 electric field outside body

人体处在强电场中，人体皮肤表层附近的电场。

2.1.1.17

人体电阻 body resistance

人体上最远两点之间的电阻，包括皮肤电阻和躯体电阻。

2.1.1.18

人体阻抗 body impedance

人体电阻与容抗的矢量和。

2.1.1.19

人体电流 body current

通过人体阻抗流过人体的电流。

2.1.1.20

人体安全电流 body safety current

使人不发生心室颤动的最大人体电流。

2.1.1.21

摆脱电流 let-go current

人能忍受并能自主摆脱带电体的最大人体电流。

2.1.1.22

致命电流 deadly current

在较短时间内危及生命的最小人体电流。

2.1.1.23

感知电流 sensory current

能够引起人们感觉的最小人体电流。

2.1.1.24

泄漏电流 leakage current

流经绝缘体的体积及表面的电流。

注：通常泄漏电流可区分为体积泄漏电流和表面泄漏电流。

2.1.1.25

主绝缘 main insulation

隔离电位起主要作用的电介质。

2.1.1.26

辅助绝缘 supplementary insulation

除主绝缘外，为了安全另增加的独立绝缘。

2.1.1.27

组合间隙 complex gap

由两个及以上绝缘(空气)间隙串联组合的总间隙。

2.1.1.28

整体电压试验 normal voltage test

按试验电压标准，对绝缘工具的整体进行的电压试验。

2.1.1.29

分段电压试验 piece by voltage (piecewise test)

对绝缘工具分段、按规定系数加电压的试验。

2.1.2

带电作业工具 tools for live working

经过特殊设计、制造、试验以及维护的用于带电作业的工具、设备或器械。

2.1.3 包覆绝缘工具和绝缘工具

2.1.3.1

包覆绝缘工具 insulated tool

由导电材料制成，且全部或部分包覆有绝缘材料的工具。

2.1.3.2

绝缘工具 insulating tool

全部或主要由绝缘材料制成的工具。

2.1.4 绝缘工具构件

2.1.4.1

端头配件 end fitting

永久装配在绝缘操作杆端部的部件(一般为金属)。

2.1.4.2

泡沫　foam

由聚氨脂发泡材料组成的密封绝缘材料，可防潮气浸入。

注：泡沫主要用于填充空管或类似的绝缘构件。

2.1.4.3

棒　rod

由合成绝缘材料制成的实心棒。可以是增强型的。

2.1.5　绝缘杆、组件和工具

2.1.5.1

绝缘杆　insulating pole

绝缘杆是由带或不带端头配件的绝缘管或棒制成，可以是操作杆，也可以是支拉吊线杆。

2.1.5.2

操作杆　hand pole

手工操作的绝缘杆，用于在一定距离外对带电部分进行作业。

2.1.5.3

可连接的通用工具　attachable universal tool

可安装在通用操作杆端头的连接工具。

2.1.5.4

支撑杆　support pole

用于支持或移动导线或其他设备的绝缘杆。

2.1.5.5

绝缘组件　insulating assemblies

指支撑杆和附件的不同组合，以便用来起吊、移动和(或)支撑导线和绝缘子等载荷。

2.1.6

保护罩　protective cover

由绝缘材料制成，用来罩住带电和(或)不带电部件和(或)临近的接地部件的硬质或软质的罩，以防止接触这些部件。

注：保护罩一般设计用于短暂接触。

2.1.7

屏蔽服　screening clothing

导电服　conductive clothing

由天然或合成材料制成，其内完整地编织有导电纤维，用来防止工作人员受到电场影响。可分离的部分如手套或袜子应能通过导电按扣或类似装置与衣服主体连接。

2.1.8

绝缘斗臂车　aerial device with insulating boom; insulating aerial device

带电作业中用来把操作人员和设备送到指定位置的有绝缘斗臂的高空作业装置。它可以安装在一个固定地点或拖车上或在带底盘的机动车上。

2.1.9　电气作业距离

2.1.9.1

最小作业距离　minimum working distance

最小作业距离是工作人员身体的任何部位或手持的导电工具与带电或接地的不同电位的任何部分之间的最小空气距离。这个最小距离是电气距离和人机操纵距离之和。

2.1.9.2

电气距离　electrical component;electrical distance

是指带电和(或)接地部件的电极间的最小距离。它须确保当遭受规定条件下最严重的过电压时发生电气击穿的概率是很小的。

2.1.9.3

人机操纵距离　ergonomic component;ergonomic distance

当需要在最小作业距离处进行所要求作业时,考虑了移动和判断距离的有限误差的空气距离。这一距离必须考虑人本身及其所使用和操纵的工(机)具的活动范围。

2.1.9.4

人体允许活动范围　limit acting distance of worker working

带电作业时,人体允许活动的最小距离。

2.1.9.5

手持区域　handing zone

手持区域是标记在包覆绝缘工具或绝缘工具上允许手持该工具的区域。

注:这个区域能确保工具按照其使用说明使用时,满足最小作业距离的要求。

2.2　绝缘杆

2.2.1　操作杆

2.2.1.1

扎线杆　tie pole;tie stick

用来在绝缘子上绑扎或解开导线的操作杆。

2.2.1.2

钩头杆　hook pole

伸缩式钩头杆　retractable hook stick

用来装、拆或维护带电线夹和各种备有孔眼的附件的操作杆。

2.2.1.3

加长钩头杆　hook pole extension

伸缩式加长钩头杆　retractable hook stick extension

为加大工作范围而特制的加长式或伸缩式的操作杆。

2.2.1.4

通用操作杆　universal hand pole;universal hand stick

两个端头都能加装可连接通用工具的操作杆。

2.2.1.5

提线杆　wire holding pole;wire holding stick

用于收紧或放松导线或导体的绝缘操作杆。

2.2.1.6

销键钳　pliers stick

装在操作杆前端,用于夹紧或装拆各种小零件的钳。

2.2.1.7

绝缘加油杆　insulating oil pole;insulated oil stick

用来施加润滑油或生锈渗透剂的绝缘杆。加油管可由其内通过,也可由其外通过。

2.2.1.8

剪线杆　wire cutter pole

用于剪断导线带剪的绝缘柄(杆)。

2.2.1.9

扎线剪　binding-wire cutter pole

用于剪绑扎线的带绝缘柄(杆)的剪。

2.2.1.10

万向绝缘扳手　all-angle cog spanner pole

齿轮全旋绝缘扳手　all-angle cog wrench

装在绝缘杆前端配有可卸套筒扳手,用于装卸螺栓和螺母的工具。

2.2.1.11

可弯绝缘扳手杆　flexible insulated spanner pole

两用杆　flexible insulated wrench

配以可卸套筒扳手,用于握紧及装卸螺栓和螺母的操作杆。

2.2.1.12

电流表固定杆　clip-on ammeter meter pole

固定电流表的工具。

2.2.1.13

伸缩式通用操作杆　extendable universal hand pole;extendable universal stick

由一个或多个构件组装的可伸缩的操作杆。

2.2.2　支撑杆

2.2.2.1

导线支撑杆　conductor support pole;wire support stick

用于移动或固定导线的绝缘杆件。

2.2.2.2

可调拉杆　adjustable tension pole;adjustable strain stick

装有各种附件的支承工具,可用来举起或拉动导线的绝缘杆件。

2.2.2.3

槽榫接头杆　clevis/tenon pole;clevis/tongue sticks

配有合适的连接头,可进行各种操作的一种支撑工具。

2.2.2.4

带拉环支杆　tension link pole;tension link stick

用于传递拉力到构件(或导线)的绝缘杆件。

2.2.2.5

滚珠支杆　roller link pole;roller link stick

装有滚珠的支杆,它可沿导线移动。

2.2.2.6

转向环拉杆　swivel link pole;swivel link stick

一端或两端都装有转向环的拉杆。

2.2.2.7

螺旋杆　spiral link pole;stick

一头配有螺旋环(羊角)的拉杆。

2.3 通用工具附件

2.3.1 花键接头

2.3.1.1

挂钩杆连接器 **hook pole adaptor; retractable hook stick adaptor**

一种将挂钩杆与通用附件相连接的装置。

2.3.1.2

通用连接器件 **universal adaptor**

用于改变通用操作杆上附件的角度的装置。

2.3.1.3

扎线定型工具 **formed-wire tool**

用于定型或预定型扎线的定位及绑扎的工具。

2.3.1.4

定位销 **locating pin; locating drift**

用来校准两孔或推出销子的工具。

2.3.1.5

导线清洁刷 **conductor cleaning brush**

用于清擦导线的工具。

2.3.1.6

油壶 **oilcan**

用于加润滑油或防锈剂的器皿。

2.3.1.7

棘轮扳手 **ratchet spanner; ratchet wrench**

带可卸套筒，用于松紧螺帽和螺栓的工具。

2.3.1.8

扳手 **spanner; wrench**

用于松紧螺帽和螺栓的工具。

2.3.1.9

凸式夹钳拉头 **positive grip clamp pole head; positive grip clamp stick head**

用于固定带环构件的工具。

2.3.1.10

瓷瓶托 **shepherd's hook**

用于托住绝缘子的工具。

2.3.1.11

拔销器 **split pin remover; cotter key remover**

用于拔出配件或金具中的开口销的工具。

2.3.1.12

碗头调整器 **ball socket adjuster**

用于装卸绝缘子时握住碗头。

2.3.1.13

托叉 **holding fork**

用于保持某一部件原来位置不变的工具。

2.3.1.14

双齿耙 **fixed-double-prong head**

用来装拆针式绝缘子扎线的工具。

2.3.1.15

装销器 split-pin installer;cotter key installer

用于安装开口销、W形销(弹簧销)等的工具。

2.3.1.16

开口销装拆器 split-pin installer-remover;cotter key installer-remover

用来安装或拔出开口销、W形销(弹簧销)等的工具。

2.3.1.17

线切线器 binding wire cutter blade;tie wire cutter

用于切断扎线的工具。

2.3.1.18

回转片 rotary blade

用于绑扎线的工具。

2.3.1.19

羊角钩 rotary prong

用于绑扎扎线或绝缘包皮的工具。

2.3.1.20

绝缘子球头定位器 insulator ball guide

用于装拆碗头与球头销件的工具。

2.3.1.21

钳工锤 hammer

用于敲打的锤子。

2.3.1.22

熔丝装拆器 self-aligning fuse puller

用于夹持、装拆熔断器的工具。

2.3.1.23

螺丝夹钳 screw clamp

用可调钳口夹持定位绝缘子帽的工具。

2.3.1.24

可调小钳 adjustable pliers

用于夹持小零件的工具。

2.3.1.25

虎夹钳 vice grip pliers

用于夹持各种部件的工具。

2.3.1.26

可调式绝缘子叉 adjustable insulator fork

用于安装或拆卸绝缘子,带有可调的绝缘钳口的工具。

2.3.1.27

万向钳 all-angle pliers

可用各种角度夹持卸开零件的工具。

2.3.1.28

夹销钳 pin holder

用于夹持销子的工具。

2.3.1.29

万向套筒扳手　flexible spanner head;flexible wrench head

用于来松紧螺帽、螺栓的工具,它配有可卸套筒。

2.3.1.30

电流表托架　ammeter holder

用来夹持托住电流表的工具。

2.3.1.31

抗干扰编织层敷设器　anti-interference braid applicator

用于绝缘子和导线夹之间的抗静电编织层的器具。

2.3.1.32

旋式拆卸器　spiral disconnect

用于装拆带环的各类器件的工具。

2.3.1.33

钢锯　hack saw

用于锯金属件的弓形锯。

2.3.1.34

手板锯　pruning saw

用于修整树枝的工具。

2.3.1.35

打磨器　conductor sander

用于磨光导体表面的工具。

2.3.1.36

镜子　mirror

安装在通用操作杆上,用来观察不能直接看到零件部位的工具。

2.3.2　槽形工具和舌形工具

2.3.2.1

槽眼附件　clevis eye attachment

用来将槽形杆转接在支承杆上的工具。

2.3.2.2

舌形拉杆附件　tension link tongue attachment;strain link tongue attachment

用来将榫头杆转换成拉杆的部件。

2.3.2.3

槽-榫转接器　clevis-tenon adapter;clevis-tongue adapter

用来将槽形接头杆转换成榫形接头杆的部件。

2.3.2.4

槽-榫延伸接头　clevis-tenon extension;clevis-tongue extension

用于延长槽接头的部件。

2.3.2.5

滚柱-榫头附件　roller tenon attachment;roller-tongue attachment

用来将槽-榫连接头转换成旋转连接头的部件。

2.3.2.6

螺旋槽口连接器　clevis screw adapter

接入棘轮以改变机械负荷的装置。

2.4　绝缘罩及类似组件

2.4.1　定型罩

2.4.1.1

绝缘软管　hose

用来遮蔽导线的绝缘软管。

2.4.1.2

端相　end-cap

由橡胶或合成材料制造，用于遮蔽绝缘导线露出的端头。

2.4.1.3

导线遮蔽罩　conductor cover; line hose

由绝缘材料制成，用于遮蔽导线。根据使用的材料，可分为软质和硬质。

2.4.1.4

耐张串遮蔽罩　tension string cover; dead-end cover

用来遮盖耐张绝缘子串的绝缘罩。

2.4.1.5

耐张线夹遮蔽罩　tension (dead-end) clamp cover

用来遮盖耐张线夹的绝缘罩。

2.4.1.6

悬垂串遮蔽罩　suspension string cover

用来遮盖悬垂绝缘子串的绝缘罩。

2.4.1.7

针式绝缘子遮蔽罩　pin type insulator cover

用来遮盖针式绝缘子的绝缘罩。可以是软质或是硬质的。

2.4.1.8

绝缘挡板　barrier

在特定区域用来限制接近带电部分的绝缘装置。

2.4.1.9

绝缘袋　bag

用绝缘材料制成，用来覆盖导电部件的绝缘工具。

2.4.2　其他

2.4.2.1

胶带　tape

用来绝缘带电导体或各种部件的绝缘粘胶带。

2.4.2.2

绝缘毡　flexible cover

由合成绝缘橡胶或塑料制成，用来绝缘导线或带电、不带电或其他接地的金属部分的软质薄片。

2.5 旁路器具

2.5.1 分流装置

2.5.1.1

分流叉 shunting fork

装在绝缘杆上，用来旁路保险器或带负荷接通或断开电路的金属叉。

2.5.1.2

负荷开关 make-switch；load break

带负荷接通或断开线路的单相开关。

2.5.2 分流器具

2.5.2.1

旁路熔断器跳线 fused by-pass jumper

用于检修熔丝或维修各种类似装置的带熔丝的单芯绝缘电缆。

2.5.2.2

旁路跳线 by-pass jumper

在维修各种装置时，可用硬质管保护单芯电缆。

2.6 专用小手工具

2.6.1 绝缘工具

2.6.1.1

楔块 wedge

用于分开电缆相导线的工具。

2.6.1.2

撬杆 lever

用来撬开电缆的铠装或导线护层的工具。

2.6.1.3

平口钳 flat or round nose pliers

处理导线的工具。

2.6.1.4

冲子 punch

带金属尖的工具，用来拆开固体绝缘材料。

2.6.1.5

剪切钳 cutting nipper

具有金属刃口的工具。

2.6.2 包覆绝缘工具

2.6.2.1

活口钳 slip joint pliers；adjustable pliers

用来夹住、松紧各种零件的工具，其钳口大小可调。

2.6.2.2

单头扳手 engineers wrench；single head

用来松紧螺栓、螺母的工具，一端有扳头，另一端为柄。

2.6.2.3

梅花扳手　box(ring) wrench;single end;deep offset or not

用来松紧螺帽和螺栓的工具,扳头为多边形。

2.6.2.4

活扳手　adjustable wrench;open end

用来松紧螺帽和螺栓的工具,扳头尺寸可调节。

2.6.2.5

刮刀　stripping knife

用来刮去导线的绝缘层的刀具。

2.6.2.6

切割钳　cutting nipper

用于切割的工具。

2.6.2.7

电缆钳　cable cutter

用来切断电缆的工具。

2.6.2.8

钢丝钳　engineers pliers;combination pliers

用于夹住各种小件或切断导线的工具。

2.6.2.9

尖嘴钳　long-nose pliers with or without side cutter

用来夹住、拧紧零件或剪切的工具。

2.6.2.10

圆头钳　round-nose pliers

用来夹住或拧弯零件的工具。

2.6.2.11

电压引出穿孔器　voltage take-off punch

配有金属顶针螺栓的夹钳,用来顶触包覆绝缘的带电导线。

2.6.2.12

螺丝刀　screwdriver

用以拧紧或取下螺丝的工具,其末端可有不同形状。

2.6.2.13

套筒扳手　socket wrench;spin type

用于拧紧或取下螺丝、螺帽和螺栓的工具。

2.6.2.14

六角插孔T型扳手　tee wrench;socket single hexagon

用于拧紧螺丝、螺帽和螺栓的工具。

2.6.2.15

棘轮手柄　ratchet handle, reversible or not

把棘轮装入套筒,用于拧紧或取下螺丝、螺帽和螺栓的工具,只能在一个方向旋进。

2.6.2.16

延伸杆 extension bar

用以连接棘轮手柄和套筒的工具。

2.6.2.17

套筒扳手 socket wrench, hexagon or square drive

与棘轮手柄和延伸杆配套使用,用于拧紧螺丝、螺帽和螺栓的工具。

2.6.2.18

镊子 tweezers

用以拾起小部件的夹紧器具。

2.7 个人器具

2.7.1 机械保护

2.7.1.1

安全靴 safety boots

配有安全鞋头和防滑、防戳穿的硬底靴。

2.7.1.2

安全帽 safety helmet

由合成材料制成,有一条脖带和可移动的带头。

2.7.1.3

安全带 safety belt(body belt)

由皮革或合成材料制成,有可移动的安全带或吊带。

2.7.1.4

安全鞋 safety shoes

带有安全鞋头和防滑、防戳穿的硬底鞋。

2.7.1.5

绝缘手套护套 insulating-glove cover

用以保护绝缘手套不受机械损伤的手套护套。

2.7.2 电气保护

2.7.2.1

绝缘套鞋 insulating overshoes

由柔软绝缘材料制成,带有防滑鞋底,用来防止工作人员脚部触电。

2.7.2.2

绝缘靴 insulating boots

由绝缘材料制成,带有防滑鞋底的靴,用来防止工作人员脚部触电。

2.7.2.3

绝缘手套 insulating gloves

由绝缘橡胶或绝缘合成材料制造,用来防止工作人员手部触电的手套。

2.7.2.4

绝缘袖套 insulating arm sleeves

由绝缘橡胶或绝缘合成材料制造,用来防止工作人员臂部触电的袖套。

2.7.2.5

等电位连接线　bonding lead

由作业人员用于将其导电服、护网或屏蔽与设备的导电部分连接或断开的金属连线。

注：该连线不是接地装置。

2.7.2.6

绝缘服　insulating clothing

由绝缘材料制成，用以防止作业人员身体触电的服装。

2.7.3　其他

2.7.3.1

用于电气作业的安全眼镜和风镜　safely spectacles and goggles for electrical work

用防碎镜片和有机材料镜框制成，镜片可以是无色的，也可以是有色的，应能防护紫外线和电弧光。

2.7.3.2

用于电气作业的防护面罩　face shield for electrical work

在某些危险情况下，可起到保护穿戴者的面部的一种防护器具。当使用适当的材料制作时，面罩还可以防电场、紫外光和电弧光。面罩可以是无色的或有色的。

2.7.3.3

用于电气作业的防护面革屏　face screen for electrical work

由导电的固体或网状材料制成，用以保护面部或其他部分不受电场的影响。

2.8　攀登就位机具

2.8.1　攀登器具

2.8.1.1

绝缘梯　insulating ladder

由绝缘材料制成的梯子。

2.8.1.2

伸缩梯　extending ladder; extension ladder

可通过滑动部分伸缩的梯子。

2.8.1.3

拼接梯　spliced ladder

由金属或合成材料制成的多节部件拼接的梯子。

2.8.1.4

挂梯　hook ladder

装有可拆换或不可拆换挂钩的梯子，挂钩可为固定式，也可为转动式。

2.8.1.5

加长梯　ladder extension

一个可以拼接到另一梯子上的附加梯子。

2.8.1.6

坐椅　seat

悬挂于杆塔或构架上，供操作人员坐下操作的椅子。

2.8.1.7

三角梁　triangular beam

由绝缘管制成的操作平台。附有绳滑轮、座架等构件，给操作人员提供工作位置。

2.8.1.8

平台支点固定装置　platform pivot attachment

安装在构架上的金属附件，它能使平台或梁架移至工作位置。

2.8.1.9

梁架悬挂附件　girder clamp(saddle) suspension attachment

固定在构架上的一个金属结构，用来悬吊座椅、梯子等。

2.8.1.10

平台　platform

由增强合成材料或木材制成的操作平台，固定在支架上，给操作人员提供工作位置。

2.9　**装卸和锚固器具**

2.9.1　**绳、吊绳、绳滑轮组和附件**

2.9.1.1

绳　rope

由绝缘材料或非绝缘材料制成的索状工具。

2.9.1.2

吊绳　sling

一种用于传递工具、材料的绳索工具。

2.9.1.3

绳滑轮组　rope block

使用绳索进行装卸、起吊、装配的滑轮设备。

2.9.1.4

滑轮　block

在吊装中用于绳索导向或承担负载的工具。

2.9.2　**吊轭附件**

2.9.2.1

提升吊轭　lifting yoke

通常由金属制成，为提升重物的滑轮提供挂点。

2.9.2.2

直线卡具　suspension string holder; tool yoke

通过拉杆放松绝缘子上机械拉力的金属工具。

2.9.2.3

塔臂吊轭　tower arm yoke

安装在铁塔上，作为提升杆附件的金属工具。

2.9.2.4

耐张卡具　tension string holder anchor

用来放松耐张串的机械张力的工具。

2.9.2.5

支杆抱箍　support-pole stirrup; wire tong stirrup

安装在支杆上的金属箍，用来提供辅助接点。

2.9.3 支座及附件

2.9.3.1

带链条的提升式支座 lift-type saddle (lever lift) with chain binder

固定在支架上的金属附件,与支杆配套使用,用于提升或降低导线。

2.9.3.2

锁定支座 block saddle

固定在塔上的金属组件,用于系安全绳。

2.9.3.3

圆环支座 ring saddle;rope-snubbing bracket

固定在支架上的金属组件,可为滑轮或绳索提供悬挂点。

2.9.3.4

支座 saddle

一种用来固定或控制导线支撑杆(线夹)的金属组件。

2.9.3.5

链接器 chain binder

用来固定作业杆支座的金属组件,也可用来扎缚各种型式的支撑设备。

2.9.3.6

杆抱箍 pole clamp;stick clamp

与支撑杆(棒)或支座配套的金属箍,用来夹持或固定工作杆(棒)。

2.9.3.7

伸缩链 chain extension

用以延长捆扎链的金属链条。

2.9.3.8

伸缩支座 saddle extension

与杆支座(棒支座)配套的金属座,用来增大间隙距离。

2.9.3.9

闭锁杆抱箍 locking pole clamp;locking stick clamp

与支撑杆(棒)或支座配套的金属抱箍,用来固定或控制杆件(棒),包括闭锁装置。

2.9.3.10

双杆抱箍 double-pole clamp;double-stick clamp

用来把两根杆固定在一起的金属箍。

2.9.4 其他

2.9.4.1

自动卡线钳 automatic come-along clamp;wire grip

用于卡牢导线的金属钳。

2.9.4.2

偏置环 offset eye

与杆(棒)对接环相连的金属环,以提供吊孔。

2.9.4.3

绝缘叉 insulator fork

用来固定绝缘子串的工具,通常由合成材料或金属材料制成。

2.10 测量试验设备

2.10.1 机械测量

2.10.1.1

测力计 dynamometer

通过计算器或换算表,用来测量机械张力或导线上机械张力的变化的仪器。

2.10.1.2

线规 conductor(wire) gauge

用以测量导线直径的工具。

2.10.1.3

隙规 gap gauge

用绝缘材料制成,装在万用工作杆上,用于检查和确定灭弧角间隙距离的工具。

2.10.1.4

测杆 measuring pole or rod;stick

用于测量长度或间隙距离的绝缘杆。

2.10.2 电气测量

2.10.2.1

核相仪 phasing tester

固定在通用操作杆上,用来检查相位的测量工具。

2.10.2.2

表面泄漏电流计 surface leakage tester

用来检查绝缘工具和材料表面泄漏电流的仪器。

2.10.2.3

验电器 voltage detectors

用以检查电压是否存在的仪器。

2.10.2.4

无电显示器 no voltage detectors

当失压时给出可听或可见信号的仪器。

2.10.2.5

湿度计 moisture tester

用来检测湿度的计量仪表。

2.10.2.6

火花间隙 spark-gap

用来检测低、零值绝缘子的装置。

2.11 液压设备及其他

2.11.1 液压设备

2.11.1.1

液压剪 hydraulic cutter

用液压传动,用以切断导线的工具。

2.11.1.2

液压泵 hydraulic pump

为各种工具提供液压源的设备。

2.11.1.3

液压钳 hydraulic compression head

用来压接各种套管和连接管的压力钳。

2.11.1.4

液压软管 hydraulic hose

液压装置用的弹性软管。

2.11.2 其他

2.11.2.1

带电接头 live line connector;hot line connector

用来连接引线和导线的接头。

2.11.2.2

反扣接头 tie-back connector

用来固定导线端头的接头。

2.11.2.3

包带卷绕器 chafe tape winder;armortape winder

用来给导线敷设金属包带的工具。

2.11.2.4

绑扎线 binding wire;tie wire

用来把导线可靠地固定到绝缘子上的与导线材料一致的金属丝。通常是多股导线中的一股线。

2.11.2.5

剥线钳 wire stripper

用来剥去导线绝缘外皮的工具。

2.11.2.6

绝缘挂钩 insulating hanger

一端为机械接头,另一端为金属挂钩的管子,用来临时架接跳线。

2.11.2.7

绝缘夹 insulating blanket clamp;clothes pin

带弹簧的木夹或塑料夹,用于固定绝缘层。

2.11.2.8

工具架 tool rack

用来整齐地搁置棒、杆等绝缘工具的支架。

2.12 支撑装置

根据被举起或支撑的设备带电与否,支撑装置可以是绝缘或不绝缘的。

2.12.1

提线工具 conductor support assembly

对导线进行机械支撑的绝缘工具。

2.12.1.1

紧线器 tension puller;dead-end tool

用来承受导线的机械拉力,以便更换耐张绝缘子串的装置或工具,通常分为液压收紧和螺栓收紧两种方式。

2.12.1.2

绝缘子双拉杆 double tension pole insulator tool

用来承受绝缘子串机械拉力的绝缘工具,由两根绝缘拉杆组成。

2.12.1.3

绝缘子单拉杆 single tension pole insulator tool

用来承受双串绝缘子机械拉力的绝缘工具,仅有一根绝缘拉杆。

2.12.1.4

悬垂绝缘子工具　suspension insulator tool

用来承受悬垂绝缘子串的机械拉力的绝缘工具。

2.12.2

绝缘子支撑工具　insulator support assembly

用来支撑绝缘子串重量的绝缘工具。

2.12.2.1

辅助臂装置　auxiliary arm assembly

用来临时支撑导线或旁路电缆的杆状装置。

2.12.2.2

防震跳线安装工具　antivibration jumper installation tool

由绝缘管和金属叉组成，用来与绝缘绳连接，对防震装置进行操作和安装的器具。

2.12.3　**操作装置**

2.12.3.1

绝缘托瓶架　insulator cradle

用绝缘管或棒组成，以便对绝缘子串进行操作的装置。

2.12.3.2

滑轮组件　trolley pose assembly

由鞍座、滑轮、杆夹钳和绝缘子叉组成，用来移动绝缘子的支撑杆装置。

2.12.3.3

绝缘起重机具　insulating gins

装配在构架适当位置，由不同的支撑绝缘杆和绝缘工具组成的绝缘旋转吊臂装置。

注：它们可以用来起吊绝缘子串，以便更换损坏的部件，还可以将导线吊离绝缘子串或起吊带电设备。

2.12.4

非绝缘起重机具　non-insulating gins

装配在构架适当位置，用来起吊或支撑不带电设备的非绝缘装置。它可以安装成旋转吊臂结构或刚性结构。

2.13　**架线设备**

2.13.1

张力机　tensioner; bullwheel; brake; retarder

架线作业时，用来保持对牵引绳或导线张力的装置。

注：紧线装置可用于单根导线或多根分裂导线的架线。

2.13.2

移动接地　running ground; ground roller; moving ground; rolling ground; fravelling ground; running earth tension pole insulator tool

用于移动的导线或牵引（引导）钢索接地的轻便装置。

注：这些装置通常安装在临近位于紧线器任何一端的牵引和张力装置的导线或牵引钢索上。它们主要与其他工具一起，用来确保作业人员的安全。

2.13.3

架线滑轮组　string block; block conductor running block; docly, running-out block sheare; stringing sheave; stringing traveller

由单个或一组滑轮组装成的装置，可单独或成组地使用并悬挂在构架上，以架设导线。

注：这种装置有时是由牵引绳用的中心滑轮和两个或更多的导线滑轮组成的，用于同时牵引一根以上的导线。为防止导线在作业时损坏，导线滑轮通常以不导电或半导电的氯丁橡胶或聚亚胺脂作为衬里。

2.13.4

放线联板　running board；headboard

架线时用来使一根牵引绳可同时牵引几根导线的装置。它的形状应是可以在牵引过程中平滑地通过滑轮。连接线板通常在其后部悬挂有一个软的尾摆，以防止导线扭转结在一起。

注：为防止旋转负荷传到连接线板上，导线和牵引绳通常都是用旋转接头连接到线板上。

2.13.5

牵引机　puller；bullwheel

架线时用来拖拽牵引绳或导线的一种装置。牵引绳在穿过卷线滑轮组后，以较低张力缠绕在收线卷轮上，收线卷轮可以是卷线器大滑轮的一部分，也可以是单独的机械。

2.13.6

牵引机卷筒　puller；drum；hoist tugger

架线时用来拖拽牵引绳或导线的装置。牵引绳直接以较高的张力缠绕在卷线鼓上。可以有多个卷线鼓，每相导线一个。

注：多鼓卷线器通常用于低压配电线路(交流 1 000 V 以下)。

2.14　接地和短路装置

2.14.1

接地绞线　earthing cable

与一接地装置相连接的绞线。

2.14.2

短路装置　short-circuiting device

短接回路用的连接装置。

注：短路装置包括：短路绞线、短路条、连接组、地线线夹和导线线夹。

2.14.3

短路绞线　short-circuiting cable

短路装置的组成部分，用连接线夹接到公共参考点上(例如：一段短路条、一串连接组、一个接地线夹)的绞线。

2.14.4

短路条　short-circuiting bar

短路装置的一个部件，条状或管状硬导体。

2.14.5

连接组　connecting cluster

连接短路绞线的元件，可直接或通过连接杆连接，例如：绞线线鼻相互连接到接地绞线或接地线夹。

2.14.6

地线线夹　earth clamp

连接接地绞线、短路绞线或接地导体或接地极的连接组的元件。

2.14.7

导线线夹　line clamp

带有短路线的线夹，用短路条或导电元件直接或通过连杆连接到导体上(导线、母线或载流线)或连接到永久连接点上。

2.14.8

接地棒　earthing stick

带有一个固定的或可拆卸的联接器的绝缘棒，用来安装导线线夹、短路条或导电元件。

2.14.9

导电延伸棒　conductive extension component

位于绝缘棒与导电线夹之间的硬导体，是接地绞线或接地和短路绞线的延伸体。

2.14.10

枪（接地用）　lance（for earthing）

用于接地和短路的枪状导电棒，靠它纵向推进并引导进入地中。

注：接地枪是由一截导电部件和一段用于方向保护的绝缘把手，一个接地棒或隔离绝缘元件的联接器构成的。

2.15　带电清洗

2.15.1

固定式清洗系统　fixed washing system

安装在被清洗的绝缘子附近，供水管和喷嘴为固定安装，能在清洗区域之外的地方操作的一套系统。

2.15.2

移动式清洗系统　mobile washing system

供水管和带喷嘴的喷嘴管等部件均为完全活动式的，当需要时，可移至被清洗的绝缘子附近，且可手工操作控制。

2.15.3

清洗区域　washing area；washing zone

水喷射范围之内的区域。

2.15.4

集中喷射　full jet

由喷嘴以柱状射出且以一定距离单独落下的水的喷射。

注：当水从喷嘴喷出时，可以看到水像透明的闭合的玻璃棒。

2.15.5

集中喷射喷嘴　full jet nozzle

一种产生水的集束喷射的喷嘴。

2.15.6

散射喷嘴　spray nozzle

一种直接产生水的发散的喷射的喷嘴。

2.15.7

喷嘴管　nozzle pipe

连接喷嘴的部件。

2.15.8

多用途喷嘴管　multipurpose nozzle pipe

能产生散射和直接喷射的喷嘴管。

中 文 索 引

英 文 索 引

A

B

C

D

S

T

U

V

W

ICS 65.060.50
B 92

中华人民共和国国家标准

GB/T 14290—2008
代替 GB/T 14290—1993

圆草捆打捆机

Round baler

2008-06-10 发布

2009-01-01 实施

中华人民共和国国家质量监督检验检疫总局
中国国家标准化管理委员会 发布

前　言

本标准是对 GB/T 14290—1993《圆草捆打捆机试验方法》的修订。

与 GB/T 14290—1993 相比，主要修改情况如下：

——将标准名称改为“圆草捆打捆机”；

——增加了圆草捆打捆机技术条件的内容；

——删除原标准中的表格。

本标准自实施之日起代替 GB/T 14290—1993。

本标准由中国机械工业联合会提出。

本标准由全国农业机械标准化技术委员会归口。

本标准起草单位：中国农业机械化科学研究院呼和浩特分院、甘肃省农业机械化技术推广总站、中机南方机械股份有限公司、吉林省农业机械研究所。

本标准主要起草人：杨铁军、康清华、杨锦章、贾文光。

本标准所代替标准的历次版本发布情况为：

——GB/T 14290—1993。

圆草捆打捆机

1 范围

本标准规定了圆草捆打捆机(以下简称圆捆机)的技术要求、试验方法、检验规则、标志、包装、运输及贮存等要求。

本标准适用于以捆绳作为捆扎材料的圆捆机。

2 规范性引用文件

下列文件中的条款通过本标准的引用而成为本标准的条款。凡是注日期的引用文件,其随后所有的修改单(不包括勘误的内容)或修订版均不适用于本标准,然而,鼓励根据标准达成协议的各方研究是否可使用这些文件的最新版本。凡是不注日期的引用文件,其最新版本适用于本标准。

GB/T 1192 农业轮胎

GB/T 5667 农业机械生产试验方法

GB 10395.1 农林拖拉机和机械 安全技术要求 第1部分:总则(GB 10395.1—2001,eqv ISO 4254-1:1989)

GB 10396 农林拖拉机和机械、草坪和园艺动力机械 安全标志和危险图形 总则(GB 10396—2006,ISO 11684:1995,MOD)

GB/T 17126 农业拖拉机和机械 动力输出万向节传动轴和动力输入连接装置的位置(GB/T 17126—1997,idt ISO 5673:1993)

JB/T 5160 牧草捡拾器 技术条件

JB/T 5167 压捆机用聚丙烯捆绳、钢丝

JB/T 5673 农林拖拉机及机具 涂漆 通用技术条件

3 技术要求

3.1 一般要求

3.1.1 圆捆机应符合本标准的要求,并按经规定程序批准的产品图样和技术文件制造。

3.1.2 圆捆机所用的外购件、外协件必须符合有关标准的要求,并有合格证方可使用。

3.1.3 铸件表面应光洁,不得有裂纹、冷隔、多肉、飞边、凹坑、夹渣和粘砂等缺陷。

3.1.4 冷剪切及冲压件,应清除飞边、毛刺,冲压件不得有起皱和裂纹。

3.1.5 焊合件的焊缝应均匀、平整、牢固,不得有裂纹、烧伤、咬边、漏焊、虚焊和夹渣等缺陷。

3.1.6 机械加工的配合表面,不得有凹痕、碰伤等缺陷。

3.1.7 紧固件、弹簧、弹齿应进行表面镀锌或发蓝(黑)等处理。

3.2 主要性能要求

牧草含水率为18%~25%时,圆捆机在正常作业条件下,其主要性能应符合表1的规定。

3.3 主要零部件

3.3.1 圆捆机的动力输出轴应符合GB/T 17126的规定。

3.3.2 捡拾器应符合JB/T 5160的规定。

3.3.3 圆捆机所选用的轮胎应符合GB/T 1192的规定,且24 h内压力降不大于1%。

3.4 总装技术要求

3.4.1 凡总装零部件,应经本厂质量检验部门检验合格后,方能进行装配。

3.4.2　各紧固件应安装牢固,不得有漏装和错装现象。行走轮轮圈螺栓拧紧力矩为 100 N·m～120 N·m。

表 1　主要性能指标

项　目　名　称	技　术　指　标
成捆率/%	≥99
草捆密度/(kg/m³)	≥115
牧草总损失率/%	禾本科牧草≤2
	苜蓿≤4
首次无故障平均作业量/捆	≥500
吨草耗油量/(kg/t)	≤0.9
纯工作小时生产率/(kg/h)	达到设计值

3.4.3　捡拾器上下调节灵活,仿形轮放在平地上后,每一排弹齿处于最低工作位置时,所有弹齿齿端与地面之间的距离不大于 20 mm。

3.4.4　总装后,后压缩室应能灵活、可靠地开启和闭合。前后压缩室闭合后,同侧侧板内壁合缝处错位不大于 5 mm。工作中油缸不应有颤动和爬行等不正常现象。

3.4.5　液压系统在额定压力下,不应有渗漏现象。

3.4.6　成形机构应运转灵活,工作平稳可靠,无卡滞现象或异常声响。

3.4.7　捆绳机构的绳管在运动过程中,不应与其他部位干涉,切绳器应切绳彻底,工作可靠。

3.5　外观质量

3.5.1　圆捆机的涂漆质量应符合 JB/T 5673 的规定。

3.5.2　外露表面不应有明显的碰伤、划痕。

3.6　安全要求

3.6.1　圆捆机危险部位应有符合 GB 10396 的标志。

3.6.2　外露的传动部分应设有安全防护装置。防护装置应符合 GB 10395.1 的规定。

3.6.3　液压安全阀应灵敏可靠,在规定压力的±0.5 MPa 范围内起安全保护作用。

4　试验方法

4.1　一般要求

4.1.1　试验样机和配套动力按使用说明书进行调整、保养。技术状态良好。试验时,在测定区内不应人为改变工况。

4.1.2　试验仪器应在检定周期内。

4.1.3　易损件在性能试验前要进行初测,测量精度按产品技术文件确定。

4.1.4　对比试验应在同等条件下进行。

4.2　试验条件和准备

4.2.1　试验地的选择

4.2.1.1　试验地应基本符合圆捆机的适用范围,其牧草品种、草条特征、土壤、地块大小、地形等在当地应具有代表性。

4.2.1.2　在试验地里应划出试验测定区,用标志标出。试验草条的长度应大于捆一捆草的草条长度。测定区面积应能保证完成整个性能试验。

4.2.1.3　试验测定区的牧草割后株长、草条宽度、厚度、每米草条质量和铺条质量应满足圆捆机使用说明书的要求。打捆时牧草含水率应在 18%～25%之间。

4.2.2 草场调查与测定

4.2.2.1 草场概况

测定试验区的坡度并观察和记录地形地貌等情况。调查草原类型、牧草品种、各种牧草比例、亩产量等。

4.2.2.2 草条特征

在试验区内随机取五段草条，测定草条宽度、厚度、每米草条质量和草条断面。同时以草条宽度为横坐标，厚度为纵坐标，绘制草条断面图。

分三等评定草条铺放质量：

a) 上等草条：铺条整齐、均匀、连续；

b) 中等草条：铺条比较整齐、均匀、连续，只有个别地段有断条或堆积过多等情况；

c) 下等草条：铺条零乱，须用人工整理后才能正常作业。

4.2.2.3 草条牧草含水率

从每个草条断面上、中、下均匀取不少于 100 g 样品，立即称其质量，在 105℃恒温下烘干 5 h 后再称其质量。草条牧草含水率按公式(1)计算：

$$H_c = \frac{G_{sc} - G_{gc}}{G_{sc}} \times 100 \qquad (1)$$

式中：

H_c——草条牧草含水率，%；

G_{sc}——牧草湿质量，单位为克(g)；

G_{gc}——牧草干质量，单位为克(g)。

4.2.2.4 割后株长

割下的植株全长（芒除外）即为割后株长。对于天然草场每个草条随机选取 30 株以上；对于种植草场，每个草条随机选取 10 株以上，测其株长求平均值。

4.2.2.5 土壤绝对含水率和土壤承载能力

4.2.2.5.1 在各草条处土壤按 0 cm～10 cm，大于 10 cm～20 cm 进行分层取样。每层取样不少于 30 g，装入铝盒内，立即称重，并在 105℃恒温下烘干约 6 h 后称重，土壤绝对含水率按公式(2)计算：

$$H_t = \frac{G_{st} - G_{gt}}{G_{gt}} \times 100 \qquad (2)$$

式中：

H_t——土壤绝对含水率，%；

G_{st}——湿土质量，单位为克(g)；

G_{gt}——干土质量，单位为克(g)。

4.2.2.5.2 土壤承载能力测定：分别测定 0 cm～10 cm、大于 10 cm～20 cm 各土层的承载能力。

注：土壤承载能力指单位面积上土壤所承受的重力。

4.2.3 气象条件

4.2.3.1 气温、空气相对湿度

测定时，应保证仪器与周围空气全面接触，避免阳光直射和其他因素的影响。

4.2.3.2 风向、风速

测定时，将风向、风速仪置于离地面 1.5 m 处进行测定。

4.2.3.3 天气情况

用文字叙述天气情况，如晴、阴等。

4.2.4 捆绳

所用捆绳的尺寸和基本参数应符合 JB/T 5167 的规定。

4.3 **性能试验**

4.3.1 **目的**

性能试验的目的是考核圆捆机性能指标是否达到设计要求，评定作业质量是否满足技术要求及动力配套的合理性。

4.3.2 **作业质量的测定**

按下述各项测定五个草捆。

4.3.2.1 **成捆时间**

4.3.2.1.1 成捆时间为喂入时间、捆绕时间和卸捆时间之和。

4.3.2.1.2 喂入时间：圆捆机从开始拣拾草条到形成符合设计要求草捆的时间称喂入时间。

4.3.2.1.3 捆绕时间：从捆绳机构开始动作到捆绕完毕切断捆绳的时间称捆绕时间。

4.3.2.1.4 卸捆时间：从捆绳切断到卸捆完毕的时间称卸捆时间。

4.3.2.2 **草捆尺寸、质量及密度**

分别测量每个草捆的宽度、直径、质量。草捆密度按公式(3)计算：

$$\rho = \frac{G_k}{V_k} \qquad \cdots\cdots(3)$$

式中：

ρ——草捆密度，单位为千克每立方米(kg/m^3)；

G_k——草捆质量，单位为千克(kg)；

V_k——草捆体积，单位为立方米(m^3)。

4.3.2.3 **牧草损失率**

4.3.2.3.1 **捡拾损失率**

在测定地段全长上捡拾器遗漏的牧草质量与该地段草条质量之比称为捡拾损失率。

往返测四个行程，每个行程随机取 10 m 长称其草条质量，捡拾后再收集该区间遗落的平均株长三分之一长度以上的牧草，称其质量。按公式(4)计算：

$$s_j = \frac{G_j}{G_t + G_j} \times 100 \qquad \cdots\cdots(4)$$

式中：

s_j——捡拾损失率，%；

G_j——10 m 漏捡牧草质量，单位为千克(kg)；

G_t——10 m 草条质量，单位为千克(kg)。

4.3.2.3.2 **成捆损失率**

成捆室损失牧草质量与测定地段全长上草条质量之比称为成捆损失率。

采用帆布接取形成一个草捆过程中成捆室遗落下的散碎草，称其质量。往返测四个行程，按公式(5)计算：

$$s_{cx} = \frac{G_{cs}}{G_k + G_{cs} + G_{jz}L_d} \times 100 \qquad \cdots\cdots(5)$$

式中：

s_{cx}——成捆损失率，%；

G_{cs}——成捆室损失的牧草质量，单位为千克(kg)；

G_{jz}——每米漏捡牧草质量，单位为千克每米(kg/m)；

L_d——测定地段全长，单位为米(m)。

4.3.2.3.3 **牧草损失率**

牧草损失率按公式(6)计算：

$$s = s_j + s_{cx} \quad \cdots\cdots (6)$$

式中：

s——牧草损失率，%。

4.3.2.4 **成捆率**

成捆数与总捆数之比称为成捆率。测定总捆数不得少于100捆(可结合生产试验进行)，按公式(7)计算：

$$\beta = \frac{I_c}{I_z} \times 100 \quad \cdots\cdots (7)$$

式中：

β——成捆率，%；

I_z——总捆数，单位为捆；

I_c——成捆数，单位为捆。

4.3.2.5 **捆绳消耗量**

测量五个草捆的捆绳消耗量，按公式(8)计算：

$$G_s = \frac{10^3 G_{ks}}{G_k - G_{ks}} \quad \cdots\cdots (8)$$

式中：

G_s——每吨草捆绳消耗量，单位为千克每吨(kg/t)；

G_{ks}——每个草捆的捆绳消耗量，单位为千克(kg)。

4.3.3 **动力指标的测定**

测定时圆捆机应满负荷工作，往返测四个行程。

4.3.3.1 **圆捆机牵引功率**

测取成捆前30 m距离的平均牵引阻力，同时测定机组通过时间。

4.3.3.1.1 机组前进速度按公式(9)计算：

$$v = \frac{L}{T} \quad \cdots\cdots (9)$$

式中：

v——机组前进速度，单位为米每秒(m/s)；

L——测区长度，单位为米(m)；

T——通过测区的时间，单位为秒(s)。

4.3.3.1.2 牵引功率按公式(10)计算：

$$P_q = F_q \cdot v \quad \cdots\cdots (10)$$

式中：

P_q——牵引功率，单位为千瓦(kW)；

F_q——平均牵引阻力，单位为千牛(kN)。

4.3.3.2 **圆捆机空载功率及传动功率**

分别测定空载及成捆前30 m距离的拖拉机动力输出轴扭矩和转速。

4.3.3.2.1 空载功率按公式(11)计算：

$$P_k = \frac{M_k n_k}{9.55} \quad \cdots\cdots (11)$$

式中：

P_k——空载功率，单位为千瓦(kW)；

M_k——空载时动力输出轴的平均扭矩，单位为千牛米(kN·m)；

n_k——空载时动力输出轴的平均转速，单位为转每分(r/min)。

4.3.3.2.2 传动功率按公式(12)计算：

$$P_c = \frac{M_c n_c}{9.55} \quad \cdots\cdots(12)$$

式中：

P_c——传动功率，单位为千瓦(kW)；

M_c——动力输出轴的平均扭矩，单位为千牛米(kN·m)；

n_c——动力输出轴的平均转速，单位为转每分(r/min)。

4.3.3.3 圆捆机总功率消耗

圆捆机总功率消耗按公式(13)计算：

$$P = P_q + P_c \quad \cdots\cdots(13)$$

式中：

P——圆捆机总功率消耗，单位为千瓦(kW)。

4.4 生产试验

4.4.1 目的

生产试验的目的是考核圆捆机的使用经济性、使用可靠性、性能稳定性、地区适应性、调整保养方便性、主要零部件和易损件的耐用性、劳动条件及安全性。

4.4.2 一般要求

4.4.2.1 投入生产试验的样机不少于2台。

4.4.2.2 新设计的圆捆机捆草量不少于800捆，有重大改进的老产品不少于500捆。

4.4.3 生产试验内容

生产试验按GB/T 5667的规定执行。统计首次无故障平均捆草量，计算吨草耗油量。

5 检验规则

5.1 总则

圆捆机应经制造厂质量检验部门检验合格，并附有合格证方可出厂。

5.2 出厂检验

5.2.1 圆捆机总装后，应做空运转试验，在额定转速下运转20 min，并检查下列各项：

a) 各运动机构运转平稳，工作协调，动作准确，不应有卡滞现象和异常声响；

b) 齿轮箱、轴承座的温升不应超过25℃；

c) 各操作机构灵活、可靠，操纵捡拾器升降不少于10次，应起落自如；

d) 操纵液压系统使后压缩室开闭20次，油路无渗漏，油缸不应有颤动和爬行现象；

e) 操纵捆绳机构循环10次，动作应灵活、准确、可靠。

5.2.2 出厂检验的其他项目应符合本标准第3.5.1、3.5.2、3.6和6.1的规定。

5.2.3 出厂的全部项目中，如有不合格，必须经修复合格后方可出厂。

5.3 型式检验

5.3.1 有下列情况之一时，产品应做型式检验：

a) 新产品鉴定时；

b) 正式生产后，圆捆机的结构、材料、工艺有较大改变，可能影响产品性能时；

c) 正式生产时，每3年进行一次型式检验；

d) 产品停产2年后再次生产时；

e) 国家质量监督机构提出进行型式检验要求时。

5.3.2 检验项目及不合格分类见表2。

表 2　检验项目及不合格分类表

分类	项　　目	对应条款	分类	项　　目	对应条款
A类	成捆率	3.2	C类	冷剪切及冲压件质量	3.1.4
	草捆密度	3.2		焊合件的质量	3.1.5
	安全性	3.6		机械加工的配合表面质量	3.1.6
B类	牧草总损失率	3.2		紧固件、弹簧、弹齿表面处理质量	3.1.7
	首次无故障平均作业量	3.2		轮胎质量	3.3.3
	吨草耗油量	3.2		各联结件和紧固件的联结可靠性	3.4.2
	纯工作小时生产率	3.2		捡拾器安装调整	3.4.3
	动力输出轴	3.3.1		成形机构的运转	3.4.6
	捡拾器质量	3.3.2		捆绳机构运转	3.4.7
	后压缩室的运转	3.4.4		涂漆	3.5.1
	液压系统的密封性	3.4.5		外观质量	3.5.2
	空运转	5.2.1		产品标志	6.1

5.3.3　判定规则

抽样检验的合格判定按表 3 规定进行，表中 AQL 为可接受质量限，Ac 为接受数，Re 为拒收数。被检样品的 A、B、C 各项目不合格数均不超过相应的可接受质量限，方可判定被检样机合格，否则判定为不合格。

表 3　抽样判定表

不合格分类	A		B		C	
样本数	2					
项目数	3		9		12	
AQL	6.5		25		40	
Ac　Re	0	1	1	2	2	3

6　标志、包装、运输和贮存

6.1　在圆捆机的明显处应固定有永久性的产品标牌，并标有下列内容：

a)　制造厂名称；

b)　产品型号、名称；

c)　产品主要技术参数；

d)　制造日期或出厂编号；

e)　产品执行标准编号。

6.2　在圆捆机的主要零件和易损件上，应打印永久性厂标。

6.3　圆捆机在整机发运时，可不加外包装。按部件发运时应用木板箱包装，部件与箱底板应固定牢靠，包装箱内应有防雨、防潮措施。

6.4　包装箱上的发货标志包括下列内容：

a)　制造厂名称；

b)　产品型号、名称；

c) 产品总质量；

d) 包装箱尺寸；

e) 收货单位名称、地址。

6.5 包装箱上应有运输与贮存指示标志，包括“小心轻放”、“不许倒置”和“防雨”等字样或图案。

6.6 应按出厂规定配齐备件、附件和随机工具。

6.7 随同圆捆机出厂的技术文件应装在防雨、防潮袋中，应包括：

a) 使用说明书；

b) 出厂合格证；

c) 装箱清单。

技术文件应有可靠的防雨、防潮措施。

6.8 圆捆机应存放在干燥且通风良好的库房内。

ICS 23.120
P 48

中华人民共和国国家标准

GB/T 14294—2008
代替 GB/T 14294—1993,GB 13326—1991

组合式空调机组

Central-station air handling units

2008-11-04 发布　　　　2009-06-01 实施

中华人民共和国国家质量监督检验检疫总局
中国国家标准化管理委员会　发布

前　言

本标准代替 GB/T 14294—1993《组合式空调机组》和 GB 13326—1991《组合式空气处理机组噪声限值》。

本标准与 GB/T 14294—1993 和 GB 13326—1991 相比主要技术差异如下：

——性能指标变化：机外静压干工况时不低于额定值 90%；湿工况时不低于额定值 85%；供冷量和供热量不低于额定值 95%；并增加箱体变形率和水量水阻要求。

——机组噪声按机组风量和全静压确定。

——试验方法变化：供冷量和供热量试验，除风管环路式空气焓差法外，增加房间空气焓差法；机组漏风率增加负压装置；机组风量风压试验明确采用风管皮托管和多空气流量喷嘴法；增加箱体变形量试验分正压和负压试验。

本标准的附录 A、附录 B、附录 C、附录 D、附录 E 为规范性附录，附录 F 为资料性附录。

本标准由中华人民共和国住房和城乡建设部提出。

本标准由全国暖通空调及净化设备标准化技术委员会归口。

本标准负责起草单位：中国建筑科学研究院。

本标准参加起草单位：上海新晃空调设备股份有限公司、上海一冷开利空调设备有限公司通惠空调设备厂、广东松下环境系统有限公司北京分公司、同方人工环境有限公司、南京天加空调设备有限公司（天津工厂）、江苏风神空调集团股份有限公司、浙江盾安人工环境设备股份有限公司、广东申菱空调设备有限公司、德州亚太集团有限公司、深圳麦克维尔空调有限公司、昆山台佳机电有限公司、重庆美的通用制冷设备有限公司、山东欧锴空调科技有限公司。

本标准主要起草人：邹月琴、戴立生、钱荣华、郑接林、赵良、王青平、官金生、陆辉、杜立卫、张建学、张勇、崔永国、张扣奇、郑永清、耿凯。

本标准所代替标准的历次版本发布情况为：

——GB/T 14294—1993。

——GB 13326—1991。

组合式空调机组

1 范围

本标准规定了组合式空调机组(简称机组)的术语和定义、分类与标记、材料、要求、试验方法、检验规则、标志、包装、运输和贮存、产品样本和说明书的基本内容等。

本标准适用于以功能段为组合单元,能够完成空气输送、混合、加热、冷却、去湿、加湿、过滤、消声、热回收等一种或几种处理功能的机组。

冷媒为盐水、乙二醇和直接蒸发盘管以及采用电加热器的机组,可参照使用。

本标准不适用于自带冷、热源的空调机(器)、风机盘管机组、暖风机等。

2 规范性引用文件

下列文件中的条款通过本标准的引用而成为本标准的条款。凡是注日期的引用文件,其随后所有的修改单(不包括勘误的内容)或修订版均不适用于本标准,然而,鼓励根据本标准达成协议的各方研究是否可使用这些文件的最新版本。凡是不注日期的引用文件,其最新版本适用于本标准。

GB/T 1236—2000 工业通风机 用标准化风道进行性能试验

GB/T 2624.3—2006 用安装在圆形截面管道中的差压装置测量满管流体流量 第3部分:喷嘴和文丘里喷嘴

GB/T 9068—1988 采暖通风与空气调节设备噪声声功率级的测定 工程法

GB/T 14296 空气冷却器和空气加热器

GB/T 16803 采暖、通风、空调、净化设备术语

JB/T 9064 盘管耐压试验和密封性检查

JG/T 21—1999 空气冷却器与空气加热器性能试验方法

3 术语和定义

GB/T 16803 确定的以及下列术语和定义适用于本标准。

3.1

组合式空调机组 central-station air handling units

由各种空气处理功能段组装而成的一种空气处理设备。适用于阻力大于等于 100 Pa 的空调系统。

3.2

机组空气处理功能段 functional section of units

具有对空气进行一种或几种处理功能的单元体。

机组功能段有:空气混合、均流、过滤、冷却、一次和二次加热、去湿、加湿、送风机、回风机、喷水、消声、热回收等单元体。

3.3

额定风量 rated air flow rate

在标准空气状态下,单位时间通过机组的空气体积流量,单位为 m^3/h 或 m^3/s。

3.4

机外静压 unit external static pressure

机组在额定风量时克服自身阻力后,机组进出风口静压差,单位为 Pa。

3.5

机组全静压　total static pressure

机组自身阻力和机外静压之和，单位为 Pa。

3.6

额定供冷量　rated cooling capacity

机组在规定试验工况下的总除热量，即显热和潜热除热量之和，单位为 kW 或 W。

3.7

额定供热量　rated heating capacity

机组在规定试验工况下供给的总显热量，单位为 kW 或 W。

3.8

漏风率　air leakage rate

漏风率为机组的漏风量与额定风量之比率，用%表示。

3.9

箱体变形率　deformation rate

在试验条件下，机组箱体变形量与箱体最长边之比，单位为 mm/m。

3.10

断面风速均匀度　face velocity uniformity

机组断面上任一点的风速与平均风速之差的绝对值不超过平均风速 20%的点数占总测点数的百分比，用%表示。

3.11

标准空气状态　standard air

温度 20 ℃、相对湿度 65%、大气压力 101.3 kPa、密度 1.2 kg/m^3 的空气状态。

4　分类与标记

4.1　分类

4.1.1　按结构型式

a)　卧式；

b)　立式；

c)　吊顶式；

d)　其他。

4.1.2　按用途特征

a)　通用机组；

b)　新风机组；

c)　净化机组；

d)　专用机组：如屋顶机组、烟草用机组、地铁用机组、计算机房专用机组等。

4.1.3　按规格

机组的基本规格可用额定风量表示，见表 1。

表 1　基本规格

规格代号	2	3	4	5	6	7	8	10	15	20	25
额定风量/(m^3/h)	2 000	3 000	4 000	5 000	6 000	7 000	8 000	10 000	15 000	20 000	25 000
规格代号	30	40	50	60	80	100	120	140	160	200	
额定风量/(m^3/h)	30 000	40 000	50 000	60 000	80 000	100 000	120 000	140 000	160 000	200 000	

4.2 标记

4.2.1 标记代号应符合表 2 的规定。

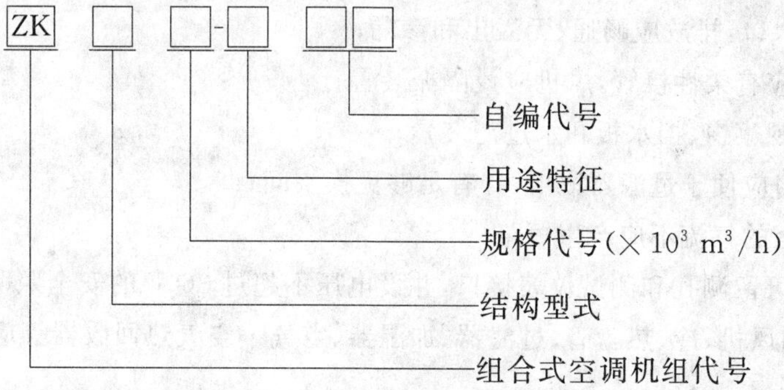

表 2 标记代号

序号	分类项目		代号
1	结构型式	立式 卧式 吊顶式 其他	L W D Q
2	用途特征	通用机组 新风机组 净化机组 专用机组	T X J Z

4.2.2 标记示例

ZKL 5-X

表示立式新风机组,额定风量 5 000 m^3/h。

ZKW 10-T

表示卧式空调机组,额定风量 10 000 m^3/h。

ZKD 20-X

表示吊顶式新风机组,额定风量 20 000 m^3/h。

5 材料

机组箱体采用的绝热、隔声材料,应无毒、无腐蚀、无异味和不易吸水,其材料外露部分和箱体具有不燃或难燃特性。

6 要求

6.1 基本规定

6.1.1 机组应按本标准规定,并经规定程序批准的图样和技术文件制造。

6.1.2 机组的结构应满足下列要求:

a) 机组箱体绝热层与壁板应结合牢固、密实。壁板绝热的热阻不小于 0.74 $m^2 \cdot K/W$,箱体应有防冷桥措施;

b) 机组的检查门应严密、灵活、安全;

c) 室外机组箱体应有防渗雨、防冻措施;

d) 机组连接水管穿过箱体要绝热和密封；

e) 各功能段的箱体，在运输和启动、运行、停止后不应出现永久性凹凸变形；

f) 机组应设排水口，排放应畅通、无溢出和渗漏；

g) 机组的风机应有柔性接管，风机应设隔振装置；

h) 喷水段应有观察窗、挡水板和水过滤装置；

i) 过滤段检修门应便于过滤器取出，并有足够更换空间；

j) 机组横截面上的气流不应产生短路；

k) 机组必要时可留测孔和测试仪表接口，并设电压不超过 36 V 的安全照明。

6.1.3 机组内配置的风机、冷、热盘管、过滤器、加湿器、空气—空气热回收器等应符合国家有关标准的规定。

6.1.4 机组采用黑色金属制作的构件表面应作除锈和防腐处理。

6.2 外观

6.2.1 机组外表面应无明显划伤、锈斑和压痕，表面光洁，喷涂层均匀，色调一致，无流痕、气泡和剥落。

6.2.2 机组应清理干净，箱体内应无杂物。

6.3 性能

6.3.1 启动运转

a) 机组在额定电压、额定频率下能正常启动和运转；

b) 机组在使用现场组装后，应进行检查和试运转。

6.3.2 盘管耐压性能

机组应按 GB/T 14296 规定试验压力和 JB/T 9064 规定的耐压试验和密封性检查，应无渗漏。

a) 气压试验压力应为设计压力的 1.2 倍，保压至少 1 min；

b) 水压试验压力应为设计压力的 1.5 倍，保压至少 3 min。

6.3.3 风量、机外静压、输入功率

在表 4 规定的试验工况下，风量实测值不低于额定值的 95%，机外静压实测值不低于额定值的 90%，输入功率实测值不应超过额定值的 10%。

6.3.4 漏风率

机组内静压保持正压段 700 Pa、负压段 −400 Pa 时，机组漏风率不大于 2%；用于净化空调系统的机组，机组内静压应保持 1 000 Pa，机组漏风率不大于 1%。

6.3.5 箱体变形率

机组风量≥30 000 m^3/h，机组内保持静压 1 000 Pa 条件下，箱体变形率不超过 4 mm/m。

6.3.6 供冷量和供热量

在表 4 规定的试验工况下，机组供冷量和供热量的实测值不低于额定值的 95%。

6.3.7 喷水段的空气热交换效率

在喷水压力小于等于 245 kPa 时，空气第二热交换效率不得低于 80%。

6.3.8 凝露试验

机组在表 4 的试验工况下运行，机组表面应无凝露滴下。

6.3.9 凝结水排除能力

机组在表 4 的试验工况下运行，凝结水排放流畅，无溢出。

6.3.10 机组噪声

按 7.5.10 方法测量的声压级噪声不应大于表 3 的规定。

表 3　机组声压级噪声限值[dB(A)]

额定风量/(m^3/h)	机组全静压/Pa				
	350	500	750	1 000	1 500
2 000～3000	60	63	66	69	72
5 000	62	65	68	71	74
6 000	63	66	69	72	75
10 000	65	68	71	74	77
12 000	66	69	72	75	78
20 000	68	71	74	77	80
25 000	69	72	75	78	81
30 000	70	73	76	79	82
50 000	72	75	78	81	84
80 000	74	77	80	83	86
10 0000	75	78	81	84	87
16 0000	77	80	83	86	89
20 0000	78	81	84	87	90
注：风量和机组全静压在表中规定值之间，可按插入法确定。					

6.3.11　机组振动

机组振幅不应大于 15 μm(垂直)。

6.3.12　断面风速均匀度

按 7.5.12 方法试验，不应小于 80%。

6.3.13　水量和水阻

按 7.5.13 规定的方法，水阻实测值不超过额定值 10%。

6.4　安全性能

6.4.1　绝缘电阻

按 7.6.1 方法试验，其冷、热态对地绝缘电阻值不应小于 2 MΩ。

6.4.2　电气强度

按 7.6.2 方法试验，应无击穿和闪络。

6.4.3　泄漏电流

按 7.6.3 方法试验，其外露金属部分和电源线间泄漏电流不应大于 5 mA。

6.4.4　接地电阻

按 7.6.4 方法试验，其外露金属部分与接地端之间的电阻值不应大于 0.1 Ω。

7　试验方法

7.1　一般规定

7.1.1　试验机组应按功能段组成整机进行试验。

7.1.2　试验机组应按产品说明书要求组装和安装，除试验方法有规定外，不得采取任何特殊处理措施。

7.2　试验条件

7.2.1　试验工况应符合表 4 的规定。

表 4 试验工况

序号	项目		进口空气状态		供水参数				供蒸汽状态	风量/(m^3/h)	机外静压/Pa	电压/V	频率/Hz
			干球温度/℃	湿球温度/℃	进口水温/℃	进出口水温差/℃	供水状态	喷水压力/kPa	表压力/MPa				
1	风量、机外静压和输入功率		5～35	—	—	—	不供	—	不供	—	—		
2	供冷量	回风	27	19.5	7	5	供	—	不供	额定值	不低于额定值85%	额定值	额定值
		新风	35	28	7	5	供	—	不供				
3	喷水段热工性能		27	19.5	7	5	供	≤245	不供				
4	供热量	热水	15	—	60	10	供	—	不供				
		蒸汽	15	—	—	—	不供	—	0.2				
5	新风机组供热量	热水	7	—	60	10	供	—	不供				
		蒸汽	7	—	—	—	不供	—	0.2				
6	凝结水排除能力		27	24	7	5	供	—	不供				
7	凝露试验[a]		27	24	7	5	供	—	不供				
8	漏风量		5～35	—	—	—	不供	—	不供	—	—		

[a] 当采用风管焓差法凝露试验时，环境露点温度应为 22.8 ℃～26.2 ℃。

7.2.2 试验工况和测试操作的允许偏差应符合表 5 的规定。

表 5 试验操作允许偏差

参数		试验工况允差	试验操作允差
进口、出口的空气状态	干球温度/℃	±0.3	±0.5
	湿球温度/℃	±0.2	±0.3
供水状态	冷水进口温度/℃	±0.1	±0.2
	热水进口温度/℃	±0.5	±0.5
	水流量/%	±1	±2
	供水压力(表压)/kPa	±5	±5
供蒸汽状态	供蒸汽压力/kPa	±1.7	±1.7
风量/%		±2	±2
机外静压/Pa		±5	±5
电压/%		±1	±2

注：表中%指额定值的百分数。

7.2.3 试验用的仪表应符合表 6 的规定。

表 6 试验仪表

测量参数	测量仪表	测量项目	仪表准确度
温度	水银温度计、电阻温度计、热电偶温度计	冷热性能试验时空气进出口干湿球温度和换热设备进出口温度	0.1 ℃
		其他温度	0.3 ℃
压力	微压计（倾斜式、补偿式或自动传感式）	空气静压和动压	1 Pa
	U形水银压力计或同等精度的压力计	水阻力，蒸汽压降	1.5 hPa
	蒸汽压力表	供蒸汽压力	2%
	水压表	喷水段喷水压力	2%
	大气压力计	大气压力	2 hPa
水量	流量计、重量式或容量式液体定量计	换热器水流量、蒸汽凝结水量喷淋室水流量等	1%
风量	标准喷嘴（长径）	机组风量	1%
	皮托管	机组风量和风压	GB/T 1236—2000
风速	风速仪	断面风速均匀度等	0.25 m/s
电压	电压表	电参数	0.5 级
电流	电流表		
功率	功率表		
频率	频率表		
噪声	声级计	机组噪声	0.5 dB(A)
振动	测振仪	机组振幅	5%
时间	秒表	凝结水量等	0.1 s
变形	大量程百分表	箱体变形量	±0.01 mm

注：表中%指被测量值的百分数。

7.3 基本规定

用目测方法检测。

7.4 外观

用目测方法检测。

7.5 性能

7.5.1 启动运行

a) 试验机组在额定电压条件下启动，稳定运转 5 min，切断电源，停止运转，至少反复进行三次；

b) 检查零部件有无松动、杂音、过热等异常现象。

7.5.2 盘管耐压性能

在 6.3.2 规定的试验压力条件下试压。

7.5.3 风量、机外静压、输入功率

应按附录 A 或附录 B 规定的方法进行试验，并将试验结果换算成标准空气状态下的值。

7.5.4　**漏风率**

按附录C规定的方法测量漏风率。

7.5.5　**箱体变形率**

按附录D的方法进行试验。

7.5.6　**供冷量和供热量**

a)　额定供冷量和供热量应在表4规定的试验工况下，按附录E的方法进行试验。

b)　也可直接引用空气冷却器和空气加热器试验得出的传热系数公式计算出供冷量和供热量，并可按附录F规定的方法进行验证。

7.5.7　**喷水段的空气热交换效率**

按附录E的方法试验。

7.5.8　**凝露试验**

按表4规定的试验工况，机组供冷连续运行4 h，检查机组表面凝露情况。

7.5.9　**凝结水排除能力**

按表4规定的试验工况，预先将凝结水盘中水注满至排水口，机组供冷连续运行4 h，检查排水情况。

7.5.10　**机组噪声**

机组噪声应在额定风量和机外静压条件下按GB/T 9068—1988中7.4和7.5规定的工程测定法测量和计算。

7.5.11　**机组振动**

a)　在额定风量和机外静压条件下，用表6规定的仪表，在试验机组底座上相互垂直的三维方向上测量振幅。

b)　取最大值为机组的振幅。

7.5.12　**断面风速均匀度**

a)　在距盘管或过滤器迎风断面200 mm处，均布风速测点；

b)　用风速仪测量各点风速，统计所测风速与平均风速之差不超过平均风速20%的点数占总点数的百分比。

7.5.13　**水量水阻**

在表4规定的供冷工况下，检测机组进出口水压降(水阻)。

7.6　**安全性能**

7.6.1　**绝缘电阻**

a)　在常温常湿条件下，用500 V绝缘电阻计测量机组带电部分和非带电部分之间绝缘电阻(冷态)；

b)　按表4规定的凝结水排除能力试验工况，连续运行4 h后，用绝缘电阻计测量机组带电部分和非带电部分之间绝缘电阻(热态)。

7.6.2　**电气强度**

a)　机组在带电部分和非带电金属部分之间施加额定频率和1 500 V的交流电压，开始施加电压不应大于规定值的一半，然后快速升为全值，持续时间1 min；

b)　大批量生产时，可用1 800 V电压及1 s时间代替。

7.6.3　**泄漏电流**

按表4规定的凝结水排除能力试验工况，连续运行4 h后，在静止状态下，施加110%额定电压，测量机组外露的金属部分与电线之间的泄漏电流。

7.6.4　**接地电阻测量**

用接地电阻仪测量机组外壳与接地端子之间的电阻。

8 检验规则

8.1 检验分类和检验项目

8.1.1 机组检验分出厂检验、抽样检验和型式检验。

8.1.2 检验项目按表7。

表7 检验项目

序号	检验项目		要求	试验方法	出厂检验		型式检验
					逐台检验	抽样检验	
1	基本规定		6.1	7.3	△	△	△
2	外观、标志和包装		6.2 9.1 9.2	7.4	△	△	△
3	性能要求	启动运行	6.3.1	7.5.1	△	△	△
4		盘管耐压性能	6.3.2	7.5.2	△	△	△
5		风量、机外静压、输入功率	6.3.3	7.5.3	—	△	△
6		漏风率	6.3.4	7.5.4	—	△	△
7		箱体变形率	6.3.5	7.5.5	—	△	△
8		供冷量和供热量	6.3.6	7.5.6	—	—	△
9		喷水段的空气热交换效率	6.3.7	7.5.7	—	—	△
10		凝露试验	6.3.8	7.5.8	—	—	△
11		凝结水排除能力	6.3.9	7.5.9	—	—	△
12		机组噪声	6.3.10	7.5.10	—	—	△
13		机组振动	6.3.11	7.5.11	—	—	△
14		断面风速均匀度	6.3.12	7.5.12	—	—	△
15		水量和水阻	6.3.13	7.5.13	—	—	△
16	安全性能	绝缘电阻	6.4.1	7.6.1	△	△	△
17		电气强度	6.4.2	7.6.2	△	△	△
18		泄漏电流	6.4.3	7.6.3	△	△	△
19		接地电阻	6.4.4	7.6.4	△	△	△
注：有喷水段时做第9项。表中1和2为一般项目。							

8.2 出厂检验

8.2.1 每台机组(各功能段)必须经制造厂检验部门检验合格,并附有质量检验合格证,方可出厂。

8.2.2 机组的出厂检验,应按表7中1、2、3、4、16、17、18、19等项逐台检验。抽样检验,增加表7中5、6、7项,每20台至少抽检一台,年产量不足20台抽检一台。

8.3 型式检验

8.3.1 机组有下列情况之一时,应进行型式检验:

a) 试制的新产品定型时;

b) 定型产品的结构、制造工艺、材料等更改对产品性能有影响时;

c) 停产一年以上,恢复生产时;

d) 转厂生产时；

e) 批量生产时每三年进行一次；

f) 国家质量监督机构产品监督抽查提出要求时。

8.3.2 机组的型式检验应包括表 7 全部项目。

表 8 抽样数量

出厂数量/台	<50	≥50
抽样数量/台	1	≥2

8.3.3 判定原则

a) 对于抽取的样品，检验项目中有一项不合格，则判该样品为不合格品。

b) 在抽取样品中有一台不合格，则加倍抽取，如仍有一台不合格，则该批机组判为不合格品。

9 标志、包装、运输和贮存

9.1 标志

9.1.1 每台机组应有产品铭牌，并固定在箱体明显部位。铭牌应包括下列内容：

a) 机组名称、型号；

b) 机组主要技术参数（额定风量、机外静压、机组全静压、供冷量、供热量、额定电压、输入功率等）；

c) 机组外形尺寸：长×宽×高；

d) 机组重量；

e) 出厂编号；

f) 出厂日期；

g) 制造厂名称；

h) 采用标准。

9.1.2 机组应标明工作状况即旋转方向、开、关等标志，并附有电气线路图。

9.2 包装

9.2.1 机组各功能段应按各自要求包装，在包装箱内应稳固。

9.2.2 包装箱应捆扎牢固严密。

9.2.3 包装箱内应有装箱单、产品合格证、产品安装使用说明书等有关技术文件。

9.2.4 包装箱上应有不易退色的装箱标志，其内容：

a) 产品名称、型号；

b) 产品毛重、净重；

c) 箱体外形尺寸：长×宽×高；

d) 共　箱，第　箱；

e) 装箱日期；

f) 到站（港）及收货单位；

g) 发站（港）及发货单位。

9.2.5 包装箱上应有防潮、防雨、防倒置、禁止翻滚、小心轻放等储运标志。

9.3 运输和贮存

9.3.1 机组在运输过程中，不应受碰撞、挤压、抛投、雨雪淋袭。

9.3.2 机组应贮存在防潮、防雨、防火场所，周围应无腐蚀性气体存在。

10 产品样本和说明书的基本内容

a) 产品名称、型号规格、工作原理、特点及用途等；

b) 主要技术参数，包括风量、机外静压、机组全静压、输入功率、供冷量和供热量以及不同工况下选用表或软件，水量和水阻等；
c) 产品结构尺寸和电气线路图；
d) 产品采用标准；
e) 安装说明、使用要求；
f) 维护保养及注意事项等。

附 录 A
（规范性附录）
组合式空调机组风量、风压和输入功率试验方法

附录A规定了组合式空调机组风量、风压和输入功率试验的装置、条件和方法。

A.1 试验装置

A.1.1 试验装置由试验机组、连接管、测试装置或管以及测量仪表组成。

A.1.2 试验装置采用本附录图A.1和图A.2所示布置之一进行试验。

A.1.3 风量测量使用图A.1所示空气流量喷嘴应符合下列要求。

a) 喷嘴喉部速度必须在15 m/s到35 m/s之间。

b) 喷嘴加工和安装应符合GB/T 1236—2000第23章的要求。

c) 喷嘴尺寸应符合GB/T 2624.3—2006长径喷嘴的规定。

d) 穿孔板穿孔率约为40％。

A.1.4 图A.2所示试验装置应符合下列要求

a) 皮托管应符合GB/T 1236—2000第27章规定。

b) 测点数，应符合表A.1和图A.3的规定。

c) 过渡管和整流栅应符合GB/T 1236—2000第30章的规定。

A.1.5 试验装置测试管应符合下列要求

a) 单出风口机组应安装一个出风管，其尺寸等于试验机组出口尺寸。

b) 多出风口机组应按图A.4所示方式连接。

A.1.6 多进风口机组试验时，应关闭所有旁通的风阀，只开启流经机组各功能段的进风阀，并置于全开位置。

A.1.7 机组带空气-空气热回收装置风量试验时应只开启测量侧通路。

A.2 试验条件

A.2.1 应按本标准7.2中表4和表6规定的试验工况和试验仪表的要求进行试验。

A.2.2 试验机组应由功能段组成的整体机组，至少有风机、过滤、换热段组成。

A.3 试验方法

A.3.1 总则

a) 机组应在风机额定电压、额定频率下至少进行五种风量、机外静压以及输入功率的试验。每一种风量至少测量三次，取平均值。

b) 在每一种试验风量下，应按A.3.2至A.3.7条测量。应测量机组的动压、静压、输入功率、风量、大气压力和出口温度。

A.3.2 静压的测量

a) 在测量截面管壁上将相互成90°分布的四个静压孔的取压接口连接成静压环，将压力计一端与该环连接，另一端和周围大气相通。

b) 管壁上静压孔直径应取1 mm～3 mm，孔边必须成直角，且无毛刺，取压接口管的内径不应小于两倍静压孔直径。

A.3.3 动压的测量

a) 用皮托管测量动压时，皮托管的直管必须垂直管壁，皮托管的测头应正对气流方向且与风管轴线平行。测点位置和点数应符合A.1.4b)的规定。

b) 用皮托管测得同一截面上的各点动压，按式(A.1)计算平均动压。

$$P_d = \left[\frac{\sqrt{P_{d1}} + \sqrt{P_{d2}} + \cdots\cdots + \sqrt{P_{dn}}}{n}\right]^2 \quad \cdots\cdots\cdots\cdots (A.1)$$

式中：

P_d——动压，Pa；

P_{d1}、P_{d2}、…P_{dn}——n 个测点的动压，Pa；

n——测点个数。

c) 当用空气流量喷嘴测量风量时，可按式(A.2)求得平均动压。

$$P_d = \frac{\rho_2}{2}\left(\frac{L}{3\ 600A_2}\right)^2 \quad \cdots\cdots\cdots\cdots (A.2)$$

式中：

ρ_2——机组出口空气密度，kg/m³；

$$\rho_2 = \frac{P_t + B}{287T}$$

L——机组风量，m³/h；

A_2——测量风管的截面积，m²；

B——大气压力，Pa；

P_t——机组出口空气全压，Pa；$P_t = P_d + P_s$

P_s——机组出口静压，Pa；

T——机组出口热力学温度，K；$T = 273.15 + t_2$

t_2——机组出口温度，℃。

A.3.4 风量测量

a) 采用皮托管测量风量时，按式(A.3)计算机组的风量。

$$L = 3\ 600A_2\sqrt{\frac{2P_d}{\rho_2}} \quad \cdots\cdots\cdots\cdots (A.3)$$

b) 采用空气流量喷嘴装置测量风量时，按式(A.4)计算每个喷嘴的风量。

$$L = 3\ 600CA\sqrt{\frac{2\Delta P}{\rho_2}} \quad \cdots\cdots\cdots\cdots (A.4)$$

式中：

L——流经每个喷嘴的风量，m³/h；

C——喷嘴流量系数，见表 A.2；

A——喷嘴面积，m²；

ΔP——喷嘴前后的压差，Pa；

多个喷嘴测量时，机组风量等于所有喷嘴测量的风量的总和。

A.3.5 温度测量

将温度计插入测试风管中，测量机组出口温度。

A.3.6 大气压力测量

在机组附近用大气压力计测量，试验开始和结束各测一次，取平均值。

A.3.7 在测量风量的同时，直接测量输入功率或电流、电压等参数。

A.4 数据整理

A.4.1 试验结果换算为标准空气状态下的风量(L_0)、静压(P_0)。

风量 $L_0 = \frac{L\rho_2}{1.2}$；静压 $P_0 = \frac{1.2P_s}{\rho_2}$

A.4.2 试验机组应给出：机外静压、输入功率对风量的性能图表或曲线。

表 A.1 用皮托管测量的测点位置

测点序号	距离内壁的距离	测点序号	距离内壁的距离
1	0.021D±0.000 6D	5	0.665D±0.005D
2	0.117D±0.0035D	6	0.816D±0.005D
3	0.184D±0.005D	7	0.883D±0.003 5D
4	0.345D±0.005D	8	0.979D±0.000 6D

表 A.2 喷嘴流量系数 C

Re	14 720	15 491	16 314	17 195	18 317	19 148
C	0.950	0.951	0.952	0.953	0.954	0.955
Re	20 234	21 402	22 661	24 021	25 492	27 086
C	0.956	0.957	0.958	0.959	0.960	0.961
Re	28 817	30 701	32 758	35 006	37 472	40 184
C	0.962	0.963	0.964	0.965	0.966	0.967
Re	43 174	46 482	50 153	54 242	58 815	63 948
C	0.968	0.969	0.970	0.971	0.972	0.973
Re	69 736	76 295	83 765	92 320	102 180	113 620
C	0.974	0.975	0.976	0.977	0.978	0.979
Re	126 992	142 743	161 500	184 032	211 428	245 182
C	0.980	0.981	0.982	0.983	0.984	0.985
Re	287 409	341 172	411 057	504164	631 966	813 986
C	0.986	0.987	0.988	0.989	0.990	0.991
Re	1 085 643	1 516 727	2 260 760	3 712 194		
C	0.992	0.993	0.994	0.995		

注：Re 为雷诺数：$Re=\frac{VD}{\nu}$，式中 V 为喷嘴喉部空气速度(m/s)，D 为喷嘴喉部直径(m)，ν 为空气运动粘性系数(m^2/s)。

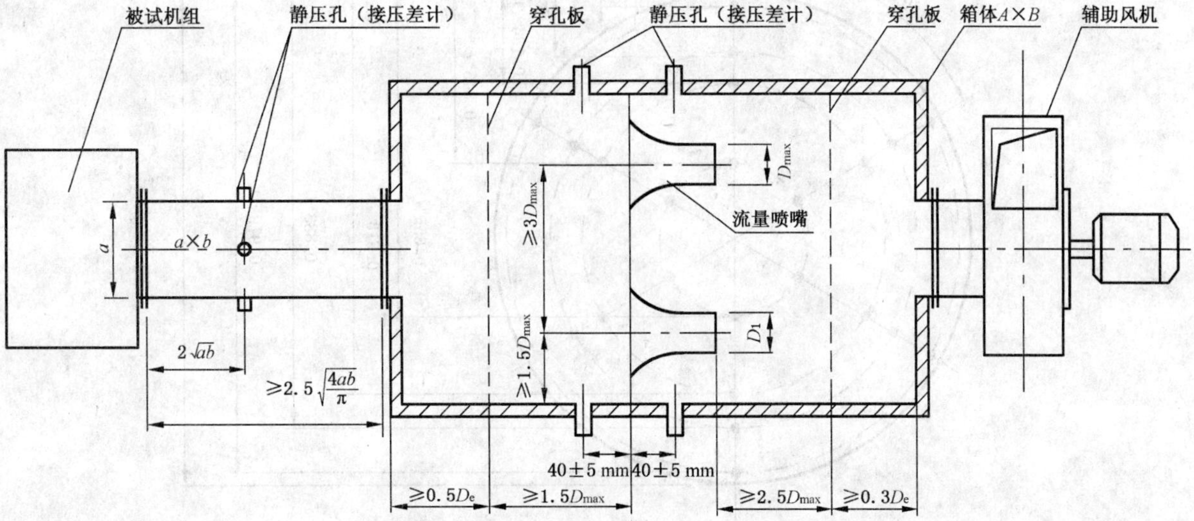

D_e——箱体当量直径 $D_e=\sqrt{\frac{4AB}{\pi}}$；

A、B——箱体尺寸；

a、b——出风口尺寸；

D_{max}——最大流量喷嘴直径；

D_1——其他流量喷嘴直径。

图 A.1 多个喷嘴空气流量测量装置

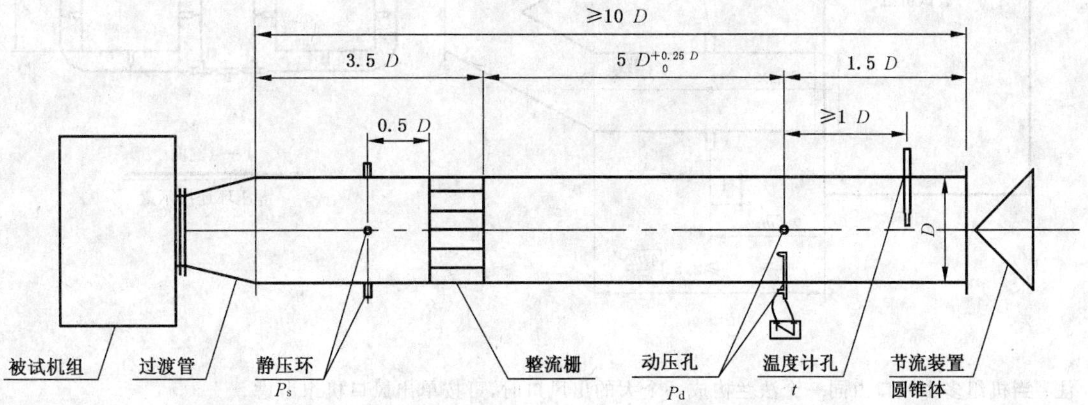

P_s——被试机组出口静压；

P_d——测试风管内动压；

t——测试风管内空气温度。

图 A.2 皮托管流量测量装置

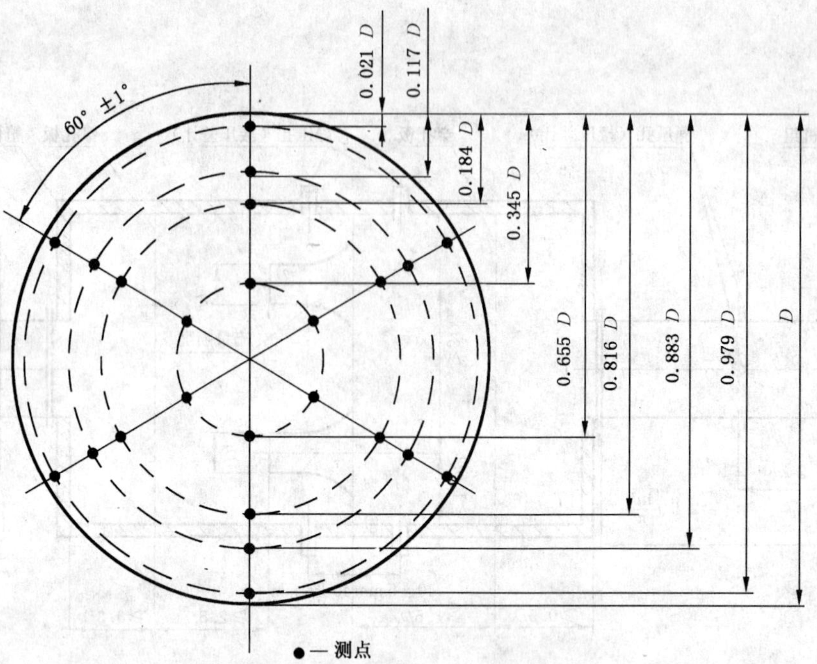

图 A.3 标准化风管中横向测点的位置

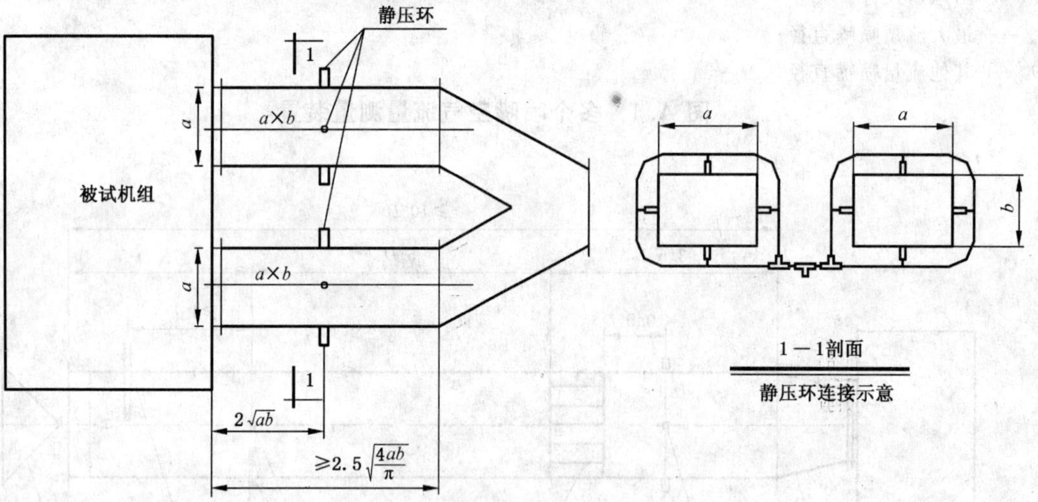

注：当机组多个风口由同一个法兰构成一个大的出风口时，可按单出风口机组考虑。

图 A.4 多个出风口机组测量段示意图

附 录 B
(规范性附录)
组合式空调机组风量、风压和输入功率使用现场试验方法

本附录规定了组合式空调机组使用现场的风量、风压和输入功率试验条件和方法。

B.1 现场试验的一般条件

B.1.1 由试验机组至流量和压力测量截面之间不应漏气。

B.1.2 试验机组,应在额定风量下测量,其波动应在额定风量±10%之内。

B.1.3 机组的测试工况点,可通过系统风阀调节,但不得干扰测量段的气流流动。

B.1.4 应按本标准中7.2规定的试验工况和试验仪表准确度进行试验。

B.2 试验方法

B.2.1 风量测量

B.2.1.1 测量截面应选择在机组入口或出口直管段上,距上游局部阻力管件两倍以上管径的位置。

B.2.1.2 矩形断面的测点数见表B.1,具体规定如下:

a) 当矩形截面长短之比小于1.5时,在截面上至少应布置25个点,见图B.1。对于长边大于2 m的截面,至少应布置30个点(6条纵线,每个纵线上5个点)。

b) 矩形截面长短之比大于等于1.5时,在截面上至少应布置30个点(6条纵线,每个纵线上5个点)。

c) 对于长边小于1.2 m的截面,可按等面积划分成若干个小界面,每个小截面的边长200 mm～250 mm。

B.2.1.3 圆形截面测点可按图B.2和表B.2布置。

B.2.1.4 测量方法

a) 测量所选截面上各点的速度。速度的测量一般可采用皮托管和微压计,但当动压值小于10 Pa时,推荐采用其他仪表如热电风速仪等。

b) 断面上的平均速度用式(B.1)计算。

$$V=\frac{V_1+V_2+\cdots\cdots+V_n}{n} \qquad \text{(B.1)}$$

式中:

V——平均速度,m/s;

V_1、V_2、…… V_n——各测点的速度,m/s;

n——测点数。

c) 至少应重复进行三次测量,取其平均值。

d) 由断面风速和面积得出的风量。

B.2.2 机组进、出口静压测量

B.2.2.1 机组进口和出口静压应选择靠近机组接管处直接测量。

B.2.2.2 采用压力测孔测量静压,测孔应相互垂直,内表面必须光滑。如果是矩形截面,测孔应在侧壁的中心。

B.2.2.3 用皮托管和压力计测量截面上的静压,应重复三次,取平均值。

B.2.3 机外静压

按式(B.2)计算机外静压(P_s)。

$$P_s = P_{s2} - P_{s1} \qquad \cdots\cdots (B.2)$$

式中：

P_{s2}、P_{s1}——机组出口、进口静压，Pa。

B.2.4 功率测量

用功率计或电流电压表直接测量机组的输入功率或电流、电压。

B.2.5 试验结果换算成标准空气状态下的值。

表 B.1 矩形截面测点位置

纵线数	每条线上的点数	x_i/L 或 y_i/H
5	1	0.074
	2	0.288
	3	0.500
	4	0.712
	5	0.926
6	1	0.061
	2	0.235
	3	0.437
	4	0.563
	5	0.765
	6	0.939
7	1	0.053
	2	0.203
	3	0.366
	4	0.500
	5	0.634
	6	0.797
	7	0.947

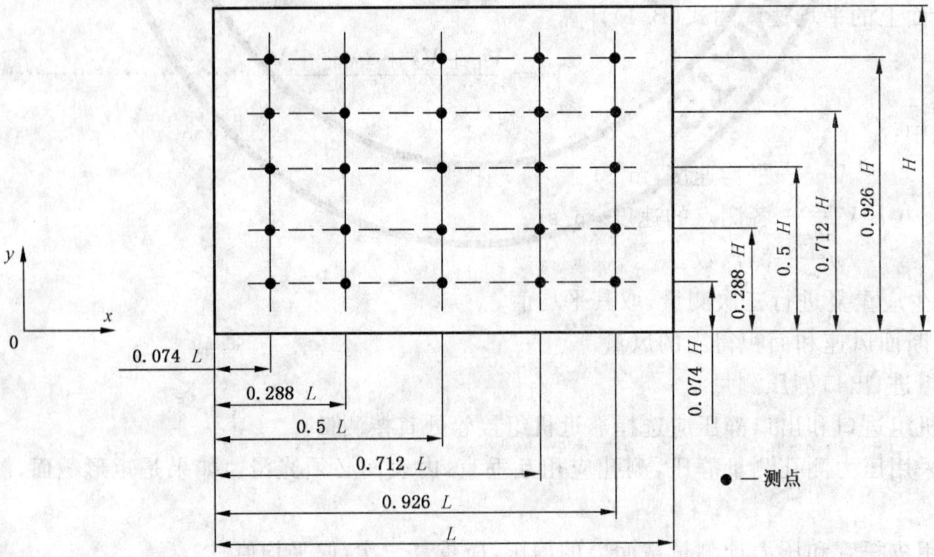

图 B.1 矩形风管 25 点时的布置

表 B.2 圆形截面的测点布置

测点编号 \ 风管直径 / 圆环个数	≤200	200～400	400～700	≥700
	3	4	5	5～6
	测点到管壁的距离(r 的倍数)			
1	0.1	0.1	0.05	0.05
2	0.3	0.2	0.20	0.15
3	0.6	0.4	0.30	0.25
4	1.4	0.35	0.50	0.35
5	1.7	0.65	0.70	0.50
6	1.9	0.80	1.30	0.70
7		0.90	1.50	1.30
8		0.95	1.70	1.50
9			1.80	1.65
10			1.90	1.75
11				1.85
12				1.95

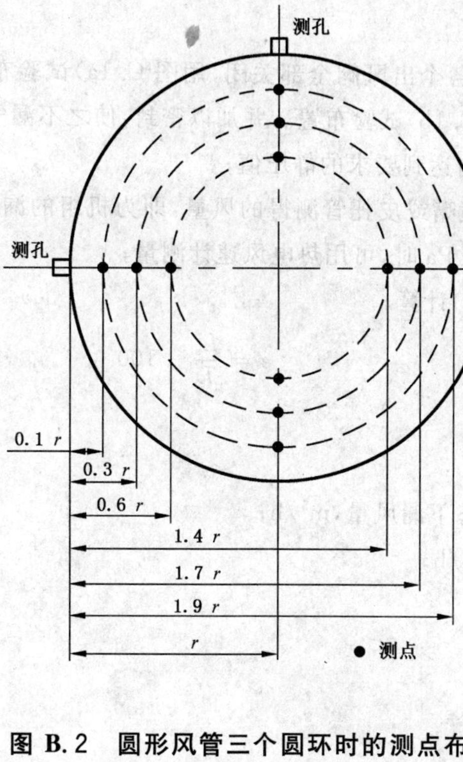

图 B.2 圆形风管三个圆环时的测点布置

附　录　C
（规范性附录）
组合式空调机组漏风率试验方法

本附录规定了漏风率的试验方法。

C.1　试验机组安装和试验应按图 C.1 布置

a）多进风口机组，应将各进风口汇集成一个测量风管；

b）试验机组进风口至测量断面应严密，不允许漏气；

c）试验布置采用图 C.1 时，应保证测量风管内的气流速度大于等于 6.5 m/s。

C.2　试验条件

应按本标准 7.2 规定试验条件进行试验：

a）仅在负压段工作的机组，按负压 400 Pa 和图 C.1b）试验。

b）在正压下工作的机组按正压 700 Pa 和图 C.1a）试验。

c）既有正压又有负压下工作的机组，可按正压或分别按正、负压段试验。

d）净化机组按正压 1 000 Pa 和图 C.1a）试验。

C.3　试验方法

a）正压段的机组将机组的各个出风阀全部关闭，用图 C.1a）试验布置。负压段机组将机组各个进风阀全部关闭，用图 C.1b）试验布置。并加以密封，使之不漏气；

b）调节节流装置，使机组内达到要求的静压值；

c）在测量风管上，用流量喷嘴或皮托管测得的风量，即为机组的漏风量，并换算为标准空气状态的风量。当动压小于 10 Pa 时，可用热电风速计测量；

d）机组的漏风率按式（C.1）计算。

$$e = \frac{L_s}{L} \times 100 \qquad \text{(C.1)}$$

式中：

e——机组漏风率，%；

L_s——机组标准空气状态下漏风量，m^3/h；

L——机组额定风量，m^3/h。

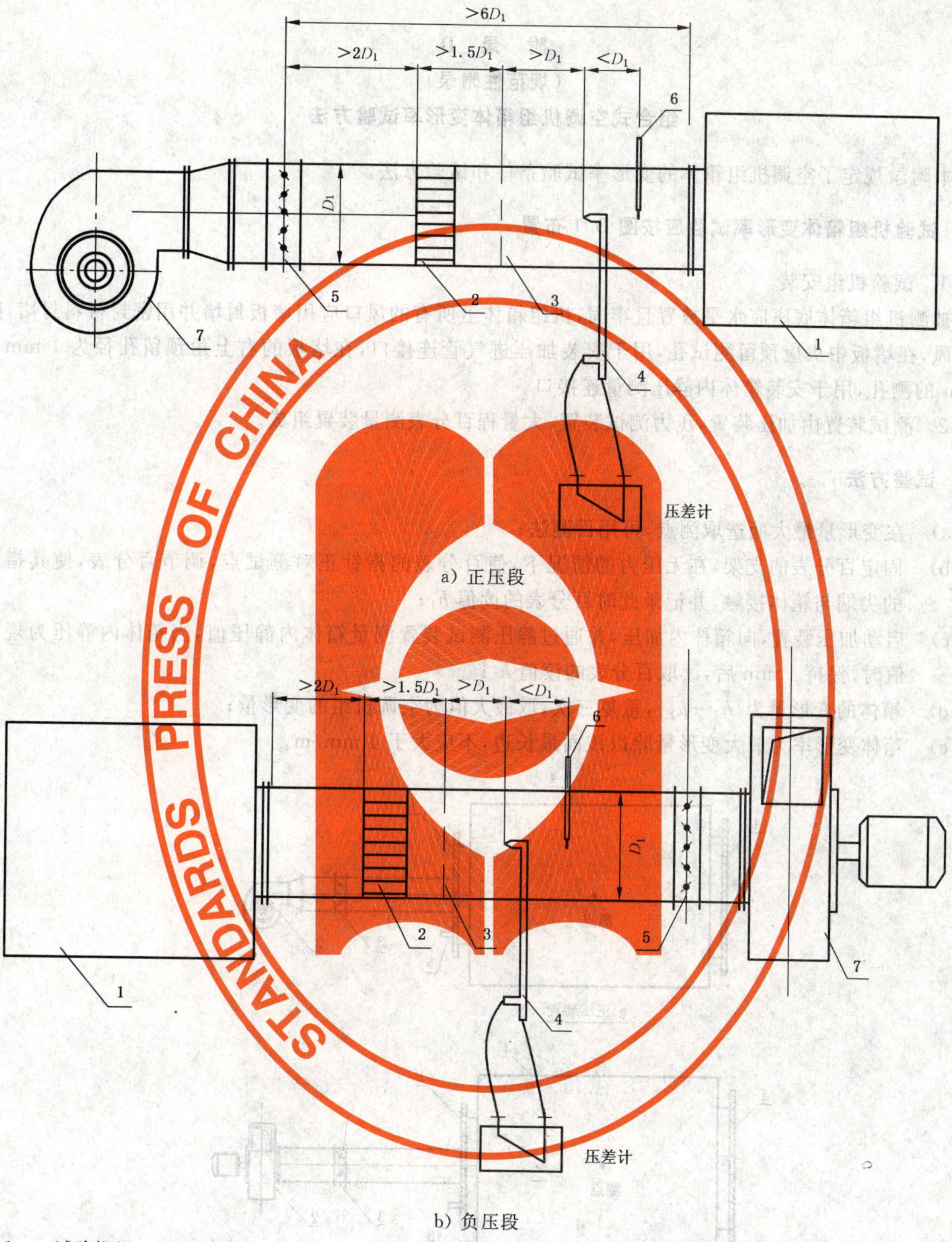

1——试验机组；

2——整流隔栅；

3——均流器；

4——流量测量仪表(皮托管、喷嘴或空气流量计)；

5——调节阀；

6——温度计；

7——辅助风机。

图 C.1　漏风量试验布置示意图

附　录　D
（规范性附录）
组合式空调机组箱体变形率试验方法

本附录规定了空调机组箱体的变形率试验条件和试验方法。

D.1　试验机组箱体变形率试验应按图 D.1 布置

D.1.1　试验机组安装

被测机组箱体底座应水平放置且牢固，机组箱体上所有的风口应用堵板封堵并用密封材料封堵，防止漏风，在堵板中央应预留测试孔，用于安装加压进气管连接口，在堵板的右上角预留孔径为 1 mm～3 mm 的测孔，用于安装箱体内静压测量连接口。

D.1.2　测试装置由加压装置，压力测试装置，大量程百分表测量装置组成。

D.2　试验方法

a)　在变形量最大面选取测点，可用目测法；

b)　固定百分表的支架，在无压力的情况下，使百分表的指针正对测试点，调节百分表，使其指针的尖端与箱体接触，并记录此时百分表的读值 h_1；

c)　启动加压装置，向箱体内加压，并通过静压测试装置测量箱体内静压值，当箱体内静压为规定值时，保持 1 min 后，读取百分表的读值 h_2；

d)　箱体的变形量为 $|h_2-h_1|$，重复三次，取最大值为空调机组的变形量；

e)　箱体变形率为最大变形量除以该面最长边，不应大于 4 mm/m。

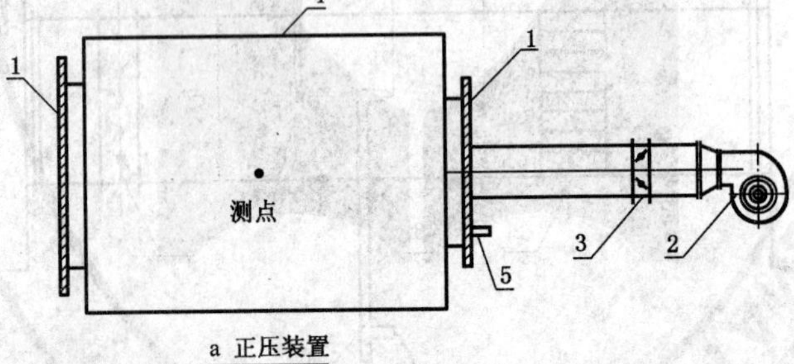

a　正压装置

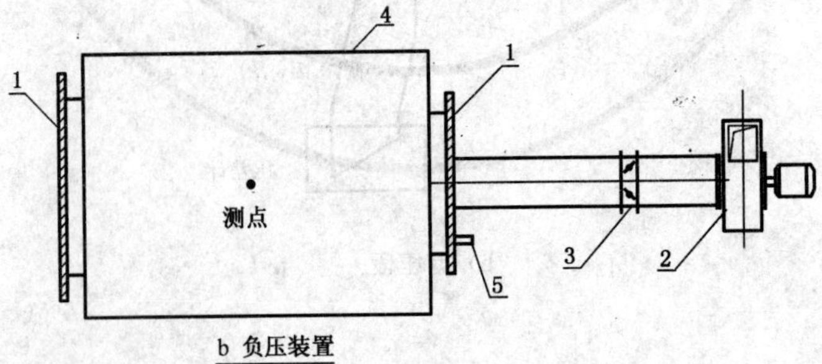

b　负压装置

1——堵板；

2——加压装置；

3——调节阀；

4——被试机组箱体；

5——静压测试接口。

图 D.1　箱体耐压变形试验设备

附 录 E
（规范性附录）
组合式空调机组供冷量和供热量试验方法

本附录规定了组合式空调机组整机供冷量和供热量试验装置、方法和计算，同时给出了喷水段性能的试验方法。

E.1 试验装置

试验装置由风路系统和水路系统（或蒸汽系统）两部分组成。应采用本附录图 E.1 或图 E.2 所示的试验装置进行试验。

E.1.1 风路系统

a) 预处理段应包括加热、加湿、冷却、去湿、空气混合、均流、空气输送等空气处理功能；
b) 测量段必须密封和隔热，漏风量不超过机组额定风量的 1%。漏热量不超过空气侧换热量的 2%；
c) 在风量测量和空气温湿度测量段前，需设混合器和均流器。混合器按 JG/T 21—1999 附录 B 的规定，均流器可采用金属网或多孔穿孔板；
d) 风路系统中应有风量、干湿球温度以及空气压力的测量装置；
e) 风量可用空气流量喷嘴测量，测量装置见本标准附录 A.1.3 的要求；
f) 试验机组进、出口的空气干、湿球温度应采用取样装置测量，其装置按 JG/T 21—1999 的规定；
g) 机组的出风口静压测量断面应在距出口两倍出风口当量直径的距离处，进风口静压测量截面应在距进风口 0.5 倍风口当量直径的距离处。其静压孔和静压环做法见本标准附录 A；
h) 多出风口机组连接，应参照本标准附录 A 的要求；
i) 多进风口机组。只开启主进风口，其余进风口全部封闭，使之不漏气、不漏热。

E.1.2 水路系统

a) 预处理段应包括水的加热、冷却、输送和水温、水量的控制调节处理功能；
b) 在水路系统中应能进行水量、水温及水压降的测量。测量装置按 JG/T 21—1999 的规定。

E.1.3 蒸汽系统

a) 预处理段应包括蒸汽产生设备、蒸汽供给分配处理设备（如汽水分离器、疏水器等）和蒸汽参数控制调节设备；
b) 在蒸汽系统中应能进行蒸汽的压力、温度、凝结水量和凝结水温度的测量。其测量装置应符合 JG/T 21—1999 的规定。

E.2 试验条件

应按本标准 7.2 的试验工况和试验仪表要求进行试验。

E.3 试验方法

E.3.1 调节试验装置，使试验机组风量、风压、空气和水（或蒸汽）参数满足所需工况要求，并至少稳定 15 min 后，开始测量。每隔 5 min 读一次数，连续测量半小时，取每次读数的平均值作为试验的测定值。

E.3.2 应采用两种方法计算换热量。一种方法以空气侧的测量值来计算换热量，另一种方法以水侧（或蒸汽侧）的测量值来计算换热量。两种方法计算得出的热平衡偏差不得超过±5%，取二者算术平均值作为机组换热量。

E.4 试验记录

试验需要记录的数据如下。

序号	供冷(热)量记录内容
1	日期
2	试验者
3	制造厂
4	机组型号
5	冷热介质名称
6	盘管型号、规格、尺寸和结构图
7	盘管段型号、规格和布置图
8	风机段型号、规格和布置图
9	其他各参与试验的功能段的型号、规格和布置图
10	大气压力
11	进入试验机组的空气干球温度和湿球温度
12	离开试验机组的空气干球温度和湿球温度
13	进入空气流量喷嘴的空气干球温度和全压
14	喷嘴前后的静压差或喷嘴出口处的动压
15	使用的喷嘴数量和直径
16	试验机组进口的静压
17	试验机组出口的静压
18	试验机组进口和出口的风管尺寸
19	试验机组的进水温度
20	试验机组的出水温度
21	冷冻水供水温度
22	试验机组水压力降
23	试验机组水流量
24	试验机组进口蒸汽压力与温度
25	试验机组凝结水离开时温度
26	试验机组凝结水量
27	试验机组蒸汽压力降
28	试验机组输入功率、电压、电流、频率

E.5 试验结果计算

E.5.1 风量计算

a) 通过单个喷嘴的风量用式(E.1)计算。

$$L_i = C_i A_i \sqrt{\frac{2\Delta P_i}{\rho_i}} \qquad \cdots\cdots\cdots\cdots\cdots\cdots(E.1)$$

式中:

L_i——喷嘴的风量,m^3/s;

C_i——喷嘴流量系数,见附录A;

ΔP_i——喷嘴前后静压差或喉部动压,Pa;

A_i——喷嘴面积,m^2;

ρ_i——喷嘴处空气密度，kg/m³，计算公式见式(E.2)。

$$\rho_i = \frac{P_i(1+d_i)}{461T_i(0.622+d_i)} \qquad \cdots\cdots(E.2)$$

式中：

P_i——喷嘴处空气绝对压力，Pa；$P_i=P_t+B$；B 为大气压力；P_t 为全压；

T_i——喷嘴处空气热力学温度，K；

d_i——喷嘴处空气含湿量，kg/kg干空气。

b) 当采用多个喷嘴时，总风量(L)等于通过每一个喷嘴风量的和。

E.5.2 冷却时空气侧换热量计算见式(E.3)。

$$Q_a = \frac{L_i\rho_i}{(1+d_i)}[(I_1-I_2)-C_{pw}t_{2s}\Delta d] \qquad \cdots\cdots(E.3)$$

式中：

Q_a——空气侧换热量，kW；

I_1——试验机组进口空气的焓值，kJ/kg干空气；

I_2——试验机组出口空气的焓值，kJ/kg干空气；

C_{pw}——水的定压比热，kJ/(kg·K)，可取 4.18 kJ/(kg·K)；

Δd——试验机组进出口空气含湿量差，kg/kg干空气；

t_{2s}——试验机组出口空气湿球温度，℃。

E.5.3 冷却时水侧换热量计算见式(E.4)。

$$Q_w = WC_{pw}(t_{w2}-t_{w1})-N \qquad \cdots\cdots(E.4)$$

式中：

Q_w——水侧换热量，kW；

W——水的质量流量或蒸汽凝结水量，kg/s；

t_{w1}——水进口温度，℃；

t_{w2}——水出口温度，℃；

N——试验机组输入功率，kW。

E.5.4 加热时空气侧换热量计算见式(E.5)。

$$Q_a = \frac{L_i\rho_i}{(1+d_i)}C_{pa}(t_2-t_1) \qquad \cdots\cdots(E.5)$$

式中：

t_1——试验机组进口空气温度，℃；

t_2——试验机组出口空气温度，℃；

C_{pa}——空气的定压比热，kJ/(kg·K)。

E.5.5 加热时水侧换热量计算见式(E.6)。

$$Q_w = WC_{pw}(t_{w1}-t_{w2})+N \qquad \cdots\cdots(E.6)$$

E.5.6 加热时蒸汽侧换热量计算见式(E.7)。

$$Q_Z = W(I_{V1}-I_{V2}) \qquad \cdots\cdots(E.7)$$

式中：

Q_Z——蒸汽侧换热量，kW；

I_{V1}——蒸汽进口焓值，kJ/kg；

I_{V2}——蒸汽出口焓值，kJ/kg。

E.5.7 试验得出的空气侧和介质侧换热量的偏差应在±5%以内。

E.5.8 机组换热量按下式计算见式(E.8)。

$$Q = \frac{Q_a + Q_j}{2} \quad \cdots\cdots\cdots\cdots\cdots\cdots\cdots\cdots\cdots\cdots\cdots\cdots\cdots\cdots \text{(E. 8)}$$

式中：

Q——试验机组换热量，kW；

Q_j——介质侧换热量，kW。冷却或用水加热时等于 Q_w，用蒸汽加热时等于 Q_z。

E.6　喷水段性能测试方法

E.6.1　试验装置

a)　可按图 E.3 所示布置水侧试验系统；

b)　风路系统和水路系统预处理段和测量装置与本附录 E.1 相同。但空气取样管一般布置在喷水段分风板前和挡水板后。

E.6.2　试验方法和结果计算

E.6.2.1　应按本标准 7.2 条规定的试验工况和仪表准确度进行试验。

E.6.2.2　调节试验装置，使空气和水达到所需工况的要求，并至少稳定 15 min 后，开始测量。每隔 5 min 读一次数，连续测量 30 min，取每次读数的平均值作为测量值。

E.6.3　供冷量计算

a)　空气侧供冷量按式(E.9)计算。

$$Q_a = \frac{L_i \rho_i}{(1 + d_i)}[(I_1 - I_2) - C_{pw} t_{2s} \Delta d] \quad \cdots\cdots\cdots\cdots\cdots\cdots\cdots\cdots \text{(E. 9)}$$

式中：

Q_a——喷水段空气侧换热量，kW；

I_1、I_2——喷水段进、出口空气的焓，$kJ/kg_{干空气}$。

b)　喷水侧供冷量按式(E.10)计算，也可按式(E.11)、(E.12)计算。

$$Q_w = W_2 C_{pw}(t_{w2} - t_L) \quad \cdots\cdots\cdots\cdots\cdots\cdots\cdots\cdots\cdots\cdots \text{(E. 10)}$$

$$Q_w = (W_1 t_{w1} - W_2 t_{w2}) C_{pw} \quad \cdots\cdots\cdots\cdots\cdots\cdots\cdots\cdots\cdots\cdots \text{(E. 11)}$$

$$W_2 = W_1 + \frac{L_i \rho_i}{1 + d_i}(d_1 - d_2) \cdots\cdots\cdots\cdots\cdots\cdots\cdots\cdots\cdots\cdots \text{(E. 12)}$$

式中：

Q_w——喷水段水侧换热量，kW；

W_2——喷水段回水量，kg/s；

t_{w2}——喷水段出口水温，℃；

t_L——冷冻水供水温度，℃；

W_1——喷水段供水量，kg/s；

t_{w1}——喷水段进口水温，℃；

d_1、d_2——喷水段进、出口空气的含湿量，$kJ/kg_{干空气}$。

注：喷水段水温、水量关系见图 E.3。

c)　两侧供冷量的偏差应在±5%以内。

d)　喷水段的供冷量取空气侧和水侧供冷量的平均值(见式(E.13))。

$$Q = \frac{Q_a + Q_w}{2} \quad \cdots\cdots\cdots\cdots\cdots\cdots\cdots\cdots\cdots\cdots\cdots\cdots\cdots\cdots \text{(E. 13)}$$

式中：

Q——喷水段供冷量，kW。

E.6.4　喷水段加湿量按式(E.14)计算。

$$W_a = \frac{L_i \rho_i}{1 + d_i}(d_2 - d_1) \qquad \cdots\cdots(E.14)$$

式中：

W_a——喷水段加湿量,kg/h。

E.6.5 水气比按式(E.15)计算。

$$\mu = \frac{W_1(1 + d_1)}{L_i \rho_i} \qquad \cdots\cdots(E.15)$$

式中：

μ——喷水段水气比。

E.6.6 喷水压力

测量供冷量(或加湿量)、水气比的同时,测量喷水压力。喷水压力应在喷水段供水管进口处用压力计测量。

E.6.7 空气第二热交换效率的计算见式(E.16)。

$$\eta = 1 - \frac{t_2 - t_{s2}}{t_1 - t_{s1}} \qquad \cdots\cdots(E.16)$$

式中：

η——空气热交换效率；

t_1、t_2——喷水段进、出口空气干球温度,℃；

t_{s1}、t_{s2}——喷水段进、出口空气湿球温度,℃。

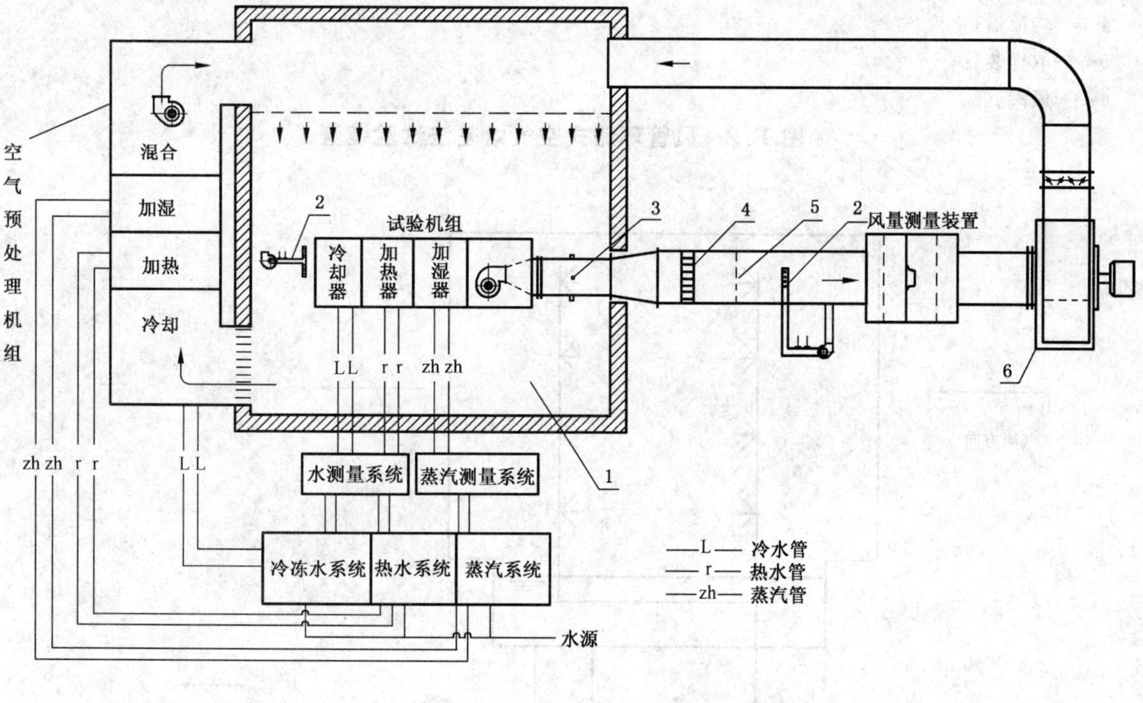

1——试验环境间；

2——取样装置；

3——静压环；

4——混合器；

5——均流器；

6——辅助风机。

图 E.1 房间空气焓差法试验装置

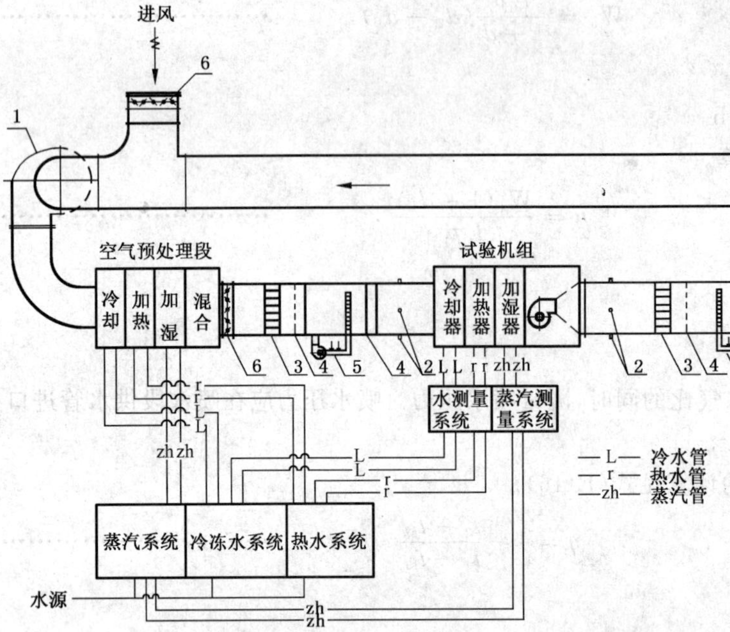

1——系统风机；
2——静压环；
3——混合器；
4——均流器；
5——取样装置；
6——风阀。

图 E.2 风管环路式空气焓差法试验装置

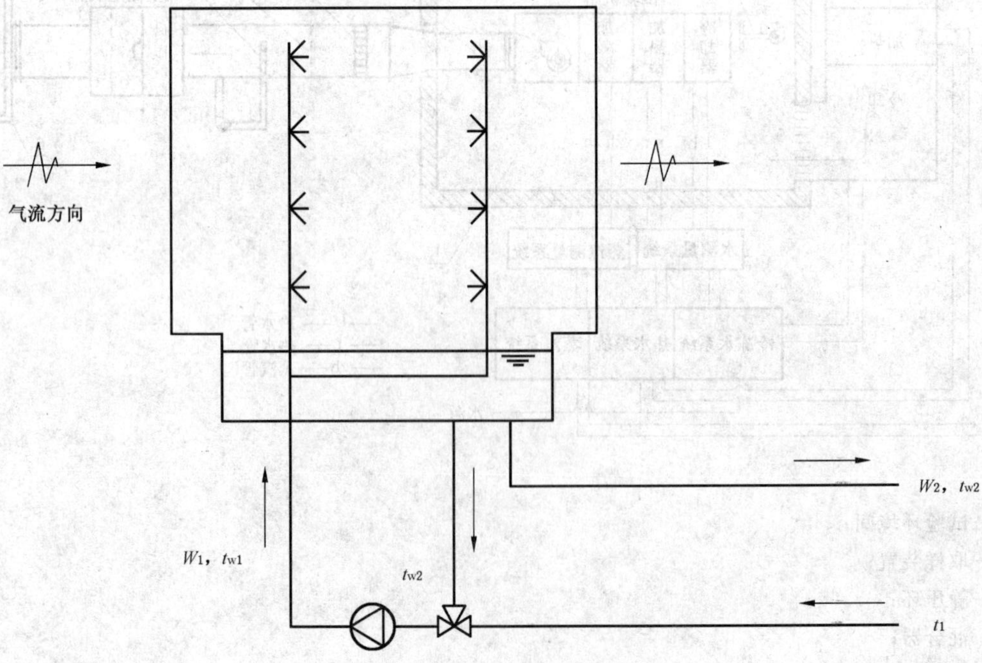

图 E.3 喷水段水温水量示意图

附 录 F
（资料性附录）
组合式空调机组供冷量和供热量使用现场试验方法

本附录规定的试验条件、工况和方法，适用于使用现场对组合式空调机组进行供冷量和供热量的试验验证。

F.1 现场试验条件

F.1.1 风侧条件

a） 由机组空气进、出口至测量截面之间不应漏热、漏气。机组进口空气状态参数测量截面应尽量选择在盘管或喷水段的靠近截面上。

b） 风量测量应符合本标准附录B的规定。

F.1.2 水侧条件

水侧温度和流量的测量装置应符合附录E的要求。

F.2 试验工况

F.2.1 空气进口参数要求

a） 试验机组的进风可在下列范围内任一状态。

冷却性能试验：干球温度23 ℃～35 ℃

湿球温度13 ℃～28 ℃

加热性能试验：干球温度－10 ℃～15 ℃

b） 参数波动范围如下：

干球温度波动	±1 ℃
湿球温度波动	±0.5 ℃
风量在额定工况下波动	±10%
电压波动	±10%

F.2.2 试验机组进水温度在下列规定范围内任一状态时，冷却时温度波动不超过±0.2 ℃，加热时温度波动不超过±0.7 ℃。

冷却盘管或喷水段	4 ℃～12 ℃
水加热器	45 ℃～90 ℃

F.2.3 试验机组进水量波动不超过±2%。冷水温升不得小于2.5 ℃。

F.2.4 蒸汽供汽压力为14 kPa～700 kPa范围内的任一状态，波动不超过3 kPa。

F.2.5 喷水段喷水压力波动不超过5 kPa。

F.3 试验仪表

应符合本标准7.2的要求。

F.4 试验方法

在试验机组的进风参数和介质参数达到试验工况要求的稳定状态15 min后，测量介质侧的换热量。每10 min读一次数，连续测量30 min，取读数的平均值作为测量值。

空气的温湿度状态与介质侧参数同时测量，风量、静压可隔10 min读一次数。

F.4.1 风量、静压的测量

风量、静压的测量应按本标准附录 B 方法进行。

F.4.2 进口空气温湿度状态的测量。

a) 当测量截面是盘管或喷水段时，应在其上游 200 mm 的截面上布点。可将该截面平均分为 6～9 个等面积的小矩形，在各小矩形中心测量空气干球温度和湿球温度，取其平均值作为空气进口状态值。

b) 当测量截面是在试验机组进风管上时，可采用空气取样或截面上平均布点的方式测量空气干球温度和湿球温度。截面平均布点的方法见附录 B。

c) 当试验采用室外空气进风时，可以只在进风口附近单点测量空气干球温度和湿球温度。

F.4.3 水侧的测量

a) 冷、热水盘管应测量进、出水温和水量。

b) 喷水段应测量喷嘴前进口水压、回水量、冷冻水供水温度、回水温度。

c) 蒸汽加热器应测量进口蒸汽压力、温度、凝结水量和凝结水温。

F.5 试验结果计算

F.5.1 冷却盘管水侧换热量按式(F.1)计算：

$$Q_w = WC_{pw}(t_{w2} - t_{w1}) \qquad \cdots\cdots(F.1)$$

F.5.2 加热盘管水侧换热量按式(F.2)计算：

$$Q_w = WC_{pw}(t_{w1} - t_{w2}) \qquad \cdots\cdots(F.2)$$

F.5.3 蒸汽加热时换热量按式(F.3)计算：

$$Q_w = W(I_{V1} - I_{V2}) \qquad \cdots\cdots(F.3)$$

F.5.4 喷水段冷却性能按式(F.4)计算：

$$Q_w = W_2(t_{w2} - t_L) \qquad \cdots\cdots(F.4)$$

F.5.5 试验结果应与机组小样盘管试验的计算值进行校验，两者之间的误差应在－15%以内(见式(F.5))。

式中：

$$\frac{Q_w - Q}{Q} \times 100\% \geqslant -15\% \qquad \cdots\cdots(F.5)$$

Q_w——试验机组水侧或蒸汽侧的换热量，kW；

Q——小样盘管试验的计算值，kW；

W——盘管水流量或蒸汽凝结水量，kg/s；

C_{pw}——水的定压比热，kJ/(kg·K)，可取 4.18 kJ/(kg·K)；

t_{w1}、t_{w2}——试验机组水的进出口温度，℃；

I_{V1}、I_{V2}——试验机组蒸汽的进出口焓值，kJ/kg；

W_2——试验机组喷水段回水量，kg/s；

t_L——喷水段冷冻水供水温度，℃。

ICS 91.140.30
P 48

中华人民共和国国家标准

GB/T 14295—2008
代替 GB/T 14295—1993

空气过滤器

Air filters

2008-11-04 发布 2009-06-01 实施

中华人民共和国国家质量监督检验检疫总局
中国国家标准化管理委员会 发布

前　言

本标准代替 GB/T 14295—1993《空气过滤器》。

本标准与 GB/T 14295—1993 相比主要变化如下：

——将“1　主题内容与适用范围”改为“1　范围”；

——将“2　引用标准”改为“2　规范性引用文件”，并增加了多个引用标准和规范；

——将“3　术语”改为“术语与定义”。并增加了多个术语的解释；

——将“4　分类与规格”改为“4　分类与标记”；

——将粗效过滤器的分类改为按效率的高低分为四类，将中效空气过滤器的分类按效率的高低分为三类；

——将原标准中关于过滤器的基本要求、滤料要求和结构要求单独分出来形成“5　基本规定、材料与结构”；

——在“6　要求”中，除了规定空气过滤器的要求外，还规定了静电空气过滤器的安全性能要求；

——在“6.6　清洗”中规定了空气过滤器清洗后的性能要求；

——在“6.7　防火”中规定空气过滤器的防火性能；

——在“6.8　储存”中规定了空气过滤器的储存试验；

——在“6.14　臭氧”中规定了静电空气过滤器 1 h 产生臭氧的平均浓度的最高限值；

——在“7　试验方法”中增加了对静电空气过滤器安全性能和臭氧发生量的检测方法；

——在“8.1　检验分类中”修改了出厂检测的检测项目，增加了静电空气过滤器的出厂检验项目；

——增加了相关的附录。

本标准自实施之日起，JG/T 22—1999《一般通风用空气过滤器性能试验方法》同时废止。

本标准的附录 A、附录 B、附录 C、附录 D、附录 E 和附录 F 为规范性附录，附录 G 为资料性附录。

本标准由中华人民共和国住房和城乡建设部提出。

本标准由全国暖通空调及净化设备标准化技术委员会归口。

本标准负责起草单位：中国建筑科学研究院。

本标准参加起草单位：北京工业大学、河南省米净瑞发净化设备有限公司、天津市津航净化空调工程公司、北京亚都科技股份有限公司、北京市信都净化设备有限责任公司、北京昌平长城空气净化设备工程公司、苏州华泰空气过滤器有限公司、北京动力源科技股份有限公司、山西新华化工有限责任公司。

本标准主要起草人：王智超、赵建成、吴松山、樊宝仁、陈卉、李剑峰、朱增恒、徐小浩、贾春生、孟繁毅。

本标准所代替标准的历次版本发布情况为：

——GB/T 14295—1993。

空 气 过 滤 器

1 范围

本标准规定了空气过滤器(简称过滤器)的术语与定义、分类与标记、要求,试验方法、检验规则以及产品的标志、包装、运输和贮存等。

本标准适用于常温、常湿、包括外加电场条件下的通风、空气调节和空气净化系统或设备的干式过滤器。

2 规范性引用文件

下列文件中的条款通过本标准的引用而成为本标准的条款。凡是注日期的引用文件,其随后所有的修改单(不包括勘误的内容)或修订版均不适用于本标准,然而,鼓励根据本标准达成协议的各方研究是否可使用这些文件的最新版本。凡是不注日期的引用文件,其最新版本适用于本标准。

GB/T 191 包装储运图示标志

GB/T 1236—2000 工业通风机用标准化风道进行性能试验

GB/T 2423.3—2006 电工电子产品环境试验 第2部分:试验方法 试验Cab:恒定湿热试验

GB/T 2624.1—2006 用安装在圆形截面管道中的差压装置测量满管流体流量 第1部分:一般原理和要求

GB/T 2624.2—2006 用安装在圆形截面管道中的差压装置测量满管流体流量 第2部分:孔板

GB/T 2624.3—2006 用安装在圆形截面管道中的差压装置测量满管流体流量 第3部分:喷嘴和文丘里喷嘴

GB/T 2624.4—2006 用安装在圆形截面管道中的差压装置测量满管流体流量 第4部分:文丘里管

GB 4706.1—2005 家用和类似用途电器的安全 通用要求

GB/T 4857.23—2003 包装 运输包装件 随机振动试验方法

GB/T 6167 尘埃粒子计数器性能试验方法

GB/T 8170 数值修约规则

GB 8624 建筑材料及制品燃烧性能分级

GB/T 18883—2002 室内空气质量标准

GB 50243 通风与空调工程施工质量验收规范

3 术语与定义

以下术语与定义适于本标准。

3.1

干式过滤器 dry type filter

滤料既不浸油,也不喷其他液体的过滤器。

3.2

亚高效过滤器 sub-HEPA(high efficiency particulate air) filter

按本标准规定的方法检验,对粒径大于等于 0.5 μm 微粒的计数效率大于或等于 95%而小于

99.9%的过滤器。

3.3

高中效过滤器 high efficiency filter

按本标准规定的方法检验,对粒径大于等于 0.5 μm 微粒的计数效率大于或等于 70%而小于 95%的过滤器。

3.4

中效过滤器 medium efficiency filter

按本标准规定的方法检验,对粒径大于等于 0.5 μm 微粒的计数效率小于 70%的过滤器。其中中效 1 型过滤器计数效率大于或等于 60%、中效 2 型过滤器计数效率大于或等于 40%而小于 60%,中效 3 型过滤器计数效率大于或等于 20%而小于 40%。

3.5

粗效过滤器 roughing filter

按本标准规定的方法检验,不满足中效及以上级别要求的过滤器。其中粗效 1 型过滤器计数效率大于或等于 50%,粗效 2 型过滤器计数效率大于或等于 20%而小于 50%,粗效 3 型过滤器标准人工尘计重效率大于或等于 50%,粗效 4 型过滤器标准人工尘计重效率大于或等于 10%而小于 50%。

3.6

静电过滤器 electric air filter

利用高压静电场使微粒荷电,然后被集尘板捕集的空气过滤器。

3.7

框架 frame

容纳滤料、保持过滤器外形、承受安装和使用时外力的壳体。

3.8

支撑体 underprop

支撑滤料或使滤料间空气通道保持一定形状的部件。

3.9

气溶胶发生器 aerosol generator

空气过滤器计数效率检测时,提供稳定的试验用气溶胶的发生装置。

3.10

额定风量 rated air flow

规定的过滤器在单位时间内设计处理的风量,或过滤器迎面风速乘以过滤器迎风面积,单位以 m^3/h 表示。

3.11

粒径 particle size

用某种测定方法测出的表征粒子大小的名义尺寸,并不含有具体的几何形状的意义,单位以 μm 表示。

当用光散射粒子计数器测定时,粒径是指与标准粒子散射光强度作等效比较而获得的综合效果,代表着某一几何尺寸范围的粒子大小。

3.12

含尘浓度 dust concentration

指单位体积空气中所含悬浮粒子的数量或质量。当以 p/L 为单位表示时,称为计数浓度;当以 mg/m^3 为单位表示时,称为计重浓度。

3.13

粒径分组　particle size grouping

根据本标准的需要，将试验空气中所含的悬浮粒子按粒径大小分为2组，即大于或等于0.5 μm和大于或等于2.0 μm。

3.14

计数效率　counting efficiency

指未积尘的受试过滤器上、下风侧气流中气溶胶计数浓度之差与其上风侧计数浓度之比，即受试过滤器捕集粒子数量的能力，该效率以百分数(%)表示。

3.15

人工尘　synthetic dust

指本标准使用的模拟大气尘的混合尘源。

3.16

人工尘发生器　synthetic dust generator

指把人工尘按一定要求发散到空气中去形成比较均匀的分散系的设备。

3.17

末端过滤器　final filter

指用来捕集透过受试过滤器的人工尘的过滤器。

3.18

计重效率　arrestance

指用人工尘试验过滤器，在任意一个试验周期内，受试过滤器集尘量与发尘量之比，即受试过滤器捕集灰尘粒子质量的能力，该效率以百分数(%)表示。

3.19

初始计重效率　initial arrestance

指用人工尘试验过滤器，第一个试验周期内中间状态的计重效率，该效率以百分数(%)表示。

3.20

平均计重效率　average arrestance

指用人工尘试验过滤器，在额定风量下阻力达到终阻力的期间内，若干次测得的计重效率的算术平均值，该效率以百分数(%)表示。

3.21

初阻力　initial pressure drop

指未积尘的受试过滤器通过额定风量时的空气阻力，单位以Pa表示。

3.22

终阻力　final pressure drop

指在额定风量下由于过滤器积尘，而使其阻力上升并达到的规定值。可以是表3规定的值，也可以由生产厂家推荐，单位以Pa表示。

3.23

容尘量　dust holding capacity

指在额定风量下，受试过滤器达到终阻力时所捕集的人工尘总质量，单位以g表示。

4　分类与标记

4.1　分类

4.1.1　按性能分类

a)　粗效过滤器，分成粗效1型过滤器、粗效2型、粗效3型、粗效4型过滤器；

b) 中效过滤器，分成中效 1 型过滤器、中效 2 型过滤器和中效 3 型过滤器；

c) 高中效过滤器；

d) 亚高效过滤器。

4.1.2 按型式分类

a) 平板式；

b) 折褶式；

c) 袋式；

d) 卷绕式；

e) 筒式；

f) 静电式。

4.1.3 按滤料更换方式分类

a) 可清洗；

b) 可更换；

c) 一次性使用。

4.2 按规格分类

过滤器的基本规格按额定风量表示。小于 1 000 m^3/h 的规格代号为 0，1 000 m^3/h 规格代号为 1.0，每增加 100 m^3/h 即递增 0.1，增加不足 100 m^3/h 的规格代号不变，见表 1。

4.3 标记

4.3.1 过滤器外形尺寸表示原则为：以气流通过方向为深度，以气流通过方向的垂直截面正确地安装时的垂直长度为高度，水平长度为宽度。标记如下(代号含义见表 1)：

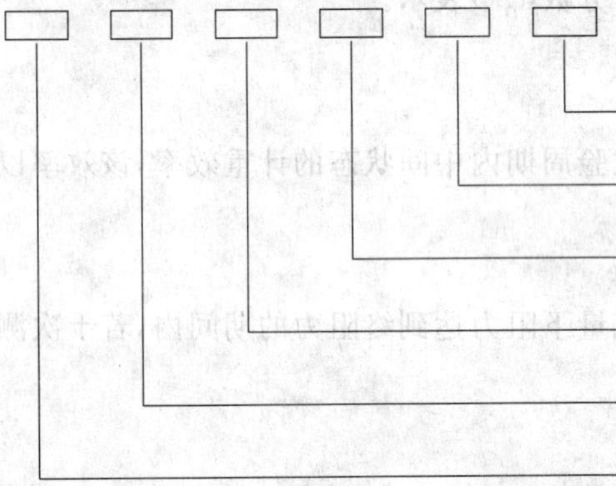

表 1 型号规格代号

序 号	项目名称	含 义	代 号
1	产品名称	空气过滤器	K
2	性能类别	粗效过滤器 中效过滤器 高中效过滤器 亚高效过滤器	C1、C2、C3、C4 Z1、Z2、Z3 GZ YG
3	型式类别	平板式 折褶式 袋式 卷绕式 筒式 静电式	P Z D J T JD

表 1（续）

序 号	项目名称	含 义	代 号
4	更换方式	可清洗、可更换 一次性使用	K Y
5	规格代号	额定风量 800 m^3/h 1 000 m^3/h 1 100 m^3/h 以下类推	0.8 1.0 1.1 以下类推
6	要求防火	有	H

4.3.2 标记示例

a) KZ2-Z-Y-1.5 即中效 2 型空气过滤器，折褶式，一次性使用的，额定风量为 1 500 m^3/h，无防火要求；

b) KC3-P-K-2.0-H 即粗效 3 型空气过滤器，平板式，可清洗的，额定风量 2 000 m^3/h，有防火要求。

5 基本规定、材料与结构

5.1 基本规定

5.1.1 过滤器按规定程序批准的图纸和技术文件进行生产。

5.1.2 框架或支撑体无凹凸疤痕、破损、外形完整规矩。

5.1.3 滤料无损伤。

5.1.4 静电空气过滤器单相额定电压不应大于 250 V，三相额定电压不应大于 480 V，额定频率应为 50 Hz 的静电空气过滤器机组。

5.1.5 静电过滤器应设置断电保护，保证在打开机组结构进行维修或维护时，其内部装置自动断电。

5.1.6 静电空气过滤器为公众易触及的器具，其防触电保护应符合 GB 4706.1—2005 规定的Ⅰ类器具的要求，即试验探棒不应触及带电和可能带电的部件。

5.2 材料

5.2.1 滤料

a) 效率、阻力、强度、容尘量等性能应满足同类过滤器性能要求；

b) 应符合国家颁布的卫生要求，并不产生二次污染；

c) 厚度、密度应均匀，不应含有硬块等明显杂物，表面不应有裂缝，空洞等外伤；

d) 可再生或可清洗的滤料，再生或清洗后的效率不应低于原指标的 85%，阻力不应高于原指标的 115%，强度仍应满足使用要求。

5.2.2 粘结剂和密封胶

a) 粘结剂的剪力强度和拉力强度应不低于滤料强度，其耐温耐湿应与滤料相同；

b) 密封胶应保证过滤器阻力在使用极限条件下，运行时不开裂，不脱胶，并且有弹性，其耐温耐湿应与滤料相同。

5.3 结构

5.3.1 框架或支撑体

a) 当框架或支撑体既当作滤料支撑体又当作过滤器密封端面框架时应有强度和刚度的要求；

b) 当框架或支撑体仅作为滤料支撑体用时，允许有一定的变形，但是不能影响过滤器的安装和正常使用。

5.3.2 密封措施

a) 滤芯与框架（或支撑体）压接应紧密，如用胶封，则粘接应牢固，无漏孔及脱开裂缝。粘结处、缝接处在撕裂试验后不开裂；

b) 框架(或支撑体)端面若有密封垫，密封垫应平整，具有弹性，与框架(或支撑体)粘接要牢固。

5.3.3 可清洗、可更换的过滤器应拆装方便，清洗方法简单。

5.3.4 卷绕式过滤器运转部件应灵活、滤料不偏斜、卷绕速度均匀。

6 要求

6.1 尺寸偏差

6.1.1 外形尺寸

外形尺寸允许偏差见表2。

表2 外形尺寸允许偏差

单位为毫米

外形＼类别		粗效	中效	高中效	亚高效
端面	≤500	$^{0}_{-1.6}$			
	>500	$^{0}_{-3.2}$			
深度		—	—	—	$^{+1.6}_{0}$
每端面两对角线之差	≤700	—	—	—	≤2.3
	>700	—	—	—	≤4.5

6.1.2 平面度

亚高效过滤器端面及侧板平面度应小于或等于1.6 mm。

6.2 效率、阻力

6.2.1 过滤器的效率、阻力应在额定风量下符合表3的规定；

6.2.2 未标注额定风量，应按表3规定的迎面风速推算额定风量，并按附录A和附录B进行试验；

6.2.3 在满足本标准规定的额定风量下的初阻力的情况下，过滤器的初阻力不得超过产品标称值的10%。

表3 过滤器额定风量下的效率和阻力

性能类别＼性能指标	代号	迎面风速/m/s	额定风量下的效率(E)/%		额定风量下的初阻力(ΔP_i)/Pa	额定风量下的终阻力(ΔP_f)/Pa
亚高效	YG	1.0	粒径≥0.5 μm	99.9>E≥95	≤120	240
高中效	GZ	1.5		95>E≥70	≤100	200
中效1	Z1	2.0		70>E≥60	≤80	160
中效2	Z2			60>E≥40		
中效3	Z3			40>E≥20		
粗效1	C1	2.5	粒径≥2.0 μm	E≥50	≤50	100
粗效2	C2			50>E≥20		
粗效3	C3		标准人工尘计重效率	E≥50		
粗效4	C4			50>E≥10		
注：当效率测量结果同时满足表中两个类别时，按较高类别评定。						

6.3 容尘量

过滤器必须有容尘量指标，并给出容尘量与阻力关系曲线。过滤器实际容尘量指标不得小于产品标称容尘量的 90%。

6.4 抗撕裂

在抗撕裂试验中及试验后不得有滤芯撕裂，从框架(或支撑体)移位或其他的损坏。

6.5 耐振动

过滤器经振动试验后，效率和阻力仍应符合表 3 的规定。

6.6 清洗

过滤器清洗后的效率不应低于原指标的 85%，阻力不应高于原指标的 115%，强度仍应满足使用要求。

6.7 防火

过滤器如有防火要求，应满足 GB 8624 的相关规定。

6.8 储存

过滤器经过高温高湿储存后，阻力仍然满足表 3 的要求，效率不低于试验前的 90%，且要求外观不滋菌，不生酶。

6.9 绝缘电阻

机组按 7.9 的方法试验，其冷态绝缘电阻不应小于 2 MΩ。

6.10 电气强度

机组按 7.10 的方法试验，应无击穿。

6.11 泄漏电流

机组按 7.11 的方法试验，其外露金属部分和电源线间的泄漏电流值不应大于 1 mA。

6.12 接地电阻

机组在明显位置应有接地标识，接地端子和接地触点不应连接到中性接线端子。按 7.12 的方法试验，其外露金属部分和接地端子之间的电阻值应不大于 0.1 Ω。

6.13 湿热试验

机组湿热试验按 7.13 的方法进行试验，应符合：

a) 机组带电部分与非带电部分之间绝缘电阻值不小于 2 MΩ；

b) 施加表 4 规定电压 1 min，应无击穿。

6.14 臭氧

臭氧发生浓度 1 h 均值应低于 0.16 mg/m^3。

7 试验方法

7.1 尺寸偏差

7.1.1 长度用分度值不大于 0.1 mm 的游标卡尺检查。

7.1.2 平面度用平板和塞尺检查，平板精度为 3 级，塞尺厚度范围为 0.02 mm～0.50 mm。

7.2 效率、阻力

应按附录 A 和附录 B 规定的方法测定额定风量下的效率和阻力。

7.3 容尘量

应按附录 B 规定的方法进行试验。

7.4 抗撕裂

额定风量下，在装置端面上均匀的添加棉纤维、飞尘、试验尘或者它们的任意混合物来增加阻力，达到 3 倍初阻力，并保持 3 min，而后 2 min 内通过降低风量把试验压差降低到初阻力的 10%。这个程序必须重复作 4 次。

7.5 耐振动

对亚高效过滤器经检验合格后，按规定进行包装和标志，并应按 GB/T 4857.23—2003 的相关要求进行耐振动试验，经过耐振动试验后的过滤器按 7.2 的规定复检效率和阻力，试验结果应符合 6.5 的规定。

7.6 清洗

按制造厂给出的清洗方法清洗后，按 7.2 的规定复检效率和阻力。

7.7 防火

有防火要求的过滤器，应按 GB 8624 的规定进行防火试验。

7.8 储存

将被检过滤器储存于(40±2)℃，相对湿度(93±2)%环境内 48 h，取出后立即进行效率、阻力试验。

7.9 绝缘电阻

常温、常湿条件下，用 500 V 绝缘电阻计测量机组带电部分和非带电金属部分之间的绝缘电阻。

7.10 电气强度

7.10.1 在机组带电部分和非带电金属部分之间施加额定频率的交流电压，开始施加电压应不大于规定值的一半，然后快速升为全值，持续时间 1 min。施加的电压见表 4：

表 4

单 相	三 相
1 250 V	1 500 V

7.10.2 大批量生产时，可用 1 800 V 电压及 1 s 时间进行测量。

7.11 泄漏电流

对于单相器具施加 1.06 倍的额定电压，对于三相器具施加 1.06 倍的额定电压除以$\sqrt{3}$，在施加试验电压 5 s 内，测量机组外露的金属部分与电源线之间的泄漏电流。

7.12 接地电阻

用接地电阻仪测量机组外壳与接地端子之间的电阻。

7.13 湿热试验

按 GB/T 2423.3—2006 规定的试验条件，连续运行 48 h 后进行测量，并应符合 6.13 的规定。

7.14 臭氧

机组在额定风量下，应按附录 C 规定的方法进行测量。

8 检验规则

8.1 检验分类

8.1.1 出厂检验

过滤器必须进行出厂检验，检验结果填写在出厂合格证上方可出厂。粗效、中效、高中效过滤器出厂检验项目为表 5 所列序号 2 项；亚高效过滤器出厂检验项目为表 5 所列序号 1 项和 2 项；静电空气过滤器出厂检验项目为表 5 所列序号 2 项和 9～14 项。

8.1.2 型式检验

8.1.2.1 过滤器有下列情况之一者，必须进行型式检验：

a) 试制的新产品定型或老产品转厂时；

b) 产品结构和制造工艺，材料等更改对性能有影响时；

c) 产品停产超过一年后，恢复生产时；

d) 出厂检验结果与上次型式检验有较大差异时；

e) 国家质量监督机构提出进行型式检验的要求时。

8.1.2.2 空气过滤器和静电空气过滤器的型式试验按表 5 中"√"的项目进行检验。

8.1.2.3　型式检验抽样方法

在制造厂提供的合格产品中抽取，同一批次不大于100台抽3台，大于100台抽5台。

8.2　判定原则

8.2.1　对所抽取的一台样品，检验项目中主项有一项或次项有二项不合格，则判该样品为不合格品；

8.2.2　在所抽取样品中有一台检验不合格，则按8.1.2.3规定加倍抽取。加倍抽取后检验均为合格，该批过滤器判为合格品；如检验仍有一台不合格，则该批过滤器判为不合格品；

8.2.3　若3台以上(含3台)过滤器都有同一个缺陷，整批产品也应判为不合格。

表5　空气过滤器检验项目

序号	检验项目名称	本标准所属条款	适用产品类型		备　注
			空气过滤器	静电空气过滤器	
1	尺寸偏差	6.1　7.1	√		次项
2	效率、阻力	6.2　7.2	√	√	主项
3	容尘量	6.3　7.3	√		主项
4	抗撕裂	6.4　7.4	√		次项
5	运输耐振动	6.5　7.5	√	√	次项
6	清洗[1]	6.6　7.6	√	√	主项
7	防火[2]	6.7　7.7	√	√	主项
8	储存	6.8　7.8	√		次项
9	绝缘电阻	6.9　7.9		√	主项
10	电气强度	6.10　7.10		√	主项
11	泄漏电流	6.11　7.11		√	主项
12	接地电阻	6.12　7.12		√	主项
13	湿热	6.13　7.13		√	主项
14	臭氧	6.14　7.14		√	主项

注1：仅限于可清洗过滤器；

注2：仅对于有防火要求的过滤器。

9　标志、包装、运输和贮存

9.1　标志

每台过滤器必须在明显部位设有标记，标签牢固固定于过滤器外框。若有需要还应标明气流方向，标志内容至少应包括：

a)　产品名称；

b)　本标准规定的过滤器型号规格；

c)　额定风量；

d)　额定风量下的计数过滤效率，或者计重效率；

e)　额定风量下的初阻力；

f)　容尘量；

g)　制造厂名称、产品出厂年、月、日。

9.2　包装

a)　包装应确实能保护出厂检验合格的过滤器在装卸、运输、搬运、存放直到用户安装就位前免受外因引起的损伤和毁坏；

b) 装箱前过滤器应包在塑料袋中，亚高效过滤器或者滤芯易破损的过滤器在两端面用与端面相同尺寸的硬板保护；

c) 包装箱上应注明过滤器型号规格、数量、制造厂名，并按 GB/T 191 规定应用文字或图例标明“小心轻放”、“怕湿”，有必要时还应加“向上”。

9.3 运输

在过滤器运输过程中按包装箱上标志放置，并采取固定措施，堆放高度以不损坏或压坏过滤器为原则。

9.4 贮存

a) 存放时应按包装箱体上的标志堆放，堆放高度以不损坏、压坏或造成倒塌危险为原则；

b) 过滤器不得存放在潮湿或温湿度变化剧烈的地方，严禁露天堆放。

附　录　A
（规范性附录）
空气过滤器性能试验方法

本附录规定了空气过滤器性能试验的试验装置、试验方法和测量结果处理方法，用以评价通风、空调和空气净化系统或设备用空气过滤器的阻力和效率等主要特性。

本方法适用于测量对粒径大于或等于0.5 μm粒子的过滤效率小于或等于99.9%的空气过滤器。

A.1　试验装置

试验装置系统图及主要部件构造图见图A.1～图A.3。试验装置主要包括：风道系统、气溶胶发生装置和测量设备三部分。试验装置的结构允许有所差别，但试验条件应和本标准的规定相同，且同一受试过滤器的测量结果应与本标准所规定的试验装置的测量结果一致。

A.1.1　风道系统

A.1.1.1　构造

风道系统的构造及尺寸见图A.1～图A.3。风道系统的制作与安装应满足标准GB 50243的要求。各管段之间连接时，任何一边错位不应大于1.5 mm。整个风道系统要求严密，投入使用前应进行打压检漏，其压力应不小于风道系统风机额定风压的1.5倍。

a)　用以夹持受试过滤器的管段长度应为受试过滤器长度的1.1倍，且不小于1 000 mm。当受试过滤器截面尺寸与试验风道截面不同时，应采用变径管，其尺寸如图A.2；

b)　测量计数效率时，采样管的安装孔应设在管段(5)、(10)上；

c)　静压环(9)的构造应符合GB/T 1236—2000的要求。

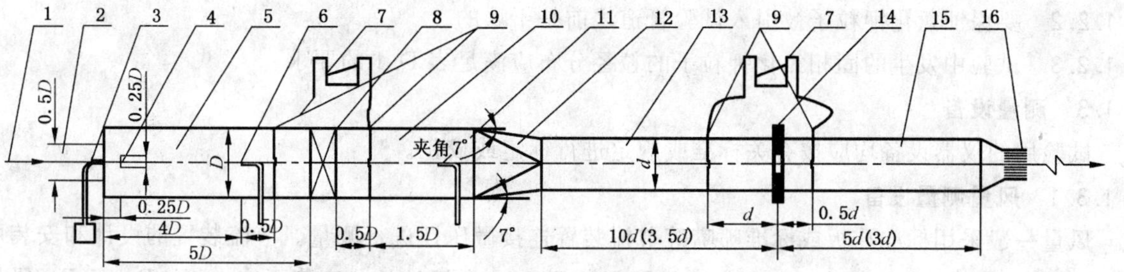

1——洁净空气进口；
2——洁净空气进口风管；
3——气溶胶发生装置；
4——穿孔板；
5——被试过滤器前风管；
6——过滤前采样管；
7——压力测量装置；
8——被试过滤器安装段；
9——静压环；
10——被试过滤器后风管；
11——过滤后采样管；
12——天圆地方；
13——流量测量装置前风管；
14——流量测量装置；
15——流量测量装置后风管；
16——风机进口风管。

图A.1　试验风道尺寸示意图

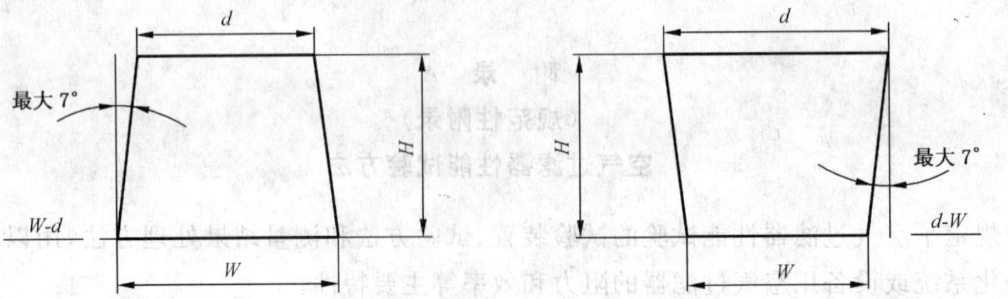

图 A.2 边截面风道管段

A.1.1.2 试验用空气的引入

试验用空气应保证洁净,风道中粒子的背景浓度不应超过气溶胶发生浓度的 1%。

a) 风道应在吸入口设保护网和静压室。静压室的尺寸不小于 2 m×2 m×2 m,但其容积应不大于 10 m^3;

b) 静压室入口应安装 2~3 级空气过滤器,最后一级为高效过滤器,确保进入风道的空气洁净;

c) 试验用空气的温度宜为 10 ℃~30 ℃,相对湿度宜为 30%~70%。

A.1.1.3 排气

风道系统的排气经过处理后排至室外,或排入风道系统吸入口以外的房间。

A.1.1.4 隔震

风道系统应与风机或试验室内其他震源隔离。

A.1.2 气溶胶发生器

气溶胶发生器应满足下述条文,有关气溶胶发生器的介绍见附录 D。

A.1.2.1 试验气溶胶为多分散固相氯化钾(KCl)粒子。气溶胶发生装置应能提供 0.3 μm~10 μm 粒径范围内稳定的气溶胶。气溶胶的浓度不应超过粒子计数器的浓度上限。

A.1.2.2 要保证氯化钾粒子被引入试验管道之前是干燥的。

A.1.2.3 试验中发生的固相氯化钾粒子的粒径分布应满足表 D.1 的要求。

A.1.3 测量设备

试验用的仪器设备均应按有关标准或规定进行标定或校正。

A.1.3.1 风量测量设备

风量一般采用标准孔板或标准喷嘴等节流装置连接微压计进行测量。节流装置的设计和安装可参照 GB /T 2624.1~2624.4—2006 和 GB/T 1236—2000。微压计的分度值不应大于 2 Pa~5 Pa,风量小时用分度值小的微压计,风量大时用分度值大的微压计。

A.1.3.2 阻力测量设备

阻力一般采用微压计进行测量。微压计分度值不应大于 2 Pa。

A.1.3.3 计径计数效率测量设备

由图 A.1 中的上、下风侧采样管(6)、(11)用软管分别接到两台或一台粒子计数器上进行试验。当上风侧浓度高于粒子计数器量程范围时,应在采样管与粒子计数器之间附加稀释装置。

A.1.3.3.1 采样管

采样管应是内壁光滑、干净的管子,其构造如图 A.3。采样管口部直径的选择应考虑近似等动力流的条件,即采样管口的吸入速度与风道内风速应近似,最大偏差应小于±10%。当风道内风速与采样管口速度近似时,采样管采用图 A.3a 型式;当风道内风速低于采样管口速度时,采样管采用图 A.3b 型式;当风道内风速高于采样管口速度时,采样管采用图 A.3c 型式。

单位为毫米

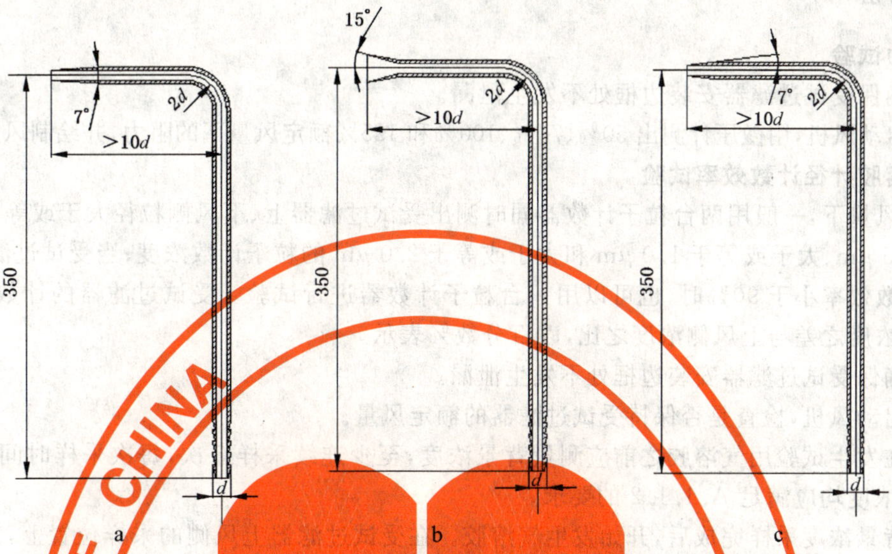

图 A.3 采样管

A.1.3.3.2 连接软管

连接采样管与粒子计数器的连接管应是干净的无接头软管。连接管应尽可能短,一般不应超过 1.5 m,其水平段一般不超过 0.5 m。

A.1.3.3.3 粒子计数器

一般采用光学粒子计数器,粒子计数器至少应有大于或等于 0.3 μm、大于或等于 0.5 μm、大于或等于 1.0 μm、大于或等于 2.0 μm 和大于或等于 5.0 μm 五个档次。PSL 小球对 0.3 μm 粒子的计数效率至少为 50%,并应按 GB/T 6167 的要求进行标定。当采用两台计数器时,两台应具有尽可能相同的灵敏度。

A.2 试验条件

A.2.1 试验用气溶胶满足 A.1.2 的规定,并在上游采样截面前与洁净空气充分混合。

A.2.2 检测台正常运行情况下,过滤前气溶胶取样断面上的气溶胶浓度的均匀性,按图 A.4 中的 16 点进行取样,用粒子计数器进行测量,要求各点之间气溶胶浓度的误差不大于 10%。

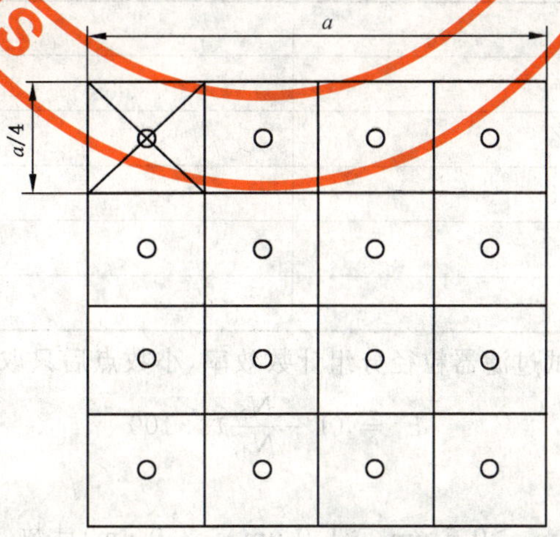

图 A.4 气溶胶均匀性测点布置图

A.2.3 检测台正常运行情况下,30 min 内过滤前气溶胶取样断面上的气溶胶浓度变化不超过 10%。

A.3 试验方法

A.3.1 阻力试验

A.3.1.1 确保受试过滤器安装边框处不发生泄漏。

A.3.1.2 启动风机,用微压计测出50%、75%、100%和125%额定风量下的阻力,并绘制风量阻力曲线。

A.3.2 气溶胶计径计数效率试验

在额定风量下,一般用两台粒子计数器同时测出受试过滤器上、下风侧粒径大于或等于0.3 μm、大于或等于0.5 μm、大于或等于1.0 μm和大于或等于2.0 μm的粒子计数浓度;当受试过滤器对0.5 μm粒径档的计数效率小于90%时,也可以用一台粒子计数器进行试验。受试过滤器的计数效率为其上、下风侧计数浓度之差与上风侧浓度之比,以百分数%表示。

A.3.2.1 确保受试过滤器安装边框处不发生泄漏。

A.3.2.2 启动风机,检查是否保持受试过滤器的额定风量。

A.3.2.3 在发生试验用气溶胶之前应测量背景浓度,至少连续采样5次,每次采样时间1 min。每次采样的粒子浓度均应满足A.1.1.2的要求。

A.3.2.4 背景浓度采样完成后,开始发生气溶胶。在受试过滤器上风侧的采样位置上,首先用事先经过校正的粒子计数器尽可能做到等速采样。待发尘稳定时,上、下风侧用粒子计数器正式采样。下游采样时,粒子计数器的显示值不低于100。

A.3.2.5 当用2台粒子计数器试验时,对于试验的每一批过滤器,在试验开始前,2台计数器应在下风侧采样点轮流采样各10次,设各自测得的平均浓度为$\overline{N_1}$、$\overline{N_2}$,$\overline{N_1}$、$\overline{N_2}$分别和$\frac{\overline{N_1}+\overline{N_2}}{2}$之差应在±20%之内。以后对下风侧的每次测量值(设为$\overline{N_2}$)皆应用$\frac{\overline{N_1}}{\overline{N_2}}$这个值相乘进行修正。

A.3.2.6 当用2台粒子计数器试验时,待上、下风侧采样数字稳定后各取连续3次读数的平均值,求1次效率;再取连续3次读数的平均值,再求1次效率。

A.3.2.7 当只用1台计数器试验时,必须待数值稳定后,先下风侧,后上风侧各测5次,取5次平均值,求1次效率;当仪器从上风侧移向下风侧试验时,必须使仪器充分自净,然后重新操作,再取5次平均值,再求1次效率。

A.3.2.8 在上述两条中的各2次(任意粒径)计数效率值应满足表A.1规定。

表A.1 计数效率值表

第一次效率值 E_1	第二次计数效率 E_2 和 E_1 之差
<40%	$<0.3E_1$
40%~<60%	$<0.15E_1$
60%~<80%	$<0.08E_1$
80%~<90%	$<0.04E_1$
90%~<99%	$<0.02E_1$
≥99%	$<0.01E_1$

A.3.2.9 用式(A.1)求出受试过滤器粒径分组计数效率,小数点后只取1位数。

$$E_i=(1-\frac{N_{2i}}{N_{1i}})\times 100 \qquad \cdots\cdots\cdots\cdots(A.1)$$

式中:

E_i——粒径分组(≥0.3 μm,≥0.5 μm,≥1.0 μm,≥2.0 μm)计数效率,%;

N_{1i}——上风侧大于或等于某粒径粒子计数浓度的平均值,p/L;

N_{2i}——下风侧符合A.3.2.4的大于或等于某粒径粒子计数浓度的平均值,p/L。

附 录 B
（规范性附录）
空气过滤器计重效率和容尘量试验

本附录规定了进行空气过滤器的阻力、计重效率和容尘量试验的设备、条件和试验方法。

B.1 试验装置

试验装置系统图及主要部件构造图见图 B.1 和图 B.2。试验装置主要包括：风道系统、人工尘发生装置和测量设备三部分。试验装置的结构允许有所差别，但试验条件应和本标准的规定相同。

B.1.1 风道系统

B.1.1.1 构造

风道系统的构造及尺寸见图 B.1。风道系统的制作与安装应满足标准 GB 50243 的要求。各管段之间连接时，任何一边错位不应大于 1.5 mm。整个风道系统要求严密，投入使用前应进行打压检漏，其压力应不小于风道系统风机额定风压的 1.5 倍。

a) 用以夹持受试过滤器的管段长度应为受试过滤器长度的 1.1 倍，且不小于 1 000 mm。当受试过滤器截面尺寸与试验风道截面不同时，应采用变径管，其尺寸如图 B.2；

b) 测量计重效率时，将末端过滤器(10)安装在管段(9)、(11)之间；

c) 静压环(6)的构造应符合 GB/T 1236—2000 的要求。

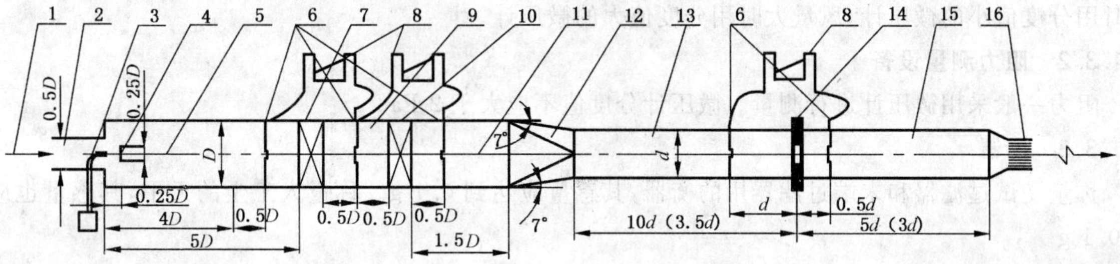

1——空气进口；
2——空气进口风管；
3——人工尘发生装置；
4——穿孔板；
5——被试过滤器前风管；
6——静压环；
7——被试过滤器安装段；
8——压力测量装置；
9——被试过滤器后风管；
10——末端过滤器；
11——末端过滤器后风管；
12——天圆地方；
13——流量测量装置前风管；
14——流量测量装置；
15——流量测量装置后风管；
16——风机进口风管。

图 B.1 试验风道尺寸示意图

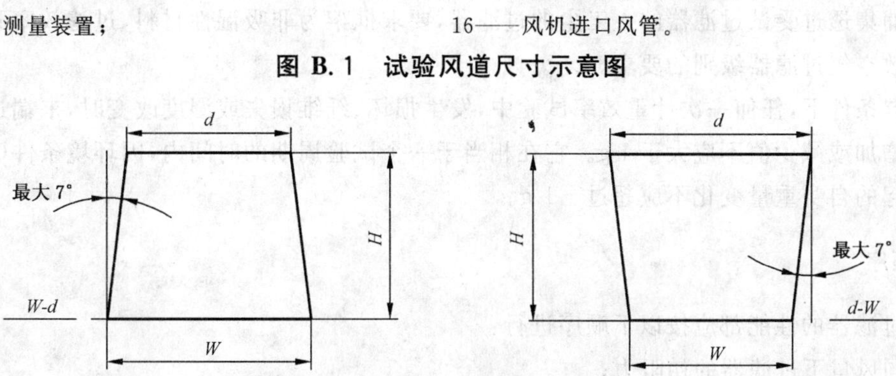

图 B.2 变截面风道管段

B.1.1.2 试验用空气的引入

试验用空气应保证洁净,空气中的含尘量不应影响计重效率的测量结果。

a) 风道应在吸入口设保护网和静压室。静压室的尺寸不小于 2 m×2 m×2 m,但其容积应不大于 10 m^3;

b) 试验用空气的温度宜为 10 ℃～30 ℃,相对湿度宜为 30%～70%。

B.1.1.3 排气

风道系统的排气经过处理后排至室外,或排入风道系统吸入口以外的房间。

B.1.1.4 隔震

风道系统应与风机或试验室内其他震源隔离。

B.1.2 人工尘发生装置

人工尘发生装置应满足下述条文,有关人工尘发生装置的介绍见附录 E。

B.1.2.1 试验空气中含尘浓度应保持在(70±7)mg/m^3。

B.1.2.2 要保证人工尘被引入试验管道之前是干燥的。

B.1.3 测量设备

测量用的仪器设备均应按有关标准或规定进行标定或校正。

B.1.3.1 风量测量设备

风量一般采用标准孔板或标准喷嘴等节流装置连接微压计进行测量。节流装置的设计和安装可按 GB/T 2624.1～2624.4—2006 和 GB/T 1236—2000 的规定进行。微压计的分度值不应大于 2 Pa,风量小时用分度值小的微压计,风量大时用分度值大的微压计。

B.1.3.2 阻力测量设备

阻力一般采用微压计进行测量。微压计分度值不应大于 2 Pa。

B.1.3.3 衡器

称量受试过滤器和末端过滤器用的衡器,其感量应达到 0.1 g。称量人工尘的天平,其感量也应达到 0.1 g。

B.2 试验条件

B.2.1 试验尘源

B.2.1.1 计重效率使用的尘源为本标准附录 F 中规定的人工尘。

B.2.1.2 将人工尘放入烘箱内,在 110 ℃温度下烘干(约 2 h～3 h),取出后晾至室温,再放在干燥器内保存待用。

B.2.2 末端过滤器

指用来捕集透过受试过滤器的人工尘的过滤器,要求框架为非吸湿性材料,过滤效率和阻力要求最低达到亚高效空气过滤器级别的要求。

常温常湿条件下,任何一次计重效率试验中,发生损坏、纤维损失或湿度改变时,末端过滤器可称重部分的质量增加或减少值不应大于 1 g。它在相当于一个试验周期的时间内,因环境条件(如相对湿度)的变化而引起的自身重量变化不应超过±1 g。

B.3 试验顺序

每一块过滤器的性能都应按以下顺序进行:

a) 不同风量下过滤器的初阻力;

b) 按标准规定的计数法测量被测过滤器对大于或等于 2.0 μm 粒子的计数效率。

B.4 试验方法

B.4.1 阻力试验

B.4.1.1 确保受试过滤器安装边框处不发生泄漏。

B.4.1.2 启动风机,用微压计测出50%、75%、100%和125%额定风量下的阻力,并绘制风量阻力曲线。

B.4.2 人工尘发尘方法

B.4.2.1 根据预先计算的发尘周期,称量必要的粉尘量(如30 g),加入下进料斗。粉尘量的称量应精确到0.1 g。

B.4.2.2 发尘应在试验风道的风量调节正常后方可开始。先启动和调节好压缩空气压力,然后开动螺旋发尘器。

每个发尘周期完毕后,应延续少许时间,使发尘器中的余尘被吹引干净。若无法吹引干净,则可将剩余粉尘清出、称重,然后在发尘量中减除。

B.4.3 人工尘计重效率、阻力和容尘量试验

将称量过的末端过滤器和受试过滤器安装在风道系统中(见图B.1),用人工尘发生器向风道系统发生一定质量的人工尘,穿过受试过滤器的人工尘被末端过滤器捕集。然后取出末端过滤器和受试过滤器,重新称量。根据受试过滤器和末端过滤器增加的质量计算受试过滤器的人工尘计重效率。这样的过滤效率试验至少要进行四次。每个试验周期开始和结束都需要测量阻力、受试过滤器和末端过滤器的人工尘捕集量,以此确定受试过滤器的容尘量、阻力与容尘量的关系和计重效率与容尘量的关系。

B.4.4 计重效率和容尘量的试验步骤

B.4.4.1 先称量受试过滤器和末端过滤器的质量,精确到0.1 g。每次加入粉尘的量一定要足够小,以保证容尘量试验结束之前,至少分四次加尘。在标准试验中,一次粉尘增量不应多于使过滤器达到额定终阻力所需粉尘。

B.4.4.2 将粉尘装入螺旋发生器的进料斗中,利用输送轴的转速调整发尘浓度,将试验空气中的粉尘浓度控制在(70±7)mg/m^3。

B.4.4.3 确保受试过滤器安装边框处不发生泄漏。

B.4.4.4 启动风机,调整风量至被测过滤器的额定风量。

B.4.4.5 启动发尘装置,调节好压力。

B.4.4.6 保持额定风量和发尘的压缩空气压力,直至人工尘全部发完。

B.4.4.7 关闭发尘装置和压缩空气。

B.4.4.8 震动发生器,确保粉尘全部进入风道。

B.4.4.9 在保持原有风量情况下,用避开被测过滤器正面的一股压缩空气流,将沉积在受试过滤器上风侧风道内壁的粉尘沿与受试过滤器偏斜方向重新进入气流中。

B.4.4.10 测量该发尘期间结束时的受试过滤器阻力。

B.4.4.11 关闭风机,重新称量受试过滤器和末端过滤器质量,以测量被两者捕集到的人工尘的质量,注意不要使集尘掉落。此时的空气湿度条件应与称量末端过滤器自重时的条件相近。

B.4.4.12 用毛刷将可能沉积在受试过滤器与末端过滤器之间的人工尘收集起来称重,精确到0.1 g。

B.4.4.13 将末端过滤器增加的质量与上述收集的人工尘的质量相加,得出未被受试过滤器捕集的人工尘的质量。

B.4.4.14 试验程序结束之后,如有可能,可称量受试过滤器的质量,受试过滤器所增加的质量与未被受试过滤器捕集的人工尘质量之和应等于发尘总质量,误差宜小于3%。

B.5 数据处理

B.5.1 一个发尘阶段内的计重效率

先用式(B.1)计算任意一个发尘过程结束时的计重效率(A_i):

$$A_i = 100 \times \frac{W_{1i}}{W_i} = 100 \times \left(1 - \frac{W_{2i}}{W_i}\right) \quad \cdots\cdots\cdots\cdots\cdots\cdots\cdots\cdots (B.1)$$

式中:

W_{1i}——在该发尘过程中,受试过滤器的质量增量,g;

W_{2i}——在该发尘过程中,未被受试过滤器捕集的人工尘重量,g;

W_i——在该发尘过程中,人工尘发尘量,$W_i = W_{1i} + W_{2i}$,g。

每一个发尘阶段结束后,应在以计重效率为纵坐标,发尘量为横坐标绘制计重效率和发尘量的关系图中增加相应的点。

B.5.2 任意一个发尘过程的平均计重效率($\overline{A_i}$)

再把每一发尘过程终了时的计重效率点在横坐标为发尘量,纵坐标为计重效率的图上,向 A_i 方向延长 A_2A_1 与纵坐标相交,交点数值即作为 A_0(当 i 等于1时,$A_{i-1} = A_0$)。

于是可用式(B.2)计算任意一个发尘过程的平均计重效率:

$$\overline{A_i} = \frac{A_i + A_{i-1}}{2} \quad \cdots\cdots\cdots\cdots\cdots\cdots\cdots\cdots (B.2)$$

B.5.3 计算人工尘平均计重效率(A)见式(B.3)为:

$$A = \frac{1}{W}(W_1 \overline{A_1} + \cdots + W_k \overline{A_k} + \cdots + W_f \overline{A_f}) \quad \cdots\cdots\cdots\cdots\cdots\cdots\cdots\cdots (B.3)$$

式中:

W——发尘的总质量,g;

$$W = W_1 + \cdots + W_k + \cdots + W_f \quad \cdots\cdots\cdots\cdots\cdots\cdots\cdots\cdots (B.4)$$

W_k——第 k 次发尘量 g;

W_f——最后一次发尘直至达到终阻力时发尘的质量,g;

$\overline{A_k}$——第 k 次发尘阶段的初始计重效率,%;

$\overline{A_1}$、$\overline{A_2}$、…、$\overline{A_f}$——各发尘阶段的平均计重效率,%;

A——被测过滤器达到终阻力后的平均计重效率,%。

B.5.4 容尘量(C)由受试过滤器的质量增量求得:

$$C = W_{11} + \cdots + W_{1k} + \cdots + W_{1f} \quad \cdots\cdots\cdots\cdots\cdots\cdots\cdots\cdots (B.5)$$

式中:

W_{11}——在第一次发尘过程中,受试过滤器的质量增量,g;

W_{1k}——在第 k 次发尘过程中,受试过滤器的质量增量,g;

W_{1f}——在最后一次发尘直至达到终阻力过程中,受试过滤器的质量增量,g。

B.5.5 数值修约

阻力、效率、容尘量的数值均取到小数点后1位,多于1位数时按 GB /T 8170 规定处理。

附 录 C
（规范性附录）
静电空气过滤器臭氧发生量性能要求及试验方法

本附录仅适用于静电空气过滤器，规定了静电空气过滤器最大臭氧发生量及测量方法。

C.1 性能要求

试验环境温度为(20±5)℃，相对湿度为(50±10)%。静电过滤器在额定风量下，臭氧发生浓度需要低于 0.16 mg/m^3(1 h 均值)。

C.2 试验方法

臭氧发生量检测方法引用 GB/T 18883—2002 中规定的检测方法。

C.3 试验装置

试验用风道、流量测量装置的加工和安装应符合 GB/T 1236—2000 的相关要求。

试验装置原理图见图 C.1。试验装置主要包括：风道系统和测量设备两部分组成。试验装置的结构允许有所差别，但试验条件应和本标准的规定相同，且同一受试过滤器的测量结果应与本标准所规定的试验装置的测量结果一致。

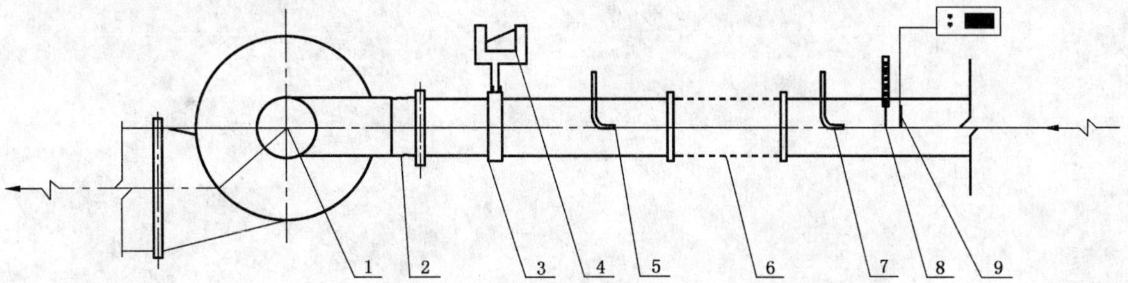

1——风机；
2——连接软管；
3——流量测量装置；
4——压力测量装置；
5——被试过滤器后采样管；
6——被试过滤器安装段；
7——被试过滤器前采样管；
8——温度计；
9——湿度测量装置。

图 C.1 风管式静电过滤器臭氧检测原理图

C.3.1 风道系统

风道系统的制作与安装应满足标准 GB 50243 要求。各管段之间连接时，任何一边错位不应大于 1.5 mm。整个风道系统要求严密，投入使用前应进行打压检漏，其压力应不小于风道系统风机额定风压的 1.5 倍。

用以夹持受试过滤器的管段长度应为受试过滤器长度的 1.1 倍，且不小于 1 000 mm。当受试过滤器截面尺寸与试验风道截面不同时，应采用变径管。

静电过滤器上游采样点及下游采样点在风道系统的位置如图 C.1 所示。

C.4 试验步骤

C.4.1 将受试过滤器安装在试验装置上，确保受试过滤器安装边框处不发生泄漏。

C.4.2 启动风机，调整风量至被测过滤器的额定风量。

C.4.3 开启受试过滤器，调节受试过滤器至正常使用状态。

C.4.4 依据 GB/T 18883—2002 中规定的臭氧检测方法，在过滤器上游采样点及下游采样点同时进行采样，分析采集样品，计算臭氧浓度。

C.4.5 试验完毕，关闭风机及受试过滤器，并整理原始记录及试验设备。

C.5 结果计算

臭氧发生量计算见式(C.1)：

$$C = C_2 - C_1 \quad \cdots\cdots\cdots\cdots (\text{C.1})$$

式中：

C——臭氧发生浓度，mg/m^3；

C_1——静电过滤器上游浓度，mg/m^3；

C_2——静电过滤器下游浓度，mg/m^3。

附　录　D
（规范性附录）
气溶胶发生器

本附录规定了空气过滤器计数效率用气溶胶发生器的类型、结构、工作原理和发生气溶胶的粒径分布。

D.1　气溶胶发生器的类型

空气过滤器计数法效率试验用气溶胶发生器为 KCl 固体气溶胶发生器。

D.2　气溶胶发生器的结构

KCl 气溶胶发生器主要由雾化喷嘴、高塔、气源控制器、中和器和溶液泵等组成，气溶胶发生器系统示意图见图 D.1。

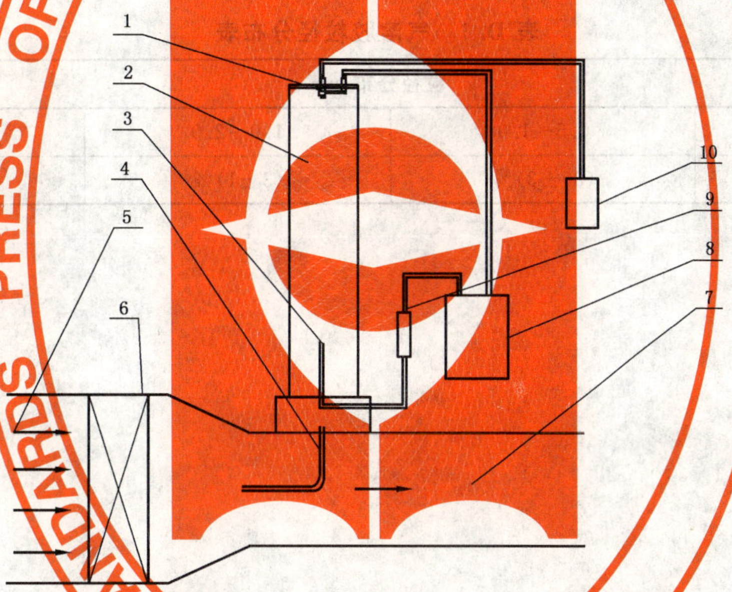

1——雾化喷嘴；
2——高塔；
3——干燥空气入口；
4——气溶胶出口；
5——气流方向；
6——高效空气过滤器；
7——试验风道；
8——气源控制器；
9——中和器；
10——溶液泵。

图 D.1　气溶胶发生器系统示意图

D.2.1　雾化喷嘴

雾化喷嘴是一个对氯化钾（KCl）溶液进行雾化的装置。

D.2.2　高塔

高塔是起干燥雾化后的液滴和沉降大粒子的作用。

D.2.3　气源控制器

气源控制器是对压缩空气进行处理的设备。

D.2.4　中和器

中和器是将气溶胶的电荷降至波尔兹曼（Boltzman）电荷分布。其中波尔兹曼电荷分布为环境空气中的平均电荷分布。有关中和器的资料性介绍参见附录G。

D.2.5 溶液泵

溶液泵是为雾化喷嘴提供恒定溶液的装置。

D.3 气溶胶发生器的工作原理

压缩空气进入气源控制器，通过气源控制器压缩空气进口处的油水分离器，去除压缩空气中的油和水分，然后通过压力调节阀，将压缩空气的压力调节到(0.5±0.02)MPa，然后进入气源控制器内部的高效空气过滤器进行过滤，过滤后的压缩空气一部分进入雾化喷嘴，作为雾化喷嘴的喷雾空气；另一部分经过加热器加热后，进入中和器，然后进入高塔底部。溶液经雾化喷嘴雾化后，形成微小液滴，液滴从高塔顶部向下运动，与从高塔底部向上运动的热的干燥空气相遇，使液滴蒸发，形成固态的气溶胶。

气溶胶的浓度可以通过调节喷雾压力来控制。

D.4 发生气溶胶的粒径分布

该气溶胶发生器工作时使用的气溶胶物质为质量浓度10%的氯化钾溶液，所发生气溶胶的粒径分布如D.1所示。

表D.1 气溶胶粒径分布表

粒径分布/μm			
0.3～0.5	0.5～1.0	1.0～2.0	>2.0
(65±5)%	(30±3)%	(3±1)%	>1%

附 录 E
（规范性附录）
螺旋发尘器

本附录规定了进行计重法和容尘量试验用螺旋发尘器的结构形式、工作原理和技术参数。

E.1 螺旋发尘器的结构形式

E.1.1 螺旋发尘器是一种干式发尘机组，发尘器的用途是在试验过程中将人工尘均匀地送入试验风道。

E.1.2 螺旋发尘器由载料管、螺旋输送轴、进料斗、混合管、电动机、出料口、进气口等组成。

E.1.3 螺旋发尘器的结构图如图 E.1 和图 E.2 所示：

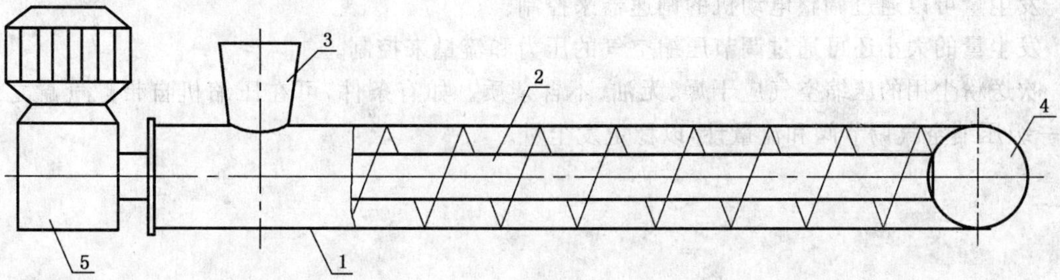

1——载料管；
2——螺旋输送轴；
3——进料斗；
4——混合管；
5——电动机。

图 E.1 螺旋发尘器正视图

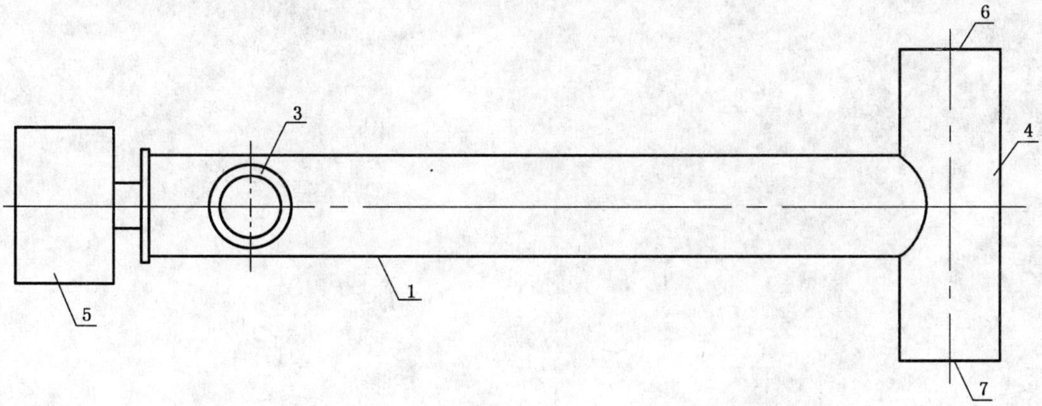

1——载料管；
3——进料斗；
4——混合管；
5——电动机；
6——出料口；
7——进气口。

图 E.2 螺旋发尘器俯视图

E.2 螺旋发尘器的工作原理

E.2.1 螺旋发尘器的工作原理是,通过螺旋输送轴将试验粉尘搅拌均匀,并且不断往前推送直至混合管,经由压缩空气送至出料口,从而进入试验系统中去。

E.2.2 螺旋发尘器的工作过程为把试验粉尘加入进料斗 3 中,然后开动机器,粉尘靠螺旋输送轴 2 的作用送至混合管 4 中,并在混合管 4 中与从进气口 7 进来的压缩空气混合一并从出料口 6 喷发出去。在发尘过程中,通过调整电动机 5 的调速器可以改变输送轴的转速,从而控制发尘量。

E.3 螺旋发尘器的技术参数

E.3.1 螺旋发尘器的发尘量为:0 g/h～500 g/h。

E.3.2 螺旋发尘器的工作压力 0.2 MPa～0.6 MPa 可调,压缩空气必须经过干燥和过滤,压缩空气流量为 1.0 m^3/h ～2.5 m^3/h(或 16.7 L/min ～41.7 L/min)。

E.3.3 发尘量可以通过调整电动机的调速器来控制。

E.3.4 发尘量的大小还可通过调节压缩空气的压力和流量来控制。

E.3.5 吹送粉尘用的压缩空气应干燥、无油、不含杂质。如有条件,可在压缩机自带贮气罐之后的管路上加一级压缩空气调节阀和流量计,以稳定发尘量。

附 录 F
（规范性附录）
人工尘性能特征

本附录规定了进行计重法和容尘量试验用人工尘的组分和物理化学特性。

F.1 本标准使用的人工尘是由道路尘、炭黑、短棉绒等三种粉尘按一定比例混合而成的模拟大气尘。

F.2 人工尘中三种成分所占的质量百分比、主要原料及其性能特征如表 F.1：

表 F.1 人工尘性能特征

成 分	质量比/%	原料规格	粒径分布		原料特征
			粒径范围/μm	比例/%	化学组成如下
粗粒	72	道路尘	0～5 5～10 10～20 20～40 40～80	(36±5)% (20±5)% (17±5)% (18±3)% (9±3)%	SiO_2 Al_2O_3 Fe_2O_3 CaO MgO TiO_2 C
细粒	23	炭黑	0.08 μm～0.13 μm		吸碘量 10 mg/g～25 mg/g 吸油值 0.4 mg/g～0.7 mg/g
纤维	5	短棉绒	—		经过处理的棉质纤维落尘

附 录 G
（资料性附录）
气溶胶静电中和器

本附录规定了进行气溶胶中和作用的中和器的结构形式、工作原理和技术参数。

G.1 气溶胶静电中和器的结构形式

G.1.1 气溶胶静电中和器是一种将带电的试验气溶胶中的电荷通过正负离子中和消除的装置，使得通过静电中和器的气溶胶的带电量达到波尔兹曼分布（即大气尘的静电发布规律），减小由于试验气溶胶的荷电造成的过滤器测试效率的偏差。

G.1.2 气溶胶静电中和器由正负高压发生控制装置、电晕电极、气溶胶进气口、洁净空气入口、气溶胶出气口和混合小室组成。

G.1.3 气溶胶静电中和器的结构图如图 G.1 所示：

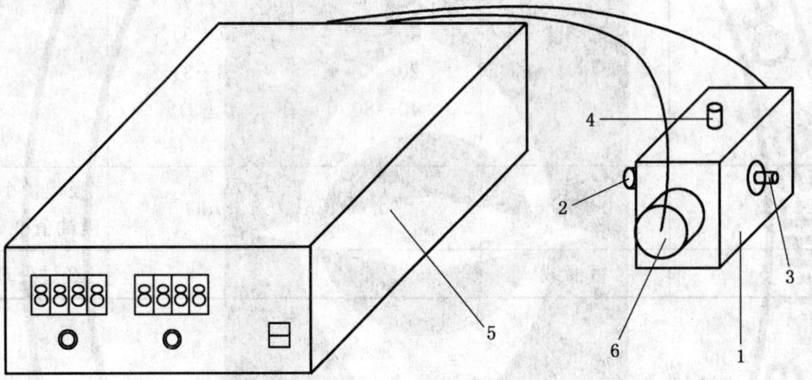

1——混合小室；
2——气溶胶出气口；
3——气溶胶进气口；
4——洁净空气入口；
5——正负高压发生控制装置；
6——电晕电极。

图 G.1 气溶胶静电中和器结构图

G.2 气溶胶静电中和器的工作原理

G.2.1 气溶胶静电中和器的工作原理是，通过正负高压发生控制装置产生高压电，在电晕电极上产生电晕放电，电晕区内产生大量的带电正、负离子，洁净空气通过电晕区将这部分带电离子带走，与通入的试验气溶胶在混合小室内混合，中和试验气溶胶中的多余电荷，使气溶胶达到波尔兹曼电荷分布后从气溶胶出口输出。

G.2.2 气溶胶静电中和器的操作过程为：首先将洁净空气通入洁净空气入口，然后打开静电中和器电源，调节电压输出达到指定的电压值，接着通入待中和的气溶胶，开始气溶胶的静电中和过程，中和后的气溶胶进入试验管道的发尘口进行发尘。

G.3 气溶胶静电中和器的技术参数

G.3.1 气溶胶静电中和器的气溶胶进气量为：0 m^3/h～4 m^3/h；洁净空气流量为：3 m^3/h～36 m^3/h。

G.3.2 气溶胶静电中和器的正负电压发生范围为：(0～±10)kV，使用过程中和电压范围为：±(3.5～6)kV。

G.3.3 试验用气溶胶的带电量越大时，调解正负电压的发生值越大。

G.3.4 气溶胶静电中和器的使用过程中要保持电源有良好的接地，防止高压对人体造成的可能伤害。

ICS 23.120
P 48

中华人民共和国国家标准

GB/T 14296—2008
代替 GB/T 14296—1993

空气冷却器与空气加热器

Air cooling and air heating coils

2008-11-04 发布　　　　2009-06-01 实施

中华人民共和国国家质量监督检验检疫总局
中国国家标准化管理委员会　发布

前言

本标准代替 GB/T 14296—1993《空气冷却器与空气加热器》。

本标准与 GB/T 14296—1993 相比主要变化如下：

——适用范围增加了乙二醇溶液；

——引用标准删除了 GB/T 2828 和 GB/T 2829，合并 GB/T 9119.6、GB/T 9119.7、GB/T 9119.8 为新颁标准 GB/T 9119；

——修订了相似空气换热器定义；

——试验方法中增加了实验参数范围表，额定值增加了对乙二醇溶液、不同热水温度的要求；

——修订了检验规则。

本标准由中华人民共和国住房和城乡建设部提出。

本标准由全国暖通空调及净化设备标准化技术委员会归口。

本标准负责起草单位：中国建筑科学研究院。

本标准参加起草单位：上海新晃空调设备股份有限公司、同方人工环境有限公司、无锡约克亚太研发中心、特灵空调系统(江苏)有限公司、江苏风神空调集团股份有限公司、广东省吉荣空调设备公司、大连冰山空调设备有限公司、广东申菱空调设备有限公司、广东美的商用空调设备有限公司、山东欧锴空调科技有限公司、成都五牛科技有限公司、余姚捷丰空调设备有限公司、北京北空空调器有限公司等单位。

本标准主要起草人：曹阳、王智超、钱荣华、王青平、王利、张维加、姚如生、潘展华、路辉、耿凯、王琨、李健、张京斐、彭建华、邱明江。

本标准所代替标准的历次发布版本为：

——GB/T 14296—1993。

空气冷却器与空气加热器

1 范围

本标准规定了空气冷却器与空气加热器(简称空气换热器)的术语和定义、分类和标记、要求、试验方法、检验规则、标志、包装、运输和贮存等。

本标准适用于以水、乙二醇溶液、蒸汽为介质,用于冷却或加热强制流动的空气换热器。

2 规范性引用文件

下列文件中的条款通过本标准的引用而成为本标准的条款。凡是注日期的引用文件,其随后所有的修改单(不包括勘误的内容)或修订版均不适用于本标准,然而,鼓励根据本标准达成协议的各方研究是否可使用这些文件的最新版本。凡是不注日期的引用文件,其最新版本适用于本标准。

GB/T 1047 管道元件 DN(公称尺寸)的定义和选用

GB/T 1804 一般公差合 未注公差的线性和角度尺寸的公差

GB/T 1958 产品几何量技术规范(GPS)形状和位置公差 检测规定

GB/T 7306.1 55°密封管螺纹 第1部分 圆柱内螺纹与圆锥外螺纹

GB/T 7306.2 55°密封管螺纹 第2部分 圆锥内螺纹与圆锥外螺纹

GB/T 9119 平面、突面板式平焊钢制管法兰

GB/T 16803 采暖、通风、空调、净化设备 术语

JG/T 21 空气冷却器与空气加热器性能试验方法

3 术语和定义

GB/T 16803 确立的以及下列术语和定义适用于本标准。

3.1

空气冷却器 air cooler

用冷水、乙二醇溶液间接等湿和减湿冷却空气的表面式热交换设备。

3.2

空气加热器 air heater

用蒸汽、热水、乙二醇溶液间接加热空气的表面式热交换设备。

3.3

额定供冷量 rated cooling capacity

空气冷却器在额定试验工况下的总除热量,即空气显热量和潜热量之和,单位为 W 或 kW。

3.4

额定供热量 rated heating capacity

空气换热器在额定试验工况下的总显热加热量,单位为 W 或 kW。

3.5

额定空气阻力 rated air flow resistance

空气换热器在额定试验工况下,空气流过空气换热器的压力损失称为额定空气阻力,单位为 Pa。

3.6

额定液体阻力 rated liquid resistance

空气换热器在额定试验工况下,水或乙二醇溶液经过空气换热器的压力损失称为额定液体阻力,单位为 kPa。

3.7

相似空气换热器　homologous coil

在空气换热器规格较大、无法进行实型试验时，为获得其热工及阻力性能制作的空气换热器小样称为相似空气换热器。

3.8

标准空气状态　Standard air

指温度 20 ℃、相对湿度 65%、大气压力 101.3 kPa、密度 1.2 kg/m^3 的空气状态。

4　分类和标记

4.1　分类

空气换热器的分类见表 1。

表 1　分类表

分类项目			分类代号
1	换热器用途	空气冷却器 空气加热器 空气冷却、加热两用空气换热器	(L) (R) (S)
2	换热管型式	套片式 绕片式 轧片式 镶嵌片式 焊片式	(T) (R) (Z) (Q) (H)
3	基管材料	钢管 铜管 铝管 复合管	(G) (T) (L) (FH)
4	肋片材料	钢片 铜片 铝片	(G) (T) (L)

4.2　标记

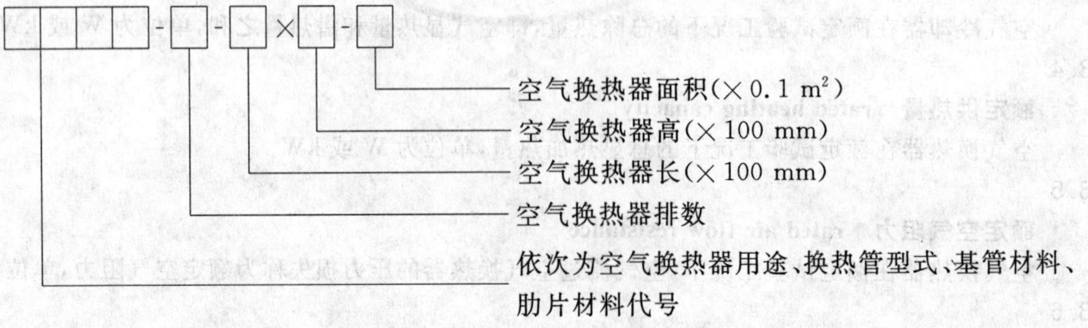

标记示例：

LTTL-4-10×5-513 表示空气冷却器、套片管、铜管套铝片、4 排、长为 1 000 mm、高为 500 mm、换热面积为 51.3 m^2。

5 要求

5.1 外观

5.1.1 空气换热器肋片与基管应接触紧密。

5.1.2 空气换热器所用的黑色金属制件表面应做防锈处理。

5.1.3 空气换热器内外表面应清洁无油迹。

5.1.4 空气换热器肋片应整齐、片距均匀，无卷边、裂纹、毛刺等。不应有明显的碰撞损坏。

5.1.5 空气换热器肋片冲孔的翻边应无开裂。

5.1.6 焊缝应牢固、光滑，无过烧、裂纹、气孔等缺陷。

5.1.7 空气换热器的弯头应无明显皱折和变形。

5.1.8 换热管经热法浸镀后，其镀层应均匀光滑。

5.2 尺寸

5.2.1 空气换热器的长、高和排深尺寸(见图1)的公差等级不得低于 GB/T 1804 中等 m 级的规定。

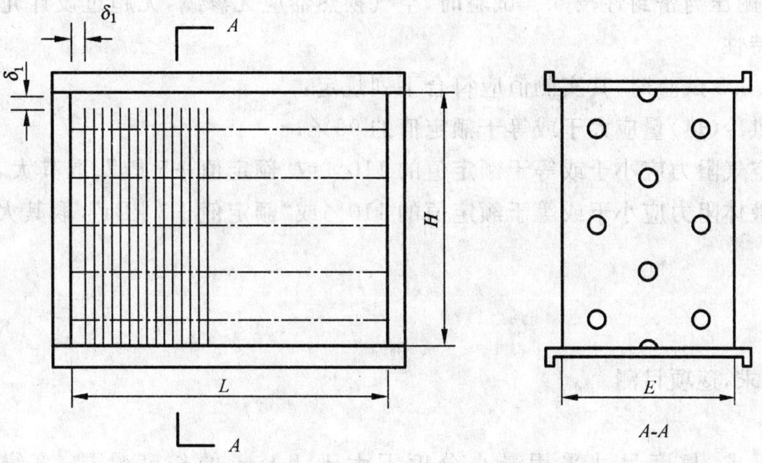

L——换热器长度；

H——换热器高；

E——换热器排深；

δ_1——端面肋片距相邻端板的间隙；

δ_2——肋片距上(下)护板间隙。

图 1 空气换热器尺寸示意图

5.2.2 法兰内框两对角线之间尺寸之差，见表2。

表 2 对角线允许偏差

单位为毫米

对角线尺寸	允许误差
≤1 000	±3
>1 000	±4

5.2.3 空气换热器直线度为 1 000∶2。

5.2.4 空气换热器外框法兰平面度，见表3。

表 3 外框法兰平面度

单位为毫米

空气换热器长度	平面度
≤1 000	3
>1 000	4

5.2.5 空气换热器在100个片距长度上片距总和的偏差应满足表4规定。

表4 肋片间距允许偏差

换热管型式	肋片间距允许偏差
绕片式、镶嵌片式、焊片式	4%
套片式、轧片式	2%

5.2.6 如图1所示，端部肋片距相邻端板间隙(δ_1)应小于等于两倍肋片间距，肋片距上(下)护板间隙(δ_2)应小于等于3 mm。

5.3 管接头互换性

5.3.1 空气换热器管接头的公称通径应符合GB/T 1047的规定。

5.3.2 空气换热器管接头螺纹应符合GB/T 7306.1和7306.2的规定。

5.3.3 空气换热器管接头用法兰应符合GB/T 9119的规定。

5.4 耐压和密封性

空气换热器的耐压与密封性按6.4试验时，空气换热器应无渗漏，无超过设计允许的残余变形。

5.5 热工及阻力特性

空气换热器按6.5试验时，其实测值应符合下列规定：

5.5.1 实测额定供冷(热)量应大于或等于额定值的95%；

5.5.2 实测额定空气阻力应小于或等于额定值的110%或“额定值+5 Pa”，取其大者；

5.5.3 实测额定液体阻力应小于或等于额定值的110%或“额定值+3 kPa”，取其大者。

6 试验方法

6.1 外观

应按5.1的要求，逐项目测。

6.2 尺寸

应按5.2的要求，长度尺寸采用最小分度不大于1 mm的长度量具，直线度和平面度依据GB/T 1958规定的方法逐项进行测量。

6.3 管接头互换性

应按5.3的要求，用标准螺纹量规检查接头螺纹，依据GB/T 9119的要求，进行管接头法兰的检查。

6.4 耐压及密封性

6.4.1 空气换热器耐压及密封性检查用液压试验方法或气压试验方法。

6.4.2 液压试验方法

将放置在试验台上的空气换热器充入液压介质，同时排尽空气换热器内空气，升压至试验压力，保持压力，检查泄漏及耐压情况。试验后排尽介质，并用压缩空气吹干。

6.4.3 气压试验方法

封堵被试空气换热器一端，从另一端接入气压介质，将整个空气换热器浸泡在水中，升压至试验压力，保持压力，检查泄漏及耐压情况。

6.4.4 试验压力和保持压力的时间规定

a) 用液压方法做耐压及密封性试验时，试验压力应为设计压力的1.5倍，保持至少3 min；

b) 用气压方法做耐压及密封性试验时，试验压力应为设计压力的1.2倍，保持压力至少1 min。

6.4.5 空气换热器在耐压及密封性试验时，压力表精度等级不得低于1.5级，且定期计量检验合格，其压力表量程应是试验压力的1.5倍～2.5倍。

6.4.6 耐压及密封性检查不合格的产品返修后必须重新进行该项试验。

6.5 热工及阻力特性

6.5.1 空气换热器热工及阻力特性试验应按 JG/T 21 的规定进行。

6.5.2 当空气换热器规格较大无法通过实型试验获得其热工及阻力性能时，可采用相似空气换热器进行测试，相似换热器迎风面积范围为 0.19 m^2～0.93 m^2，结构满足下列要求：

a) 基管的材料、直径、壁厚、排数、排列方式、间距、内部结构相同；

b) 肋片的材料、形状、厚度、肋片间距相同；

c) 空气换热器断面长高比例相等；

d) 空气换热器管行程布置保证管内液体流速相同；

e) 制造工艺相同。

6.5.3 试验参数范围应符合表 5 的规定。

表 5 试验项目与参数范围

参数 \ 项目	空气冷却器		空气加热器		
	冷水	低温乙二醇溶液	蒸汽	热水	热乙二醇溶液
标准空气状态面风速/(m/s)	1～4	1～4	1～8	1～8	1～8
空气入口干球温度/℃	18～38	18～38	−18～38	−18～38	−29～38
空气入口湿球温度/℃	16～30	16～30	—	—	—
管内流体流速/(m/s)	0.3～2.4	0.3～1.8	—	0.1～2.4	0.1～1.8
流体入口温度/℃	1.7～18	−18～32	—	45～121	−18～93
盘管入口蒸汽压力/kPa	—	—	14～1 723		
盘管入口蒸汽最大过热度/℃			28		
质量浓度/%		10～60			10～60
翅面最低温度/℃	>0.0	>0.0	>0.0	>0.0	—
管壁面最低温度/℃	>0.0	>乙二醇溶液凝固点	>0.0	>0.0	>乙二醇溶液凝固点

6.5.4 进行热工及阻力特性测试时，在测试范围内的每种变化参数的取值不得少于四个，且尽可能按对数等分。

6.5.5 进行空气冷却器试验时，按照 6.5.4 要求，需有翅片表面干燥和冷却去湿两种条件的试验。

6.5.6 额定值检查应在表 6 的额定工况下进行

表 6 额定工况参数

换热介质	参数	空气冷却器		空气加热器						
				低温热水			高温热水		蒸汽	
		回风	新风	回风（Ⅰ）	回风（Ⅱ）	新风	回风	新风	回风	新风
空气	入口干球温度/℃	27	35	21	15	7	15	7	15	7
	入口湿球温度/℃	19.5	28	—	—	—	—	—	—	—
	入口面风速/(m/s)	2.5	2.5	2.5	2.5	2.5	4.0	4.0	4.0	4.0

表 6（续）

换热介质	参数	空气冷却器		空气加热器						
				低温热水			高温热水		蒸汽	
		回风	新风	回风（Ⅰ）	回风（Ⅱ）	新风	回风	新风	回风	新风
冷热水	入口温度/℃	7	7	60	60	60	90	90	—	—
	出口温度/℃	12	12	50	50	50	—	—	—	—
	水流速/(m/s)	—	—	—	—	—	1.0	1.0	—	—
蒸汽	入口饱和蒸汽压力/MPa	—	—	—	—	—	—	—	0.2	0.2

7 检验规则

7.1 检验分类及项目

7.1.1 空气换热器检验分为型式检验和出厂检验两种类型。

7.1.2 检验项目按表 7 规定。

7.2 出厂检验

7.2.1 每台空气换热器应经制造厂检验合格后，方可出厂。

7.2.2 出厂检验项目应按表 7 规定项进行。

7.3 型式检验

7.3.1 装置在下列情况之一时应进行型式检验。

7.3.1.1 新产品定型鉴定时。

7.3.1.2 定型产品的结构、制造工艺、材料等变更且对产品性能有影响时。

7.3.1.3 转厂生产时。

7.3.1.4 停产一年以上，恢复生产时。

7.3.1.5 国家质量监督机构监督抽查提出要求时。

7.3.2 型式检验项目应按表 7 规定项进行。

7.3.3 型式检验的数量：

抽取代表实型空气换热器的每种相似空气换热器一台，进行型式检验。

7.4 检验判定原则

7.4.1 按额定值或技术文件中技术参数作为合格判定值。

7.4.2 按表 7 规定的检验项目检验，1 项不合格，则判不合格。

表 7 检验项目

序号	检验项目	技术要求	试验方法	出厂检验	型式检验
1	外观	5.1	6.1	√	√
2	尺寸	5.2	6.2	√	√
3	管接头互换性	5.3	6.3	√	√
4	耐压及密封性	5.4	6.4	√	√
5	热工及阻力性能	5.5	6.5		√

8 标志、包装、运输和贮存

8.1 标志

空气换热器标志应固定在明显位置，其内容包括：

a) 产品标记及名称；

b) 设计工作压力、额定供冷(热)量、阻力；

c) 产品编号；

d) 制造日期；

e) 制造厂名称。

8.2 包装

8.2.1 空气换热器管接头应有防止锈蚀、磕碰和杂物进入的保护措施。

8.2.2 根据空气换热器的储运条件，应采用牢固的包装型式并保证肋片不受碰撞、损坏。

8.2.3 包装箱应有下列文件：

a) 产品合格证；

b) 产品使用说明书(使用说明书中应给出公式、曲线或图表表示的热工及阻力特性，额定供冷(热)量，额定空气阻力，额定液体阻力。)；

c) 装箱单。

8.2.4 每个包装箱上应有清晰不易脱落的装箱标志，其内容包括：

a) 产品标记、名称；

b) 产品净重、毛重；

c) 包装箱外形尺寸(长×宽×高)；

d) 共　箱，第　箱。

8.3 运输和贮存

8.3.1 在运输和贮存过程中，产品不应受碰撞，挤压和雨雪淋袭。

8.3.2 产品应贮存在通风干燥的库房或遮蓬内，并防止产品碰撞受损及受腐蚀气体的侵蚀。

ICS 25.100.20
J 41

中华人民共和国国家标准

GB/T 14298—2008
代替 GB/T 14298—1993

可转位螺旋立铣刀

Helical end mills with indexable inserts

2008-06-03 发布 2009-01-01 实施

中华人民共和国国家质量监督检验检疫总局
中国国家标准化管理委员会 发布

前　言

本标准代替 GB/T 14298—1993《可转位螺旋立铣刀》。

本标准与 GB/T 14298—1993 相比主要变化如下：

——增加了“前言”；

——修改了“规范性引用文件”；

——增加了“自动换刀用 7：24 圆锥柄可转位螺旋立铣刀的型式与基本尺寸”；

——增加了“套式立铣刀的型式与基本尺寸”；

——扩大了基本尺寸的规格范围；

——原标准中的“技术要求”的内容改为“外观和表面粗糙度”、“公差”、“材料和硬度”；

——取消了“性能试验要求”；

——修改了“标志和包装”的要求。

本标准由中国机械工业联合会提出。

本标准由全国刀具标准化技术委员会(SAC/TC 91)归口。

本标准起草单位：太原工具厂。

本标准主要起草人：张金凤、任春风。

本标准所代替标准的历次版本发布情况为：

——GB/T 14298—1993。

可转位螺旋立铣刀

1 范围

本标准规定了削平直柄、莫氏锥柄、7∶24锥柄可转位螺旋立铣刀和套式可转位螺旋立铣刀(以下简称立铣刀)的型式尺寸、外观和表面粗糙度、材料和硬度、标志和包装的基本要求。

本标准适用于直径为ϕ32 mm～ϕ125 mm可转位螺旋立铣刀。其刃部较长,由沿螺旋线方向排列的多片硬质合金可转位刀片相互交错搭接而成,适用于粗铣。

2 规范性引用文件

下列文件中的条款通过本标准的引用而成为本标准的条款。凡是注日期的引用文件,其随后所有的修改单(不包括勘误的内容)或修订版均不适用于本标准,然而,鼓励根据本标准达成协议的各方研究是否可使用这些文件的最新版本。凡是不注日期的引用文件,其最新版本适用于本标准。

GB/T 1443 机床和工具柄用自夹圆锥(GB/T 1443—1996,eqv ISO 296:1991)

GB/T 2075 切削加工用硬切削材料的分类和用途 大组和用途小组的分类代号(GB/T 2075—2007,ISO 513:2004,IDT)

GB/T 2080 带圆角沉孔固定的硬质合金可转位刀片尺寸(GB/T 2080—2007,ISO 6987:1998,IDT)

GB/T 3837 7∶24手动换刀刀柄圆锥(GB/T 3837—2001,eqv ISO 297:1988)

GB/T 6131.2 铣刀直柄 第2部分:削平直柄的型式和尺寸(GB/T 6131.2—2006,ISO 3338-2:2000,MOD)

GB/T 10944.1 自动换刀用7∶24圆锥工具柄部 40、45和50号柄 第1部分:尺寸及锥角公差(GB/T 10944.1—2006,ISO 7388-1,IDT)

GB/T 20329 端键传动的铣刀和铣刀刀杆上刀座的互换尺寸(GB/T 20329—2006,ISO 2780:1986,IDT)

3 型式尺寸

3.1 削平直柄立铣刀

3.1.1 基本尺寸按图1和表1。

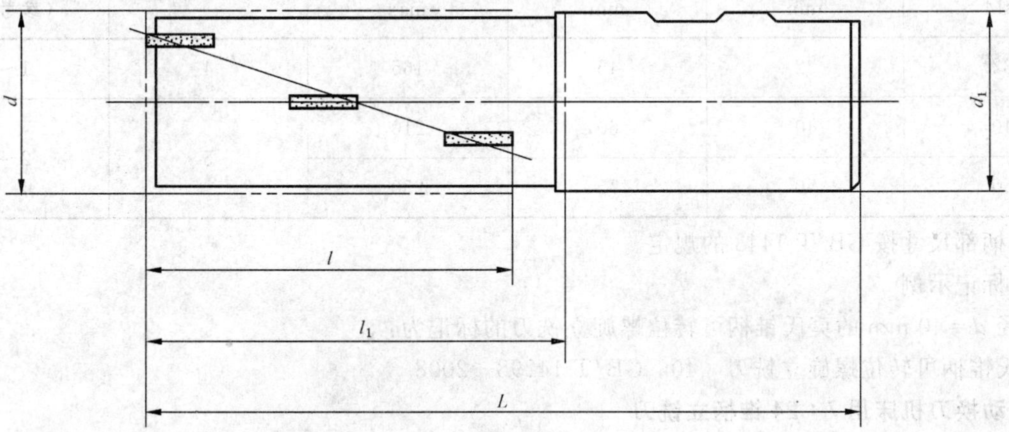

图1

表 1

单位为毫米

d js14	l min	l_1 min	L max	d_1 h6	有效齿数 Z（参考值）
32	32	50	135	32	1～2
40	40	60	150	40	2～4
50	50	75	180	50	

3.1.2 柄部尺寸按 GB/T 6131.2 的规定。

3.1.3 标记示例

直径 d=40 mm 的削平直柄可转位螺旋立铣刀的标记为：

削平直柄可转位螺旋立铣刀 40 GB/T 14298—2008

3.2 莫氏锥柄立铣刀

3.2.1 基本尺寸按图 2 和表 2。

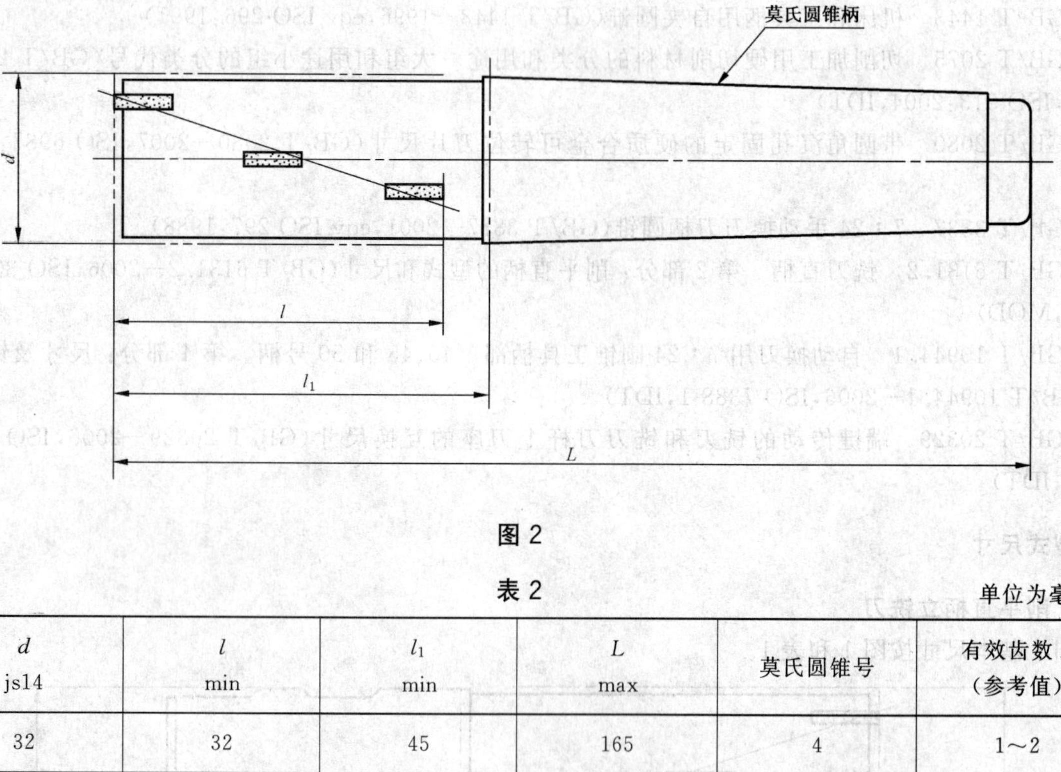

图 2

表 2

单位为毫米

d js14	l min	l_1 min	L max	莫氏圆锥号	有效齿数 Z（参考值）
32	32	45	165	4	1～2
40	40	60	210	5	2～4
50	50	75	230		

3.2.2 柄部尺寸按 GB/T 1443 的规定。

3.2.3 标记示例

直径 d=40 mm 的莫氏锥柄可转位螺旋立铣刀的标记为：

莫氏锥柄可转位螺旋立铣刀 40 GB/T 14298—2008

3.3 手动换刀机床用 7：24 锥柄立铣刀

3.3.1 基本尺寸按图 3 和表 3。

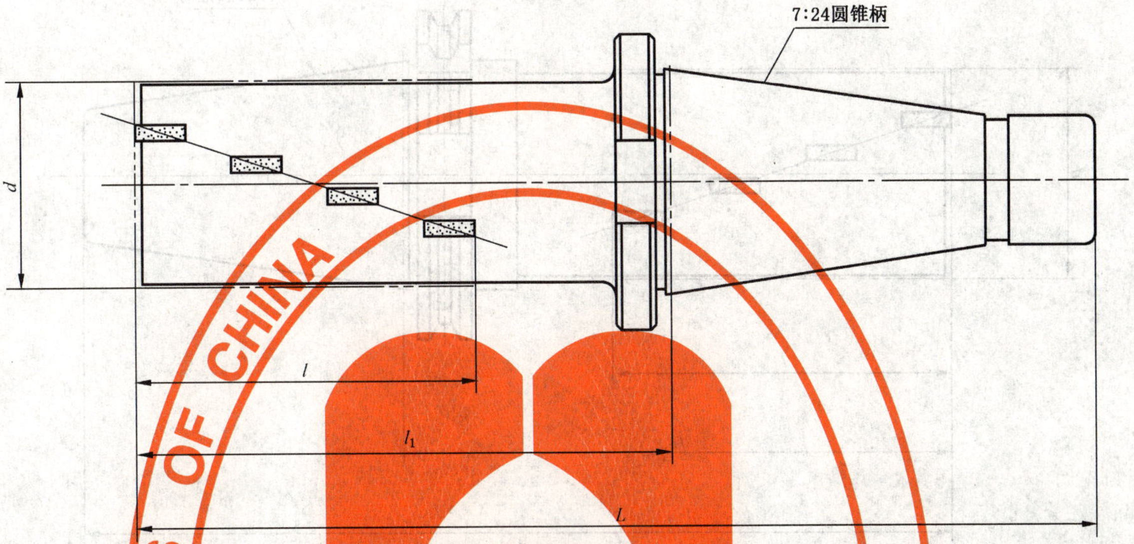

图 3

表 3

单位为毫米

<table>
<tr><th>d
js14</th><th>l
min</th><th>l_1
min</th><th>L
max</th><th>7∶24 圆锥号</th><th>有效齿数 Z
(参考值)</th></tr>
<tr><td>32</td><td>32</td><td rowspan="2">63</td><td>175</td><td rowspan="2">40</td><td>1～2</td></tr>
<tr><td>40</td><td>40</td><td>190</td><td rowspan="3">2～4</td></tr>
<tr><td>50</td><td>50</td><td rowspan="2">80</td><td>250</td><td rowspan="3">50</td></tr>
<tr><td>63</td><td>63</td><td>280</td></tr>
<tr><td rowspan="2">80</td><td rowspan="2">80</td><td rowspan="2">100</td><td>310</td><td rowspan="4">3～6</td></tr>
<tr><td>390</td><td>60</td></tr>
<tr><td rowspan="2">100</td><td rowspan="2">100</td><td rowspan="2">125</td><td>330</td><td>50</td></tr>
<tr><td>410</td><td>60</td></tr>
</table>

3.3.2 柄部尺寸按 GB/T 3837 的规定。

3.3.3 标记示例

直径 d=80 mm,总长 L=310 mm 的手动换刀机床用 7∶24 锥柄可转位螺旋立铣刀的标记为:

手动换刀 7∶24 锥柄可转位螺旋立铣刀 80×310 GB/T 14298—2008

3.4 自动换刀机床用 7∶24 锥柄立铣刀

3.4.1 基本尺寸按图 4 和表 4。

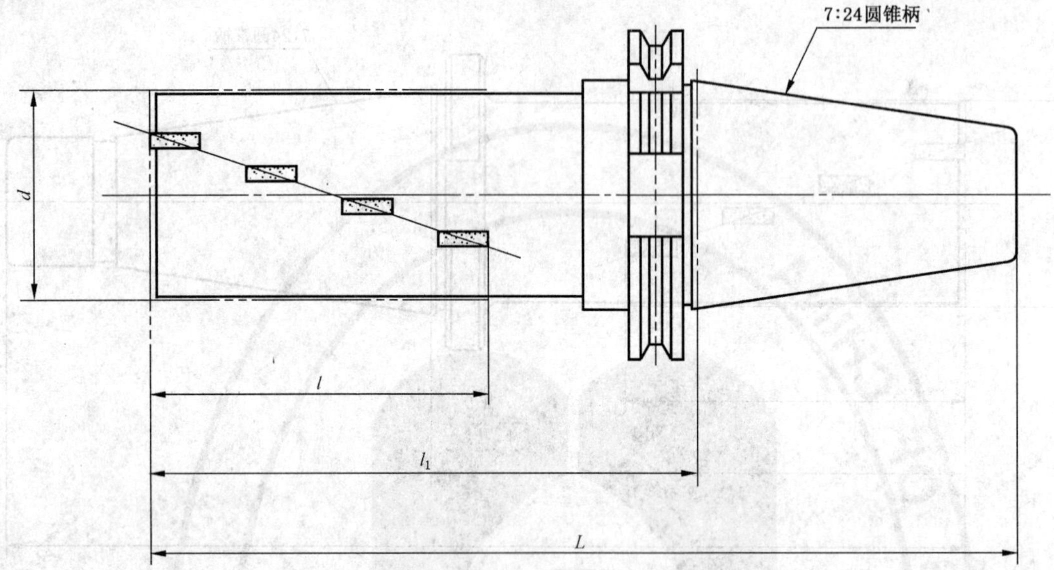

图 4

表 4

单位为毫米

d js14	l min	l_1 min	L max	7∶24 圆锥号	有效齿数 Z （参考值）
32	32	63	175	40	1～2
40	40	80	190		2～4
50	50		250	50	
63	63		280		
80	80	100	310		3～6
			390	60	
100	100	125	330	50	
			410	60	

3.4.2　柄部尺寸按 GB/T 10944.1 的规定。

3.4.3　标记示例

直径 d=80 mm，总长 L=310 mm 的自动换刀机床用 7∶24 锥柄可转位螺旋立铣刀的标记为：

自动换刀 7∶24 锥柄可转位螺旋立铣刀　80×310　GB/T 14298—2008

3.5　套式可转位螺旋立铣刀

3.5.1　基本尺寸按图 5 和表 5。

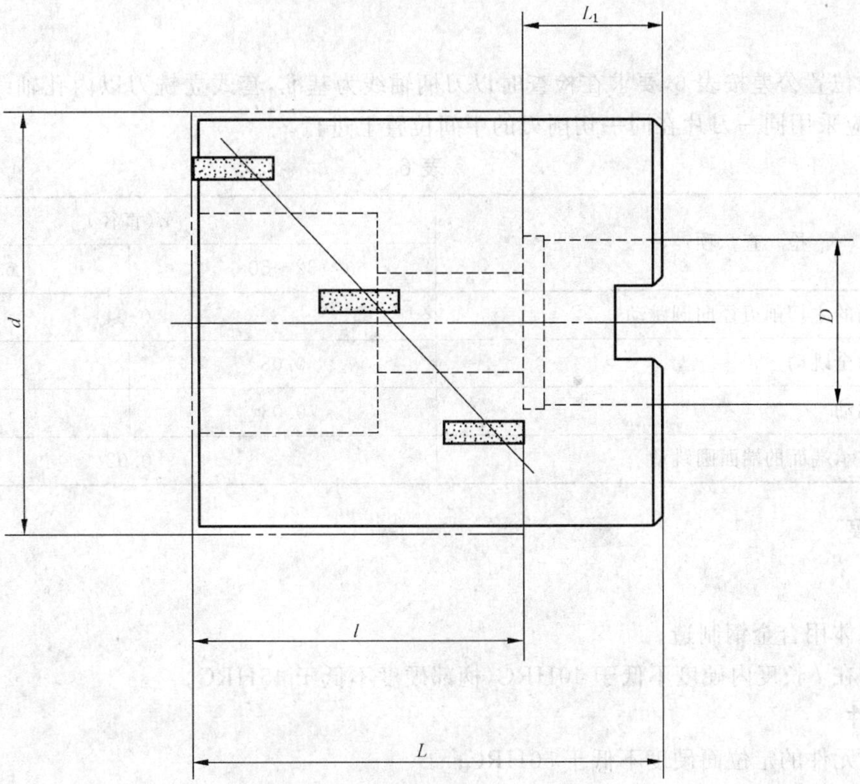

图 5

表 5

单位为毫米

d js14	l min	L_1 min	L max	D H6	有效齿数 Z (参考值)
50	40	18	70	22	2～4
63	45	25	80	27	
80	60	25	100	32	3～6
100	70	27	115	40	
125	80	42	130	50	4～8

3.5.2　端面键槽的尺寸和偏差按 GB/T 20329 的规定。

3.5.3　标记示例

直径 d=80 mm 的套式可转位螺旋立铣刀的标记为：

套式可转位螺旋立铣刀　80　GB/T 14298—2008

4　外观和表面粗糙度

4.1　立铣刀的刀片不得有裂纹、崩刃，其余零件表面不得有裂纹、刻痕、毛刺、锈迹等影响使用性能的缺陷。

4.2　立铣刀表面粗糙度的上限值按以下规定：

a)　刀柄外圆：Ra0.8 μm；

b)　内孔及端面：Ra0.8 μm。

4.3　立铣刀的各相应零件应具有互换性。

4.4　立铣刀刀片和各零件的定位、夹紧均应可靠。

5 公差

立铣刀的位置公差按表6,要求在检查时以刀柄轴线为基准,套式立铣刀以内孔轴线为基准。检查刀刃跳动时,应采用同一刀片在同一切削刃的中间位置上进行。

表6

单位为毫米

检 查 项 目	d(直径)	
	32～50	63～125
轴向位置相同的主切削刃径向圆跳动	0.04	
主切削刃径向全跳动	0.08	0.10
端刃端面圆跳动	0.03	0.04
套式立铣刀支承端面的端面圆跳动	0.02	

6 材料和硬度

6.1 刀体

立铣刀刀体用合金钢制造。

切削部分在 l 长度内硬度不低于40HRC,柄部硬度不低于45HRC。

6.2 其余元件

a) 定位元件的定位面硬度不低于50HRC;

b) 夹紧元件的硬度不低于40HRC;

c) 立铣刀所用刀片精度不低于C级,并应符合GB/T 2075、GB/T 2080的规定。

7 标志和包装

7.1 标志

7.1.1 立铣刀上应标志:制造厂商标、铣刀直径、刃部长度、制造年月。

7.1.2 立铣刀的包装盒上应标志:产品名称、标准号、立铣刀规格、制造厂名称和商标、刀片型号、件数、制造年月。

7.2 包装

立铣刀及其附件、备件在包装前应经防锈处理,包装必须牢固,并能防止运输过程中的损伤。

ICS 25.100.20
J 41

中华人民共和国国家标准

GB/T 14301—2008
代替 GB/T 14301—1993

整体硬质合金锯片铣刀

Solid carbide slitting cutters

2008-11-04 发布 2009-04-01 实施

中华人民共和国国家质量监督检验检疫总局
中国国家标准化管理委员会 发布

前　言

本标准代替 GB/T 14301—1993《整体硬质合金锯片铣刀》。

本标准与 GB/T 14301—1993 相比主要变化如下：

——修改了原标准中的图 1，其基本尺寸外径用 d 表示，内孔用 D 表示；

——修改了原标准中的表 1（取消了基本尺寸 d、D、L 的极限偏差值和部分参考值 γ_0、α_0、D_1、h、γ、g、Q、$K_\gamma{}'$）；

——修改了原标准中的 3.2（在铣刀后加“的标记”三字）；

——修改了原标准中的 4.1（将外观要求中的污垢修改为：明显的空隙）；

——修改了原标准中的 4.2（将刀齿三侧面修改为：刀齿侧面）；

——修改了原标准中的 4.2（将内孔的表面粗糙度上限值 Ra1.25 μm 修改为：Ra 0.8 μm）；

——修改了原标准中的 4.5（在铣刀后增加：“推荐”两字）；

——修改了原标准中的 6.1（将硬质合金用途分组代号修改为：铣刀材料的牌号或用途代号）；

——取消了原标准中的性能试验部分。

本标准的附录 A 为资料性附录。

本标准由中国机械工业联合会提出。

本标准全国刀具标准化技术委员会(SAC/TC 91)归口。

本标准起草单位：成都工具研究所。

本标准主要起草人：刘玉玲。

本标准所代替标准的历次版本发布情况为：

——GB/T 14301—1993。

整体硬质合金锯片铣刀

1 范围

本标准规定了整体硬质合金锯片铣刀的型式和尺寸、外观、表面粗糙度、位置公差、材料、硬度、标志和包装等基本要求。

本标准适用于直径 8 mm～125 mm 的整体硬质合金锯片铣刀(以下简称铣刀)。

2 规范性引用文件

下列文件中的条款通过本标准的引用而成为本标准的条款。凡是注日期的引用文件，其随后所有的修改单(不包括勘误的内容)或修订版均不适用于本标准，然而，鼓励根据本标准达成协议的各方研究是否可使用这些文件的最新版本。凡是不注日期的引用文件，其最新版本适用于本标准。

GB/T 2075 切削加工用硬切削材料的分类和用途 大组和用途小组的分类代号(GB/T 2075—2007,ISO 513:2004,IDT)

3 型式和尺寸

3.1 铣刀的型式和尺寸按图1和表1。

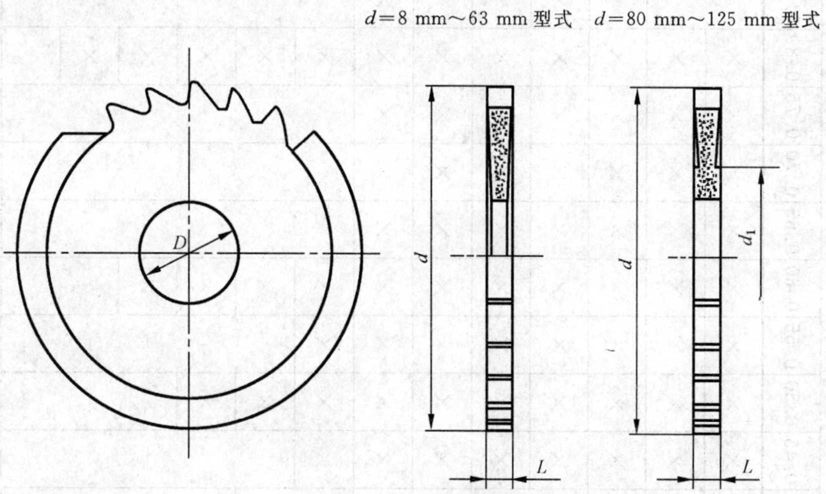

图 1 整体硬质合金锯片铣刀

表 1

单位为毫米

d js13	D H7	参考值 d_1	参考值 齿数	L js10 0.20	0.25	0.30	0.40	0.45	0.50	0.55	0.60	0.65	0.70	0.75	0.80	0.90	1.00	1.10	1.20	1.30	1.40	1.50	1.60	1.80	2.00	2.50	3.00	4.00	5.00
8	3	—	8	×	×	×	×	×	×	×	×	×	×	×	×	—	—	—	—		—	—	—	—		—	—	—	—
10	5	—	8	×	×	×	×	×	×	×	×	×	×	×	×	—	—	—	—		—	—	—	—		—	—	—	—
12	5	—	10	×	×	×	×	×	×	×	×	×	×	×	×	×	×	—	—		—	—	—	—		—	—	—	—
16	5	—	12	×	×	×	×	×	×	×	×	×	×	×	×	×	×	×	×		—	—	—	—		—	—	—	—
20	5	—	20	×	×	×	×	×	×	×	×	×	×	×	×	×	×	×	×	×	×	×	—	—		—	—	—	—
25	5	—	20	—	—	×	×	×	×	×	×	×	×	×	×	×	×	×	×	×	×	×	×	×		—	—	—	—
32	8	—	24	—	—	×	×	×	×	×	×	×	×	×	×	×	×	×	×	×	×	×	×	×	×	—	—	—	—
40	10	—	24	—	—	×	×	×	×	×	×	—	—	—	×	—	×	—	×	—	—	—	×	—	×	×	—	—	—
50	13	—	32	—	—	×	×	—	×	—	×	—	—	—	×	—	×	—	×	—	—	—	×	—	×	×	×	×	—
63	16	—	36	—	—	×	×	—	×	—	×	—	—	—	×	—	×	—	×	—	—	—	×	—	×	×	×	×	—
80	22	34	36	—	—	—	—	—	—	—	×	—	—	—	×	—	×	—	×	—	—	—	×	—	×	×	×	×	×
100	22	34	48	—	—	—	—	—	—	—	—	—	—	—	×	—	×	—	×	—	—	—	×	—	×	×	×	×	×
125	22	34	56	—	—	—	—	—	—	—	—	—	—	—	—	—	×	—	×	—	—	—	×	—	×	×	×	×	×

注：×表示有此规格。

3.2 标记示例：

铣刀外径 d=20 mm，厚度 L=0.75 mm 的整体硬质合金锯片铣刀的标记为：

整体硬质合金锯片铣刀 20×0.75 GB/T 14301—2008

4 技术要求

4.1 外观和表面粗糙度

4.1.1 铣刀不得有裂纹、分层剥落、崩刃、明显的空隙等影响使用性能的缺陷。

4.1.2 铣刀表面粗糙度的上限值：

——刀齿前面和后面：Rz 3.2 μm；

——刀齿侧面：Ra 0.63 μm；

——内孔：Ra 0.80 μm。

4.2 位置公差

铣刀的位置公差按表 2，检测方法参照附录 A。

表 2

单位为毫米

项　　目		铣刀直径 d	
		~50	>50
切削刃对内孔轴线的径向圆跳动	相邻齿	0.020	
	一转	0.030	0.045
端面对内孔轴线的端面圆跳动(靠外圆处测量)		0.020	0.030

4.3 铣刀切削刃后面允许留有不大于 0.05 mm 的刃带。

4.4 铣刀推荐选用 GB/T 2075 中规定的 K10 硬质合金制造。

5 标志和包装

5.1 标志

5.1.1 铣刀产品上应标志：

——制造厂或销售商的商标；

——铣刀外径 d 和厚度 L；

——铣刀材料的牌号或用途代号。

5.1.2 包装盒上应标志：

——制造厂或销售商的名称、地址和商标；

——产品名称；

——标准编号；

——铣刀外径 d 和厚度 L；

——铣刀材料的牌号或用途代号；

——件数；

——制造年月。

5.2 包装

铣刀在包装前应清洗和干燥。包装应牢固，防止运输过程中损伤。

附　录　A
（资料性附录）
铣刀圆跳动的检测方法

A.1　铣刀圆跳动的检测方法按图 A.1。

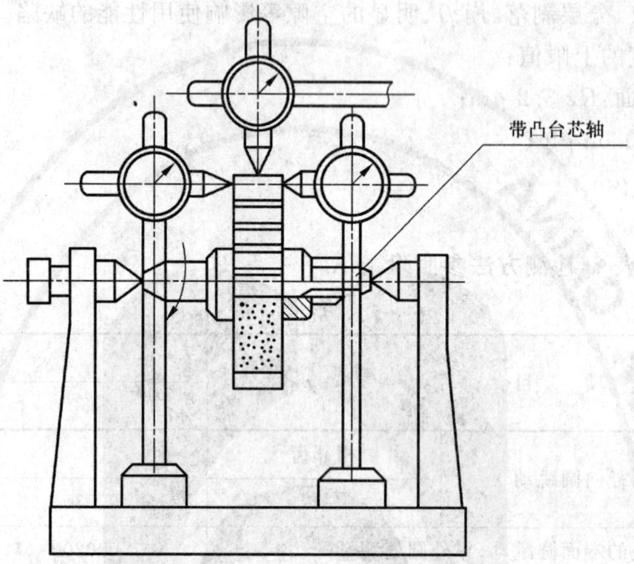

图 A.1

ICS 79.120.10
J 65

中华人民共和国国家标准

GB/T 14303—2008/ISO 7008:1983
代替 GB/T 14303—1993,GB/T 14387—1993

木工机床　单锯片圆锯机　术语和精度

Woodworking machines—Single blade circular saw benches with or without travelling table—Nomenclature and acceptance conditions

(ISO 7008:1983,IDT)

2008-08-11 发布　　　　2009-02-01 实施

中华人民共和国国家质量监督检验检疫总局
中国国家标准化管理委员会　发布

前言

本标准等同采用 ISO 7008:1983《木工机床 带或不带移动工作台单锯片圆锯机 术语和验收条件》(英文版)。

为便于使用,本标准作了下列编辑性修改:

——“本国际标准”一词改为“本标准”;

——用小数点“.”代替作为小数点的逗号“,”;

——删除法文术语和附录 A;

——删除了国际标准的前言;

——增加了规范性引用文件的导语;

——对 ISO 7008:1983 引用的其他国际标准,用已被采用为我国的标准代替对应的国际标准。

本标准代替 GB/T 14303—1993《万能木工圆锯机 精度》和 GB/T 14387—1993《纵剖木工圆锯机 精度》。

本标准与 GB/T 14303—1993 相比有如下差异:

——修改了标准名称;

增加了术语;

——部分几何精度检验项目的文字和图作了编辑性修改,删除了 G16;

——删除了工作精度检验。

本标准由中国机械工业联合会提出。

本标准由全国木工机床与刀具标准化技术委员会(SAC/TC 84)归口。

本标准起草单位:亚洲工友(威海)有限公司、杭州临安南洋木工机械有限公司。

本标准主要起草人:宋志敏、郑文才、刘雪珍。

本标准所代替标准的历次版本发布情况为:

——GB/T 14303—1993;

——GB/T 14387—1993。

木工机床　单锯片圆锯机　术语和精度

1　范围

本标准规定了带或不带移动工作台单锯片圆锯机(以下简称机床)各部分的术语,同时参照GB/T 17421.1—1998,规定了机床的几何精度检验,并给定了相应的公差,适用于一般用途、普通精度的机床。

本标准只规定了机床的几何精度检验,不适用于机床的运转试验(如振动、异常噪声、零部件的爬行等检验),也不适用于机床的特性检验(如速度、进给量等),这些检验一般宜在机床的几何精度检验前进行。

本标准对机床的工作精度检验不作硬性规定,其应在用户与制造商之间预先的协议中另行规定。

2　规范性引用文件

下列文件中的条款通过本标准的引用而成为本标准的条款。凡是注日期的引用文件,其随后所有的修改单(不包括勘误的内容)或修订版均不适用于本标准,然而,鼓励根据本标准达成协议的各方研究是否可使用这些文件的最新版本。凡是不注日期的引用文件,其最新版本适用于本标准。

GB/T 17421.1—1998　机床检验通则　第1部分:在无负荷或精加工条件下机床的几何精度(eqv ISO 230-1:1996)

3　简要说明

3.1　本标准中的所有尺寸和公差的单位均为毫米。

3.2　使用本标准时应参照GB/T 17421.1—1998,尤其是检验前机床的安装,主轴和其他运动部件的温升,以及检验方法。检具误差不得超过被检项目公差的1/3。

3.3　本标准中几何精度检验的顺序是按机床装配顺序给定的,其不限制实际检验时的顺序。为了便于检具的安装和检验的进行,可按任意顺序检验。

3.4　检验机床时本标准给定的检验项目未必总能或必需逐项检验。

3.5　检验项目的选择由用户决定,并与制造商达成一致意见,于机床定货时明确规定。被选择检验的项目往往是与用户感兴趣的机床性能有关。

3.6　在工件加工方向上的运动称为纵向运动。

3.7　当确定公差的测量范围不同于本标准规定的测量范围时,应考虑公差的最小折算值为0.01 mm(见GB/T 17421.1—1998中2.3.1.1)。

4　术语

机床术语见图1和表1。

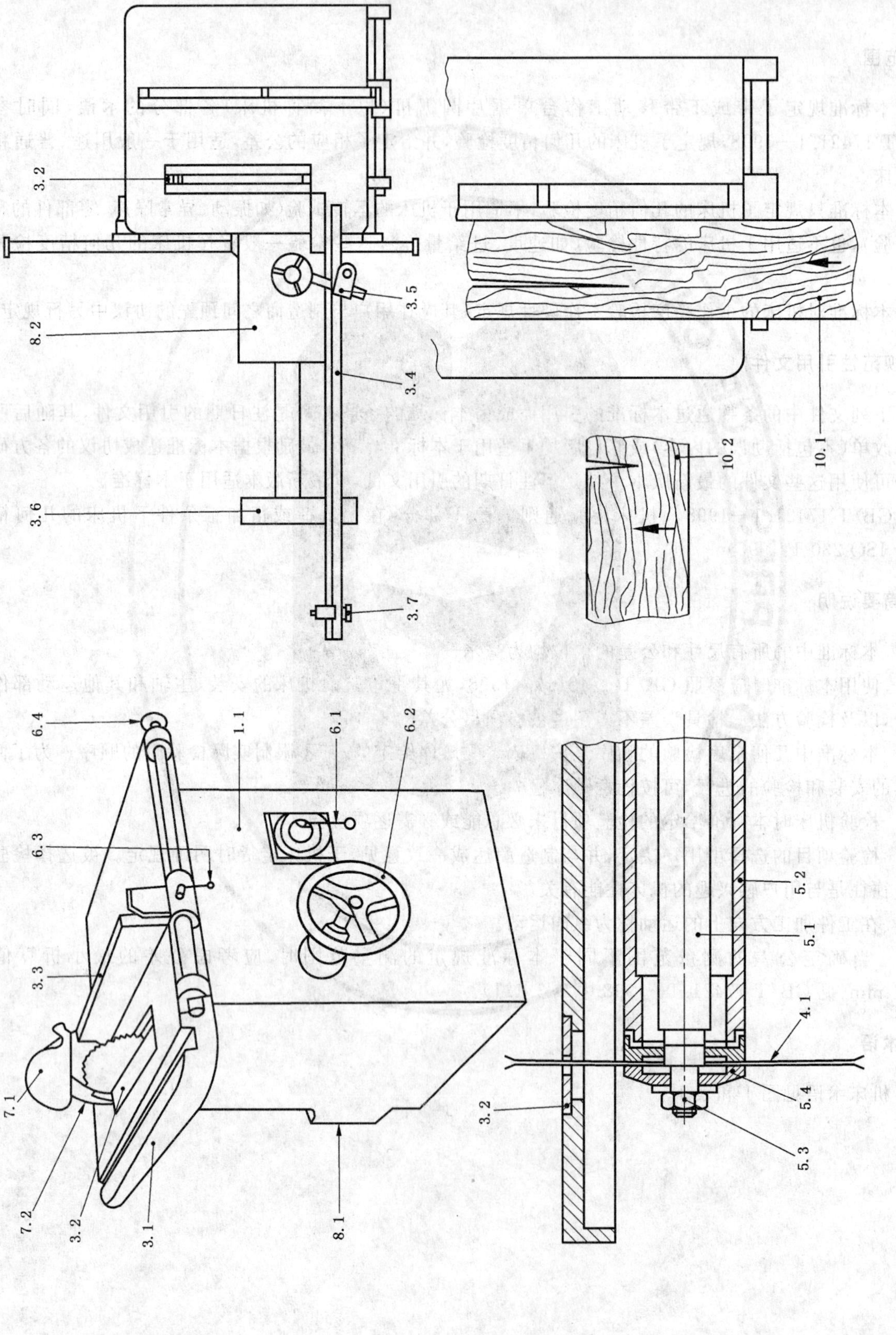
3.2
8.2
3.5
3.4
3.6
3.7
10.1
10.2
6.4
1.1
6.1
6.2
6.3
3.3
7.1
7.2
3.2
3.1
8.1
5.2
5.1
4.1
3.2
5.4
5.3

图1

表 1　机床术语一览表

序　号	中 文 术 语	英 文 术 语
	单锯片圆锯机	single blade circular saw benches with or without travlling table
1	机身部分	framework
1.1	床身	main frame
2	工件和/或刀具的进给部分	feed of workpiece and/or tools
3	工件的支承、夹紧和导向部分	workpiece support, clamp and guide
3.1	工作台	table
3.2	工作台嵌板	table insert
3.3	导向板	fence
3.4	横截导向板	crosscut fence
3.5	夹紧装置	clamp
3.6	移动工作台延伸部分	tarvelling table extension
3.7	长度挡块	length stop
4	刀夹和刀具部分	tool-holders and tools
4.1	圆锯片	sawblade
5	加工头和刀具的传动部分	workheads and tool drives
5.1	锯轴	saw spindle
5.2	轴承座	bearing housing
5.3	锯片锁紧螺母;锯轴螺母	saw spindle nut
5.4	法兰盘	flange
6	操纵部分	controls
6.1	起动按钮	starting switch
6.2	锯片上下调整装置	sawblade vertical adjustment

表 1（续）

序　号	中 文 术 语	英 文 术 语
	单锯片圆锯机	single blade circular saw benches with or without travlling table
6.3	导向板锁紧装置	fence lock
6.4	导向板调整装置	fence adjustment
7	安全防护装置	safety devices
7.1	锯轴防护罩	saw guard
7.2	分料刀	riving knife
8	其他	miscellaneous
8.1	吸尘口	dust extraction hood
8.2	移动工作台	travelling table
9	预留部分	free
10	加工实例	examples of work
10.1	纵剖	ripping
10.2	横截	crosscutting

5 验收条件和公差——几何精度检验

机床几何精度检验按表2的规定。

表2 几何精度检验

单位为毫米

序号	简图	检验项目	公差	检具	参照 GB/T 17421.1—1998
G1	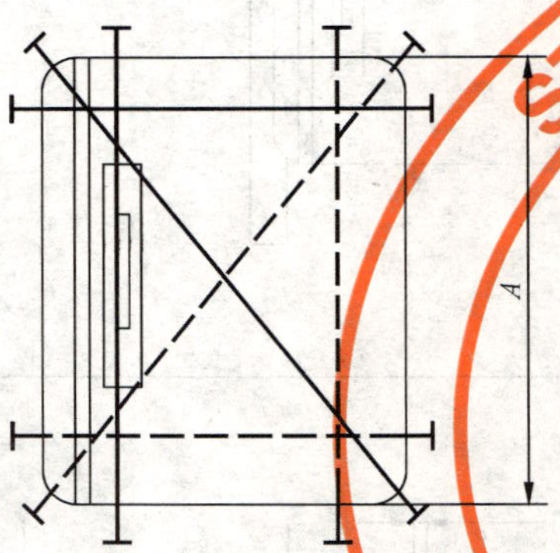	工作台面的平面度： a) 横向直线度； b) 纵向直线度； c) 对角线方向直线度	a)和 b)： $A^{a} \leqslant 630$，0.20； $630 < A \leqslant 1\,250$，0.25； $A > 1\,250$，0.30 c)： $A \leqslant 630$，0.30； $630 < A \leqslant 1\,250$，0.40； $A > 1\,250$，0.50	平尺 塞尺	5.2.1.2 5.3.2.2
G2	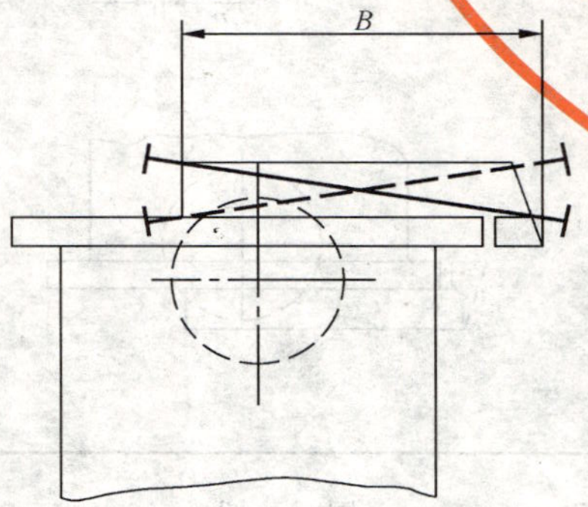	导向板在对角线方向的直线度	$B^{b} \leqslant 630$，0.15； $B > 630$，0.25	平尺 塞尺	5.2.1.2

表 2（续）

单位为毫米

序号	简　图	检验项目	公差	检具	参照 GB/T 17421.1—1998
G3	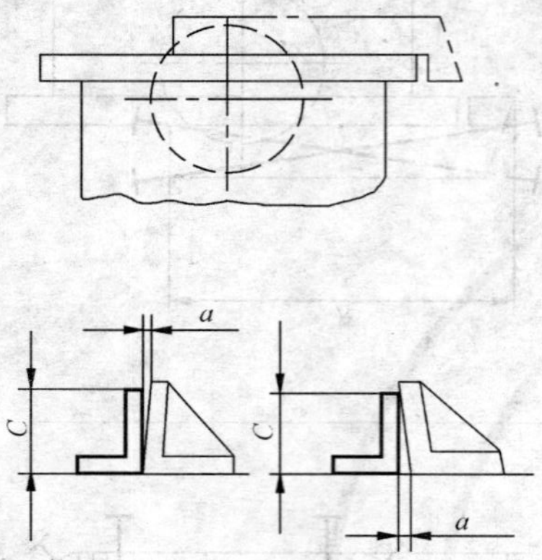	导向板对工作台的垂直度	C=100，0.15/100	角尺 塞尺	5.5.1.2.2
G4	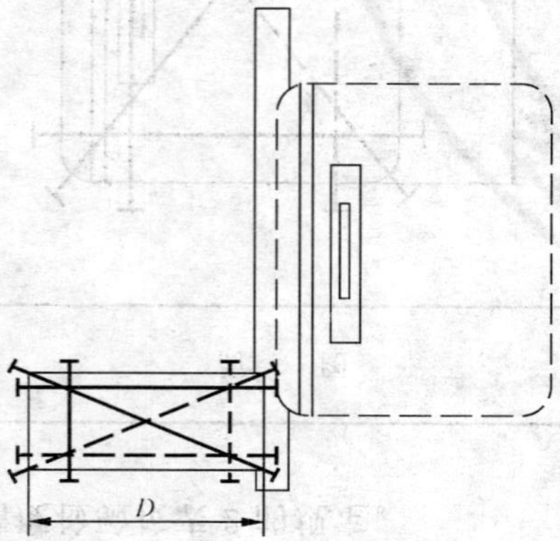	移动工作台面的平面度： a)　纵向直线度； b)　横向直线度； c)　对角线方向直线度	a)、b)和 c)： $D \leqslant 630$，0.20； $D > 630$，0.30	平尺 塞尺	5.2.1.2 5.3.2.2

表 2（续）

单位为毫米

序号	简图	检验项目	公差	检具	参照 GB/T 17421.1—1998
G5	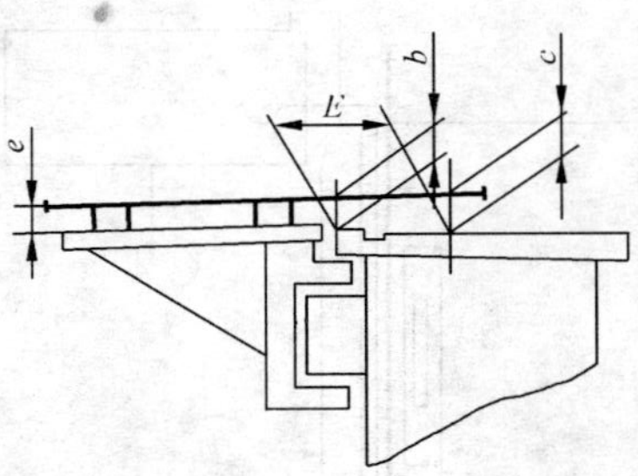	在水平面内，移动工作台对固定工作台在横截方向的平行度	$E=450$， $b-e=0.20$， $c-e=0.20$ ($c \geqslant b$)	平尺 塞尺	5.4.1.2.2 移动工作台有悬臂支承的，运动两端的公差加倍 移动工作台应高于固定工作台 应沿移动工作台在几个位置上做检验
G6	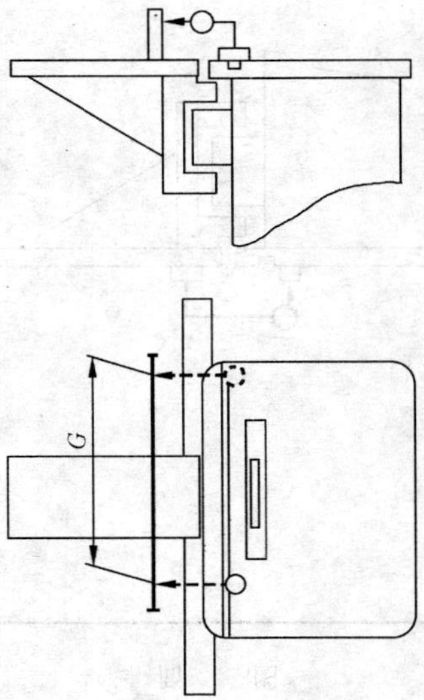	移动工作台在进给方向上对固定工作台在水平面的平行度	$G=1\ 000$，0.25	平尺 指示器	5.4.1.2.2

表 2（续）

单位为毫米

序号	简　　图	检验项目	公差	检具	参照 GB/T 17421.1—1998
G7	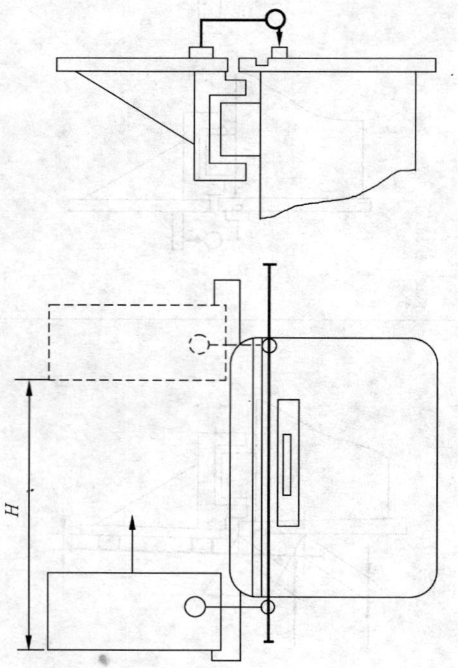	移动工作台运动对固定工作台在垂直面内的平行度	H=1 000，0.40	平尺 指示器	5.4.2.2.2.2

表 2（续）

单位为毫米

序号	简　图	检验项目	公差	检具	参照 GB/T 17421.1—1998
G8	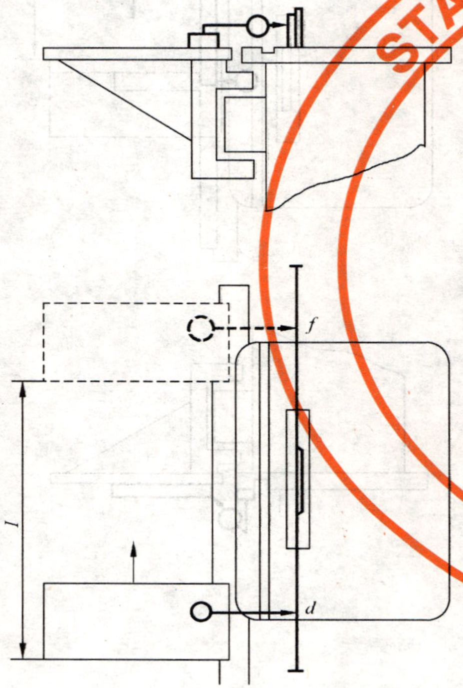	移动工作台运动对锯片的平行度	l=1 000,0.40	平尺 指示器 检验圆盘	5.4.2.2.2.2 在位置 d 和 f 处检验，其允许偏差应满足下列关系： $e_f > e_d$

表 2（续）

单位为毫米

序号	简　图	检验项目	公差	检具	参照 GB/T 17421.1—1998
G9	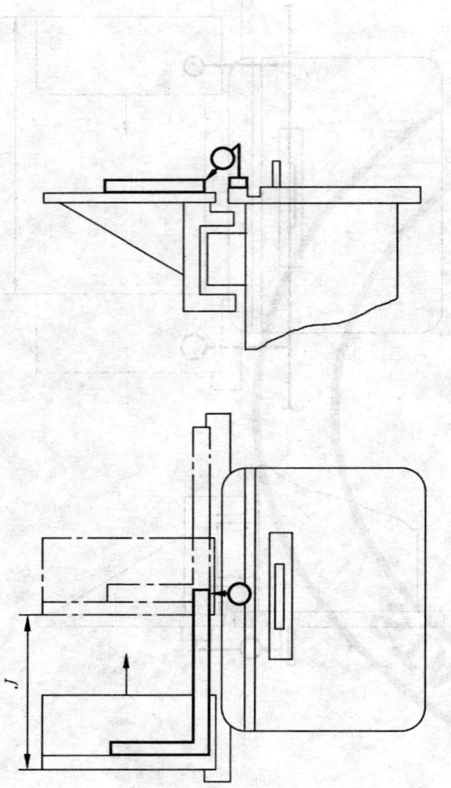	移动工作台的横截导向板对其运动的垂直度	$J=500$,0.15/500	指示器 角尺	5.5.2.2.2

表 2（续）

单位为毫米

序号	简图	检验项目	公差	检具	参照 GB/T 17421.1—1998
G10	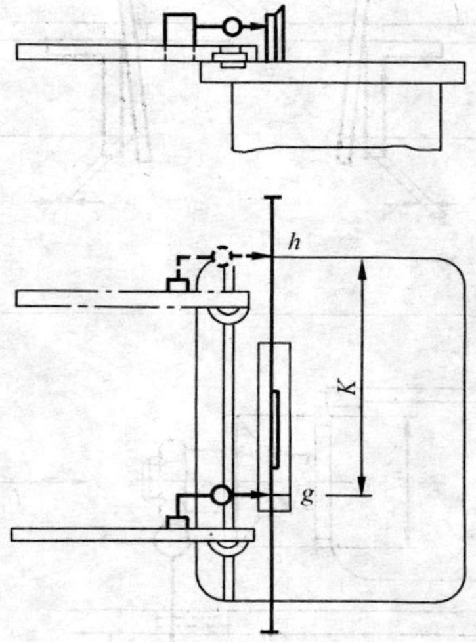	横截导向板运动对锯片的平行度	$K \leqslant 800$，0.20； $800 < K \leqslant 1\ 200$，0.25； $K > 1\ 200$，0.30	平尺 指示器 检验圆盘	5.4.2.2.2.2 导向板行程的两端检验，其允许偏差应满足下列关系： $e_h > e_g$
G11	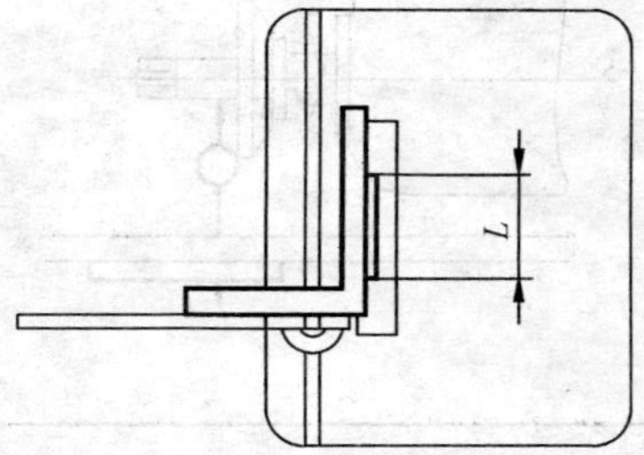	横截导向板面对锯片的垂直度	$L^c = 450$，0.20/450	平板 量块 检验圆盘	5.5.1.2.2

表 2（续）

单位为毫米

序号	简　图	检验项目	公差	检具	参照 GB/T 17421.1—1998
G12	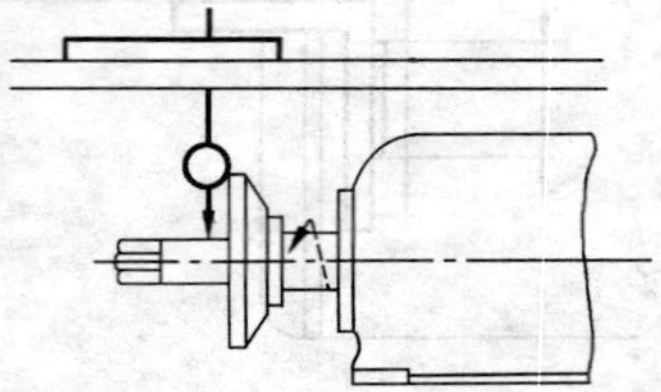	锯轴的径向圆跳动	0.03	指示器	5.6.1.2.2 测量时，应尽可能靠近法兰盘
G13	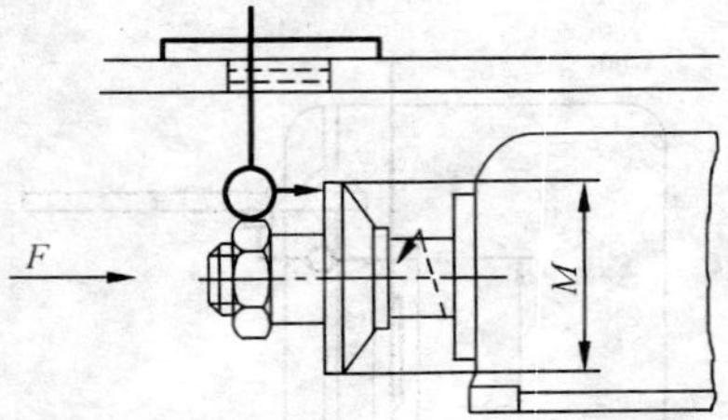	锯轴法兰盘的端面圆跳动	$M\leqslant100$，0.03； $M>100$，0.04	指示器	5.6.3.2 按制造者的推荐施加轴向力 F
G14	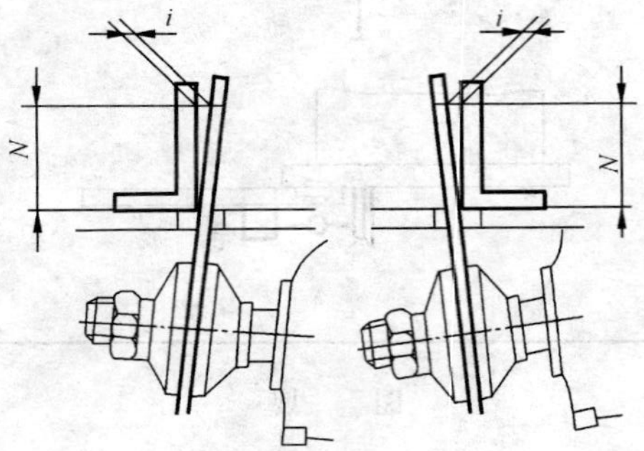	锯片平面对工作台面的垂直度	0.10/100	角尺 塞尺 检验圆盘	5.5.1.2.2 角尺应放在固定工作台上，并应在检验圆盘上检验

表 2（续）

单位为毫米

序号	简　　图	检验项目	公差	检具	参照 GB/T 17421.1—1998
G15	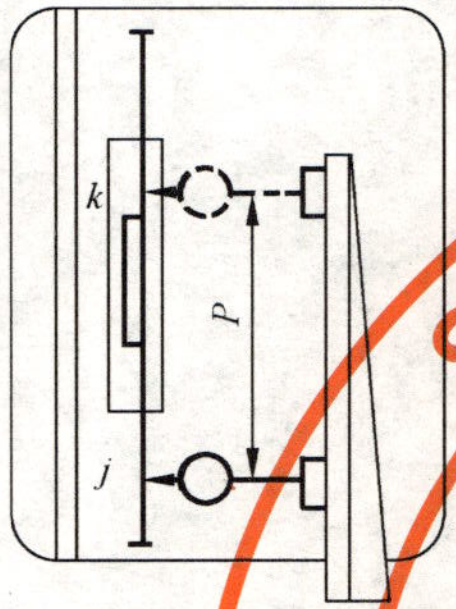	导向板对锯片平面的平行度	P=400,0.15	平尺 指示器 检验圆盘	5.4.1.2.2 在导向板的两端测量，其允许偏差应满足下列关系： $e_k > e_j$

a 工作台长度。

b 导向板长度。

c 检验圆盘的直径。

注：对于纵剖木工圆锯机的几何精度检验只检验 G1、G2、G3、G12、G13、G14、G15。

ICS 61.020
Y 75

中华人民共和国国家标准

GB/T 14304—2008
代替 GB/T 14304—2002

毛呢套装规格

Sizes for wollen suits

2008-06-18 发布 2009-03-01 实施

中华人民共和国国家质量监督检验检疫总局
中国国家标准化管理委员会 发布

前　言

本标准代替 GB/T 14304—2002《男女毛呢套装规格》。

本标准与 GB/T 14304—2002 相比主要变化如下：

——标准名称修改为《毛呢套装规格》；

——修改了标准的适用范围；

——增加 3.3 条“其他毛呢套装规格可参考本标准实例”。

本标准由中国纺织工业协会提出。

本标准由全国服装标准化技术委员会(SAC/TC 219)归口。

本标准由全国服装标准化技术委员会负责解释。

本标准主要起草单位：上海市服装研究所。

本标准主要起草人：聂雅渊、王宏明、施琴、许鉴。

本标准所代替标准的历次版本发布情况为：

—— GB/T 14304—1993，GB/T 14304—2002。

毛呢套装规格

1 范围

本标准规定了毛呢服装的成品规格。

本标准适用于以毛、呢、毛型化纤及其混纺、交织织物为主要面料成批生产的套装。

2 规范性引用文件

下列文件中的条款通过本标准的引用而成为本标准的条款。凡是注日期的引用文件，其随后所有的修改单(不包括勘误的内容)或修订版均不适用于本标准，然而，鼓励根据本标准达成协议的各方研究是否可使用这些文件的最新版本。凡是不注日期的引用文件，其最新版本适用于本标准。

GB/T 1335.1—1997 服装号型 男子

GB/T 1335.2—1997 服装号型 女子

3 规格设置

3.1 成品规格系列按 GB/T 1335.1—1997 和 GB/T 1335.2—1997 中服装号型各系列控制部位数值加不同的放松量设置。

3.2 男中山服套装，男、女西服套装各部位规格均设一个组，在同一号型内可按组别选用。

3.3 其他毛呢套装规格可参考本标准实例。

4 男中山服套装规格

4.1 号型系列

4.1.1 5·4 系列上装以 170/88Y、170/88A、170/92B、170/96C 号型为中心。胸围以 4 cm 分档；领围以 1 cm 分档；总肩宽以 1.2 cm 分档；后衣长以 2 cm 分档；袖长以 1.5 cm 分档。

4.1.2 5·2 系列下装以 170/70Y、170/74A、170/84B、170/92C 号型为中心。腰围以 2 cm 分档；臀围 Y 型和 A 型以 1.6 cm 分档，B 型和 C 型以 1.4 cm 分档；裤长以 3 cm 分档。

4.1.3 5·4 系列下装可按 5·2 系列调档系数并档使用。

4.2 号型系列规格

4.2.1 5·4Y 号型系列男中山服上装规格见表 1。

表 1

单位为厘米

型			76	80	84	88	92	96	100
部位名称			成品规格						
胸围			96	100	104	108	112	116	120
领围			37.4	38.4	39.4	40.4	41.4	42.4	43.4
总肩宽			42	43.2	44.4	45.6	46.8	48	49.2
号	155	后衣长		67	67	67			
		袖长		55.5	55.5	55.5			
	160	后衣长	69	69	69	69	69		
		袖长	57	57	57	57	57		
	165	后衣长	71	71	71	71	71	71	
		袖长	58.5	58.5	58.5	58.5	58.5	58.5	
	170	后衣长	73	73	73	73	73	73	73
		袖长	60	60	60	60	60	60	60
	175	后衣长		75	75	75	75	75	75
		袖长		61.5	61.5	61.5	61.5	61.5	61.5
	180	后衣长			77	77	77	77	77
		袖长			63	63	63	63	63
	185	后衣长				79	79	79	79
		袖长				64.5	64.5	64.5	64.5

4.2.2　5·2Y号型系列男中山服下装规格见表2。

表 2

单位为厘米

型			56	58	60	62	64	66	68	70	72	74	76	78	80	82
部位名称			成品规格													
腰围			58	60	62	64	66	68	70	72	74	76	78	80	82	84
臀围			90.8	92.4	94.0	95.6	97.2	98.8	100.4	102.0	103.6	105.2	106.8	108.4	110.0	111.6
号	155	裤长			94		94		94							
	160	裤长	97		97		97		97		97					
	165	裤长	100		100		100		100		100					
	170	裤长	103		103		103		103		103		103		103	
	175	裤长			106		106		106		106		106		106	
	180	裤长					109		109		109		109		109	
	185	裤长							112		112		112		112	

4.2.3　5·4A 号型系列男中山服上装规格见表 3。

表 3

单位为厘米

型			72	76	80	84	88	92	96	100
部位名称			成品规格							
胸围			92	96	100	104	108	112	116	120
领围			36.8	37.8	38.8	39.8	40.8	41.8	42.8	43.8
总肩宽			40.4	41.6	42.8	44.0	45.2	46.4	47.6	48.8
号	155	后衣长		67	67	67	67			
		袖长		55.5	55.5	55.5	55.5			
	160	后衣长	69	69	69	69	69	69		
		袖长	57	57	57	57	57	57		
	165	后衣长	71	71	71	71	71	71	71	
		袖长	58.5	58.5	58.5	58.5	58.5	58.5	58.5	
	170	后衣长		73	73	73	73	73	73	73
		袖长		60	60	60	60	60	60	60
	175	后衣长			75	75	75	75	75	75
		袖长			61.5	61.5	61.5	61.5	61.5	61.5
	180	后衣长				77	77	77	77	77
		袖长				63	63	63	63	63
	185	后衣长					79	79	79	79
		袖长					64.5	64.5	64.5	64.5

4.2.4　5·2A 号型系列男中山服下装规格见表 4。

表 4

单位为厘米

型			56	58	60	60	62	64	64	66	68	68	70	72
部位名称			成品规格											
腰围			58	60	62	62	64	66	66	68	70	70	72	74
臀围			87.6	89.2	90.8	90.8	92.4	94.0	94.0	95.6	97.2	97.2	98.8	100.4
号	155	裤长					93.5			93.5			93.5	
	160	裤长		96.5			96.5			96.5			96.5	
	165	裤长		99.5			99.5			99.5			99.5	
	170	裤长					102.5			102.5			102.5	
	175	裤长								105.5			105.5	
	180	裤长											108.5	
	185	裤长												
型			72	74	76	76	78	80	80	82	84	84	86	88
部位名称			成品规格											
腰围			74	76	78	78	80	82	82	84	86	86	88	90
臀围			100.4	102.0	103.6	103.6	105.2	106.8	106.8	108.4	110.0	110.0	111.6	113.2
号	155	裤长		93.5										
	160	裤长		96.5			96.5							
	165	裤长		99.5			99.5			99.5				
	170	裤长		102.5			102.5			102.5			102.5	
	175	裤长		105.5			105.5			105.5			105.5	
	180	裤长		108.5			108.5			108.5			108.5	
	185	裤长		111.5			111.5			111.5			111.5	

4.2.5 5·4B号型系列男中山服上装规格见表5。

表5

单位为厘米

型			72	76	80	84	88	92	96	100	104	108
部位名称			成品规格									
胸围			92	96	100	104	108	112	116	120	124	128
领围			37.2	38.2	39.2	40.2	41.2	42.2	43.2	44.2	45.2	46.2
总肩宽			40.0	41.2	42.4	43.6	44.8	46.0	47.2	48.4	49.6	50.8
号	150	后衣长	65	65	65	65						
		袖长	54	54	54	54						
	155	后衣长	67	67	67	67	67	67				
		袖长	55.5	55.5	55.5	55.5	55.5	55.5				
	160	后衣长	69	69	69	69	69	69	69			
		袖长	57	57	57	57	57	57	57			
	165	后衣长		71	71	71	71	71	71	71		
		袖长		58.5	58.5	58.5	58.5	58.5	58.5	58.5		
	170	后衣长			73	73	73	73	73	73	73	
		袖长			60	60	60	60	60	60	60	
	175	后衣长				75	75	75	75	75	75	75
		袖长				61.5	61.5	61.5	61.5	61.5	61.5	61.5
	180	后衣长					77	77	77	77	77	77
		袖长					63	63	63	63	63	63
	185	后衣长						79	79	79	79	79
		袖长						64.5	64.5	64.5	64.5	64.5

4.2.6 5·2B号型系列男中山服下装规格见表6。

表6

单位为厘米

<table>
<tr><td colspan="3">型</td><td>62</td><td>64</td><td>66</td><td>68</td><td>70</td><td>72</td><td>74</td><td>76</td><td>78</td><td>80</td></tr>
<tr><td colspan="3">部位名称</td><td colspan="10">成品规格</td></tr>
<tr><td colspan="3">腰围</td><td>64</td><td>66</td><td>68</td><td>70</td><td>72</td><td>74</td><td>76</td><td>78</td><td>80</td><td>82</td></tr>
<tr><td colspan="3">臀围</td><td>91.6</td><td>93.0</td><td>94.4</td><td>95.8</td><td>97.2</td><td>98.6</td><td>100.0</td><td>101.4</td><td>102.8</td><td>104.2</td></tr>
<tr><td rowspan="8">号</td><td>150</td><td>裤长</td><td colspan="2">90</td><td colspan="2">90</td><td colspan="2">90</td><td colspan="2">90</td><td colspan="2"></td></tr>
<tr><td>155</td><td>裤长</td><td colspan="2">93</td><td colspan="2">93</td><td colspan="2">93</td><td colspan="2">93</td><td colspan="2">93</td></tr>
<tr><td>160</td><td>裤长</td><td colspan="2">96</td><td colspan="2">96</td><td colspan="2">96</td><td colspan="2">96</td><td colspan="2">96</td></tr>
<tr><td>165</td><td>裤长</td><td colspan="2"></td><td colspan="2">99</td><td colspan="2">99</td><td colspan="2">99</td><td colspan="2">99</td></tr>
<tr><td>170</td><td>裤长</td><td colspan="2"></td><td colspan="2"></td><td colspan="2">102</td><td colspan="2">102</td><td colspan="2">102</td></tr>
<tr><td>175</td><td>裤长</td><td colspan="2"></td><td colspan="2"></td><td colspan="2"></td><td colspan="2">105</td><td colspan="2">105</td></tr>
<tr><td>180</td><td>裤长</td><td colspan="2"></td><td colspan="2"></td><td colspan="2"></td><td colspan="2"></td><td colspan="2">108</td></tr>
<tr><td>185</td><td>裤长</td><td colspan="2"></td><td colspan="2"></td><td colspan="2"></td><td colspan="2"></td><td colspan="2"></td></tr>
<tr><td colspan="3">型</td><td>82</td><td>84</td><td>86</td><td>88</td><td>90</td><td>92</td><td>94</td><td>96</td><td>98</td><td>100</td></tr>
<tr><td colspan="3">部位名称</td><td colspan="10">成品规格</td></tr>
<tr><td colspan="3">腰围</td><td>84</td><td>86</td><td>88</td><td>90</td><td>92</td><td>94</td><td>96</td><td>98</td><td>100</td><td>102</td></tr>
<tr><td colspan="3">臀围</td><td>105.6</td><td>107.0</td><td>108.4</td><td>109.8</td><td>111.2</td><td>112.6</td><td>114.0</td><td>115.4</td><td>116.8</td><td>118.2</td></tr>
<tr><td rowspan="8">号</td><td>150</td><td>裤长</td><td colspan="2"></td><td colspan="2"></td><td colspan="2"></td><td colspan="2"></td><td colspan="2"></td></tr>
<tr><td>155</td><td>裤长</td><td colspan="2">93</td><td colspan="2"></td><td colspan="2"></td><td colspan="2"></td><td colspan="2"></td></tr>
<tr><td>160</td><td>裤长</td><td colspan="2">96</td><td colspan="2">96</td><td colspan="2"></td><td colspan="2"></td><td colspan="2"></td></tr>
<tr><td>165</td><td>裤长</td><td colspan="2">99</td><td colspan="2">99</td><td colspan="2">99</td><td colspan="2"></td><td colspan="2"></td></tr>
<tr><td>170</td><td>裤长</td><td colspan="2">102</td><td colspan="2">102</td><td colspan="2">102</td><td colspan="2">102</td><td colspan="2"></td></tr>
<tr><td>175</td><td>裤长</td><td colspan="2">105</td><td colspan="2">105</td><td colspan="2">105</td><td colspan="2">105</td><td colspan="2">105</td></tr>
<tr><td>180</td><td>裤长</td><td colspan="2">108</td><td colspan="2">108</td><td colspan="2">108</td><td colspan="2">108</td><td colspan="2">108</td></tr>
<tr><td>185</td><td>裤长</td><td colspan="2">111</td><td colspan="2">111</td><td colspan="2">111</td><td colspan="2">111</td><td colspan="2">111</td></tr>
</table>

4.2.7 5·4C号型系列男中山服上装规格见表7。

表 7

单位为厘米

型			76	80	84	88	92	96	100	104	108	112
部位名称			成品规格									
胸围			96	100	104	108	112	116	120	124	128	132
领围			38.6	39.6	40.6	41.6	42.6	43.6	44.6	45.6	46.6	47.6
总肩宽			40.8	42.0	43.2	44.4	45.6	46.8	48.0	49.2	50.4	51.6
号	150	后衣长		65	65	65						
		袖长		54	54	54						
	155	后衣长	67	67	67	67	67	67				
		袖长	55.5	55.5	55.5	55.5	55.5	55.5				
	160	后衣长	69	69	69	69	69	69	69			
		袖长	57	57	57	57	57	57	57			
	165	后衣长	71	71	71	71	71	71	71	71		
		袖长	58.5	58.5	58.5	58.5	58.5	58.5	58.5	58.5		
	170	后衣长		73	73	73	73	73	73	73	73	
		袖长		60	60	60	60	60	60	60	60	
	175	后衣长			75	75	75	75	75	75	75	75
		袖长			61.5	61.5	61.5	61.5	61.5	61.5	61.5	61.5
	180	后衣长				77	77	77	77	77	77	77
		袖长				63	63	63	63	63	63	63
	185	后衣长					79	79	79	79	79	79
		袖长					64.5	64.5	64.5	64.5	64.5	64.5

4.2.8 5·2C号型系列男中山服下装规格见表8。

表 8

单位为厘米

型			70	72	74	76	78	80	82	84	86	88
部位名称			成品规格									
腰围			72	74	76	78	80	82	84	86	88	90
臀围			93.6	95.0	96.4	97.8	99.2	100.6	102.0	103.4	104.8	106.2
号	150	裤长			90		90		90			
	155	裤长	93		93		93		93		93	
	160	裤长	96		96		96		96		96	
	165	裤长	99		99		99		99		99	
	170	裤长			102		102		102		102	
	175	裤长					105		105		105	
	180	裤长							108		108	
	185	裤长									111	
型			90	92	94	96	98	100	102	104	106	108
部位名称			成品规格									
腰围			92	94	96	98	100	102	104	106	108	110
臀围			107.6	109.0	110.4	111.8	113.2	114.6	116.0	117.4	118.8	120.2
号	150	裤长										
	155	裤长	93									
	160	裤长	96		96							
	165	裤长	99		99		99					
	170	裤长	102		102		102		102			
	175	裤长	105		105		105		105		105	
	180	裤长	108		108		108		108		108	
	185	裤长	111		111		111		111		111	

5 男西服套装规格

5.1 号型系列

5.1.1 5·4 系列上装以 170/88Y、170/88A、170/92B、170/96C 号型为中心。胸围以 4 cm 分档，总肩宽以 1.2 cm 分档，后衣长以 2 cm 分档，袖长以 1.5 cm 分档。

5.1.2 5·2 系列下装以 170/70Y、170/74A、170/84B、170/92C 号型为中心。腰围以 2 cm 分档，臀围 Y 型和 A 型以 1.6 cm 分档，B 型和 C 型以 1.4 cm 分档，裤长以 3 cm 分档。

5.1.3 5·4 系列下装可按 5·2 系列调档系数并档使用。

5.2 号型系列规格

5.2.1 5·4Y 号型系列男西服上装规格见表 9。

表 9

单位为厘米

型			76	80	84	88	92	96	100
部位名称			成品规格						
胸围			94	98	102	106	110	114	118
总肩宽			41.4	42.6	43.8	45.0	46.2	47.4	48.6
号	155	后衣长		66	66	66			
		袖长		54.5	54.5	54.5			
	160	后衣长	68	68	68	68	68		
		袖长	56	56	56	56	56		
	165	后衣长	70	70	70	70	70	70	
		袖长	57.5	57.5	57.5	57.5	57.5	57.5	
	170	后衣长	72	72	72	72	72	72	72
		袖长	59	59	59	59	59	59	59
	175	后衣长		74	74	74	74	74	74
		袖长		60.5	60.5	60.5	60.5	60.5	60.5
	180	后衣长			76	76	76	76	76
		袖长			62	62	62	62	62
	185	后衣长				78	78	78	78
		袖长				63.5	63.5	63.5	63.5

5.2.2 5·2Y 号型系列男西服下装规格见表 10。

表 10

单位为厘米

型			56	58	60	62	64	66	68	70	72	74	76	78	80	82
部位名称			成品规格													
腰围			58	60	62	64	66	68	70	72	74	76	78	80	82	84
臀围			88.8	90.4	92.0	93.6	95.2	96.8	98.4	100.0	101.6	103.2	104.8	106.4	108.0	109.6
号	155	裤长			94		94		94							
	160	裤长	97		97		97		97		97					
	165	裤长	100		100		100		100		100		100			
	170	裤长	103		103		103		103		103		103		103	
	175	裤长			106		106		106		106		106		106	
	180	裤长					109		109		109		109		109	
	185	裤长							112		112		112		112	

5.2.3 5·4A 号型系列男西服上装规格见表 11。

表 11 单位为厘米

型			72	76	80	84	88	92	96	100
部位名称			成品规格							
胸围			90	94	98	102	106	110	114	118
总肩宽			39.8	41.0	42.2	43.4	44.6	45.8	47.0	48.2
号	155	后衣长		66	66	66	66			
		袖长		54.5	54.5	54.5	54.5			
	160	后衣长	68	68	68	68	68	68		
		袖长	56	56	56	56	56	56		
	165	后衣长	70	70	70	70	70	70	70	
		袖长	57.5	57.5	57.5	57.5	57.5	57.5	57.5	
	170	后衣长		72	72	72	72	72	72	72
		袖长		59	59	59	59	59	59	59
	175	后衣长			74	74	74	74	74	74
		袖长			60.5	60.5	60.5	60.5	60.5	60.5
	180	后衣长				76	76	76	76	76
		袖长				62	62	62	62	62
	185	后衣长					78	78	78	78
		袖长					63.5	63.5	63.5	63.5

5.2.4 5·2A 号型系列男西服下装规格见表 12。

表 12 单位为厘米

型			56	58	60	60	62	64	64	66	68	68	70	72
部位名称			成品规格											
腰围			58	60	62	62	64	66	66	68	70	70	72	74
臀围			85.6	87.2	88.8	88.8	90.4	92.0	92.0	93.6	95.2	95.2	96.8	98.4
号	155	裤长					93.5			93.5			93.5	
	160	裤长		96.5			96.5			96.5			96.5	
	165	裤长		99.5			99.5			99.5			99.5	
	170	裤长					102.5			102.5			102.5	
	175	裤长								105.5			105.5	
	180	裤长											108.5	
	185	裤长												
型			72	74	76	76	78	80	80	82	84	84	86	88
部位名称			成品规格											
腰围			74	76	78	78	80	82	82	84	86	86	88	90
臀围			98.4	100.0	101.6	101.6	103.2	104.8	104.8	106.4	108.0	108.0	109.6	111.2
号	155	裤长		93.5										
	160	裤长		96.5			96.5							
	165	裤长		99.5			99.5			99.5				
	170	裤长		102.5			102.5			102.5			102.5	
	175	裤长		105.5			105.5			105.5			105.5	
	180	裤长		108.5			108.5			108.5			108.5	
	185	裤长		111.5			111.5			111.5			111.5	

5.2.5 5·4B号型系列男西服上装规格见表13。

表13 单位为厘米

<table>
<tr><td colspan="3">型</td><td>72</td><td>76</td><td>80</td><td>84</td><td>88</td><td>92</td><td>96</td><td>100</td><td>104</td><td>108</td></tr>
<tr><td colspan="3">部位名称</td><td colspan="10">成品规格</td></tr>
<tr><td colspan="3">胸围</td><td>90</td><td>94</td><td>98</td><td>102</td><td>106</td><td>110</td><td>114</td><td>118</td><td>122</td><td>126</td></tr>
<tr><td colspan="3">总肩宽</td><td>39.4</td><td>40.6</td><td>41.8</td><td>43.0</td><td>44.2</td><td>45.4</td><td>46.6</td><td>47.8</td><td>49.0</td><td>50.2</td></tr>
<tr><td rowspan="16">号</td><td rowspan="2">150</td><td>后衣长</td><td>64</td><td>64</td><td>64</td><td>64</td><td></td><td></td><td></td><td></td><td></td><td></td></tr>
<tr><td>袖长</td><td>53</td><td>53</td><td>53</td><td>53</td><td></td><td></td><td></td><td></td><td></td><td></td></tr>
<tr><td rowspan="2">155</td><td>后衣长</td><td>66</td><td>66</td><td>66</td><td>66</td><td>66</td><td>66</td><td></td><td></td><td></td><td></td></tr>
<tr><td>袖长</td><td>54.5</td><td>54.5</td><td>54.5</td><td>54.5</td><td>54.5</td><td>54.5</td><td></td><td></td><td></td><td></td></tr>
<tr><td rowspan="2">160</td><td>后衣长</td><td>68</td><td>68</td><td>68</td><td>68</td><td>68</td><td>68</td><td>68</td><td></td><td></td><td></td></tr>
<tr><td>袖长</td><td>56</td><td>56</td><td>56</td><td>56</td><td>56</td><td>56</td><td>56</td><td></td><td></td><td></td></tr>
<tr><td rowspan="2">165</td><td>后衣长</td><td></td><td>70</td><td>70</td><td>70</td><td>70</td><td>70</td><td>70</td><td>70</td><td></td><td></td></tr>
<tr><td>袖长</td><td></td><td>57.5</td><td>57.5</td><td>57.5</td><td>57.5</td><td>57.5</td><td>57.5</td><td>57.5</td><td></td><td></td></tr>
<tr><td rowspan="2">170</td><td>后衣长</td><td></td><td></td><td>72</td><td>72</td><td>72</td><td>72</td><td>72</td><td>72</td><td>72</td><td></td></tr>
<tr><td>袖长</td><td></td><td></td><td>59</td><td>59</td><td>59</td><td>59</td><td>59</td><td>59</td><td>59</td><td></td></tr>
<tr><td rowspan="2">175</td><td>后衣长</td><td></td><td></td><td></td><td>74</td><td>74</td><td>74</td><td>74</td><td>74</td><td>74</td><td>74</td></tr>
<tr><td>袖长</td><td></td><td></td><td></td><td>60.5</td><td>60.5</td><td>60.5</td><td>60.5</td><td>60.5</td><td>60.5</td><td>60.5</td></tr>
<tr><td rowspan="2">180</td><td>后衣长</td><td></td><td></td><td></td><td></td><td>76</td><td>76</td><td>76</td><td>76</td><td>76</td><td>76</td></tr>
<tr><td>袖长</td><td></td><td></td><td></td><td></td><td>62</td><td>62</td><td>62</td><td>62</td><td>62</td><td>62</td></tr>
<tr><td rowspan="2">185</td><td>后衣长</td><td></td><td></td><td></td><td></td><td></td><td>78</td><td>78</td><td>78</td><td>78</td><td>78</td></tr>
<tr><td>袖长</td><td></td><td></td><td></td><td></td><td></td><td>63.5</td><td>63.5</td><td>63.5</td><td>63.5</td><td>63.5</td></tr>
</table>

5.2.6 5·2B号型系列男西服下装规格见表14。

表14 单位为厘米

<table>
<tr><td colspan="3">型</td><td>62</td><td>64</td><td>66</td><td>68</td><td>70</td><td>72</td><td>74</td><td>76</td><td>78</td><td>80</td></tr>
<tr><td colspan="3">部位名称</td><td colspan="10">成品规格</td></tr>
<tr><td colspan="3">腰围</td><td>64</td><td>66</td><td>68</td><td>70</td><td>72</td><td>74</td><td>76</td><td>78</td><td>80</td><td>82</td></tr>
<tr><td colspan="3">臀围</td><td>89.6</td><td>91.0</td><td>92.4</td><td>93.8</td><td>95.2</td><td>96.6</td><td>98.0</td><td>99.4</td><td>100.8</td><td>102.2</td></tr>
<tr><td rowspan="8">号</td><td>150</td><td>裤长</td><td colspan="2">90</td><td colspan="2">90</td><td colspan="2">90</td><td colspan="2">90</td><td colspan="2"></td></tr>
<tr><td>155</td><td>裤长</td><td colspan="2">93</td><td colspan="2">93</td><td colspan="2">93</td><td colspan="2">93</td><td colspan="2">93</td></tr>
<tr><td>160</td><td>裤长</td><td colspan="2">96</td><td colspan="2">96</td><td colspan="2">96</td><td colspan="2">96</td><td colspan="2">96</td></tr>
<tr><td>165</td><td>裤长</td><td colspan="2"></td><td colspan="2">99</td><td colspan="2">99</td><td colspan="2">99</td><td colspan="2">99</td></tr>
<tr><td>170</td><td>裤长</td><td colspan="2"></td><td colspan="2"></td><td colspan="2">102</td><td colspan="2">102</td><td colspan="2">102</td></tr>
<tr><td>175</td><td>裤长</td><td colspan="2"></td><td colspan="2"></td><td colspan="2"></td><td colspan="2">105</td><td colspan="2">105</td></tr>
<tr><td>180</td><td>裤长</td><td colspan="2"></td><td colspan="2"></td><td colspan="2"></td><td colspan="2"></td><td colspan="2">108</td></tr>
<tr><td>185</td><td>裤长</td><td colspan="2"></td><td colspan="2"></td><td colspan="2"></td><td colspan="2"></td><td colspan="2"></td></tr>
<tr><td colspan="3">型</td><td>82</td><td>84</td><td>86</td><td>88</td><td>90</td><td>92</td><td>94</td><td>96</td><td>98</td><td>100</td></tr>
<tr><td colspan="3">部位名称</td><td colspan="10">成品规格</td></tr>
<tr><td colspan="3">腰围</td><td>84</td><td>86</td><td>88</td><td>90</td><td>92</td><td>94</td><td>96</td><td>98</td><td>100</td><td>102</td></tr>
<tr><td colspan="3">臀围</td><td>103.6</td><td>105.0</td><td>106.4</td><td>107.8</td><td>109.2</td><td>110.6</td><td>112.0</td><td>113.4</td><td>114.8</td><td>116.2</td></tr>
<tr><td rowspan="8">号</td><td>150</td><td>裤长</td><td colspan="2"></td><td colspan="2"></td><td colspan="2"></td><td colspan="2"></td><td colspan="2"></td></tr>
<tr><td>155</td><td>裤长</td><td colspan="2">93</td><td colspan="2"></td><td colspan="2"></td><td colspan="2"></td><td colspan="2"></td></tr>
<tr><td>160</td><td>裤长</td><td colspan="2">96</td><td colspan="2">96</td><td colspan="2"></td><td colspan="2"></td><td colspan="2"></td></tr>
<tr><td>165</td><td>裤长</td><td colspan="2">99</td><td colspan="2">99</td><td colspan="2">99</td><td colspan="2"></td><td colspan="2"></td></tr>
<tr><td>170</td><td>裤长</td><td colspan="2">102</td><td colspan="2">102</td><td colspan="2">102</td><td colspan="2">102</td><td colspan="2"></td></tr>
<tr><td>175</td><td>裤长</td><td colspan="2">105</td><td colspan="2">105</td><td colspan="2">105</td><td colspan="2">105</td><td colspan="2">105</td></tr>
<tr><td>180</td><td>裤长</td><td colspan="2">108</td><td colspan="2">108</td><td colspan="2">108</td><td colspan="2">108</td><td colspan="2">108</td></tr>
<tr><td>185</td><td>裤长</td><td colspan="2">111</td><td colspan="2">111</td><td colspan="2">111</td><td colspan="2">111</td><td colspan="2">111</td></tr>
</table>

5.2.7　5·4C号型系列男西服上装规格见表15。

表 15

单位为厘米

型			76	80	84	88	92	96	100	104	108	112
部位名称			成品规格									
胸围			94	98	102	106	110	114	118	122	126	130
总肩宽			40.2	41.4	42.6	43.8	45.0	46.2	47.4	48.6	49.8	51.0
号	150	后衣长		64	64	64						
		袖长		53	53	53						
	155	后衣长	66	66	66	66	66	66				
		袖长	54.5	54.5	54.5	54.5	54.5	54.5				
	160	后衣长	68	68	68	68	68	68	68			
		袖长	56	56	56	56	56	56	56			
	165	后衣长	70	70	70	70	70	70	70	70		
		袖长	57.5	57.5	57.5	57.5	57.5	57.5	57.5	57.5		
	170	后衣长		72	72	72	72	72	72	72	72	
		袖长		59	59	59	59	59	59	59	59	
	175	后衣长			74	74	74	74	74	74	74	74
		袖长			60.5	60.5	60.5	60.5	60.5	60.5	60.5	60.5
	180	后衣长				76	76	76	76	76	76	76
		袖长				62	62	62	62	62	62	62
	185	后衣长					78	78	78	78	78	78
		袖长					63.5	63.5	63.5	63.5	63.5	63.5

5.2.8　5·2C号型系列男西服下装规格见表16。

表 16

单位为厘米

型			70	72	74	76	78	80	82	84	86	88
部位名称			成品规格									
腰围			72	74	76	78	80	82	84	86	88	90
臀围			91.6	93.0	94.4	95.8	97.2	98.6	100.0	101.4	102.8	104.2
号	150	裤长			90		90		90			
	155	裤长	93		93		93		93		93	
	160	裤长	96		96		96		96		96	
	165	裤长	99		99		99		99		99	
	170	裤长			102		102		102		102	
	175	裤长					105		105		105	
	180	裤长							108		108	
	185	裤长									111	
型			90	92	94	96	98	100	102	104	106	108
部位名称			成品规格									
腰围			92	94	96	98	100	102	104	106	108	110
臀围			105.6	107.0	108.4	109.8	111.2	112.6	114.0	115.4	116.8	118.2
号	150	裤长										
	155	裤长	93									
	160	裤长	96		96							
	165	裤长	99		99		99					
	170	裤长	102		102		102		102			
	175	裤长	105		105		105		105		105	
	180	裤长	108		108		108		108		108	
	185	裤长	111		111		111		111		111	

6 女西服套装规格

6.1 号型系列

6.1.1 5·4 系列上装以 160/84Y、160/84A、160/88B、160/88C 号型为中心。胸围以 4 cm 分档；总肩宽以 1 cm 分档；后衣长以 2 cm 分档；袖长以 1.5 cm 分档。

6.1.2 5·2 系列下装以 170/64Y、170/84A、170/78B、170/82C 号型为中心。腰围以 2 cm 分档；臀围 Y 型和 A 型以 1.8 cm 分档；B 型和 C 型以 1.6 cm 分档；裤长以 3 cm 分档。

6.1.3 5·4 系列下装可按 5·2 系列调档系数并档使用。

6.2 号型系列规格

6.2.1 5·4Y 号型系列女西服上装规格见表 17。

表 17 单位为厘米

型			72	76	80	84	88	92	96
部位名称			成品规格						
胸围			88	92	96	100	104	108	112
总肩宽			38	39	40	41	42	43	44
号	145	后衣长	57	57	57	57	57		
		袖长	49.5	49.5	49.5	49.5	49.5		
	150	后衣长	59	59	59	59	59	59	
		袖长	51	51	51	51	51	51	
	155	后衣长	61	61	61	61	61	61	61
		袖长	52.5	52.5	52.5	52.5	52.5	52.5	52.5
	160	后衣长	63	63	63	63	63	63	63
		袖长	54	54	54	54	54	54	54
	165	后衣长		65	65	65	65	65	65
		袖长		55.5	55.5	55.5	55.5	55.5	55.5
	170	后衣长			67	67	67	67	67
		袖长			57	57	57	57	57
	175	后衣长				69	69	69	69
		袖长				58.5	58.5	58.5	58.5

6.2.2 5·2Y 号型系列女西服下装规格见表 18。

表 18 单位为厘米

型			50	52	54	56	58	60	62	64	66	68	70	72	74	76
部位名称			成品规格													
腰围			52	54	56	58	60	62	64	66	68	70	72	74	76	78
臀围			87.4	89.2	91.0	92.8	94.6	96.4	98.2	100.0	101.8	103.6	105.4	107.2	109.0	110.8
号	145	裤长	90		90		90		90		90					
	150	裤长	93		93		93		93		93		93			
	155	裤长	96		96		96		96		96		96		96	
	160	裤长	99		99		99		99		99		99		99	
	165	裤长			102		102		102		102		102		102	
	170	裤长					105		105		105		105		105	
	175	裤长							108		108		108		108	

6.2.3 5·4A 号型系列女西服上装规格见表19。

表 19 单位为厘米

型			72	76	80	84	88	92	96
部位名称			成品规格						
胸围			88	92	96	100	104	108	112
总肩宽			37.4	38.4	39.4	40.4	41.4	42.4	43.4
号	145	后衣长		57	57	57	57		
		袖长		49.5	49.5	49.5	49.5		
	150	后衣长	59	59	59	59	59	59	
		袖长	51	51	51	51	51	51	
	155	后衣长	61	61	61	61	61	61	61
		袖长	52.5	52.5	52.5	52.5	52.5	52.5	52.5
	160	后衣长	63	63	63	63	63	63	63
		袖长	54	54	54	54	54	54	54
	165	后衣长		65	65	65	65	65	65
		袖长		55.5	55.5	55.5	55.5	55.5	55.5
	170	后衣长			67	67	67	67	67
		袖长			57	57	57	57	57
	175	后衣长				69	69	69	69
		袖长				58.5	58.5	58.5	58.5

6.2.4 5·2A 号型系列女西服下装规格见表20。

表 20 单位为厘米

型			54	56	58	58	60	62	62	64	66	66	68	70
部位名称			成品规格											
腰围			56	58	60	60	62	64	64	66	68	68	70	72
臀围			87.4	89.2	91.0	91.0	92.8	94.6	94.6	96.4	98.2	98.2	100.0	101.8
号	145	裤长					90			90			90	
	150	裤长		93			93			93			93	
	155	裤长		96			96			96			96	
	160	裤长		99			99			99			99	
	165	裤长					102			102			102	
	170	裤长								105			105	
	175	裤长											108	

型			70	72	74	74	76	78	78	80	82
部位名称			成品规格								
腰围			72	74	76	76	78	80	80	82	84
臀围			101.8	103.6	105.4	105.4	107.2	109.0	109.0	110.8	112.6
号	145	裤长		90							
	150	裤长		93			93				
	155	裤长		96			96			96	
	160	裤长		99			99			99	
	165	裤长		102			102			102	
	170	裤长		105			105			105	
	175	裤长		108			108			108	

6.2.5 5·4B 号型系列女西服上装规格见表 21。

表 21

单位为厘米

型			68	72	76	80	84	88	92	96	100	104
部位名称			成品规格									
胸围			84	88	92	96	100	104	108	112	116	120
总肩宽			35.8	36.8	37.8	38.8	39.8	40.8	41.8	42.8	43.8	44.8
号	145	后衣长		57	57	57	57	57	57			
		袖长		49.5	49.5	49.5	49.5	49.5	49.5			
	150	后衣长	59	59	59	59	59	59	59	59		
		袖长	51	51	51	51	51	51	51	51		
	155	后衣长	61	61	61	61	61	61	61	61	61	
		袖长	52.5	52.5	52.5	52.5	52.5	52.5	52.5	52.5	52.5	
	160	后衣长	63	63	63	63	63	63	63	63	63	63
		袖长	54	54	54	54	54	54	54	54	54	54
	165	后衣长		65	65	65	65	65	65	65	65	65
		袖长		55.5	55.5	55.5	55.5	55.5	55.5	55.5	55.5	55.5
	170	后衣长				67	67	67	67	67	67	67
		袖长				57	57	57	57	57	57	57
	175	后衣长					69	69	69	69	69	69
		袖长					58.5	58.5	58.5	58.5	58.5	58.5

6.2.6 5·2B 号型系列女西服下装规格见表 22。

表 22

单位为厘米

型			56	58	60	62	64	66	68	70	72	74
部位名称			成品规格									
腰围			58	60	62	64	66	68	70	72	74	76
臀围			88.4	90.0	91.6	93.2	94.8	96.4	98.0	99.6	101.2	102.8
号	145	裤长			90		90		90		90	
	150	裤长	93		93		93		93		93	
	155	裤长	96		96		96		96		96	
	160	裤长	99		99		99		99		99	
	165	裤长			102		102		102		102	
	170	裤长							105		105	
	175	裤长									108	
型			76	78	80	82	84	86	88	90	92	94
部位名称			成品规格									
腰围			78	80	82	84	86	88	90	92	94	96
臀围			104.4	106.0	107.6	109.2	110.8	112.4	114.0	115.6	117.2	118.8
号	145	裤长	90		90							
	150	裤长	93		93		93					
	155	裤长	96		96		96		96			
	160	裤长	99		99		99		99		99	
	165	裤长	102		102		102		102		102	
	170	裤长	105		105		105		105		105	
	175	裤长	108		108		108		108		108	

6.2.7　5·4C 号型系列女西服上装规格见表 23。

表 23

单位为厘米

型			68	72	76	80	84	88	92	96	100	104	108
部位名称			成品规格										
胸围			84	88	92	96	100	104	108	112	116	120	124
总肩宽			35.2	36.2	37.2	38.2	39.2	40.2	41.2	42.2	43.2	44.2	45.2
号	145	后衣长	57	57	57	57	57	57	57				
		袖长	49.5	49.5	49.5	49.5	49.5	49.5	49.5				
	150	后衣长	59	59	59	59	59	59	59	59	59		
		袖长	51	51	51	51	51	51	51	51	51		
	155	后衣长	61	61	61	61	61	61	61	61	61	61	
		袖长	52.5	52.5	52.5	52.5	52.5	52.5	52.5	52.5	52.5	52.5	
	160	后衣长		63	63	63	63	63	63	63	63	63	63
		袖长		54	54	54	54	54	54	54	54	54	54
	165	后衣长				65	65	65	65	65	65	65	65
		袖长				55.5	55.5	55.5	55.5	55.5	55.5	55.5	55.5
	170	后衣长					67	67	67	67	67	67	67
		袖长					57	57	57	57	57	57	57
	175	后衣长							69	69	69	69	69
		袖长							58.5	58.5	58.5	58.5	58.5

6.2.8　5·2C 号型系列女西服下装规格见表 24。

表 24

单位为厘米

型			60	62	64	66	68	70	72	74	76	78	80	82
部位名称			成品规格											
腰围			62	64	66	68	70	72	74	76	78	80	82	84
臀围			88.4	90.0	91.6	93.2	94.8	96.4	98.0	99.6	101.2	102.8	104.4	106.0
号	145	裤长	90		90		90		90		90		90	
	150	裤长	93		93		93		93		93		93	
	155	裤长	96		96		96		96		96		96	
	160	裤长			99		99		99		99		99	
	165	裤长							102		102		102	
	170	裤长									105		105	
	175	裤长												

型			84	86	88	90	92	94	96	98	100	102
部位名称			成品规格									
腰围			86	88	90	92	94	96	98	100	102	104
臀围			107.6	109.2	110.8	112.4	114.0	115.6	117.2	118.8	120.4	122.0
号	145	裤长	90									
	150	裤长	93		93		93					
	155	裤长	96		96		96		96			
	160	裤长	99		99		99		99		99	
	165	裤长	102		102		102		102		102	
	170	裤长	105		105		105		105		105	
	175	裤长	108		108		108		108		108	

ICS 59.080.30
W 13

中华人民共和国国家标准

GB/T 14310—2008
代替 GB/T 14310—1993

棉本色灯芯绒

Cotton grey corduroy

2008-06-18 发布　　2009-03-01 实施

中华人民共和国国家质量监督检验检疫总局
中国国家标准化管理委员会　发布

前　言

本标准代替 GB/T 14310—1993《棉本色灯芯绒》。

本标准与 GB/T 14310—1993 相比主要变化如下：

——取消三等品品等；

——棉结杂质疵点格率比 GB/T 14310—1993 标准加严 15%；

——布面疵点总评分由分/m 改为分/m^2，取消幅宽分类；

——小疵点评分加严；

——横档疵点不分明显与不明显。

本标准的附录 B、附录 C、附录 D 为规范性附录，附录 A、附录 E、附录 F 为资料性附录。

本标准由中国纺织工业协会提出。

本标准由全国纺织品标准化技术委员会棉纺织印染分技术委员会归口。

本标准起草单位：上海市纺织工业技术监督所。

本标准主要起草人：邵蓓华。

本标准所代替标准的历次版本发布情况为：

——GBn 78～80—1980；

——GB/T 14310—1993。

棉本色灯芯绒

1 范围

本标准规定了棉本色灯芯绒的产品分类、要求、布面疵点的评分、试验方法、检验规则和标志、包装。

本标准适用于有梭织机或无梭织机生产、割绒前的棉本色灯芯绒(包括提花灯芯绒及割纬平绒类织物)。

2 规范性引用文件

下列文件中的条款通过本标准的引用而成为本标准的条款。凡是注日期的引用文件,其随后所有的修改单(不包括勘误的内容)或修订版均不适用于本标准,然而,鼓励根据本标准达成协议的各方研究是否可使用这些文件的最新版本。凡是不注日期的引用文件,其最新版本适用于本标准。

GB/T 3923.1 纺织品 织物拉伸性能 第1部分:断裂强力和断裂伸长率的测定 条样法

GB/T 4666 机织物长度的测定

GB/T 4667 机织物幅宽的测定

GB/T 4668 机织物密度的测定

GB/T 8170 数值修约规则

FZ/T 10004 棉及化纤纯纺、混纺本色布检验规则

FZ/T 10006 棉及化纤纯纺、混纺本色布棉结杂质疵点格率检验

FZ/T 10009 棉及化纤纯纺混纺本色布标志与包装

FZ/T 10013.2 温度与回潮率对棉及化纤纯纺、混纺制品断裂强力的修正方法 本色布断裂强力的修正方法

3 分类

棉本色灯芯绒的产品品种、规格分类,根据用户需要,由生产部门按附录A制定。

4 要求

4.1 项目

棉本色灯芯绒要求分为内在质量和外观质量两个方面,内在质量包括织物组织、幅宽、密度、断裂强力、棉结杂质疵点格率五项,外观质量为布面疵点一项。

4.2 分等规定

4.2.1 棉本色灯芯绒的品等分为优等品、一等品、二等品,低于二等品为等外品。

4.2.2 棉本色灯芯绒的评等以匹为单位,织物组织、幅宽、布面疵点按匹评等,密度、断裂强力、棉结杂质疵点格率按批评等,以其中最低一项品等作为该匹布的品等。

4.2.3 分等规定见表1、表2和表3。

表 1 分等规定

项目		标准	允许偏差		
			优等品	一等品	二等品
织物组织		设计规定要求	符合设计要求	符合设计要求	不符合设计要求
幅宽/cm		产品规格	+1.2% −1.0%	+1.5% −1.0%	+2.0% −1.5%
密度/(根/10 cm)	经向	产品规格	−1.2%	−1.5%	超过−1.5%
	纬向				
断裂强力/N		按附录B断裂强力公式计算	−6.0%	−8.0%	超过−8.0%
注：当幅宽偏差超过1.0%时，经密允许偏差范围为−2.0%。					

表 2 棉结杂质疵点格率规定

分类			棉结杂质疵点格率/% 不大于	
			优等品	一等品
精梳棉灯芯绒		绒纬紧度在85%以下	16	22
		绒纬紧度在85% 及以上	20	25
非精梳灯芯绒	细特	绒纬紧度在75%以上	34	42
	中特	绒纬紧度在60%以下	34	42
		绒纬紧度在60%～80%以下	38	45
		绒纬紧度80%～100%以下	40	50
		绒纬紧度100%～120%以下	42	55
		绒纬紧度120%及以上	45	60
	粗特	绒纬紧度在70%～80%以下	42	55
		绒纬紧度在80%及以上	45	60
半精梳棉灯芯绒			26	34

注1：棉本色灯芯绒主要以纬纱平均线密度分类：

——细织物11 tex～20 tex(55^s～29^s)；

——中织物21 tex～30 tex(28^s～19^s)；

——粗织物32 tex及以上(18^s 及以下)。

注2：棉本色灯芯绒绒纬紧度 $=\frac{\text{一完全组织绒纬根数}}{\text{一完全组织纬纱根数}}\times$ 纬向紧度。

注3：半精梳棉灯芯绒指纬纱是精梳棉纱，经纱是普梳棉纱。

表 3 布面疵点评分限度

单位为平均分每平方米

优等	一等	二等
0.2	0.3	0.6

4.2.4 幅宽、经纬向密度应保证成包后符合表1规定。

4.2.5 成包后长度应符合规定要求。

4.2.6 布面疵点评等规定

4.2.6.1 每匹布允许总评分按式(1)计算：

$$A = a \cdot L \cdot W \qquad (1)$$

式中：

A——每匹布允许总评分，单位为分每匹(分/匹)；

a——每平方米允许评分数，单位为分每平方米(分/m^2)；

L——匹长，单位为米(m)；

W——幅宽，单位为米(m)。

计算至一位小数，按 GB/T 8170 修约成整数。

4.2.6.2 一匹布中所有疵点评分加合累计超过允许总评分为降等品。

4.2.6.3 1 m 内严重疵点评 4 分为降等品。

4.2.6.4 优等品中不允许有单个评为 4 分的疵点。

5 布面疵点的评分

5.1 布面疵点的检验

5.1.1 检验时布面上的光源照度为 400 lx±100 lx。

5.1.2 布面疵点评分以布的正面、反面分别进行评分，然后加合总分进行评等，但同一疵点不得重复评分。绒纬浮起的应为正面。破损性疵点以严重一面为准。

5.2 布面疵点评分规定

布面疵点评分规定见表 4。

表 4 布面疵点评分规定

疵点分类		评分数 1	2	3	4
经向明显疵点		8 cm 及以下	8 cm 以上～16 cm	16 cm 以上～24 cm	24 cm 以上～100 cm
纬向明显疵点		8 cm 及以下	8 cm 以上～16 cm	16 cm 以上～50 cm	50 cm 以上
横档		—	—	半幅及以下	半幅以上
严重疵点	根数评分	—	—	3 根	4 根及以上
	长度评分	—	—	1 cm 以下	1 cm 及以上

注 1：布面疵点具体内容见附录 C、疵点名称说明见附录 D。

注 2：严重疵点在根数和长度评分矛盾时，从严评分。

注 3：不影响后道质量的横档疵点评分，由供需双方协定。

5.3 1 m 中累计评分

1 m 中累计评分最多评 4 分。

5.4 布面疵点的量计

5.4.1 疵点长度以经向或纬向最大长度量计。

5.4.2 经向明显疵点及严重疵点，长度超过 1 m 的，其超过部分按表 4 再行评分。

5.4.3 在一条内断续发生的疵点，在经(纬)向 8 cm 内有两个及以上的，则按连续长度评分。

5.4.4 共断或并列(包括正反面)是包括 1 根或 2 根好纱，隔 3 根以上的不作共断或并列(斜纹、缎纹织物以间隔一个完全组织及以内作共断或并列处理)。

5.5 疵点评分的说明

5.5.1 疵点的评分起点和规定

5.5.1.1 有两种疵点混合在一起，以严重一项评分。

5.5.1.2 边组织及距边 0.8 cm 内的疵点(包括边组织)不评分,但毛边、拖纱、猫耳朵、凹边、烂边、豁边、深油锈疵及评 4 分的破洞、跳花要评分,如疵点延伸在距边 0.8 cm 以外时应量其全部长度评分。无梭织造布布边,绞边的毛须伸出长度规定为 0.3 cm～0.8 cm。边组织有特殊要求的则按要求评分。

5.5.1.3 布面拖纱长 1 cm 以上每根评 2 分,布边拖纱长 2 cm 以上的每根评 1 分(一进一出作一根计)。

5.5.1.4 0.3 cm 以下的杂物每个评 1 分,0.3 cm 及以上杂物和金属杂物(包括瓷器)评 4 分(测量杂物粗度)。

5.5.2 加工坯中不评分的疵点

5.5.2.1 不影响印染布质量的分散结头,底板拖纱。

5.5.2.2 印花坯中的双经、大小条、密路、花纬、云织。

5.5.2.3 深色坯中油经、油纬、油渍、花纬。

5.6 对疵点处理的规定

5.6.1 0.5 cm 以上的豁边,1 cm 及以上的破洞、烂边、稀弄,不对接轧梭,2 cm 以上的跳花等六大疵点,应在织布厂剪去。

5.6.2 金属杂物织入(包括硬性杂物织入),应在织布厂挑除。

5.6.3 凡在织布厂能修好的疵点应修好后出厂。

5.6.4 假开剪和拼件的规定

5.6.4.1 假开剪的疵点应是评为 4 分或 3 分不可修织的疵点,其疵点的加放长度按 FZ/T 10009 执行,假开剪后各段布都应是一等品。

5.6.4.2 凡用户允许假开剪或拼件,可实行假开剪和拼件。假开剪和拼件按二联匹不允许超过两处、三联匹及以上不允许超过三处。

5.6.4.3 假开剪和拼件率合计不允许超过 20%,其中拼件率不得超过 10%。另有规定按双方协议执行。

5.6.4.4 假开剪布应作明显标记。假开剪布应另行成包,包内附假开剪长度记录单,包外注明“假开剪”字样。

6 试验方法

6.1 试验条件

6.1.1 各项试验应在各方法标准规定的标准条件下进行。

6.1.2 快速试验:由于生产需要,要求迅速检验产品的质量,可采用快速试验的方法。快速试验可以在接近车间温湿度条件下进行,但试验地点的温湿度应保持稳定,按附录 E、附录 F 执行。

6.2 长度测定

按 GB/T 4666 执行。

6.3 幅宽测定

按 GB/T 4667 执行。

6.4 密度测定

按 GB/T 4668 执行。

6.5 断裂强力测定

按 GB/T 3923.1 执行。

6.6 棉结杂质疵点格率检验

按 FZ/T 10006 执行。

7 检验规则

按 FZ/T 10004 执行。

8 标志、包装

按 FZ/T 10009 执行。

9 其他

用户对产品有特殊要求者，可由供需双方另订协议。

附 录 A
（资料性附录）
棉本色灯芯绒代表性品种技术条件表

表 A.1 棉本色灯芯绒代表性品种技术条件表

编号	名称	幅宽/cm	经纬线密度/tex		总经根数	密度/（根/10 cm）		织物紧度/%				断裂强力/N（使用环锭纺纱线）		断裂强力/N（使用气流纺纱）		织物组织		
			经纱	纬纱		经纱	纬纱	经紧 E_T	纬紧 E_W	绒纬紧	总紧 E_Z	经向	纬向	经向	纬向	地组织	绒毛固结	地纬：绒纬
001	特细条灯芯绒	98	J10×2	J14.5	2 364	236	748	39.1	105.4	70.3	103.3	387	876			1/1	W	1：2
011	细条灯芯绒	98	36	36	1 618	162	570.5	36.0	126.7	84.4	117.1	421	1 628	300	1 116	1/1	W	1：2
012	细条灯芯绒	122	36	29	2 140	173	527.5	38.4	105.1	70.1	103.1	452	1 235	322	875	1/1	W	1：2
013	细条灯芯绒	89	14×2	28	2 050	227.5	531.5	44.5	104.1	69.4	102.3	445	1 202		851	1/1	W	1：2
021	中条灯芯绒	123.5	14×2	28	2 856	228	669	44.6	131.0	87.3	117.2	446	1 530		1 084	1/1	V	1：2
022	中条灯芯绒	89	14×2	28	2 050	227.5	748	44.5	146.4	97.6	125.8	445	1 723		1 220	2/1	V	1：2
031	中条灯芯绒	88.5	14×2	29	2 702	302.5	669	59.2	133.3	88.9	113.6	647	1 586		1 124	112/112	V	1：2
032	中条灯芯绒	98	14×2	29	2 912	295.5	685	57.9	136.5	91.0	115.4	628	1 627		1 152	112/112	V	1：2
033	中条灯芯绒	99	14×2	28	2 984	299	669	58.5	131.0	87.3	112.9	638	1 530		1 084	112/112	V	1：2
034	中条灯芯绒	100.5	14×2	28	3 072	303	669	59.3	131.0	87.3	112.6	649	1 530		1 084	112/112	V	1：2
035	中条灯芯绒	132	14×2	28	3 352	252	645.5	49.3	126.4	84.3	113.4	508	1 474		1 044	112/112	V	1：2
041	中条灯芯绒	98.5	48	36	2 280	229	543	58.7	120.5	80.4	108.5	832	1 546	582	1 060	1(双经)/1	W	1：2
042	中条灯芯绒	119.5	48	36	3 032	252	504	64.6	111.9	74.6	104.2	928	1 430	649	980	1(双经)/1	W	1：2
043	中条灯芯绒	98	48	36	2 514	254	527.5	65.1	117.1	78.1	106.0	936	1 499	655	1 028	1(双经)/1	W	1：2

表 A.1（续）

编号	名称	幅宽/cm	经纬线密度/tex		总经根数	密度/（根/10 cm）		织物紧度/%				断裂强力/N（使用环锭纺纱线）		断裂强力/N（使用气流纺纱）		织物组织		
			经纱	纬纱		经纱	纬纱	经紧 E_T	纬紧 E_W	绒纬紧	总紧 E_Z	经向	纬向	经向	纬向	地组织	绒毛固结	地纬：绒纬
044	中条灯芯绒	96.5	36	36	2 454	251.5	527.5	55.8	117.1	78.1	107.6	681	1 499	487	1 028	1(双经)/1	W	1：2
045	中条灯芯绒	98	24×2	36	2 280	230	543	59.0	120.5	80.4	108.4	886	1 546		1 060	1(双经)/1	W	1：2
051	中条灯芯绒	98	14×2	36	2 826	283.5	630	55.5	139.9	93.2	117.8	594	1 809		1 241	1/1	V	1：2
052	9000 # 粗条灯芯绒	99	14×2	28	2 226	221.5	846.5	43.4	165.7	110.5	137.2	430	1 965		1 392	112/112	V	1：2
053	2121-4 灯芯绒	98.5	28×2	28	1 708	170	956.5	47.1	187.3	140.5	146.2	711	2 242		1 588	2/1	V	1：3
054	粗条灯芯绒	98.5	28×2	28	1 628	161	1 134	44.6	222.0	148.0	167.6	663	2 697		1 910	2/2	V	1：2
061	提花灯芯绒	98	14×2	28	2 280	228.5	669	44.7	131.0	87.3	117.1	448	1 530		1 084	1/1	V	1：2
071	割绒平绒	98	J10×2	J14.5	2 874	289	1 146	47.8	161.4	121.0	132.1	501	1 375			1/1	V	1：3

注 1：特细条灯芯绒是指 2.5 cm 内有 18 条以上；细条灯芯绒是指 2.5 cm 内有 13 条以上～18 条；中条灯芯绒是指 2.5 cm 内有 8 条～13 条；粗条灯芯绒是指 2.5 cm 内有 8 条以下。

注 2：表中断裂强力均使用一等品单纱(线)断裂强度计算而得。

附 录 B
(规范性附录)
断裂强力计算方法

B.1 织物断裂强力计算

B.1.1 织物的断裂强力以 5 cm×20 cm 布条的断裂强力(N)表示。

B.1.2 织物断裂强力按式 B.1 计算:

$$Q = \frac{P_0 \times N \times K \times T}{2 \times 100} \quad \cdots\cdots(B.1)$$

式中:

Q——织物断裂强力,单位为牛(N);

P_0——单根纱线一等品断裂强度,单位为厘牛每特克斯(cN/tex);

N——织物中纱线标准密度,单位为根每 10 厘米(根/10 cm);

K——织物中纱线强力的利用系数;

T——纱线线密度,单位为特克斯(tex)。

计算的小数不计,取整数。

B.2 环锭纺棉本色纱线一等品的单纱(线)断裂强度见表 B.1。

表 B.1 环锭纺棉本色纱线一等品的单纱(线)断裂强度 单位为厘牛每特克斯

线密度/tex (英制支数)	梳棉纱	精梳棉纱	线密度/tex (英制支数)	梳棉股线	精梳棉股线
14～15 (43^s～37^s)	14.0	14.4	8×2～10×2 (70^s/2～56^s/2)	15.6	19.2
16～20 (36^s～29^s)	14.2	14.4	11×2～20×2 (55^s/2～29^s/2)	15.8	16.6
21～30 (28^s～19^s)	14.4	14.6	21×2～30×2 (28^s/2～19^s/2)	16.6	—
32～34 (18^s～17^s)	14.2	—	32×2～60×2 (18^s/2～10^s/2)	16.4	—
36～60 (16^s～10^s)	14.0	—	21×2～24×2 (28^s/2～24^s/2)	—	16.8
32～36 (18^s～16^s)	—	14.6			
注:本表未列数据参照 GB/T 398—2008。					

B.3 气流纺本色纱一等品的单纱断裂强度见表 B.2。

表 B.2　气流纺棉本色纱一等品的单纱断裂强度　　单位为厘牛每特克斯

线密度/tex(英制支数)	经　纱	纬　纱
22～26(26^s～22^s)	10.8	10.4
28～31(21^s～19^s)	10.6	10.2
32～34(18^s～17^s)	10.4	10.0
36～42(16^s～14^s)	10.0	9.6
44～60(13^s～10^s)	9.8	9.4
注：本表未列数据参照 FZ/T 12001—2006。		

B.4　织物中纱线强力利用系数 K 值见表 B.3。

表 B.3　断裂强力利用系数

项　目		紧度 E/%	K 值	K 值与紧度 E(%)相关方程式
经向	线	36～62	0.837～0.984	$K_T = 0.634 + 0.565E_T$
	纱	34～66	1.027～1.099	$K_T = 0.951 + 0.224E_T$
纬向		90～230	1.115～1.184	$K_W = 1.071 + 0.049E_W$

B.5　织物紧度按式(B.2)～式(B.4)计算：

$$E_Z = E_T + E_W - \frac{E_T \times E_W}{100} \quad \cdots\cdots (B.2)$$

$$E_T = 0.037\sqrt{T_T} \times P_T \quad \cdots\cdots (B.3)$$

$$E_W = 0.037\sqrt{T_W} \times P_W \quad \cdots\cdots (B.4)$$

式中：

E_Z——织物总紧度，%；

E_T——织物经向紧度，%；

E_W——织物纬向紧度，%；

T_T——经纱线密度，单位为特克斯(tex)；

T_W——纬纱线密度，单位为特克斯(tex)；

P_T——经向密度，单位为根每 10 厘米(根/10 cm)；

P_W——纬向密度，单位为根每 10 厘米(根/10 cm)；

计算结果按四舍五入法，保留小数一位。

附 录 C
（规范性附录）
各类布面疵点的具体内容

C.1 经向明显疵点

竹节、粗经、断经、断疵、沉纱、松经、综穿错、星跳、经缩浪纹、结头、边撑疵、烂边、拖纱、修整不良、油渍、错线密度、猫耳朵、凹边、豁边、大小条、油经、双经、异型纤维。

C.2 纬向明显疵点

脱纬、连续双纬、百脚、跳纱、纬缩、毛边、云织、杂物织入、油纬、错纬、花型错乱、大小条、异型纤维。

C.3 横档疵点

稀纬、密路、拆痕、花纬。

C.4 严重疵点

3 根及以上的破洞、豁边、跳花，1 cm 及以上的烂边，不对接轧梭、稀弄、金属杂物织入及粗 0.3 cm 以上的杂物织入、影响组织的浆斑、霉斑、损伤布底的修正不良、花型错乱，5 cm×5 cm 内满 20 只及以上的结头。

C.5 其他

经向疵点及纬向疵点中，有些疵点是这两类共同性的，如竹节、跳纱等，在分类中只列入经向疵点一类，如在纬向出现时，应按纬向疵点评分。

如在布面上出现上述未包括的疵点，按相似疵点评分。

附　录　D
（规范性附录）
疵点名称的说明

D.1　竹节：纱线上短片段的粗节。

D.2　粗经：直经偏粗长 5 cm 及以上的经纱织入布内。

D.3　断经：织物内经纱断缺。

D.4　断疵：经纱断头纱尾织入布内。

D.5　沉纱：由于提综不良，造成经纱浮在布面。

D.6　双经：单纱(线)织物中有两根经纱并列织入。

D.7　综穿错：没有按工艺要求穿综，而造成布面组织错乱。

D.8　星跳：1 根经纱或纬纱跳过 2 根～4 根形成星点状的。

D.9　经缩浪纹：部分经纱受意外张力后松弛，使织物表面呈波纹状起伏不平。

D.10　结头：影响后工序质量的结头。

D.11　边撑疵：边撑或刺毛辊使织物中纱线起毛或轧断。

D.12　烂边：边组织内单断纬纱，一处断 3 根及以上的。

D.13　拖纱：拖在布面或布边上的未剪去纱头。

D.14　修正不良：布面被刮起毛，起皱不平，经、纬纱交叉不匀或只修不整。

D.15　油渍：织物沾油后留下的痕迹。

D.16　错线密度：线密度用错工艺标准。

D.17　猫耳朵：凸出布边 0.5 cm 及以上。

D.18　凹边：凹进布面 0.5 cm 及以上。

D.19　豁边：边组织内 3 根及以上经、纬纱共断或单断经纱(包括隔开 1 根～2 根好纱)。双边纱 2 根作 1 根计，3 根及以上的有 1 根算 1 根。

D.20　大小条：割绒导针走偏，在坯布上筘路或筘穿错形成灯条大小不一。

D.21　油经：经纱沾油后留下的痕迹。

D.22　双经：单纱(线)织物中有两根经纱并列织入。

D.23　脱纬：一梭口内有 3 根及以上的纬纱织入布内(包括连续双纬和长 5 cm 及以上的纬缩)。

D.24　双纬：单纬织物一梭口内有两根纬纱织入布内。

D.25　百脚：斜纹或缎纹织物一个完全组织内缺 1 根～2 根纬纱(包括多头百脚)。

D.26　跳纱：1 根～2 根经纱或纬纱跳过 5 根及以上的。

D.27　纬缩：纬纱扭结织入布内或起圈现于布面(包括经纱起圈及松纬缩三楞起算)。

D.28　毛边：由于边剪作用不良或其他原因，使纬纱不正常被带入织物内(包括距边 5 cm 以下的双纬和脱纬)。

D.29　杂物织入：飞花、回丝、油花、皮质、木质、金属(包括瓷器)等杂物织入。

D.30　油纬：纬纱沾油或被污染。

D.31　错纬：直径偏粗、偏细长 5 cm 及以上的纬纱、紧捻、松捻纱织入布内。

D.32　云织：纬纱密度稀密相间呈规律性的段稀段密。

D.33　异型纤维：异纤维纱线织入。

D.34　稀纬：经向 1 cm 内少 2 根纬纱(横贡织物稀纬少 2 根作 1 根计)。

D.35　密路：经向 0.5 cm 内纬密多 25%以上(纬纱紧度 40%以下多 20%及以上的)。

D.36 拆痕:拆布后布面上留下的起毛痕迹和布面揩浆抹水。

D.37 花纬:由于配棉成分或陈旧的纬纱,使布面色泽不同,且有1个～2个分界线。

D.38 破洞:3根及以上经纬纱共断或单断经、纬纱(包括隔开1根～2根好纱的),经纬纱起圈高出布面0.3 cm,反面形似破洞。

D.39 豁边:边组织内3根及以上经、纬纱共断或单断经纱(包括隔开1根～2根好纱)。双边纱2根作1根计,3根及以上的有1根算1根。

D.40 跳花:3根及以上的经、纬纱相互脱离组织,包括隔开一个完全组织。

D.41 不对接轧梭:轧梭后的经纱未经对接。

D.42 稀弄:纬密少于工艺标准较大,呈"弄"现象。

D.43 浆斑:浆块附着布面影响织物组织。

D.44 霉斑:受潮后布面出现霉点(斑)。

附　录　E
（资料性附录）
用于快速测定织物断裂强力的修正

E.1　在常规试验及工厂内部质量控制检验或有关各方同意时，可在普通大气条件下进行快速试验，然后按标准温度和回潮率的办法进行修正，但检验地点的温湿度应保持稳定。

E.2　断裂强力修正见式（E.1）。

修正后的断裂强力（N）＝实测断裂强力（N）×断裂强力修正系数　………（E.1）

E.3　断裂强力修正系数

棉本色灯芯绒断裂强力修正系数按 FZ/T 10013.2 中棉本色布断裂强力的温度和回潮率修正系数执行。

附 录 F
(资料性附录)
检 验 规 定

F.1 在常规试验及工厂内部品质控制检验或有关各方同意时,可在普通大气条件下进行快速试验。

F.2 分批规定

F.2.1 以同一品种整理车间的一班或一昼夜三班的生产入库数量为一批,以一昼夜三班为一批的,如逢单班时,则并入邻近一批计算;两班生产的,则以两班为一批。

F.2.2 如一昼夜三班入库数量不满300匹时,可累计满300匹为一批,但一周累计仍不满300匹时,则应以每周为一批(品种翻改时不受此限)。

F.2.3 分批定时点一经确定,不得在取样后加以变更。

F.3 物理指标、棉结杂质和棉结分批检验、按批评等。

F.4 物理指标、棉结杂质以一次检验结果为评等依据。

F.5 经、纬密度因个别机台的筘号或纬密牙轮用错,造成经、纬密度不符合规格的,该个别机台所生产的布匹,如确能划分清楚的,可将这部分布匹剔除出来作降等处理,但该批布仍应重新取样检验定等。如划不清楚并超过允许公差范围的,应全批降等。

F.6 检验周期

物理指标、棉结杂质每批检验一次,质量稳定时,也可延长检验周期,但每周至少检验一次。如遇原料及工艺变动较大或物理指标及棉结杂质降等时,应立即进行逐批检验,直至连续三批合格后,方可恢复原定检验周期。

F.7 取样数量

检验布样在每批棉本色灯芯绒经整理后、成包前的布匹中随机取样,取样数量不少于总匹数的0.5%,最少不得少于3匹。

参 考 文 献

[1] GB/T 398—2008 棉本色纱线
[2] FZ/T 12001—2006 气流纺棉本色纱

ICS 59.080.30
W 71

GB

中华人民共和国国家标准

GB/T 14311—2008
代替 GB/T 14311—1993

棉印染灯芯绒

Printed and dyed cotton corduroy

2008-06-18 发布　　　　2009-03-01 实施

中华人民共和国国家质量监督检验检疫总局
中国国家标准化管理委员会　发布

前言

本标准代替 GB/T 14311—1993《棉印染灯芯绒》。

本标准与 GB/T 14311—1993 相比主要改变如下：

——水洗尺寸变化由原来按织物品种规格分改为按组织结构分，且指标加严；

——增加经向密度、耐光色牢度的考核要求；

——增加基本安全技术要求的考核；

——耐热压色牢度试验温度由 180 ℃调整为 150 ℃；

——取消“染色牢度规定指标中二项允许低半级”；

——分等规定中取消三等品；

——外观质量局部性疵点评分规定采用梭织物的范友生疵点分等规定中的四分制；

——外观质量局部性疵点允许评分由分/m 改为分/m^2 计算；除边疵外，其余采用 0 起点；

——外观质量将局部性疵点与散布性疵点结合评定改为以最低等级评定。

本标准的附录 A 为规范性附录。

本标准由中国纺织工业协会提出。

本标准由全国纺织品标准化技术委员会棉纺织印染分技术委员会归口。

本标准由上海市纺织工业技术监督所负责起草。

本标准主要起草人：贺美娣。

本标准所代替标准的历次版本发布情况为：

——GBn 81～83—1980；

——GB/T 14311—1993。

棉印染灯芯绒

1 范围

本标准规定了棉印染灯芯绒的术语和定义、分类、要求、试验方法、检验规则及标志和包装。

本标准适用于各类漂白、染色和印花棉灯芯绒，也适用于提花灯芯绒及割纬平绒。

本标准不适用于特殊整理的灯芯绒产品。

2 规范性引用文件

下列文件中的条款通过本标准的引用而成为本标准的条款。凡是注日期的引用文件，其随后所有的修改单(不包括勘误的内容)或修订版均不适用于本标准，然而，鼓励根据本标准达成协议的各方研究是否可使用这些文件的最新版本。凡是不注日期的引用文件，其最新版本适用于本标准。

GB 250　评定变色用灰色样卡

GB 251　评定沾色用灰色样卡

GB/T 411　棉印染布

GB/T 3920　纺织品　色牢度试验　耐摩擦色牢度

GB/T 3921.1　纺织品　色牢度试验　耐洗色牢度:试验1

GB/T 3923.1　纺织品　织物拉伸性能　第1部分:断裂强力和断裂伸长率的测定　条样法

GB/T 4666　机织物长度的测定

GB/T 4667　机织物幅宽的测定

GB/T 4668　机织物密度的测定

GB/T 6152—1997　纺织品　色牢度试验　耐热压色牢度

GB/T 8170　数值修约规则

GB/T 8427—1998　纺织品　色牢度试验　耐人造光色牢度:氙弧

GB/T 8628　纺织品　测定尺寸变化的试验中织物试样和服装的准备、标记及测量

GB/T 8629—2001　纺织品　试验用家庭洗涤和干燥程序

GB/T 8630　纺织品　洗涤和干燥后尺寸变化的测定

GB/T 14801　机织物与针织物纬斜和弓纬试验方法

GB 18401　国家纺织产品基本安全技术规范

FZ/T 10005　棉及化纤纯纺、混纺印染布检验规则

FZ/T 10010　棉及化纤纯纺、混纺印染布标志与包装

3 术语和定义

GB/T 411 确立的以及下列术语和定义适用于本标准。

3.1

破洞　hole

经纬共断(或单断)三根及以上的破损。

3.2

单丝 uncutted single weft

割绒过程中造成的单根绒纬未经割断的轻微疵点。

3.3

漏割 uncutted wefts

割绒过程中,由于导针跳出等原因造成部分绒纬未割断的疵点。

3.4

补刀条 additional cut mark

染整前后的绒纬漏割,经补割后形成的经向条状疵点。

3.5

绒经缝补 warp admending mark

织造过程中压绒经纱断缺,经缝补加压绒经,再经割绒及染整加工后形成的经向线状或条状疵点。

4 分类

按棉本色灯芯绒的粗条、中条、细条、特细条的产品,结合印染的漂白、染色和印花进行产品分类。品种规格按棉本色灯芯绒的标准结合本标准附录 A 分别制定。特殊品种及用户有特殊要求的由供需双方另订协议。

5 要求

5.1 分等规定

5.1.1 产品的品等分为优等品、一等品、二等品,低于二等品的为等外品。

5.1.2 棉印染灯芯绒的评等,内在质量(包括:经纬向密度、断裂强力、水洗尺寸变化率、染色牢度)按批评等,外观质量(包括局部性疵点和散布性疵点)按匹(段)评等,以其中最低一项品等作为该匹(段)布的品等。

5.1.3 在同一匹(段)布内,内在质量以最低一项评等;外观质量的等级由局部性疵点和散布性疵点中最低等级评定。

5.1.4 在同一匹(段)布内,局部性疵点采用有限度的每平方米允许评分的办法评定等级;散布性疵点按严重一项评等。

5.2 内在质量

5.2.1 产品的安全技术要求应符合 GB 18401 的规定。

5.2.2 内在质量分等规定见表 1。

表 1 内在质量要求

项 目	类 别		优等品	一等品	二等品
密度/(根/10 cm)	按设计规定	经向	−2.0 %	−5.0 %	−5.0 % 以上
		纬向	−2.0 %	−2.5 %	−2.5 % 以上
断裂强力/N	按附录 A 设计规定		−5.0%	−10.0%～−5.1%	−20.0%～−10.1%
水洗尺寸变化率/%	地纬:绒纬 1:2 及以下	经向	−3.5～+1.0	−4.0～+1.5	低于一等品要求
		纬向	−3.5～+1.0	−5.0～+1.5	
	地纬:绒纬 1:3 及以上	经向	−4.5～+1.0	−5.0～+1.5	
		纬向	−3.5～+1.0	−5.0～+1.5	

表 1（续）

项目	类别		优等品	一等品	二等品
染色牢度/级 ≥	耐光	变色	4	3—4（浅色 3）	低于一等品要求
	耐洗	变色	3—4	3	
		沾色	3—4	3	
	耐摩擦	干摩	3—4	3	
	耐热压	白布沾色	3—4	3	
注 1：深、浅色程度按 GB 250 标准，5 级为深色，2 级及以下为浅色，介于两者之间为中色； 注 2：需湿处理产品的色牢度由供需双方另订协议。					

5.3　**外观质量**

5.3.1　每匹（段）布的局部性疵点允许评分数见表 2。

表 2　局部性疵点允许评分数规定

单位为分每平方米

优等品	一等品	二等品
≤0.2	≤0.3	≤0.6

5.3.1.1　**允许总评分计算方法**

每匹（段）布的局部性疵点允许总评分按式（1）计算：

$$L_a = a \times L \times W \quad \cdots\cdots(1)$$

式中：

L_a——每匹（段）布的局部性疵点允许总评分，单位为分/匹（段）；

a——每平方米允许评分数，单位为分每平方米（分/m^2）；

L——匹（段）长，单位为米（m）；

W——标准幅宽，单位为米（m）。

5.3.1.2　**数值修约**

计算结果按 GB/T 8170 修约到个位数。

5.3.2　局部性疵点评分规定见表 3。

表 3　局部性疵点评分规定

疵点长度	评　分
疵点在 8 cm 及以下时	1 分
疵点在 8 cm 以上至 16 cm 及以下时	2 分
疵点在 16 cm 以上至 24 cm 及以下时	3 分
疵点在 24 cm 以上时	4 分

5.3.2.1　1 m 评分不得超过 4 分。

5.3.2.2　所有破洞不论大小，均评 4 分。

5.3.2.3　局部性疵点评分说明

5.3.2.3.1　疵点长度按经向或纬向的最大长度量计。

5.3.2.3.2　除破损和边疵外，距边 1.1 cm～2.0 cm 的其他局部性疵点按表 3 有关疵点减半评分（凡累计后的分数小数不计），降等限度为二等。

5.3.2.3.3　评定布面疵点时，均以布匹正面为准，反面有通匹、散布的严重疵点时须降一个等，印花印反时，应降为等外品。

5.3.3　散布性疵点的允许程度规定见表 4。

表 4　散布性疵点的允许程度

<table>
<tr><th colspan="4">疵点名称和类别</th><th>优等品</th><th>一等品</th><th>二等品</th></tr>
<tr><td rowspan="2">幅宽偏差/cm</td><td colspan="3">幅宽 100 及以内</td><td>−0.5～+1.5</td><td>−1.0～+2.0</td><td>−2.0～+3.0</td></tr>
<tr><td colspan="3">幅宽 100 以上</td><td>−1.0～+2.0</td><td>−1.5～+2.5</td><td>−2.5～+3.5</td></tr>
<tr><td rowspan="7">色差/级
≥</td><td rowspan="4">原样不符</td><td rowspan="2">漂色类</td><td>同类布样</td><td>4</td><td>3—4</td><td rowspan="4">低于一等品要求</td></tr>
<tr><td>参考样</td><td>3—4</td><td>3</td></tr>
<tr><td rowspan="2">印花类</td><td>同类布样</td><td>3—4</td><td>3</td></tr>
<tr><td>参考样</td><td>3</td><td>2—3</td></tr>
<tr><td rowspan="2" colspan="2">左中右</td><td>漂色类</td><td>4—5</td><td>4</td><td>3—4</td></tr>
<tr><td>印花类</td><td>4</td><td>3—4</td><td>3</td></tr>
<tr><td colspan="3">前后</td><td>4</td><td>3—4</td><td>3</td></tr>
<tr><td rowspan="2">歪斜/%
≤</td><td colspan="3">花斜或纬斜</td><td>4.0</td><td>4.5</td><td>8.0</td></tr>
<tr><td colspan="3">条格花斜或纬斜</td><td>3.0</td><td>3.5</td><td>7.0</td></tr>
<tr><td colspan="4">条花</td><td>不显著</td><td>不显著</td><td>显著</td></tr>
<tr><td colspan="4">棉结杂质、深浅细点</td><td>不显著</td><td>不显著</td><td>显著</td></tr>
<tr><td colspan="4">花纹不符、染色不匀</td><td>不影响外观</td><td>不影响外观</td><td>影响外观</td></tr>
<tr><td colspan="4">刷毛档</td><td>不显著</td><td>不显著</td><td>显著</td></tr>
<tr><td colspan="4">压皱印</td><td>不显著</td><td>不显著</td><td>显著</td></tr>
<tr><td colspan="7">注：幅宽指成品的幅宽。</td></tr>
</table>

5.3.3.1　条花系指经向延伸或断续的散布全匹(段)色泽有深浅的条状(包括割绒条花)。割绒条花经向轻微、纬向两面看得出者为显著;细条经向明显、纬向两面看得出者为显著。

5.3.3.2　印花品种的绒面疵点,应根据对印花总效果的影响程度评定。

5.3.3.3　花斜系指一般花型,条格花斜系指花型有条有格并经纬相互交叉的条格花型。

5.3.4　优等品不允许有单独一处评 4 分的局部性疵点存在,不允许破边、缺边和豁边。

5.4　假开剪和拼件的规定

5.4.1　假开剪的疵点应是评为 4 分疵点,假开剪后各段布都应是一等品。

5.4.2　凡用户允许假开剪或拼件的,可实行假开剪和拼件,最低拼件长度不低于 10 m;假开剪和拼件按二联匹不允许超过三处,长度每增加一匹,假开剪可相应增加一处。

5.4.3　假开剪和拼件率合计不允许超过 20%,其中拼件率不得超过 10%。另有规定按双方协议执行。

5.4.4　假开剪布应作明显标记,附假开剪段长记录单。

6　试验方法

6.1　试验方法

6.1.1　长度检验方法按 GB/T 4666 执行。

6.1.2　幅宽检验方法按 GB/T 4667 执行。

6.1.3　密度检验方法按 GB/T 4668 执行。

6.1.4　断裂强力试验方法按 GB/T 3923.1 执行。

6.1.5　水洗尺寸变化率试验方法按 GB/T 8628、GB/T 8629—2001(洗涤 4A,干燥 F)和 GB/T 8630 执行。

6.1.6　耐光色牢度试验方法按 GB/T 8427—1998 中方法 3 执行。

6.1.7 耐洗色牢度试验方法按 GB/T 3921.1 执行，耐洗色牢度试验后原样变色评级时，原样和试样应绒毛倒顺一致。用两块贴衬做白布沾色试验时，以沾色深的一块作评级依据。

6.1.8 耐摩擦色牢度试验方法按 GB/T 3920 执行，试样经向应与摩擦柱前后往返直线成 22.5°角，只试经向。评级前应刷去试样布面有色纤维然后评级。

6.1.9 耐热压色牢度试验方法按 GB/T 6152—1997(潮压法，温度 150 ℃±2 ℃)执行。

6.1.10 纬斜(或花型、格型)歪斜率按 GB/T 14801 执行。

6.1.11 变色、色差按 GB 250 评定，沾色按 GB 251 评定。

6.2 外观质量检验条件和方法

6.2.1 采用灯光检验时，以 40 W 加罩青光日光灯管 3 根～4 根，布面处照度不低于 750 lx，光源与布面距离为 1.0 m～1.2 m。

6.2.2 验布机验布板角度为 45°，布行速度最高为 30 m/min～40 m/min。布匹的评等检验，按验布机上作出疵点标记，评分评等。

6.2.3 对布匹的复验、验收应将布平摊在验布台上，按纬向逐幅展开检验，检验人员的视线应正视布面，眼睛与布面的距离为 55.0 cm～60.0 cm。

6.2.4 规定检验布的正面(盖梢印的一面为反面)。

7 检验规则

检验规则按 FZ/T 10005 执行。

8 标志和包装

标志和包装按 FZ/T 10010 执行。

9 其他

特殊品种及用户对产品有特殊要求的，由供需双方另订协议。

附 录 A
（规范性附录）
棉印染灯芯绒加工系数及计算

A.1 密度、断裂强力加工系数

A.1.1 密度的加工系数见表 A.1。

表 A.1 密度加工系数

织物种类	经密加工系数	纬密加工系数
纱经灯芯绒	1.087	0.966
线经灯芯绒	1.087	0.961

A.1.2 断裂强力的加工系数见表 A.2。

表 A.2 断裂强力加工系数

产品种类	断裂强力加工系数	
	经　向	纬　向
染色	0.96	0.92
印花	0.92	0.90

A.2 计算方法

A.2.1 标准(经、纬向)密度

A.2.1.1 棉印染灯芯绒标准(经向)密度按式(A.1)计算：

$$D_t = d_t \times c_t \quad \cdots\cdots\cdots\cdots (A.1)$$

式中：

D_t——棉印染灯芯绒标准(经向)密度，单位为根每 10 厘米(根/10 cm)；

d_t——棉本色灯芯绒标准(经向)密度，单位为根每 10 厘米(根/10 cm)；

c_t——棉印染灯芯绒(经向)密度加工系数。

A.2.1.2 棉印染灯芯绒标准(纬向)密度按式(A.2)计算：

$$D_w = d_w \times c_w \times k \quad \cdots\cdots\cdots\cdots (A.2)$$

式中：

D_w——棉印染灯芯绒标准(纬向)密度，单位为根每 10 厘米(根/10 cm)；

d_w——棉本色灯芯绒标准(纬向)密度，单位为根每 10 厘米(根/10 cm)；

c_w——棉印染灯芯绒(纬向)密度加工系数；

k——棉印染灯芯绒割绒加工系数。

A.2.1.3 割绒加工系数按式(A.3)计算：

$$k = \frac{M_d}{M} \quad \cdots\cdots\cdots\cdots (A.3)$$

式中：

k——棉印染灯芯绒割绒加工系数；

M_d——一个完全组织的底纬根数；

M——一个完全组织的总纬根数。

A.2.2 标准经、纬向断裂强力

A.2.2.1 标准经向断裂强力按式(A.4)计算：

$$F_t = f_t \times j_t \times c_t \qquad \cdots\cdots(A.4)$$

式中：

F_t——标准经向断裂强力，单位为牛(N)；

f_t——棉本色灯芯绒标准经向断裂强力，单位为牛(N)；

j_t——棉印染灯芯绒经向断裂强力加工系数；

c_t——棉印染灯芯绒经向密度加工系数。

A.2.2.2 标准纬向断裂强力按式(A.5)计算：

$$F_w = f_w \times j_w \times c_w \times k \qquad \cdots\cdots(A.5)$$

式中：

F_w——标准纬向断裂强力，单位为牛(N)；

f_w——棉本色灯芯绒标准纬向断裂强力，单位为牛(N)；

j_w——棉印染灯芯绒纬向断裂强力加工系数；

c_w——棉印染灯芯绒纬向密度加工系数；

k——棉印染灯芯绒割绒加工系数。

ICS 29.100.20
K 13

中华人民共和国国家标准

GB/T 14315—2008
代替 GB/T 14315—1993

电力电缆导体用
压接型铜、铝接线端子和连接管

Compression type terminal lugs and ferrules with copper or aluminum for power cables conductors

2008-12-30 发布　　　　2009-10-01 实施

中华人民共和国国家质量监督检验检疫总局
中国国家标准化管理委员会　发布

前言

GB/T 14315—2008 代替 GB/T 14315—1993《电力电缆导体用压接型铜、铝接线端子和连接管》。

本标准与 GB/T 14315—1993 相比，主要变化如下：

——截面范围增加到 630 mm^2 及相应的尺寸（本版第 1 章、表 1～表 8）；

——增加了铜铝过渡接线端子产品及相应的尺寸（本版 4.1.2、图 3、表 4）；

——增加了堵油式铜连接管产品及相应的尺寸（本版图 5、表 8）；

——删除了“紧压导体”、“非紧压导体”、“压接圆筒短型”、“压接圆筒长型和产品型号”及“名称、用途”表（1993 版 4.1.3、表 1）；

——修改、合并紧压导体、非紧压导体内径尺寸系列，删除了压接圆筒短型尺寸系列（1993 版表 2、表 3、表 4、表 5、表 6、表 7，本版表 1～表 3、表 5～表 7）；

——修改所用的铜材为三号铜（1993 版 6.1，本版 5.1）；

——“电气、机械性能要求”按 GB/T 9327—2008《额定电压 35 kV（U_m=40.5 kV）及以下电力电缆导体用压接式和机械式连接金具　试验方法和要求》的内容作修改（1993 版表 8、表 9，本版表 9、表 10）；

——删除了附录（1993 版附录 A、附录 B、附录 C、附录 D）。

本标准由中国电器工业协会提出。

本标准由全国电线电缆标准化技术委员会（SAC/TC 213）归口。

本标准起草单位：上海电缆研究所、永固集团股份有限公司。

本标准主要起草人：顾荣荣、葛光明、陈杰、郑晓权、黄金宪、张智勇、马瞻。

本标准所代替标准的历次版本发布情况为：

——GB/T 14315—1993。

电力电缆导体用
压接型铜、铝接线端子和连接管

1 范围

本标准规定了35 kV(U_m=40.5 kV)及以下电力电缆导体用压接型铜、铝及铜铝过渡接线端子和铜、铝连接管的型号、规格、技术要求、试验、检验规则、包装及贮运。

本标准适用于35 kV(U_m=40.5 kV)及以下电力电缆导体用压接型铜、铝及铜铝过渡接线端子和铜、铝连接管。适用铜导体截面范围为(10～630)mm^2、铝导体截面范围为(16～630)mm^2,对固定敷设用的其他电线电缆亦可参照采用。

2 规范性引用文件

下列文件中的条款通过本标准的引用而成为本标准的条款。凡是注日期的引用文件,其随后所有的修改单(不包括勘误的内容)或修订版均不适用于本标准,然而,鼓励根据本标准达成协议的各方研究是否可使用这些文件的最新版本。凡是不注日期的引用文件,其最新版本适用于本标准。

GB/T 1527—2006 铜及铜合金拉制管

GB/T 1800.3—1998 极限与配合 基础 第3部分:标准公差和基本偏差数值表(eqv ISO 286-1:1988)

GB/T 2900.10 电工术语 电缆(GB/T 2900.10—2001,idt IEC 60050(461):1984)

GB/T 3190—1996 变形铝及铝合金化学成分(neq ISO 209:1991)

GB/T 4423—2007 铜及铜合金拉制棒

GB/T 5231—2001 加工铜及铜合金化学成分和产品形状

GB/T 9327—2008 额定电压35 kV(U_m=40.5 kV)及以下电力电缆导体用压接式和机械式连接金具 试验方法和要求(IEC 61238-1:2003,Compression and mechanical connectors for power cables for rated voltages up to 30 kV(U_m=36 kV) Part 1:Test methods and requirements,MOD)

3 术语和定义

GB/T 2900.10确立的以及下列术语和定义适用于本标准。

3.1

压接型接线端子 compression terminal lugs

用压接方式使电缆末端导体与用电装置接线端相连接的导电金具,通常它与电缆导体连接一端为管状,与用电装置连接的另一端为特定形状的平板。

3.2

压接型连接管 compression ferrules

用压接方式将邻近两根及以上的电缆导体在线路中间相互连接用的管状导电金具。

3.3

铜铝过渡接线端子 Cu-Al transition lug

由铜铝两种金属用焊接或其他工艺加工而成的接线端子,用于连接由这两种金属组成的导电部件。

4 产品代号和表示方法

4.1 代号

4.1.1 按类型分

压接型接线端子 …………………………………………………………………………… D

压接型连接管 ……………………………………………………………………………… G

4.1.2 按材料特征分

铜 …………………………………………………………………………………………… T

铝 …………………………………………………………………………………………… L

铜铝过渡 …………………………………………………………………………………… TL

4.1.3 按结构特征分

堵油、密封式 ……………………………………………………………………………… M

直通式或非堵油式、非密封式 ………………………………………………………… (省略)

4.2 产品表示方法

4.2.1 产品型号由产品类型、材料特征及结构特征的代号组成。产品用型号、导体标称截面积、螺栓直径(若有)表示,其构成示意如下:

a) 接线端子

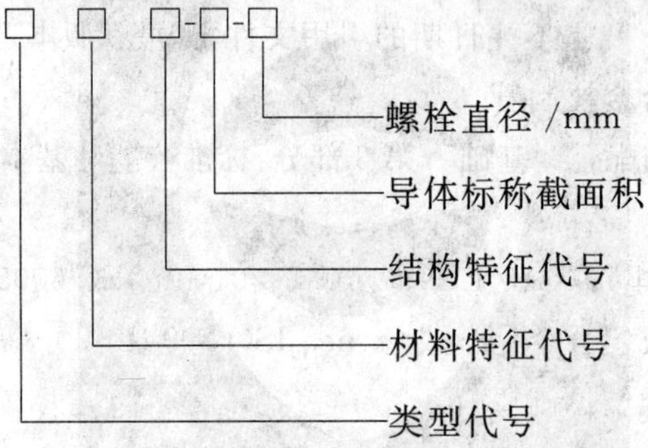

b) 连接管

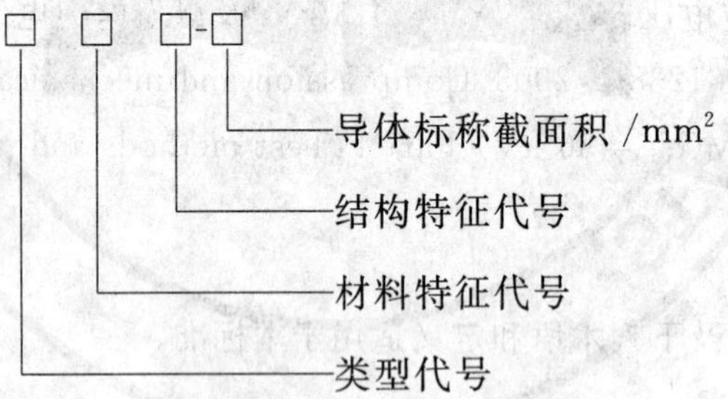

4.2.2 产品表示方法示例如下:

a) 用于导体标称截面积 120 mm² 电缆,堵油式铝连接管,表示为 GLM-120。

b) 用于电器设备端子板与截面积 185 mm² 铝电缆连接的铜铝接线端子,表示为 DTL-185。

5 技术要求

5.1 产品用材料的化学成分应符合以下要求:

a) 铝材应不低于 GB/T 3190—1996 二号工业纯铝(L_2)的规定;

b) 铜材应不低于 GB/T 5231—2001 三号铜(T_3)的规定;

c) 铜、铝挤压棒材和拉制铜管尺寸应分别按 GB/T 4423—2007、GB/T 3190—1996 及 GB/T 1527—2006 规定的相应规格选用。

5.2 尺寸

5.2.1 铜接线端子(DT 型)

5.2.1.1 形状如图 1。

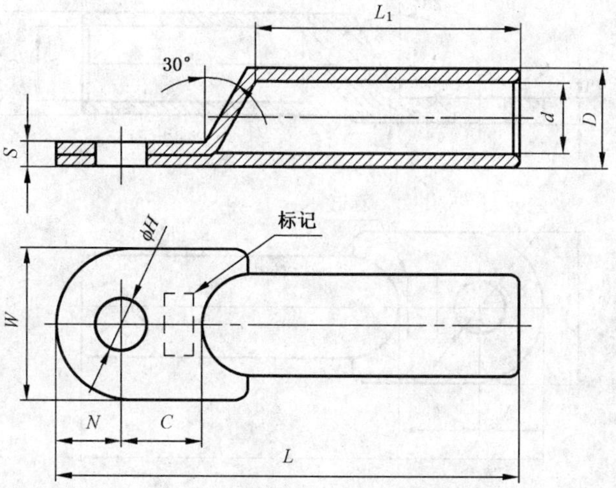

图 1 铜接线端子(DT 型)

5.2.1.2 铜接线端子(DT 型)尺寸应符合表 1 的规定。

表 1 铜接线端子(DT 型)尺寸

导体标称截面积 mm^2	螺栓直径 mm	φH H12 mm	d 标称值 mm	d 偏差 mm	D 标称值 mm	D 偏差 mm	L_1 最小值 mm	C^a 标称值 mm	N^a 标称值 mm	W 参考值 mm	L 标称值 mm	L 偏差 mm
10	6	6.5	5	±0.30	8	0 −0.12	30	9	9	10	50	±1.50
16	6	6.5	6		9		31	10	9	12	55	
25	6	6.5	7		10		34	11	9	14	60	
35	8	8.4	8.5		12	0 −0.16	36	14	9	16	66	
50	8	8.4	10	±0.40	14		40	14	11	19	72	
70	10	10.5	12		16		42	15	12	22	80	
95	10	10.5	13		18		46	17	14	25	87	
120	12	13	15	±0.50	20	0 −0.24	48	19	16	28	96	
150	12	13	16		22		52	20	17	32	103	
185	16	16.5	18		25		55	23	19	36	115	
240	16	16.5	20		27		60	23	20	40	120	
300	16	17	24	±0.60	31	0 −0.30	65	25	20	45	135	±2.0
400	16	17	26		34		70	31	20	50	150	
500[b]			30		38		75	35	24	56	170	
630[b]			35		45		85	44	24	65	210	

a 表中 C、N 的偏差为 GB/T 1800.3—1998 规定的标准公差等级 IT14 级。

b 螺栓直径和数量由供需双方商定。

5.2.2 密封式铜或铝接线端子(DTM 型或 DLM 型)

5.2.2.1 形状如图 2。

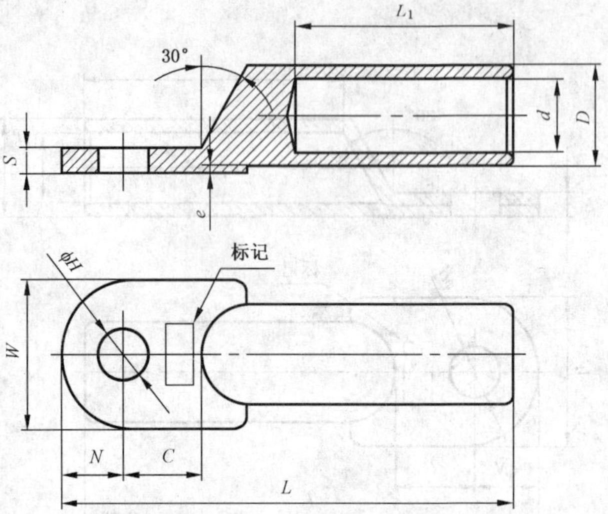

图 2 密封式铜或铝接线端子(DTM 型或 DLM 型)

5.2.2.2 密封式铜接线端子(DTM 型)尺寸应符合表 2 的规定。

表 2 密封式铜接线端子(DTM 型)尺寸

导体标称截面积 mm^2	螺栓直径 mm	ϕH H12 mm	d		D		L_1	C^a	N^a	W		S		L		e
			标称值 mm	偏差 mm	标称值 mm	偏差 mm	最小值 mm	标称值 mm	标称值 mm	标称值 mm	偏差 mm	标称值 mm	偏差 mm	标称值 mm	偏差 mm	最小值 mm
10	8	8.4	5.5		9		30	12	7	16		2.2		66		1
16	8	8.4	6		10	+0.2 −0.12	31	13	8	16		2.5	+0.6 0	67		1
25	8	8.4	7	+0.36 0	11		34	14	10	18		3		70		1
35	10	10.5	8.5		12		36	16	11	20		3		79		1
50	10	10.5	9.6		14	+0.3 −0.17	40	17	12	23		3.5		87		1
70	12	12.5	12		16		44	18	13	26	±0.3	4	+0.8 0	95	±1.5	1
95	12	12.5	13	+0.43 0	18		47	20	15	28		4.5		105		1.5
120	14	14.5	15		20		50	22	16	30		5		112		1.5
150	14	14.5	16		22	+0.3 −0.20	54	23	17	34		5.5		118		1.5
185	16	16.5	18		25		56	24	18	38		6		125		2
240	16	16.5	20		27		60	28	20	42		7		136		2
300	20	21	23	+0.52 0	30		65	32	25	48		8	+0.9 0	160		2
400	20	21	26		34		70	33	25	54		9		165		2
500[b]			29		38	+0.4 −0.20	75	38	30	64	±0.5	9.5		190	±2.0	2
630[b]			34	+0.62 0	45		85	45	40	78		10		220		2

a 表中 C、N 的偏差为 GB/T 1800.3—1998 规定的标准公差等级 IT14 级。

b 螺栓直径和数量由供需双方商定。

5.2.2.3 密封式铝接线端子(DLM型)尺寸应符合表3的规定。

表 3 密封式铝接线端子(DLM型)尺寸

导体标称截面积 mm²	螺栓直径 mm	ϕH H12 mm	d		D		L_1	C[a]	N[a]	W		S		L		e
			标称值 mm	偏差 mm	标称值 mm	偏差 mm	最小值 mm	标称值 mm	标称值 mm	标称值 mm	偏差 mm	标称值 mm	偏差 mm	标称值 mm	偏差 mm	最小值 mm
16	8	8.4	5.5	$^{+0.30}_{0}$	10	$^{+0.20}_{-0.12}$	32	13	9	16		3	$^{+0.6}_{0}$	70		1.5
25	8	8.4	7		12		34	15	10	18		3.5		75		1.5
35	10	10.5	8.5	$^{+0.36}_{0}$	14	$^{+0.30}_{-0.17}$	40	18	11	20		3.5		85		1.5
50	10	10.5	9.5		16		42	19	12	23		4		90		1.5
70	12	12.5	12		18		47	20	14	26		4.5	$^{+0.8}_{0}$	102	±1.5	1.5
95	12	12.5	13	$^{+0.43}_{0}$	21		50	21	15	28	±0.3	5		112		2
120	14	14.5	15		23	$^{+0.30}_{-0.20}$	53	24	16	30		5.5		120		2
150	14	14.5	16		25		55	25	17	34		6		126		2
185	16	16.5	18		27		58	29	18	37		6.5		133		2
240	16	16.5	20		30		60	30	20	40		7.5	$^{+0.9}_{0}$	140		2
300	20	21	23	$^{+0.52}_{0}$	34		65	37	25	45		8.5		165		2
400	20	21	26		38	$^{+0.40}_{-0.20}$	70	37	25	52		9.5		170		2
500[b]			29		42		75	37	30	60	±0.5	10	$^{+1.1}_{0}$	190	±2.0	2
630[b]			34	$^{+0.62}_{0}$	54		80	45	40	78		10.5		225		2

a 表中 C、N 的偏差为 GB/T 1800.3—1998 规定的标准公差等级 IT14 级。

b 螺栓直径和数量由供需双方商定。

5.2.3 铜铝过渡接线端子(DTL型)

5.2.3.1 铜铝过渡接线端子(DTL型)形状见图3。

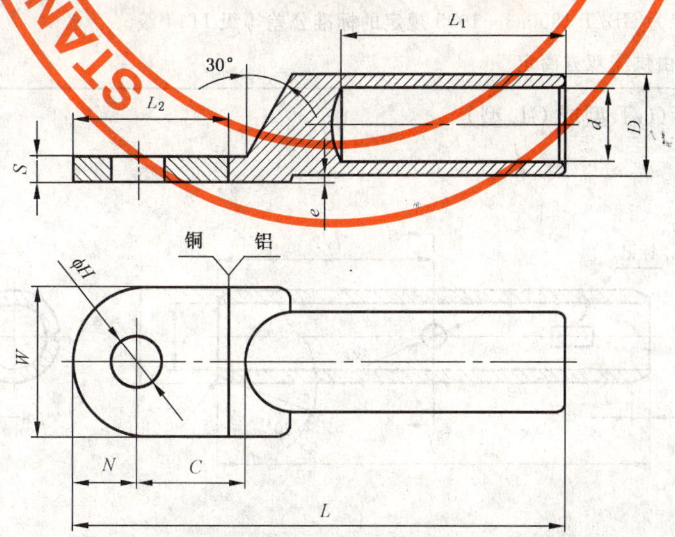

图 3 铜铝过渡接线端子

5.2.3.2 铜铝过渡接线端子的尺寸应符合表 4 的规定。

表 4 铜铝过渡接线端子

导体标称截面积 mm²	螺栓直径 mm	ϕH H12 mm	d 标称值 mm	d 偏差 mm	D 标称值 mm	D 偏差 mm	L_1 最小值 mm	C[a] 标称值 mm	N[a] 标称值 mm	W 标称值 mm	W 偏差 mm	S 标称值 mm	S 偏差 mm	L 标称值 mm	L 偏差 mm	e 最小值 mm
16	8	8.4	5.5	+0.30 0	10	+0.20 −0.12	32	13	9	16		3	+0.6 0	70		1.5
25	8	8.4	7		12		34	15	10	18		3.5		75		1.5
35	10	10.5	8.5	+0.36 0	14	+0.30 −0.17	40	18	11	20		3.5		85		1.5
50	10	10.5	9.5		16		42	19	12	23		4		90		1.5
70	12	12.5	12		18		47	20	14	26		4.5	+0.8 0	102	±1.5	1.5
95	12	12.5	13	+0.43 0	21		50	21	15	28	±0.3	5		112		2
120	14	14.5	15		23	+0.30 −0.20	53	24	16	30		5.5		120		2
150	14	14.5	16		25		55	25	17	34		6		126		2
185	16	16.5	18		27		58	29	18	37		6.5		133		2
240	16	16.5	20		30		60	30	20	40		7.5	+0.9 0	140		2
300	20	21	23	+0.52 0	34		65	37	25	45		8.5		165		2
400	20	21	26		38	+0.40 −0.20	70	37	25	52		9.5		170	±2.0	2
500[b]			29		42		75	37	30	60	±0.5	10	+1.1 0	190		2
630[b]			34	+0.62 0	54		80	45	40	78		10.5		225		2

a 表中 C、N 的偏差为 GB/T 1800.3—1998 规定的标准公差等级 IT14 级。

b 螺栓直径和数量由供需双方商定。

5.2.4 铜或铝连接管(GT 型或 GL 型)

5.2.4.1 形状见图 4。

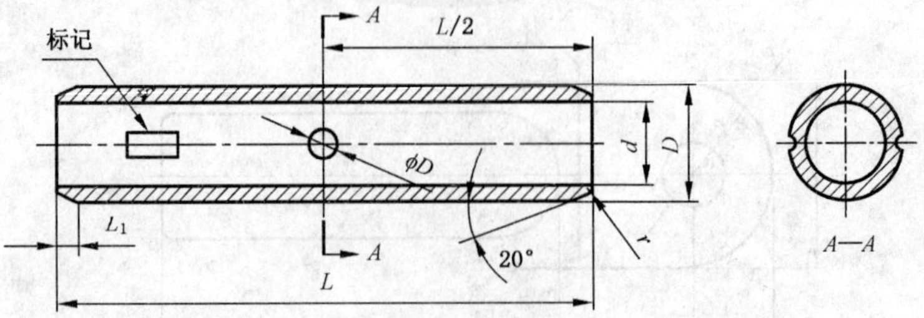

图 4 铜或铝连接管(GT 型或 GL 型)

5.2.4.2 铜连接管(GT 型)尺寸应符合表 5 的规定。

表 5 铜连接管(GT 型)尺寸

<table>
<tr><th rowspan="2">导体标称截面
mm²</th><th colspan="2">d</th><th colspan="2">D</th><th>L</th><th>L_1</th><th>ϕD[a]</th><th>r</th></tr>
<tr><th>标称值
mm</th><th>偏差
mm</th><th>标称值
mm</th><th>偏差
mm</th><th>最小值
mm</th><th>参考值
mm</th><th>参考值
mm</th><th>最小值
mm</th></tr>
<tr><td>10</td><td>5</td><td rowspan="4">±0.30</td><td>8</td><td rowspan="3">0
−0.12</td><td>50</td><td rowspan="4">2.0</td><td rowspan="3">2.0</td><td rowspan="4">0.5</td></tr>
<tr><td>16</td><td>6</td><td>9</td><td>56</td></tr>
<tr><td>25</td><td>7</td><td>10</td><td>60</td></tr>
<tr><td>35</td><td>8.5</td><td>12</td><td rowspan="4">0
−0.16</td><td>64</td><td rowspan="3">4.0</td></tr>
<tr><td>50</td><td>10</td><td rowspan="3">±0.40</td><td>14</td><td>72</td><td rowspan="3">3.0</td><td rowspan="3">0.6</td></tr>
<tr><td>70</td><td>12</td><td>16</td><td>78</td></tr>
<tr><td>95</td><td>13</td><td>18</td><td>85</td><td rowspan="2">5.0</td></tr>
<tr><td>120</td><td>15</td><td rowspan="4">±0.50</td><td>20</td><td rowspan="4">0
−0.24</td><td>90</td><td>3.5</td><td>0.8</td></tr>
<tr><td>150</td><td>16</td><td>22</td><td>94</td><td rowspan="4">4.0</td><td rowspan="2">6.0</td><td rowspan="3">0.9</td></tr>
<tr><td>185</td><td>18</td><td>25</td><td>100</td></tr>
<tr><td>240</td><td>20</td><td>27</td><td>110</td><td rowspan="2">7.0</td></tr>
<tr><td>300</td><td>24</td><td rowspan="4">±0.60</td><td>31</td><td rowspan="4">0
−0.30</td><td>120</td><td>1.2</td></tr>
<tr><td>400</td><td>26</td><td>34</td><td>135</td><td rowspan="3">5.0</td><td rowspan="3">8.0</td><td>1.3</td></tr>
<tr><td>500</td><td>30</td><td>38</td><td>150</td><td rowspan="2">1.5</td></tr>
<tr><td>630</td><td>35</td><td>45</td><td>170</td></tr>
<tr><td colspan="9">a ϕD 坑深度应略大于导体外径与压接圆筒内径两者配合间隙的二分之一。</td></tr>
</table>

5.2.4.3 铝连接管(GL 型)尺寸应符合表 6 的规定。

表 6 铝连接管(GL 型)尺寸

<table>
<tr><th rowspan="2">导体标称截面积
mm²</th><th colspan="2">d</th><th colspan="2">D</th><th>L</th><th>L_1</th><th>ϕD[a]</th><th>r</th></tr>
<tr><th>标称值
mm</th><th>偏差
mm</th><th>标称值
mm</th><th>偏差
mm</th><th>最小值
mm</th><th>参考值
mm</th><th>参考值
mm</th><th>不小于
mm</th></tr>
<tr><td>16</td><td>5.5</td><td>+0.30
0</td><td>10</td><td>+0.20
−0.12</td><td>65</td><td>3.0</td><td>2.0</td><td>0.7</td></tr>
<tr><td>25</td><td>7</td><td rowspan="3">+0.36
0</td><td>12</td><td rowspan="4">+0.30
−0.17</td><td>70</td><td>3.5</td><td rowspan="3">4.0</td><td>0.8</td></tr>
<tr><td>35</td><td>8.5</td><td>14</td><td>75</td><td rowspan="3">4.0</td><td rowspan="3">1.0</td></tr>
<tr><td>50</td><td>9.5</td><td>16</td><td>80</td></tr>
<tr><td>70</td><td>12</td><td rowspan="4">+0.27
0</td><td>18</td><td>90</td><td rowspan="2">4.5</td></tr>
<tr><td>95</td><td>13</td><td>21</td><td rowspan="4">+0.30
−0.20</td><td>95</td><td rowspan="3">4.5</td><td rowspan="3">1.2</td></tr>
<tr><td>120</td><td>15</td><td>23</td><td>100</td><td rowspan="2">5.5</td></tr>
<tr><td>150</td><td>16</td><td>25</td><td>105</td></tr>
<tr><td>185</td><td>18</td><td rowspan="5">+0.52
0</td><td>27</td><td>110</td><td rowspan="2">5.5</td><td rowspan="2">7.0</td><td rowspan="2">1.7</td></tr>
<tr><td>240</td><td>20</td><td>30</td><td rowspan="5">+0.40
−0.20</td><td>120</td></tr>
<tr><td>300</td><td>23</td><td>34</td><td>130</td><td>7.0</td><td rowspan="4">8.0</td><td>1.8</td></tr>
<tr><td>400</td><td>26</td><td>38</td><td>140</td><td>8.0</td><td>2.2</td></tr>
<tr><td>500</td><td>29</td><td>42</td><td>150</td><td rowspan="2">10.0</td><td rowspan="2">2.5</td></tr>
<tr><td>630</td><td>34</td><td>+0.62
0</td><td>54</td><td>170</td></tr>
<tr><td colspan="9">a ϕD 坑深度应略大于导体外径与压接圆筒内径两者配合间隙的二分之一。</td></tr>
</table>

5.2.5 堵油式铜或铝连接管(GTM、GLM 型)

5.2.5.1 形状见图 5。

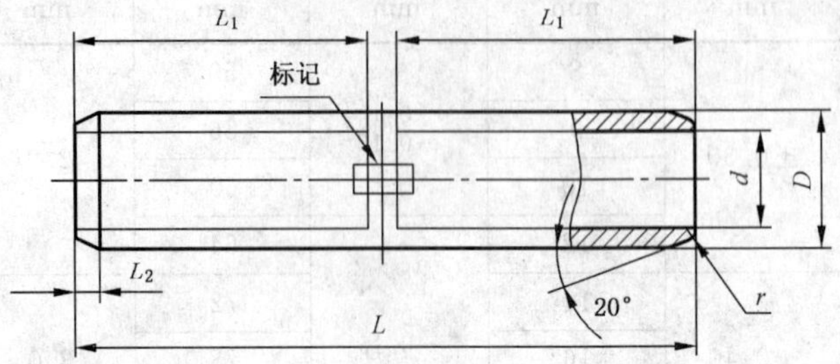

图 5 堵油式铝或铜连接管(GLM 型或 GTM)

5.2.5.2 堵油式铝连接管(GLM)尺寸应符合表 7 的规定。

表 7 堵油式铝连接管(GLM 型)尺寸

导体标称截面积 mm²	d		D		L	L_1	L_2	r
	标称值 mm	偏差 mm	标称值 mm	偏差 mm	最大值 mm	最小值 mm	参考值 mm	不小于 mm
16	5.5	$^{+0.30}_{0}$	10	$^{+0.20}_{-0.12}$	70	31	3.0	0.7
25	7	$^{+0.36}_{0}$	12	$^{+0.30}_{-0.17}$	75	32	3.5	0.8
35	8.5		14		85	37	4.0	1.0
50	9.5		16		95	42		
70	12	$^{+0.43}_{0}$	18		105	46		
95	13		21	$^{+0.30}_{-0.20}$	110	50	4.5	1.2
120	15		23		115	52		
150	16		25		120	55		
185	18	$^{+0.52}_{0}$	27		125	57	5.5	1.7
240	20		30	$^{+0.40}_{-0.20}$	130	61		
300	23		34		140	65	7.0	1.8
400	26		38		150	70	8.0	2.2
500	29		42		160	75		2.5
630	34	$^{+0.62}_{0}$	54		170	80		

5.2.5.3 堵油式铜连接管(GTM 式)的尺寸应符合表 8 的规定。

表 8 堵油式铜连接管(GTM 式)尺寸

导体标称截面积 mm²	d		D		L	L_1	L_2	r
	标称值 mm	偏差 mm	标称值 mm	偏差 mm	最大值 mm	最小值 mm	参考值 mm	不小于 mm
10	5		9		62	28		
16	6		10	+0.20 −0.12	65	30	3.0	0.7
25	7	+0.36 0	11		70	32		
35	8.5		12		75	34	3.5	0.8
50	9.6		14	+0.30 −0.17	80	35		
70	12		16		90	41	4.0	1.0
95	13	+0.43 0	18		95	43		
120	15		20		100	46		
150	16		22	+0.30 −0.20	105	48	4.5	1.2
185	18		25		110	50		
240	20		27		120	55	5.5	1.7
300	23	+0.52 0	30		130	60		
400	26		34	+0.40 −0.20	140	64	7.0	1.8
500	29		38		155	70	8.0	2.0
630	34	+0.62 0	45		170	80		

5.3 产品应按本标准规定的形状、主要尺寸的图样(见表 1 至表 8)制造,其主要尺寸及加工精度应符合 5.2 及 5.6 规定。

5.4 产品经压接与导体连接做成接头后,其电气、机械性能应满足由表 9 规定的技术要求。

表 9 电气、机械性能要求

序号	试验项目	要 求
1	热循环试验	初始离散度:$\delta \leqslant 0.30$ 平均离散度:$\beta \leqslant 0.30$ 电阻比率的变化:$D \leqslant 0.15$ 电阻比率增长率[a]:$\lambda \leqslant 2.0$ 最高温度:$\theta_{max} \leqslant \theta_{ref}$
2	机械试验	拉力负荷:铝 $40 \times A^b$;最大 20 000 N 铜 $60 \times A^b$;最大 20 000 N 接头承受上述的拉力负荷,于一分钟内压接处应不发生滑移

a 仅对 A 类连接接头。

b A 为标称横截面面积(mm²)。

5.5 经冷轧、冷挤的铜、铝半成品在表面处理前,应退火,退火后的硬度,铜 HB 应不大于 62,铝 HB 应不大于 25。

5.6 产品内外表面应光洁平滑,不允许有毛刺、裂纹、锐边、折叠;端子板部应平整。

5.7 铜产品表面可酸洗或镀锡,镀层应均匀,色泽一致,无脱皮;铝产品表面应经化学方法处理或抛光。

5.8 压接圆管管口加工时应采取措施,不应有尖角、卷边。

6 检验规则

6.1 制造厂应按表10规定,对产品进行型式试验(T)、抽样试验(S)、例行试验(R)。

表10 检验项目及要求

序号	检验或试验项目	本标准条文号	试验类型	试验方法
1	外观质量检验	5.6、5.7、5.8	T,R	目测
2	尺寸检验	5.2	T,S	量具检测
3	机械试验	5.4及表9	T,S	GB/T 9327—2008
4	短路试验	5.4及表9	T	GB/T 9327—2008
5	热循环试验	5.4及表9	T	GB/T 9327—2008

6.2 抽样试验的样本大小为每批产品的0.5%;定期抽样频度每年至少一次,抽样数不得少于六件,如第一次抽样试验有一只不合格时,则应另取双倍数量的试件就不合格项目进行第二次试验,如仍有一只不合格,则该批为不合格批,制造厂可逐件检查。

6.3 如有下列情况之一,应按6.1规定进行型式试验:

a) 产品结构、原材料、生产工艺有重大变更时;

b) 产品停产一年后,又重新投产时;

c) 国家质量监督机构提出要求时;

d) 新产品或老产品转厂生产的试制定型检验时。

6.4 产品应由制造厂质量检查部门检查合格方能出厂。

7 标志、包装

7.1 产品上应有符合第4章规定的型号、规格标志,字迹应清晰可辨。

7.2 包装产品前应清除其内外表面油污或金属屑末,铝产品应在压接圆筒内表面涂上导电油脂,套上塑料帽盖后,用合适的包装物包装。

7.3 包装物外表面应具有以下标志:

a) 制造厂名;

b) 产品型号、规格;

c) 本标准编号。

7.4 包装袋内应附有产品检验合格证,合格证上应注明:

a) 产品出厂年月;

b) 检验者代号。

ICS 29.060.20
K 13

中华人民共和国国家标准

GB/T 14316—2008
代替 GB 14316—1993

间距 1.27 mm 绝缘刺破型端接式聚氯乙烯绝缘带状电缆

PVC insulated ribbon cable with a pitch of 1.27 mm suitable for insulation displacement termination

(IEC 60918:1987,MOD)

2008-06-30 发布　　2009-04-01 实施

中华人民共和国国家质量监督检验检疫总局
中国国家标准化管理委员会　发布

前　言

GB/T 14316—2008《间距1.27 mm绝缘刺破型端接式聚氯乙烯绝缘带状电缆》修改采用国际标准IEC 60918:1987《间距1.27 mm绝缘刺破型端接式聚氯乙烯绝缘带状电缆》,第一号修改单IEC 60918:1992-06《间距1.27 mm绝缘刺破型端接式聚氯乙烯绝缘带状电缆》内容也纳入正文,并在它们所涉及的条款的页边空白处用垂直双线标识。

本标准根据IEC 60918:1987重新起草。在附录M中列出了本标准章条编号与IEC 60918:1987章条编号的对照一览表。

考虑到我国国情,在采用IEC 60918:1987时,本标准做了一些修改,有关技术性差异已编入正文,并在它们所涉及的条款的页边空白处用垂直单线标识。

本标准与IEC 60918:1987差异如下:

——为了统一结构尺寸检查试验方法,增加“撕裂槽尺寸检查”(本标准4.3.3条)和“撕裂槽尺寸检查”试验方法(本标准附录K);

——为指导使用,增加“检验规则”(本标准第8章和附录L)。

为便于使用,对于IEC 60918:1987,本部分做了下列编辑性修改:

——删除了IEC 60918:1987的引言和前言;

——第2章采用了适用于我国标准的引用语,删除了IEC 60918:1987的引用语。

本标准代替GB 14316—1993《间距1.27 mm绝缘刺破型端接式聚氯乙烯绝缘带状电缆》。与GB 14316—1993相比,主要变化如下(详见附录N):

——增加了概要(见本版第3章);

——删除了部分内容(1993年版的第3章、第4章、5.1.1、第9章和附录K),例如删除产品代号、产品标记等内容;

——不再划分绝缘材料耐热等级(1993年版的5.1.2和5.3.2;本版的5.2);

——不再划分不同规格产品检验规则(1993年版的5.3.9;本版的5.4);

——增加了试验项目“绝缘硬度试验”(见本版5.5);

——将表修改为附录(1993年版的表4;本版附录A);

——修改了撕裂槽撕裂试验的技术要求(1993年版的附录C;本版的5.4和附录C);

——增加了冷热冲击试验的时间要求(本版的附录E);

——增加了规范性附录“绝缘热失重试验”(见附录F);

——增加了规范性附录“绝缘电阻试验方法”(见附录H);

——增加了规范性附录“浸水耐压试验方法”(见附录J);

——合并了“试验”和“检验规则”的内容(1993年版的第6章和第8章;本版的附录L);

——增加了资料性附录“新老版本标准条款对照”(见附录N)。

本标准的附录A、附录M和附录N为资料性附录;附录B、附录C、附录D、附录E、附录F、附录G、附录H、附录J、附录K和附录L为规范性附录。

本标准由中国电器工业协会提出。

本标准由全国电线电缆标准化技术委员会SAC/TC 213归口。

本标准起草单位:上海电缆研究所。

本标准主要起草人:杨扬、忻济民。

本标准所代替的标准历次版本发布情况为:

——GB 14316—1993。

间距 1.27 mm 绝缘刺破型端接式聚氯乙烯绝缘带状电缆

1 范围

本标准适用于间距为 1.27 mm、电缆芯数不超过 64 芯的绝缘刺破型端接式聚氯乙烯带状电缆。

该电缆长期工作温度为－10 ℃～90 ℃。经顾客与制造厂协商，该电缆可以在特定时间内使用于较高的温度下，但最高使用温度不超过 105 ℃。

1.1 规范性引用文件

下列文件中的条款通过本标准的引用而成为本标准的条款。凡是注日期的引用文件，其随后所有的修改单(不包括勘误的内容)或修订版均不适用于本标准，然而，鼓励根据本标准达成协议的各方研究是否可使用这些文件的最新版本。凡是不注日期的引用文件，其最新版本适用于本标准。

GB/T 2951.12—2008　电缆和光缆绝缘和护套材料通用试验方法　第 12 部分：通用试验方法　热老化试验方法(IEC 60811-1-2:2000,IDT)

GB/T 2951.32—2008　电缆和光缆绝缘和护套材料通用试验方法　第 32 部分：聚氯乙烯混合料专用试验方法　失重试验　热稳定性试验(IEC 60811-3-2:2003,IDT)

GB/T 11327.1—1999　聚氯乙烯绝缘聚氯乙烯护套低频通信电缆电线　第 1 部分：一般试验和测量方法(neq IEC 60189-1:1986)

GB/T 18213—2000　低频电缆和电线无镀层和有镀层铜导体电阻的计算导则(idt IEC 60344:1980)

GB/T 18380.12—2008　电缆和光缆在火焰条件下的燃烧试验　第 12 部分：单根绝缘电线或电缆垂直燃烧试验　1 kW 预混合火焰试验方法(IEC 60332-1-2:2004,IDT)

ISO 868:2003　塑料和硬质橡胶——用硬度计测定压痕硬度(肖氏硬度)

IEC 60028:1925　铜电阻国际标准

IEC 60304:1982　低频电缆和电线用绝缘的标准颜色

2 目的

本标准的目的在于规范这种柔软的、扁平的、无屏蔽的 PVC 绝缘电缆(包括实心导体和绞合导体)的技术要求和规格尺寸。这种刺破型端接式带状电缆为额定电压 300 V 及以下家用电器、电子仪器内部使用。

为了方便运输，电缆需要被卷绕在电缆盘上，甚至可以耐受－55 ℃的气温。但在使用前，电缆应该在至少 15 ℃的环境下稳定一段时间。

3 概要

制造厂有责任建立质量保证体系，通过质量控制程序，确保产品满足本标准的要求。但这并不意味着对每段导体和电缆都必须进行完整的试验验证。当顾客对产品有指定的但可以接受的测试要求或其他的质量程序的要求时，供需双方应通过协调达成共识。

4 电缆结构

4.1 导体

4.1.1　导体由退火铜线组成，铜线应材质均匀、无缺陷。导体电阻应符合 IEC 60028:1925 规定。

4.1.2　导体类型

导体可为实心导体或束绞导体。

束绞导体由7根或19根单线束绞而成，单线间应无绝缘杂质。束绞导体的节径比应不大于20。

4.1.3　导体成品

实心导体可以是裸铜线或镀锡铜线，束绞导体必须为镀锡铜线。

镀锡单线束绞导体整体允许镀锡，必须控制镀锡层的厚度，使整体镀锡不至于把单线粘结在一起。

镀锡导体应符合GB/T 11327.1—1999中4.7的规定。

4.1.4　导体尺寸

实心导体和束绞导体结构应符合表1规定。

表1　导体结构

根数	单线标称直径/mm	标称截面/mm^2	20 ℃时导体电阻最大值/(Ω/km)
1	0.25	0.05	379
7	0.10	0.05	365
1	0.32	0.09	225
7	0.13	0.09	216
19	0.08	0.10	210
1	0.4	0.14	144
7	0.16	0.14	136
7	0.20	0.22	87.2

4.1.5　导体连续性

实心导体和束绞导体整体不允许有接头。

束绞导体的单线可以有接头，两个接头应至少相距0.3 m。

4.2　绝缘

4.2.1　绝缘材料

绝缘用聚氯乙烯材料应保证成品带状电缆的性能达到本标准的要求。

4.2.2　绝缘厚度

电缆绝缘应连续，电缆的结构尺寸应在放大倍数至少为10倍的投影仪下测量，并应符合图1、图2和表2的规定。

绝缘最薄点厚度应不小于0.18 mm。

绝缘结构应符合本标准4.3规定。

单位为毫米

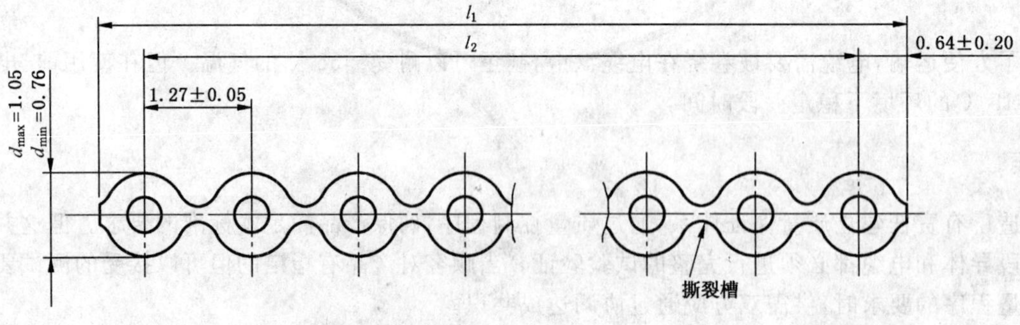

注1：l_1——长轴；l_2——导体中心间距累积距离；d——短轴；

注2：导体间尺寸为两导体中心间距离；

注3：导体为7/0.20时，$d_{max}=1.15$。

图1　挤出成型或压层成型带状电缆的外形尺寸图

单位为毫米

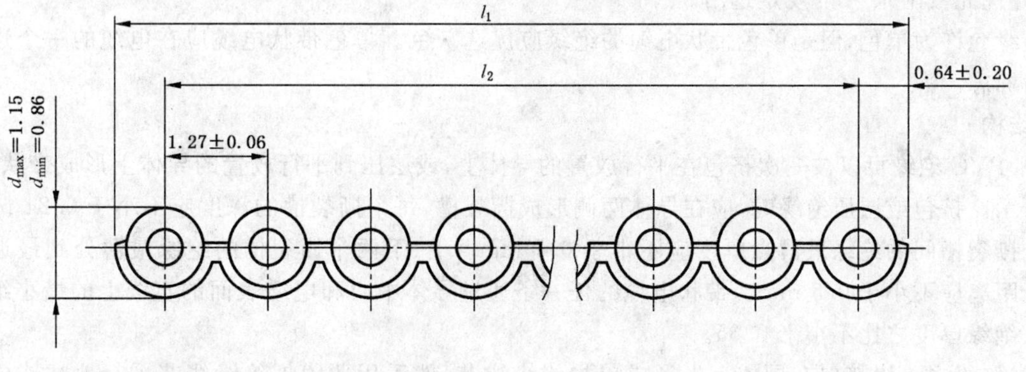

注 1：l_1——长轴；l_2——导体中心间距累积距离；d——短轴；

注 2：导体间尺寸为两导体中心间距离；

注 3：导体为 7/0.20 时，$d_{max}=1.15$。

注 4：图 1 和图 2 描述了尺寸要求，但不代表实际设计。

图 2　粘连和挤包薄膜成型带状电缆的外形尺寸图

表 2　带状电缆结构尺寸

优先选用的绝缘线芯数	长轴尺寸/mm		导体中心间累积距离/mm	
	l_1	偏差	l_2	偏差
6	7.62	±0.25	6.35	±0.18
9	11.43		10.16	
10	12.70		11.43	
12	15.24		13.97	
14	17.78		16.51	
15	19.05		17.78	
16	20.32	±0.4	19.05	±0.28
20	25.40		24.13	
24	30.48		29.21	
25	31.75		30.48	
26	33.02		31.75	
29	36.83		35.56	
30	38.10	±0.5	36.83	±0.38
34	43.18		41.91	
36	45.72		44.45	
37	46.99		45.72	
40	50.80		49.53	
44	55.88		54.61	
50	63.50		62.23	
60	76.20		74.93	
64	81.28		80.01	

注：$l_1=n\times1.27$ (mm)；$l_2=(n-1)\times0.27$ (mm)。式中 n 为带状电缆的芯数。

4.2.3 绝缘的颜色

如图1、图2所示的带状电缆，每根绝缘线芯应为不同颜色，绝缘线芯颜色应符合IEC 60304:1982规定，并优先按附录A的规定选用。

绝缘允许为单色，但是单色带状电缆的绝缘应优选灰色。单色带状电缆应在电缆的一个边缘加色条作为标志。

4.3 结构

4.3.1 PVC绝缘可以被一次挤包在平行放置的导体上，或层压到平行放置的导体上形成带状电缆，如图1所示。挤包或层压绝缘时，应在导体两侧形成撕裂槽，每个撕裂槽的深度应不小于0.24 mm。上、下两个撕裂槽间的绝缘最薄点厚度应不小于0.1 mm。上、下两个撕裂槽的绝缘最薄处到最近的导体中心处距离应不小于0.5 mm。带状电缆的任一条通过导体中心和电缆表面的直线上的最小绝缘厚度和最大绝缘厚度之比不小于0.65。

4.3.2 绝缘也可以挤包在导体上先形成单根绝缘线芯，然后用薄膜把绝缘线芯平行地粘连成带状电缆，如图2所示。粘连成型带状电缆的最小绝缘厚度应不小于0.18 mm。最小绝缘厚度和最大绝缘厚度之比应不小于0.65。

4.3.3 撕裂槽尺寸检查试验方法见附录K。

5 机械性能

5.1 实心导体

实心导体的断裂伸长率应不小于10%，试验方法参见GB/T 11327.1—1999中5.1的规定。

5.2 绝缘

绝缘应具有一定的机械强度和弹性。绝缘应检测老化前后抗张强度和断裂伸长率，试验方法参见GB/T 11327.1—1999中5.2的规定。测试试样取自电缆中的绝缘线芯，将导体去除后切成足够长度的管状样段。

原始抗张强度(中值)应不小于12.5 MPa；

原始断裂伸长率(中值)应不小于125%；

参见GB/T 2951.12—2008中8.1.2和8.1.3规定，进行空气加速热老化试验，处理温度(135±2)℃，处理时间7×24 h。老化前后抗张强度变化率不超过±25%，断裂伸长率变化率不超过±25%。

5.3 折叠试验

绝缘应经受折叠试验，试验方法见附录B。

折叠试验后，绝缘线芯或粘结材料应无裂纹、分层、破裂或断裂。

5.4 撕裂槽撕裂试验

撕裂槽应具有一定的尺寸，在撕裂力作用下允许绝缘线芯分离。试验方法见附录C。撕裂力应在1 N～10 N之间。

试样的撕开部分应不损坏绝缘层。经过撕裂试验的试样应能经受本标准附录J规定的浸水耐压试验。

5.5 绝缘硬度试验

对于绝缘刺破型端接式聚氯乙烯绝缘带状电缆，需要测试绝缘材料硬度。试验方法见ISO 868:2003，按压15 s后读数，试样肖氏硬度A应不大于89，测量公差允许在±3范围内。

5.6 交付货

电缆应卷绕在直径不小于70 mm的电缆盘或线轴上。为了避免运输和贮存过程中的损伤，电缆盘或线轴的边缘应与地面垂直放置。

6 热稳定性能要求

6.1 柔软性试验

只有导体为单线束绞而成的带状电缆才须经受本试验。

绝缘材料在整个温度范围内应保持足够的柔软性，在正常使用时绝缘材料也可能暴露在这个温度范围内。试验方法见附录 D。试验后样品应无导体断裂和绝缘或粘结材料开裂情况发生。

6.2 冷热冲击试验

试样经过不同温度的冲击后，应无开裂情况发生。试验方法见本标准附录 E。

试验后样品绝缘收缩不应超过 3 mm。

6.3 燃烧试验

成品电缆应参见 GB/T 18380.12—2008 规定的方法进行单根燃烧试验。试验时火焰应对着电缆窄面，电缆的宽面应与喷灯灯管在同一个垂直的水平面上。

6.4 热失重试验

绝缘热失重应不超过 20 g/m^2。试验方法见附录 F。

6.5 尺寸稳定性试验

电缆在贮存过程中应保持结构尺寸的稳定性。试验方法见附录 G。

7 电性能要求

7.1 导体电阻

20℃时导体电阻应符合表 1 规定。计算方法参见 GB/T 18213—2000 的规定，测试方法以及按照长度和温度对测量值进行修正的要求见 GB/T 11327.1—1999 的规定。

7.2 火花试验

整盘成品电缆应经受交流 50 Hz 火花试验，试验电压为 2 500 V，持续时间不少于 0.2 s。

7.3 绝缘电阻试验

(20±5)℃时，绝缘电阻(每一绝缘线芯与水及绝缘线芯间)应不小于 50 MΩ·km。试验方法见附录 H。

7.4 浸水耐压试验

绝缘应承受 2 000 V 交流电压或 3 000 V 直流电压 1 min。试验方法见附录 J。

8 检验规则

检验规则见附录 I。

附 录 A
（资料性附录）
绝缘线芯颜色标识

表 A.1 绝缘线芯的颜色

绝缘线芯数(从最边上的绝缘线芯数起)							绝缘的颜色
1	11	21	31	41	51	61	棕
2	12	22	32	42	52	62	红
3	13	23	33	43	53	63	橙
4	14	24	34	44	54	64	黄
5	15	25	35	45	55	—	绿
6	16	26	36	46	56	—	蓝
7	17	27	37	47	57	—	紫
8	18	28	38	48	58	—	灰
9	19	29	39	49	59	—	白
10	20	30	40	50	60	—	黑

附 录 B
（规范性附录）
折叠试验方法

B.1 试样制备

B.1.1 试样为长度至少为 1 m 的成品电缆一根。

B.1.2 试样在(20±5)℃的环境下放置 1 h 作预处理。

B.2 试验步骤

B.2.1 把试样横向折叠 180°(图 B.1)。

B.2.2 折叠好的试样夹在两片光滑的金属板间，并在金属片上加载负荷，压在每 25 mm 电缆宽度上的总负荷为(135±5)N。受压时间为 15 min。

B.2.3 去除负荷，展平试样，在折痕处再加上上述负荷。受压时间(15±1)min。

B.2.4 B.2.1～B.2.3 为一个循环。在同一折叠处，需经受两个循环。

B.2.5 试验在(20±5)℃的环境下进行。

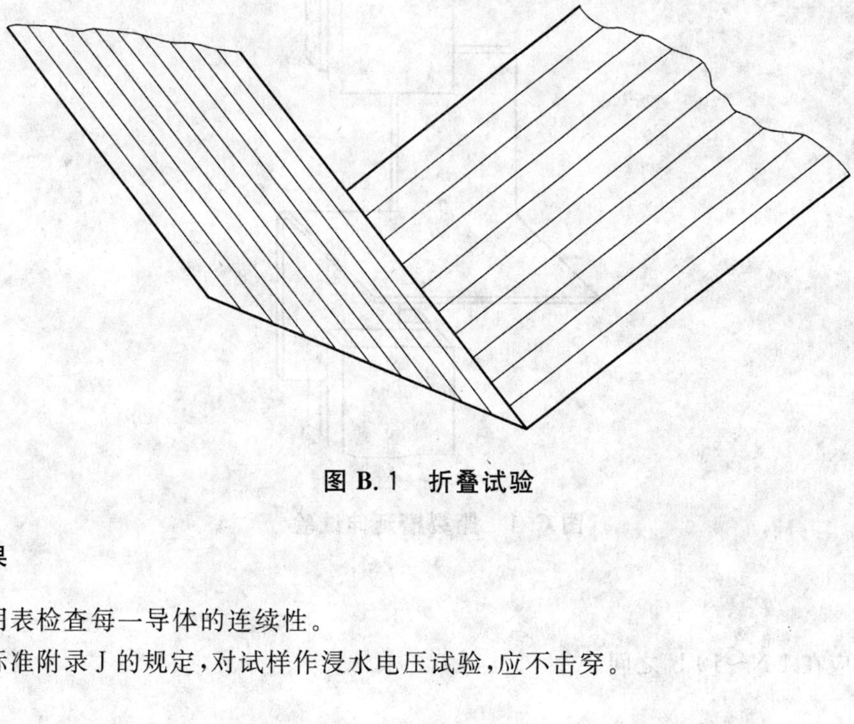

图 B.1 折叠试验

B.3 试验结果

B.3.1 用万用表检查每一导体的连续性。

B.3.2 按本标准附录 J 的规定，对试样作浸水电压试验，应不击穿。

附 录 C
（规范性附录）
撕裂槽撕裂试验方法

C.1 试样制备

C.1.1 试样为长度至少 150 mm 的成品电缆一根。
C.1.2 试样在(20±5)℃的环境下放置 1 h 作预处理。

C.2 试验步骤

C.2.1 沿试样的一个撕裂槽撕开(50±5)mm 的长度。
C.2.2 把撕裂开的试样两端分别夹在拉力试验机上、下夹具中，如图 C.1 所示。
C.2.3 上、下夹具以(300±5)mm/min 速度分离，使试样沿撕裂槽再撕开(50±5)mm 的长度记录撕裂力。
C.2.4 试验在(20±5)℃的环境下进行。

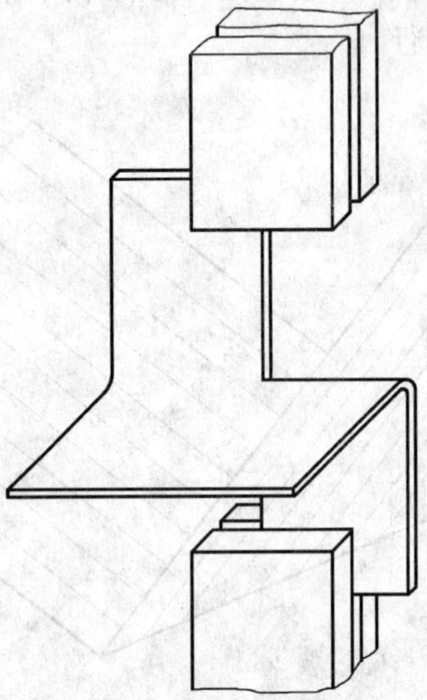

图 C.1 撕裂槽延伸试验

C.3 试验结果

C.3.1 撕裂力应在 1 N～10 N 之间。

附　录　D
（规范性附录）
柔软性试验方法

D.1　试样制备

试样为长度至少 200 mm 的成品电缆一根。

D.2　试验步骤

D.2.1　只有绞合导体的带状电缆才须经受本试验。

D.2.2　把试样夹在弯曲试验仪的两个平行夹具中，夹入时，夹具的两个平行面应处于垂直位置。夹具下边缘应有半径为 3 mm 的圆角。如图 D.1 所示。

D.2.3　试样下端加负荷，使试样的每一导体上保持 0.25 N 的张力。

D.2.4　夹具左右摆动弯曲试样。夹具从垂直位置向右摆动 90°，再回到垂直位置，然后向左摆动 90°，再回到垂直位置，为一次弯曲。弯曲试样 20 次，弯曲速度为(10±5)次/min。

D.2.5　试样及弯曲装置应在(−10±1)℃的环境中至少放置 1 h，在(−10±1)℃的环境中进行试验。

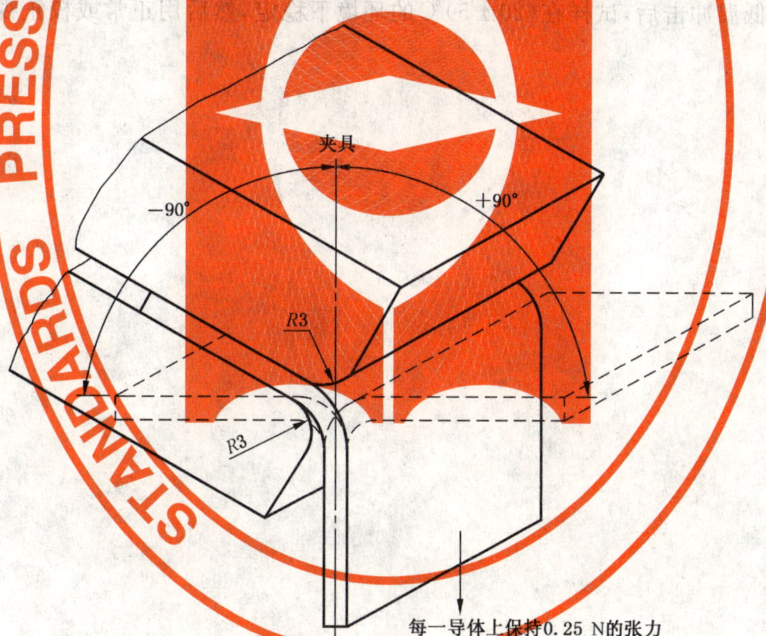

图 D.1　柔软性试验

D.3　试验结果

用正常或校正目力检查弯曲过的试样，应无开裂发生。

附　录　E
（规范性附录）
冷热冲击试验方法

E.1　试样制备

E.1.1　试样为长约 1 m 的成品电缆一根。
E.1.2　把试样卷绕成直径约为 100 mm 的圆圈。

E.2　试验步骤

E.2.1　试样应连续经受 5 个周期的高低温冲击，每一周期时间为 1 h，高温温度为(105±3)℃，低温温度为(−10±1)℃。
E.2.2　每一周期组成如下：试样在高温箱及低温箱内放置的时间各为 30 min，在高低温箱之间转移试样的时间，总共不得超过 2 min。

E.3　试验结果

经 5 个周期高低温冲击后，试样在(20±5)℃的环境下稳定，然后用正常或校正视力检查试样，应无开裂等现象发生。

附　录　F
(规范性附录)
绝缘热失重试验

F.1　试样制备

F.1.1　试样来自剥离导体的绝缘线芯。

F.2　试验步骤

F.2.1　试验方法参见 GB/T 2951.32—中 8.1 的规定。

F.2.2　试验处理温度为(135±2)℃,处理时间 168 h。

F.3　试验结果

绝缘热失重应不超过 20 g/m^2。

附　录　G
（规范性附录）
尺寸稳定性试验方法

G.1　试样制备

试样为长约300 mm的成品电缆一根。

G.2　试验步骤

G.2.1　把试样平放在水平光滑平板上，试样和光滑平板一起放入(－55±5)℃的低温箱中4 h。

G.2.2　从低温箱中移出试样和光滑平板，在(20±5)℃环境下至少放置16 h。

把试样和光滑平板放入(55±3)℃的高温箱中4 h。

从高温箱中移出试样和光滑平板，在(20±5)℃环境下至少放置16 h。

G.3　试验结果

试验结束后，检查试样的外形尺寸，导体中心间距累积距离和导体中心间距应符合表2的规定。

附　录　H
（规范性附录）
绝缘电阻试验方法

H.1　试样制备

试样为长度不少于 600 mm 的成品电缆一根。

H.2　试验步骤

H.2.1　在（20±5）℃环境下，试样浸水时间至少为 4 h。

H.2.2　试验电压 500 V 直流电压。

H.3　试验结果

H.3.1　每一绝缘线芯与水之间，以及相邻绝缘线芯间绝缘电阻应不小于 50 MΩ·km。

附 录 J
（规范性附录）
浸水耐压试验方法

J.1 试样制备

J.1.1 试样为长度不少于 600 mm 的成品电缆，测试段长度不少于 300 mm。

J.1.2 试样可采用刚刚通过绝缘电阻试验的样品。

J.2 试验步骤

J.2.1 在(20±5)℃环境下，试样浸水时间至少为 4 h。

J.2.2 试验电压可采用 2 000 V 交流电压或 3 000 V 直流电压。

J.3 试验结果

每一绝缘线芯与水之间，以及相邻绝缘线芯间在试验电压条件下应经受 1 min 电压不击穿。

附　录　K
（规范性附录）
撕裂槽尺寸检查

K.1　试样制备

K.1.1　从成品电缆中切取合适长度的电缆一段，撕离电缆，取出其中2根线芯，如图K.1所示，小心除去导体。

K.1.2　用适当工具（锐利的刀片等），沿试样与长轴垂直的平面切取一个试片。

K.2　试验步骤

K.2.1　将试片置于放大倍数至少为10倍的投影仪上，试片的切面应与光轴垂直。

K.2.2　按照图K.1测量：撕裂槽深度 e_1，e_2；撕裂槽最薄处厚度 e_3；撕裂槽最薄处厚度到最近导体的距离 e_4。

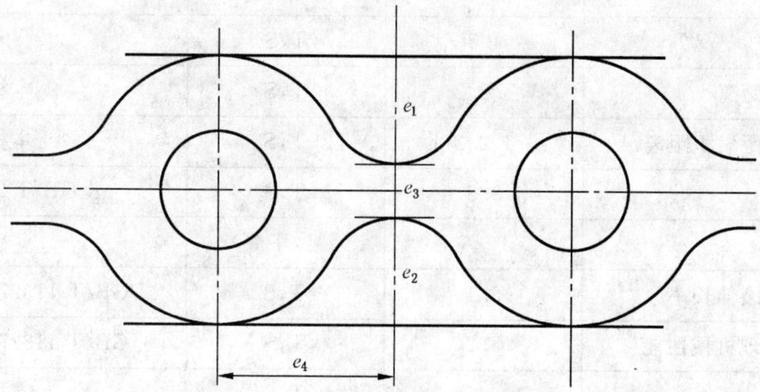

图 K.1　撕裂槽尺寸检查

K.3　试验结果

K.3.1　e_1，e_2，e_3，e_4 应符合本标准4.3.1和4.3.2规定。

附 录 L
（规范性附录）
检 验 规 则

L.1 检验规则

L.1.1 产品应由制造方的质量检验部门检验合格方可出厂。每个出厂的包装件上应附有产品质量检验合格证。

L.1.2 产品应按本标准规定的试验项目进行试验验收，试验项目及类别见表 L.1。

表 L.1 试验项目及类别

序号	试验项目	条文号	试验类别	试验方法
1	结构尺寸			
1.1	导体结构	4.1.4	T,S	GB/T 4909.2—1985
1.2	绝缘厚度	8.1	T,S	GB/T 2951.11—2008
1.3	撕裂槽尺寸	4.3	T,S	附录 K
1.4	导体中心间距离	4.2.2	T,S	本标准 4.2.2
1.5	导体中心间距累积距离	4.2.2	T,S	本标准 4.2.2
1.6	外形尺寸	8.3	T,S	GB/T 2951.11—2008
2	机械性能			
2.1	实心导体断裂伸长率	5.1	T,S	GB/T 11327.1—1999 中 5.1 条
2.2	绝缘材料物理机械性能	5.2	T,S	GB/T 11327.1—1999 中 5.2 条
2.3	折叠试验	5.3	T,S	本标准附录 B
2.4	撕裂槽撕裂试验	5.4	T,S	本标准附录 C
2.5	绝缘硬度试验	5.5	T,S	本标准 5.5
3	热稳定性能		T,S	
3.1	柔软性试验	6.1	T,S	本标准附录 D
3.2	冷热冲击试验	6.2	T,S	本标准附录 E
3.3	燃烧试验	6.3	T,S	本标准 6.3
3.4	热失重试验	6.4	T,S	本标准附录 F
3.5	尺寸稳定性试验	6.5	T,S	本标准附录 G
4	电性能			
4.1	导体电阻	7.1	T,S	GB/T 18213—2000
4.2	火花试验	7.2	R	本标准 7.2
4.3	绝缘电阻试验	7.3	T,S	本标准附录 H
4.4	浸水耐压试验	7.4	T,S	本标准附录 J

附 录 M
（资料性附录）
本标准章条编号与 IEC 60918:1987 章条编号对照

表 M.1 给出了本标准章条编号与 IEC 60918:1987 章条编号对照一览表。

表 M.1 本标准章条号与 IEC 60918:1987 章条号对照一览表

本标准章条号	对应的国际标准章条号
1	1
2	2
3	3
4	4
4.1	4.1
4.1.1	4.1.1
4.1.2	4.1.2
4.1.3	4.1.3
4.1.4	4.1.4
4.1.5	4.1.5
4.2	4.2
4.2.1	4.2.1
4.2.2	4.2.2
4.2.3	4.2.3
4.3	4.3
4.3.1	4.3.1
4.3.2	4.3.2
4.3.3	—
5	5
5.1	5.1
5.2	5.2
5.3	5.3
5.4	5.4
5.5	5.5
5.6	5.6
6	6
6.1	6.1
6.2	6.2
6.3	6.3
6.4	6.4

表 M.1（续）

本标准章条号	对应的国际标准章条号
6.5	6.5
7	7
7.1	7.1
7.2	7.2
7.3	7.3
7.4	7.4
8	—
附录 A	附录 A
附录 B	附录 B
附录 C	附录 C
附录 D	附录 D
附录 E	附录 E
附录 F	附录 F
附录 G	附录 G
附录 H	附录 H
附录 J	附录 J
附录 K	—
附录 L	—
附录 M	—
附录 N	—

附 录 N
(资料性附录)
新老版本标准条款对照

表 N.1 给出了本标准章条编号与 GB 14316—1993 章条编号对照一览表。

表 N.1 新老版本标准条款对照一览表

序号	1993 年版标准条款	本版标准条款	备 注
1	1	1、2	
2	2	1.1	
3	—	3	新增加
4	3、4、5.1.1、5.1.2	—	已删除
5	5.1.3	1	
6	5.2	4.1	
7	5.2.1、5.2.2	4.1.1	
8	5.2.3	4.1.4	
9	5.2.4、5.2.5	4.1.3	
10	5.2.6	4.1.2、4.1.5	
11	5.3	4.2	
12	5.3.1	4.2.1	
13	5.3.2	5.2、6.4	
14	5.3.3	4.2.2	
15	5.3.4、5.3.5	4.3.1	
16	5.3.6、5.3.7、5.3.8	4.3.2	
17	5.3.6	7.2	
18	5.3.9	—	已删除
19	5.3.10、5.3.11	4.2.3、附录 A	
20	5.4.1	4.2.2	
21	5.4.2	5.2	
22	5.4.3	7	不包括本标准 7.2
23	5.4.4	5.3	
24	5.4.5	5.4	修改技术指标
25	5.4.6	6.1	
26	5.4.7	6.2	
27	5.4.8	6.5	
28	5.4.9	6.3	
29	6、8	8、附录 L	
30	7	5.6	

表 N.1（续）

序号	1993 年版标准条款	本版标准条款	备　注
31	9	—	已删除
32	附录 A	4.3.3、附录 K	
33	附录 B	附录 B	
34	附录 C	附录 C	
35	附录 D	附录 D	
36	附录 E	附录 E	补充规定试验要求
37	—	附录 F	新增加
38	附录 F	附录 G	
39	—	附录 H、附录 J、附录 M 和附录 N	新增加
40	附录 K	—	已删除

ICS 13.280
F 84

中华人民共和国国家标准

GB/T 14318—2008/IEC 61005:2003
代替 GB/T 14318—1993

辐射防护仪器
中子周围剂量当量(率)仪

Radiation protection instrumentation—
Neutron ambient dose equivalent(rate)meters

(IEC 61005:2003,IDT)

2008-01-22 发布　　　　2008-09-01 实施

中华人民共和国国家质量监督检验检疫总局
中国国家标准化管理委员会　发布

前　言

本标准等同采用 IEC 61005:2003《辐射防护仪器　中子周围剂量当量(率)仪》(英文版)。

为了便于使用,本标准对 IEC 61005:2003 做了下列编辑性修改:

——删除国际标准的前言;

——在"2　规范性引用文件"中用采用国际标准的我国标准代替对应的国际标准;

——按照汉语习惯对一些编排格式进行了修改(例如:注的后面加":",一些列项说明的后面将"。"改为";");

——用小数点符号"."代替国际标准中的小数点符号",";

——7.4.1 的 a)中"2%"与表 2 中的"±5%"不符,改为"±5%";

——8.7.2 的注中"1.26 mT"有误,改为"1.26 μT";

——在交流电源的电压和频率中只保留我国现行使用的内容;

——增加参考文献,将"规范性引用文件"列出但未在标准正文引用的 ICRP Report 43:1988 放到参考文献中。

本标准代替 GB/T 14318—1993《辐射防护用便携式中子周围剂量当量率仪》。

本标准与 GB/T 14318—1993 相比主要变化如下:

a) 标准的名称改为《辐射防护仪器　中子周围剂量当量(率)仪》;

b) 将范围与内容分开,对内容增加了注解,注解中对能量响应和校准的辐射场作了说明;

c) 将术语分为剂量学术语和量、辐射防护仪器术语和试验术语三部分。在"剂量学术语和量"中增加了注量和注量率;

d) 将原标准中的"设计要求"改为"测量仪器的一般特性",增加了对仪器的铭牌与标志、外部信号连接等部分要求;

e) 在原标准中将"技术特性与试验方法"放在同一章节,现在分为一般试验方法、辐射特性、电气特性、机械特性和安全特性分别来规定。内容也有变化;

f) 在"一般试验方法"中主要的修改内容有:在中子参考辐射中增加了工作场所中子场的内容;辐射源的内容根据国际标准的变化作了调整,注量对周围剂量当量的转换系数的值也发生了变化;

g) "辐射特性"中的内容作了较大修改,包括:增加了型式试验和常规试验的内容;常规试验中增加了改变校准距离的试验方法;增加了报警阈的内容,分别规定了剂量当量和剂量当量率报警要求以及相应的试验方法;增加了工作场所中子场的响应,给出了其要求以及相应的试验方法;细化了对 γ 辐射响应的要求;

h) 增加"电磁兼容"的内容,规定了静电放电、辐射电磁场、射频引起的传导骚扰、浪涌和振荡波引起的传导骚扰、快速瞬变或脉冲群引起的传导骚扰、外磁场和电磁辐射发射的要求以及相应的试验方法;

i) "机械特性"中增加了对振动试验的要求及其相应的试验方法;

j) "环境特性"中增加了对温度冲击的要求及其相应的试验方法;

k) 关于相对固有误差、环境温度、相对湿度、相对固有误差的单次观测平均值等技术指标做了相应修订;

l) 附录 A 的数据进行了全面的更新,列出了更多的数据点。

本标准的附录 A 为规范性附录。

本标准由中国核工业集团公司提出。

本标准由全国核仪器仪表标准化技术委员会归口。

本标准起草单位：中国原子能科学研究院、深圳市计量质量检测研究院。

本标准主要起草人：刘毅娜、李名兆、周迎春、容超凡。

本标准于1993年4月首次发布。

辐射防护仪器
中子周围剂量当量(率)仪

1 范围

本标准适用于测量能量为16 MeV以下中子辐射产生的周围剂量当量(率)的仪器,其至少包括:

a) 探测装置,例如由热中子探测器与探测器周围的慢化和吸收介质组成的装置;

b) 带有显示测量结果的测量装置,它可以与探测装置形成一体,也可以是采用电缆连接的分立装置。

下面给出了对上述装置的要求。对有特殊用途的装置,而下文的要求有些不是必需时,允许制造厂和用户协商规定适用于这些装置的特殊要求,但是确定装置性能的方法应遵守本标准。

本标准未规定在脉冲辐射场中装置的性能试验方法,因此不能确定满足本标准设计的装置是否适用于脉冲辐射场。

本标准规定了中子周围剂量当量(率)仪的性能要求和为了确定其性能满足本标准要求的试验方法。本标准也规定了中子周围剂量当量(率)仪的一般特性、一般试验方法、辐射特性、电气特性、机械特性、安全特性和环境特性,并给出了检验合格证书的要求,还规定了对具有报警功能的中子周围剂量当量(率)仪的要求和试验方法。

注:中子周围剂量当量(率)仪的周围剂量当量响应与能量有关,可能与一致性要求有较大偏离。但是,对于工作场所的实际能谱,不同能量范围的偏离可能倾向于相互抵消,因此对实际中子场的响应往往接近于一致。ISO 12789规定了一系列适用于这类仪器试验的宽能谱中子源。也规定了可以由制造厂和用户之间协商确定对已知能谱的工作场所的试验。

对一个以上探测器组成的非常规的剂量当量率仪,根据单能中子来评价这类仪器并不合适,对这类仪器也可以按上述方法考虑。

2 规范性引用文件

下列文件中的条款通过本标准的引用而成为本标准的条款。凡是注日期的引用文件,其随后所有的修改单(不包括勘误的内容)或修订版均不适用于本标准,然而,鼓励根据本标准达成协议的各方研究是否可使用这些文件的最新版本。凡是不注日期的引用文件,其最新版本适用于本标准。

GB/T 4960.6 核科学技术术语 核仪器仪表

GB/T 8897.1—2003 原电池 第1部分:总则(IEC 60086-1:2000,IDT)

GB/T 12162.1—2000 用于校准剂量仪和剂量率仪及确定其能量响应的X和γ参考辐射 第1部分:辐射特性和产生方法(idt ISO 4037-1:1996)

GB/T 12162.2—2004 用于校准剂量仪和剂量率仪及确定其能量响应的X和γ参考辐射 第2部分:辐射防护用的能量范围为8 keV～1.3 MeV和4 MeV～9 MeV的参考辐射的剂量测定(ISO 4037-2:1997,IDT)

GB/T 12162.3—2004 用于校准剂量仪和剂量率仪及确定其能量响应的X和γ参考辐射 第3部分:场所剂量仪和个人剂量计的校准及其能量响应和角响应的测定(ISO 4037-3:1999,IDT)

GB/T 14055—1993 校准辐射防护用的中子测量仪表并确定其能量响应的中子参考辐射(eqv ISO 8529:1989)

GB/T 16511—1996 电气和电子测量设备随机文件(idt IEC 61187:1993)

GB/T 17626.2—2006 电磁兼容 试验和测量技术 静电放电抗扰度试验(IEC 61000-4-2:2001, IDT)

GB/T 17626.3—2006 电磁兼容 试验和测量技术 射频电磁场辐射抗扰度试验(IEC 61000-4-3:2002,IDT)

GB/T 17626.4—1998 电磁兼容 试验和测量技术 电快速瞬变脉冲群抗扰度试验(idt IEC 61000-4-4:1995)

GB/T 17626.5—1998 电磁兼容 试验和测量技术 浪涌(冲击)抗扰度试验(idt IEC 61000-4-5:1995)

GB/T 17626.6—1998 电磁兼容 试验和测量技术 射频场感应的传导骚扰抗扰度试验(idt IEC 61000-4-6:1996)

GB/T 17626.8—2006 电磁兼容 试验和测量技术 工频磁场抗扰度试验(IEC 61000-4-8:2001,IDT)

GB/T 17626.12—1998 电磁兼容 试验和测量技术 振荡波抗扰度试验(idt IEC 61000-4-12:1995)

EJ/T 1204.1 电离辐射测量探测限和判断阈的确定 第1部分:忽略样品处理影响的计数测量(ISO 11929-1:2000,IDT)

ISO 12789:2000 中子参考辐射 模拟工作场所中子场的特性和产生方法

ICRU 51号报告:1993 辐射防护剂量学的量和单位

ICRU 57号报告:1998 用于外照射辐射防护的转换系数

ICRP 74号报告:1996 用于外照射辐射防护的转换系数,(ICRP 年报 26 卷,2/4)

3 术语和定义

3.1 总则

GB/T 4960.6 中给出了有关辐射量、剂量学、电离辐射探测与测量以及核仪器的通用术语。本标准采用下列术语。

3.2 剂量学术语和量

下列剂量学术语和量适用于本标准。

注:本标准所采用的辐射单位制是 SI 单位制,采用的倍数单位和分数单位也和 SI 单位制一致。使用的专用辅射防护量和单位也与 ICRU 51:1993 和 GB/T 14055—1993 一致。此外,时间还使用小时(h)和分(min)作为单位。

3.2.1

注量 fluence

dN 与 da 的商(单位为 m^{-2}),其中 dN 是入射到截面积为 da 的球体中的粒子数:

$$\Phi = \frac{dN}{da}$$

3.2.2

注量率 fluence rate

通量密度 flux density

$d\Phi$ 与 dt 的商(单位为 $m^{-2}\cdot s^{-1}$),其中 $d\Phi$ 是在时间间隔 dt 内粒子注量的增量:

$$\dot{\Phi} = \frac{d\Phi}{dt}$$

3.2.3

周围剂量当量 ambient dose equivalent

辐射场中某点的周围剂量当量 $H^*(10)$ 是相应的齐向扩展辐射场在 ICRU 球体内、与齐向场方向相反的半径上、深度为 10 mm 处产生的剂量当量(ICRP 74:1996,ICRU 57:1998)。

注:具有各向同性响应的仪器在辐射场中测量 $H^*(10)$ 时,辐射场应在整个仪器的尺度范围内保持均匀。

3.2.4

周围剂量当量率　ambient dose equivalent rate

$dH^*(10)$与dt的商，其中$dH^*(10)$是剂量当量在时间间隔dt内的增量：

$$\dot{H}^*(10) = \frac{dH^*(10)}{dt}$$

注：剂量当量率的单位是希沃特(Sv)或它的倍数或分数与适当的时间单位的商($Sv \cdot s^{-1}$、$mSv \cdot h^{-1}$等)。

3.2.5

注量对周围剂量当量的转换系数　fluence-to-ambient dose equivalent conversion coefficient

周围剂量当量$H^*(10)$与注量Φ之比。

注：附录A给出了本标准中采用的转换系数，它引自ICRU 57:1998。

3.3　辐射防护仪器术语

3.3.1

中子周围剂量当量(率)仪　neutron ambient dose equivalent(rate) meter

用于测量和评价中子辐射产生的中子周围剂量当量率的仪器。它包括一个或多个辐射探测器和有关部件或基本功能单元。

注：仪器可以是移动式或便携式。仪器在常规使用时，辐射探测器和相关部件也可以安装在固定的地方。

3.3.2

仪器参考点　reference point of an assembly

仪器上用于将其定位于试验点的实际或假设的标志。该标志通常是探测器的几何中心或有效中心。

3.3.3

试验点　point of test

辐射场中周围剂量当量(率)约定真值已知的一点。对所有辐射场中的试验，仪器参考点都应按照制造厂规定的取向放在试验点上。但仪器指示值随入射角变化的试验除外。

3.3.4

参考取向　reference orientation

在校准中仪器相对于辐射入射方向的取向。

3.3.5

校准距离　calibration distance

仪器参考点到校准源中心的距离。

3.3.6

周围剂量当量(率)约定真值　conventional true value of ambient dose equivalent(rate)

用于校准仪器的周围剂量当量(率)真值$H_t^*(10)$的最佳估计值，此值的大小及其不确定度由初级标准或次级标准确定，或由经过次级标准或初级标准校准过的参考仪器来确定。

注：中子辐射的初级标准或次级标准通常用注量(率)表示。用附录A中给出的注量对周围剂量当量的转换系数将中子注量(率)转换为周围剂量当量(率)的约定真值。

3.3.7

周围剂量当量率的指示值　indicated ambient dose equivalent rate

在试验条件下，测量仪器指示的周围剂量当量率值$H_i^*(10)$。

3.3.8

周围剂量当量响应　ambient dose equivalent response

周围剂量当量(率)的指示值$H_i^*(10)$与周围剂量当量(率)的约定真值$H_t^*(10)$之比：

$$R = \frac{H_i^*(10)}{H_t^*(10)}$$

3.3.9

指示值误差　error of an indication

在试验点处，周围剂量当量(率)$H_i^*(10)$的指示值与周围剂量当量(率)的约定真值$H_t^*(10)$之差。

3.3.10

指示值相对误差　relative error of an indication

指示值误差与约定真值$H_t^*(10)$之比：

$$I=\frac{H_i^*(10)-H_t^*(10)}{H_t^*(10)}$$

3.3.11

相对固有误差　relative intrinsic error

在规定的参考条件下，受到规定的参考辐射照射时，仪器指示值的相对误差。

3.3.12

变异系数　coefficient of variation

一组n个指示值H_{ij}的实验标准偏差s与其算术平均值$\overline{H}_i$之比。变异系数ν由下式给出：

$$\nu=\frac{s}{\overline{H}_i}=\frac{1}{\overline{H}_i}\sqrt{\frac{1}{n-1}\cdot\sum_{j=1}^{n}(H_{ij}-\overline{H}_i)^2}$$

3.3.13

有效测量范围　effective range of measurement

周围剂量当量(率)仪的性能满足本标准要求的周围剂量当量(率)值范围。

3.3.14

标称使用范围　nominal range of use

当剂量当量(率)仪在规定的变化限值内工作时，影响量或仪器参数值的范围。其限值是最大和最小额定值。

3.3.15

最小标称使用范围　minimum nominal range of use

为满足本标准，当剂量当量(率)仪在规定的变化限值内工作时，影响量或仪器参数值的最小范围。

3.4　试验术语

3.4.1

质量鉴定试验　qualification tests

为了验证仪器设计是否满足技术要求所进行的试验。质量鉴定试验分为型式试验和常规试验。

3.4.2

型式试验　type tests

在产品有代表性的一个或多个样本上进行的符合性试验。

3.4.3

常规试验　routine tests

在制造过程中或完工后对每台仪器所进行的试验，以确定其是否符合某种准则。

3.4.4

验收试验　acceptance tests

为了向客户证明仪器满足其说明书规定要求的合同试验。

3.4.5

补充试验　supplementary tests

为了提供剂量当量(率)仪某些特性的补充信息的试验。

4 测量仪器的一般特性

4.1 仪器的标识

测量中子周围剂量当量(率)的仪器应使用专门的标识注明其用途。

用于校准和试验目的的参考点应在仪器的外部标出和(或)在文件中明确说明。

4.2 仪器的指示值

仪器的指示值应使用周围剂量当量(率)的单位表示,如 mSv($mSv \cdot h^{-1}$)。指示值可以是模拟显示或数字显示。建议仪器的指示值可远距离读出。

4.3 外部信号连接

建议提供可供远距离读出的外部连接设备(例如与外部计数器或积分器、记录仪或二次数字显示连接的设备),并且应有适当的标志。根据仪器的情况,建议使用下列输入和输出连接:

- 用于电气试验的前置放大器的输入端;
- 放大器的输出端;
- 甄别器的输出端。

如果仪器具有数据处理器和存储器,建议应有与外部数据设备连接的输出接口,如串行数据接口。

4.4 有效测量范围

有效测量范围应至少覆盖周围剂量当量率的四个量级,通常为 1 $\mu Sv \cdot h^{-1}$~10 $mSv \cdot h^{-1}$。如果用户要求测量 100 $mSv \cdot h^{-1}$等较高的周围剂量当量率时,由用户与制造厂协商。

有效测量范围应满足下列要求:

a) 对模拟显示(线性显示或对数显示)的仪器,在每一量程上,不小于满刻度的 10%~100%;

b) 对数字显示的仪器,在每个量程上,不小于第二个最小有效数字位的第一个非零指示值到最大指示值(如:显示的最大指示值为 99.9,有效测量范围应从 1.0 $\mu Sv \cdot h^{-1}$~9.99 $mSv \cdot h^{-1}$)。

数字显示的仪器建议配备积分设备来测量较低的周围剂量当量率。如果配备有积分设备,用户应能选择不小于 1 min 倍数的积分时间。

注:积分时间是指设备记录在该时间内的脉冲数和根据脉冲数计算指示值的时间。

5 一般试验方法

5.1 试验要求

除了 6.1.2.2 规定的常规试验之外,以下条款中列举的所有试验都是型式试验(见 3.4)。

此外,由制造厂与用户之间协商确定的有些试验可作为验收试验。

表 1 规定了标准试验条件。

本标准规定的试验可根据其是在标准试验条件或是在其他条件下进行来分类。对于在标准试验条件下进行的试验应说明试验时的温度、气压和相对湿度值,并进行适当的修正以便给出参考条件下的响应值。

5.2 标准试验条件下进行的试验

表 2 给出了在标准试验条件下进行的试验,它包括试验中的每一特性及其要求和相应的试验方法的条款号。

5.3 随影响量变化进行的试验

这些试验是用来确定影响量变化的影响。表 3 给出了每个影响量的变化范围以及由这些变化所引起的仪器指示值变化的限值。表 3 中给出的影响量的变化范围规定了仪器的标称工作范围,制造厂应说明在此范围内仪器指示值的变化限值,并且这些限值在任何情况下都不能超过表 3 的规定。

为了检验列于表 3 中任一影响量变化的影响,其他所有影响量应保持在表 1 给出的标准试验条件的限值之内,除非在有关的试验方法中另有说明。

5.4 统计涨落

对任何使用辐射的试验，如果单独由辐射的随机性引起的指示值的统计涨落在试验中占有显著的份额，那么就应取足够多的读数，以保证有足够的精密度去估计这些读数的平均值，用于证明试验的符合程度。推荐使用EJ/T 1204.1。

相邻两次读数之间的时间间隔应足够长，以保证这些读数统计学的独立性。

5.5 中子参考辐射

5.5.1 辐射源

中子参考辐射源应是^{241}Am-Be放射性核素中子源、^{252}Cf自发裂变中子源或加速器中子源中的一种。对热中子和超热中子参考辐射场，可以使用具有适当慢化体的加速器中子源或反应堆中子束。

辐射源的特性、结构和使用条件应符合GB/T 14055—1993中的规定。

上述中子源产生的周围剂量当量率的约定真值可以由源的谱注量率分布和注量对周围剂量当量的转换系数（见表A.1）得到。附录A中表A.2给出了三种中子源的转换系数。制造厂应说明所使用的转换系数（见12.1）。

应已知中子源发射光子的周围剂量当量率。

5.5.2 工作场所中子场

工作场所中子场可以是：

a) ISO 12789:2000中规定的模拟场；

b) 其他工作环境辐射场，该辐射场可进行谱计算和（或）其量值可溯源到初级标准实验室或被初级标准实验室认可。

中子场的特性、产生方法和使用条件应与ISO 12789:2000中推荐的一致。

在这些场中，测量点的周围剂量当量率的约定真值可以从谱注量分布和注量对周围剂量当量的转换系数得到（见表A.1）。

注：待测量的中子场可能与参考辐射场差别很大。为了提高对这种中子场测量的准确度，可以用修正因子来修正仪器的读数。修正因子可以从仪器的注量响应、注量对周围剂量当量的转换系数和校准与测量场的谱注量计算得到。

6 辐射特性

6.1 周围剂量当量率指示值的相对固有误差

6.1.1 要求

在标准试验条件下，仪器在试验点上的相对固有误差不应超过参考辐射周围剂量当量率约定真值的±20%。

6.1.2 试验

6.1.2.1 型式试验

对于线性刻度的仪器，型式试验应在仪器的所有量程上测量相对固有误差。每个量程上至少选取三个测量点，它们应大约在每个量程满刻度的30%、60%和90%处。

对于对数刻度或数字显示的仪器，型式试验应在剂量当量率中的每个十进位位中至少选取三个测量点，它们应大约在每个十进位位的20%、40%和80%处。对每个系列的仪器，应至少选择其中一台进行型式试验。

6.1.2.2 常规试验

对于线性刻度的仪器，常规试验应在仪器的所有量程测量相对固有误差。每个量程上至少选取一个测量点，该点应在每个量程满刻度的50%～75%之间。

对于对数刻度或数字显示的仪器，常规试验应在剂量当量率的每个十进位位中取一个值进行。

对每个系列的仪器，应对每一台仪器进行常规试验。

6.1.3 使用中子参考辐射源的试验

试验应在5.5.1规定的一种中子参考辐射场中进行。参考辐射场的使用条件按GB/T 14055—1993的规定。对使用的每个中子源，试验点处周围剂量当量率的约定真值应在扩展不确定度$U=10\%$（$k=2$）之内已知。

本项试验应不考虑附录A中所列的注量对周围剂量当量的转换系数值的不确定度。

6.1.4 改变校准距离的试验方法

GB/T 14055—1993中规定了几种使用中子参考辐射源确定响应的实用方法。这些方法考虑了散射辐射对仪器指示值和参考点位置的影响。该方法包括确定在一系列校准距离上的指示值，这些指示值的范围可能在一个或多个数量级内。由数据分析拟合方法确定响应、散射贡献和几何参数。在这种情况下，任一指示值可以认为是6.1.2.1和6.1.2.2中给出的各量程中的一点。如果对散射和几何参数的拟合值与通过计算或实验确定的经验值一致，则可以使用拟合的指示值来确定各量程的固有误差。

6.1.5 等效电信号试验方法

当所用的中子源无法提供试验所要求的全部量程的周围剂量当量率时，对辐射源不能提供的周围剂量当量率，允许使用等效电信号试验方法确定相对固有误差。

在这种情况下，对于型式试验，辐射源至少应在仪器有效测量范围的较高端提供一个周围剂量当量率。对于型式试验和常规试验，辐射源至少应在仪器有效测量范围的较低端提供一个周围剂量当量率。电信号的波形应尽可能接近来自于探测器的信号波形。信号输入的位置应考虑能检验除探测器本身或闪烁探测器的光电倍增管以外的整机性能。

如果中子参考辐射源给出的周围剂量当量率约定真值为$\dot{H}^*_{t0}(10)$，仪器测量的周围剂量当量率的指示值为$\dot{H}^*_{i0}(10)$，则应输入一个电信号S_0以使仪器产生同样的指示值$\dot{H}^*_{i0}(10)$。当由另一个输入信号S_1产生另一个指示值$\dot{H}^*_{i1}(10)$时，相对固有误差I由下式给出：

$$I(\%)=\left[\frac{\dot{H}^*_{i1}(10)\times S_0}{\dot{H}^*_{i0}(10)\times S_1}-1\right]\times 100$$

观测值应落在6.1.6给出的限值之内。如果使用等效电信号试验方法，则应在相应的文件中加以说明。

6.1.6 观测值的解释方法

在评价是否满足6.1.1的要求时，应考虑在试验中所用的周围剂量当量率约定真值的不确定度U（$k=2$）。

如果平均值的相对固有误差I都不超过$\pm(20\%+U)$，则满足6.1.1的要求。

6.2 报警设置准确度的要求

6.2.1 剂量当量率报警要求

在标准试验条件下，当剂量当量（率）仪受到剂量当量率报警阈值0.8倍的剂量当量率照射10 min时，误报警的时间总和不应超过1 min。同样，当剂量当量（率）仪受到剂量当量率报警阈值1.2倍的剂量当量率照射10 min时，应在大于90%的试验期间内报警，并且此时报警启动时间应在5 s之内或报警启动时间与报警阈剂量当量率的乘积小于10 μSv。

当剂量当量（率）仪使用多于一个探测器去覆盖剂量当量（率）仪指示值的整个量程时，上述要求应分别适用于每个探测器的相关量程。

6.2.2 剂量当量报警要求

在标准试验条件下，当剂量当量仪受到剂量当量报警阈值0.8倍的剂量当量照射时应不报警。在剂量当量仪受到剂量当量报警阈值1.2倍的剂量当量照射时应报警。

6.2.3 试验方法

6.2.3.1 剂量当量率报警

应至少进行两次试验。一次报警阈设置在最大有效指示值附近，另一次设置在第二个最小有效十进位位的最大值附近。应考虑剂量当量(率)仪受照射的剂量当量率约定真值的不确定度。如果不确定度是 U,则所用的剂量率应是:报警阈剂量当量率的 $0.8(1-U)$ 倍和 $1.2(1+U)$ 倍。

6.2.3.2 剂量当量报警

应至少进行两次试验。一次报警阈设置在最大有效指示值附近,另一次设置在第二个最小有效十进位位的最大值附近。报警复位,然后使剂量当量仪受到照射,其剂量当量率的约定真值使仪器至少在100 s内不报警。应测量剂量当量仪受照射的时间,并使其满足下列准则:设置的报警阈除以所用剂量当量率和测量时间的乘积的商应在 $0.8(1-U)$～$1.2(1+U)$ 范围内。

6.3 响应随中子能量的变化

6.3.1 要求

用于辐射防护目的时,希望在规定的能量范围内,仪器响应随中子能量的变化不超过50%。但直到目前,这一性能尚不能达到。因此,制造厂应力求得到实际可行的最佳能量响应,并至少在下列能量点说明仪器的能量响应。

对于所有现有的仪器和正在开发的主要基于适当响应计算的仪器,其计算结果应适用于整个能量范围,在该范围内辐射能量的每个十进位位至少有两个能量点的数据。

由于不可能在从热中子到16 MeV的九个能量的量级上检查仪器的性能和验证计算的数据,所以应使用下列能量:

a) 热中子;

b) 在1 keV～50 keV能量范围内,至少有一种中子能量;

c) 在50 keV～600 keV能量范围内,至少有一种中子能量;

d) 在1 MeV～5 MeV能量范围内,至少有一种中子能量;

e) 在13.5 MeV～16 MeV能量范围内,至少有一种中子能量。

如果仪器用于从热中子到能量限值小于16 MeV的能量范围时,则应在相应的文件中明确说明并规定其能量的上限值。

6.3.2 试验方法

应使用6.3.1中a)～e)内列出的每个能量范围的至少一种中子源来照射仪器。这些中子源的产生和使用方法应按照GB/T 14055—1993的要求。

原则上,对每个辐射能量,本项试验最好在同样的周围剂量当量率条件下进行。但实际上很难做到,在这种情况下,对于每种能量的剂量当量率指示值,应使用相同指示值下对于参考辐射(见6.1)的相对固有误差(如果需要可内插)进行修正。

6.4 指示值随辐射入射角的变化

6.4.1 要求

当辐射相对于校准方向从0°～90°的任何角度入射时,仪器指示值的变化不应超过±25%。

当辐射相对于校准方向从90°～180°和−90°～−180°的任何角度入射时,制造厂应说明仪器指示值的变化。

注:本标准针对具有宽接收角且在一个平面上圆形对称的探测器装置。本标准认为这是在整个 4π 立体角内达到响应一致的实际限制。

6.4.2 试验方法

应使用5.5.1中规定的任何一种中子参考辐射源照射探测装置。将仪器置于与在校准方向上的辐射源成规定的取向(即制造厂规定的相对于所用辐射源的方向)。

校准距离至少是源和探测器最大几何尺寸之和的三倍。散射中子对仪器指示值的贡献不应超过非散射中子贡献的20%。散射中子贡献的测量应符合GB/T 14055—1993的规定。

将探测装置沿水平面旋转,每次转30°,从0°转到±180°,并记录读数。在两个互相正交的垂直平面内,还应分别进行类似的测量。两个平面中有一个平面与源的方向一致。

6.5 工作场所中子场的响应

6.5.1 要求

对于本标准涉及的辐射防护仪器，要求测量 3.2.3 中规定的量时应有可按受的不确定度。由于仪器可能在某些能量范围内过响应，而在其他能量范围则欠响应，或者与其他能量范围相比其偏差较小，所以制造厂可与用户协商确定对实际工作场所中子场的试验和更加严格的误差限制，但相对固有误差不应超过±20%。

如果试验是在 ISO 12789:2000 规定的模拟中子场中进行，则该模拟中子场应与仪器使用时的工作场所中子场一致。

6.5.2 试验方法

应将仪器的参考点置于辐射场的试验点处，且谱注量率或积分注量率与其注量对剂量当量的转换系数都应已知。

6.6 对其他电离辐射的响应

6.6.1 α和β辐射

根据设计，这类仪器对α和β辐射一般无响应，因此不用进行此项试验。

6.6.2 光子辐射

6.6.2.1 要求

对光子辐射的响应，应以仪器在试验点处单位光子周围剂量当量率的指示值来表示。

当中子仪器受到光子辐射时，可能不仅导致仪器出现指示值，而且会改变仪器对中子辐射的响应。因此应在两方面分别要求：

a) 由光子周围剂量当量率为 10 mSv·h^{-1} 的 ^{137}Cs 源照射产生的指示值不应超过由 0.1 mSv·h^{-1} 中子周围剂量当量率引起的指示值。

b) 在中子参考源产生的 1 mSv·h^{-1} 场中，用 10 mSv·h^{-1} 的 ^{137}Cs 光子辐射源照射仪器，其指示值的变化不应超过 10%。

上述试验所用的 ^{137}Cs 源应符合 GB/T 12162 系列标准的要求。

c) 此外，由于在一些测量中子周围剂量当量率的场所中存在高能γ辐射（如从 ^{16}N 产生的 6 MeV 光子），应由制造厂与用户协商，并在较高光子能量辐射场和 ^{137}Cs 源辐射场中检验仪器对γ辐射的响应。在这种情况下，制造厂应说明仪器对高能光子辐射的响应。

注：实际上所有中子辐射场都伴有光子辐射，因此有必要确定仪器对光子辐射的响应。

6.6.2.2 试验方法

对于 6.6.2.1 中 a) 的要求，用 ^{137}Cs 源照射仪器，使其参考点处于周围剂量当量率为 10 mSv·h^{-1} 的光子辐射场中，仪器的指示值不应超过 0.1 mSv·h^{-1}。

对于 6.6.2.1 中 b) 的要求，用中子参考源照射仪器，使其指示值为 1 mSv·h^{-1}。然后再增加 ^{137}Cs 源照射，使仪器在试验点处的光子周围剂量当量率为 10 mSv·h^{-1}。由中子源产生的指示值受增加的光子辐射影响而引起的指示值的变化不应超过 10%。

对于 6.6.2.1 中 c) 的要求，试验所用的辐射源应符合 GB/T 12162 系列标准的要求。

7 电气特性

7.1 统计涨落

7.1.1 要求

仪器的周围剂量当量率指示值可以在其平均值上下波动。

指示值的变异系数应小于 20%。

对于线性刻度的仪器，上述要求适用于超过最灵敏量程满刻度 1/3 的所有周围剂量当量率。

对非线性（如对数）刻度的仪器，上述要求适用于超过最低有效刻度三倍的所有周围剂量当量率。

对于数字显示的仪器，上述要求适用于超过最小有效数字位十倍的所有周围剂量当量率。

7.1.2　**试验方法**

用辐射源照射探测装置，该源应在仪器的最灵敏量程（线性输出）或最灵敏十进位位（对数输出）满量程的1/3～1/2之间给出稳定的周围剂量当量率。

按5.4的要求至少取十个读数并计算其变异系数。由此得到以百分数表示的变异系数应在7.1.1规定的限值之内。

7.2　**响应时间**

7.2.1　**要求**

响应时间应符合下述要求，如果周围剂量当量率发生突然改变，指示值应达到下述值：

$$\dot{H}^*_{ii}(10)+\frac{90}{100}[\dot{H}^*_{if}(10)-\dot{H}^*_{ii}(10)]$$

式中：

$\dot{H}^*_{ii}(10)$——初始指示值；

$\dot{H}^*_{if}(10)$——最终指示值。

此时所需时间应满足下列规定：

——当周围剂量当量率增加或减少的最终指示值小于0.1 mSv·h^{-1}时，小于30 s；

——当周围剂量当量率增加或减少的最终指示值在0.1 mSv·h^{-1}～1 mSv·h^{-1}之间时，小于10 s；

——当周围剂量当量率增加或减少的最终指示值大于1 mSv·h^{-1}时，小于4 s。

制造厂应说明响应时间。

7.2.2　**试验方法**

本项试验既可以用合适的中子源来进行，也可以将合适的电信号输入到仪器的输入端来进行。

周围剂量当量率的初始指示值和最终指示值之间至少应相差十倍，并按此倍数进行增加和减少周围剂量当量率的两种测量。

如果使用电信号试验方法，输入的信号应符合上述要求。

对于增加周围剂量当量率的试验，探测装置应先受较高的周围剂量当量率照射，并记录指示值$\dot{H}^*_{if}(10)$。

然后，探测装置再受较低的周围剂量当量率照射，照射时间要足以使指示值$\dot{H}^*_{ii}(10)$达到稳定值，记录此值。

最后，尽可能快地将周围剂量当量率改变到相当于$\dot{H}^*_{if}(10)$的周围剂量当量率，记录指示值达到7.2.1中公式给出值所需的时间。

减少周围剂量当量率的试验按同样方式进行，只是$\dot{H}^*_{ii}(10)$和$\dot{H}^*_{if}(10)$对应的的周围剂量当量率数值互换。

7.3　**响应时间与统计涨落之间的关系**

响应时间与统计涨落的变异系数是两个相互关联的特性，在7.1.1和7.2.1中给出了可接受的限值。

对于高的周围剂量当量率，建议在满足统计涨落限值的条件下尽可能地减少响应时间。

当响应时间小于1 s时，应更注重减少统计涨落。

7.4　**零点漂移**

7.4.1　**要求**

仪器工作30 min后，在无或可忽略的中子场中（在标准试验条件下）工作，其指示值与以后8 h内指示值的差别在每个量程内都不应超过下列值：

a）　对于模拟显示的仪器：不大于满刻度偏转角的±5%；

b) 对于数字显示的仪器:最小有效数字位值的变化不大于5。

7.4.2 试验方法

打开仪器并等待30 min。如果有调零控制器,则应将仪器的指示值调零。对于非线性刻度的某些仪器,可用此种控制器将指示值调到某个非零参考点。如果是这种情况,控制器应将指示值调到合适的参考点。

保持此状态,并在以后的8 h内每隔一小时记录一次读数。指示值应符合7.4.1的要求。

7.5 预热时间

7.5.1 要求

制造厂应说明预热时间。

7.5.2 试验方法

本项试验是非强制性的。

在仪器电源开关断开时,用合适的辐射源照射仪器,该源可使指示值至少达到最灵敏量程或十进位位最大值的一半。

然后接通仪器电源开关,并在电源接通之后的3 min~6 min内每隔15 s记录一次读数。

在仪器打开30 min之后,取足够多的指示值(见5.4),以其平均值作为指示值的"最终值"。在指示值随时间变化的函数关系图上,画出一条光滑的观测指示值的最佳拟合曲线。

指示值的最终指示值与曲线上5 min时的读数之差应在制造厂规定的限值之内。

7.6 电源——电池供电

7.6.1 总则

应提供仪器在最大负载条件下检验电池状态的装置。在显示部件上或显示部件旁应清晰地标出仪器性能仍满足本标准要求的最低电池电压指示。

电池可以用任何需要方式连接,但是电池应能逐个更换。制造厂应在仪器上清楚地标出电池的安装极性。

7.6.2 原电池(非可充电式)

当由原电池供电时,在仪器间断使用40 h后,电池的供电能力应使仪器的指示值与初始指示值的差别不超过10%。使用的原电池应从GB/T 8897.1—2003规定的电池中选择。

注:间断使用40 h是指连续使用8 h后停机16 h,持续5 d。

7.6.3 二次电池(可充电式)

当由二次电池供电时,在仪器连续使用12 h后,电池的供电能力应使仪器的指示值与初始指示值的差别不超过10%。如果使用二次电池供电,应在16 h内完成充电。

建议使用完成充电后自动关闭充电器的装置,此外,建议使用对相应类型的电池有控制最佳充放电模式的设备。

7.6.4 电池运行试验

应使用新的原电池或由制造厂指定的已充满电的二次电池进行本项试验。

将仪器置于辐射场中照射,使其至少在1 $\mu Sv \cdot h^{-1}$~10 $\mu Sv \cdot h^{-1}$范围内有合适的指示值。仪器置于该辐射场中的工作时间应符合7.6.2或7.6.3中的规定。在相应的时间结束时,每个指示值应符合7.6.2或7.6.3规定的要求。

注:对电池试验更严格的规定正在考虑之中并与IEC正在进行的相应的研究和开发的技术工作相一致。

7.7 电源——交流供电

7.7.1 要求

剂量当量(率)仪应设计为使用单相50 Hz的交流电源,电压为220 V。

交流供电的剂量当量(率)仪应允许交流电源电压标称值变化10%和-12%,在频率50 Hz±3 Hz下也能正常工作。

在整个电源电压的范围内，剂量当量(率)的指示值变化不应超过±10%。

7.7.2 试验方法

将仪器的探测装置置于中子辐射场中，测量点处的剂量当量率大约是仪器有效测量范围下限的三倍(见4.4)。在电源电压为标称值 U_N 时，读取足够多的周围剂量当量率读数并求其平均值(见5.4)。当电压高于标称值的10%和低于标称值的12%时，分别读取足够的读数并求其平均值(见5.4)。这些平均值与电压标称值时平均值的相对变化不应超过±10%。

在周围剂量当量率至少相当于有效测量范围上限的2/3处重复上述试验。

将仪器再置于上述两个同样的周围剂量当量率处，在每个周围剂量当量率下，电源频率为标称值50 Hz、53 Hz和47 Hz时分别读取足够多的读数并求其平均值。这些平均值与电源频率标称值时平均值的相对变化不应超过±10%。

注：如果仪器没有以交流电源频率为基频定时的功能，则不需要进行本项实验。

8 电磁兼容

8.1 总则

应对仪器将要使用的模式进行所有试验，即通常的剂量当量和剂量当量率两种模式。

用一个合适稳定的检查装置(如2GBq的^{241}Am-Be源)使剂量当量(率)仪在测量期间产生最灵敏量程的指示值或10倍于有效测量范围下限的指示值。检查装置应不干扰剂量当量(率)仪进行试验。

在所有试验期间，应使周围剂量当量(率)仪处于接通状态。如果可选择量程，则应置于最灵敏档。

8.2 静电放电

8.2.1 要求

由静电放电产生的最大虚假指示值(包括瞬态和稳态)或数据输出应小于无此骚扰时指示值的10%。

当仪器处于放电状态时，应不触发报警或其他输出。

8.2.2 试验方法

应将剂量当量(率)仪紧靠GB/T 17626.2—2006规定的一个合适的试验用静电放电发生器。对导电表面和耦合平面采用接触放电方法。对绝缘表面则采用空气放电方法。应根据用户的可操作性选择放电点。

进行下列操作：

a) 对操作人员在正常测量期间可能接触到整个仪器的各个部分进行至少五次放电；

b) 对于带导电表面和耦合平面的仪器，使用GB/T 17626.2—2006规定的接触放电方法，静电放电应相当于给150 pF的电容器充电至6 kV电压并通过330Ω电阻放电(严酷度等级3)；

c) 在试验带绝缘表面的仪器时，应使用8 kV空气放电方法(严酷度等级3)。

8.3 射频电磁场

8.3.1 要求

由射频电磁场产生的最大虚假指示值(包括瞬态和稳态)或数据输出应小于无此骚扰时指示值的10%。

8.3.2 试验方法

将仪器完全置于GB/T 17626.3—2006规定的射频电磁场。在有电磁场和无电磁场时都应进行下列操作：

a) 电磁场强度应为10 V/m，频率范围为80 MHz～1 GHz。试验时自动扫描速度不应超过1.5×10^{-3}十倍频程/秒或基频的1%步长。

注1：选择20 V/m是为了在一个取向下进行试验，GB/T 17626.3—2006规定(严酷度等级3)的强度为10 V/m。

b) 信号应能被1 kHz的正弦波进行幅度调制，调幅深度80%。

c) 如果不能进行频率自动扫描，应在下列频率进行试验：27 MHz，80 MHz，90 MHz，100 MHz，110 MHz，120 MHz，130 MHz，140 MHz，150 MHz，160 MHz，180 MHz，200 MHz，220 MHz，240 MHz，260 MHz，290 MHz，320 MHz，350 MHz，380 MHz，420 MHz，460 MHz，510 MHz，560 MHz，620 MHz，680 MHz，750 MHz，820 MHz，900 MHz 和 1 000 MHz。

d) 如果观测到响应的任何变化大于 8.3.1 规定值的 1/3，按 GB/T 17626.3—2006 的规定，对仪器在所有三个取向、用 10 V/m 的场强、以 1% 为步长在该频率 ±5% 的范围内进行附加试验（如果要进行 d）项试验）。

注 2：允许有一定的磁化率。临界频率由用户决定。

8.4 由射频引起的传导骚扰

8.4.1 要求

由射频场产生的最大虚假指示值（包括瞬态和稳态）或数据输出应小于无此骚扰时指示值的 10%。

当仪器处于此射频场中时，应不触发报警或其他输出。

本项试验适用于频率范围为 150 kHz～80 MHz 的射频发射器的仪器。对无传导电缆（如信号线）而用电池供电的剂量当量（率）仪不进行本项试验。

8.4.2 试验方法

在有射频场和无射频场引起的传导骚扰（GB/T 17626.6—1998，严酷度等级 3）时，都应进行下列操作：

a) 设置频率范围为 150 kHz～80 MHz、强度为 140 dB(μV)；

b) 信号应能被 1 kHz 的正弦波进行幅度调制，调幅深度 80%；

c) 试验时自动扫描速度不应超过 1.5×10^{-3} 十倍频程/秒或基频的 1% 步长。

注：允许有一定的磁化率。临界频率由用户决定。

8.5 由浪涌和振荡波引起的传导骚扰

8.5.1 要求

由浪涌和振荡波引起的传导骚扰产生的最大虚假指示值（包括瞬态和稳态）或数据输出应小于无此骚扰时指示值的 10%。

当仪器处于脉冲下时，应不触发报警或其他输出。使用电池供电的剂量当量（率）仪不进行本项试验。

8.5.2 试验方法

交流电源通过耦合/去耦网络连接到 GB/T 17626.5—1998 和 GB/T 17626.12—1998 规定的脉冲发生器（严酷度等级 3）后进行下列操作：

a) 对仪器发送 10 个脉冲，脉冲间隔的最短时间为 1 min；

b) 每个脉冲应包含强度为 2 kV 的合成波（1.2/50 μs～8/20 μs）；

c) 环形波脉冲不超过 2 kV。

8.6 由快速瞬变或脉冲群引起的传导骚扰

8.6.1 要求

由快速瞬变或脉冲群引起的传导骚扰产生的最大虚假指示值（包括瞬态和稳态）或数据输出应小于无此骚扰时指示值的 10%。使用电池供电的剂量当量（率）仪不进行本项试验。

8.6.2 试验方法

按 GB/T 17626.4—1998 的规定（严酷度等级 3）将快速瞬变或脉冲群通过耦合/去耦网络加到交流电源上，然后在存在与不存在骚扰两种情况下进行下列操作：

a) 使用重复率不超过每分钟一次；

b) 所加的峰值电压为 ±2 kV。

8.7 外磁场(50 Hz)

8.7.1 要求

如果仪器的指示值受外磁场的影响,制造厂应对这种影响给出警告并在仪器说明书中注明。本标准建议由外磁场产生的最大虚假指示值(包括瞬态和稳态)或数据输出应小于无外磁场时指示值的10%。

当仪器处于磁场中时,应不触发报警或其他输出。

注:便携式仪器可能受到磁场剧烈变化的影响,这与仪器使用的场所有关。工作在加速器或类似设备附近时可能出现强磁场。

8.7.2 试验方法

试验方法和场强(见 GB/T 17626.8—2006)应由制造厂与用户协商。建议进行下列操作:

a) 在频率为 50 Hz 时,设置场强为 30 A/m 的连续磁场;

b) 将仪器置于磁场中,在相对于磁力线至少两个取向(0°和 90°)上进行试验。

注:1 A/m 相当于自由空间的磁感应强度为 1.26 μT。

8.8 电磁辐射的发射

使用相关的国家标准。

9 机械特性

9.1 机械冲击

测量装置应能经受来自于各个方向、时间间隔为 18 ms、加速度为 300 $m \cdot s^{-2}$、波形为半正弦波的机械冲击而不损坏。

9.2 仪器的取向(向地性)

9.2.1 要求

仪器处于任意取向时的指示值与参考取向的指示值之差不应超过±2%。制造厂应说明参考取向。

9.2.2 试验方法

原则上应在仪器的所有取向进行本项试验。通常不同的取向只对模拟指示的仪器有影响。因此,取向试验只限于仪器拿在手里,操作者能够看得见指示率表的那些取向。本项试验用电信号方法进行。

9.3 振动试验

9.3.1 要求

在 10 Hz～35 Hz 的频率范围内施加 20 $m \cdot s^{-2}$ 的谐波负载 15 min 之后,仪器的平均响应不应超过参考指示值的 15%。振动应不影响仪器的结构状态(如:焊点牢固、螺母和螺钉不松动)。

9.3.2 试验方法

以可重复的方式用合适的光子源和中子源依次照射仪器。源的强度要足够强,使得统计涨落对仪器指示值的影响尽可能小。确定仪器的平均指示值。然后仪器在三个正交取向的每个取向下接受在 10 Hz～21 Hz 和 22 Hz～35 Hz 频率范围中的一个或多个频率的 20 $m \cdot s^{-2}$ 谐波负载 15 min。每振动 15 min 之后,在与开始振动前确定仪器指示值相同的照射几何条件下确定仪器的平均指示值。应检查仪器和记录其物理状态。

10 安全特性

10.1 过载特性

10.1.1 要求

当周围剂量当量率大于仪器相应的满刻度时,仪器的指示值应超过满刻度,并保持在满刻度之外。对于多量程的仪器,本项要求应适用于每个量程。在受到试验方法中规定的周围剂量当量率照射后仪器应满足 6.1.1 的要求。

10.1.2 试验方法

用十倍于最大刻度值或 250 mSv·h^{-1}(取两者中较小的)的中子周围剂量当量率照射探测装置 5 min。在此期间,仪器的指示值应保持在满刻度之外。

10.2 易去污

仪器的结构应易于去污。为此,仪器的外表面应光滑无孔、无裂缝或把仪器放在薄而柔软的封套内,封套的一部分是透明的,便于仪器读数。

11 环境特性

11.1 环境温度影响

11.1.1 要求

在制造厂与用户之间协商的温度范围内,剂量当量(率)仪的指示值变化应保持在下列限值之内:

a) 在正常温度范围使用的仪器:在 10℃～35℃(中间点温度 22℃)温度范围内的指示值与在标准试验条件下得到的指示值相对变化不应超过±10%;

b) 在较宽温度范围使用的仪器:在－10℃～45℃(中间点温度 18℃)温度范围内的指示值与在标准试验条件下得到的指示值相对变化不应超过±20%。对于在室外和高温室内使用的仪器,便携式仪器的设计应满足这些要求;

c) 在极端温度范围使用的仪器:在－25℃～50℃(中间点温度 12℃)温度范围内的指示值与在标准试验条件下得到的指示值相对变化不应超过±50%。

注:对工作在－10℃以下的仪器,需要采取某些措施以使电池保持在额定的工作温度范围内。

11.1.2 试验方法

用足够强的中子源照射仪器,使其指示值在第二个最灵敏的十进位位。试验应在环境室内进行。除非仪器对湿度的变化灵敏,否则一般不需要控制环境室的湿度。

温度应在每一个温度限值处至少保持 24 h。在此期间最后 30 min 内得到的读数应在适当的允值范围内。此外,应在 11.1.1 中规定的温度范围的中间点温度获得一个读数。

建议湿度保持在较低水平以防止温度变化时结露。还建议温度变化率不超过 10℃·h^{-1}。

注:对于通常具有较大质量慢化体的仪器可能需要较长的热平衡时间。

11.2 温度冲击

11.2.1 要求

当温度在 5 min 内从 20℃增加到 50℃或从 20℃降低到－10℃时,剂量当量(率)仪的指示值相对变化不应超过 20℃时的±15%。

当温度从 50℃或－10℃变化到 20℃时,剂量当量(率)仪的指示值相对变化不应超过 50℃或－10℃时的±15%。

11.2.2 试验方法

用足够强的中子源照射仪器,使其指示值在第二个最灵敏的十进位位。试验中仪器和中子源的几何位置应可重复。

仪器在 20℃±2℃的条件下至少稳定 60 min,然后读取剂量当量(率)仪的指示值。

将仪器和源从该环境直接移到环境室,建立同样的照射几何条件,仪器的环境温度保持在 45℃～50℃之间。此过程应在 5 min 内完成。在整个 2 h 内每 15 min 测量一次仪器的读数。在这个过程中,仪器应保持在此环境中直至温度稳定。

将仪器从环境室移出,返回到开始时的环境中,建立同样的照射几何条件,仪器的环境温度保持在 20℃±2℃。此过程应在 5 min 内完成。在整个 2 h 内每 15 min 测量一次仪器的读数。在这个过程中,仪器应保持在此环境中直至温度稳定。

应在环境温度为－10℃～－5℃的环境室内重复进行试验。

11.3 相对湿度

11.3.1 要求

由相对湿度(RH)的影响造成仪器指示值的变化应受以下限制：

当温度为35℃、相对湿度达到95%时，仪器指示值的相对变化不应超过±10%。

当湿度的影响明显时才需要进行本项试验。

11.3.2 试验方法

试验只在35℃进行。用恒定的周围剂量当量率的参考中子源照射仪器。相对湿度为95%时至少保持24 h，在此期间的最后30 min读取仪器的指示值。允许在11.3.1规定的±10%指示值变化上附加单独由于温度带来的变化。

11.4 大气压力

大气压力一般对仪器响应没有明显的影响。

如果要求在其他大气压力下进行典型试验，例如某些仪器需要在空中低大气压力条件下使用，这时可能会对电缆和接头的电场强度特性有影响。

11.5 密封

对于在室外使用的仪器，制造厂应说明防潮措施。

11.6 贮存与运输

在温带地区使用的仪器，其设计应保证能在制造厂的包装条件下、温度在－25℃～50℃范围内、不带电池存放(或运输)至少三个月后，其技术性能仍符合本标准的规定。

在某些条件下，可能需要制定更严格的规定，例如空运时具有承受低环境压力的能力。

12 文件

12.1 检验合格证书

每台仪器应携带一份检验合格证书。至少应包括下列信息(见GB/T 16511—1996)：

——制造厂名称或注册商标；

——仪器的类型和序号；

——每一量程的刻度限值；

——校准所用的参考源和对参考源所用的注量对周围剂量当量的转换系数；

——对参考辐射的响应(即相对固有误差试验的结果)；

——在整个能量范围内响应随中子能量的变化；

——对光子辐射的响应；

——仪器的参考点(如果必要，说明与中子能量的关系)和校准取向；

——探测器类型和规格；

——探测装置和整台仪器的尺寸和重量；

——经过检查的满足入射角要求的中子能量；

——响应随辐射入射角的变化；

——仪器含有的任何危险和可燃材料；

——说明本仪器通过了本标准的试验并全部满足要求。

12.2 使用和维修手册

仪器应有详细的说明书，应包括仪器性能、工作方式和仪器维护、探测器和慢化体的详细情况、死时间的数据、在脉冲辐射场的响应、服务，校准和试验的全部信息以及相关的维修指导(见GB/T 16511—1996)。

表 1　参考条件和标准试验条件

影响量	参考条件 (除非制造厂另有说明)	标准试验条件 (除非制造厂另有说明)
中子参考辐射场	^{241}Am-Be,^{252}Cf 或 D(d,n)^{3}He 中子源	^{241}Am-Be,^{252}Cf 或 D(d,n)^{3}He 中子源
预热时间	15 min	不小于 15 min
环境温度	20℃	18℃～22℃
相对湿度	65%	50%～75%
大气压强	101.3 kPa	86.0 kPa～106.0 kPa
电源电压[a]	额定电压 U_N	额定电压(1±1%)U_N
电源频率[a]	额定频率 f_N	额定频率(1±1%)f_N
电源波形[a]	正弦波	正弦波总的谐波畸变小于 5%
辐射入射角	制造厂给定的校准方向	给定的校准方向±10°
外电磁场	可以忽略	小于能引起干扰的最小值
外界感应磁场	可以忽略	小于由地球磁场引起的感应值的两倍
仪器的取向	由制造厂说明	规定取向±5°
仪器的控制旋钮	调到正常工作状态	调到正常工作状态
放射性物质的污染	可以忽略	可以忽略

a　只针对用交流电源供电(或也可用交流供电)的仪器。

表 2　在标准试验条件下进行的试验

待测试的特性	要　求	试验方法(条)
相对固有误差	±20%	6.1.2
统计涨落	变异系数不大于 20%	7.1.2
响应时间	当周围剂量当量率的最终指示值小于 0.1 mSv·h^{-1}[a]时小于 30 s; 当周围剂量当量率的最终指示值在 0.1 mSv·h^{-1}～1 mSv·h^{-1}[a]之间时小于 10 s; 当周围剂量当量率的最终指示值大于 1 mSv·h^{-1}[a]时小于 4 s	7.2.2
零点漂移	仪器连续工作大于 8 h 时(经过 30 min 的预热时间之后): 对模拟显示仪器:不大于满刻度偏转角的±5%; 对数字显示的仪器:最小有效数字位的指示值不大于 5	7.4.2
过载特性	用十倍于满刻度或 250 mSv·h^{-1} 的周围剂量当量率(取两者中较小的)照射仪器时,仪器的指示值保持在满刻度以外 在过载测试之后要根据说明书进行操作	10.1.2

a　这些要求也适用于周围剂量当量率减小时的试验。

表 3　随影响量变化进行的试验

影响量	影响量的变化范围	指示值的变化限值	试验方法(条)
中子能量	热中子 1 keV～50 keV 50 keV～600 keV 1 MeV～5 MeV 13.5 MeV～16 MeV	由制造厂说明指示值的相对固有误差[a]	6.3.2

表 3(续)

影响量	影响量的变化范围	指示值的变化限值	试验方法(条)
入射角	0°～±90° ±90°～±180°	指示值的相对固有误差小于±25%； 由制造厂说明	6.4.2
光子辐射	a) 由 ^{137}Cs 源产生的 10 mSv·h^{-1} 周围剂量当量率 b) 在上述辐射场中再加上 1 mSv·h^{-1}的中子辐射 c) 高能光子响应(6 MeV)	指示值小于 0.1 mSv·h^{-1} ±10%[b] 由制造厂说明	6.6.2.2
预热时间	由制造厂规定	由制造厂说明	7.5.2
电源电压 a) 原电池 b) 二次电池 c) 交流电源 (可用于交流供电)	 间断性使用 40 h 之后 连续使用 12 h 之后 88%U_N～110%U_N 47 Hz～53 Hz	 ±10%[d] ±10%[d] ±10%[c] ±10%[d]	 7.6.4 7.6.4 7.7.2 7.7.2
仪器的取向	任意取向	±2%	9.2.2
振动	10 Hz～35 Hz,20 m·s^{-2}	±15%	9.3.2
环境温度	标准值:10℃～35℃[e] 扩展值:-10℃～45℃[e] 极限值:-25℃～50℃[e]	±10%[c] ±20%[c] ±50%[c]	11.1.2
温度冲击	20℃～50℃ 20℃～-10℃ 50℃～20℃ -10℃～20℃	±15%[d] ±15%[d] ±15%[d] ±15%[d]	11.2.2
相对湿度	在 35℃时最高 95%	±10%	11.3.2
大气压力	[f]	[f]	11.4

[a] 对于参考辐射的响应。

[b] 在无 γ 辐射时的指示值。

[c] 在标准试验条件下的指示值。

[d] 初始指示值。

[e] 用于温带地区的仪器,在过热或过冷的气候条件下采用-25℃～50℃温度范围的要求。对于在很低温度中工作的仪器建议提供电池加热的方法。

[f] 没有通用规定。若有需要,应规定影响量的数值范围和指示值的变化限值。

表 4 由影响量带来的特性变化限值

影响量	影响量的最小范围	变化限值[a]	试验方法(条)
静电放电	与 GB/T 17626.2—2006 的规定相同	±10%	8.2.2
射频电磁场	与 GB/T 17626.3—2006 的规定相同	±10%	8.3.2
由射频引起的传导骚扰	与 GB/T 17626.6—1998 的规定相同	±10%	8.4.2
由浪涌和振荡波引起的传导骚扰	与 GB/T 17626.5—1998 和 GB/T 17626.12—1998 的规定相同	±10%	8.5.2
由快速瞬变或脉冲群引起的传导骚扰	与 GB/T 17626.4—1998 的规定相同	±10%	8.6.2
外磁场(50 Hz)	与 GB/T 17626.8—2006 的规定相同	±10%	8.7.2

[a] 在无外界干扰时的指示值。

附 录 A
（规范性附录）
单能中子的注量对周围剂量当量的转换系数

表 A.1 单能中子的注量对周围剂量当量的转换系数(数据引自 ICRU 57:1998)

中子能量/MeV	转换系数，$H^*(10)/\phi$/(pSv·cm^2)
1.00×10^{-9}	6.60
1.00×10^{-8}	9.00
2.53×10^{-8}	10.6
1.00×10^{-7}	12.9
2.00×10^{-7}	13.5
5.00×10^{-7}	13.6
1.00×10^{-6}	13.3
2.00×10^{-6}	12.9
5.00×10^{-6}	12.0
1.00×10^{-5}	11.3
2.00×10^{-5}	10.6
5.00×10^{-5}	9.90
1.00×10^{-4}	9.40
2.00×10^{-4}	8.90
5.00×10^{-4}	8.30
1.00×10^{-3}	7.90
2.00×10^{-3}	7.70
5.00×10^{-3}	8.00
1.00×10^{-2}	10.5
2.00×10^{-2}	16.6
3.00×10^{-2}	23.7
5.00×10^{-2}	41.1
7.00×10^{-2}	60.0
1.00×10^{-1}	88.0
1.50×10^{-1}	132
2.00×10^{-1}	170
3.00×10^{-1}	233
5.00×10^{-1}	322
7.00×10^{-1}	375
9.00×10^{-1}	400
1.00	416
1.20	425
2.00	420
3.00	412
4.00	408
5.00	405
6.00	400
7.00	405
8.00	409
9.00	420
10.0	440
12.0	480
14.0	520
15.0	540
16.0	555

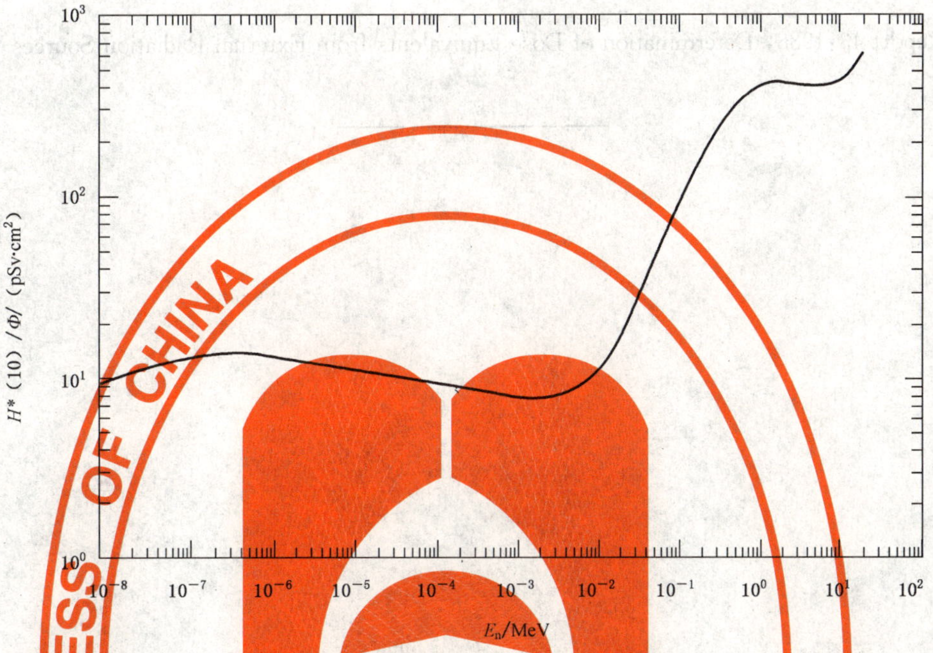

图 A.1 单能中子注量对周围剂量当量的转换系数(数据引自 ICRU 57(1998))

表 A.2 中子参考辐射源的注量对周围剂量当量的转换系数
(数据引自 ICRU 57:1998 和 GB/T 14055—1993)

中子源	按周围剂量当量计算的平均能量/MeV	转换系数,$H^*(10)/\Phi/(pSv\cdot cm^2)$
^{241}Am-Be(α,n)	4.3	391
^{252}Cf(裂变)	2.13	385
D(d,n)^{3}He	2.8	413

参 考 文 献

ICRP Report 43:1988, Determination of Dose Equivalents from External Radiation Sources—Part 2

ICS 25.100.70
J 43

中华人民共和国国家标准

GB/T 14319—2008
代替 GB/T 14319—1993,GB/T 14320—1993

固结磨具　陶瓷结合剂强力珩磨磨石与超精磨磨石

Bonded abrasive products—Vitrified stones for force-honing and superfinishing

2008-06-03 发布　　　　2009-01-01 实施

中华人民共和国国家质量监督检验检疫总局
中国国家标准化管理委员会　发布

前　言

本标准代替 GB/T 14319《超精油石》和 GB/T 14320《陶瓷结合剂强力珩磨油石》，主要修订的内容如下：

——将油石修改为磨石；

——增加了前言；

——修改了规范性引用文件；

——修改了磨石的形状代号、磨料的粒度标记；

——修改了磨石的标记示例；

——删去了洛氏硬度计工作条件中钢球负荷的 kgf 数值，将 300.25 N 改正为 306 N；

——重新确定了磨石的检验规则(本标准第 6 章)。

本标准由中国机械工业联合会提出。

本标准由全国磨料磨具标准化技术委员会(SAC/TC 139)归口。

本标准起草单位：郑州磨料磨具磨削研究所和白鸽磨料磨具有限公司。

本标准主要起草人：李宁、马建勇、张长伍。

本标准所代替标准的历次版本发布情况为：

——GB/T 14319—1993、GB/T 14320—1993。

固结磨具　陶瓷结合剂强力珩磨磨石与超精磨磨石

1　范围

本标准规定了超精磨磨石和陶瓷结合剂强力珩磨磨石的产品分类、技术要求、试验方法、检验规则及标志、包装、运输和贮存。

本标准适用于粒度为F320～F1200的各种普通磨料的陶瓷结合剂超精磨磨石；

本标准适用于能在7.84 MPa～39.2 MPa的磨削负荷下进行强力珩磨加工的普通磨料陶瓷结合剂强力珩磨磨石。

2　规范性引用文件

下列文件中的条款通过本标准的引用而成为本标准的条款。凡是注日期的引用文件，其随后所有的修改单(不包括勘误的内容)或修订版均不适用于本标准，然而，鼓励根据本标准达成协议的各方研究是否可使用这些文件的最新版本。凡是不注日期的引用文件，其最新版本适用于本标准。

GB/T 2476　磨料代号

GB/T 2481.1　固结磨具用磨料　粒度组成的检测和标记　第1部分：粗磨粒F4～F220(GB/T 2481.1—1998,eqv ISO 8486-1:1998)

GB/T 2481.2　固结磨具用磨料　粒度组成的检测和标记　第2部分：微粉F230～F1200(GB/T 2481.2—1998,eqv ISO 8486-2:1998)

GB/T 2484　固结磨具　一般要求(GB/T 2484—2006,ISO 525:1999,MOD)

GB/T 2490—2007　固结磨具　硬度检验

GB/T 2495　普通磨具　包装

GB/T 4127.10　固结磨具　尺寸　第10部分：珩磨和超精磨磨石(GB/T 4127.10—2008,ISO 603-10:1999,MOD)

JB/T 7992　普通磨具　外观、尺寸和形位公差试验方法

JB/T 10450　普通磨具　检验规则

3　产品分类

3.1　磨石的形状

3.1.1　长方形磨石的形状符合图1的规定。代号:5410

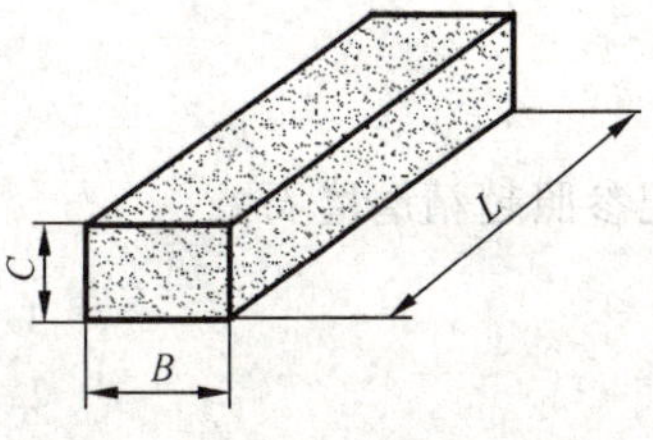

图 1

3.1.2　正方形磨石的形状符合图2的规定。代号:5411

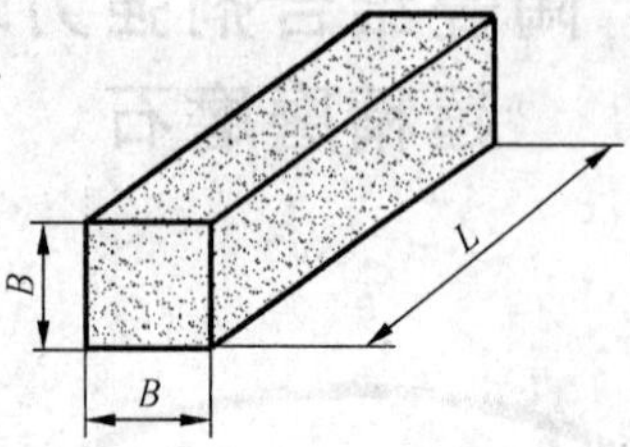

图 2

3.2　磨石的尺寸

按照GB/T 4127.10的规定。

3.3　磨料的代号及粒度组成

按照GB/T 2476、GB/T 2481.1和GB/T 2481.2的规定。

3.4　磨石的硬度、结合剂代号

按照GB/T 2484的规定。

3.5　作浸渍处理的磨石用代号S表示。

3.6　标记示例

3.6.1　超精磨磨石

示例:尺寸为8 mm×6 mm×63 mm、白刚玉和绿碳化硅混合磨料、F400粒度、C级硬度、陶瓷结合剂、经过浸渍处理的长方形超精磨石,标记为:

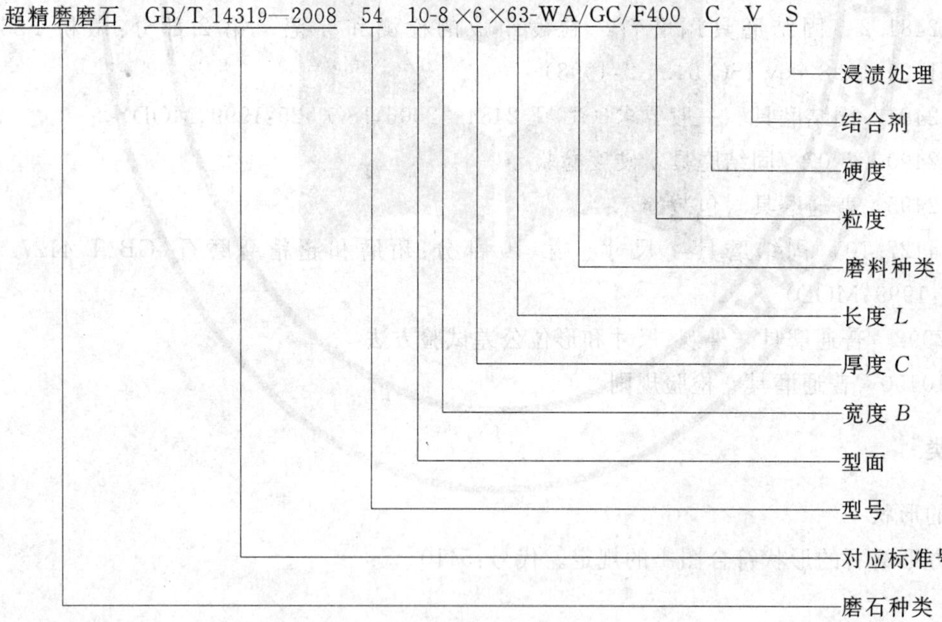

3.6.2　陶瓷结合剂强力珩磨磨石

陶瓷结合剂强力珩磨磨石的标记参照超精磨磨石。

4　技术要求

4.1　磨石基本尺寸极限偏差

4.1.1　超精磨磨石基本尺寸的极限偏差按表1的规定。

表 1

单位为毫米

B、C	T_B、T_C
B、$C \leqslant 20$	±0.15
$20 < B$、$C \leqslant 63$	±0.20
L	T_L
$L \leqslant 20$	±0.5
$20 < L \leqslant 63$	±1.5
$L > 63$	±1.5

4.1.2 陶瓷结合剂强力珩磨磨石基本尺寸的极限偏差按表 2 的规定。

表 2

单位为毫米

B、C	T_B、T_C
B、$C \leqslant 4$	$^{+0.3}_{-0.5}$
$4 < B$、$C \leqslant 10$	$^{+0.4}_{-0.6}$
B、$C > 10$	$^{+0.5}_{-1.0}$
L	T_L
$L \leqslant 63$	±0.7
$63 < L \leqslant 100$	±1.2
$L > 100$	±2.0

4.2 磨石沿长度方向的平面度公差和对应平面的平行度公差按表 3 的规定。

表 3

单位为毫米

产品类别	L	平面度公差	平行度公差
超精磨石	$L \leqslant 20$	0.10	0.15
	$20 < L \leqslant 63$	0.15	0.20
	$L > 63$	0.20	0.25
珩磨磨石	$L \leqslant 63$	0.10	0.20
	$63 < L \leqslant 100$	0.20	0.40
	$L > 100$	0.40	0.70

4.3 磨石的外观

4.3.1 超精磨磨石

4.3.1.1 外观整洁，色泽一致。

4.3.1.2 不得有裂纹、铁斑、黑心、发泡、夹杂。

4.3.1.3 整个周边上的边棱缺损极限尺寸按表 4 的规定，边棱缺损数量不得超过 2 处。边棱缺损不超过 2.0 mm×1.0 mm×1.0 mm(长×宽×高)者不作计数。

表 4

单位为毫米

B、C、L	极限尺寸
B、C、L≤25	2.0
25<B、C、L≤50	3.0
B、C、L>50	5.0

4.3.2 陶瓷结合剂强力珩磨磨石

4.3.2.1 不得有裂纹、黑心。

4.3.2.2 每块磨石的整个周边上的边棱缺损极限尺寸按表 5 的规定，边棱缺损数量不得超过 4 处。边棱缺损不超过 2.0 mm×1.0 mm×1.0 mm(长×宽×高)者不作计数。

表 5

单位为毫米

B、C、L	极限尺寸
B、C、L≤63	2.0
B、C、L>63	3.0

4.3.2.3 每块磨石所有表面铁斑的数量不得超过表 6 的规定。铁斑的直线尺寸不大于 0.5 mm。

表 6

L/mm	铁斑数量/个
L≤63	1
63<L≤100	3
L>100	5

4.3.3 经过浸渍处理的磨石，其表面不得有块斑。

4.4 磨石的硬度

4.4.1 超精磨磨石

4.4.1.1 A 级～E 级的硬度值、硬度允许范围及均匀性允差应按表 7 的规定。

表 7

硬度等级	硬度值	允许范围	均匀性允差
A	—	—	14
B	43～55	37～61	12
C	56～67	51～72	10
D	68～78	63～83	10
E	79～88	76～92	8

4.4.1.2 F 级～N 级的硬度值、硬度允许范围及均匀性允差应按表 8 的规定。

表 8

硬度等级	磨料粒度				均匀性允差
	F320～F600		F800～F1200		
	硬度值	允许范围	硬度值	允许范围	
F	18～29	7～38	33～45	23～53	14
G	30～40	20～48	46～55	36～62	14

表 8（续）

硬度等级	磨料粒度				均匀性允差
	F320～F600		F800～F1200		
	硬度值	允许范围	硬度值	允许范围	
H	41～50	32～58	56～64	48～71	12
J	51～60	43～67	65～73	58～80	12
K	61～68	53～74	39～51	29～59	10
L	69～76	63～82	52～62	42～68	10
M	77～83	71～87	63～70	55～76	8
N	84～88	78～92	71～78	65～83	8

4.4.2 陶瓷结合剂强力珩磨磨石

粒度 F100 至 F1200 的磨石洛氏硬度值、硬度允许范围、级差值和均匀性允差值按照 GB/T 2490—2007 中表 4 和表 5 的规定。

5 试验方法

5.1 超精磨磨石

5.1.1 基本尺寸的极限偏差、沿长度方向平面的平面度、对应平面的平行度和外观缺陷分别按照 JB/T 7992 进行检查。

5.1.2 磨石使用的磨料粒度的试验方法按 GB/T 2481.1 和 GB/T 2481.2 的规定。

5.1.3 超精磨磨石的硬度检查

5.1.3.1 检查仪器为洛氏硬度计，其工作条件应符合表 9 的规定。

表 9

硬度等级	磨料粒度	工作条件	
		负荷/N	钢球直径/mm
A～E	F320～F1200	306	3.175
F～J	F320～F1200	588	
K～N	F320～F600	588	
	F800～F1200	980	

5.1.3.2 超精磨磨石的硬度检查应在浸渍处理之前进行，检查方法按照 GB/T 2490 的规定。

5.2 陶瓷结合剂强力珩磨磨石

5.2.1 基本尺寸的极限偏差、沿长度方向平面的平面度、平行度和外观缺陷分别按照 JB/T 7992 进行检查。

5.2.2 经过浸渍处理的磨石外表面应进行浸渍均匀性检查，目力检查。

5.2.3 磨石使用的磨料粒度的试验方法按 GB/T 2481.1 和 GB/T 2481.2 的规定。

5.2.4 磨石硬度检查

5.2.4.1 检查仪器为洛氏硬度计，工作条件按 GB/T 2490 中的规定。

5.2.4.2 磨石硬度检查应在浸渍之前进行，检查方法按照 GB/T 2490 的规定。

6 检验规则

6.1 磨石出厂前须按照本标准技术要求进行检验。

6.2 磨石的检验规则按照 JB/T 10450 的规定。

7 标志、包装、运输和贮存

7.1 磨石的包装物上的标志应包含下列内容：

a) 商标；

b) 产品名称；

c) 标记；

d) 数量；

e) 制造厂厂名；

f) 出厂年月(年份 4 位,月份 2 位)。

7.2 长度 $L \geqslant 100$ mm 的陶瓷结合剂强力珩磨磨石表面还应有下列标志：

a) 磨料代号；

b) 粒度代号；

c) 硬度。

7.3 磨石的其他标志和包装要求应按 GB/T 2495 的规定。

7.4 磨石在运输和搬运过程中要防止碰撞和冲击。

7.5 磨石贮存应防止受潮,陶瓷结合剂强力珩磨磨石还应该防止受冻。

ICS 25.100.70
J 43

中华人民共和国国家标准

GB/T 14321—2008
代替 GB/T 14321—1993

刚玉磨料中 α-Al_2O_3 相 X 射线定量测定方法

Testing method for quantities of α-Al_2O_3 phase in alumina with an X-ray diffractometer

2008-06-03 发布　　2009-01-01 实施

中华人民共和国国家质量监督检验检疫总局
中国国家标准化管理委员会 发布

前　言

本标准是对 GB/T 14321—1993《刚玉磨料中 α-Al_2O_3 相 X 射线定量测定方法》的修订。

本标准与 GB/T 14321—1993 相比，主要变化如下：

——衍射线累积强度由计算机精确测定；

——确定了新的 K 常数值。

本标准的附录 A 为资料性附录。

本标准由中国机械工业联合会提出。

本标准由全国磨料磨具标准化技术委员会(SAC/TC 139)归口。

本标准起草单位：郑州磨料磨具磨削研究所。

本标准主要起草人：周万里、张仪、包华。

本标准所代替标准的历次版本发布情况为：

——GB/T 14321—1993。

刚玉磨料中 α-Al_2O_3 相 X 射线定量测定方法

1 范围

本标准规定了刚玉磨料中 α-Al_2O_3 物相定量测定的试样制备、试验仪器和条件以及试验和计算方法。

本标准适用于各种刚玉类磨料，仲裁时应按本方法进行。

2 规范性引用文件

下列文件中的条款通过本标准的引用而成为本标准的条款。凡是注日期的引用文件，其随后所有的修改单(不包括勘误的内容)或修订版均不适用于本标准，然而，鼓励根据本标准达成协议的各方研究是否可使用这些文件的最新版本。凡是不注日期的引用文件，其最新版本适用于本标准。

GB/T 4676 普通磨料 取样方法(GB/T 4676—2003，ISO 9138:1993，MOD)

JB/T 6570 普通磨料 磁性物含量测定方法

3 分析试样及其制备

3.1 取样

依照 GB/T 4676 进行取样及缩分。

3.1.1 结晶块试样

取具有统计代表性的结晶块，先用铁锤在钢板上将磨料块击碎至直径 1 mm 左右，再用 JB/T 6570 中规定的铁合金粒测定用磁铁吸出带入的铁质，用四分法缩分至 10 g～20 g 试样，装入试样袋于 105℃～110℃的烘箱中烘干 1 h，取出，放入干燥器中，冷却备用。

3.1.2 磨料试样

直径＞1 mm 磨料，用 3.1.1 中方法取样。

直径≤1 mm 磨料，直接缩分 10 g～20 g 试样，装入试样袋于 105℃～110℃的烘箱中烘干 1 h，取出，放入干燥器中，冷却备用。

3.2 试样混合

3.2.1 用纯度大于 99.9%的粒状 Si 作内标物质。

3.2.2 称取 3.2.1 中的 Si 内标物质 0.7 g 和 3.1.1 或 3.1.2 中试样 2.8 g(Si：试样＝1：4)，精确至 0.000 1 g，放入刚玉研钵中研磨混合，并使其全部通过网孔尺寸为 45 μm 的筛网；再将过筛后全部试样置于刚玉研钵中继续研磨 30 min～40 min，使其混合均匀，其颗粒尺寸应在 0.1 μm～40 μm 范围(用显微镜检查)。

3.3 制样

3.3.1 采用常用的试样框架，在框架下垫一块大于框架、粒度为 P400 的金相砂纸，置放玻璃板上。

3.3.2 将 3.2.2 中研磨好的混合粉末倒入试样框架内，用 5 mm 左右厚玻璃压样板垂直压紧成型。

3.3.3 将压好的试样翻转 180°，取下砂纸，即成 X 射线粉末衍射试样(见图 1)，试样与砂纸接触面为测试面。

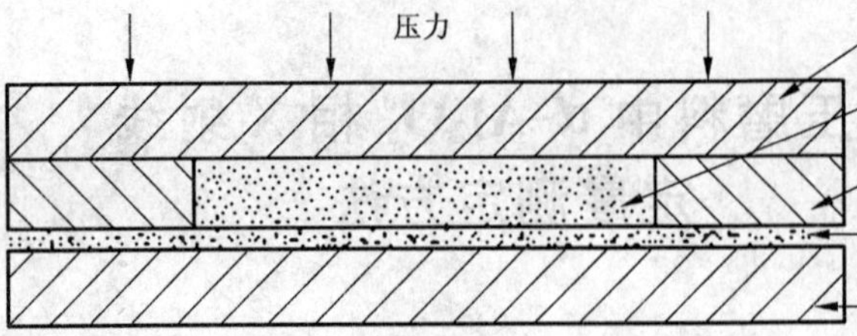

图 1

4 试验仪器和试验条件

4.1 衍射仪

衍射仪综合稳定度优于 1%。

4.2 试验条件

4.2.1 采用 CuK_{α} 辐射，Ni 滤波片。

4.2.2 扫描速度

0.5 °/min。

4.2.3 时间常数

选用 2 s 时间常数。

4.2.4 扫描范围

Si：27.5°～29.5°(2θ)；

α-Al_2O_3 相：42.5°～44.5°(2θ)。

4.3 调整 X 射线衍射仪，使内标物质 Si 的(111)晶面和 α-Al_2O_3 相的(113)晶面衍射峰呈正态分布，且峰背比最大。

5 测定方法

5.1 待测试样晶面衍射线规定按表 1。

表 1 物相晶面衍射指数

物相名称	最强的衍射晶面	晶面间距(Å)
Si	(111)	$d_{Si(111)}=3.14$
α-Al_2O_3	(113)	$d_{\alpha(113)}=2.09$

5.2 将 3.3 中的粉末衍射试样按 4.2 中的条件，分别摄取表 1 中 Si 和 α-Al_2O_3 相最强晶面衍射图谱，并记录最强衍射线累积强度。

5.3 衍射线累积强度值用扣除背景后的衍射峰面积大小来表示，由计算机精确测定。

5.4 每个试样重复制样 5 次，每次制成的试样测量 3 次衍射线累积强度，记为 $I_{Si(1)}$……$I_{Si(5)}$ 和 $I_{\alpha(1)}$……$I_{\alpha(5)}$。

5.5 所有待测试样试验条件及试验方法完全相同。

6 α-Al_2O_3 相含量计算

6.1 用 K 值法计算 α-Al_2O_3 相含量有公式(1)的关系：

$$X_{\alpha(n)}=\frac{I_{\alpha(n)}}{I_{Si(n)}}\times\frac{X_{Si}}{K_{Si}^{\alpha}} \quad \cdots\cdots(1)$$

式中：

$X_{\alpha(n)}$——第 n 次测量 α-Al_2O_3 相在刚玉磨料中的质量百分数；

$I_{\alpha(n)}$ 和 $I_{Si(n)}$——分别为第 n 次测量 α 相(113)面和 Si(111)面累积强度；

X_{Si}——加入的内标物质 Si 质量和待测刚玉磨料质量比；

K_{Si}^{α}——K 常数。对 Cuk_{α} 辐射，该常数与待测 α 相与内标物质 Si 有关。其值为：0.218 9(参见附录 A)。

6.2　将 5.4 中各值代入公式(1)计算 $X_{\alpha(n)}$，填入表 2。

表 2　刚玉磨料中 α-Al_2O_3 相定量测定数据表

试样配比	硅：刚玉磨料＝1：4 K_{Si}^{α}＝0.218 9　　X_{Si}＝0.25				
制样次数 (n)	衍射强度		α-Al_2O_3 含量 $X_{\alpha(n)}$	α-Al_2O_3 平均含量 $\overline{X}_{\alpha}$	绝对偏差
	$I_{\alpha(n)}$	$I_{Si(n)}$			
1					
2					
3					
4					
5					

6.3　如果 $X_{\alpha(n)}$ 和 $\overline{X}_{\alpha}$ 值绝对偏差＞2.0％，则将第 n 次测试值删去，重新按 3.3、5、6 规定补做一次，求出新的 $X_{\alpha(n)}$ 和 $\overline{X}_{\alpha}$ 值，直到绝偏误差≤2.0％。最终结果以平均值的形式报出，并保留一位小数(百分数)。

附 录 A
（资料性附录）
K_{Si}^{α}常数的测定方法

A.1 K_{Si}^{α}常数的测定需配置参考试样，参考试样由内标物质 Si 和 α-Al_2O_3 相刚玉组成，质量配比为 Si∶α-Al_2O_3 相刚玉＝1∶4。

A.2 内标物质 Si 和 α-Al_2O_3 相刚玉纯度用 X 射线衍射定性分析检查，不得出现杂质衍射线条。

A.3 按 3.2 试样混合，3.3 制样。

A.4 按 4.2 中的条件和 5 中的试验方法测量参考试样中 Si 和 α-Al_2O_3 相衍射线累积强度，强度的相对标准偏差要与衍射仪综合稳定度相当。

A.5 将每次衍射线累积强度代入下式中计算每次的 K_{Si}^{α}值，取其平均的 K_{Si}^{α}值为最终测定值。

$$K_{Si}^{\alpha}=\frac{I_{\alpha}^{r}}{I_{Si}^{r}}\times\frac{W_{Si}^{r}}{W_{\alpha}^{r}} \qquad \text{(A.1)}$$

式中：

I_{α}^{r}——为参考试样中 α 相(113)面累积强度；

I_{Si}^{r}——为参考试样中 Si(111)面累积强度；

W_{Si}^{r}——为参考试样中内标物质 Si 质量；

W_{α}^{r}——为参考试样中 α 相刚玉质量。

ICS 25.100.20
J 41

GB

中华人民共和国国家标准

GB/T 14328—2008
代替 GB/T 14328.1～14328.4—1993

STANDARDS PRESS OF CHINA

粗加工立铣刀

Roughing end mill

2008-06-03 发布　　2009-01-01 实施

中华人民共和国国家质量监督检验检疫总局
中国国家标准化管理委员会　发布

前　言

本标准是对GB/T 14328.1—1993《直柄粗加工立铣刀　型式与尺寸》，GB/T 14328.2—1993《削平型直柄粗加工立铣刀　型式与尺寸》，GB/T 14328.3—1993《莫氏锥柄粗加工立铣刀　型式与尺寸》，GB/T 14328.4—1993《粗加工立铣刀　技术条件》的合并修订。

本标准代替GB/T 14328.1—1993，GB/T 14328.2—1993，GB/T 14328.3—1993，GB/T 14328.4—1993。

本标准与GB/T 14328.1—1993相比主要变化如下：

——修改了规范性引用文件；

——将原来的表注删除，重新在3.1.1规定；

——标记示例做了一定的修改：

1）粗加工立铣刀改为直柄粗加工立铣刀；

2）GB/T 14328.1改为GB/T 14328—2008；

3）长系列的直柄粗加工立铣刀增加标记“长”。

本标准与GB/T 14328.2—1993相比主要变化如下：

——修改了规范性引用文件；

——将原来的表注删除，重新在3.2.1规定；

——标记示例做了一定的修改：

1）粗加工立铣刀改为削平型直柄粗加工立铣刀；

2）GB/T 14328.2改为GB/T 14328—2008；

3）长系列的削平型直柄粗加工立铣刀增加标记“长”。

本标准与GB/T 14328.3—1993相比主要变化如下：

——修改了规范性引用文件；

——将原来的表注删除，重新在3.3.1规定；

——标记示例做了一定的修改：

1）粗加工立铣刀改为莫氏锥柄粗加工立铣刀；

2）GB/T 14328.3改为GB/T 14328—2008；

3）长系列的莫氏锥柄粗加工立铣刀增加标记“长”。

本标准与GB/T 14328.4—1993相比主要变化如下：

——删除了性能试验；

——标志和包装做了编辑上的修改。

本标准由中国机械工业联合会提出。

本标准由全国刀具标准化技术委员会(SAC/TC 91)归口。

本标准起草单位：成都工具研究所。

本标准主要起草人：曾宇环。

本标准所代替标准的历次版本发布情况为：

——GB/T 14328.1—1993；

——GB/T 14328.2—1993；

——GB/T 14328.3—1993；

——GB/T 14328.4—1993。

粗加工立铣刀

1 范围

本标准规定了直柄粗加工立铣刀、削平型直柄粗加工立铣刀、莫氏锥柄粗加工立铣刀的型式与尺寸、标记示例、技术要求、标志和包装。

本标准适用于直径 6 mm～50 mm 的直柄粗加工立铣刀、直径 8 mm～63 mm 的削平型直柄粗加工立铣刀和直径 10 mm～80 mm 的莫氏锥柄粗加工立铣刀。

2 规范性引用文件

下列文件中的条款通过本标准的引用而成为本标准的条款。凡是注日期的引用文件，其随后所有的修改单(不包括勘误的内容)或修订版均不适用于本标准，然而，鼓励根据本标准达成协议的各方研究是否可使用这些文件的最新版本。凡是不注日期的引用文件，其最新版本适用于本标准。

GB/T 1443 机床和工具柄用自夹圆锥(GB/T 1443—1996，eqv ISO 296:1991)

GB/T 6131.1 铣刀直柄 第1部分：普通直柄的型式和尺寸(GB/T 6131.1—2006，ISO 3338-1:1996，IDT)

GB/T 6131.2 铣刀直柄 第2部分：削平直柄的型式和尺寸(GB/T 6131.2—2006，ISO 3338-2:2000，MOD)

3 型式与尺寸

3.1 直柄粗加工立铣刀

3.1.1 直柄粗加工立铣刀的型式和尺寸分别按图1和表1的规定。铣刀允许制成带颈部的，柄部尺寸和偏差按照 GB/T 6131.1 的规定。

A 型

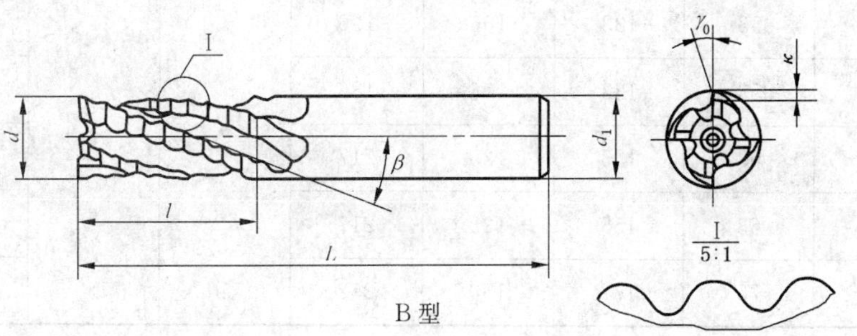

B 型

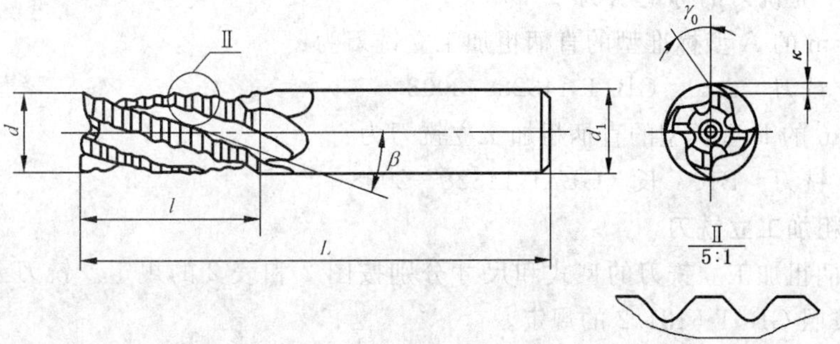

注：A 型为波形刃，B 型为梯形刃。

图 1

表 1

单位为毫米

d js15	d_1 h8	标准型		长型		参考			
		l min	L js16	l min	L js16	β	γ_0	κ	齿数
6	6	13	57	24	68			1.0	
7	8	16	60	30	74			1.2	
8	8	19	63	38	82			1.4	
9	10	19	69	38	88			1.5	
10	10	22	72	45	95			1.5～2.0	
11	12	22	79	45	102			1.5～2.0	
12	12	26	83	53	110			2.0	
14	12	26	83	53	110			2.0～2.5	4
16	16	32	92	63	123			2.5～3.0	
18	16	32	92	63	123	20°～35°	6°～16°	3.0	
20	20	38	104	75	141			3.0～3.5	
22	20	38	104	75	141			3.5～4.0	
25	25	45	121	90	166			4.0～4.5	
28	25	45	121	90	166			3.0～3.5	
32	32	53	133	106	186			3.5～4.0	
36	32	53	133	106	186			4.0～4.5	
40	40	63	155	125	217			4.0～4.5	6
45	40	63	155	125	217			4.5～5.0	
50	50	75	177	150	252			5.5～6.0	

3.1.2　直柄粗加工立铣刀的标记示例

外径 d=10 mm 的 A 型标准型的直柄粗加工立铣刀为：

直柄粗加工立铣刀　A10　GB/T 14328—2008

外径 d=10mm 的 B 型长型的直柄粗加工立铣刀为：

直柄粗加工立铣刀　B10　长　GB/T 14328—2008

3.2　削平型直柄粗加工立铣刀

3.2.1　削平型直柄粗加工立铣刀的型式和尺寸分别按图 2 和表 2 的规定。铣刀允许制成带颈部的，柄部尺寸和偏差按照 GB/T 6131.2 的规定。

A 型

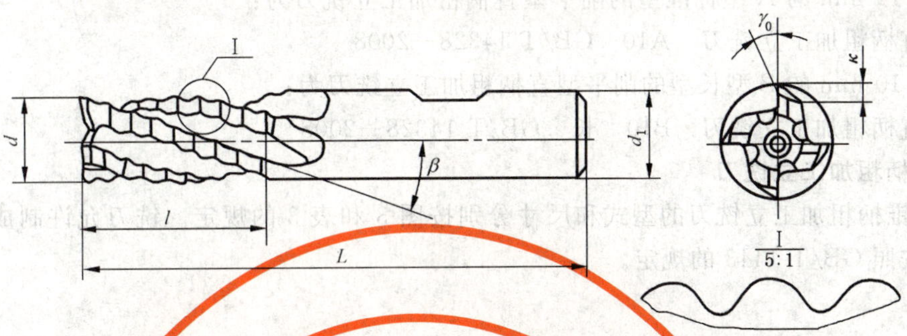

B 型

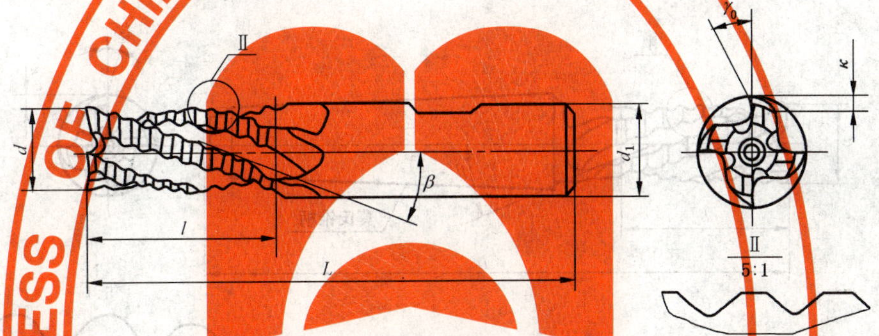

注：A 型为波形刃，B 型为梯形刃。

图 2

表 2

单位为毫米

d js15	d_1 h6	标准型 l min	标准型 L js16	长型 l min	长型 L js16	参考 β	参考 γ_0	参考 κ	参考 齿数
8	10	19	69	38	88			1.0～1.5	
9	10	19	69	38	88			1.5	
10	10	22	72	45	95			1.5～2.0	
11	12	22	79	45	102			1.5～2.0	
12	12	26	83	53	110			2.0	
14	12	26	83	53	110			2.0～2.5	
16	16	32	92	63	123			2.5～3.0	4
18	16	32	92	63	123			3.0	
20	20	38	104	75	141	20°～35°	6°～16°	3.0～3.5	
22	20	38	104	75	141			3.5～4.0	
25	25	45	121	90	166			4.0～4.5	
28	25	45	121	90	166			3.0～3.5	
32	32	53	133	106	186			3.5～4.0	
36	32	53	133	106	186			4.0～4.5	
40	40	63	155	125	217			4.0～4.5	6
45	40	63	155	125	217			4.5～5.0	
50	50	75	177	150	252			5.5～6.0	
56	50	75	177	150	252			4.5～5.0	8
63	63	90	202	180	292			5.0～5.5	

3.2.2 削平型直柄粗加工立铣刀的标记示例

外径 d=10 mm 的 A 型标准型的削平型直柄粗加工立铣刀为：

削平型直柄粗加工立铣刀 A10 GB/T 14328—2008

外径 d=10 mm 的 B 型长型的削平型直柄粗加工立铣刀为：

削平型直柄粗加工立铣刀 B10 长 GB/T 14328—2008

3.3 莫氏锥柄粗加工立铣刀

3.3.1 莫氏锥柄粗加工立铣刀的型式和尺寸分别按图 3 和表 3 的规定。铣刀允许制成带颈部的，莫氏锥柄尺寸按照 GB/T 1443 的规定。

A 型

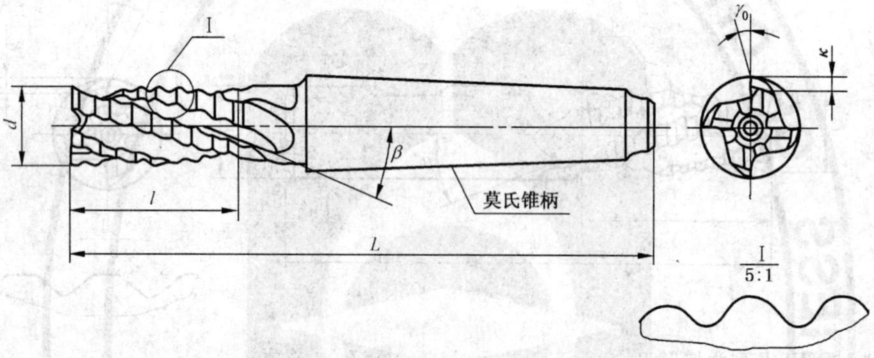

B 型

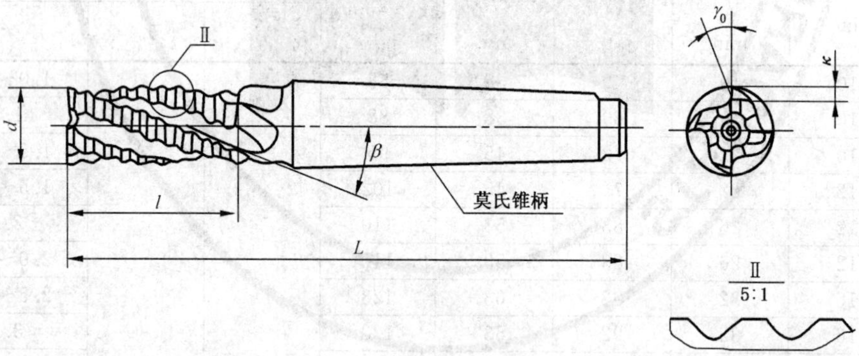

注：A 型为波形刃，B 型为梯形刃。

图 3

表 3 单位为毫米

d js15	标准型		长型		莫氏锥柄号	参考			
	l min	L js16	l min	L js16		β	γ_0	κ	齿数
10	22	92	45	115	1	20°～35°	6°～16°	1.5～2.0	4
11	22	92	45	115				1.5～2.0	
12	26	96	53	123				2.0	
14	26	111	53	138	2			2.0～2.5	
16	32	117	63	148				2.5～3.0	
18	32	117	63	148				3.0	
20	38	123	75	160				3.0～3.5	
22	38	140	75	177	3			3.5～4.0	
25	45	147	90	192				4.0～4.5	
28	45	147	90	192				3.0～3.5	
32	53	155	106	208				3.5～4.0	6
32	53	178	106	231	4			3.5～4.0	
36	53	155	106	208	3			4.0～4.5	
36	53	178	106	231	4			4.0～4.5	
40	63	188	125	250				4.0～4.5	
40	63	221	125	283	5			4.0～4.5	
45	63	188	125	250	4			4.5～5.0	
45	63	221	125	283	5			4.5～5.0	
50	75	200	150	275	4			5.5～6.0	
50	75	233	150	308	5			5.6～6.0	
56	75	200	150	275	4			4.5～5.0	8
56	75	233	150	308	5			4.5～5.0	
63	90	248	180	338				5.0～5.5	
71	90	248	180	338				5.5～6.0	
80	106	320	212	426	6			6.0～6.5	

3.3.2 莫氏锥柄粗加工立铣刀的标记示例

外径 d=32 mm 的 A 型标准型 4 号莫氏锥柄粗加工立铣刀为：

莫氏锥柄粗加工立铣刀 A32 MT4 GB/T 14328—2008

外径 d=32 mm 的 B 型长型 3 号莫氏锥柄粗加工立铣刀为：

莫氏锥柄粗加工立铣刀 B32 长 MT3 GB/T 14328—2008

4 技术要求

4.1 铣刀切削刃应锋利，表面不得有裂纹、崩刃、锈迹及磨削烧伤等影响使用性能的缺陷，焊接铣刀在焊缝处不应有砂眼和未焊透现象。

4.2 铣刀表面粗糙度的最大允许值按表4规定。

表4

单位为微米

项　　目	表面粗糙度
刀齿前面	Rz6.30
刀齿后面	Rz6.30
直柄外圆	Ra1.25
削平柄和莫氏锥柄外圆	Ra0.63

4.3 铣刀在刃部长度上允许有正锥度或倒锥度，其值不得大于表5的规定。

表5

单位为毫米

切削刃长度	≤80	>80～120	>120
正锥度	0.05	0.06	0.07
倒锥度	0.10	0.12	0.16

4.4 铣刀的位置公差按表6的规定。

表6

单位为毫米

外径 d	圆周刃对柄部轴线的径向圆跳动		端刃对柄部轴线的端面圆跳动
	标准型	长型	
6～18	0.050	0.070	0.050
>18～30	0.065	0.080	0.060
>30～80	0.075	0.090	0.070

4.5 铣刀切削部分用W6Mo5Cr4V2或同等性能的其他普通高速钢制造，也可用高性能高速钢制造。焊接柄部用45钢，65Mn钢或同等性能的其他合金钢制造。

4.6 硬度

4.6.1 铣刀切削部分为：

普通高速钢：不低于63HRC；

高性能高速钢：不低于65HRC。

4.6.2 铣刀柄部为：

普通直柄和莫氏锥柄不低于30HRC；

削平型直柄不低于50HRC。

4.7 铣刀允许进行表面强化处理。

5 标志和包装

5.1 标志

5.1.1 铣刀上应标志：

a) 制造厂或销售商商标；

b) 铣刀切削部分直径和材料(普通高速钢标“HSS”，高性能高速钢标“HSS-E”)。

5.1.2 铣刀的包装盒上应标志：

a) 制造厂或销售商名称、地址和商标；

b) 本标准标记示例；

c） 材料牌号或代号；

d） 件数；

e） 制造年月。

5.2 包装

铣刀在包装前应经防锈处理，包装必须牢固，并能防止运输过程中的损伤。
